机械设计与智造宝典丛书

MasterCAM X6 宝典（修订版）

北京兆迪科技有限公司　编著

机械工业出版社

本书是全面、系统学习 MasterCAM X6 软件的宝典类书籍，该书以 MasterCAM X6 中文版为蓝本进行编写，内容包括 MasterCAM X6 基础知识、系统配置与基本操作、基本图形的绘制与编辑、图形尺寸标注、创建曲面曲线、实体的创建与编辑、MasterCAM X6 数控加工入门、铣削 2D 加工、曲面粗加工、曲面精加工、多轴铣削加工、车削加工和线切割加工等。

本书是根据北京兆迪科技有限公司给国内外几十家不同行业的知名公司（含国外独资和合资公司）编写的培训教案整理而成的，具有很强的实用性和广泛的适用性。本书附多媒体 DVD 学习光盘，内容为教学视频并进行了详细的语音讲解。光盘中还包含本书所有的素材文件、练习文件及已完成的范例文件。

本书章节的安排次序采用由浅入深、循序渐进的原则。在内容安排上，书中结合大量的生产一线的实例来对 MasterCAM X6 三维建模和数控编程模块中的一些抽象的概念、命令和功能进行讲解，通俗易懂，化深奥为简单；在写作方式上，本书紧贴 MasterCAM X6 的实际操作界面，采用软件中真实的对话框、按钮等进行讲解，使初学者能够直观、准确地操作软件进行学习，提高学习效率。本书可作为机械工程设计人员的 MasterCAM X6 自学教程和参考书籍，也可供大专院校机械专业师生教学参考。

图书在版编目（CIP）数据

MasterCAM X6 宝典/北京兆迪科技有限公司编著. —3 版（修订版）. —北京：机械工业出版社，2017.2
（机械设计与智造宝典丛书）
ISBN 978-7-111-55931-3

Ⅰ. ①M… Ⅱ. ①北… Ⅲ. ①计算机辅助制造—应用软件 Ⅳ. ①TP391.73

中国版本图书馆 CIP 数据核字（2017）第 008742 号

机械工业出版社（北京市百万庄大街 22 号 邮政编码：100037）
策划编辑：丁 锋 责任编辑：丁 锋
责任校对：刘 岚 封面设计：张 静
责任印制：李 飞
北京铭成印刷有限公司印刷
2017 年 4 月第 3 版第 1 次印刷
184mm×260 mm · 43.25 印张 · 796 千字
0001—3000 册
标准书号：ISBN 978-7-111-55931-3
　　　　　　 ISBN 978-7-88709-946-4（光盘）
定价：109.00 元（含 1DVD）

凡购本书，如有缺页、倒页、脱页，由本社发行部调换
电话服务　　　　　　　　　　　网络服务
服务咨询热线：010-88361066　　机工官网：www.cmpbook.com
读者购书热线：010-68326294　　机工官博：weibo.com/cmp1952
　　　　　　　010-88379203　　金 书 网：www.golden-book.com
封面无防伪标均为盗版　　　　教育服务网：www.cmpedu.com

前　　言

　　MasterCAM 是一套功能强大的数控加工软件，采用图形交互式自动编程方法实现 NC 程序的编制。它是目前非常经济高效的数控加工软件系统，包括美国在内的各工业大国均采用 MasterCAM 系统作为加工制造的标准，其应用范围涉及航空航天、汽车、机械、造船、医疗器械和电子等诸多领域。MasterCAM X6 是目前功能最稳定、应用范围最广的版本。

　　本书是系统、全面学习 MasterCAM X6 软件的宝典类书籍，其特色如下：

- 内容全面、丰富，除包含 MasterCAM X6 的数控编程模块外，还包括三维建模 CAD 模块。
- 实例丰富，对软件中的主要命令和功能，先结合简单的实例进行讲解，然后安排一些较复杂的生产一线的综合实例帮助读者深入理解、灵活运用。
- 讲解详细，条理清晰，保证自学的读者能独立学习和实际运用。
- 写法独特，采用 MasterCAM X6 软件中真实的对话框、菜单和按钮等进行讲解，使初学者能够直观、准确地操作软件，从而大大提高学习效率。
- 附加值高，本书附带多媒体 DVD 学习光盘，制作了教学视频并配有详细的语音讲解，可以帮助读者轻松、高效地学习。

　　本书由北京兆迪科技有限公司编著，参加编写的人员有詹友刚、王焕田、刘静、雷保珍、刘海起、魏俊岭、任慧华、詹路、冯元超、刘江波、周涛、段进敏、赵枫、邵为龙、侯俊飞、龙宇、施志杰、詹棋、高政、孙润、李倩倩、黄红霞、尹泉、李行、詹超、尹佩文、赵磊、王晓萍、陈淑童、周攀、吴伟、王海波、高策、冯华超、周思思、黄光辉、党辉、冯峰、詹聪、平迪、管璇、王平、李友荣。由于编者水平有限，本书如有疏漏之处，恳请广大读者予以指正。

　　电子邮箱：zhanygjames@163.com　　咨询电话：010-82176248，010-82176249。

编者

读者购书回馈活动：

活动一： 本书"随书光盘"中含有该"读者意见反馈卡"的电子文档，请认真填写本反馈卡，并 E-mail 给我们。E-mail: 兆迪科技 zhanygjames@163.com，丁锋 fengfener@qq.com。

活动二： 扫一扫右侧二维码，关注兆迪科技官方公众微信（或搜索公众号 zhaodikeji），参与互动，也可进行答疑。

凡参加以上活动，即可获得兆迪科技免费奉送的价值 48 元的在线课程一门，同时有机会获得价值 780 元的精品在线课程。在线课程网址见本书"随书光盘"中的"读者意见反馈卡"的电子文档。

本 书 导 读

为了能更好地学习本书的知识，请您仔细阅读下面的内容：

写作环境

本书使用的操作系统为 Windows XP ，对于 Windows7、Windows8、Windows10 操作系统，本书的内容和范例也同样适用。本书采用的写作蓝本是 MasterCAM X6 中文版。

光盘使用

为方便读者练习，特将本书所有素材文件、已完成的实例文件、配置文件和视频语音讲解文件等放入随书附带的光盘中，读者在学习过程中可以打开相应素材文件进行操作和练习。

本书附带多媒体 DVD 光盘，建议读者在学习本书前，先将 DVD 光盘中的所有文件复制到计算机硬盘的 D 盘中。在 D 盘上 mcx6 目录下共有 2 个子目录：

（1）work 子目录：包含本书的全部已完成的实例文件。

（2）video 子目录：包含本书讲解中的视频录像文件（含语音讲解）。读者学习时，可在该子目录中按顺序查找所需的视频文件。

光盘中带有 "ok" 扩展名的文件或文件夹表示已完成的范例。

本书约定

- 本书中有关鼠标操作的简略表述说明如下：
  - ☑ 单击：将鼠标指针移至某位置处，然后按一下鼠标的左键。
  - ☑ 双击：将鼠标指针移至某位置处，然后连续快速地按两次鼠标的左键。
  - ☑ 右击：将鼠标指针移至某位置处，然后按一下鼠标的右键。
  - ☑ 单击中键：将鼠标指针移至某位置处，然后按一下鼠标的中键。
  - ☑ 滚动中键：只是滚动鼠标的中键，而不能按中键。
  - ☑ 选择（选取）某对象：将鼠标指针移至某对象上，单击以选取该对象。
  - ☑ 拖移某对象：将鼠标指针移至某对象上，然后按下鼠标的左键不放，同时移动鼠标，将该对象移动到指定的位置后再松开鼠标的左键。
- 本书中的操作步骤分为 Task、Stage 和 Step 三个级别，说明如下：
  - ☑ 对于一般的软件操作，每个操作步骤以 Step 字符开始。
  - ☑ 每个 Step 操作视其复杂程度，其下面可含有多级子操作。例如 Step1 下可能包含（1）、（2）、（3）等子操作，（1）子操作下可能包含①、②、③等子操作，①子操作下可能包含 a）、b）、c）等子操作。

☑ 如果操作较复杂，需要几个大的操作步骤才能完成，则每个大的操作冠以 Stage1、Stage2、Stage3 等，Stage 级别的操作下再分 Step1、Step2、Step3 等操作。

☑ 对于多个任务的操作，则每个任务冠以 Task1、Task2、Task3 等，每个 Task 操作下则可包含 Stage 和 Step 级别的操作。

● 由于已建议读者将随书光盘中的所有文件复制到计算机硬盘的 D 盘中，所以书中在要求设置工作目录或打开光盘文件时，所述的路径均以"D："开始。

技术支持

本书是根据北京兆迪科技有限公司给国内外一些知名公司（含国外独资和合资公司）编写的培训案例整理而成的，具有很强的实用性。该公司专门从事 CAD/CAM/CAE 技术的研究、开发、咨询及产品设计与制造服务，并提供 MasterCAM、UG、CATIA 等软件的专业培训及技术咨询，读者在学习本书的过程中如果遇到问题，可通过访问该公司的网站 http://www.zalldy.com 来获得技术支持。

咨询电话：010-82176248，010-82176249。

目　　录

第 1 章　MasterCAM X6 基础知识

本章提要　　MasterCAM 是 CAD/CAM 集成软件之一，目前在国内外制造业应用较为广泛。MasterCAM 软件易学易用、操作灵活，并且具有较高的性价比。本章主要介绍 MasterCAM X6 软件的功能、安装及工作界面、文件管理和基本操作。

1.1　MasterCAM 软件简介

MasterCAM 是美国 CNC 公司开发的基于 PC 平台的 CAD/CAM 软件，它具有方便直观的几何造型功能。MasterCAM 提供了设计零件外形所需的理想环境，其强大稳定的造型功能可设计复杂的曲线、曲面零件。

- 具有强劲的曲面粗加工及灵活的曲面精加工功能。
- MasterCAM 提供了多种先进的粗加工技术，以提高零件加工的效率和质量。
- 具有丰富的曲面精加工功能，可以从中选择最好的方法，加工最复杂的零件。
- MasterCAM 的多轴加工功能，为零件的加工提供了更多的灵活性。
- 具有可靠的刀具路径校验功能。MasterCAM 可模拟零件加工的整个过程，模拟中不但能显示刀具和夹具，还能检查刀具和夹具与被加工零件的干涉、碰撞情况。

MasterCAM 提供了 400 种以上的后置处理文件以适用于各种类型的数控系统，比如 FANUC 系统，机床为四轴联动卧式铣床。可根据机床的实际结构，编制专门的后置处理文件，刀具路径 NCI 文件经后置处理后生成加工程序。

使用 MasterCAM 可实现 DNC 加工。DNC（直接数控）是指用一台计算机直接控制多台数控机床，其技术是实现 CAD/CAM 的关键技术之一。由于工件较大，处理的数据多，生成的程序长，数控机床的磁泡存储器已不能满足程序量的要求，这样就必须采用 DNC 加工方式，利用 RS-232 串行接口，将计算机和数控机床连接起来。利用 MasterCAM 的 Communic 功能进行通信，不必再顾虑机床的内存不足问题。经大量的实践，用 MasterCAM 软件编制复杂零件的加工程序更为高效，而且能对加工过程进行实时仿真，真实反映加工过程中的实际情况。

MasterCAM 的强项是三轴数控加工，简单易用，产生的 NC 程序简单高效。

1.1.1　MasterCAM 的主要功能

通过前面对 MasterCAM 软件的介绍，相信读者已经对 MasterCAM 有了一定的了解。下面将对其主要功能进行简单的介绍。MasterCAM 是一个 CAD/CAM 集成软件，它包括造型设计（CAD）和辅助加工（CAM）两大部分，主要功能如下：

1. 造型设计（CAD）

MasterCAM 软件在二维绘图和三维造型方面具有以下功能：

- 具备强大的二维绘图功能。使用 MasterCAM X6 可以快速且高效地绘制、编辑复杂的二维图形，并且能够方便地进行图形的尺寸标注、图形注释与图案填充等操作，还能打印工程图样。

- 具备完整的曲线设计功能。通过 MasterCAM X6 软件不仅可以设计和编辑二维、三维曲线，而且还可以灵活地创建曲面曲线，如相交线、分模线、剖切线、动态绘制曲线等。

- 具有多种曲面造型方法。MasterCAM X6 软件采用 NURBS、PARAMETERICS 等数学模型，可以更直观地使用多种方法创建规则曲面，也可以创建网格曲面、举升曲面、扫掠曲面等多种不规则的光滑曲面。MasterCAM X6 软件还具有对曲面进行圆角、倒角、偏置、修剪、填补孔等曲面编辑功能。

- 实体建模功能。MasterCAM X6 软件采用以 Parasolid 为核心的实体造型技术，具有特征造型和参数化设计两种功能，可对实体进行布尔运算、圆角、倒角和抽壳等操作，操作简单方便，有效提高了零部件的机构设计。

- 实体与曲面的结合造型功能。MasterCAM X6 软件可以将实体造型和曲面造型综合起来创建复杂模型。例如：在现有的实体模型上再构建所需的曲面模型，就可以通过曲面设计工具来完成零件外形设计。

- 着色。MasterCAM X6 软件可以对现有的实体模型和曲面模型进行着色，也可以给模型赋予材质，并能够设置光照效果，从而产生逼真的视觉效果。

2. 加工制造（CAM）

MasterCAM 软件在辅助加工制造方面具有以下功能：

- 多样化的加工方式。MasterCAM X6 在型腔铣削、轮廓铣削以及点位加工中提供了多种走刀方式，同时 MasterCAM X6 的各种进退刀方法也非常丰富、实用。MasterCAM X6 提供了 8 种先进的粗加工方式和 11 种先进的精加工方式，例如：

粗加工的速降钻式加工方式。它仿照钻削的方法可快速去除大余量的毛坯材料，从而极大地提高加工效率。

- 智能化的加工。在加工时，加工的刀具路径与被加工零件的几何模型保持一致。在修改完零件几何模型或加工参数后，可以迅速准确地更新相应的刀具路径。用户可以在"操作管理器"中对实体模型、刀具参数、加工参数以及刀具路径进行编辑和修改，十分便利。

3. 刀具路径管理

MasterCAM 软件在刀具管理方面具有以下功能：

- 刀具路径的图形编辑。MasterCAM X6 可以在屏幕上对单个刀位点进行编辑、修改、增加或者删除某一段刀具路径。
- 加工参数管理及优化工具。MasterCAM X6 的程序优化器可以将数控程序中极短的直线走刀路径或重复的直线走刀指令转换为一条直线指令或一条圆弧指令，这样就极大限度地减少了加工代码的长度。
- 强大的刀具路径检查。MasterCAM X6 软件中内置了一个功能齐全的模拟器，它可以真实、准确地模拟零件切削的整个过程。在模拟过程中不仅能显示刀具和夹具，还能检查刀具、夹具与被加工模型之间的干涉、过切和碰撞现象，从而省去了试切工序，节省了加工的时间，降低了材料的损耗，提高了加工效率。
- 刀具路径操作。MasterCAM X6 软件能生成加工程序清单，用户不仅可以根据所需的要求进行修改，如对刀具路径的平移、旋转和镜像等变换操作，而且也可对刀具路径进行复制、剪切、粘贴、合并等操作，从而提高数控编程的效率。
- 刀具库和材料库。MasterCAM X6 软件可以自定义刀具库和材料库，可以根据刀具库和材料库中的数据对进给速度和主轴转速进行计算，也可以对现有的刀具库和材料库中的数据进行修改。

4. 数据交换与通信功能

MasterCAM 软件在数据交换和通信功能方面具有以下功能：

- 提供了格式转换器。MasterCAM X6 支持 IGES、ACIS、DXF、DWG 等存档文件间的相互转换。
- C-HOOK 接口。可以在用户自编的模块与 MasterCAM X6 间建立无缝连接。
- 与数控机床进行通信。MasterCAM X6 软件能够将生成的 G 代码传入数控机床，为 FMS（柔性制造系统）和 CIMS（计算机集成制造系统）的集成提供了支持。

1.1.2　MasterCAM X6 的新增功能

MasterCAM X6 采用了与 Windows 技术紧密结合的全新技术，使 MasterCAM 程序运行更流畅，设计更高效。MasterCAM X6 相对于 MasterCAM X 增加了以下新功能：

- 支持 Solid Edge V19、AutoCAD2007、SolidWork2007 等 CAD 软件的新版本格式。
- "Ribbon Bar" 状态栏中的选项设置具有了记忆功能。
- 在 "快速点" 模式输入数据时能自动将数值单位进行转换。如当设计时采用 mm 为单位的情况下，可以输入 1.12inch，则系统自动将其转换成 28.448mm。
- 在图形选择的过程中，增加了 "Quick Masks" 功能。单击 "Quick Masks" 工具栏中相应的按钮即可选中相应的图形。例如：单击 "快速选弧" 按钮○，可选中图形中的所有圆弧。
- 可以在 "最常使用的功能列表" 中查看最近使用过的操作命令。
- 二维草图的编辑功能有所增强。例如：增加了 "延伸转换" 和 "两点打断" 命令，改进了 "串联补正" 功能。
- 在三维实体造型中增加了 "取消操作" 和 "重复操作" 功能。
- 在 3D 铣削系统中增加了机器定义及控制定义，使 CNC 机器的功能规划更明确。
- 外形铣削形式除了 2D、2D 倒角、螺旋式渐降斜插及残料加工外，新增 "毛头" 的设定。
- 外形铣削、挖槽及全圆铣削增加 "贯穿" 设置。
- 增强交线清角功能，增加了 "平行路径" 设置。
- 将曲面投影精加工的两个区曲线熔接独立成 "熔接加工"。
- 新增加了 "熔接精加工" 功能。
- 挖槽粗加工、等高外形及残料粗加工采用新的快速等高加工技术（FZT），大幅减少了所需的计算时间。

1.2　MasterCAM 软件的安装及工作界面

本节将介绍 MasterCAM X6 安装的基本过程、相关要求及工作界面。通过对 MasterCAM X6 的硬件要求、操作系统要求、安装以及工作界面的介绍，使用户了解 MasterCAM X6 的工作环境。

1.2.1　MasterCAM X6 安装的硬件要求

MasterCAM X6 软件系统可在工作站（Work Station）或个人计算机（PC）上运行，如果在个人计算机上安装，为了保证软件安全和正常使用，计算机硬件要求如下：

- CPU 芯片：AMDK7-1000 以上，推荐使用 Intel 公司生产的 Pentium4/1.4GHz 以上的芯片。

- 内存：一般要求 384MB 以上。如果要装配大型部件或产品，进行结构、运动仿真分析或产生数控加工程序，则建议使用 1024MB 以上的内存。

- 显卡：正确支持 OpenGL 的专业绘图卡，如 ELSA 公司的 Gloria 系列，3D Labs 公司的 Oxygen 或 WildCat 系列。如果要采用一般市面上常见的显卡，则推荐使用 Geforce3，显存 32MB 以上的显卡。如果显卡性能太低，则软件被打开后，即会自动退出。

- 网卡：无特殊要求。

- 硬盘：高效能的 7200 转 IDE 硬盘或 10000 转 SCSI 硬盘。安装 MasterCAM X6 软件系统的基本模块，需要 600MB 左右的硬盘空间，考虑到软件启动后虚拟内存的需要，建议在硬盘上准备 1.0GB 以上的空间。

- 鼠标：强烈建议使用三键（带滚轮）鼠标，如果使用二键鼠标或不带滚轮的三键鼠标，会极大地影响工作效率。

- 显示器：CRT，17in 以上，建议使用 19in，分辨率 1280×960 或 1152×864；LCD，16in 以上，分辨率 1280×960。

- 键盘：标准键盘。

1.2.2　MasterCAM X6 安装的操作系统要求

如果在个人计算机上运行，操作系统可以为 Windows Vista、Windows XP 、Windows 7。

1.2.3　MasterCAM X6 的安装

下面以 Windows XP Professional 操作系统为例，简单地介绍 MasterCAM X6 主程序的安装过程。

Step1. MasterCAM X6 软件一般有一张安装光盘，将安装光盘中的文件拷贝到电脑中，然后双击 `mastercamx6-x86-web.exe` 程序，此时系统弹出 "Mastercam X6 – InstallShield Wizard" 对话框（一），采用系统默认的 中文（简体） 选项，单击 确定(0) 按钮。

Step2. 此时系统弹出图 1.2.1 所示的"Mastercam X6-InstallShield Wizard"对话框（二），单击 安装 按钮安装 Microsoft .NET Framework 4.0 Full 软件包。

说明：如果计算机中已经安装该软件包，系统将不会弹出此对话框。

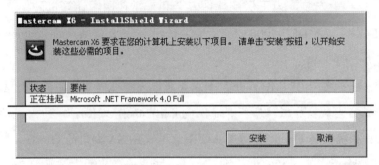

图 1.2.1   "Mastercam X6 - InstallShield Wizard"对话框（二）

Step3. 稍等片刻，安装 Microsoft .NET Framework 4.0 Full 完成后，在系统弹出的对话框单击 是(Y) 按钮重新启动计算机。

Step4. 计算机重新启动后，系统会继续进行安装工作，并弹出"Mastercam X6 -InstallShield Wizard"对话框（三）。

Step5. 稍等片刻后，在系统弹出的"Mastercam X6 - InstallShield Wizard"对话框（四）中单击 下一步(N) > 按钮，然后在系统弹出的"Mastercam X6 - InstallShield Wizard"对话框（五）中选中 我接受该许可证协议中的条款(A) 单选项，然后单击 下一步(N) > 按钮。

Step6. 设置用户名称。采用系统默认的用户名（也可以根据个人需要进行设置），单击 下一步(N) > 按钮。

Step7. 设定安装路径。保持系统默认的安装路径不变（读者也可以根据自己的需求，单击 更改(C)... 按钮选择其他的安装路径），单击 下一步(N) > 按钮，系统弹出"Mastercam X6 - InstallShield Wizard"对话框（六），如图 1.2.2 所示。

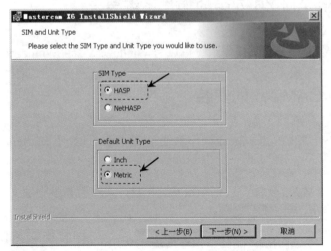

图 1.2.2   "Mastercam X6 - InstallShield Wizard"对话框（六）

Step8. 在"Mastercam X6 - InstallShield Wizard"对话框（六）中选中 HASP 和 Metric 单选项，并单击 下一步(N) > 按钮。

Step9. 在弹出的对话框中单击 安装(I) 按钮，进行安装。

Step10. 稍等片刻，系统弹出安装完成界面，单击 完成(F) 按钮，完成安装。

Step11. 安装完成后系统弹出"Mastercam X6 安装程序信息"对话框，单击 是(Y) 按钮，重新启动计算机后即可完成整个 MasterCAM X6 的安装。

1.2.4　启动 MasterCAM X6 软件

一般来说，有两种方法可启动并进入 MasterCAM X6 软件环境。

方法一：双击 Windows 桌面上的 MasterCAM X6 软件快捷图标，如图 1.2.3 所示。

说明：只要是正常安装，Windows 桌面上都会显示 MasterCAM X6 软件快捷图标。快捷图标的名称可根据需要进行修改。

方法二：从 Windows 系统"开始"菜单进入 MasterCAM X6，操作方法如下：

Step1. 单击 Windows 桌面左下角的 开始 按钮。

Step2. 选择 程序(P) ➡ Mastercam X6 ➡ Mastercam X6 命令，如图 1.2.4 所示，系统便进入 MasterCAM X6 软件环境。

图 1.2.3　Mastercam X6 快捷图标

图 1.2.4　Windows "开始" 菜单

1.2.5　MasterCAM X6 的工作界面

在学习本节时，请先打开一个模型文件。具体的打开方法是：选择下拉菜单 文件(F) ➡ 0 打开文件 命令，在"文件选择"对话框中选择 D:\mcx6\work\ch01 目录，选中 BLOWER_MOLD.MCX 文件后单击 ✓ 按钮。

MasterCAM X6 用户界面包括操作管理器、下拉菜单区、系统坐标系、右侧工具栏按钮区、工具栏按钮区、工具栏状态栏以及图形区（图 1.2.5）。

1．操作管理器

操作管理器被固定在主窗口的左侧，它包括实体操作管理器、刀具路径管理器，可以通过选择下拉菜单 `V 视图` ➡ `0 切换操作管理` 命令进行打开或关闭。通过此管理器，MasterCAM X6 增强了管理造型和刀具路径的功能。

2．下拉菜单区

下拉菜单中包含创建、保存、修改模型和设置 MasterCAM X6 环境的一些命令。

3．工具栏按钮区及右侧工具栏按钮区

工具栏中的命令按钮为快速进入命令及设置工作环境提供了极大的方便，用户可以根据具体情况定制工具栏。

注意：用户会看到有些菜单命令和按钮处于非激活状态（呈灰色，即暗色），这是因为它们目前还没有处在发挥功能的环境中，一旦进入相关的环境，便会自动激活。

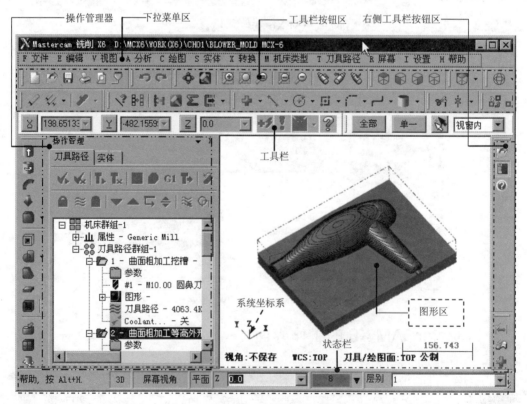

图 1.2.5　Mastercam X6 用户界面

4．工具栏

工具栏中包括了 MasterCAM X6 的"坐标输入及捕捉"工具栏（图 1.2.6）和"标准选择"工具栏（图 1.2.7）。

图 1.2.6 "坐标输入及捕捉"工具栏

图 1.2.7 "标准选择"工具栏

5．状态栏

状态栏用于显示当前所设置的颜色、点类型、线型、线宽、层别及 Z 向深度等的状态。

6．图形区

MasterCAM X6 模型图像的显示区。

1.3 MasterCAM X6 的文件管理

MasterCAM X6 的文件管理功能是通过图 1.3.1 所示的"文件"下拉菜单和图 1.3.2 所示的"文件"工具栏来实现的。下面简单地介绍一下文件管理的相关命令。

1.3.1 新建文件

每当打开 MasterCAM X6 后，系统会自动创建一个文件并进入创建图形状态。此外，在完成一个文件的设计之后需设计其他的图形时，也需要创建一个新的文件以便分类管理。

A：新建文件。　　　　　　　　　　D：打印文件。

B：打开文件。　　　　　　　　　　E：打印预览。

C：保存文件。　　　　　　　　　　F：传输。

新建文件有如下两种方法。

方法一：在"文件"工具栏中单击 按钮。

方法二：选择下拉菜单 ^{F 文件} ➡ ^{N 新建文件} 命令。

说明：在新建文件时，如果当前文件有所改动或者没有保存，系统将弹出图 1.3.3 所示的"Mastercam X6"对话框，提示用户是否保存原文件。

1.3.2　打开文件

打开文件是打开现有的图形文件，以便查看现有的文件或编辑该文件。

打开文件有如下两种方法。

方法一：在"文件"工具栏中单击 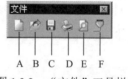 按钮。

方法二：选择下拉菜单 F 文件 ➡ O 打开文件 命令。

选择下拉菜单 F 文件 ➡ O 打开文件 命令，系统弹出图 1.3.4 所示的"打开"对话框。在 查找范围(I): 下拉列表中选择相应的路径，然后在"打开"对话框中选择要打开的文件，单击 ✓ 按钮即可打开该文件。

图 1.3.1　"文件"下拉菜单

图 1.3.2　"文件"工具栏

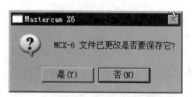

图 1.3.3　"Mastercam X6"对话框

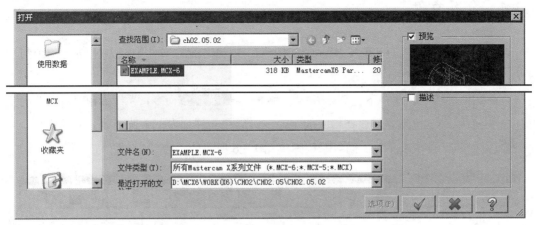

图 1.3.4 "打开"对话框

1.3.3 保存文件

保存文件很重要，间隔一定时间就应该对所做的工作进行保存，这样能避免一些不必要的麻烦。

保存文件有如下两种方法：

方法一：在"文件"工具栏中单击 🖫 按钮。

方法二：选择下拉菜单 F 文件 ➡ 🖫 S 保存 命令。

选择下拉菜单 F 文件 ➡ 🖫 S 保存 命令，系统弹出图 1.3.5 所示的"另存为"对话框。在 保存在 (I) 下拉列表中选择要保存的路径，然后在 文件名 (N): 文本框中输入图形的文件名，单击 ✓ 按钮即可保存该文件。

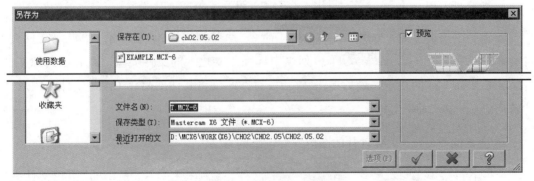

图 1.3.5 "另存为"对话框

说明：在保存文件时，一般是以 MasterCAM X6 默认的文件格式（.MCX）进行保存，用户也可以在 保存类型 (T) 下拉列表中选择其他的保存文件格式保存文件，以便数据的传输。

1.3.4 合并文件

合并文件是将现有的 MCX 文件中的图素合并到当前的文件中，方便创建一个与已有的 MCX 文件中图素相同的设计。

合并文件的方法。选择下拉菜单 F 文件 ➡ F 合并文件 命令，系统弹出"打开"对话框；在 查找范围(I) 下拉列表中选择相应的路径，然后在文件列表框中选择要合并的文件，单击 ✓ 按钮即可合并该文件，同时系统弹出图 1.3.6 所示的"合并/模式"工具栏。

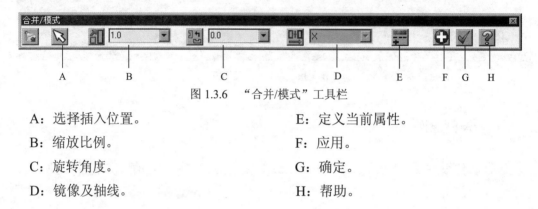

图 1.3.6   "合并/模式"工具栏

A：选择插入位置。   E：定义当前属性。

B：缩放比例。   F：应用。

C：旋转角度。   G：确定。

D：镜像及轴线。   H：帮助。

1.3.5 转换文件

转换文件是使 MasterCAM 可以与其他 CAD、CAM 软件如 AutoCAD、SolidWorks、CATIA 等软件进行数据交换，即 MasterCAM 可以输入这些软件的图形文件或者可以输出这些软件能够识别的文件格式。

1. 将其他 CAD、CAM 软件的图形文件输入的方法

选择下拉菜单 F 文件 ➡ M 汇入目录... 命令，系统弹出图 1.3.7 所示的"汇入文件夹"对话框。用户可以在 汇入文件的类型 下拉列表中选择需要输入的文件类型，然后定义源文件目录和转换后存放的目录，最后单击 ✓ 按钮，即可将其他 CAD、CAM 软件的图形文件转换成 MasterCAM 文件。

2. 将其他 CAD、CAM 软件的图形文件输出的方法

选择下拉菜单 F 文件 ➡ R 汇出目录... 命令，系统弹出图 1.3.8 所示的"汇出文件夹"对话框。用户可以在 输出文件的类型 下拉列表中选择需要输出的文件类型，然后定义源文件目录和转换后存放的目录，最后单击 ✓ 按钮，即可将 MasterCAM 文件转换成其他 CAD、CAM 软件的图形文件。

图 1.3.7　"汇入文件夹"对话框

图 1.3.8　"汇出文件夹"对话框

1.3.6　打印文件

打印出图是 CAD 工程中一个必不可少的环节。

打印文件有如下两种方法：

方法一：在"文件"工具栏中单击 [图标] 按钮。

方法二：选择下拉菜单 F 文件 ➡ P 打印文件 命令。

选择下拉菜单 F 文件 ➡ P 打印文件 命令，系统弹出图 1.3.9 所示的"Print"对话框。在该对话框中用户可以设置打印方向、线宽、颜色、打印比例等，还可以通过单击 属性... 按钮，在系统弹出的"打印设置"对话框中选择打印机、纸张大小等。

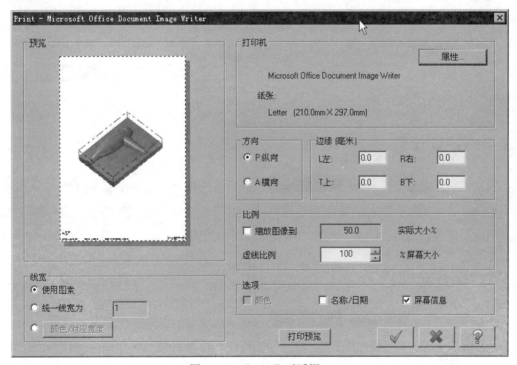

图 1.3.9　"Print"对话框

第2章 系统配置与基本操作

本章提要 MasterCAM X6 的系统配置包含了其正常工作时各个方面的参数设置。采用系统默认的参数设置就能较好地满足一般用户的要求，但有时也需要改变一些参数来满足特殊的需求。本章重点介绍 MasterCAM X6 的各种参数设置和绘制图素的各种属性设置。参数设置包括刀路模拟设置、CAD 设置、颜色、后处理设置、屏幕设置、刀具路径设置和检验设置等；绘制图素的属性设置包括图层、颜色、线型和线宽等设置。本章内容包括：

- 系统规划
- 设置图素属性
- 用户自定义设置
- 网格设置
- 其他设置
- MasterCAM X6 的基本操作

2.1 系 统 规 划

当系统默认配置不能满足用户的需求时，可以通过 I 设置 ➡ C 系统配置... 命令对 MasterCAM X6 的系统配置进行设置。

2.1.1 CAD 设置

选择下拉菜单 I 设置 ➡ C 系统配置... 命令，系统弹出"系统配置"对话框。该对话框中的 CAD设置 选项卡（图 2.1.1）主要是对自动产生圆弧的中心线、曲线/曲面的构建形式、曲面的显示密度、图素的线型与线宽、转换选项等进行设置。

2.1.2 标注与注释

选择下拉菜单 I 设置 ➡ C 系统配置... 命令，系统弹出"系统配置"对话框。该对话框中的 标注与注释 选项卡（图 2.1.2）主要是设置标注与注释，包括尺寸属性的设置、尺寸文字的设置、注解文字的设置、引导线/延伸线的设置和尺寸标注的设置等。

图 2.1.1　"CAD 设置"选项卡

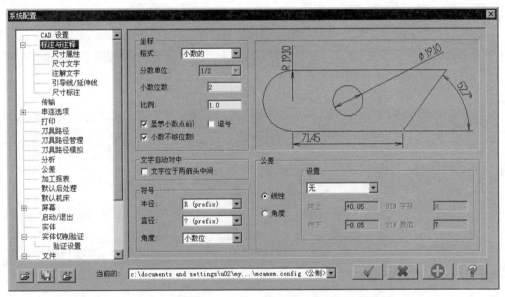

图 2.1.2　"标注与注释"选项卡

2.1.3　传输

　　选择下拉菜单 **Ⅰ 设置** ➞ **С 系统配置...** 命令，系统弹出"系统配置"对话框。该对话框中的 **传输** 选项卡（图 2.1.3）主要是对控制器和 MasterCAM X6 之间的数据传输通信进行设置。

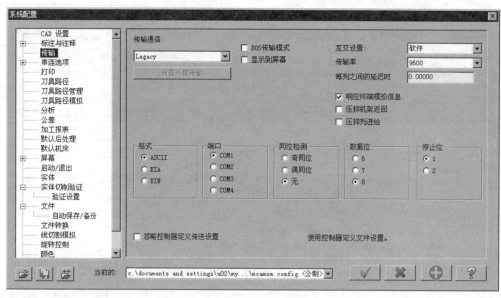

图 2.1.3　"传输"选项卡

2.1.4　串连选项

选择下拉菜单 I 设置 ➡ C 系统配置... 命令，系统弹出"系统配置"对话框。该对话框中的 串连选项 选项卡（图 2.1.4）主要是对限定、默认串连模式、封闭式串连方向、标准限定选项和嵌套式串连等串连操作进行设置。

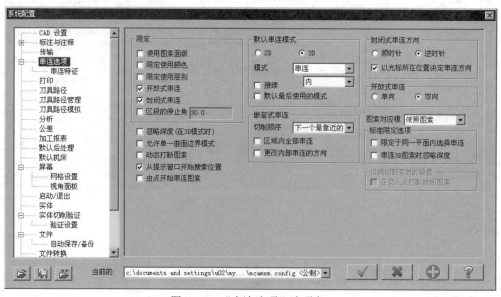

图 2.1.4　"串连选项"选项卡

2.1.5　打印

选择下拉菜单 工 设置 ➡ C 系统配置 命令，系统弹出"系统配置"对话框。该对话框中的打印选项卡（图 2.1.5）主要是设置当前图形的线宽、颜色、颜色与线宽的对应、以及是否打印名称与日期等。

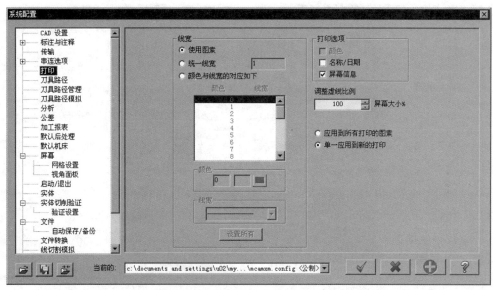

图 2.1.5　"打印"选项卡

2.1.6　刀具路径

选择下拉菜单 工 设置 ➡ C 系统配置 命令，系统弹出"系统配置"对话框。该对话框中的刀具路径选项卡（图 2.1.6）主要是对刀具路径显示的设置、刀具路径的曲面选取、标准设置、删除记录文件、缓存等进行设置。

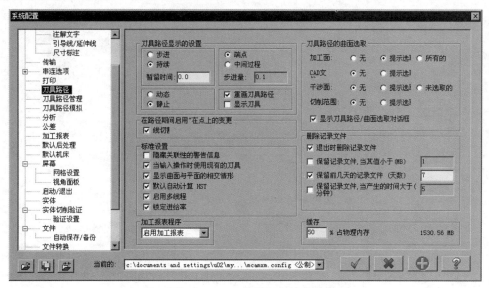

图 2.1.6　"刀具路径"选项卡

2.1.7 刀具路径管理

选择下拉菜单 <kbd>I 设置</kbd> ➡ <kbd>C 系统配置...</kbd> 命令，系统弹出"系统配置"对话框。该对话框中的 <kbd>刀具路径管理</kbd> 选项卡（图 2.1.7）主要是用于设置机床群组的名称和附加值、刀具路径群组的名称和附加值、NC 文件的名称和附加值。

图 2.1.7 "刀具路径管理"选项卡

2.1.8 刀具路径模拟

选择下拉菜单 <kbd>I 设置</kbd> ➡ <kbd>C 系统配置...</kbd> 命令，系统弹出"系统配置"对话框。该对话框中的 <kbd>刀具路径模拟</kbd> 选项卡（图 2.1.8）主要是用于设置刀具路径模拟的步进模式、刷新屏幕选项、刀具显示、夹头显示、颜色显示。

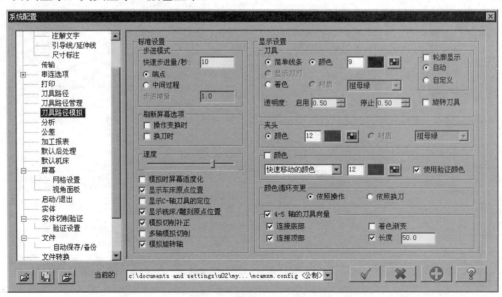

图 2.1.8 "刀具路径模拟"选项卡

2.1.9　分析

选择下拉菜单 设置 ➡ C.系统配置... 命令，系统弹出"系统配置"对话框。该对话框中的 分析 选项卡（图 2.1.9 所示）主要是用于设置系统进行分析时尺寸的精度和单位。

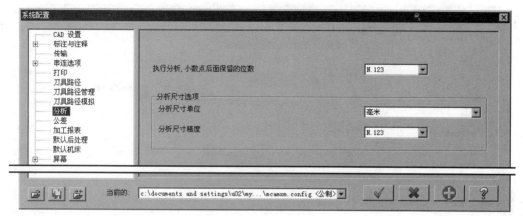

图 2.1.9　"分析"选项卡

2.1.10　公差

选择下拉菜单 设置 ➡ C.系统配置... 命令，系统弹出"系统配置"对话框。该对话框中的 公差 选项卡（图 2.1.10 所示）主要是用于设置 MasterCAM X6 进行某些具体操作时的公差。

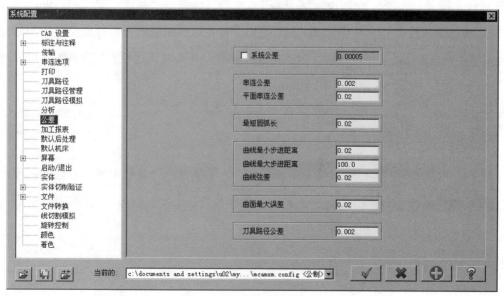

图 2.1.10　"公差"选项卡

2.1.11 加工报表

选择下拉菜单 设置 ➡ C 系统配置... 命令，系统弹出"系统配置"对话框。该对话框中的 加工报表 选项卡（图 2.1.11）主要是用于对加工报表、机床列表等进行设置。

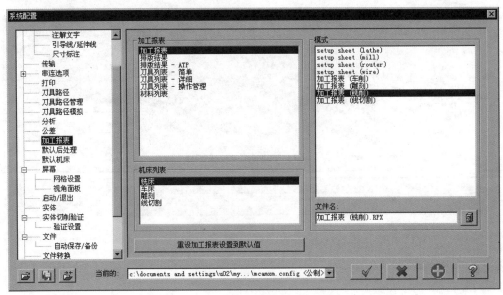

图 2.1.11 "加工报表"选项卡

2.1.12 默认后处理

选择下拉菜单 设置 ➡ C 系统配置... 命令，系统弹出"系统配置"对话框。该对话框中的 默认后处理 选项卡（图 2.1.12）主要是用于设置运行后处理器的控制参数，例如是否输出的 MCX-6 文件摘要，是否保存 NC 与 NCI 文件，是否编辑已存在的文件，还可以设置是否将 NC 文件发送到数控机床等。

2.1.13 默认机床

选择下拉菜单 设置 ➡ C 系统配置... 命令，系统弹出"系统配置"对话框。该对话框中的 默认机床 选项卡（图 2.1.13）主要是用于设置系统在进行铣削加工、车削加工、雕刻加工和线切割加工时的默认机床类型及机床文件位置。

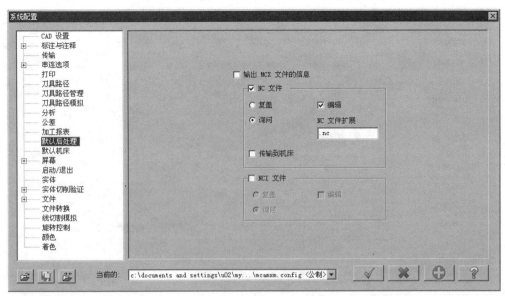

图 2.1.12　"默认后处理"选项卡

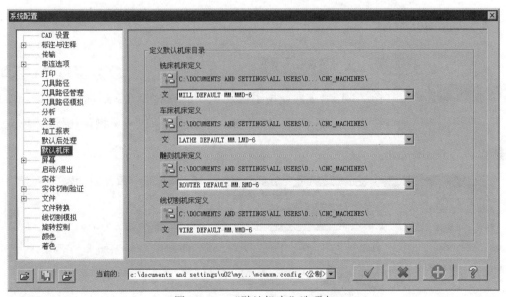

图 2.1.13　"默认机床"选项卡

2.1.14　屏幕

选择下拉菜单 ⌶ 设置 ➞ C 系统配置... 命令，系统弹出"系统配置"对话框。该对话框中的 屏幕 选项卡（图 2.1.14）主要是用于设置系统的图像显示模式、鼠标中键功能、网格设置和视角配置等。

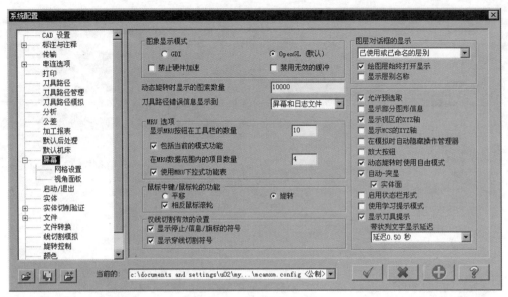

图 2.1.14　　"屏幕"选项卡

2.1.15　启动/退出

选择下拉菜单 I 设置 ➞ C 系统配置... 命令，系统弹出"系统配置"对话框。该对话框中的 启动/退出 选项卡（图 2.1.15）主要是用于设置 MasterCAM X6 在启动/退出时当前的配置文件、快捷键、加载模块、绘图平面、编辑器、附加程序，以及可撤销操作的最大次数等参数。

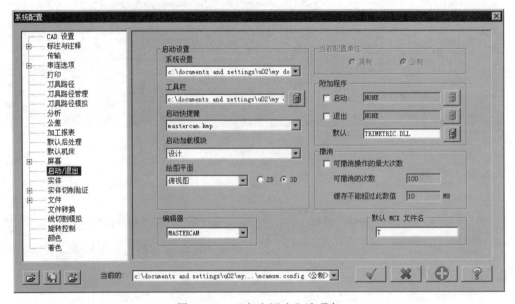

图 2.1.15　　"启动/退出"选项卡

2.1.16 实体

选择下拉菜单 设置 ➡ C 系统配置... 命令，系统弹出"系统配置"对话框。该对话框中的 实体 选项卡（图 2.1.16）主要是用于设置实体的生成和显示控制参数，如定义新的实体操作在实体管理器中的位置、原始曲面的处理和实体所在的图层等。

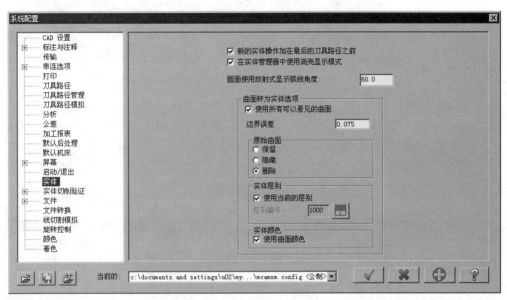

图 2.1.16 "实体"选项卡

2.1.17 实体切削验证

选择下拉菜单 设置 ➡ C 系统配置... 命令，系统弹出"系统配置"对话框。该对话框中的 实体切削验证 选项卡（图 2.1.17）主要是用于实体切削验证时的模拟模式、显示控制、停止选项、模拟速度等的设置。

2.1.18 文件

选择下拉菜单 设置 ➡ C 系统配置... 命令，系统弹出"系统配置"对话框。该对话框中的 文件 选项卡（图 2.1.18）主要是用于设置 MasterCAM X6 运行时所需的默认文件，其中包括数据路径、数据文件、自动保存和备份等。

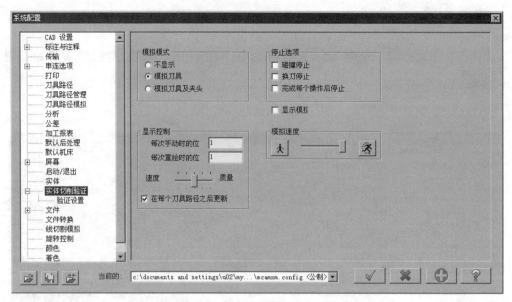

图 2.1.17　"实体切削验证"选项卡

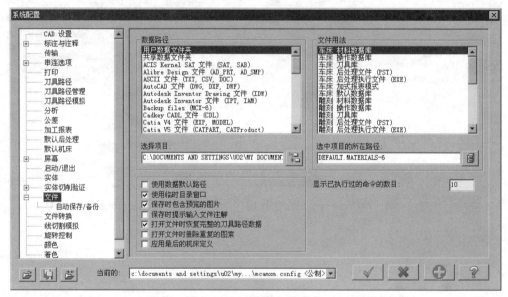

图 2.1.18　"文件"选项卡

2.1.19　文件转换

选择下拉菜单 <kbd>Ⅰ 设置</kbd> ➡ <kbd>C 系统配置…</kbd> 命令，系统弹出"系统配置"对话框。该对话框中的 <kbd>文件转换</kbd> 选项卡（图 2.1.19）主要是用于设置系统在汇入、汇出各种实体类型时默认的初始化参数。

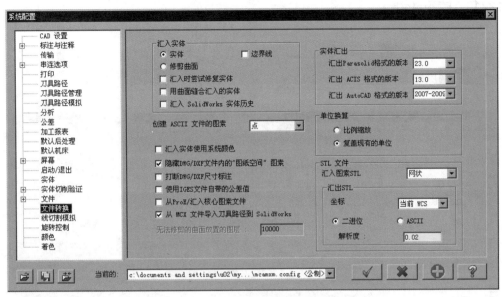

图 2.1.19　"文件转换"选项卡

2.1.20　线切割模拟

选择下拉菜单 **I 设置** ➡ **C 系统配置...** 命令，系统弹出"系统配置"对话框。该对话框中的 **线切割模拟** 选项卡（图 2.1.20）主要是用于设置影响线切割运动和显示参数，包括标准设置中的步进模式、刷新屏幕选项等，以及显示设置中的线切割设置和位移的颜色、颜色循环变更、UV 位移等。

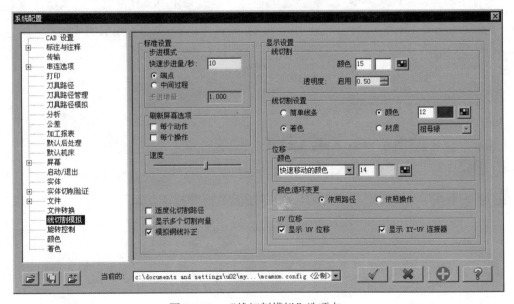

图 2.1.20　"线切割模拟"选项卡

2.1.21　旋转控制

选择下拉菜单 **I 设置** ➡️ **C 系统配置...** 命令，系统弹出"系统配置"对话框。该对话框中的 **旋转控制** 选项卡（图 2.1.21）主要是用于设置旋转图形时的增量值。

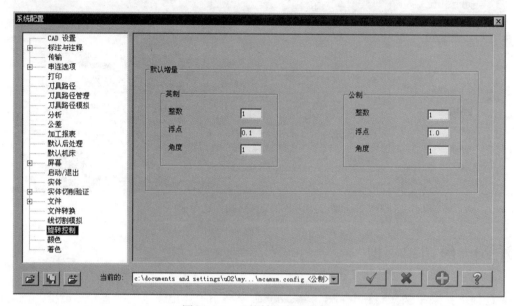

图 2.1.21　"旋转控制"选项卡

2.1.22　颜色

选择下拉菜单 **I 设置** ➡️ **C 系统配置...** 命令，系统弹出"系统配置"对话框。该对话框中的 **颜色** 选项卡（图 2.1.22）主要是用于对 MasterCAM X6 界面和图形的各种默认颜色进行设置。

2.1.23　着色

选择下拉菜单 **I 设置** ➡️ **C 系统配置...** 命令，系统弹出"系统配置"对话框。该对话框中的 **着色** 选项卡（图 2.1.23）主要是用于设置颜色（原始图形颜色、选择颜色和材质）、环境灯光的强弱、光源设置（灯光类型、光源强度、光源颜色）等。

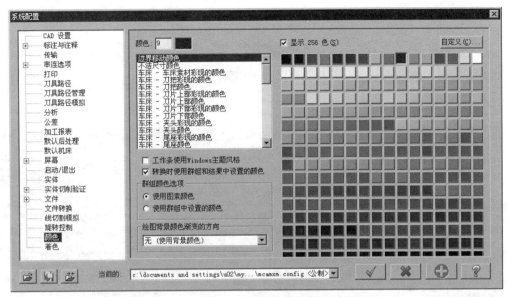

图 2.1.22　"颜色"选项卡

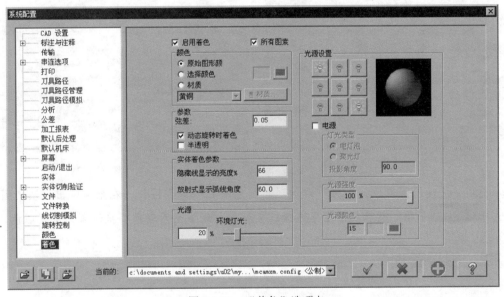

图 2.1.23　"着色"选项卡

2.2　设置图素属性

图素是构成几何图形的基本元素，其包括点、直线、曲线、曲面和实体等。在 MasterCAM X6 中每种图素除了它们本身所包含的几何信息外，还有其他的属性，比如颜色、线型、线宽和所在的图层等。一般在绘制图素之前，需要先在状态栏（图 1.2.5）中设置这些属性。

2.2.1 颜色设置

在状态栏中单击"系统颜色"色块 8 ▼，系统弹出图 2.2.1 所示的"颜色"对话框。用户可以在 颜色 选项卡中选择一种颜色，或者在 自定义 选项卡（图 2.2.2）中自定义颜色，然后单击 ✓ 按钮完成颜色的设置。

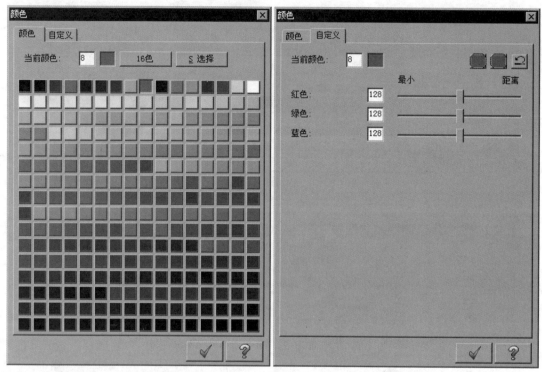

图 2.2.1 "颜色"对话框　　　　　　　图 2.2.2 "自定义"选项卡

说明：快速设置颜色：用户可以通过单击色块右侧的 ▼ 按钮，在系统弹出的快捷菜单中选择 ▦ 选择颜色 命令，然后在绘图区选择图素颜色，则该图素颜色将被设置为系统颜色。

2.2.2 图层管理

通过图层管理，用户可以将图素、曲面、实体、尺寸标注、刀具路径等对象组织放置在不同的图层中，以便对其进行编辑。

在状态栏中单击"图形层别"按钮 层别 ，系统弹出图 2.2.3 所示的"层别管理"对话框。用户可以通过该对话框新建图层、设置当前图层以及设置显示和隐藏图层。

下面以新建一个"粗实线"来介绍新建图层的操作方法。

Step1. 选择命令。在状态栏中单击"图形层别"按钮 层别 ，系统弹出"层别管理"对话框。

Step2. 新建图层。在 主层别 区域的 层别号码： 文本框中输入一个层号 2，然后在 名称： 文本框中输入图层的名称"粗实线"。

Step3. 设置"粗实线"图层为工作图层。在"层别管理"对话框中单击 按钮完成图层的创建。

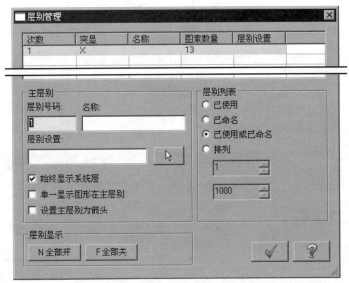

图 2.2.3 "层别管理"对话框

说明：

● 快速选择现有的图层作为工作图层：用户可以在状态栏的"当前图层"下拉列表中选择现有的图层作为工作图层。

● 设置图层显示或隐藏：单击"层别管理"对话框的 突显 列中的单元格，去掉 × 标记，表示该图层的所有图素已经被隐藏；再次单击此单元格，则显示该图层上的所有图素。（注意：工作图层不能被隐藏）

2.2.3 设置线型和线宽

用户可以通过状态栏中的"线型"下拉列表 和"线宽"下拉列表 设置线型和线宽。

2.2.4 属性的综合设置

属性的综合设置是指用户一次可以设置图素的多个属性，包括图素的颜色、线型、线宽、点样式、层别、曲面密度等。

属性的综合设置有如下两种方法：

方法一：在状态栏中单击 属性 按钮。

方法二：选择下拉菜单 R 屏幕 ➡ T图素属性 命令。

下面简单介绍属性的综合设置。

在状态栏中单击 属性 按钮，系统弹出图 2.2.4 所示的"属性"对话框。用户可以通过该对话框对图素的属性进行综合的设置。

图 2.2.4 所示的"属性"对话框中的部分选项的说明如下：

● S 选择 按钮：用于定义工作图层。
● △参考某图素 按钮：用于将选取的某图素的属性设置为当前属性。
● ☑ 属性管理 复选框：用于激活使用图素属性管理器。单击 属性管理 按钮，系统弹出图 2.2.5 所示的"图素属性管理"对话框。用户可以在该对话框中对每种类型的图素进行详细的设置。

图 2.2.4　"属性"对话框　　　　　图 2.2.5　"图素属性管理"对话框

2.3　用户自定义设置

用户自定义设置是根据用户自己的习惯、喜好对 MasterCAM X6 的工具栏、菜单和右击弹出的快捷菜单进行定制。下面以图 2.3.1 所示的在"文件"工具栏中添加"退出"按钮

为例介绍用户自定义工具栏的操作过程。自定义下拉/鼠标右键菜单基本与自定义工具栏相似，不再赘述。

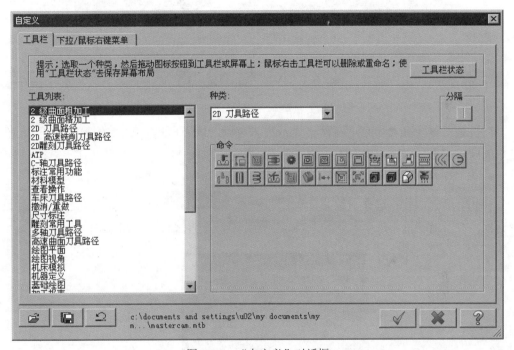

图 2.3.1　添加"退出"按钮

Step1. 选择命令。选择下拉菜单 设置 → 用户自定义 命令，系统弹出图 2.3.2 所示的"自定义"对话框。

图 2.3.2　"自定义"对话框

Step2. 定义工具栏和种类。在"自定义"对话框中单击 工具栏 选项卡，然后在 工具列表: 列表框中选择 文件 选项，在 种类 下拉列表中选择 文件 选项。

Step3. 添加"退出"按钮。在"自定义"对话框的区域中将"退出"按钮 拖动到"文件"工具栏上。

Step4. 单击 按钮完成自定义工具栏的定制。

说明：如果在 MasterCAM X6 的工作界面上没有用户想使用的工具栏，则可以通过单击"自定义"对话框中的 工具栏状态 按钮，打开图 2.3.3 所示的"工具栏状态"对话框。用户可以通过在该对话框的 显示如下的工具栏 列表框中选中相应的复选框调出对话框。

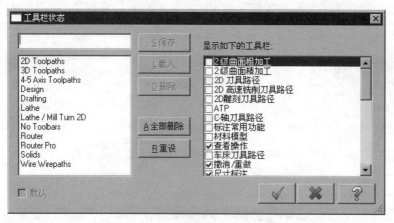

图 2.3.3　"工具栏状态"对话框

2.4　网格设置

网格是一种矩阵参考点。将网格显示出来可以帮助用户提高绘图的精度和效率，而且显示的网格不会被打印出来。下面简单介绍网格的创建步骤。

Step1. 打开文件 D:\mcx6\work\ch02.04\EXAMPLE.MCX-6。

Step2. 选择命令。选择下拉菜单 R 屏幕 ➡ G 网格设置 命令，系统弹出"网格参数"对话框，在该对话框中选中 ☑ 启用网格 和 ☑ 显于网格 两个复选框，如图 2.4.1 所示。

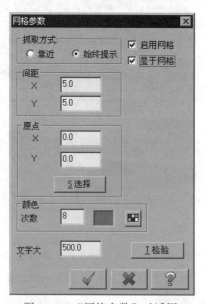

图 2.4.1　"网格参数"对话框

图 2.4.1 所示的"网格参数"对话框中部分选项的说明如下：

● 抓取方式 区域：用于设置网格捕捉的形式，包括 ⦿ 靠近 单选项和 ⦿ 始终提示 单选项。

☑ 　靠近　单选项：用于设置采用接近方式捕捉网格顶点。只要指针顶点的位置
与网格顶点的距离小于每一个网格长度的一半时就会自动捕捉到网格的顶
点。

☑ 　始终提示　单选项：用于设置采用始终捕捉网格顶点。

说明：抓取方式的两种方式只有在选中 ☑启用网格 复选框时才可以使用。

- ☑启用网格 复选框：用于设置使用网格。选中此复选框"网格参数"对话框的 抓取方式
区域、间距 区域和 原点 区域被激活。

- ☑显于网格 复选框：（此处意为"显示网格"）用于设置显示所定义的网格。选中此
复选框，"网格参数"对话框的 颜色 区域和 文字大 文本框被激活。

- 间距 区域：用于设置网格的间距参数，包括 X 文本框和 Y 文本框。
  - ☑ X 文本框：用于定义网格间的水平距离。
  - ☑ Y 文本框：用于定义网格间的竖直距离。

- 原点 区域：用于设置网格中心相对坐标原点的位置，包括 X 文本框、 Y 文本框和
S选择 按钮。
  - ☑ X 文本框：用于定义网格相对于坐标原点的水平距离。
  - ☑ Y 文本框：用于定义网格相对于坐标原点的竖直距离。
  - ☑ S选择 按钮：用于选取网格原点的位置。

- 颜色 区域：用于定义网格的颜色参数，包括 次数 文本框和 ■ 按钮。
  - ☑ 次数 文本框：（此处意为"编号"）用于定义颜色的编号。用户可以直接在
此文本框中输入 0~255 之间的数值然后按 Enter 键来定义网格颜色。
  - ☑ ■按钮：用于设置网格的颜色。单击此按钮，系统弹出"颜色"对话框。用
户可以通过该对话框设置网格的颜色。

- 文字大 文本框：用于设置网格的分布范围。

- T检验 按钮：用于测试所定义的网格。

Step3. 设置捕捉方式。在"网格参数"对话框的 抓取方式 区域中选中 ⊙始终提示 单选项定
义捕捉方式为始终捕捉。

Step4. 设置网格参数。在 间距 区域的 X 文本框中输入值 1，在 Y 文本框中输入值 1。

Step5. 设置网格颜色。在 颜色 区域的 次数 文本框中输入值 12，然后按 Enter 键应用该颜色。

Step6. 设置网格大小。在 文字大 文本框中输入值 200。

Step7. 单击 ✓ 按钮完成网格的设置。

2.5　其 他 设 置

除了上面介绍的一些设置之外，MasterCAM X6 还为用户提供了一些其他的设置。例如

隐藏和消隐、着色设置、清除颜色、统计图素以及拷贝屏幕到剪贴板等。下面分别对它们进行介绍。

2.5.1 隐藏图素和恢复隐藏的图素

隐藏和消隐可以隐藏图素或恢复隐藏的同一图层上的某些图素，而使用 2.2.2 小节提到的设置图层显示或隐藏，将会把放置在该图层上的所有图素全部隐藏或恢复，而不能隐藏或恢复同一图层上的一部分图素。下面介绍图 2.5.1 所示的隐藏图素和恢复隐藏的图素的操作方法。

1．隐藏图素

图 2.5.1 隐藏图素

Step1. 打开文件 D:\mcx6\work\ch02.05.01\HIDE.MCX-6。

Step2. 选择命令。选择下拉菜单 <kbd>R 屏幕</kbd> ➡ <kbd>B 隐藏图素</kbd> 命令。

Step3. 定义隐藏对象。在绘图区框选图 2.5.2 所示的图形。

Step4. 在"标准选择"工具栏中单击 ⬤ 按钮完成隐藏操作。

2．恢复隐藏的图素

Step1. 打开文件 D:\mcx6\work\ch02.05.01\UNHIDE.MCX-6，如图 2.5.3 所示。

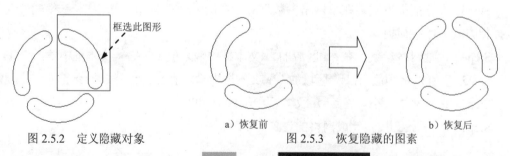

图 2.5.2 定义隐藏对象   图 2.5.3 恢复隐藏的图素

Step2. 选择命令。选择下拉菜单 <kbd>R 屏幕</kbd> ➡ <kbd>U 恢复隐藏的图素</kbd> 命令，同时在绘图区显示出图 2.5.4 所示的已经隐藏了的所有图素。

Step3. 定义恢复隐藏的对象。在绘图区框选图 2.5.5 所示的图形。

Step4. 在"标准选择"工具栏中单击 ⬤ 按钮完成恢复隐藏的图素操作。

图 2.5.4　已隐藏的图素

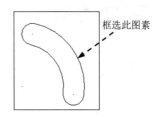

图 2.5.5　定义恢复隐藏的对象

2.5.2　着色设置

在使用 MasterCAM X6 设计三维模型时，用户可以通过着色设置显示实体，也可以采用不同的颜色显示实体。不同的着色设置，可以得到不同的着色效果。MasterCAM X6 总共为用户提供了六种显示模式。用户可以通过图 2.5.6 所示的"着色"工具栏切换显示模式。下面将以一个三维模型为例来讲解着色设置的操作步骤。

说明：本小节实例的模型放置在 D:\mcx6\work\ch02.05.02 目录中。

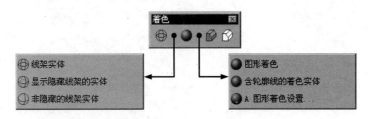

图 2.5.6　"着色"工具栏

- 　**线架实体**命令：模型以线框模式显示，所有边线显示为深颜色的细实线，如图 2.5.7 所示。
- 　**显示隐藏线架的实体**命令：模型以线框模式显示，可见的边线显示为深颜色的细实线，不可见的边线显示为浅颜色，如图 2.5.8 所示。

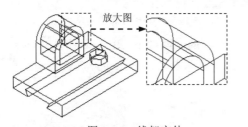

图 2.5.7　线架实体

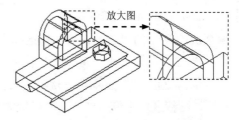

图 2.5.8　显示隐藏线架的实体

- 　**非隐藏的线架实体**命令：模型以线框模式显示，可见边线显示为深颜色的细实线，不可见的边线被隐藏起来（即不显示），如图 2.5.9 所示。
- 　**图形着色**命令：模型以实体模式显示，以图素颜色为实体着色，边线不显示。如图 2.5.10 所示。
- 　**含轮廓线的着色实体**命令：模型以实体模式显示，以图素颜色为实体着色，可见的边线显示为比图素颜色深的细实线，如图 2.5.11 所示。

● 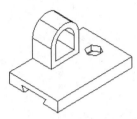 命令：模型以实体模式显示，用户可以为三维实体进行不同的着色，并设置不同的光照效果。选择此命令，系统弹出图 2.5.12 所示的"着色设置"对话框。

图 2.5.9　非隐藏的线架实体

图 2.5.10　图形着色

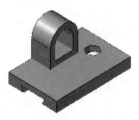

图 2.5.11　含轮廓线的着色实体

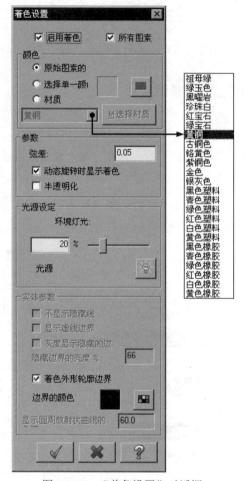

图 2.5.12　"着色设置"对话框

图 2.5.12 所示的"着色设置"对话框中部分选项的说明如下：

● ☑ 启用着色 复选框：用于设置使用自定义的着色参数。当选中此复选框时，颜色 区域、参数 区域和 光源设定 区域被激活。

● ☑ 所有图素 复选框：用于设置给所有实体和曲面着色。

● 颜色 区域：用于设置颜色的相关参数，其包括 ⊙ 原始图素的 单选项、⊙ 选择单一颜1 单选项、⬛ 按钮、⊙ 材质 单选项、黄铜 下拉列表和 M 选择材质 按钮。

　☑ ⊙ 原始图素的 单选项：使用图素颜色着色。

　☑ ⊙ 选择单一颜1 单选项：用于设置使用定义的颜色进行着色。当选中此单选项时 ⬛ 按钮被激活。

　☑ ⬛ 按钮：单击此按钮，打开"颜色"对话框。用户可以通过该对话框选择着色颜色。

☑ ⦿材质 单选项：用于设置使用定义的材质进行着色。当选中此单选项时，

黄铜 ▼ 下拉列表和 M选择材质 按钮被激活。

☑ 黄铜 ▼ 下拉列表：用于定义着色的材质。

☑ M选择材质 按钮：单击此按钮，打开"材质"对话框。用户可以通过该对话框新

建、编辑和删除在 黄铜 ▼ 下拉列表中显示的材质。

● 参数 区域：用于设置着色的参数，其包括 弦差 文本框、☑动态旋转时显示着色 复选框和

☑半透明化 复选框。

☑ 弦差 文本框：用于定义计算着色的公差值。

☑ ☑动态旋转时显示着色 复选框：用于设置在旋转观察模型时显示着色。

☑ ☑半透明化 复选框：用于设置以半透明的着色模式显示着色图素，如图 2.5.13

所示。

图 2.5.13　半透明着色

● 光源设定 区域：用于设置灯光的相关参数，其包括 环境灯光: 文本框和 按钮。

☑ 环境灯光: 文本框：用于定义各个方向上的白光亮度值。

☑ 按钮：单击此按钮，打开图 2.5.14 所示的"光源设定"对话框。用户可以

单击该对话框中的各个灯光按钮，打开图 2.5.15 所示的"灯光选项"对话框，

对电源的开闭、光源形式、光源强度、光源颜色等进行设置。

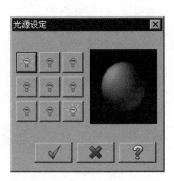

图 2.5.14　"光源设定"对话框

图 2.5.15　"灯光选项"对话框

- 实体参数 区域：用于设置对实体进行着色的相关参数，包括 ☑不显示隐藏线 复选框、
☑显示虚线边界 复选框、☑灰度显示隐藏的边 复选框、隐藏边界的亮度%: 文本框、☑着色外形轮廓边界
复选框、■按钮和 显示圆周放射状曲线的 文本框。

☑ ☑不显示隐藏线 复选框：用于设置以线框的模式显示模型，不可见的边线将被隐藏起来，如图 2.5.16 所示。

☑ ☑显示虚线边界 复选框：用于设置以线框的模式显示模型，不可见的边界将以虚线显示，如图 2.5.17 所示。

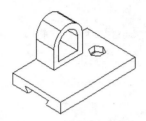
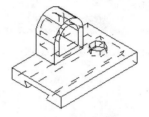

图 2.5.16　不显示隐藏线　　　　　　图 2.5.17　显示虚线边界

☑ ☑灰度显示隐藏的边 复选框：用于设置以定义的隐藏边界的亮度显示线架模型，如图 2.5.18 所示。当选中此复选框时，隐藏边界的亮度%: 文本框被激活。

☑ 隐藏边界的亮度%: 文本框：用于定义隐藏边线相对于可见边线的亮度百分比。

☑ ☑着色外形轮廓边界 复选框：用于设置以着色外形轮廓边界的模式显示模型，如图 2.5.19 所示。

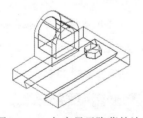

图 2.5.18　灰度显示隐藏的边　　　　图 2.5.19　着色外形轮廓边界

☑ ■按钮：单击此按钮，打开"颜色"对话框。用户可以通过该对话框选择外形轮廓边界的着色颜色。

☑ 显示圆周放射状曲线的 文本框：用于定义线架显示时圆弧处显示放射曲线的角度，如图 2.5.20 和图 2.5.21 所示。

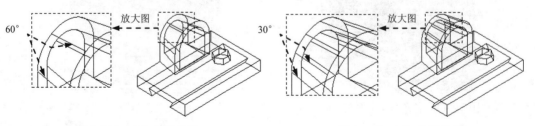

图 2.5.20　60°放射曲线　　　　　　图 2.5.21　30°放射曲线

2.5.3 消除颜色

一般图形在经过平移、旋转等转换编辑后，为了将新生成的图素与原有图素加以区别，MasterCAM X6 会自动以不同的颜色来显示它们，此时可以通过 R 屏幕 ➡ 清除颜色(C) 命令使它们恢复原色。下面以图 2.5.22 所示的实例介绍消除颜色的一般步骤。

Step1. 打开文件 D:\mcx6\work\ch02.05.03\REMOVE_COLOR.MCX-6。

a）消除前   b）消除后

图 2.5.22 消除颜色

Step2. 选择命令。选择下拉菜单 R 屏幕 ➡ C 清除颜色 命令消除图素颜色。

2.5.4 统计图素

有时在绘制完图形时，往往需要统计当前文件中每种图素的数量。而 MasterCAM X6 为用户提供了统计图素的命令，这样既节省了时间又提高了效率。下面以图 2.5.23 所示的实例介绍统计图素的一般步骤。

Step1. 打开文件 D:\mcx6\work\ch02.05.04\STAT_ENTITIES.MCX-6。

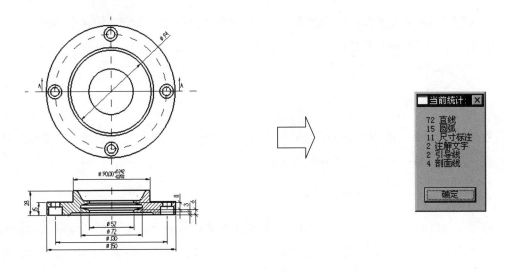

图 2.5.23 统计图素

Step2. 选择命令。选择下拉菜单 R 屏幕 ➡ S 屏幕统计 命令，系统弹出图 2.5.23 所示的对话框，显示统计结果。

2.5.5 复制屏幕到剪贴板

使用 ▨ Y 抓取当前屏幕图像到剪贴板 命令可以将 MasterCAM X6 软件绘图区的内容复制到 Windows 系统的剪贴板中，然后可以在处于工作中的 Word 文档、Photoshop 图像文件、画图文件中进行粘贴处理。

选择 ⓡ 屏幕 ➡ ▨ Y 抓取当前屏幕图像到剪贴板 命令，然后在绘图区要复制图形的左上角按住鼠标左键不放并拖动，此时会在绘图区拉出一个矩形方框，直至此矩形方框将要复制的图形完全框在其内，再单击鼠标左键完成复制屏幕的操作。之后就可以在 Word 文档、Photoshop 图像文件、画图文件中进行粘贴观看效果。

2.6 MasterCAM X6 的基本操作

在进行下一章节的学习之前，有必要先了解一下 MasterCAM X6 的一些基本操作知识，比如点的捕捉方法、不同图素的选择、视图与窗口、构图面、坐标系及构图深度等操作，从而为快速、精确、灵活地绘制图形打下基础，同时也能够使用户对 MasterCAM X6 软件有进一步的了解。

2.6.1 点的捕捉

在使用 MasterCAM X6 进行绘图时，点的捕捉使用得非常频繁。如在绘制同心圆时需要捕捉圆心，在绘制圆形长槽时需要捕捉端点等。MasterCAM X6 为用户提供的点的捕捉方式有以下几种：

1．捕捉任意点

在使用 MasterCAM X6 进行绘图时，如果用户对捕捉点的位置没有明确的要求，则可以在绘图区的任意位置单击鼠标左键即可。

2．自动捕捉点

在使用 MasterCAM X6 进行绘图时，如果用户想在现有图素上的某个位置绘制其他的图素，则可以将鼠标移动到现有图素的附近，系统将会在该图素特征附近出现显示特征符号（如端点、圆心等），表明当前位置即为捕捉，单击鼠标左键即可捕捉到该位置。

用户可以在图 2.6.1 所示的"自动抓点"工具栏中单击"配置"按钮 ▨ ，系统弹出图

2.6.2 所示的"光标自动抓点设置"对话框，然后在该对话框中设置自动捕捉点的类型。

图 2.6.1　"自动抓点"工具栏

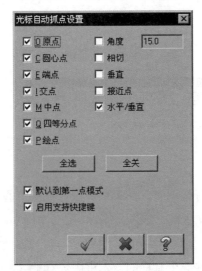

图 2.6.2　"光标自动抓点设置"对话框

说明：

● 若单击"光标自动抓点设置"对话框中的 ▁全选▁ 按钮，则系统将选中所有自动
捕捉点类型的复选框，但是建议用户不要同时选中这些复选框，否则在捕捉这些
特征时会发生不同类型捕捉间的干涉，反而会造成误捕捉的情况。若单击 ▁全关▁
按钮，则系统将取消选中所有自动捕捉点类型的复选框，则在绘图时将无法捕捉
图素的特征点。

● 用户可以在 ☑角度 复选框后的文本框中输入多个数值来定义多个角度的捕捉，例如
在 ☑角度 复选框后的文本框中输入 0、30、60，则在绘制直线时可以绘制指定角度
的整数倍的直线。

● 在一些情况下用户可以通过选中 ☑接近点 复选框捕捉到图素上离光标位置最近的一
点。

3．捕捉临时点

在使用 MasterCAM X6 进行绘图时，有时用户只需在众多的特征点中选择某一个类型
的特征点，如果再使用"配置"按钮 进行设置就太麻烦了。因此，MasterCAM X6 为用
户提供了一种更为快捷的选取方法，即"自动抓点"工具栏的"临时点"下拉列表 。

用户可以在图 2.6.3 所示的"自动抓点"工具栏的"临时点"下拉列表 中选择捕捉
类型。

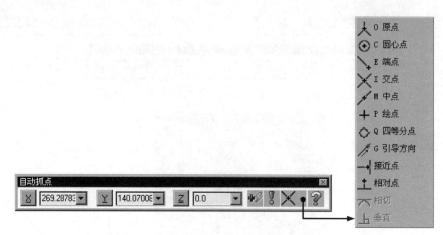

图 2.6.3　"自动抓点"工具栏中的"临时点"下拉列表

4．使用坐标点

在使用 MasterCAM X6 进行绘图时，如果知道点在视图中的具体坐标值，用户可以通过"自动抓点"工具栏中的 ⊠ 文本框、 ⊻ 文本框和 ⊼ 文本框来确定点的精确位置。

用户也可以在"自动抓点"工具栏中单击"快速绘点"按钮 ，此时"自动抓点"工具栏如图 2.6.4 所示。用户可以在此工具栏的文本框中连续输入三个坐标值并用英文半角逗号隔开来确定点的精确位置。

图 2.6.4　单击 按钮后的"自动抓点"工具栏

5．捕捉网格点

除了上述的四种捕捉点的方式外，用户还可以捕捉到屏幕上的网格点。设置网格的操作请参照本章 2.4 节。

2.6.2　图素的选择

在使用 MasterCAM X6 进行绘图时，常常需要对现有的图形进行设置、转换等操作，而这些操作都要涉及到图素的选择。MasterCAM X6 提供了多种图素选择的方法，这些方法主要是通过图 2.6.5 所示的"标准选择"工具栏中的相关命令来实现的。

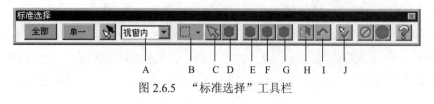

图 2.6.5　"标准选择"工具栏

A-选择设置　　　　　　　　　　　　　　　　B-选择方式

C-标准选择 　　　　　　　　　　D-实体选择

E-选择边 　　　　　　　　　　　F-选择面

G-选择实体 　　　　　　　　　　H-从后面

I-选择上次 　　　　　　　　　　J-验证选择

1. 全部选择

使用 全部 按钮可以选择全部元素，或者选择具有某种相同属性的全部元素。在"标准选择"工具栏中单击 全部 按钮，系统弹出图 2.6.6 所示的"选择所有单一选择"对话框。用户可以通过该对话框来定义选取的图素的类型。

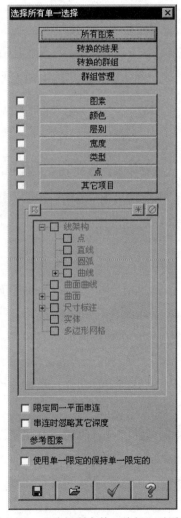

图 2.6.6 　"选择所有单一选择"对话框

说明：

- 若用户需要将视图中的部分图素设置为群组，可以通过单击"选择所有单一选择"对话框中的 群组管理 按钮，系统弹出图 2.6.7 所示的"群组管理"对话框。用户可以通过该对话框进行群组的新建、添加、删除、移动等操作。例如，单击 新建(N)... 按钮新建群组，此时系统弹出图 2.6.8 所示的"输入唯一的群组名"对话框。用户可以在该对话框中定义新建群组的名称。定义完群组的名称后按 Enter 键并在绘图区选取要添加到群组的图素；选择完后再按 Enter 键返回至"群组管理"对话框，单击 ✓ 按钮完成新建群组的创建。

- "选择所有单一选择"对话框中的 图素 复选框、颜色 复选框、层别 复选框、宽度 复选框、类型 复选框、点 复选框和 其它项目 复选框，各代表了某一类元素。选中这些复选框，则"选取所有单一选择"对话框中部的灰色部分将被激活。

2. 单一选择

使用 单一 按钮可以选择单一元素，或者选择具有某种相同属性的单一元素。在"标准选择"工具栏中单击 单一 按钮，系统弹出图 2.6.9 所示的"选择所有单一选择"对话框。用户可以通过该对话框来定义选取的相同的图素的类型。

3. 选择设置

在 视窗内 下拉列表中，MasterCAM X6 为用户提供了五种窗口选择的类型，依次为 视窗内 选项、视窗外 选项、范围内 选项、范围外 选项和 相交 选项。

- 视窗内 选项：表示选中完全包含在视窗内的所有图素，在视窗外以及与视窗相交的图素将不被选中。

- 视窗外 选项：表示选中视窗以外的所有图素，在视窗内以及与视窗相交的图素将不被选中。

- 范围内 选项：表示选中所定义的区域以内的所有图素，在定义区域外以及与定义区域相交的图素将不被选中。

- 范围外 选项：表示选中所定义的区域以外的所有图素，在定义区域内以及与定义区域相交的图素将不被选中。

- 相交 选项：表示仅选中与所定义区域相交的所有图素，在定义区域内以及定义区域以外的图素将不被选中。

图 2.6.7　"群组管理"对话框

图 2.6.8　"输入唯一的群组名"对话框

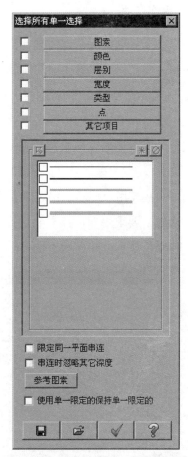

图 2.6.9　"选取所有单一选择"对话框

4．选择方式

在 下拉列表中，MasterCAM X6 为用户提供了六种窗口选择的类型，依次为 串连 选项、 窗选 选项、 多边形 选项、 单体 选项、 范围 选项和 向量 选项。

- 串连 选项：表示可以通过选择图形中的一个图素从而选取与之相连的所有图素的选择方式。

- 窗选 选项：表示使用定义的矩形框来选择图素。该选项可以结合 视窗内 下拉列表来进行选择。

- 多边形 选项：表示使用定义的多边形来选择图素。该选项可以结合 视窗内 下拉列表来进行选择。

- 单体 选项：表示选取单个图素。

- 范围 选项：表示选取封闭图形中的所有图素。

- 向量 选项：表示可以通过绘制一条连续的折线来选择与其相交的所有图素。

5. 串连选项

用户在选择图素时，有时要用到串连的方法选取图素，从而使所选择的图素具有一定的顺序和方向。比如构建曲面和实体，绘制刀具路径等。

在 MasterCAM X6 中有两种串连的类型，即开式串连和闭式串连。开式串连是指起点和终点不重合，其串连的方向与其串连端点相反，如直线、圆弧等；闭式串连是指起点和终点重合，其串连的方向取决于在"串连选项"对话框选取的参数，如矩形、三角形和圆等。

当用户在使用"旋转、串连补正"等命令时，系统将先弹出图 2.6.10 所示的"串连选项"对话框，要求用户选择需要进行操作的串连图素。当完成选取时，所串连的图素将以另外一种颜色显示，并显示串连方向，如图 2.6.11 所示。

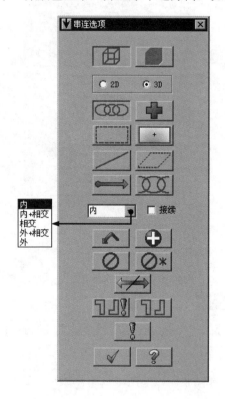
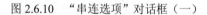

图 2.6.10　"串连选项"对话框（一）

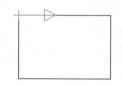

图 2.6.11　串连的图素

图 2.6.10 所示的"串连选项"对话框（一）中各按钮的说明如下：

- ⬚按钮：用于选择线架中的边链。当模型中出现线架时，此按钮会自动处于激活状态；当模型中没有出现线架，此按钮会自动处于不可用状态。

- ⬚按钮：用于选择实体的边链。当模型中既出现线架又出现实体时，此按钮处于可用状态，当该按钮处于按下状态时与其相关的功能才处于可用状态。当模型中没有出现实体，此按钮会自动处于弹起状态。

- ⊙ 2D 单选项：用于选择平行于当前平面中的链。
- ⊙ 3D 单选项：用于同时选择 X、Y 和 Z 方向的链。
- ⊙⊙⊙ 按钮：用于直接选取与定义链相连的链，但遇到分支点时选择结束。在选取时基于"选择类型"单选项的不同而有所差异。
- ✚ 按钮：该按钮既可以用于设置从起始点到终点的快速移动，又可以设置链的起始点的自动化，也可以控制刀具从一个特殊的点进入。
- ▭ 按钮：用于选取定义矩形框内的图素。
- ⊞ 按钮：用于通过单击一点的方式选取封闭区域中的所有图素。
- ╱ 按钮：用于选取单独的链。
- ▱ 按钮：用于选取多边形区域内的所有链。
- ⊶ 按钮：用于选取与定义的折线相交叉的所有链。
- ⊃⊂ 按钮：用于选取第一条链与第二条链之间的所有链。当定义的第一条链与第二条链之间存在分支点时，停止自动选取，用户可选择分支继续选取链。在选取时基于"选择类型"单选项的不同而有所差异。
- 内 ▾ 下拉列表：该下拉列表包括**内**选项、**内+相交**选项、**相交**选项、**外+相交**选项和**外**选项。该下拉列表中的选项只有在 ▭ 按钮或 ▱ 按钮处于被激活的状态下，才可使用。
  - ☑ **内**选项：用于选取定义区域内的所有链。
  - ☑ **内+相交**选项：用于选取定义区域内以及与定义区域相交的所有链。
  - ☑ **相交**选项：用于选取与定义区域相交的所有链。
  - ☑ **外+相交**选项：用于选取定义区域外以及与定义区域相交的所有链。
  - ☑ **外**选项：用于选取定义区域外的所有链。
- ☑ 接续 复选框：用于选取有转折的链。
- ⌃ 按钮：用于恢复至上一次选取的链。
- ⊕ 按钮：用于结束链的选取。常常用于选中 ☑ 接续 复选框的状态。
- ⊘ 按钮：取消上一次选取的链。
- ⊘* 按钮：取消所有选取的链。
- ⇄ 按钮：用于改变链的方向。
- ⌐⌐! 按钮：单击该按钮，系统弹出图 2.6.12 所示的"串连特征"对话框，用户可以设置特征精确度和匹配属性等参数。
- ⌐⌐ 按钮：用于改变链的方向。
- ! 按钮：用于设置选取链时的相关选项。单击此按钮，系统弹出图 2.6.13 所示的"串连选项"对话框。

图 2.6.12   "串连特征"对话框

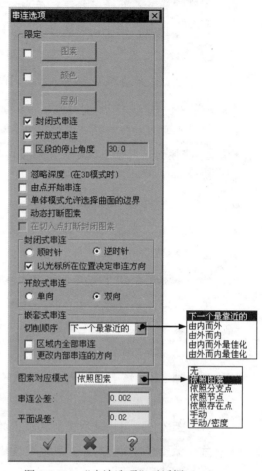

图 2.6.13   "串连选项"对话框（二）

图 2.6.13 所示的"串连选项"对话框（二）中各按钮的说明如下：

- **限定** 区域：用于设置限定的相关参数，其包括 **图素** 按钮、**颜色** 按钮、**层别** 按钮、☑ **封闭式串连** 复选框、☑ **开放式串连** 复选框和 ☑ **区段的停止角度** 复选框。

  - ☑ **图素** 按钮：单击此按钮，系统弹出图 2.6.14 所示的"限定图素"对话框，用户可以通过该对话框设置限定的图素。被设置为限定的图素后，系统将自动从串连的所有图素中排除除用户选取的图素类型以外的所有图素。当选中此按钮前的复选框时该按钮可用。

  - ☑ **颜色** 按钮：单击此按钮，系统弹出图 2.6.15 所示的"限定颜色"对话框，用户可以通过该对话框设置限定的颜色。被设置为限定的颜色后，系统将自动从串连的所有颜色中排除除用户选取的颜色以外的所有颜色。当选中此按钮前的复选框时该按钮可用。

  - ☑ **层别** 按钮：单击此按钮，系统弹出图 2.6.16 所示的"限定层别"对话框，

　　用户可以通过该对话框设置限定的图层，被设置为限定的图层后，系统将自动从串连的所有图素中排除除用户选取的图素所在图层以外的所有图层。当选中此按钮前的复选框时该按钮可用。

图 2.6.15　"限定颜色"对话框

图 2.6.14　"限定图素"对话框

图 2.6.16　"限定层别"对话框

- ☑ ☑封闭式串连 复选框：用于限定封闭式串连。

- ☑ ☑开放式串连 复选框：用于限定开放式串连。

- ☑ ☑区段的停止角度 复选框：用于使用定义的停止角度选取图素，当最后一个被串连的图素与下一个临近的图素之间的角度等于停止角度时结束选取。用户可以在其后的文本框中指定停止角度值。

- ☑忽略深度 (在3D模式时) 复选框：用于设置 3D 模式下忽略 Z 轴方向的尺寸，并确保串连图素的端点始终在串连公差内。

- ☑由点开始串连 复选框：用于设置强迫串，连从开始点向用户创建的图素端点进行串连。

- ☑单体模式允许选择曲面的边界 复选框：当 ◰ 按钮处于按下状态时，选中此复选框可串连选取的曲面边缘。

- ☑动态打断图素 复选框：用于设置在图素的起始和结束位置以动态的方式打断图素。

- ☐在切入点打断封闭图素 复选框：用于设置在刀具路径的起始点打断离切入点最近的图素。如果这个切入点的位置不确定，则该复选框是不可用的。

- 封闭式串连 区域：用于设置与封闭串连的方向的相关选项，其包括 ⦿顺时针 单选项、

☑ 逆时针 单选项和 ☑ 以光标所在位置决定串连方向 复选框。

☑ ● 顺时针 单选项：用于设置封闭式串连方向为顺时针方向。

☑ ● 逆时针 单选项：用于设置封闭式串连方向为逆时针方向。

☑ ☑ 以光标所在位置决定串连方向 复选框：用于根据光标的所在位置确定封闭式串连方向。选中此复选框可以在封闭式串连的方向上给用户提供更多的控制。

● 开放式串连 区域：用于定义开放式串连搜寻方向的相关选项，包括 ● 单向 单选项和 ● 双向 单选项。

☑ ● 单向 单选项：用于设置选取一个最接近于已选取链的起点的链。

☑ ● 双向 单选项：用于设置选取一个最接近于已选取链的终点的链。

● 嵌套式串连 区域：用于定义嵌套式串连的相关参数，包括 切削顺序 下拉列表、☑ 区域内全部串连 复选框和 ☑ 更改内部串连的方向 复选框。

☑ 切削顺序 下拉列表：用于设置加工顺序的类型，其包括 下一个最靠近的 选项、由内而外 选项、由外而内 选项、由内而外最佳化 选项和 由外而内最佳化 选项。

☑ ☑ 区域内全部串连 复选框：用于设置选取区域内的全部串连，应用示例如图2.6.17所示。

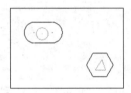 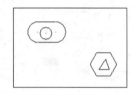

a）未选中   b）选中

图 2.6.17   "区域内全部串连"复选框示例

☑ ☑ 更改内部串连的方向 复选框：用于设置当链缠绕在一个外部边界上时，更改串连方向。

● 图素对应模式 下拉列表：用于定义链的排列方式，其包括 无 选项、依照图素 选项、依照分支点 选项、依照节点 选项、依照存在点 选项、手动 选项和 手动/密度 选项。

☑ 无 选项：用于设置将同步链划分为双数分数点，确保曲面和刀具路径更精确。

☑ 依照图素 选项：用于设置将每一图素的端点匹配成链。

☑ 依照分支点 选项：用于设置使用分支点匹配链。

☑ 依照节点 选项：用于设置使用每条样条曲线的节点匹配两条或者更多的样条曲线。

☑ 依照存在点 选项：用于设置使用图素的端点匹配链。

☑ 手动 选项：用于设置使用自定义的方式匹配链。

☑ 手动/密度 选项：用于设置使用自定义的方式或密度值匹配链。

● 串连公差 文本框：用于定义能够串连的两个端点间的最大间距。

● 平面误差: 文本框：用于定义图素从平面能够串连的最大距离。

2.6.3　视图与窗口

在使用 MasterCAM X6 进行绘图时，常常需要对屏幕上现有的图形进行平移、缩放、旋转等操作，以方便地观看图形的细节。MasterCAM X6 的"视图"下拉菜单（图 2.6.18）提供了丰富的视图操作功能，包括视窗显示、平移、视图方向等。

说明：本小节实例的模型放置在 D:\mcx6\work\ch02.06.03 目录中。

1．视图平移

视图平移可以对视图屏幕在同一个平面内进行左右上下的移动。选择下拉菜单 V 视图 ➡ ✛ P 平移 命令，此时光标变成 ✛ 状，按住鼠标左键拖动视图到预定位置。

说明：按住 Alt 键的同时再按住鼠标中键可以快速对视图进行平移。

2．视图缩放

在 MasterCAM X6 中为用户提供了多种视图缩放命令，用户可以通过下拉菜单 V 视图 和"查看操作"工具栏（图 2.6.19）对视图进行相应的调整。

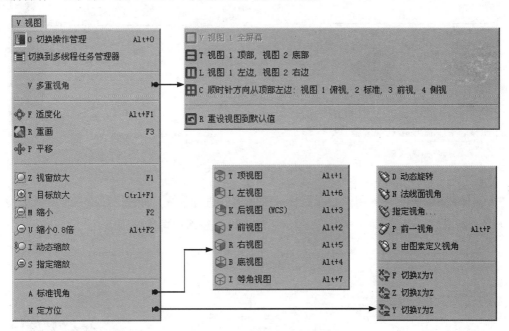

图 2.6.18　"视图"下拉菜单

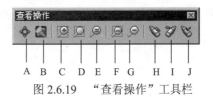

A B C D E F G H I J
图 2.6.19　"查看操作"工具栏

A-适度化　　　　　　　　　　　　B-重画

C-目标放大　　　　　　　　　　　D-视窗放大

E-指定缩放　　　　　　　　　　　F-缩小

G-缩小至原尺寸的 80%　　　　　　H-动态旋转

I-前一视角　　　　　　　　　　　J-指定视角

- 适度化命令：用于将图形充满整个绘图窗口，如图 2.6.20 所示。

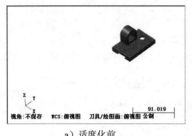

a) 适度化前　　　　　　　　　　　b) 适度化后

图 2.6.20　适度化

- 视窗放大命令：用于局部放大，如图 2.6.21 所示。用户需以矩形框的两个顶点的方式在绘图区定义放大区域。

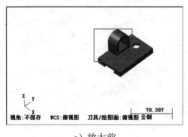

a) 放大前　　　　　　　　　　　b) 放大后

图 2.6.21　视窗放大

- 目标放大命令：用于定义目标放大区域并进行放大，如图 2.6.22 所示。此命令与视窗放大命令不同，它是先确定矩形框中心点然后再确定顶点。

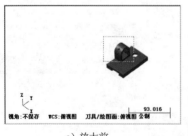

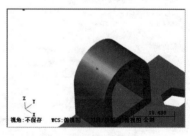

a) 放大前　　　　　　　　　　　b) 放大后

图 2.6.22　目标放大

- 命令：用于缩小至当前视图的一半，如图 2.6.23 所示。

a）缩小前　　　　　　　　　　　　　　　　　b）缩小后

图 2.6.23　缩小

- 命令：用于缩小至当前视图的 80%，如图 2.6.24 所示。

- 命令：使用此命令，用户首先需要在绘图区使用鼠标左键确定一点作为缩放中心，之后鼠标向上拖动为放大图形，鼠标向下拖动为缩小图形，完成缩放后需单击鼠标左键确认。

- 命令：用于放大指定的图素充满绘图区。当使用此命令时，用户需先在绘图区选择要放大的元素，然后再选择 命令进行放大。

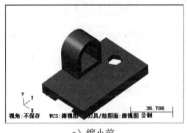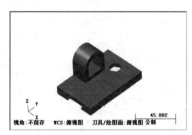

a）缩小前　　　　　　　　　　　　　　　　　b）缩小后

图 2.6.24　缩小至 80%

3．视图旋转

在使用 MasterCAM X6 进行绘图时，经常需要对图形进行旋转操作，以便观察图形。通过 ➡ ➡ 命令（或者在"查看操作"工具栏中单击 按钮）可以旋转视图。

使用 命令时，首先需单击鼠标左键在绘图区选择一个点作为旋转中心，然后移动鼠标旋转图形，直到转到合适位置时再次单击鼠标左键完成图形的旋转操作。

说明： 使用鼠标中键可以快速旋转图形。

4．视图方向

MasterCAM X6 除了为用户提供了七种标准视图外，还提供了一些命令使用户能够以特定的方向观察图形。下面介绍七种标准视图以及一些特定视图的操作方法。

● 标准视图：在下拉菜单 V 视图 的子菜单 A 标准视角 中列出了七种系统设定好的视图，如图 2.6.25~图 2.6.31 所示。

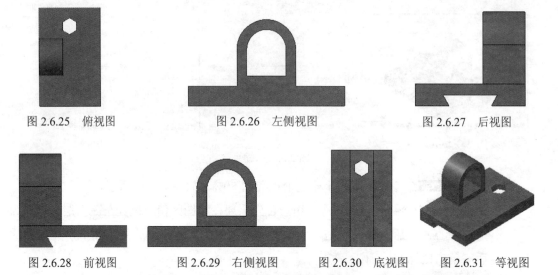

图 2.6.25　俯视图　　　　　图 2.6.26　左侧视图　　　　　图 2.6.27　后视图

图 2.6.28　前视图　　　图 2.6.29　右侧视图　　　图 2.6.30　底视图　　　图 2.6.31　等视图

● 法向视角：选择下拉菜单 V 视图 ➞ N 定方位 ➞ N 法线面视角 命令，然后选择一条直线，系统会以这条直线的方向定义视图方向。

● 选择视角：选择下拉菜单 V 视图 ➞ N 定方位 ➞ 指定视角... 命令，系统弹出图 2.6.32 所示的"视角选择"对话框。用户可以直接在该对话框中选择一个需要的视角，然后单击 ✓ 按钮完成视角的选择。

● 由图素定义：选择下拉菜单 V 视图 ➞ N 定方位 ➞ E 由图素定义视角 命令，然后选择一个平面物体、两条相交的直线或者三个点来定义视图。

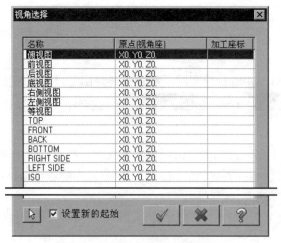

图 2.6.32　"视角选择"对话框

5．多视图设置

MasterCAM X6 为用户提供了多视图同时观察图形的方式，用户可以通过选择下拉菜单
V视图 ➡ V多重视角 ▶ 子菜单中的命令创建多窗口视图，图 2.6.33 所示的为显示了四个视
图的情况。

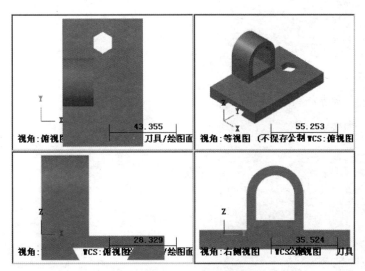

图 2.6.33　显示四个视图

2.6.4　构图平面、坐标系及构图深度

在 MasterCAM X6 界面最下面的状态栏中显示当前作图的环境，如图 2.6.34 所示。下
面对构图平面、坐标系及构图深度等几个比较重要的项目依次进行讲解。

说明：本小节实例的模型放置在 D:\mcx6\work\ch02.06.04 目录中。

图 2.6.34　状态栏

1．构图平面

构图平面是一个绘制二维图形的平面。三维造型的大部分图形一般可以分解为若干个
平面图形进行拉伸、旋转等操作来完成，而这些绘制着二维图形的不同角度、不同位置的
二维平面就是"构图平面"。

设置构图平面与设置"屏幕视角"类似，在状态栏中单击平面按钮，系统弹出图 2.6.35
所示的快捷菜单，其中列出了许多设定构图平面的方法，下面对其主要项进行讲解。

● 　标准构图平面：在图 2.6.35 所示的"构图平面"快捷菜单的上部，列出了七个系
　　　统设定的标准构图平面，各个标准构图平面的示意图如图 2.6.36 所示，分别为顶
　　　视图（Top）、前视图（Front）、后视图（Back）、底视图（Bottom）、右视图（Right）、

左视图（Left）和等角视图（ISO）。其中等角视图是该构图平面与三个坐标轴的夹角相等。

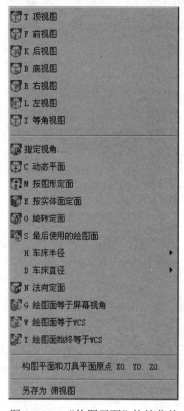

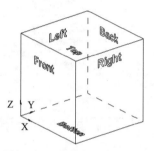

图 2.6.35   "构图平面"快捷菜单   图 2.6.36   各种标准构图平面

- 按图形定面：需选择一个平面物体、两条相交的直线或者三个点来定义构图平面。
- 按实体面定面：需选择一个实体的平面来定义构图平面。例如选择图 2.6.37 所示的模型表面为构图平面，系统弹出"验证"对话框，然后单击"验证"对话框的 ☑ 按钮，系统弹出图 2.6.38 所示的"选择视角"对话框。用户可以通过该对话框定义视角。
- 法向定面：通过选择一条直线作为构图平面的法线来确定构图平面。例如选择图 2.6.39 所示的直线，系统弹出"选择视角"对话框。用户可以通过该对话框定义视角。

图 2.6.37   按照实体表面定义构图平面

图 2.6.38   "选择视角"对话框

2．**坐标系**

MasterCAM X6 中的坐标系包括世界坐标系（WCS）和用户坐标系（UCS）两种。系统默认的坐标系被称为世界坐标系。按 F9 键可以显示世界坐标系，如图 2.6.40 所示；再次按 F9 键隐藏世界坐标系。

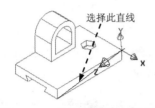

图 2.6.39　依法线定义构图平面

图 2.6.40　世界坐标系

在状态栏中单击 **WCS** 按钮，系统弹出图 2.6.41 所示的快捷菜单。用户可以在此快捷菜单中设置世界坐标系。设置世界坐标系的方法与前面所述的设置"构图平面"的方法相同，设置完世界坐标系的构图平面后，还需要设置世界坐标系中的角度和位置。

图 2.6.41　"WCS"快捷菜单

若用户想对构图平面、刀具平面和坐标系等多项参数同时设置，可以通过在"WCS"快捷菜单中选择 **V 打开视角管理** 命令，系统弹出图 2.6.42 所示的"视角管理"对话框。用户可以通过该对话框对构图平面、刀具平面和坐标系等多项参数进行设置。

3. 构图深度

前面所讲的构图平面只是设置该平面的法线，而在同一条法线上的平面有无数个，并且这些平面都是相互平行的，因此就需要定义一个所谓为"构图深度"的值来确定平面的位置，所以构图深度就是二维平面相对于世界坐标系的空间位置。在默认情况下，构图深度为零，也就是通过世界坐标系的原点。

用户可以在状态栏的 Z 0.0 文本框中设置构图深度值，设置完构图深度值后需按 Enter 键应用构图深度值；或者在状态栏的 Z 0.0 文本框中右击，系统弹出图 2.6.43 所示的快捷菜单。在弹出的快捷菜单中选择相应的命令来确定构图深度值。

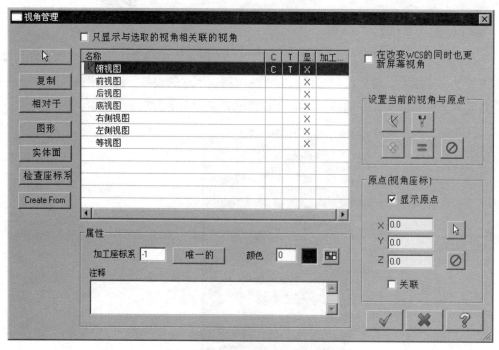

图 2.6.42　"视角管理"对话框

图 2.6.43　"构图深度"快捷菜单

第 3 章 基本图形的绘制与编辑

┌─────────┐
│ **本章提要** │ 在 MasterCAM X6 中，二维图形的绘制是整个 CAD 应用的基础，只有
└─────────┘
能够熟练地使用各种绘图命令，才能设计出更好地三维实体。并且二维模型还能为以后的
数控加工提供相应的模型。MasterCAM X6 不仅可以绘制简单的点、线、圆弧等图素，还可
以绘制各种变换矩形、螺旋线等复杂图素。综合使用这些绘图命令可以绘制各种二维图形。
本章内容包括：

- 点的绘制
- 直线的绘制
- 圆及圆弧的绘制
- 矩形的绘制
- 正多边形的绘制
- 边界盒的绘制
- 图形文字的添加
- 螺旋线的绘制（间距）
- 螺旋线的绘制（锥度）
- 样条曲线的绘制
- 删除与还原图素
- 编辑图素
- 转换图素

3.1 点 的 绘 制

MasterCAM X6 为用户提供了八种绘制点的方法，从而能够满足不同用户的需求。在
MasterCAM X6 中，点不仅有形状，而且有大小。点的形状可以通过"系统配置"对话框中
CAD 设置 选项卡中的 点类型 下拉列表 * 进行设置，也可以在状态栏中的 * 下拉列表
中进行设置。点在绘图区所占的百分比是不变的，即点的大小不随视图比例的变化而变化。

绘制点的各种命令位于 C 绘图 下拉菜单的 P 绘点 子菜单中，如图 3.1.1 所示。同样，在
"Sketcher"工具栏中也列出了相应的绘制点的命令，如图 3.1.2 所示。

3.1.1　绘点

绘点功能是通过指定点的坐标值或者通过点的捕捉创建的。单击"绘点"按钮，系统弹出图 3.1.3 所示的"点"工具栏。此时用户可以在绘图区任意指定的位置绘制点。

图 3.1.1　"绘点"子菜单

图 3.1.2　"Sketcher"工具栏

图 3.1.3　"点"工具栏

图 3.1.3 所示的"点"工具栏中的按钮说明如下：

● 按钮：用于修改当前创建点的位置。

如果用户想在已绘制图素的特征上创建点，则可以在"自动抓点"工具栏的下拉列表中选择定义点的类型。点的定义和使用方法如下所述。

1．原点

此种创建点的方式是在系统世界坐标系的坐标原点创建一个点。

2．圆心

此种创建点的方式是用于创建选择圆或者圆弧的圆心，在绘图区中单击需要创建圆心点的圆弧，则可以创建该圆弧的圆心。

3．端点

此种创建点的方式是用于在图素（直线、圆弧）的端点创建一点。使用这种方式只能在绘图区现有的图素上创建点。选择此命令后，在绘图区中选取要创建端点的图素，系统会在靠近鼠标位置的一端创建一个端点。

4．交点

此种创建点的方式是在两个相交图素的交点处创建一个点。选择此方式后，在绘图区选取两个相交图素，系统会在两个相交图素的交点处创建交点。如果所选择的两个图素没有交点，系统会弹出图 3.1.4 所示的"警告"对话框，提示用户所选择的两个图素没有交点。

图 3.1.4　"警告"对话框

5．中点

此种创建点的方式是在所选取的图素中点创建一个点。选择此命令后，在绘图区选择一个图素，系统会在选定图素的中点位置创建一个点。

6．绘点

此种创建点的方式是用于对绘图区中已存在的点进行选择，并在该点位置创建新点。使用鼠标在绘图区中的现有点上单击，则新创建的点将与原来的点重叠在同一个位置上。

7．四等分点

此种创建点的方式是在圆弧的四个象限点位置处创建点，圆的四个象限点分别分布在圆周上 0°、90°、180° 和 270° 的位置上。选择此命令后，在绘图区选择一个圆弧，系统会在距离鼠标最近的象限点处创建四等分点。

8．引导方向

此种创建点的方式是在图素上沿着图素的方向并根据指定的距离值创建点。选择此命令后，在绘图区选择一个图素，然后在 文本框中输入距离值并按 Enter 键创建点。

9．接近点

此种创建点的方式是捕捉离光标位置最近的点。

10．相对点

此种创建点的方式是用于创建相对一个已知位置具有一定距离的点。

11. 相切

此种创建点的方式是捕捉图素对象与圆弧相切的点。这种点的创建方式大多被应用于绘制直线。

12. 垂直

此种创建点的方式是捕捉图素之间的垂直点。这种点的创建方式大多被应用于绘制直线。

3.1.2　动态绘点

"动态绘点"命令可以沿着某一个图素的方向动态绘制点。使用此命令可以在已知图素（直线或圆弧）以外绘制动态点。下面以图 3.1.5 所示的模型为例讲解动态绘点的一般操作过程。

a）创建前　　　　　　　　　　　　　　　　　　　b）创建后

图 3.1.5　动态绘点

Step1. 打开文件 D:\mcx6\work\ch03.01.02\DYNAMIC_POINT.MCX-6。

Step2. 选择命令。选择下拉菜单 C 绘图 ➡ P 绘点 ➡ D 动态绘点 命令，系统弹出图 3.1.6 所示的"动态绘点"工具栏。

图 3.1.6　"动态绘点"工具栏

图 3.1.6 所示的"动态绘点"工具栏中部分选项的说明如下：

● +1 按钮：用于修改当前创建点的位置。

● 按钮：用于定义创建点沿任意直线方向。

● 按钮：用于调整点的创建方向，其有三种状态，分别为 、 和 ，单击此按钮，将在三种状态中间循环切换。

● 按钮：用于确定创建点的矢量方向沿曲面的法向。

● 按钮：用于设置锁定和解除锁定动态点的距离。当此按钮处于按下状态时，该按钮后的文本框被锁定，即动态点的位置不会跟随鼠标的移动而改变。用户可以在其后的文本框中定义动态点的距离值。

- ⬛按钮：用于设置使用补正距离。当此按钮处于按下状态时，使用补正，此时在绘图区出现补正方向箭头，用户可以通过移动鼠标更改补正方向。用户可以在其后的文本框中定义补正的距离值。

注意：

- 当所选择的附着动态点的对象为圆弧时，动态点的距离将沿着定义圆弧的顺时针方向计算。

- 当所选择的附着动态点的对象为圆时，动态点的距离将从圆的零度点开始计算。

- 补正距离命令不能在曲面或实体上创建动态点。

Step3. 定义动态点的附着对象。在绘图区选取图 3.1.5a 所示的样条曲线为附着对象。

Step4. 设置动态点的参数。在"动态绘点"工具栏中单击⬛按钮，并在其后的文本框中输入值 50，然后按 Enter 键确认。

说明：动态点测量的值为两点之间的距离，如图 3.1.5b 所示。

Step5. 单击✔按钮，完成动态点的绘制。

3.1.3　曲线节点

"曲线节点"命令 ⬛可以将控制曲线形状的节点绘制出来。下面以图 3.1.7 所示的模型为例讲解创建曲线节点的一般操作过程。

a）创建前　　　　　　　　　　　　　　　　　　　　　　b）创建后

图 3.1.7　曲线节点

Step1. 打开文件 D:\mcx6\work\ch03.01.03\NODE_POINT.MCX-6。

Step2. 选择命令。选择下拉菜单 C 绘图 ➡ P 绘点 ➡ N 曲线节点 命令。

Step3. 定义曲线节点的对象。在绘图区选择图 3.1.7a 所示的样条曲线为对象，此时系统会自动创建该样条曲线的控制节点，如图 3.1.7b 所示。

3.1.4 等分绘点

"等分绘点"命令  可以在一个已知图素上按照定义的距离和数量绘制一系列点。下面以图 3.1.8 所示的模型为例讲解绘制等分点的一般操作过程。

a）创建前　　　　　　　　　　　　　　　　　　　　b）创建后

图 3.1.8　绘制等分点

Step1. 打开文件 D:\mcx6\work\ch03.01.04\SEGMENT.MCX-6。

Step2. 选择命令。选择下拉菜单 `C 绘图` ➡ `P 绘点` ➡ `S 绘制等分点...` 命令，系统弹出图 3.1.9 所示的"等分绘点"工具栏。

图 3.1.9　"等分绘点"工具栏

图 3.1.9 所示的"等分绘点"工具栏中部分选项的说明如下：

● ➡ 按钮：用于设置使用定义分割间距的方式创建等分绘点。用户可以在其后的文本框中定义等分绘点的间距值。

● ▦ 按钮：用于设置使用定义等分绘点的数量值的方式创建等分绘点。用户可以在其后的文本框中定义等分绘点的数量值。

Step3. 设置等分绘点的参数。在"等分绘点"工具栏中 ▦ 按钮后的文本框中输入 6，然后按 Enter 键确认。

Step4. 定义分割对象。在绘图区选择图 3.1.8a 所示的样条曲线为附着对象，此时系统会自动创建等分绘点，如图 3.1.8b 所示。

Step5. 单击 ✚ 按钮，完成等分绘点的绘制。

Step6. 分割圆。参照 Step3~ Step5 将图 3.1.8a 所示的圆弧分割成 5 份，定义的等分绘点数为 6。

说明：由图 3.1.8b 所示的等分绘点的数量可以看出，同样定义了等分绘点的数量为 6，可是封闭圆的等分绘点数少了一个。其实封闭圆的等分绘点数并没有少，系统会默认封闭圆是由一个点绕着另一个点从 0°开始旋转，直至旋转到 360°为止的圆弧组成，因此，在 0°位置有两个点。

3.1.5　端点

"端点"命令可以在视图中所有图素的端点处绘制点。下面以图 3.1.10 所示的模型为例讲解绘制端点的一般操作过程。

a）创建前　　　　　　　　　　　　　　　　　　　　　　b）创建后

图 3.1.10　绘制端点

Step1. 打开文件 D:\mcx6\work\ch03.01.05\POINT.MCX-6。

Step2. 选择命令。选择下拉菜单 C 绘图 ➡ P 绘点 ➡ E 端点 命令，此时系统会自动创建端点，如图 3.1.10b 所示。

3.1.6　小圆心点

"小圆心点"命令可以在已知半径内的圆弧中心创建点。下面以图 3.1.11 所示的模型为例讲解绘制小圆心点的一般操作过程。

a）创建前　　　　　　　　　　　　　　　　　　　　　　b）创建后

图 3.1.11　绘制小圆心点

Step1. 打开文件 D:\mcx6\work\ch03.01.06\CENTER_POINT.MCX-6。

Step2. 选择命令。选择下拉菜单 C 绘图 ➡ P 绘点 ➡ A 小圆心点... 命令，系统弹出图 3.1.12 所示的"小于指定半径的圆心点"工具栏。

图 3.1.12　"小于指定半径的圆心点"工具栏

图 3.1.12 所示的"小于指定半径的圆心点"工具栏中部分选项的说明如下：

- 按钮：用于定义小圆弧的最大半径，系统会在定义的最大半径内的小圆弧中心创建圆心点。用户可以在其后的文本框中定义小圆弧的最大半径值。

- 按钮：用于设置在部分圆的圆弧中心创建点。

- 按钮：用于设置在创建完小圆弧中心点后删除小圆弧。

Step3. 设置小圆心点的参数。在"小于指定半径的圆心点"工具栏中单击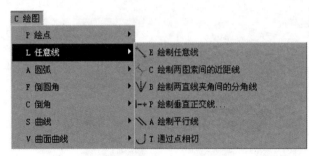按钮，并在其后的文本框中输入值 20，然后按 Enter 键确认。

Step4. 定义创建小圆心点的对象。在绘图区框选图 3.1.11a 所示的两个圆弧为对象。

Step5. 单击✔按钮，完成小圆心点的绘制。

3.2 直线的绘制

MasterCAM X6 为用户提供了六种绘制直线的方法，基本能够满足用户的需求。绘制直线的各种命令位于 C 绘图 下拉菜单的 L 任意线 子菜单中，如图 3.2.1 所示。同样，在"Sketcher"工具栏中也列出了相应的绘制直线的命令，如图 3.2.2 所示。

图 3.2.1 "任意线"子菜单

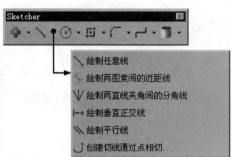

图 3.2.2 "Sketcher"工具栏

3.2.1 绘制任意线

绘制任意线命令 是通过确定直线的起点和终点来创建直线。系统可根据鼠标移动的方向自动判断生成水平或竖直的直线。下面以图 3.2.3 所示的模型为例讲解绘制任意线的一般操作过程。

a）创建前   b）创建后

图 3.2.3 绘制任意线

Step1. 打开文件 D:\mcx6\work\ch03.02.01\ENDPOINT_LINE.MCX-6。

Step2. 选择命令。选择下拉菜单 C 绘图 ➡ L 任意线 ➡ E 绘制任意线 命令，系统弹出图 3.2.4 所示的"直线"工具栏。

图 3.2.4 "直线"工具栏

图 3.2.4 所示的"直线"工具栏中部分选项的说明如下：

- ●　+1 按钮：用于对当前绘制的直线的起点进行编辑。
- ●　+2 按钮：用于对当前绘制的直线的终点进行编辑。
- ●　按钮：用于设置绘制连续的多线段。
- ●　按钮：用于设置锁定和解除锁定直线的距离。当此按钮处于按下状态时，该按钮后的文本框被锁定，即直线的长度不会跟随鼠标的移动而改变。用户可以在其后的文本框中定义直线的长度值。
- ●　按钮：用于设置锁定和解除锁定直线的角度。当此按钮处于按下状态时，该按钮后的文本框被锁定，即创建后的直线与极轴之间的角度不会跟随鼠标的移动而改变。用户可以在其后的文本框中定义绘制直线与极坐标轴间的角度值。
- ●　按钮：用于强制绘制竖直直线。
- ●　按钮：用于强制绘制水平直线。
- ●　按钮：用于设置绘制的直线与选定的圆弧或者样条曲线相切。用户可以在绘图区任意位置定义直线的起点，然后单击此按钮并选取相切对象，完成相切直线的绘制。

Step3. 定义直线的起点和终点。在绘图区选取图 3.2.3a 所示的点 1 为直线的起点，点 2 为直线的终点。

Step4. 单击 按钮，完成任意直线的绘制。

3.2.2　近距线

近距线命令 是在两个图素（包括直线、圆弧和样条曲线）之间创建最短的直线。下面以图 3.2.5 所示的模型为例讲解绘制近距线的一般操作过程。

a）创建前　　　　　　　　　　　　　　　　　　b）创建后

图 3.2.5　绘制近距线

Step1. 打开文件 D:\mcx6\work\ch03.02.02\CLOSEST_LINE.MCX-6。

Step2. 选择命令。选择下拉菜单 _{C 绘图} ➡ _{L 任意线} ➡ _{C 绘制两图素间的近距线} 命令。

Step3. 定义近距线的对象。依次在绘图区选择图 3.2.5a 所示的两个圆弧为对象，此时系统会自动创建这两个元素之间的近距线，如图 3.2.5b 所示。

3.2.3　分角线

分角线命令 是在两条直线之间创建角平分线。下面以图 3.2.6 所示的模型为例讲解绘制分角线的一般操作过程。

a）创建前　　　　　　　　　　　　　　　　　　　　　　　b）创建后

图 3.2.6　绘制分角线

Step1. 打开文件 D:\mcx6\work\ch03.02.03\BISECT_LINE.MCX-6。

Step2. 选择命令。选择下拉菜单 _{C 绘图} ➡ _{L 任意线} ➡ _{B 绘制两直线夹角间的分角线} 命令，系统弹出图 3.2.7 所示的"平分线"工具栏。

图 3.2.7　"平分线"工具栏

图 3.2.7 所示的"平分线"工具栏中部分选项的说明如下：

- 按钮：选中此按钮，用户可以创建一条单独的平分线。
- 按钮：选中此按钮，用户可以创建四条平分线。
- 按钮：用于设置分角线的长度。用户可以在其后的文本框中定义分角线的长度值。

Step3. 设置分角线的参数。在"平分线"工具栏中单击 按钮，并在其后的文本框中输入 25，然后按 Enter 键确认。

Step4. 定义绘制分角线的对象。确认"平分线"工具栏中 按钮被按下时，在绘图区选取图 3.2.6a 所示的两条直线为对象。此时在绘图区显示图 3.2.8 所示的四条分角线。

Step5. 定义要保留的分角线。在绘图区选取图 3.2.9 所示的直线为要保留的分角线。

Step6. 单击 按钮，完成分角线的绘制，如图 3.2.6b 所示。

图 3.2.8　分角线预览

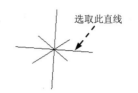
图 3.2.9　定义要保留的分角线

3.2.4　绘制垂直正交线

绘制垂直正交线命令 ![按钮] 是用来绘制与已知直线垂直的直线。下面以图 3.2.10 所示的模型为例讲解绘制垂直正交线的一般操作过程。

a）创建前　　　　　　　　　　　　　　　　　　b）创建后

图 3.2.10　绘制垂直正交线

Step1. 打开文件 D:\mcx6\work\ch03.02.04\PERPENDICULAR_LINE.MCX-6。

Step2. 选择命令。选择下拉菜单 `C 绘图` ➡ `L 任意线` ➡ `P 绘制垂直正交线…` 命令，系统弹出图 3.2.11 所示的"垂直正交线"工具栏。

图 3.2.11　"垂直正交线"工具栏

图 3.2.11 所示的"垂直正交线"工具栏中部分选项的说明如下：

● ![按钮] 按钮：用于设置分角线的长度。用户可以在其后的文本框中定义分角线的长度值。

● ![按钮] 按钮：用于设置绘制的垂直线与选定的圆弧或者样条曲线相切。用户可以在绘图区选取一个相切图素，然后单击此按钮并另一个选取相切对象，完成相切直线的绘制。

Step3. 设置垂直正交线的参数。在"垂直正交线"工具栏中单击 ![按钮] 按钮。

Step4. 定义绘制垂直正交线相切和垂的对象。在绘图区选取图 3.2.10a 所示的圆弧为相切对象，然后选取图 3.2.10a 所示的直线为垂直对象。此时在绘图区显示图 3.2.12 所示的两条垂直线。

Step5. 定义要保留的垂直正交线。在绘图区选取图 3.2.13 所示的直线为要保留的垂直线。

图 3.2.12   法线预览   图 3.2.13   定义要保留的线

Step6. 单击 ✓ 按钮，完成垂直正交线的绘制，如图 3.2.10b 所示。

3.2.5 绘制平行线

绘制平行线命令 ◣ 是通过一点绘制与某一直线的平行线。下面以图 3.2.14 所示的模型为例讲解绘制平行线的一般操作过程。

a）创建前   b）创建后

图 3.2.14   绘制平行线

Step1. 打开文件 D:\mcx6\work\ch03.02.05\PARALLEL_LINE.MCX-6。

Step2. 选择命令。选择下拉菜单 C 绘图 ➡ L 任意线 ➡ A 绘制平行线 命令，系统弹出图 3.2.15 所示的"平行线"工具栏。

图 3.2.15   "平行线"工具栏

图 3.2.15 所示的"平行线"工具栏中部分选项的说明如下：

- ⊞1 按钮：用于对当前平行线的通过点进行编辑。
- ⟺ 按钮：用于调整平行直线的位置。此按钮有三种状态，分别为 ⟺ 、⟺ 和 ⟺ ，它们对应的位置如图 3.2.16~图 3.2.18 所示。
- ⊩ 按钮：用于设置使用平行直线与原始图素之间的距离限制平行线。用户可以在其后的文本框中定义平行的距离值。

图 3.2.16　位置 1

　　图 3.2.17　位置 2

　　图 3.2.18　位置 3

- ⬜按钮：用于设置绘制的平行线与选定的圆弧或者样条曲线相切。用户可以在绘图区选取一个相切图素，然后单击此按钮并选取另一个相切对象，完成相切直线的绘制。

Step3. 设置平行线的参数。在"平行线"工具栏中单击⬜按钮。

Step4. 定义平行对象和相切图素。在绘图区选取图 3.2.14a 所示的直线为平行对象，然后选取图 3.2.14a 所示的圆弧为相切的图素（在图 3.2.19 所示的靠近点 1 位置处单击）。

图 3.2.19　定义相切图素

Step5. 单击✔按钮，完成平行线的绘制，如图 3.2.14b 所示。

3.2.6　绘制通过点相切线

　　绘制通过点相切线命令⬜是通过一点绘制与某一圆弧相切的线。下面以图 3.2.20 所示的模型为例讲解绘制通过点相切线的一般操作过程。

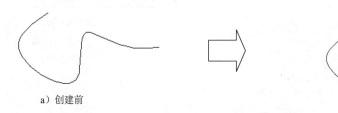
　　　　a）创建前　　　　　　　　　　　　　　　　b）创建后
图 3.2.20　绘制通过点相切线

Step1. 打开文件 D:\mcx6\work\ch03.02.06\CURVE_TANGENG.MCX-6。

Step2. 选择命令。选择下拉菜单 C 绘图 ➡ L 任意线 ➡ T 通过点相切 命令，系统弹出图 3.2.21 所示的"线切"工具栏。

图 3.2.21　"线切"工具栏

Step3. 定义相切图素和相切点。在绘图区选取图 3.2.20a 所示的曲线为相切对象，选取图 3.2.22 所示的点 1 为相切点，然后沿相切的方向一侧单击。

说明：选取曲线时应靠近相切点的位置，否则结果可能不正确。相切点也可以选择曲线上的任意一点。

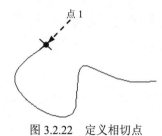

图 3.2.22　定义相切点

Step4. 定义切线长度。单击"线切"工具栏中的 按钮，然后在其后面的文本框中输入值 100。按 Enter 键。

Step5. 单击 按钮，完成通过点相切线的绘制，如图 3.2.20b 所示。

3.3　圆及圆弧的绘制

MasterCAM X6 为用户提供了七种绘制圆及圆弧的方法，它们位于 <kbd>C 绘图</kbd> 下拉菜单的 <kbd>A 圆弧</kbd> 子菜单中，如图 3.3.1 所示。同样，在"Sketcher"工具栏中也列出了相应的绘制圆及圆弧的命令，如图 3.3.2 所示。

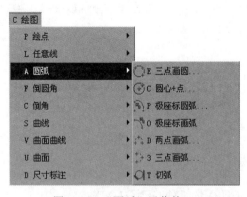

图 3.3.1　"圆弧"子菜单

图 3.3.2　"Sketcher"工具栏

3.3.1　三点圆弧

三点圆弧命令 是通过指定不在同一直线上的三个点来创建圆弧。下面以图 3.3.3 所示的模型为例讲解绘制三点圆弧的一般操作过程。

图 3.3.3 绘制三点圆弧

Step1. 打开文件 D:\mcx6\work\ch03.03.01\CIRCLE_EDGE_POINT.MCX-6。

Step2. 选择命令。选择下拉菜单 C 绘图 ➡ A 圆弧 ➡ E 三点画圆... 命令，系统弹出图 3.3.4 所示的"已知边界点画圆"工具栏。

图 3.3.4 "已知边界点画圆"工具栏

图 3.3.4 所示的"已知边界点画圆"工具栏中部分选项的说明如下：

- ➕1️⃣按钮：用于对当前三点圆弧的第一个通过点进行编辑。
- ➕2️⃣按钮：用于对当前三点圆弧的第二个通过点进行编辑。
- ➕3️⃣按钮：用于对当前三点圆弧的第三个通过点进行编辑。
- ⟳按钮：用于设置使用三个通过点创建圆弧。
- ⟲按钮：用于设置使用两个通过点创建圆弧。
- ⊙按钮：用于设置锁定和解除锁定圆弧的半径。当此按钮处于按下状态时，该按钮后的文本框被锁定，即圆弧的半径不会跟随鼠标的移动而改变。用户可以在其后的文本框中定义圆弧的半径值。
- ⊕按钮：用于设置锁定和解除锁定圆弧的直径。当此按钮处于按下状态时，该按钮后的文本框被锁定，即圆弧的直径不会跟随鼠标的移动而改变。用户可以在其后的文本框中定义圆弧的直径值。
- ⟋按钮：用于设置绘制的圆弧与选定的图素相切。

Step3. 设置创建圆的方式。在"已知边界点画圆"工具栏中单击⟳按钮，并确认⟋按钮没有处于按下状态。

Step4. 创建图 3.3.3b 所示的圆弧 1。依次在绘图区选取图 3.3.3a 所示的三个点，创建图 3.3.3b 所示的圆弧 1。

Step5. 设置圆弧参数。在"已知边界点画圆"工具栏中单击⟋按钮。

Step6. 创建图 3.3.3b 所示的圆弧 2。依次在绘图区选取图 3.3.3a 所示的三条直线，创建图 3.3.3b 所示的圆弧 2。

Step7. 单击✔按钮，完成三点圆弧的绘制，如图 3.3.3b 所示。

3.3.2　中心、半径绘圆

中心、半径绘圆命令⊙是确定圆心和一个圆的通过点创建圆弧。下面以图 3.3.5 所示的模型为例讲解中心、半径绘圆的一般操作过程。

图 3.3.5　中心、半径绘圆

Step1. 打开文件 D:\mcx6\work\ch03.03.02\CIRCLE_CENTER_POINT.MCX-6。

Step2. 选择命令。选择下拉菜单 C 绘图 ➡ A 圆弧 ➡ C 圆心+点... 命令，系统弹出图 3.3.6 所示的"编辑圆心点"工具栏。

图 3.3.6　"编辑圆心点"工具栏

图 3.3.6 所示的"编辑圆心点"工具栏中部分选项的说明如下：

- +1 按钮：用于对当前圆弧的中心点进行编辑。
- ⊙ 按钮：用于设置锁定和解除锁定圆弧的半径。当此按钮处于按下状态时，该按钮后的文本框被锁定，即圆弧的半径不会跟随鼠标的移动而改变。用户可以在其后的文本框中定义圆弧的半径值。
- ⟷ 按钮：用于设置锁定和解除锁定圆弧的直径。当此按钮处于按下状态时，该按钮后的文本框被锁定，即圆弧的直径不会跟随鼠标的移动而改变。用户可以在其后的文本框中定义圆弧的直径值。
- ✏ 按钮：用于设置绘制的圆弧与选定的图素相切。

Step3. 设置创建圆弧方式。在"编辑圆心点"工具栏中确认✏按钮没有处于按下状态。

Step4. 创建图 3.3.5b 所示的圆弧 1。依次在绘图区选取图 3.3.5a 所示的点 1 和点 2，创建图 3.3.5b 所示的圆弧 1。

Step5. 设置圆弧参数。在"编辑圆心点"工具栏中单击✏按钮。

Step6. 创建图 3.3.5b 所示的圆弧 2。依次在绘图区选取图 3.3.5a 所示的点 3 和前面创建的圆弧 1，创建图 3.3.5b 所示的圆弧 2。

Step7. 单击 ✔ 按钮，完成中心、半径绘圆的操作，如图 3.3.5b 所示。

3.3.3　极坐标圆弧

极坐标圆弧命令 是确定圆心、圆弧的起始角和终止角来创建极坐标圆弧。下面以图 3.3.7 所示的模型为例讲解极坐标圆弧的一般操作过程。

a）创建前　　　　　　　　　　　　　　　　　b）创建后

图 3.3.7　极坐标圆弧

Step1. 打开文件 D:\mcx6\work\ch03.03.03\ARC_POLAR.MCX-6。

Step2. 选择命令。选择下拉菜单 C 绘图 ➡ A 圆弧 ➡ P 极坐标圆弧... 命令（注：此处软件翻译有误，"极座标"应翻译为"极坐标"），系统弹出图 3.3.8 所示的"极坐标画弧"工具栏。

图 3.3.8　"极坐标画弧"工具栏

图 3.3.8 所示的"极坐标画弧"工具栏中部分选项的说明如下：

- +1 按钮：用于对当前圆弧的中心点进行编辑。
- ⟷／ 按钮：用于调整平行直线的位置。此按钮有两种状态，分别为 ⟷／ 和 ⟷／ ，它们对应的位置如图 3.3.9 和图 3.3.10 所示。

图 3.3.9　位置 1　　　　　　　　　　　图 3.3.10　位置 2

- ⊙ 按钮：用于设置锁定和解除锁定圆弧的半径。当此按钮处于按下状态时，该按钮后的文本框被锁定，即圆弧的半径不会跟随鼠标的移动而改变。用户可以在其后的文本框中定义圆弧的半径值。

- ⊕按钮：用于设置锁定和解除锁定圆弧的直径。当此按钮处于按下状态时，该按钮后的文本框被锁定，即圆弧的直径不会跟随鼠标的移动而改变。用户可以在其后的文本框中定义圆弧的直径值。

- ⬙按钮：用于设置锁定和解除锁定极坐标圆弧的起始角度。当此按钮处于按下状态时，该按钮后的文本框被锁定，即极坐标圆弧的起始角度不会跟随鼠标的移动而改变。用户可以在其后的文本框中定义极坐标圆弧的起始角度值。

- ⬙按钮：用于设置锁定和解除锁定极坐标圆弧的终止角度。当此按钮处于按下状态时，该按钮后的文本框被锁定，即极坐标圆弧的终止角度不会跟随鼠标的移动而改变。用户可以在其后的文本框中定义极坐标圆弧的终止角度值。

- ⟋按钮：用于设置绘制的圆弧与选定的图素相切。

Step3. 设置创建圆弧方式。在"极坐标画弧"工具栏中确认⟋按钮没有处于按下状态。

Step4. 创建图 3.3.7b 所示的圆弧 1。依次在绘图区选取图 3.3.7a 所示的点 2、点 1 和点 3，创建图 3.3.7b 所示的圆弧 1。

Step5. 设置圆弧参数。在"极坐标画弧"工具栏中单击⟋按钮。

Step6. 创建图 3.3.7b 所示的圆弧 2。依次在绘图区选取图 3.3.7a 所示的点 5、前面创建的圆弧 1 和点 4，创建图 3.3.7b 所示的圆弧 2。

Step7. 单击✔按钮，完成极坐标圆弧的绘制，如图 3.3.7b 所示。

3.3.4 极坐标画弧

极坐标画弧命令⬙是确定半径和一个圆的通过点创建极坐标圆弧。下面以图 3.3.11 所示的模型为例讲解极坐标画弧的一般操作过程。

a）创建前　　　　　　　　　　　　　　　　b）创建后

图 3.3.11　极坐标画弧

Step1. 打开文件 D:\mcx6\work\ch03.03.04\CIRCLE_POLAR.MCX-6。

Step2. 选择命令。选择下拉菜单 C 绘图 ➡ A 圆弧 ➡ O 极座标画弧 命令（注：此处软件翻译有误，"极座标"应翻译为"极坐标"），系统弹出图 3.3.12 所示的"极坐标画弧"工具栏。

图 3.3.12　"极坐标画弧"工具栏

图 3.3.12 所示的"极坐标画弧"工具栏中部分选项的说明如下：

- 按钮：用于对当前圆弧的通过点进行编辑。
- 按钮：用于设置圆弧的通过点为圆弧的起始点，如图 3.3.13 所示。
- 按钮：用于设置圆弧的通过点为圆弧的终止点，如图 3.3.14 所示。

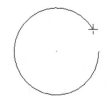

图 3.3.13　通过点为起始点

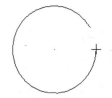

图 3.3.14　通过点为终止点

- 按钮：用于定义圆弧半径。用户可以在其后的文本框中定义圆弧的半径值。
- 按钮：用于定义圆弧直径。用户可以在其后的文本框中定义圆弧的直径值。
- 按钮：用于定义极坐标画弧的起始角度。用户可以在其后的文本框中定义极坐标画弧的起始角度值。
- 按钮：用于定义极坐标画弧的终止角度。用户可以在其后的文本框中定义极坐标画弧的终止角度值。

Step3. 定义通过点。在绘图区选取图 3.3.11a 所示的点为通过点。

Step4. 设置圆弧参数。在"极坐标画弧"工具栏中单击 按钮；然后单击 按钮，并在其后的文本框中输入值 10，最后按 Enter 键确认。

Step5. 单击 按钮，完成极坐标画弧的绘制，如图 3.3.11b 所示。

3.3.5　两点圆弧

两点圆弧命令 是确定两个通过点和圆弧的最高点创建圆弧。下面以图 3.3.15 所示的模型为例讲解两点圆弧的一般操作过程。

图 3.3.15　两点圆弧

Step1. 打开文件 D:\mcx6\work\ch03.03.05\ARC_ENDPOINTS.MCX-6。

Step2. 选择命令。选择下拉菜单  命令，系统弹出图 3.3.16 所示的"两点画弧"工具栏。

图 3.3.16　"两点画弧"工具栏

图 3.3.16 所示的"两点画弧"工具栏中部分选项的说明如下：

* 按钮：用于对当前圆弧的第一个通过点进行编辑。
* 按钮：用于对当前圆弧的第二个通过点进行编辑。
* 按钮：用于设置锁定和解除锁定圆弧的半径。当此按钮处于按下状态时，该按钮后的文本框被锁定，即圆弧的半径不会跟随鼠标的移动而改变。用户可以在其后的文本框中定义圆弧的半径值。
* 按钮：用于设置锁定和解除锁定圆弧的直径。当此按钮处于按下状态时，该按钮后的文本框被锁定，即圆弧的直径不会跟随鼠标的移动而改变。用户可以在其后的文本框中定义圆弧的直径值。
* 按钮：用于设置绘制的圆弧与选定的图素相切。

Step3. 设置创建圆弧方式。在"两点画弧"工具栏中确认 按钮没有处于按下状态。

Step4. 创建图 3.3.15b 所示的圆弧 1。依次在绘图区选取图 3.3.15a 所示的点 1 和点 2，然后单击 按钮，在其后的文本框中输入 20 并按 Enter 键确认，此时在绘图区出现图 3.3.17 所示的两个圆。选取图 3.3.18 所示的圆弧为保留对象，单击 按钮创建图 3.3.15b 所示的圆弧 1。

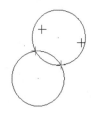

图 3.3.17　圆弧预览

选择此圆弧

图 3.3.18　定义保留对象

Step5. 设置圆弧参数。在"两点画弧"工具栏中单击 按钮。

Step6. 创建图 3.3.15b 所示的圆弧 2。依次在绘图区选取图 3.3.15a 所示的点 3、点 4 和前面创建的圆弧 1，创建图 3.3.15b 所示的圆弧 2。

Step7. 单击 按钮，完成两点圆弧的绘制，如图 3.3.15b 所示。

3.3.6　三点圆弧

三点圆弧命令  是依次确定三个通过点来创建圆弧。下面以图 3.3.18 所示的模型为例讲解三点圆弧的一般操作过程。

图 3.3.19　三点圆弧

Step1. 打开文件 D:\mcx6\work\ch03.03.06\ARC_3_POINTS.MCX-6。

Step2. 选择命令。选择下拉菜单 `C 绘图` ➡ `A 圆弧` ➡ `3 三点画弧` 命令，系统弹出图 3.3.20 所示的"三点画弧"工具栏。

图 3.3.20　"三点画弧"工具栏

图 3.3.20 所示的"三点圆弧"工具栏中部分选项的说明如下：

- 按钮：用于对当前圆弧的第一个通过点进行编辑。
- 按钮：用于对当前圆弧的第二个通过点进行编辑。
- 按钮：用于对当前圆弧的第三个通过点进行编辑。
- 按钮：用于设置绘制的圆弧与选定的图素相切。

Step3. 设置创建圆弧方式。在"三点画弧"工具栏中确认 按钮没有处于按下状态。

Step4. 创建图 3.3.19b 所示的圆弧 1。依次在绘图区选取图 3.3.19a 所示的点 1、点 2 和点 3，创建图 3.3.19b 所示的圆弧 1。

Step5. 设置圆弧参数。在"三点画弧"工具栏中单击 按钮。

Step6. 创建图 3.3.19b 所示的圆弧 2。依次在绘图区选取图 3.3.19a 所示的直线 1、直线 2 和前面创建的圆弧 1，创建图 3.3.19b 所示的圆弧 2。

Step7. 单击 按钮，完成两点圆弧的绘制，如图 3.3.19b 所示。

3.3.7　切弧

切弧命令 可以绘制与直线、圆、圆弧等相切的圆弧，但是此命令不能绘制与样条曲线相切的圆弧。下面以图 3.3.21 所示的模型为例讲解切弧的一般操作过程。

a）创建前   图 3.3.21   切弧   b）创建后

Step1. 打开文件 D:\mcx6\work\ch03.03.07\ARC_TANGENT.MCX-6。

Step2. 选择命令。选择下拉菜单  命令，系统弹出图 3.3.22 所示的"圆弧切线"工具栏。

图 3.3.22   "圆弧切线"工具栏

图 3.3.22 所示的"圆弧切弧"工具栏中部分选项的说明如下：

- 按钮：用于创建与一个图素相切的圆弧，如图 3.3.23 所示。
- 按钮：用于创建与一个图素相切并通过指定点的圆弧，如图 3.3.24 所示。

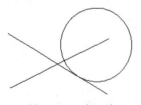   

图 3.3.23   与一个图素相切圆弧   图 3.3.24   与一个图素相切并通过指定点

- 按钮：用于创建与一个图素相切并使圆心通过指定直线的圆，如图 3.3.25 所示。
- 按钮：用于动态创建与一个图素相切的圆弧，如图 3.3.26 所示。

图 3.3.25   中心线   图 3.3.26   动态切弧

- 按钮：用于创建与三个图素相切的圆弧，如图 3.3.27 所示。
- 按钮：用于创建与三个图素相切的圆，如图 3.3.28 所示。
- 按钮：用于创建与两个图素相切的圆弧，如图 3.3.21b 所示。
- 按钮：用于设置锁定和解除锁定圆弧的半径。当此按钮处于按下状态时，该按钮后的文本框被锁定，即圆弧的半径不会跟随鼠标的移动而改变。用户可以在其后的文本框中定义圆弧的半径值。

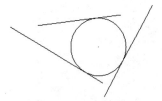

图 3.3.27　与三个图素相切圆弧　　　　　　　图 3.3.28　与三个图素相切圆

- ⬡按钮：用于设置锁定和解除锁定圆弧的直径。当此按钮处于按下状态时，该按钮后的文本框被锁定，即圆弧的直径不会跟随鼠标的移动而改变。用户可以在其后的文本框中定义圆弧的直径值。

Step3. 设置创建圆弧方式。在"圆弧切弧"工具栏中单击⬒按钮。

Step4. 设置创建圆弧的参数。单击⬡按钮，然后在其后的文本框栏中输入值 5 并按 Enter 键确认。

Step5. 定义相切对象。在绘图区选取图 3.3.21 所示的两条直线。

Step6. 单击✔按钮，完成切弧的绘制，如图 3.3.21b 所示。

3.4　绘制矩形

以上所讲述的都是绘制点、直线、圆弧等单一图素的命令。除了这些绘制单一图素的命令，MasterCAM X6 还为用户提供了绘制复合图素的命令。如绘制矩形、矩形形状图形等。这些复合图素是由多条直线和圆弧构成的，但是它们不是分别绘制的，而是由一个命令一次性创建出来的。不过这些复合图形并不是一个整体，各个组成图素是独立的。绘制这些复合图素的命令主要位于 ⬚ 绘图 下拉菜单中，如图 3.4.1 所示。同样，在"Sketcher"工具栏中也列出了相应的绘制复合图素的命令，如图 3.4.2 所示。

3.4.1　矩形

绘制矩形命令 ▣ 是通过确定矩形的两个顶点来创建的。下面以图 3.4.3 所示的模型为例讲解绘制矩形的一般操作过程。

Step1. 打开文件 D:\mcx6\work\ch03.04.01\RECTANGLE.MCX-6。

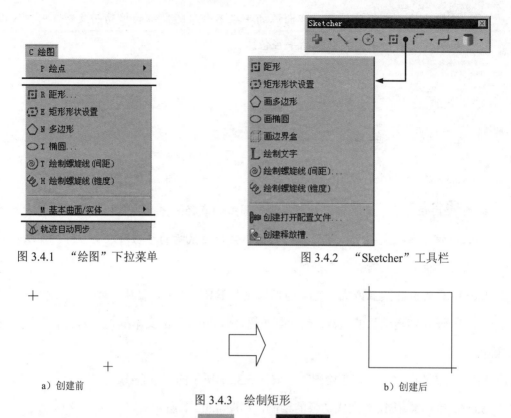

图 3.4.1 "绘图"下拉菜单

图 3.4.2 "Sketcher"工具栏

a）创建前

b）创建后

图 3.4.3 绘制矩形

Step2. 选择命令。选择下拉菜单 C 绘图 ➡ R 距形 命令，系统弹出图 3.4.4 所示的"矩形"工具栏。

图 3.4.4 "矩形"工具栏

图 3.4.4 所示的"矩形"工具栏中部分选项的说明如下：

- +1 按钮：用于对当前矩形的第一个顶点进行编辑。
- +2 按钮：用于对当前矩形的第二个顶点进行编辑。
- 按钮：用于设置锁定和解除锁定矩形的长度。当此按钮处于按下状态时，该按钮后的文本框被锁定，即矩形的长度不会跟随鼠标的移动而改变。用户可以在其后的文本框中定义矩形的长度值。
- 按钮：用于设置锁定和解除锁定矩形的宽度。当此按钮处于按下状态时，该按钮后的文本框被锁定，即矩形的宽度不会跟随鼠标的移动而改变。用户可以在其后的文本框中定义矩形的宽度值。
- 按钮：用于设置指定的第一个位置点为矩形的中心点。
- 按钮：用于设置创建矩形的同时创建曲面。

Step3. 定义矩形的两个顶点。在绘图区选取图 3.4.3a 所示的两个点为矩形的两个顶点。

Step4. 单击 按钮，完成矩形的绘制，如图 3.4.3b 所示。

3.4.2　矩形状图形

绘制矩形状图形命令 是通过确定矩形状图形的两个位置点（顶点或者中线点）来创建的。矩形状图形可以创建图 3.4.5 所示的四种图形，下面以图 3.4.6 所示的模型为例讲解绘制矩形状图形的一般操作过程。

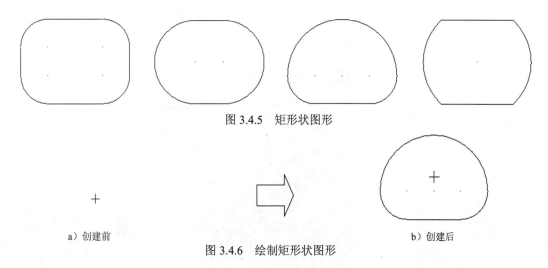

图 3.4.5　矩形状图形

a）创建前　　　　　　　　　　　　　　　　　　　　b）创建后

图 3.4.6　绘制矩形状图形

Step1. 打开文件 D:\mcx6\work\ch03.04.02\RECTANGULAR_SHAPES.MCX-6。

Step2. 选择命令。选择下拉菜单 C 绘图 ➡ E 矩形形状设置 命令，系统弹出图 3.4.7 所示的"矩形选项"对话框。

图 3.4.7 所示的"矩形选项"对话框中部分选项的说明如下：

- ⊙ 一点 单选项：用于设置使用指定的基准点的方式创建矩形形状。

- ⊙ 两点 单选项：用于设置使用指定的两点的方式创建矩形形状。

- 按钮：用于设置锁定和解除锁定矩形形状的长度。当此按钮处于按下状态时，该按钮后的文本框被锁定，即矩形形状的长度不会跟随鼠标的移动而改变。用户可以在其后的文本框中定义矩形形状的长度值。

- 按钮：用于设置锁定和解除锁定矩形形状的宽度。当此按钮处于按下状态时，该按钮后的文本框被锁定，即矩形形状的宽度不会跟随鼠标的移动而改变。用户可以在其后的文本框中定义矩形形状的宽度值。

- 文本框：用于定义转角处的半径值。

- 文本框：用于定义矩形形状的旋转角度值。
- 形状 区域：用于设置创建矩形形状的类型，其包括 按钮、 按钮、 按钮和 按钮。
- 按钮：用于创建矩形。
- 按钮：用于创建两边为半圆的矩形图形。
- 按钮：用于创建单 D 形图形。
- 按钮：用于创建双 D 形图形。
- 固定位置 区域：用于设置基准点相对于创建时所定义的矩形框的位置。
- ☑曲面 复选框：用于创建矩形状图形的同时创建曲面。
- ☑中心点 复选框：用于创建矩形状图形的中心点。

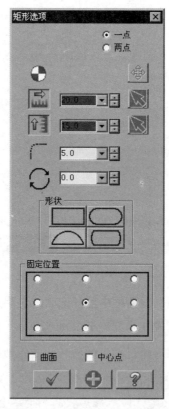

图 3.4.7 "矩形选项"对话框

Step3. 定义创建方式。在"矩形选项"对话框中选中 ⊙一点 单选项。

Step4. 选取基准点。在绘图区选取图 3.4.6a 所示的点为基准点。

Step5. 设置矩形状图形的参数。在"矩形选项"对话框中 按钮后的文本框中输入 20；在 按钮后的文本框中输入 15；在 文本框中输入 5；在 形状 区域中单击 按钮；在 固定位置 区域中选中位置中心位置的单选项。

Step6. 单击 ✔ 按钮，完成矩形状图形的绘制，如图 3.4.6b 所示。

3.5　绘制正多边形

在 MasterCAM X6 中，使用  命令可以绘制 3~360 条边的多边形。其绘制方法是通过指点其中心点和半径来确定正多边形的尺寸。下面以图 3.5.1 所示的模型为例讲解绘制正多边形的一般操作过程。

a）创建前　　　　　　　　　　　　　　　　　b）创建后

图 3.5.1　绘制正多边形

Step1. 打开文件 D:\mcx6\work\ch03.05\POLYGON.MCX-6。

Step2. 选择命令。选择下拉菜单 C 绘图 ➡ N 多边形 命令，系统弹出图 3.5.2 所示的"多边形选项"对话框。

图 3.5.2　"多边形选项"对话框

图 3.5.2 所示的"多边形选项"对话框中部分选项的说明如下：

- ⬇️ 按钮：用于设置显示"多边形选项"对话框的更多选项。单击此按钮，显示"多边形选项"对话框的更多选项如图 3.5.3 所示。

- ▦ 文本框：用于定义多边形的边数值。

- ⊘ 按钮：用于设置锁定和解除锁定多边形的内切或外接圆的半径值。当此按钮处于按下状态时，该按钮后的文本框被锁定，即多边形的内切或外接圆的半径值不会跟随鼠标的移动而改变。用户可以在其后的文本框中定义多边形的内切或外接圆的半径值。

图 3.5.3　"多边形选项"对话框的更多选项

- ⊙内接圆单选项：用于设置使用多边形的外接圆限制多边形的尺寸。
- ⊙外切单选项：用于设置使用多边形的内切圆限制多边形的尺寸。

图 3.5.3 所示的"多边形选项"对话框中部分选项的如下：

- ⌐文本框：用于定义转角处的半径值。
- ↻文本框：用于定义矩形形状的旋转角度值。
- ☑曲面复选框：用于创建正多边形的同时创建曲面。
- ☑中心点复选框：用于创建正多边形的中心点。

Step3. 定义正多边形的中心位置。在绘图区选取图 3.5.1a 所示的点为正多边形的中心。

Step4. 设置正多边形的参数。在"多边形选项"对话框中的 ♯ 文本框中输入值 6；在 ⊘ 按钮后的文本框中输入值 15，并选中 ⊙外切单选项。

Step5. 单击 ✓ 按钮，完成正多边形的绘制，如图 3.5.1b 所示。

3.6　绘 制 椭 圆

在 MasterCAM X6 中，使用 I 椭圆... 命令不仅可以创建部分椭圆，也可以绘制完整的椭圆。其绘制方法是通过指定其中心点、长轴和短轴来确定椭圆的尺寸。下面以图 3.6.1 所示的模型为例讲解绘制椭圆的一般操作过程。

Step1. 新建零件模型。

Step2. 选择命令。选择下拉菜单 C 绘图 ➡ I 椭圆 命令，系统弹出图 3.6.2 所示的 "椭圆选项" 对话框。

图 3.6.1 绘制椭圆

图 3.6.2 "椭圆选项" 对话框

图 3.6.2 所示的 "椭圆选项" 对话框中部分选项的说明如下：

- 按钮：用于设置显示 "椭圆选项" 对话框的更多选项。单击此按钮，显示 "椭圆形选项" 对话框的更多选项如图 3.6.3 所示。

图 3.6.3 "椭圆选项" 对话框的更多选项

- 按钮：用于设置锁定和解除锁定椭圆形的长轴。当此按钮处于按下状态时，该按钮后的文本框被锁定，即椭圆形的长轴不会跟随鼠标的移动而改变。用户可以在其后的文本框中定义椭圆形的长轴值。

- ⬆按钮：用于设置锁定和解除锁定椭圆形的短轴。当此按钮处于按下状态时，该
  按钮后的文本框被锁定，即椭圆形的短轴不会跟随鼠标的移动而改变。用户可以
  在其后的文本框中定义椭圆形的短轴。

图 3.6.3 所示的"椭圆选项"对话框中部分选项的说明如下：

- ◁文本框：用于定义椭圆的起始角度值。
- ◁文本框：用于定义椭圆的终止角度值。
- ↻文本框：用于定义椭圆形的旋转角度值。
- ☑曲面复选框：用于创建椭圆形的同时创建曲面。
- ☑中心点复选框：用于创建椭圆形的中心点。

Step3. 定义椭圆形的中心位置。在"自动抓点"工具栏的 X、 Y、 Z 文本框中均输入
值 0，并分别按 Enter 键确认。

Step4. 设置椭圆形的参数。在"椭圆选项"对话框中单击⬇按钮打开"椭圆选项"对
话框的更多选项；在"椭圆选项"对话框中的➡按钮后的文本框中输入值 20；在⬆按钮
后的文本框中输入值 10；在◁文本框中输入值 10；在◁文本框中输入值290；在↻文本
框中输入值 15。

Step5. 单击✓按钮，完成椭圆形的绘制，如图 3.6.1 所示。

3.7　绘制边界盒

在 MasterCAM X6 中，使用 B 边界盒 命令可以根据二维尺寸或者再加上一个拓展距离
绘制一个线框的图形。这个线框的图形可以是矩形、圆、长方体的轮廓线、圆柱体的轮廓
线。下面以图 3.7.1 所示的模型为例讲解绘制边界盒的一般操作过程。

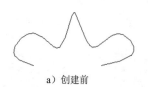
a）创建前

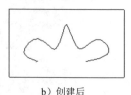
b）创建后

图 3.7.1　绘制边界盒

Step1. 打开文件 D:\mcx6\work\ch03.07\BORDERLINE.MCX-6。

Step2. 选择命令。选择下拉菜单 C 绘图 ➡ B 边界盒 命令，系统弹出图 3.7.2 所示的
"边界盒选项"对话框。

图 3.7.2　"边界盒选项"对话框

图 3.7.2 所示的"边界盒选项"对话框中各选项的说明如下：

- ![]按钮：用于选取创建工件尺寸所需的图素。

- ☑ 所有图素 复选框：用于选取创建工件尺寸所需的所有图素。

- 创建 区域：该区域包括 ☑ 线或弧 复选框、☑ 点 复选框、☑ 中心点 复选框和 ☑ 实体 复选框。

  - ☑ ☑ 线或弧 复选框：用于创建线或者圆弧。当定义的图形为矩形时，则会创建接
  - ☑ 近边界的直线；当定义的图形为圆柱形时，则会创建圆弧和线。
  - ☑ ☑ 点 复选框：用于在边界盒的角或者长宽处创建点。
  - ☑ ☑ 中心点 复选框：用于创建一个中心点。
  - ☑ ☑ 实体 复选框：用于创建一个模型相近的一个实体。

- 延伸 区域：该区域包括 X 文本框、Y 文本框和 Z 文本框。此区域根据 形状 区域的不同而有所差异。

  - ☑ X 文本框：用于设置 X 方向的工件延伸量。
  - ☑ Y 文本框：用于设置 Y 方向的工件延伸量。

☑ **Z** 文本框：用于设置 Z 方向的工件延伸量。

- **形状** 区域：该区域包括 **⊙ 立方体** 单选项、 **⊙ 圆柱体** 单选项、 **⊙ Z** 单选项、 **⊙ Y** 单选项、 **⊙ X** 单选项和 **☑ 中心轴** 复选框。

  ☑ **⊙ 立方体** 单选项：用于设置工件型式为立方体。

  ☑ **⊙ 圆柱体** 单选项：用于设置工件型式为圆柱体。

  ☑ **⊙ Z** 单选项：用于设置圆柱体的轴线在 Z 轴上。此单选项只有在工件形式为圆柱体时方可使用。

  ☑ **⊙ Y** 单选项：用于设置圆柱体的轴线在 Y 轴上。此单选项只有在工件形式为圆柱体时方可使用。

  ☑ **⊙ X** 单选项：用于设置圆柱体的轴线在 X 轴上。此单选项只有在工件形式为圆柱体时方可使用。

  ☑ **☑ 中心轴** 复选框：用于设置圆柱体工件的轴心，当选中此复选框是圆柱体工件的轴心在构图原点上；反之，圆柱体工件的轴心在模型的中心点上。

Step3. 设置边界盒的参数。在"边界盒选项"对话框中选中 **☑ 所有图素** 复选框和 **☑ 线或弧** 复选框；取消选中 **☑ 点** 复选框和 **☑ 中心点** 复选框；在 **延伸** 区域的 **X** 文本框和 **Y** 文本框中均输入值 10；在 **形状** 区域中选中 **⊙ 立方体** 单选项。

Step4. 单击 **✓** 按钮，完成边界盒的绘制，如图 3.7.1b 所示。

3.8 图 形 文 字

图形文字与标注文字不同，是图样中的几何信息要素，其可以用于加工。而标注文字是图样中的非几何信息要素，主要用于说明。下面以图 3.8.1 所示的模型为例讲解绘制图形文字的一般操作过程。

a）创建前　　　　　　　　　　　　　　　　　　　b）创建后

图 3.8.1　绘制图形文字

Step1. 打开文件 D:\mcx6\work\ch03.08\LETTERS.MCX-6。

Step2. 选择命令。选择下拉菜单 C 绘图 ➡ L 绘制文字... 命令，系统弹出图 3.8.2 所示的 "绘制文字" 对话框。

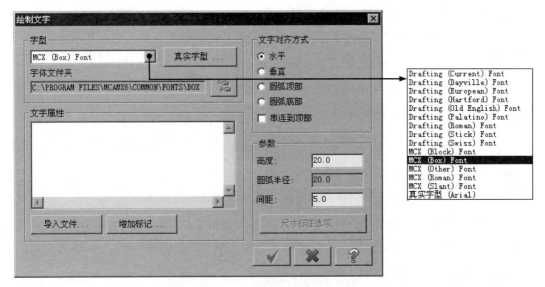

图 3.8.2 "绘制文字" 对话框

图 3.8.2 所示的 "绘制文字" 对话框中各选项的说明如下：

- 字型 区域：用于设置字型的相关设置，其包括 MCX (Box) Font 下拉列表、真实字型... 按钮和 字体文件夹 文本框。
  - ☑ MCX (Box) Font 复选框：用于选择 MCX 字型类型。
  - ☑ 真实字型... 按钮：单击此按钮，系统弹出 "字体" 对话框。用户可以通过此对话框中定义真实字型的类型。
  - ☑ 字体文件夹 文本框：用于显示选择的其他字型类型路径。当在 MCX (Box) Font 下拉列表中选择 MCX (Box) Font 选项时此文本框被激活。
  - ☑ 按钮：用于选择其他的字型类型。
- 文字属性 文本框：用于输入要添加的字符。
- 文字对齐方式 区域：用于定义文字的对齐方式，其包括 ⊙水平 单选项、⊙垂直 单选项、⊙圆弧顶部 单选项、⊙圆弧底部 单选项和 ☑串连到顶部 复选框。
  - ☑ ⊙水平 单选项：用于设置水平的对齐方式。
  - ☑ ⊙垂直 单选项：用于设置竖直的对齐方式。
  - ☑ ⊙圆弧顶部 单选项：用于设置文字位于圆弧顶部的对齐方式。
  - ☑ ⊙圆弧底部 单选项：用于设置文字位于圆弧底部的对齐方式。
  - ☑ ☑串连到顶部 复选框：用于设置文字位于所定义的串连顶部的对齐方式。

- **参数** 区域: 用于设置字型的参数的相关设置, 其包括 **高度** 文本框、 **圆弧半径** 文本框、 **间距** 文本框和 **尺寸标注选项...** 按钮。

  - ☑ **高度** 文本框: 用于设置字体的高度。

  - ☑ **圆弧半径** 文本框: 用于设置字体分布的圆弧的半径值。当选中 ⊙ **圆弧顶部** 单选项和 ⊙ **圆弧底部** 单选项时此文本框被激活。

  - ☑ **间距** 文本框: 用于设置每个字符间的距离值。

  - ☑ **尺寸标注选项...** 按钮: 单击此按钮, 系统弹出 "注解文本设置" 对话框。用户可以通过该对话框对注解文本的更多参数进行设置。此按钮当在下拉列表中选择 "Drafing Font" 选项时可用。

  - ☑ **导入文件...** 按钮: 单击此按钮, 可以将写好的文本添加进来。

  - ☑ **增加标记...** 按钮: 单击此按钮, 系统弹出图 3.8.3 所示的 "选择符号" 对话框, 用户可以在文本中添加相应的符号。

Step3. 设置字型的参数。单击 **真实字型...** 按钮, 在弹出的 "字体" 对话框中选择 **宋体**, 在该对话框中单击 **确定** 按钮。

Step4. 设置文字的对齐方式。在 **文字对齐方式** 区域中选中 ⊙ **圆弧顶部** 单选项。

Step5. 设置文字的参数。在 **参数** 区域的 **高度** 文本框中输入值 2; 在 **圆弧半径** 文本框中输入值 10; 在 **间距** 文本框中输入值 3。

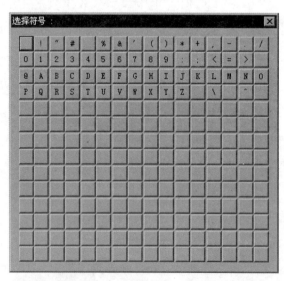

图 3.8.3   "选择符号" 对话框

Step6. 设置输入文字。在 **文字内容** 文本框中输入 "北京兆迪科技" 的字样。

Step7. 单击 ✓ 按钮关闭对话框, 然后在绘图区选取图 3.8.1a 所示的圆心, 完成图形文字的绘制。

Step8. 按 Esc 键退出绘制文字的状态。

说明：如果第一次设置的文字没有间距，可退出重新设置一次。

3.9　绘制螺旋线（间距）

使用"绘制螺旋线（间距）"命令 ⌾ 可以在 X、Y、Z 三个方向上绘制螺旋线间距可以变化的螺旋线，即可以画出平面的螺旋线或空间锥形、圆柱形的螺旋线。下面以图 3.9.1 所示的模型为例讲解绘制螺旋线（间距）的一般操作过程。

a）创建前　　　　　　　　　　　　　　　　　　　　　　　b）创建后

图 3.9.1　绘制螺旋线（间距）

Step1. 打开文件 D:\mcx6\work\ch03.09\SPIRAL.MCX-6。

Step2. 选择命令。选择下拉菜单 C 绘图 ➡ T 绘制螺旋线 (间距) 命令，系统弹出图 3.9.2 所示的"螺旋形"对话框。

图 3.9.2 所示的"螺旋形"对话框中各选项的说明如下：

- ⌷ₓ 区域：用于设置 XZ 参数，其包括 结束间距 文本框、圈数 文本框、高度 文本框、起始间距 文本框、⊹ 按钮和 ✛ 按钮。
  - ☑ 结束间距 文本框：用于设置在 Z 轴方向上的螺旋线旋转的最后间距。
  - ☑ 圈数 文本框：用于设置螺旋线的旋转圈数。
  - ☑ 高度 文本框：用于设置螺旋线的高度值。
  - ☑ 起始间距 文本框：用于定义螺旋线在 Z 轴方向上的的起始间距值。
  - ☑ ⊹ 按钮：用于在绘图区选取螺旋线的高度。
  - ☑ ⊹ 按钮：用于定义螺旋线的起始点的位置。单击此按钮，可以在绘图区改变当前创建的螺旋线的位置。
- ⌷ₓ 区域：用于设置 XY 参数，其包括 结束间距 文本框、起始间距 文本框和 半径 文本框。
  - ☑ 结束间距 文本框：用于设置螺旋线在 XY 方向上的结束间距值。
  - ☑ 起始间距 文本框：用于设置螺旋线在 XY 方向上的起始间距值。

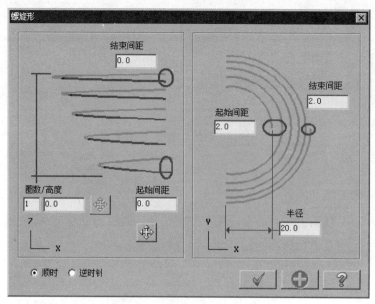

图 3.9.2 "螺旋形"对话框

☑ 半径 文本框：用于设置螺旋线的最初的半径值。

● 顺时 单选项：用于设置螺旋线在 XY 方向上看为顺时针旋转。

● 逆时针 单选项：用于设置螺旋线在 XY 方向上看为逆时针旋转。

Step3. 设置螺旋线的参数。在"螺旋形"对话框的 区域的 结束间距 文本框中输入值 10，在 圈数 文本框中输入值 10，在 高度 文本框中输入值 100，在 起始间距 文本框中输入值 10；在"螺旋形"对话框的 区域的 结束间距 文本框中输入值 10，在 起始间距 文本框中输入值 2，在 半径 文本框中输入值 5。

Step4. 设置螺旋线的旋转方向。在"螺旋形"对话框选中 顺时 单选项。

Step5. 定义螺旋线的起始点。在绘图区选取图 3.9.1a 所示的点为螺旋线的起始点。

Step6. 单击 ✓ 按钮，完成螺旋线（间距）的绘制，如图 3.9.2b 所示。

3.10 绘制螺旋线（锥度）

MasterCAM X6 为用户提供了单独的螺旋线（锥度）绘制命令 ，它是螺旋线的一种特例。但是使用"绘制螺旋线（间距）"命令不能绘制平面上的螺旋线。下面以图 3.10.1 所示的模型为例讲解绘制螺旋线（锥度）的一般操作过程。

Step1. 打开文件 D:\mcx6\work\ch03.10\HELIX.MCX-6。

Step2. 选择命令。选择下拉菜单 C 绘图 ➡ H 绘制螺旋线(锥度) 命令，系统弹出图 3.10.2 所示的"螺旋状"对话框。

a）创建前　　　　　　　　　　　　　　　　　　　b）创建后

图 3.10.1　绘制螺旋线（锥度）

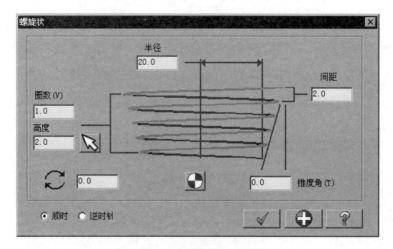

图 3.10.2　"螺旋状"对话框

图 3.10.2 所示的"螺旋状"对话框中各选项的说明如下：

- 半径 文本框：用于设置螺旋线的最初的半径值。
- 圈数 (V) 文本框：用于设置螺旋线的旋转圈数。
- 高度 文本框：用于设置螺旋线的高度值。
- 按钮：用于在绘图区选取螺旋线的高度。
- 文本框：用于设置螺旋线的起始旋转角度值。
- 间距 文本框：用于设置螺旋线的间距值。
- 按钮：用于定义螺旋线的起始点的位置。单击此按钮，可以在绘图区改变当前创建的螺旋线的位置。
- 锥度角 (T) 文本框：用于设置螺旋线的锥度角值。
- 顺时 单选项：用于设置螺旋线在 XY 方向上看为顺时针旋转。
- 逆时针 单选项：用于设置螺旋线在 XY 方向上看为逆时针旋转。

Step3. 设置螺旋线的参数。在"螺旋状"对话框的 半径 文本框中输入值 10，在 圈数 (V) 文本框中输入值 10，在 高度 文本框中输入值 50，在 间距 文本框中输入值 5，在 锥度角 (T) 文本框中输入值 10。

Step4. 设置螺旋线的旋转方向。在"螺旋状"对话框选中 ⊙ 顺时 单选项。

Step5. 定义螺旋线的起始点。在绘图区选取图 3.10.1a 所示的点为螺旋线的起始点。

Step6. 单击 ✓ 按钮，完成螺旋线（锥度）的绘制，如图 3.10.1b 所示。

3.11　样条曲线的绘制

MasterCAM X6 为用户提供了两种类型的样条曲线，参数式曲线和非均匀有理 B 样条曲线。参数式样条曲线形状由节点决定，曲线通过每一个节点，如图 3.11.1 所示。参数式曲线绘制完成后无法编辑其形状。非均匀有理 B 样条曲线形状由控制点决定，曲线通过第一个节点和最后一个节点，尽量逼近中间的控制点，如图 3.11.2 所示。

图 3.11.1　参数式样条曲线　　　　　　　　图 3.11.2　B 样条曲线

创建参数式样条曲线还是创建 B 样条曲线是由系统配置的参数进行设置的。用户可以通过选择下拉菜单 I 设置 ➡ C 系统配置 命令，在系统弹出的"系统配置"对话框的 CAD 设置 选项卡中进行设置。

3.11.1　手动画曲线

"手动画曲线"命令 ⌐ 是通过定义样条曲线的节点或控制点来创建样条曲线。下面以图 3.11.3 所示的模型为例讲解使用"手动画曲线"命令绘制样条曲线的一般操作过程。

a）创建前　　　　　　　　　　　　　　　　　　b）创建后

图 3.11.3　"手动"绘制样条曲线

Step1. 打开文件 D:\mcx6\work\ch03.11.01\MANUAL_SPLINE.MCX-6。

Step2. 选择命令。选择下拉菜单 C 绘图 ➡ S 曲线 ➡ M 手动画曲线 命令，系统弹出图 3.11.4 所示的"曲线"工具栏。

图 3.11.4　"曲线"工具栏

图 3.11.4 所示的"曲线"工具栏中各选项的说明如下：

- ![+1]按钮：用于编辑样条曲线的最后一个节点位置。

- ![按钮]：用于打开"曲线端点状态"工具栏，用户可以通过此工具栏对曲线端点的方向进行设置。此按钮与以往的按钮不同，单击此按钮不会弹出"曲线端点状态"工具栏。需完成创建后才弹出"曲线端点状态"工具栏，即单击![+]按钮或![√]按钮之后。

Step3. 定义样条曲线的节点。从左至右依次在绘图区选取图 3.11.3a 所示的点为样条曲线的节点。

Step4. 设置样条曲线的端点方向。在"曲线"工具栏中单击![按钮]按钮，然后单击![+]按钮应用样条曲线，同时系统弹出图 3.11.5 所示的"曲线端点"工具栏。在![+]的下拉列表中选择![角度]选项，在![+]的文本框中输入值 0。

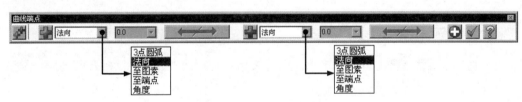

图 3.11.5　"曲线端点"工具栏

图 3.11.5 所示的"曲线端点"工具栏中各选项的说明如下：

- ![+]区域：用于设置起始端点方向的相关参数，其包括![法向]下拉列表、![0.0]文本框和![←/→]按钮。

  - ☑ ![法向]下拉列表：用于设置定义起始点方向的类型，其包括![3点圆弧]选项、![法向]选项、![至图素]选项、![至端点]选项和![角度]选项。![3点圆弧]选项：系统将根据样条曲线的前三个点创建圆弧，设置起始点的方向与此圆弧相切，如图 3.11.6 所示。![法向]选项：系统将根据最小曲线长度计算起始点的端点方向。![至图素]选项：系统将根据选定的直线、圆弧或着曲线定义起始点的端点方向，如图 3.11.7 所示。![至端点]选项：系统将选定的曲线的端点定义起始点的端点方向，如图 3.11.8 所示。![角度]选项：系统将根据用户定义的角度值定义起始点的端点方向。

  - ☑ ![0.0]文本框：用于定义起始端方向的角度值。

  - ☑ ![←/→]按钮：用于改变起始端方向。当在![法向]下拉列表中选择![3点圆弧]

选项和法向选项时，此按钮不可用。

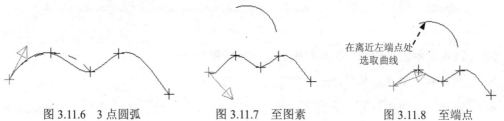

图 3.11.6　3 点圆弧　　　　　图 3.11.7　至图素　　　　　图 3.11.8　至端点

- 区域：用于设置结束端点方向的相关参数，其包括法向▼下拉列表、0.0▼文本框和←/→按钮。
  - ☑ 法向▼下拉列表：用于设置定义结束点方向的类型，其包括3点圆弧选项、法向选项、至图素选项、至端点选项和角度选项。3点圆弧选项：系统将根据样条曲线的后三个点创建圆弧，设置结束点的方向与此圆弧相切。法向选项：系统将根据最小曲线长度计算结束点的端点方向。至图素选项：系统将根据选定的直线、圆弧或着曲线定义结束点的端点方向。至端点选项：系统将选定的曲线的端点定义起始点的结束方向。角度选项：系统将根据用户定义的角度值定义结束点的端点方向。
  - ☑ 0.0▼文本框：用于定义结束端方向的角度值。
  - ☑ ←/→按钮：用于改变结束方向。当在法向▼下拉列表中选择3点圆弧选项和法向选项时不可用。

Step5. 单击✓按钮，完成"手动画曲线"样条曲线的绘制，如图 3.10.3b 所示。

3.11.2　自动生成曲线

"自动生成曲线"命令⟋是通过定义样条曲线的第一个、第二个和最后一个节点或控制点来创建样条曲线。下面以图 3.11.9 所示的模型为例讲解使用"自动生成曲线"命令绘制样条曲线的一般操作过程。

a）创建前　　　　　　　　　　　　　　　　b）创建后

图 3.11.9　"自动生成"绘制样条曲线

Step1. 打开文件 D:\mcx6\work\ch03.11.02\AUTOMATIC_SPLINE.MCX-6。

Step2. 选择命令。选择下拉菜单C 绘图 ➡ S 曲线 ➡ A 自动生成曲线...命令，系统弹出图 3.11.10 所示的"自动创建曲线"工具栏。

图 3.11.10　"自动创建曲线"工具栏

图 3.11.10 所示的"自动创建曲线"工具栏中各选项的说明如下：

● 按钮：用于打开"曲线端点"工具栏，用户可以通过此工具栏对曲线端点的方向进行设置。此按钮与以往的按钮不同，单击此按钮不会弹出"曲线端点"工具栏。需完成创建后才弹出"曲线端点"工具栏，即单击 按钮或 按钮之后。

Step3. 定义样条曲线的节点。依次在绘图区选取图 3.11.9a 所示的点 1、点 2 和点 3 为样条曲线的节点。

Step4. 单击 按钮，完成"自动生成曲线"样条曲线的绘制，如图 3.10.9b 所示。

3.11.3　转成单一曲线

"转成单一曲线"命令 是用于将已知的直线、圆弧或曲线转换成所设置的曲线类型（参数样条曲线或 B 样条曲线）。下面以图 3.11.11 所示的模型为例讲解转成单一曲线的一般操作过程。

Step1. 打开文件 D:\mcx6\work\ch03.11.03\CURVES_SPLINE.MCX-6。

a）创建前　　　　　　　　　　　　　　　　　　　　　b）创建后

图 3.11.11　转成曲线

说明：图 3.11.11b 所示的图形是在更改曲线状态下的，以便用户能更清楚的了解"转成曲线"命令。在没有转成样条曲线前，是不能对圆弧的控制点进行编辑的。

Step2. 选择命令。选择下拉菜单 C 绘图 ➡ S 曲线 ➡ C 转成单一曲线... 命令，系统弹出"串连选项"对话框和图 3.11.12 所示的"转成曲线"工具栏，然后选择图 3.11.11a 所示的曲线。然后单击"串连选项"对话框的 按钮。

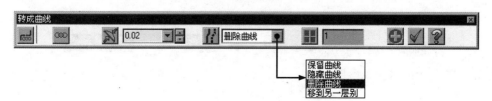

图 3.11.12　"转成曲线"工具栏

图 3.11.12 所示的"转成曲线"工具栏中各选项的说明如下：

- ■按钮：单击此按钮，系统弹出"串连选项"对话框。可以通过该对话框选取要转成的曲线。

- ■文本框：用于设置转成曲线与原始曲线之间的最大偏离值。

- ■下拉列表：用于设置转成曲线后的处理原始曲线的方式，其包括 保留曲线 选项、隐藏曲线 选项、删除曲线 选项和 移到另一层别 选项。

  - ☑ 保留曲线 选项：用于设置保留原始曲线。
  - ☑ 隐藏曲线 选项：用于设置隐藏原始曲线。
  - ☑ 删除曲线 选项：用于设置删除原始曲线。
  - ☑ 移到另一层别 选项：用于设置将原始曲线移动到指定的图层中。

- ■文本框：单击此按钮，系统弹出"层别"对话框。用户可以通过该对话框选择将原始曲线移至到指定的图层；也可以在其后的文本框中直接输入值来定义移至到图层的层数。

Step3. 设置转成曲线的参数。在"转成曲线"工具栏的 ■文本框中输入值 0.02，在 ■下拉列表中选择 删除曲线 选项。

Step4. 单击 ✓按钮，完成转成单一曲线的操作，如图 3.11.11b 所示。

3.11.4　熔接曲线

"熔接曲线"命令 ■是用于将两个不相连的图素连接起来，并在两个图素之间创建一条样条曲线。下面以图 3.11.13 所示的模型为例讲解熔接曲线的一般操作过程。

a）创建前　　　　　　　　　　　　　　　　　　　　b）创建后

图 3.11.13　熔接曲线

Step1. 打开文件 D:\mcx6\work\ch03.11.04\BLENDED_SPLINE.MCX-6。

Step2. 选择命令。选择下拉菜单 C 绘图 ➡ S 曲线 ➡ B 熔接曲线... 命令，系统弹出图 3.11.14 所示的"曲线熔接"工具栏。

图 3.11.14　"曲线熔接"工具栏

图 3.11.14 所示的"曲线熔接"工具栏中各选项的说明如下：

- 按钮：用于重新选择熔接第一条曲线。

- 文本框：用于定义第一条熔接曲线的切线长度值。

- 按钮：用于重新选择熔接第二条曲线。

- 文本框：用于定义第二条熔接曲线的切线长度值。

- 下拉列表：用于设置裁剪的方式，其包括 无 选项、两者 选项、第一条曲线 选项和 第二条曲线 选项。

  ☑ 无 选项：用于设置不修剪熔接曲线。

  ☑ 两者 选项：用于设置修剪第一条和第二条熔接曲线。

  ☑ 第一条曲线 选项：用于设置修剪第一条熔接曲线。

  ☑ 第二条曲线 选项：用于设置修剪第二条熔接曲线。

Step3. 定义熔接曲线对象。在绘图区选取图 3.11.13a 所示的曲线 1 并拖动鼠标使熔接点位于图 3.11.15 所示的位置单击，然后选取曲线 2 并拖动鼠标使熔接点位于图 3.11.16 所示的位置单击。

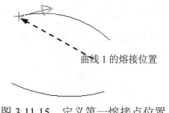

图 3.11.15　定义第一熔接点位置

图 3.11.16　定义第二熔接点位置

Step4. 设置熔接曲线参数。在"曲线熔接"工具栏的 文本框中输入值 1，在 文本框中输入值-1，在 下拉列表中选择 无 选项。

Step5. 单击 按钮，完成熔接曲线的创建，如图 3.11.13b 所示。

3.12　删除与还原图素

删除与还原图素是在设计中常常用到的命令，它主要是对生成的多余图素或重复图素进行删除与还原操作。MasterCAM X6 具有较强的删除和还原功能，不仅可以删除多余的图素，还可以删除重复的图素，同时又具有还原删除的图素功能。删除和还原图素的命令主要位置于 E 编辑 ➡ D 删除 子下拉菜单中，如图 3.12.1 所示。同样，在"Delete/Undelete"工具栏中也列出了相应的删除与还原图素的相关命令，如图 3.12.2 所示。

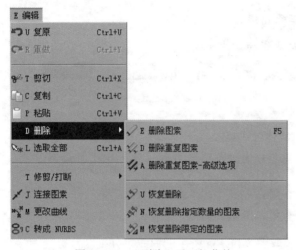

图 3.12.1　"删除"子下拉菜单

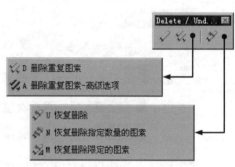

图 3.12.2　"Delete/Undelete"工具栏

3.12.1　删除图素

"删除图素"命令 用于删除多余的图素。此命令不仅能删除整个的图素，而且还能删除图素的一部分。下面以图 3.12.3 所示的模型为例讲解删除图素的一般操作过程。

　　a）创建前　　　　　　　　　　　　　　　　　　　　b）创建后

图 3.12.3　删除图素

Step1. 打开文件 D:\mcx6\work\ch03.12.01\DELETE_ENTITIES.MCX-6。

Step2. 选择命令。选择下拉菜单 E 编辑 ➡ D 删除 ➡ E 删除图素 命令。

Step3. 定义删除对象。在绘图区选取图 3.12.4 所示的四条曲线。

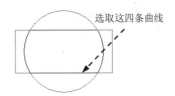

图 3.12.4　定义删除对象

Step4. 在"标准选择"工具栏中单击 按钮，完成删除图素的操作。

3.12.2　删除重复图素

"删除重复图素"命令 是删除重复的图素，只保留其中的一个同一类型的图素。下面以图 3.12.5 所示的模型为例讲解删除重复图素的一般操作过程。

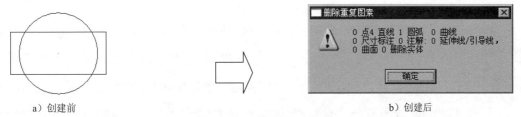

a）创建前　　　　　　　　　　　　　　　b）创建后

图 3.12.5　删除重复图素

Step1. 打开文件 D:\mcx6\work\ch03.12.02\DELETING_DUPLICATE.MCX-6。

Step2. 选择命令。选择下拉菜单 E 编辑 ➡ D 删除 ➡ D 删除重复图素 命令，系统弹出图 3.12.5b 所示的"删除重复图素"对话框，可以看到共有 4 条直线和 1 条圆弧将被删除。

Step3. 单击 确定 按钮，完成删除重复图素的操作。

说明：如果对删除的重复图素有特殊的要求时，可以通过选择 E 编辑 ➡ D 删除 ➡ A 删除重复图素-高级选项 命令，然后选取要删除的对象，在"标准选择"工具栏中单击 按钮，系统弹出图 3.12.6 所示的"删除重复图素"对话框。用户可以通过该对话框设置删除重复图素的属性。

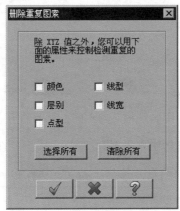

图 3.12.6　"删除重复图素"对话框

图 3.12.6 所示的"删除重复图素"对话框中各选项的说明如下：

- ☑颜色 复选框：用于设置删除定义颜色的重复图素。

- ☑层别 复选框：用于设置删除定义图层的重复图素。

- ☑点型 复选框：用于设置删除定义点类型的重复图素。

- ☑线型 复选框：用于设置删除定义线型的重复图素。

- ☑线宽 复选框：用于设置删除定义线宽的重复图素。

- 选择所有 按钮：用于选中上面的全部复选框。

- 清除所有 按钮：用于取消选中上面的全部复选框。

3.12.3　还原被删除图素

MasterCAM X6 为用户提供了三种还原被删除的图素的命令，分别是"恢复删除"命令 ✎、"恢复删除指定数量的图素"命令 ✎、"恢复删除限定的图素"命令 ✎。"恢复删除"命令 ✎是可以还原前一步已删除的图素。"恢复删除指定数量的图素"命令 ✎是可以还原指定的上几步的已删除的图素。"恢复删除限定的图素"命令 ✎是可以还原指定的已删除的图素。下面将分别对它们进行介绍。

1．恢复删除

Step1．打开文件 D：\mcx6\work\ch03.12.03\UNDELETE.MCX-6。

Step2．删除图 3.12.7a 所示的图素。

选取这五条曲线

a）创建前　　　　　　　　　　　　　　　　　　　b）创建后

图 3.12.7　删除图素

（1）选择命令。选择下拉菜单 E 编辑 ➡ D 删除 ➡ E 删除图素 命令。

（2）定义删除对象。在绘图区选取图 3.12.7a 所示的五条曲线。

（3）在"标准选择"工具栏中单击 ⬤ 按钮，完成删除图素的操作，如图 3.12.7b 所示。

Step3．恢复上一步删除的图素。选择下拉菜单 E 编辑 ➡ D 删除 ➡ U 恢复删除 命令恢复删除的图素，如图 3.12.8 所示。

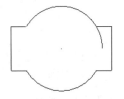

图 3.12.8　恢复删除图素

2．恢复删除指定数量的图素

Step1. 打开文件 D:\mcx6\work\ch03.12.03\UNDELETE.MCX-6。

Step2. 删除图 3.12.9a 所示的图素。

a）创建前　　　　　　　　　　　　　　　　　　　　　　　b）创建后

图 3.12.9　删除图素

（1）选择命令。选择下拉菜单 **E 编辑** ➡ **D 删除** ➡ **E 删除图素** 命令。

（2）定义删除对象。在绘图区选取图 3.12.9a 所示的五条曲线。

（3）在"标准选择"工具栏中单击 ● 按钮，完成删除图素的操作，如图 3.12.9b 所示。

Step3. 恢复删除的图素。

（1）选择下拉菜单 **E 编辑** ➡ **D 删除** ➡ **N 恢复删除指定数量的图素** 命令，系统弹出图 3.12.10 所示的"输入恢复删除的数量"对话框。

（2）定义删除步骤值。在"输入恢复删除的数量"对话框的文本框中输入值 4。

（3）单击 ✔ 按钮，完成恢复删除指定数量的图素的操作，如图 3.12.11 所示。

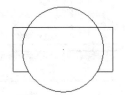

图 3.12.10　"输入恢复删除的数量"对话框　　　　图 3.12.11　恢复删除指定数量的图素

3．恢复删除限定的图素

Step1. 打开文件 D:\mcx6\work\ch03.12.03\UNDELETE.MCX-6。

Step2. 删除图 3.12.12a 所示的图素。

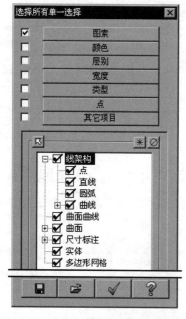

图 3.12.12　删除图素

（1）选择命令。选择下拉菜单 E 编辑 ➡ D 删除 ➡ E 删除图素命令。

（2）定义删除对象。在绘图区选取图 3.12.12a 所示的五条曲线。

（3）在"标准选择"工具栏中单击 按钮，完成删除图素的操作，如图 3.12.12b 所示。

Step3. 恢复删除的图素。

（1）选择下拉菜单 E 编辑 ➡ D 删除 ➡ M 恢复删除限定的图素命令，系统弹出图 3.12.13 所示的"选择所有单一选择"对话框。

（2）定义还原删除的类型。在"选择所有单一选择"对话框中单击 按钮，取消选中所有的复选框。然后选中 圆弧 复选框。

（3）单击 按钮，完成恢复删除限定的图素的操作，如图 3.12.14 所示。

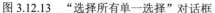

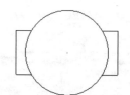

图 3.12.13　"选择所有单一选择"对话框　　　图 3.12.14　恢复删除限定的图素

3.13　编辑图素

编辑图素是指对已绘制的图素进行位置或形状的调整，其主要包括倒圆角、倒角、修剪/打断、连接图素、更改曲线、转换成 NURBS 曲线和转换曲线为圆弧等。编辑图素的命令主要位于 E 编辑 下拉菜单中，如图 3.13.1 所示。同样，在"Trim/Break"工具栏中也列出了相应的编辑图素的相关命令，如图 3.13.2 所示。

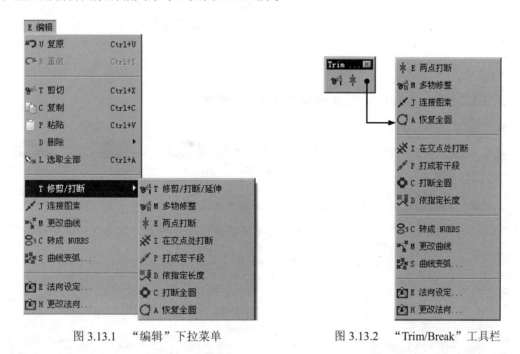

图 3.13.1　"编辑"下拉菜单　　　　　图 3.13.2　"Trim/Break"工具栏

3.13.1　倒圆角

"倒圆角"命令 可以在两个图素之间或一个串连的多个图素之间的拐角处创建圆弧，并且该圆弧与其相邻的图素相切。倒圆角命令可以对直线或者圆弧进行操作，但是不能对样条曲线进行操作。下面将讲解倒圆角的一般操作过程。

1. 倒圆角

Step1. 打开文件 D:\mcx6\work\ch03.13.01\FILLET_ENTITIES.MCX-6。

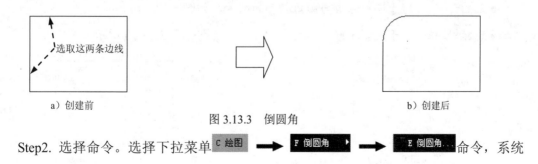

a）创建前　　　　　　　　　　　　　　　　　b）创建后

图 3.13.3　倒圆角

Step2. 选择命令。选择下拉菜单 C 绘图 ➡ F 倒圆角 ➡ E 倒圆角... 命令，系统弹出图 3.13.4 所示的"圆角"工具栏。

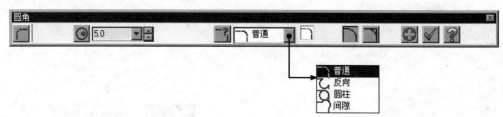

图 3.13.4　"圆角"工具栏

图 3.13.4 所示的"圆角"工具栏中各选项的说明如下：

- ⊙文本框：用于定义倒圆角的半径值。
- 下拉列表：用于定义倒圆角的类型，其包括 普通 选项、 反向 选项、 圆柱 选项和 间隙 选项。
  - ☑ 普通 选项：用于设置创建一般的圆角，如图 3.13.5 所示。
  - ☑ 反向 选项：用于设置创建与指定的图素内切的圆角，如图 3.13.6 所示。

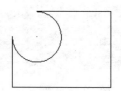

图 3.13.5　正向　　　　　　　　　图 3.13.6　反向

  - ☑ 圆柱 选项：用于设置创建与指定的图素相切的圆，如图 3.13.7 所示。
  - ☑ 间隙 选项：用于设置在指定的图素拐角处创建刀具的去除材料的路径，如图 3.13.8 所示。

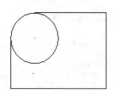

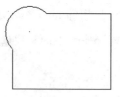

图 3.13.7　圆形　　　　　　　　　图 3.13.8　清除

- 按钮：用于设置修剪与圆角相邻的图素，如图 3.13.9 所示。
- 按钮：用于设置不修剪与圆角相邻的图素，如图 3.13.10 所示。

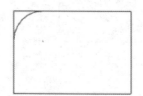

图 3.13.9　修剪　　　　　　　　　图 3.13.10　不修剪

Step3. 定义倒圆角边。在绘图区选取图 3.13.3a 所示的两条边线。

Step4. 设置倒圆角参数。在"圆角"工具栏的 文本框中输入值 5，并按 Enter 键确认；然后单击 按钮。

Step5. 单击 按钮，完成倒圆角的创建，如图 3.13.3b 所示。

2. 串连倒圆角

Step1. 打开文件 D：\mcx6\work\ch03.13.01\FILLET_ENTITIES.MCX-6，如图 3.13.11a 所示。

Step2. 选择命令。选择下拉菜单 C 绘图 ➡ F 倒圆角 ▶ ➡ C 串连倒圆角... 命令，系统弹出"串连选项"对话框和图 3.13.12 所示的"串连倒角"工具栏。

a）创建前　　　　　　　　　　　　　　　　　　　　　　b）创建后

图 3.13.11　串连图素

图 3.13.12　"串连倒角"工具栏

图 3.13.12 所示的"串连倒角"工具栏中部分选项的说明如下：

- 按钮：单击此按钮，系统弹出"串连选项"对话框。用户可以通过该对话框重新定义串连线串。

- 下拉列表：用于设置扫描方向，其包括 所有转角 选项、 正向扫描 选项和 反向扫描 选项。

  ☑ 所有转角 选项：用于设置在所有拐角处创建圆角。

  ☑ 正向扫描 选项：用于设置扫描方式为逆时针扫描。

  ☑ 反向扫描 选项：用于设置扫描方式为顺时针扫描。

Step3. 选取线串。在绘图区选取图 3.13.13 所示的边线，系统会自动串连选取与此边线相串联的所有边线，同时在绘图区显示串连的方向，如图 3.13.14 所示。单击 按钮完成线串的选取。

选择此边线

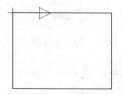

图 3.13.13　定义选取边线　　　　　　　　　　图 3.13.14　串连方向

注意：连串的方向会影响到扫描方向和倒圆角的类型。如果所选取的是下面以外的情况，将不会有圆角生成。

- 当选择 <kbd>所有转角</kbd> 选项和任何一种圆角类型时，系统将在所有拐角处创建圆角。
- 当同时选择 <kbd>正向扫描</kbd> 选项和 <kbd>普通</kbd> 选项时，系统将仅在逆时针串连的串链的拐角处创建圆角。
- 当同时选择 <kbd>正向扫描</kbd> 选项和 <kbd>反向</kbd> 选项时，系统将仅在顺时针串连的串链的拐角处创建圆角。
- 当同时选择 <kbd>正向扫描</kbd> 选项和 <kbd>圆柱</kbd> 选项时，系统将仅在顺时针串连的串链的拐角处创建圆。
- 当同时选择 <kbd>正向扫描</kbd> 选项和 <kbd>间隙</kbd> 选项时，系统将仅在逆时针串连的串链的拐角处创建刀具的去除材料的路径。
- 当同时选择 <kbd>反向扫描</kbd> 选项和 <kbd>普通</kbd> 选项时，系统将仅在顺时针串连的串链的拐角处创建圆角。
- 当同时选择 <kbd>反向扫描</kbd> 选项和 <kbd>反向</kbd> 选项时，系统将仅在逆时针串连的串链的拐角处创建圆角。
- 当同时选择 <kbd>反向扫描</kbd> 选项和 <kbd>圆柱</kbd> 选项时，系统将仅在逆时针串连的串链的拐角处创建圆。
- 当同时选择 <kbd>反向扫描</kbd> 选项和 <kbd>间隙</kbd> 选项时，系统将仅在顺时针串连的串链的拐角处创建刀具的去除材料的路径。

Step4. 设置倒圆角参数。在"串连倒角"工具栏的 ⊙ 文本框中输入值 5，并按 Enter 键确认；然后单击 ⌐ 按钮。

Step5. 单击 ✓ 按钮，完成串连图素的创建，如图 3.13.11b 所示。

3.13.2　倒角

"倒角"命令 ⌐ 可以在两个图素之间或一个串连的多个图素之间的拐角处创建等距或不

等距的倒角，其倒角的距离值是从两个图素的交点处算起。下面将讲解倒圆角的一般操作过程。

1．倒角

Step1. 打 开 文 件 D：\mcx6\work\ch03.13.02\CHAMFER_ENTITIES.MCX-6。

a）创建前　　　　　　　　　　　　　　　　　　　　b）创建后

图 3.13.15　倒角

Step2. 选择命令。选择下拉菜单 C 绘图 ➡ C 倒角 ▶ ➡ E 倒角… 命令，系统弹出图 3.13.16 所示的"倒角"工具栏。

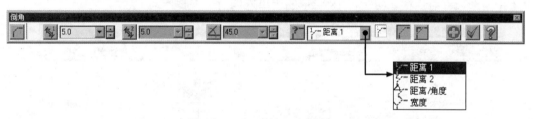

图 3.13.16　"倒角"工具栏

图 3.13.16 所示的"倒角"工具栏中各选项的说明如下：

- 文本框：用于定义倒角的第一个距离值。
- 文本框：用于定义倒角的第二个距离值。
- 文本框：用于定义倒角的角度值。
- 下拉列表：用于定义倒角的类型，其包括 距离 1 选项、距离 2 选项、距离/角度选项和 宽度 选项。
  - ☑ 距离 1 选项：用于设置使用一个距离定义倒角的形状。
  - ☑ 距离 2 选项：用于设置使用两个距离定义倒角的形状。
  - ☑ 距离/角度选项：用于设置使用一个距离和一个角度定义倒角的形状。
  - ☑ 宽度选项：用于设置使用倒角的直线长度定义倒角的形状。
- 按钮：用于设置修剪与倒角相邻的图素。
- 按钮：用于设置不修剪与倒角相邻的图素。

Step3. 定义倒角边。在绘图区选取图 3.13.15a 所示的两条边线。

Step4. 设置倒角参数。在"串连倒角"工具栏的 文本框中输入值 5，并按 Enter 键确认；然后单击┌按钮。

Step5. 单击✔按钮，完成倒角的创建，如图 3.13.15b 所示。

2．串连倒角

Step1. 打开文件 D:\mcx6\work\ch03.13.02\CHAMFER_ENTITIES.MCX-6。

a）创建前　　　　　　　　　　　　　　　　　　　　　　　b）创建后

图 3.13.17　串连图素

Step2. 选择命令。选择下拉菜单 C 绘图 ➡ C 倒角 ▸ ➡ C 串连倒角... 命令，系统弹出"串连选项"对话框和图 3.13.18 所示的"串连倒角"工具栏。

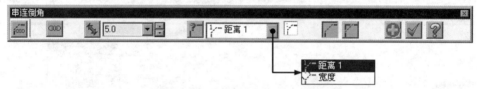

图 3.13.18　"串连倒角"工具栏

图 3.13.18 所示的"串连倒角"工具栏中部分选项的说明如下：

- ⊙⊙按钮：单击此按钮，系统弹出"串连选项"对话框。用户可以通过该对话框重新定义串连线串。

- ✎文本框：用于定义倒角的距离值。

- 下拉列表：用于定义倒角的类型，其包括 距离 1 选项和 宽度 选项。

  ☑ 距离 1 选项：用于设置使用一个距离定义倒角的形状。

  ☑ 宽度 选项：用于设置使用倒角的直线长度定义倒角的形状。

Step3. 选取线串。在绘图区选取图 3.13.19 所示的边线，系统会自动串连选取与此边线相串联的所有边线，同时在绘图区显示串连的方向，如图 3.13.20 所示。单击✔按钮完成线串的选取。

图 3.13.19　定义选取边线

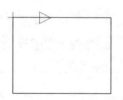

图 3.13.20　串连方向

Step4. 设置倒角参数。在"串连倒角"工具栏的[图]文本框中输入值 5，并按 Enter 键确认；然后单击[图]按钮。

Step5. 单击[图]按钮，完成串连图素的创建，如图 3.13.17b 所示。

3.13.3　修剪/打断

"修剪/打断"命令[图]可以对图素进行修剪或者打断的编辑操作，或者沿着某一个图素的法线方向进行延伸。下面以图 3.13.21 所示的模型为例讲解修剪/打断的一般操作过程。

Step1. 打开文件 D:\mcx6\work\ch03.13.03\TRIM_BREAK.MCX-6。

图 3.13.21　修剪/打断

Step2. 选择命令。选择下拉菜单 E 编辑 ➡ T 修剪/打断 ➡ T 修剪/打断/延伸 命令，系统弹出图 3.12.22 所示的"修剪/延伸/打断"工具栏。

图 3.12.22　"修剪/延伸/打断"工具栏

图 3.13.22 所示的"修剪/延伸/打断"工具栏中部分选项的说明如下：

● [图]按钮：用于设置修剪一个图素，如图 3.12.23 所示。

图 3.13.23　修剪一个图素

● [图]按钮：用于设置修剪两个图素，如图 3.12.24 所示。

图 3.13.24　修剪两个图素

- 按钮：用于设置修剪三个图素，如图 3.12.25 所示。

图 3.13.25　修剪三个图素

- 按钮：用于设置分割图素，如图 3.12.26 所示。

图 3.13.26　分割图素

- 按钮：用于设置修剪到指定点，如图 3.12.27 所示。

图 3.13.27　修剪至点

- 按钮：用于设置使用定义长度值延伸指定的图素。用户可以在其后的文本框中指定延伸值，如图 3.12.28 所示。

图 3.13.28　延伸

- 按钮：用于设置编辑类型为修剪或延伸。

- 按钮：用于设置编辑类型为打断。

Step3. 设置修剪方式。在"修剪/延伸/打断"工具栏单击 按钮和 按钮。

Step4. 定义修剪对象。在绘图区选取图 3.13.21a 所示的两条边线。

Step5. 单击 按钮，完成修剪/打断的创建，如图 3.13.21b 所示。

3.13.4　多物修整

"多物修整"命令  可以同时对多个图素进行修剪操作。下面以图 3.13.29 所示的模型为例讲解修剪/打断的一般操作过程。

图 3.13.29　多物修整

Step1. 打开文件 D:\mcx6\work\ch03.13.04\TRIM_MANY.MCX-6。

Step2. 选择命令。选择下拉菜单 **E 编辑** ➡ **T 修剪/打断** ➡ **M 多物修整** 命令，系统弹出图 3.13.30 所示的"多物体修剪"工具栏。

图 3.13.30　"多物体修剪"工具栏

图 3.13.30 所示的"多物体修剪"工具栏中部分选项的说明如下：

● 按钮：用于选取要修剪的曲线。
● 按钮：用于调整修剪方向。
● 按钮：用于设置编辑类型为修剪或延伸。
● 按钮：用于设置编辑类型为打断。

Step3. 设置修剪方式。接受系统默认的选项设置。

Step4. 定义修剪对象。在绘图区选取图 3.13.29a 所示的曲线和直线 2 为要修剪的图素，在"标准选择"工具栏中单击 按钮。然后选取图 3.13.29a 所示的直线 1 为修剪至图素。

Step5. 定义保留方向。在图 3.13.31 所示的位置单击，定义保留方向，如图 3.13.32 所示。

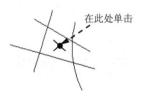

图 3.13.31　定义保留方向

图 3.13.32　修剪预览

Step6. 单击 按钮，完成多物修整的操作，如图 3.13.29b 所示。

3.13.5 两点打断

"两点打断"命令  可以在指定图素上的任意位置打断该图素，使其变成两个图素。下面以图 3.13.33 所示的模型为例讲解两点打断的一般操作过程。

图 3.13.33 两点打断

Step1. 打开文件 D:\mcx6\work\ch03.13.05\BREAK_TWOPOINT.MCX-6。

Step2. 选择命令。选择下拉菜单 <kbd>E 编辑</kbd> ➜ <kbd>T 修剪/打断 ▶</kbd> ➜ <kbd>X E 两点打断</kbd> 命令，系统弹出图 3.13.34 所示的"两点打断"工具栏。

图 3.13.34 "两点打断"工具栏

Step3. 定义要打断的图素。在绘图区选取图 3.13.33a 所示的直线为要打断的图素。

Step4. 定义打断点。将鼠标慢慢接近图 3.13.33a 所示的直线的中点，当鼠标指针上出现图 3.13.35 所示的符号时，单击鼠标左键设置打断点。

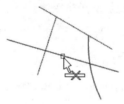

图 3.13.35 定义打断点

Step5. 单击 ✓ 按钮，完成两点打断的创建，如图 3.13.33b 所示。

3.13.6 在交点处打断

"在交点处打断"命令  可以将选取的图素在它们的相交处打断。下面以图 3.13.36 所示的模型为例讲解在交点处打断的一般操作过程。

Step1. 打开文件 D:\mcx6\work\ch03.13.06\BREAK_AT_INTERSECTION.MCX-6。

Step2. 选择命令。选择下拉菜单 <kbd>E 编辑</kbd> ➜ <kbd>T 修剪/打断 ▶</kbd> ➜ <kbd>I 在交点处打断</kbd> 命令。

Step3. 定义打断对象。在绘图区选取图 3.13.36a 所示的三条直线和一条圆弧。

a) 创建前　　　　　　　　　　　　　　　　　　　　　　b) 创建后

图 3.13.36　在交点处打断

Step4. 按 Enter 键，完成在交点处打断的创建，如图 3.13.36b 所示。

3.13.7　打成若干段

"打成若干段"命令 可以将选取的图素打断成多段。下面以图 3.13.37 所示的模型为例讲解打成若干段的一般操作过程。

a) 创建前　　　　　　　　　　　　　　　　　　　　　　b) 创建后

图 3.13.37　打成若干段

Step1. 打开文件 D：\mcx6\work\ch03.13.07\BREAK_MANY_PIECES.MCX-6。

Step2. 选择命令。选择下拉菜单 E 编辑 ➡ T 修剪/打断 ➡ P 打成若干段 命令。

Step3. 定义打断对象。在绘图区选取图 3.13.37a 所示的样条曲线为打断的对象，按 Enter 键。系统弹出图 3.13.38 所示的"打断成若干断"工具栏。

图 3.13.38　"打断成若干断"工具栏

图 3.13.38 所示的"打断成若干断"工具栏中部分选项的说明如下：

- 按钮：用于设置采用准确距离方式来进行打断，此时在其后的 文本框中输入准确距离数值。

- 按钮：用于设置采用完整距离方式来进行打断，此时系统将整条曲线按照 文本框定义的段数进行打断。

- 文本框：用于定义打断的段数值。

- 文本框：用于定义打断每段的长度值。
- 文本框：用于定义打断后与原始曲线的公差值。
- 删除 下拉列表：用于设置打断后原始曲线的处理方式，其包括 删除 选项、保留 选项和 隐藏 选项。
  - ☑ 删除 选项：用于设置打断后删除原始曲线。
  - ☑ 保留 选项：用于设置打断后保留原始曲线。
  - ☑ 隐藏 选项：用于设置打断后隐藏原始曲线。
- 按钮：用于设置将曲线打断成圆弧。
- 按钮：用于设置将曲线打断成直线。

Step4. 定义打断参数。在"打断成若干断"工具栏的 文本框中输入值 6，并按 Enter 键确认；然后单击 按钮。

Step5. 单击 按钮，完成打成若干段的操作，如图 3.13.37b 所示。

Step6. 参照 Step1~ Step5 将图 3.13.37a 所示的圆弧打断成六段，如图 3.13.37b 所示。

说明： 在打断样条曲线时无论设置是打断成直线，还是圆弧，系统都会把样条曲线打断成直线。

3.13.8 依指定长度

"依指定长度"命令 可以将尺寸标注、图案填充所生成的复合图素断开，从而方便修改。下面以图 3.13.39 所示的模型为例讲解依指定长度的一般操作过程。

a）创建前

图 3.13.39 依指定长度

b）创建后

Step1. 打开文件 D:\mcx6\work\ch03.13.08\BREAK_DRAFTING_INTO_LINES.MCX-6。

Step2. 选择命令。选择下拉菜单 E 编辑 ➡ T 修剪/打断 ▶ ➡ D 依指定长度 命令。

Step3. 定义分解对象。在绘图区选取图 3.13.39a 所示的两个剖面线为分解对象。

Step4. 在"标准选择"工具栏中单击 按钮，完成依指定长度的操作，如图 3.13.39b 所示。

3.13.9 打断全圆

"打断全圆"命令 可以将选定的圆进行等分处理。下面以图 3.13.40 所示的模型为例讲解打断全圆的一般操作过程。

Step1. 打开文件 D:\mcx6\work\ch03.13.09\BREAK_CIRCLES.MCX-6。

Step2. 选择命令。选择下拉菜单  命令。

a）创建前　　　　　　　　　　　　　　　　　　b）创建后

图 3.13.40　打断全圆

Step3. 定义打断对象。在绘图区选取图 3.13.40a 所示的圆为打断对象。

Step4. 在"标准选择"工具栏中单击 按钮，系统弹出图 3.13.41 所示的"全圆打断的圆数量"对话框。

图 3.13.41　　"全圆打断的圆数量"对话框

Step5. 定义打断段数。在"全圆打断的圆数量"对话框的文本框中输入值 4，并按 Enter 键完成打断全圆的操作，如图 3.13.40b 所示。

3.13.10　恢复全圆

"恢复全圆"命令 可以将选定的圆弧补成整圆。下面以图 3.13.42 所示的模型为例讲解恢复全圆的一般操作过程。

a）创建前　　　　　　　　　　　　　　　　　　b）创建后

图 3.13.42　恢复全圆

Step1. 打开文件 D:\mcx6\work\ch03.13.10\CLOSE_ARC.MCX-6。

Step2. 选择命令。选择下拉菜单  命令。

Step3. 定义恢复对象。在绘图区选取图 3.13.42a 所示的圆弧为恢复对象。

Step4. 在"标准选择"工具栏中单击 按钮，完成恢复全圆的操作，如图 3.13.42b 所示。

3.13.11　连接图素

"连接图素"命令 ![]可以将共线的线段、被断开的圆弧和被断开的样条曲线等多个图素合并成一个图素。下面以图 3.13.43 所示的模型为例讲解连接图素的一般操作过程。

a）创建前　　　　　　　　　　　　　　　　　　　b）创建后

图 3.13.43　连接图素

Step1. 打开文件 D:\mcx6\work\ch03.13.11\JOIN_ENTITIES.MCX-6。

Step2. 选择命令。选择下拉菜单 [E 编辑] ➡ [J 连接图素] 命令。

Step3. 定义连接对象。在绘图区选取图 3.13.43a 所示的两个圆弧为连接对象。

Step4. 在"标准选择"工具栏中单击 ⬤ 按钮，完成连接图素的操作，如图 3.13.43b 所示。

3.13.12　更改曲线

"更改曲线"命令 ![]可以改变 NURBS 曲线的控制点位置。下面以图 3.13.44 所示的模型为例讲解更改曲线的一般操作过程。

Step1. 打开文件 D:\mcx6\work\ch03.13.12\MODIFY_NURBS.MCX-6。

Step2. 选择命令。选择下拉菜单 [E 编辑] ➡ [M 更改曲线] 命令。

a）创建前　　　　　　　　　　　　　　　　　　　b）创建后

图 3.13.44　更改曲线

Step3. 定义更改对象。在绘图区选取图 3.13.44a 所示的样条曲线为更改对象，此时在绘图区出现图 3.13.45 所示的该样条曲线的控制点。

Step4. 调整控制点。在图 3.13.46 所示的控制点 1 位置单击，然后拖动鼠标至点 1 位置并单击鼠标左键，结果如图 3.13.47 所示。在图 3.13.48 所示的控制点 2 位置单击，然后拖动鼠标至点 2 位置并单击鼠标左键，结果如图 3.13.49 所示。

Step5. 按 Enter 键完成更改曲线的操作。

图 3.13.45　显示样条曲线控制点

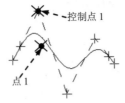

图 3.13.46　调整控制点 1

图 3.13.47　调整控制点 1 后

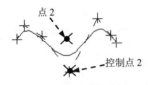

图 3.13.48　调整控制点 2

图 3.13.49　调整控制点 2 后

3.13.13　转换线或圆弧为 NURBS 曲线

使用"转成 NURBS"命令![icon]可以将指定的直线、圆弧、参数式曲线转换成 NURBS 曲线，从而方便调整曲线的控制点。下面以图 3.13.50 所示的模型为例讲解转换线或圆弧为 NURBS 曲线的一般操作过程。

a）创建前　　　　　　　　　　　　　　　　　b）创建后

图 3.13.50　转换成 NURBS 曲线

说明：图 3.13.50b 所示的圆弧是在更改曲线状态下的，以便用户能更清楚的了解"转成 NURBS"命令。在没有转成 NURBS 曲线前，是不能对圆弧的控制点进行编辑的。

Step1. 打开文件 D:\mcx6\work\ch03.13.13\CONVERT_NURBS.MCX-6。

Step2. 选择命令。选择下拉菜单 E 编辑 ➡ C 转成 NURBS 命令。

Step3. 定义转换对象。在绘图区选取图 3.13.50a 所示的圆弧和直线为转换对象。

Step4. 在"标准选择"工具栏中单击![icon]按钮，完成转换线或圆弧为 NURBS 曲线的操作，如图 3.13.50b 所示。

3.13.14　转换曲线为圆弧

使用"曲线变弧…"命令![icon]可以将指定的曲线转换成圆弧。下面以图 3.13.51 所示的模型为例讲解转换曲线成圆弧的一般操作过程。

a) 创建前　　　　　　　　　　　　　　　　　　　　　　　　b) 创建后

图 3.13.51　转换曲线为圆弧

说明： 图 3.13.51a 所示的是在更改曲线状态下的，以便用户能更清楚的了解"曲线变弧"命令。在没有转成圆弧前，可以对曲线的控制点进行编辑的。

Step1. 打开文件 D:\mcx6\work\ch03.13.14\SIMPLIFY.MCX-6。

Step2. 选择命令。选择下拉菜单 E 编辑 ➡ S 曲线变弧... 命令，系统弹出图 3.13.52 所示的"转成圆弧"工具栏。

图 3.13.52　"转成圆弧"工具栏

图 3.13.52 所示的"转成圆弧"工具栏中部分选项的说明如下：

- ▶ 按钮：用于选择要转成圆弧的曲线。
- 文本框：用于定义转成圆弧后与原始曲线的偏离值。
- 删除 ▼ 下拉列表：用于设置转成圆弧后原始曲线的处理方式，其包括 删除 选项、保留 选项和 隐藏 选项。
    - ☑ 删除 选项：用于设置转成圆弧后删除原始曲线。
    - ☑ 保留 选项：用于设置转成圆弧后保留原始曲线。
    - ☑ 隐藏 选项：用于设置转成圆弧后隐藏原始曲线。

Step3. 定义转成圆弧对象。在绘图区选取图 3.13.51a 所示的样条曲线为转成圆弧的对象。

Step4. 定义转成圆弧参数。在"转成圆弧"工具栏的 文本框中输入值 0.02；在 删除 ▼ 下拉列表中选择 删除 选项。

Step5. 单击 ✔ 按钮，完成转换曲线为圆弧的操作，如图 3.13.51b 所示。

3.14　转 换 图 素

在使用 MasterCAM X6 进行绘图时，有时要绘制一些相同或近似的图形，此时可以根据用户的需要对其进行平移、镜像、旋转、缩放、偏置、投影、阵列、缠绕、拖拽的操作，以加快设计速度。转换图素的命令主要位于 X 转换 下拉菜单中，如图 3.14.1 所示。同样，在"Xform"工具栏中也列出了相应的转换图素的相关命令，如图 3.14.2 所示。

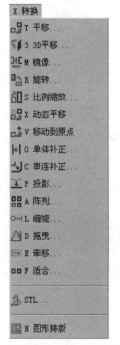

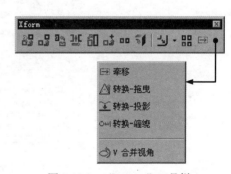

图 3.14.1　"转换"下拉菜单　　　　　　　　图 3.14.2　"Xform"工具栏

3.14.1　平移

"平移"命令 可以将指定的图素沿着某一个方向进行平移操作，该方向可以通过相对直角坐标系、极坐标系或者两点间的距离进行指定。通过"平移"命令可以创建一个或者多个与指定图素相同的图形。下面以图 3.14.3 所示的模型来讲解平移的一般操作过程。

a）创建前　　　　　　　　　　　　　　　　　　　　　　　　　b）创建后

图 3.14.3　平移

Step1. 打开文件 D:\mcx6\work\ch03.14.01\TRANSLATE.MCX-6。

Step2. 选择命令。选择下拉菜单 X 转换 ➡ T 平移... 命令。

Step3. 定义平移对象。在绘图区选取图 3.14.3a 所示的圆为平移对象，在"标准选择"工具栏中单击 按钮完成平移对象的定义，此时系统弹出图 3.14.4 所示的"平移选项"对话框。

图 3.14.4　"平移选项"对话框

图 3.14.4 所示的"平移选项"对话框中部分选项的说明如下：

- 按钮：用于选择要平移的图素。
- 移动 单选项：用于设置将指定的图素移动到一个新的位置。
- 复制 单选项：用于设置将指定的图素移动到一个新的位置，同时原始图素被保留在最初的位置。
- 连接 单选项：用于设置将指定的图素移动到一个新的位置，同时原始图素被保留在最初的位置，系统会自动创建直线或者圆弧将新创建的图素的端点与原始图素的相应的端点连接起来。
- 数 文本框：用于定义平移的次数值。
- 两点间的距离 单选项：用于设置根据每一个复制的对象计算平移距离，如图 3.14.5 所示。当平移次数大于 1 时，此单选项可用。

● 单选项：用于设置根据复制的次数计算穿过所有图素的平移距离，如图 3.14.6 所示。当平移次数大于 1 时，此单选项可用。

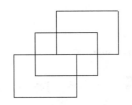

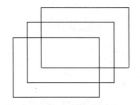

　　图 3.14.5　两点间的距离　　　　　　　　　　　　　　　图 3.14.6　全程距离

说明：图 3.14.5 和图 3.14.6 输入的参数是一样的，都是分别在 直角坐标 区域的 △X 文本框和 △Y 文本框输入值 10 之后得到的结果图。

● 直角坐标 区域：用于定义平移图素在直角坐标系下的三个方向上的增量值，其包括 △X 文本框、△Y 文本框和 △Z 文本框。

　　☑　△X 文本框：用于定义 X 方向上的增量值。

　　☑　△Y 文本框：用于定义 Y 方向上的增量值。

　　☑　△Z 文本框：用于定义 Z 方向上的增量值。

● 从一点到另点 区域：用于定义平移的起始点、终止点或者直线，其包括 +1 按钮、↔ 按钮和 +2 按钮。

　　☑　+1 按钮：用于定义平移的起始点。

　　☑　↔ 按钮：用于定义平移的直线参考，系统会将直线的方向定义为平移的方向，将直线的两个端点定义为平移的起始点和终止点。

　　☑　+2 按钮：用于定义平移的终止点。

● 极坐标 区域：用于定义平移图素在极坐标下的平移角度和距离，其包括 ∠ 文本框和 ⇒ 文本框。

　　☑　∠ 文本框：用于定义平移角度值。

　　☑　⇒ 文本框：用于定义平移距离值。

● ↔ 按钮：用于调整平移的方向，其有三个状态，分别为 ↔、↔ 和 ↔，分别表示图 3.14.7 所示的三个方向。

　　a）状态 1　　　　　　　　　　b）状态 2　　　　　　　　　　c）状态 3

图 3.14.7　调整平移方向的三个状态

● **预览**区域：用于设置预览的相关参数，其包括**重建**按钮和☑**适度1**复选框。

  ☑ **重建**按钮：用于更新平移显示。当选中此按钮前的复选框时，系统会自动更新平移显示。

  ☑ ☑**适度1**复选框：用于设置使用充满屏幕的显示方式。

● **属性**区域：用于设置图素属性的相关参数，其包括☑**使用新的图素属性**复选框、`1`**田**文本框、**田**按钮、☑**每次平移都增加一个层别**复选框、`0`■文本框和**田**按钮。

  ☑ ☑**使用新的图素属性**复选框：用于定义平移图素的层别和颜色等参数。当选中此复选框时，**属性**区域的其他参数方可显示，如图 3.14.8 所示。

  ☑ `1`**田**文本框：用于定义创建的平移图素的所在层别。

  ☑ **田**按钮：单击此按钮，系统弹出"层别"对话框。用户可以通过该对话框新建或选择平移图素的层别。

  ☑ ☑**每次平移都增加一个层别**复选框：用于设置在不同的层别创建平移图素，每次平移都增加一个新的图层，并把平移的图素放置在该层中。当平移次数大于 1 时，此复选框可用。

  ☑ `0`■文本框：用于定义平移图素的颜色号。

  ☑ **田**按钮：单击此按钮，系统弹出"颜色"对话框。用户可以通过该对话框设置平移图素的颜色。

Step4. 设置平移参数。在"平移选项"对话框中选中 ⊙**移动** 单选项；在**数**文本框中输入值 1；在**预览**区域中选中**重建**按钮前的复选框并取消选中☑**适度1**复选框。

Step5. 定义平移位置。在"平移选项"对话框的**从一点到另点**区域中单击**+1**按钮，选取图 3.14.9 所示的点 1（直线和圆的切点）为平移的起始点，然后选取图 3.14.9 所示的点 2（直线和圆的切点）为平移的终止点。

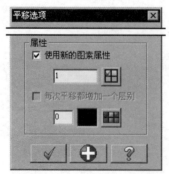

图 3.14.8　使用新的图素属性

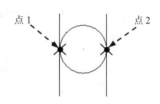

图 3.14.9　定义起始点和终止点

Step6. 单击 **✓** 按钮，完成平移的操作，如图 3.14.3b 所示。

3.14.2　3D 平移

"3D 平移"命令  可以将指定的图素沿着某一个方向在不同视图间进行平移操作。下面以图 3.14.10 所示的模型来讲解 3D 平移的一般操作过程。

a）创建前　　　　　　　　　　　　　　　　　　　　　　　b）创建后

图 3.14.10　3D 平移

Step1. 打开文件 D:\mcx6\work\ch03.14.02\3D_TRANSLATE.MCX-6。

Step2. 选择命令。选择下拉菜单 X 转换 ➡ 3 3D平移.. 命令。

Step3. 定义平移对象。在绘图区选取图 3.14.10a 所示的图形为平移对象，在"标准选择"工具栏中单击 ● 按钮完成平移对象的定义，此时系统弹出图 3.14.11 所示的"3D 平移选项"对话框。

图 3.14.11　"3D 平移选项"对话框

图 3.14.11 所示的"3D 平移选项"对话框中部分选项的说明如下：

● 视角 区域：

- ☑ 原始视角 下面的 ![按钮] 按钮：单击此按钮，系统弹出"平面选择"对话框。用户可以通过该对话框选择图素来源所在的视角，即原始图素所在的视角。

- ☑ 目标视角 下面的 ![按钮] 按钮：单击此按钮，系统弹出"平面选择"对话框。用户可以通过该对话框选择图素目标所在的视角，即要平移到的视角。

- ☑ ![按钮] 按钮：定义图素旋转中心点。

Step4. 定义 3D 平移位置。

① 定义来源图素视角和平移起始点。在"3D 平移选项"对话框的 视角 区域的 原始视角 下拉列表中选择 TOP 视角；然后单击 原始视角 下面的 ![按钮] 按钮，在"自动抓点"工具栏的 X 文本框、 Y 文本框和 Z 文本框中均输入值 0，并分别按 Enter 键确认，此时系统再次弹出"3D 平移选项"对话框。

② 定义目标图素视角和平移终止点。在"3D 平移选项"对话框的 视角 区域的 目标视角 下拉列表中选择 FRONT 视角；然后单击 目标视角 下面的 ![按钮] 按钮，分别在"自动抓点"工具栏的 X 文本框、 Y 文本框和 Z 文本框中输入值 0，-50，0，并分别按 Enter 键确认，此时系统返回至"3D 平移选项"对话框。

Step5. 单击 ![按钮] 按钮，完成 3D 平移的操作，如图 3.14.10b 所示。

3.14.3　镜像

"镜像"命令 ![图标] 可以将指定的图素关于定义的镜像中心线进行对称操作。下面以图 3.14.12 所示的模型来讲解镜像的一般操作过程。

　　　　a）创建前　　　　　　　　　　　　　　　　　　　　　b）创建后

图 3.14.12　镜像

Step1. 打开文件 D:\mcx6\work\ch03.14.03\MIRROR.MCX-6。

Step2. 选择命令。选择下拉菜单 X 转换 ➡ M 镜像... 命令。

Step3. 定义镜像对象。在"标准选择"工具栏的 □▾ 下拉列表中选择 串连 选项，然后在绘图区选取图 3.14.12a 所示的圆弧为镜像对象，然后在"标准选择"工具栏中单击 ![按钮] 按钮完成镜像对象的定义，此时系统弹出图 3.14.13 所示的"镜射选项"对话框。

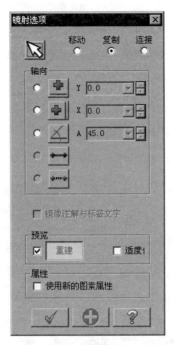

图 3.14.13　"镜射选项"对话框

图 3.14.13 所示的"镜射选项"对话框中部分选项的说明如下：

- ![按钮]按钮：用于选择要镜像的图素。

- **移动**单选项：用于设置将指定的镜像图素移动到一个新的位置。

- **复制**单选项：用于设置将指定的镜像图素移动到一个新的位置，同时原始图素被保留在最初的位置。

- **连接**单选项：用于设置将指定的镜像图素移动到一个新的位置，同时原始图素被保留在最初的位置，系统会自动创建直线或者圆弧将新创建的图素的端点与原始图素的相应的端点连接起来。

- **轴向**区域：用于定义对称轴的相关参数，其包括![按钮]按钮、![Y]文本框、![按钮]按钮、![X]文本框、![按钮]按钮、![A]文本框、![按钮]按钮和![按钮]按钮。

  ☑ ![按钮]按钮：用于设置指定的图素关于 X 轴对称。

  ☑ ![Y]文本框：用于设置平行于 X 轴的对称轴相对于 X 轴的 Y 轴方向上的距离。

  ☑ ![按钮]按钮：用于设置指定的图素关于 Y 轴对称。

  ☑ ![X]文本框：用于设置平行于 Y 轴的对称轴相对于 Y 轴的 X 轴方向上的距离。

  ☑ ![按钮]按钮：用于设置指定的图素关于定义的对称轴对称，此对称轴是通过与极轴之间的夹角来定义的。单击此按钮，系统会返回至绘图区，此时需要用户选取对称轴的通过点。

- ☑ 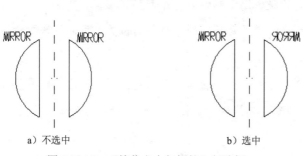 ^A 文本框：用于定义对称轴与极轴之间的夹角值。

- ☑ 按钮：用于定义对称轴。单击此按钮，系统会返回至绘图区，此时需要用户选取对称轴。

- ☑ 按钮：用于以两点的方式定义对称轴。单击此按钮，系统会返回至绘图区，此时需要用户选取对称轴的两个端点。

- ● 镜像注解与标签文字 复选框：用于设置文本与标签关于对称轴对称，如图 3.14.14b 所示。此复选框仅当定义的镜像图素中有文本或标签时才能使用。

- ● 预览 区域：用于设置预览的相关参数，其包括 重建 按钮和 ☑ 适度1 复选框。

    - ☑ 重建 按钮：用于更新镜像显示。当选中此按钮前的复选框时，系统会自动更新镜像显示。

    - ☑ 适度1 复选框：用于设置使用充满屏幕的显示方式。

- ● 属性 区域：用于设置图素属性的相关参数，其包括 ☑ 镜像注解与标签文字 复选框、1 文本框、按钮、0 文本框和 按钮。

    - ☑ ☑ 使用新的图素属性 复选框：用于定义镜像图素的层别和颜色等参数。当选中此复选框时，属性 区域的其他参数方可显示，如图 3.14.15 所示。

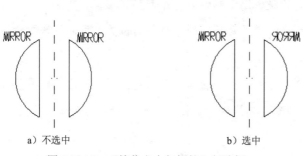

a) 不选中　　　　　　　　b) 选中

图 3.14.14　"镜像文本与标签"复选框

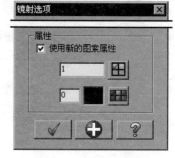

图 3.14.15　使用新的图素属性

- ☑ 1 文本框：用于定义创建的镜像图素的所在层别。

- ☑ 按钮：单击此按钮，系统弹出"层别"对话框。用户可以通过此对话框新建或选择镜像图素的层别。

- ☑ 0 文本框：用于定义镜像图素的颜色号。

- ☑ 按钮：单击此按钮，系统弹出"颜色"对话框。用户可以通过该对话框设置镜像图素的颜色。

Step4. 设置镜像参数。在"镜射选项"对话框中选中 ⊙ 复制 单选项；在 预览 区域中选中 重建 按钮前的复选框并取消选中 ☑ 适度1 复选框。

Step5. 设置镜像轴。在 区域单击 按钮，然后在绘图区选取图 3.14.12a 所示的直线为镜像轴。

Step6. 单击 按钮，完成镜像的操作，如图 3.14.12b 所示。

3.14.4　旋转

"旋转"命令 可以将指定的图素关于定义的中心点旋转一定的角度。下面以图 3.14.16 所示的模型来讲解旋转的一般操作过程。

a）创建前　　　　　　　　　　　　　　　　　　　　　b）创建后

图 3.14.16　旋转

Step1. 打开文件 D:\mcx6\work\ch03.14.04\ROTATE.MCX-6。

Step2. 选择命令。选择下拉菜单 X 转换 ➡ R 旋转... 命令。

Step3. 定义旋转对象。在"标准选择"工具栏的 下拉列表中选择 串连 选项，然后在绘图区选取图 3.14.16a 所示的圆弧为镜像对象，之后在"标准选择"工具栏中单击 按钮完成旋转对象的定义，此时系统弹出图 3.14.17 所示的"旋转选项"对话框。

图 3.14.17 所示的"旋转选项"对话框中部分选项的说明如下：

- 按钮：用于选择要旋转的图素。
- 移动 单选项：用于设置将指定的旋转图素移动到一个新的位置。
- 复制 单选项：用于设置将指定的旋转图素移动到一个新的位置，同时原始图素被保留在最初的位置。
- 连接 单选项：用于设置将指定的旋转图素移动到一个新的位置，同时原始图素被保留在最初的位置，系统会自动创建直线或者圆弧将新创建的图素的端点与原始图素的相应的端点连接起来。
- 激 文本框：用于定义旋转的次数值。
- 单次旋转角度 单选项：用于设置根据每一个复制的对象计算旋转角度，如图 3.14.18 所示。当旋转次数大于 1 时，此单选项可用。
- 整体旋转角度 单选项：用于设置根据复制的次数计算穿过所有图素的旋转角度，如

图 3.14.19 所示。当旋转次数大于 1 时，此单选项可用。

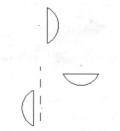

图 3.14.18　单次旋转角度

图 3.14.17　"旋转选项"对话框

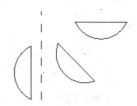

图 3.14.19　整体旋转角度

说明：图 3.14.18 和图 3.14.19 输入的参数是一样的，都是在 ⬚ 的文本框中输入值 90 之后得到的结果图。

- ⬚ 按钮：用于选取旋转的中心点。单击此按钮，系统会返回至绘图区，此时需要用户选取旋转的中心点。

- ⬚ 文本框：用于定义旋转的角度值。

- ⬚ 旋转 单选项：用于设置旋转指定的图素，如图 3.14.20 所示。

- ⬚ 平移 单选项：用于将指定的图素关于定义的中心点平移一定的角度，如图 3.14.21 所示。

图 3.14.20　旋转　　　　　　　　　　　图 3.14.21　平移

- ⬚ 按钮：用于调整旋转的方向，其有三个状态，分别为 ⬚、⬚ 和 ⬚，分别表示图 3.14.22 所示的三个方向。

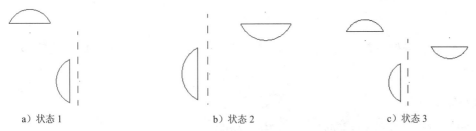

a）状态 1　　　　　　　　　b）状态 2　　　　　　　　c）状态 3

图 3.14.22　调整旋转方向的三个状态

- ● 按钮：用于移除一个或多个复制的旋转图素。单击此按钮，系统会返回至绘图区，此时需要用户选取要移除的旋转复制图素，然后按 Enter 键确认。当旋转次数大于 1 时，此按钮可用。

- ● 按钮：用于还原使用 按钮移除的旋转复制图素。

- ● 区域：用于设置预览的相关参数，其包括 **重建** 按钮和 **适度1** 复选框。

  - ☑ **重建** 按钮：用于更新旋转显示。当选中此按钮前的复选框时，系统会自动更新旋转显示。

  - ☑ **适度1** 复选框：用于设置使用充满屏幕的显示方式。

- ● 区域：用于设置图素属性的相关参数，其包括 **使用新的图素属性** 复选框、**1** 文本框、 按钮、**0** 文本框和 按钮。

  - ☑ **使用新的图素属性** 复选框：用于定义旋转图素的层别和颜色等参数。当选中此复选框时，属性 区域的其他参数方可显示，如图 3.14.23 所示。

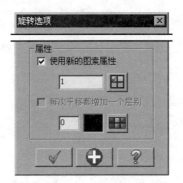

图 3.14.23　使用新的图素属性

- ☑ **1** 文本框：用于定义创建的旋转图素的所在层别。

- ☑ 按钮：单击此按钮，系统弹出“层别”对话框。用户可以通过该对话框新建或选择旋转图素的层别。

☑ ▣ 文本框：用于定义旋转图素的颜色号。

☑ ▦ 按钮：单击此按钮，系统弹出"颜色"对话框。用户可以通过该对话框设置旋转图素的颜色。

Step4. 设置旋转参数。在"旋转选项"对话框中选中 ⊙ 复制 单选项；然后在 预览 区域中选中 重建 按钮前的复选框并取消选中 ☑ 适度1 复选框。

Step5. 设置旋转中心及角度。单击 ✛ 按钮，然后在绘图区选取图 3.14.16a 所示的点（直线的端点）为旋转中心，在 ◿ 的文本框中输入 90.0。

Step6. 单击 ✓ 按钮，完成旋转的操作，如图 3.14.16b 所示。

3.14.5　缩放

"缩放"命令 ▤ 可以将指定的图素关于定义的中心点按照定义的比例进行缩放。下面以图 3.14.24 所示的模型来讲解缩放的一般操作过程。

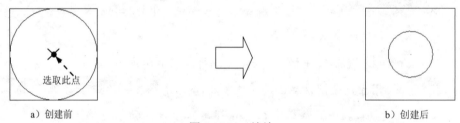

a）创建前　　　　　　　　　　　　　　　　　　　b）创建后

图 3.14.24　缩放

Step1. 打开文件 D:\mcx6\work\ch03.14.05\SCALE.MCX-6。

Step2. 选择命令。选择下拉菜单 X 转换 ➡ ▤ S 比例缩放... 命令。

Step3. 定义缩放对象。在绘图区选取图 3.14.24a 所示的圆为缩放对象，然后在"标准选择"工具栏中单击 ⬤ 按钮完成缩放对象的定义，此时系统弹出图 3.14.25 所示的"比例缩放选项"对话框。

图 3.14.25 所示的"比例缩放选项"对话框中部分选项的说明如下：

● ◈ 按钮：用于选择要缩放的图素。

● 移动 ⊙ 单选项：用于设置将指定的缩放图素移动到一个新的位置。

● 复制 ⊙ 单选项：用于设置将指定的缩放图素移动到一个新的位置，同时原始图素被保留在最初的位置。

● 连接 ⊙ 单选项：用于设置将指定的缩放图素移动到一个新的位置，同时原始图素被保留在最初的位置，系统会自动创建直线或者圆弧将新创建的图素的端点与原始图素的相应的端点连接起来。

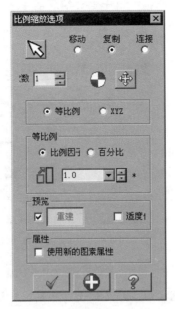

图 3.14.25 "比例缩放选项"对话框

- 激文本框：用于定义缩放的次数值。

- 按钮：用于选取缩放的中心点。单击此按钮，系统会返回至绘图区，此时需要用户选取缩放的中心点。

- 等比例单选项：用于设置使用在 X 轴方向、Y 轴方向和 Z 轴方向三个方向上相同比例的方式进行缩放。

- XYZ单选项：用于设置使用在 X 轴方向、Y 轴方向和 Z 轴方向三个方向上不同比例的方式进行缩放。

- 等比例区域：用于定义等比例缩放的相关参数，其包括 比例因子单选项、 百分比单选项和 文本框。此区域将根据选择的缩放方式不同而有所差异。

  - ☑ 比例因子单选项：用于设置使用比例因子的方式控制缩放。

  - ☑ 百分比单选项：用于设置使用百分比的方式控制缩放。

  - ☑ 文本框：用于定义缩放值。

- 预览区域：用于设置预览的相关参数，其包括 重建按钮和 ☑ 适度1复选框。

  - ☑ 重建按钮：用于更新缩放显示。当选中此按钮前的复选框时，系统会自动更新缩放显示。

  - ☑ 适度1复选框：用于设置使用充满屏幕的显示方式。

- 属性区域：用于设置图素属性的相关参数，其包括 ☑ 使用新的图素属性复选框、1

文本框、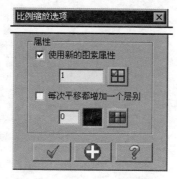 按钮、☑️ 每次平移都增加一个层别 复选框、◻️ 文本框和 按钮。

  ☑️ ☑️ 使用新的图素属性 复选框：用于定义缩放图素的层别和颜色等参数。当选中此复选框时，属性 区域的其他参数方可显示，如图 3.14.26 所示。

图 3.14.26 使用新的图素属性

  ☑️ 1 文本框：用于定义创建的缩放图素的所在层别。

  ☑️ 按钮：单击此按钮，系统弹出"层别"对话框。用户可以通过该对话框新建或选择缩放图素的层别。

  ☑️ ☑️ 每次平移都增加一个层别 复选框：用于设置在不同的层别创建缩放图素，每次缩放都增加一个新的图层，并把缩放的图素放置在该层中。当缩放次数大于 1 时，此复选框可用。

  ☑️ 0 文本框：用于定义缩放图素的颜色号。

  ☑️ 按钮：单击此按钮，系统弹出"颜色"对话框。用户可以通过该对话框设置缩放图素的颜色。

    Step4. 设置缩放参数。在"比例缩放选项"对话框中选中 ⊙移动 单选项；在 预览 区域中选中 重建 按钮前的复选框并取消选中 ☑️ 适度 复选框。

    Step5. 设置缩放中心及缩放比例。单击 按钮，然后在绘图区选取图 3.14.24a 所示的点（圆的圆心）为旋转中心，然后在 等比例 区域的 文本框中输入值 0.5。

    Step6. 单击 ✓ 按钮，完成缩放的操作，如图 3.14.24b 所示。

3.14.6 单体补正

    "单体补正"命令 可以将指定的图素向外或向内偏移一定距离的操作。下面以图 3.14.27 所示的模型来讲解单体补正的一般操作过程。

    Step1. 打开文件 D:\mcx6\work\ch03.14.06\OFFSET.MCX-6。

a）创建前　　　　　　　　　　　　　　　　　　　b）创建后

图 3.14.27　单体补正

Step2. 选择命令。选择下拉菜单 x 转换 ➡ o 单体补正... 命令，系统弹出图 3.14.28 所

示的"补正选项"对话框。

图 3.14.28 所示的"补正选项"对话框中部分选项的说明如下：

● 移动 单选项：用于设置将指定的补正图素移动到一个新的位置。

● 复制 单选项：用于设置将指定的补正图素移动到一个新的位置，同时原始图素被保

留在最初的位置。

● 数 文本框：用于定义补正的次数值。

● 文本框：用于定义补正的距离值。

● 按钮：用于调整补正的方向，其有三个状态，分别为 、 和 ，

分别表示图 3.14.29 所示的三个方向。

图 3.14.28　"补正选项"对话框

a）状态 1

b）状态 2

c）状态 3

图 3.14.29　调整补正方向的三个状态

● 预览 区域：用于设置预览的相关参数，其包括 重设 按钮和 ☑适度 复选框。

　　☑ 重设 按钮：用于更新补正显示。当选中此按钮前的复选框时，系统会自动更

新补正显示。

- ☑ ☑ 适度↑ 复选框：用于设置使用充满屏幕的显示方式。

● 属性 区域：用于设置图素属性的相关参数，其包括 ☑ 使用新的图素属性 复选框、|1 ⊞ 文本框、⊞ 按钮、☑ 每次平移都增加一个层别 复选框、|0 ■ 文本框和 ⊞ 按钮。

- ☑ ☑ 使用新的图素属性 复选框：用于定义补正图素的层别和颜色等参数。当选中此复选框时，属性 区域的其他参数方可显示，如图 3.14.30 所示。

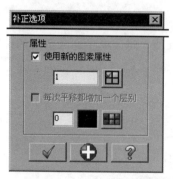

图 3.14.30　使用新的图素属性

- ☑ |1 ⊞ 文本框：用于定义创建的补正图素的所在层别。
- ☑ ⊞ 按钮：单击此按钮，系统弹出"层别"对话框。用户可以通过该对话框新建或选择补正图素的层别。
- ☑ ☑ 每次平移都增加一个层别 复选框：用于设置在不同的层别创建补正图素，每次补正都增加一个新的图层，并把补正的图素放置在该层中。当补正次数大于 1 时，此复选框可用。
- ☑ |0 ■ 文本框：用于定义补正图素的颜色号。
- ☑ ⊞ 按钮：单击此按钮，系统弹出"颜色"对话框。用户可以通过该对话框设置补正图素的颜色。

　　Step3. 设置补正参数。在"补正选项"对话框中选中 ⊙ 移动 单选项；在 文本框中输入值 5；在 预览 区域中选中 重设 按钮前的复选框并取消选中 ☑ 适度↑ 复选框。

　　Step4. 定义补正对象。在绘图区选取图 3.14.27a 所示的直线为补正对象，然后在直线的下方单击。

　　Step5. 单击 ✓ 按钮，完成单体补正的操作，如图 3.14.27b 所示。

3.14.7　串连补正

　　"串连补正"命令 可以将一个由多个图素首尾相连而成的图素向外或向内偏移一定距

离。下面以图 3.14.31 所示的模型来讲解串连补正的一般操作过程。

Step1. 打开文件 D:\mcx6\work\ch03.14.07\OFFSET_CONTOUR.MCX-6。

Step2. 选择命令。选择下拉菜单 X 转换 ➡️ C 串连补正... 命令，系统弹出图 3.14.33 所示的"串连补正选项"对话框。

Step3. 定义补正对象。在绘图区选取图 3.14.31a 所示的直线为补正对象，系统会自动串连与它相连的图素并显示串连方向，如图 3.14.32 所示。单击 ✔️ 按钮，完成补正对象的定义，同时系统弹出图 3.14.33 所示的"串连补正选项"对话框。

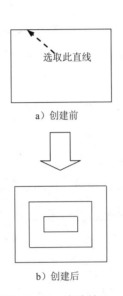

a）创建前

b）创建后

图 3.14.31　串连补正

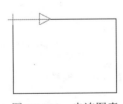

图 3.14.32　串连图素　　　　图 3.14.33　"串连补正选项"对话框

图 3.14.33 所示的"串连补正选项"对话框中部分选项的说明如下：

● **距离** 区域：用于设置补正距离的相关参数，其包括 📏 文本框、↑文本框、📐文本框、⊙ 绝对坐标 单选项和 ⊙ 增量坐标 单选项。

☑ ⇒文本框：用于设置 XY 方向上的偏移距离值，如图 3.14.34 所示。

☑ ↑文本框：用于设置 Z 轴方向上的偏移距离值，如图 3.14.34 所示。

☑ 文本框：用于设置偏移的角度值，偏移角度范围为 0~89°。如图 3.14.34 所示。

☑ 绝对坐标单选项：用于设置创建 2D 几何图形，如图 3.14.35 所示。

☑ 增量坐标单选项：用于设置创建 3D 几何图形，如图 3.14.35 所示。

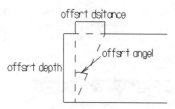

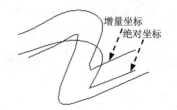

图 3.14.34　距离示意图　　　　　图 3.14.35　"绝对坐标"和"增量坐标"

说明：如果补正的原始图素为样条曲线时，系统会用直线或者圆弧代替样条曲线来创建补正图素。

● 转角区域：用于设置转角的相关选项，其包括 ⊙ 无单选项、⊙ 尖角单选项和 ⊙ 全部单选项。

　　☑ ⊙ 无单选项：在拐角处不创建圆角，如图 3.14.36a 所示。

　　☑ ⊙ 尖角单选项：在小于 135° 的转角处创建圆角，如图 3.14.36b 所示。

　　☑ ⊙ 全部单选项：在全部拐角处创建圆角，如图 3.14.36c 所示。

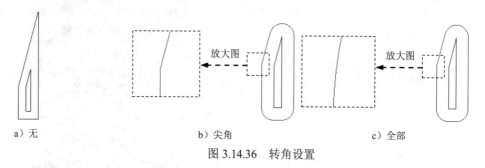

a）无　　　　　　　　　　b）尖角　　　　　　　　c）全部

图 3.14.36　转角设置

● ☑ 查找各种可能的复选框：用于设置补正后检查自相交。如果补正后产生了自相交，则系统会弹出图 3.14.37 所示的"警告"对话框，提示补正失败。

图 3.14.37　"警告"对话框

☑ 公差文本框：用于设置补正图素与原始图素之间的偏差值。此文本框仅当补正对象为样条曲线时可用。

☑　最大深度 文本框：用于设置 3D 样条曲线在尖角时的最大间隙值。此文本框仅当补正对象为空间样条曲线时可用。

Step4. 设置补正参数。在"串连补正选项"对话框中选中 复制 ⊙ 单选项；在 文本框中输入值 5；在 预览 区域中选中 重设 按钮前的复选框并取消选中 ☑ 适度1 复选框；在 转角 区域中选中⊙ 无 单选项；单击两次 按钮使其变成 状态。

Step5. 单击 ✓ 按钮，完成串连补正的操作，如图 3.14.31b 所示。

3.14.8　投影

"投影"命令 可以将指定的图素按照定义的高度进行投影，或投影到指定的平面、曲面上。下面以图 3.14.38 所示的模型来讲解投影的一般操作过程。

Step1. 打开文件 D:\mcx6\work\ch03.14.08\PROJECT.MCX-6。

Step2. 选择命令。选择下拉菜单 X 转换 ➡ P 投影... 命令。

Step3. 定义投影对象。在绘图区选取图 3.14.38a 所示的圆为投影对象，之后在"标准选择"工具栏中单击 按钮完成投影对象的定义，此时系统弹出图 3.14.39 所示的"投影选项"对话框。

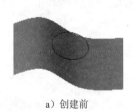

a）创建前

b）创建后

图 3.14.38　投影

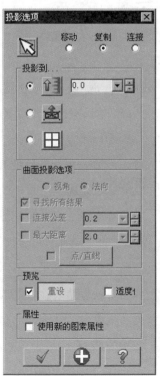

图 3.14.39　"投影选项"对话框

图 3.14.39 所示的"投影选项"对话框中部分选项的说明如下：

● 　按钮：用于选择要投影的图素。

● 移动 单选项：用于设置将指定的投影图素移动到一个新的位置。

● 复制 单选项：用于设置将指定的投影图素移动到一个新的位置，同时原始图素被保留在最初的位置。

● 连接 单选项：用于设置将指定的投影图素移动到一个新的位置，同时原始图素被保留在最初的位置，系统会自动创建直线或者圆弧将新创建的图素的端点与原始图素的相应的端点连接起来。

● 投影到... 区域：用于定义投影至的相关参数，其包括 按钮、 0.0 文本框、 按钮、 按钮。

　☑ 按钮：单击此按钮，用户可以在绘图区选取图素来定义投影的高度值。

　☑ 0.0 文本框：用于定义投影的高度值。

　☑ 按钮：用于定义投影平面。单击此按钮，系统弹出图 3.14.40 所示的"平面选择"对话框。用户可以通过该对话框定义投影的平面。

　☑ 按钮：单击此按钮，用户可以在绘图区选取投影的曲面。

● 曲面投影选项 区域：用于定义投影至曲面或者实体的相关参数，其包括 视角 单选项、 法向 单选项、 ☑寻找所有结果 复选框、 ☑连接公差 复选框、 ☑最大距离 复选框和 点/线 按钮。

　☑ 视角 单选项：用于设置沿构图平面的法线方向进行投影。

　☑ 法向 单选项：用于设置沿指定曲面的法线方向进行投影。

　☑ ☑寻找所有结果 复选框：用于设置寻找多种结果。如果没有选中此复选框，系统将采用第一个计算的投影结果。

　☑ ☑连接公差 复选框：用于设置连接投影的多个图素为一个图素。用户可以在其后的文本框中定义连接公差值。

　☑ ☑最大距离 复选框：用于设置寻找结果与所选取点的最大距离，防止系统产生多余的不需要的结果。如果没有选中此复选框，系统会在选取的所有曲面间寻找一个投影结果。此复选框仅当选中 法向 单选项时可用。用户可以在其后的文本框中定义最大距离值。

　☑ 点/直线 按钮：用于设置在投影点到曲面或实体时是否创建投影点和直线。单击此按钮，系统弹出图 3.14.41 所示的"投影位置"对话框。用户可以通过该对话框设置是否创建投影点或者直线。

- ![icon]预览区域：用于设置预览的相关参数，其包括![icon]重设按钮和![icon]适度1复选框。

  - ☑ ![icon]重设按钮：用于更新投影显示。当选中此按钮前的复选框时，系统会自动更新投影显示。

  - ☑ ![icon]适度1复选框：用于设置使用充满屏幕的显示方式。

- ![icon]属性区域：用于设置图素属性的相关参数，其包括![icon]使用新的图素属性复选框、![icon]1文本框、![icon]按钮、![icon]0文本框和![icon]按钮。

  - ☑ ![icon]使用新的图素属性复选框：用于定义投影图素的层别和颜色等参数。当选中此复选框时，![icon]属性区域的其他参数方可显示，如图 3.14.42 所示。

图 3.14.40　"平面选择"对话框

图 3.14.41　"投影位置"对话框

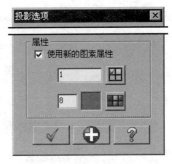
图 3.14.42　使用新的图素属性

  - ☑ ![icon]1![icon]文本框：用于定义创建的投影图素的所在层别。

  - ☑ ![icon]按钮：单击此按钮，系统弹出"层别"对话框。用户可以通过该对话框新建或选择投影图素的层别。

  - ☑ ![icon]0![icon]文本框：用于定义投影图素的颜色号。

  - ☑ ![icon]按钮：单击此按钮，系统弹出"颜色"对话框。用户可以通过该对话框设置投影图素的颜色。

图 3.14.40 所示的"平面选择"对话框中部分选项的说明如下：

- ![icon]平面区域：

  - ☑ ![icon]X文本框：用于定义与 YZ 平面平行的创建平面在 X 轴方向上的距离值。

☑ **Y** 文本框：用于定义与 XZ 平面平行的创建平面在 Y 轴方向上的距离值。

☑ **Z** 文本框：用于定义与 XY 平面平行的创建平面在 Z 轴方向上的距离值。

☑ ▬ 按钮：用于根据指定的直线创建通过指定直线且与刀具平面（当前的绘图平面）垂直的投影平面。单击此按钮，用户可以在绘图区选取直线来定义投影平面。

☑ ∴ 按钮：用于根据指定的三点创建投影平面。单击此按钮，用户可以在绘图区选取三个点来定义投影平面。

☑ ⊡ 按钮：用于根据平面图形、两条同一个平面的直线或三个点创建投影平面。单击此按钮，用户可以在绘图区选取平面图形、两条同一个面的直线或三个点来定义投影平面。

☑ ⊠ 按钮：用于根据法线来创建投影平面。单击此按钮，用户可以在绘图区选取直线来定义投影平面。

☑ ≣ 按钮：用于根据指定的已命名的视角创建与其平行且位于当前刀具平面的投影平面。单击此按钮，系统弹出"视角"对话框，用户可以通过该对话框选择已命名的视角。

☑ ⟷ 按钮：用于调整投影平面的法线方向。

图 3.14.41 所示的"投影位置"对话框中部分选项的说明如下：

● 创建 区域：用于设置投影构建的相关参数，其包括 ☑ 点 复选框、☑ 直线 复选框、长度 文本框和 ⟷ 按钮。

   ☑ ☑ 点 复选框：用于设置创建投影点。如果没有选中此复选框，则系统不会创建所选取点的投影点。

   ☑ ☑ 直线 复选框：用于设置创建通过要投影的点和投影点的直线。

   ☑ 长度 文本框：用于设置通过要投影的点和投影点的直线的长度值。

   ☑ ⟷ 按钮：用于调整通过要投影的点和投影点的直线的方向。

● ☑ 汇出到文件 复选框：用于设置将投影数据输出为定义的文本格式。

   ☑ ⊙ APT 单选项：用于设置将投影数据以 APT 格式输出。

   ☑ ⊙ XYZ 单选项：用于设置将投影数据以 XYZ 格式输出。

Step4. 定义投影面。在 投影到… 区域单击 ⊞ 按钮，然后在绘图区选取图 3.14.38a 所示的曲面为投影面，然后在"标准选择"工具栏中单击 ⬤ 按钮完成投影面的定义，此时系统返回至"投影选项"对话框。

Step5. 设置投影参数。在"投影选项"对话框中选中 复制 ⊙ 单选项；在 曲面投影选项 区域中选中 ⊙ 视角 单选项；在 预览 区域中选中 重设 按钮前的复选框并取消选中 ☑ 适度1 复选框。

Step6. 单击 ✓ 按钮，完成投影的操作，如图 3.14.38b 所示。

3.14.9　阵列

"阵列"命令 ⊞ 可以将指定的图素沿两个定义的角度、按照指定的距离进行复制的操作。下面以图 3.14.41 所示的模型来讲解阵列的一般操作过程。

Step1. 打开文件 D：\mcx6\work\ch03.14.09\RECTANGULAR_ARRAY.MCX-6。

Step2. 选择命令。选择下拉菜单 X 转换 ➞ A 阵列... 命令。

Step3. 定义阵列对象。在绘图区选取图 3.14.43a 所示的圆为阵列对象，然后在"标准选择"工具栏中单击 ● 按钮完成阵列对象的定义，此时系统弹出图 3.14.44 所示的"矩形阵列选项"对话框。

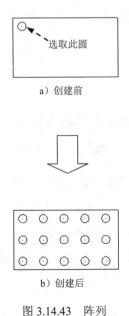

a）创建前

b）创建后

图 3.14.43　阵列

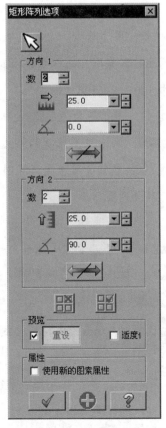

图 3.14.44　"矩形阵列选项"对话框

图 3.14.44 所示的"矩形阵列选项"对话框中部分选项的说明如下：

- ![按钮] 按钮：用于选择要阵列的图素。
- 方向1 区域：用于设置阵列方向 1 上的参数，其包括 ![数] 文本框、![距] 文本框、![角] 文本框和 ![方向] 按钮。
  - ☑ ![数] 文本框：用于设置方向 1 上的阵列次数。
  - ☑ ![距] 文本框：用于定义方向 1 上每个图素间的距离值。
  - ☑ ![角] 文本框：用于定义方向 1 上的阵列角度值。
  - ☑ ![方向] 按钮：用于调整方向 1 的阵列方向。
- 方向2 区域：用于设置阵列方向 2 上的参数，其包括 ![数] 文本框、![距] 文本框、![角] 文本框和 ![方向] 按钮。
  - ☑ ![数] 文本框：用于设置方向 2 上的阵列次数。
  - ☑ ![距] 文本框：用于定义方向 2 上每个图素间的距离值。
  - ☑ ![角] 文本框：用于定义方向 2 上的阵列角度值。
  - ☑ ![方向] 按钮：用于调整方向 2 的阵列方向。
- ![按钮] 按钮：用于移除一个或多个复制的阵列图素。单击此按钮，系统会返回至绘图区，此时需要用户选取要移除的阵列复制图素，然后按 Enter 键确认。当阵列次数大于 1 时，此按钮可用。
- ![按钮] 按钮：用于还原使用 ![按钮] 按钮移除的阵列复制图素。
- 预览 区域：用于设置预览的相关参数，其包括 ![重设] 按钮和 ☑ 适度 复选框。
  - ☑ ![重设] 按钮：用于更新阵列显示。当选中此按钮前的复选框时，系统会自动更新阵列显示。
  - ☑ ☑ 适度 复选框：用于设置使用充满屏幕的显示方式。
- 属性 区域：用于设置图素属性的相关参数，其包括 ☑ 使用新的图素属性 复选框、![1] 文本框、![按钮] 按钮、☑ 每次平移都增加一个层别 复选框、![0] 文本框和 ![按钮] 按钮。
  - ☑ ☑ 使用新的图素属性 复选框：用于定义阵列图素的层别和颜色等参数。当选中此复选框时，属性 区域的其他参数方可显示，如图 3.14.45 所示。
  - ☑ ![1] 文本框：用于定义创建的阵列图素的所在层别。
  - ☑ ![按钮] 按钮：单击此按钮，系统弹出"层别"对话框。用户可以通过该对话框新建或选择阵列图素的层别。
  - ☑ ☑ 每次平移都增加一个层别 复选框：用于设置在不同的层别创建阵列图素，每次阵列都增加一个新的图层，并把阵列的图素放置在该层中。当阵列次数大于 1 时，此复选框可用。

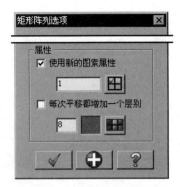

图 3.14.45　使用新的图素属性

☑ 　⬚ 文本框：用于定义阵列图素的颜色号。

☑ 　⬚ 按钮：单击此按钮，系统弹出"颜色"对话框。用户可以通过该对话框设置阵列图素的颜色。

　　Step4. 设置阵列参数。在"矩形阵列选项"对话框的 方向1 区域的 数 文本框中输入值 5，⬚ 文本框中输入值 25，在 ⬚ 文本框中输入值 0；在 方向2 区域的 数 文本框中输入值 3，⬚ 文本框中输入值 25，在 ⬚ 文本框中输入值 90，单击 ⬚ 按钮使其变成 ⬚ 状态；在 预览 区域中选中 重设 按钮前的复选框并取消选中 ☑适度 复选框。

　　Step5. 单击 ⬚ 按钮，完成阵列的操作，如图 3.14.43b 所示。

3.14.10　缠绕

　　"缠绕"命令 ⬚ 可以将一个由多个图素首尾相连而成的图素缠绕到一个沿着指定的轴线与指定直径的圆柱面上。下面以图 3.14.46 所示的模型来讲解缠绕的一般操作过程。

a）创建前　　　　　　　　　　　　　　　　　　　　　　b）创建后

图 3.14.46　缠绕

　　Step1. 打开文件 D:\mcx6\work\ch03.14.10\ROLL.MCX-6。

　　Step2. 选择命令。选择下拉菜单 X 转换 ➡ L 缠绕... 命令，系统弹出"串连选项"对话框。

Step3. 定义缠绕对象。在绘图区选取图 3.14.46a 所示的边线为缠绕对象，系统会自动串连与它相连的图素并显示串连方向，如图 3.14.47 所示。单击  按钮，完成缠绕对象的定义，同时系统弹出图 3.14.48 所示的"缠绕选项"对话框。

图 3.14.47　串连图素　　　　　　　　图 3.14.48　"缠绕选项"对话框

图 3.14.48 所示的"缠绕选项"对话框中部分选项的说明如下：

- 按钮：用于选择要缠绕的图素。
- 单选项：用于设置将指定的缠绕图素移动到一个新的位置。
- 单选项：用于设置将指定的缠绕图素移动到一个新的位置，同时原始图素被保留在最初的位置。
- 单选项：用于设置将指定的图素缠绕到定义的圆柱上。
- 单选项：用于设置将指定的图素按照到定义的圆柱展开。
- 旋转轴区域：用于定义缠绕或展开的圆柱轴线，其包括 X 轴单选项和 Y 轴单选项。
  - ☑ X 轴单选项：用于定义 X 轴为缠绕或展开圆柱的轴线。
  - ☑ Y 轴单选项：用于定义 Y 轴为缠绕或展开圆柱的轴线。

- ● [方向]区域：用于定义缠绕或展开的方向，其包括[⊙顺时针]单选项和[⊙逆时针]单选项。

  - ☑ [⊙顺时针]单选项：用于定义缠绕或展开的方向为顺时针方向。

  - ☑ [⊙逆时针]单选项：用于定义缠绕或展开的方向为逆时针方向。

- ● [↔]文本框：用于定义缠绕或展开的圆柱的直径值。

- ● [⊿]文本框：用于定义角度公差值。此值越小则创建的缠绕的曲线的段数越多，因此越光滑。

- ● [位置]区域：

  - ☑ [∠]文本框：用于定义缠绕曲线的起始角度值。

  - ☑ [✛]按钮：单击此按钮，用户可以在绘图区选取两点。这两个点是用于计算缠绕或展开的平移距离。

- ● [类型]下拉列表：用于定义缠绕或展开所创建的图素的类型，其包括[直线/圆弧]选项、[点]选项和[曲线]选项。

  - ☑ [直线/圆弧]选项：用于定义缠绕或展开创建的图素是由直线和圆弧构成。

  - ☑ [点]选项：用于定义缠绕或展开创建的图素是由点构成。

  - ☑ [曲线]选项：用于定义缠绕或展开创建的图素是曲线构成。

- ● [预览]区域：用于设置预览的相关参数，其包括[重设]按钮和[☑适度1]复选框。

  - ☑ [重设]按钮：用于更新缠绕或展开显示。当选中此按钮前的复选框时，系统会自动更新缠绕或展开显示。

  - ☑ [☑适度1]复选框：用于设置使用充满屏幕的显示方式。

- ● [属性]区域：用于设置图素属性的相关参数，其包括[☑使用新的图素属性]复选框、[1][⊞]文本框、[⊞]按钮、[0][■]文本框和[⊞]按钮。

  - ☑ [☑使用新的图素属性]复选框：用于定义缠绕或展开图素的层别和颜色等参数。当选中此复选框时，[属性]区域的其他参数方可显示，如图 3.14.49 所示。

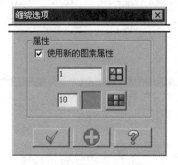

图 3.14.49　使用新的图素属性

  - ☑ [1][⊞]文本框：用于定义创建的缠绕或展开图素的所在层别。

☑ ![田]按钮：单击此按钮，系统弹出"层别"对话框。用户可以通过该对话框新建或选择缠绕或展开图素的层别。

☑ ![0]文本框：用于定义缠绕或展开图素的颜色号。

☑ ![田]按钮：单击此按钮，系统弹出"颜色"对话框。用户可以通过该对话框设置缠绕或展开图素的颜色。

Step4. 设置缠绕参数。在"缠绕选项"对话框中选中 ![复制]单选项和 ![∧]单选项；在 ![↔]文本框中输入值 5，在 ![∠12]文本框中输入值 1；在 ![预览]区域中选中 ![重设]按钮前的复选框并取消选中 ![☑ 适度1]复选框。

Step5. 设置旋转轴。在 ![旋转轴]区域中选中 ![⊙ Y 轴]单选项。

Step6. 设置旋转方向。在 ![旋转轴]区域中选中 ![⊙ 顺时针]单选项。

Step7. 设置缠绕的图素的类型。在 ![类型]下拉列表中选择 ![直线 / 圆弧]选项。

Step8. 单击 ![✓]按钮，完成缠绕的操作，如图 3.14.46b 所示。

3.14.11 拖拽

"拖拽"命令 ![✥]可以将指定的图素进行平移、旋转的操作。其平移和旋转与前面所述的"平移"和"旋转"命令有所不同，下面以图 3.14.50 所示的模型为例讲解拖拽的一般操作过程。

选取此圆弧

a）创建前   b）创建后

图 3.14.50   拖拽

Step1. 打开文件 D:\mcx6\work\ch03.14.11\DRAG.MCX-6。

Step2. 选择命令。选择下拉菜单 ![X 转换] ➡ ![↑D 拖曳...]命令，系统弹出图 3.14.51 所示的"动态平移"工具栏。

图 3.14.51   "动态平移"工具栏

图 3.14.51 所示的"动态平移"工具栏中部分选项的说明如下：

● ![↖]按钮：用于选择要拖拽的图素。

- ● ▢按钮：用于设置拖拽出的图素为单个。

- ● ▢按钮：用于设置拖拽出的图素为多个。

- ● ▣按钮：用于设置将指定的拖拽图素移动到一个新的位置。

- ● ▣按钮：用于设置将指定的拖拽图素移动到一个新的位置，同时原始图素被保留在最初的位置。

- ● ▣按钮：用于设置以阵列的方式来拖拽所选择的图素。

- ● ▣按钮：用于设置以平移的方式来拖拽所选择的图素。

- ● ▣按钮：用于设置以旋转的方式来拖拽所选择的图素。

- ● ▭▭▭按钮：用于设置将选取的图素进行伸长。此按钮仅当在"标准选择"工具栏的 视窗内▾ 下拉列表中选择 范围内 选项，并使用此命令选取图素后才可使用，如图 3.14.52 所示。

a）创建前　　　　　　　　　　　　　　　　　　　　b）创建后

图 3.14.52　伸长

Step3. 定义拖拽对象。在绘图区选取图 3.14.50a 所示的圆弧为拖拽对象，然后在"标准选择"工具栏中单击⬤按钮完成拖拽对象的定义。

Step4. 设置拖拽参数。在"动态平移"工具栏中单击▣和▣按钮。

Step5. 定义拖拽起始点。选取图 3.14.53 所示的点 1（圆弧与竖直直线的交点）为拖拽的起始点。

Step6. 定义拖拽终止点。将鼠标慢慢接近图 3.14.54a 所示的左边竖直直线的中点，当鼠标指针上出现图 3.14.54 所示的符号时，单击鼠标左键。

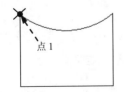

图 3.14.53　定义拖拽起始点

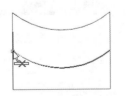

图 3.14.54　定义拖拽终止点

Step7. 单击✓按钮，退出"动态平移"工具栏。

3.14.12 动态平移

"动态平移"命令可以将指定的图素按指定的方向在平面或空间进行平移、旋转操作。下面以图 3.14.55 所示的模型为例讲解动态平移的一般操作过程。

a）创建前

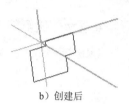
b）创建后

图 3.14.55　动态平移

Step1. 打开文件 D:\mcx6\work\ch03.14.12\ DYNAMIC_MOVE.MCX-6。

Step2. 选择命令。选择下拉菜单 X 转换 ➡ X 动态平移 命令，系统弹出图 3.14.54 所示的"动态平移"工具栏。

图 3.14.56　"动态平移"工具栏

图 3.14.56 所示的"动态平移"工具栏中部分选项的说明如下：

- 按钮：用于对指针进行相关设置。单击此按钮，系统弹出图 3.14.57 所示的"指针设置"对话框。

- 按钮：用于设置动态平移的原点。

- 按钮：用于设置动态平移矢量方向。

- 文本框：用于设置拖拽出来图素的个数。

- 按钮：用于设置将选定图素从动态坐标系原点移动到指定的原点位置。原点类型主要包括 WCS 原点、坐标原点、绘图平面原点、刀具平面原点 五个选项。

- 按钮：用于设置将选定图素从动态坐标系对齐到指定的轴系统。轴类型主要包括 WCS 轴、坐标轴、绘图平面轴、刀具平面轴 四个选项。

Step3. 定义动态平移对象。在绘图区框选图 3.14.55a 所示的图形为动态平移对象，然后在"标准选择"工具栏中单击 按钮完成动态平移对象的定义。

Step4. 设置动态平移参数。在"动态平移"工具栏中确认 按钮被按下。

Step5. 定义动态平移原点。选取图 3.14.58 所示的点 1 为动态平移的原点。

Step6. 定义动态平移方向和距离。在图 3.14.59 所示的位置 1 处单击，然后在 按钮后的文本框中输入值 50，按两次 Enter 键。

说明：单击位置 2 时，可以将定义的图素进行旋转。

Step7. 单击 ✓ 按钮，退出"动态平移"工具栏。

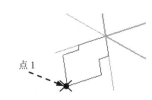

图 3.14.58 定义动态平移原点

图 3.14.57 "指针设置"对话框

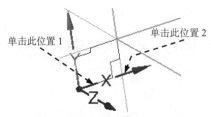

图 3.14.59 定义动态平移方向

3.14.13 移动到原点

"移动到原点"命令 ⊡ 可以将所有的图素从某一点移动到坐标原点位置。下面以图 3.14.60 所示的模型为例讲解移动到原点的一般操作过程。

图 3.14.60 移动到原点

Step1. 打开文件 D:\mcx6\work\ch03.14.13\MOVE_TO_ORIGIN.MCX-6。

Step2. 选择命令。选择下拉菜单 X 转换 ➡ V 移动到原点 命令。

Step3. 定义平移起点。选择图 3.14.60a 所示的点为平移的起点，系统自动将所有图素移动到原点，结果如图 3.14.60b 所示。

3.14.14　牵移

"牵移"命令可以改变指定的图素的大小和形状。下面以图 3.14.61 所示的模型为例讲解牵移的一般操作过程。

a）创建前　　　　　　　　　　　　　　　　　b）创建后

图 3.14.61　牵移

Step1. 打开文件 D:\mcx6\work\ch03.14.14\TRANSFERENCE.MCX-6。

Step2. 选择命令。选择下拉菜单 X 转换 ➡ E 牵移... 命令。

Step3. 定义牵移图素。框选图 3.14.62 所示的边线，然后在"标准选择"工具栏中单击 按钮完成牵移图素的定义。此时系统弹出图 3.14.63 所示的"牵移"对话框。

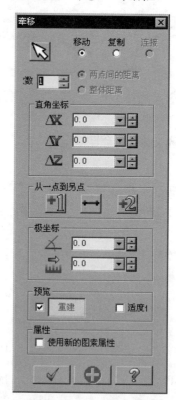

选择这三条边线

图 3.14.62　定义相交图素

图 3.14.63　"牵移"对话框

图 3.14.63 所示的"牵移"对话框中部分选项的说明如下：

- 按钮：用于选择要投影的图素。
- 移动 单选项：用于设置将指定的投影图素移动到一个新的位置。

- 复制 单选项：用于设置将指定的投影图素移动到一个新的位置，同时原始图素被保留在最初的位置。

- 连接 单选项：用于设置将指定的投影图素移动到一个新的位置，同时原始图素被保留在最初的位置，系统会自动创建直线或者圆弧将新创建的图素的端点与原始图素的相应的端点连接起来。

- 激 文本框：用于定义牵移的次数值。

- 两点间的距离 单选项：用于设置根据每一个复制的对象计算平移距离。当平移次数大于 1 时，此单选项可用。

- 整体距离 单选项：用于设置根据复制的次数计算穿过所有图素的平移距离。当平移次数大于 1 时，此单选项可用。

- 直角坐标 区域：用于定义平移图素在直角坐标系下的三个方向上的增量值，其包括 ΔX 文本框、ΔY 文本框和 ΔZ 文本框。

  - ☑ ΔX 文本框：用于定义 X 方向上的增量值。

  - ☑ ΔY 文本框：用于定义 Y 方向上的增量值。

  - ☑ ΔZ 文本框：用于定义 Z 方向上的增量值。

- 从一点到另点 区域：用于定义平移的起始点、终止点或者直线，其包括 +1 按钮、↔ 按钮和 +2 按钮。

  - ☑ +1 按钮：用于定义平移的起始点。

  - ☑ ↔ 按钮：用于定义平移的直线参考，系统会将直线的方向定义为平移的方向，将直线的两个端点定义为平移的起始点和终止点。

  - ☑ +2 按钮：用于定义平移的终止点。

- 极坐标 区域：用于定义平移图素在极坐标下的平移角度和距离，其包括 ∡ 文本框和 ⇥ 文本框。

  - ☑ ∡ 文本框：用于定义平移角度值。

  - ☑ ⇥ 文本框：用于定义平移距离值。

Step4. 定义牵移参数。在"牵移"对话框中选中 移动 单选项，然后在 极坐标 区域的 ∡ 文本框中输入值 60，在 ⇥ 文本框中输入 40，其他参数采用系统默认设置值。

Step5. 单击 ✓ 按钮，完成牵移的操作。结果如图 3.14.61b 所示。

3.14.15 适合

"适合"命令可以将指定的图素沿指定矢量方向进行适度化。下面以图 3.14.64 所示的模型为例讲解适合的一般操作过程。

a）创建前　　　　　　　　　　　　　　b）创建后

图 3.14.64　适合

Step1. 打开文件 D：\mcx6\work\ch03.14.15\ FIT.MCX-6。

Step2. 选择命令。选择下拉菜单 X 转换 ➡ F 适合...命令。

Step3. 定义适合图素。框选图 3.14.65 所示的矩形，在"标准选择"工具栏中单击 按钮完成适合图素的定义。然后在图形区选择 3.14.66 所示的直线，系统弹出图 3.14.67 所示的"转换适度化"对话框。

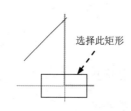

选择此矩形

图 3.14.65　定义适合图素

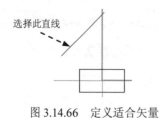

选择此直线

图 3.14.66　定义适合矢量

图 3.14.67　转换适度化

图 3.14.67 所示的"转换适度化"对话框中部分选项的说明如下：

- ![按钮图标]按钮：用于选择要投影的图素。
- ![按钮图标]按钮：用于定义适度化矢量方向。
- ^{移动}⊙ 单选项：用于设置将指定的投影图素移动到一个新的位置。
- ^{复制}⊙ 单选项：用于设置将指定的投影图素移动到一个新的位置，同时原始图素被保留在最初的位置。
- 边缘 区域：用于定义适度化边缘的相关参数。
    - ☑ ┃0.0 ▾┃文本框：用于设置边缘偏置距离。
    - ☑ ![按钮图标]按钮：用于锁定边缘偏置距离对称变化。当单击该按钮显示为![按钮图标]时边缘偏置距离不对称，用户可分别调整左右偏置距离值。
    - ☑ ![按钮图标]按钮：用于定义适度化图素的对齐方式。当此按钮显示为![按钮图标]时表示要转换的图形中心与适度化边缘对齐，如图 3.14.68a 所示；当按钮显示为![按钮图标]时表示要转换的图形边缘与适度化边缘对齐，如图 3.14.68b 所示。

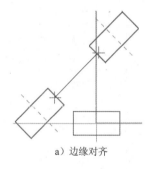

　　　　　　a）边缘对齐　　　　　　　　　　　　　　　　b）中心对齐

图 3.14.68　对齐方式

- 阵列 区域：用于对适度化的阵列进行设置。
    - ☑ ⊙ # 单选项：选中此单选项在 ┃1 ▾┃文本框输入值用于定义阵列的个数。
    - ☑ ⊙ □⇔□ 单选项：选中此单选项在 ┃0.0 ▾┃文本框输入值用于定义阵列两图形之间的间距。
    - ☑ ![按钮图标]按钮：用于定义补偿值的中心点。
    - ☑ 旋转/排列 下拉列表：用于定义适度化图素旋转排列的方式。主要包括 原点、对齐框、对齐图形 三种。如图 3.14.69 所示。

Step4. 定义适合参数。在"转换适度化"对话框中选中 ^{复制}⊙ 单选项，在 边缘 区域的 ┃0.0 ▾┃的文本框中输入值 5，然后单击 ![按钮图标]按钮；在 阵列 区域选中 ⊙ # 单选项，然后

在 [1] 文本框中输入值 2，选中 补偿值 下面的 ☑ 复选框，在 [60.95709 ▼] 文本框输入值 0，按 Enter 键。在 旋转/排列 下拉列表中选择 对齐图形 选项。

a）原点　　　　　　　　　　b）对齐框　　　　　　　　　　c）对齐图形

图 3.14.69　旋转排列

Step5. 单击 ✓ 按钮，完成适合的操作。结果如图 3.14.64b 所示。

3.15　铣刀盘设计实例

本实例将介绍铣刀盘的创建过程，希望读者通过此实例学会多线的设置以及绘制方法。下面介绍图 3.15.1 所示的铣刀盘的两个视图的创建过程。

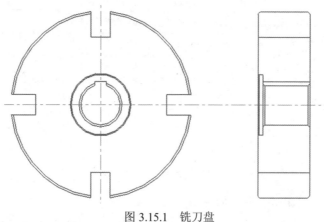

图 3.15.1　铣刀盘

Stage1. 创建图层

Step1. 创建中心线、粗实线、细实线和标注四个图层。

（1）在状态栏中单击 层别 按钮，系统弹出图 3.15.2 所示的"层别管理"对话框。

（2）将层别 1 命名为中心线层。在"层别管理"对话框 主层别 区域的 名称: 文本框中输入"中心线"字样。

（3）创建粗实线层。在 主层别 区域的 层别号码 文本框中输入值 2，在 名称: 文本框中输入"粗实线"字样。

（4）创建细实线层。在 主层别 区域的 层别号码:文本框中输入值 3，在 名称:文本框中输入"细实线"字样。

（5）创建细实线层。在 主层别 区域的 层别号码:文本框中输入值 4，在 名称:文本框中输入"标注"字样。

（6）单击 ✔ 按钮，完成图 3.15.3 所示的图层的创建。

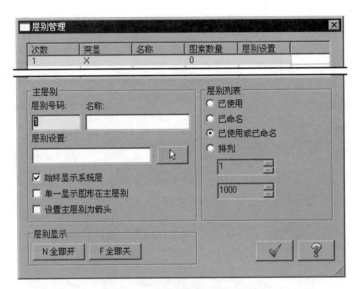

图 3.15.2　"层别管理"对话框

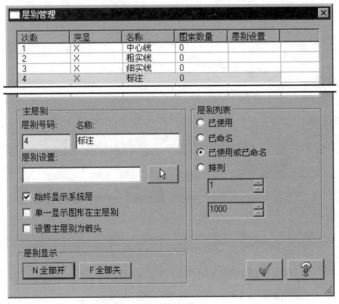

图 3.15.3　创建的图层

Step2. 设置构图图层及图层属性。

（1）在状态栏 层别 按钮后的文本框中输入值 1，并按 Enter 键确认。

（2）在状态栏的 下拉列表中选择 选项，完成构图图层以及图层属性的设置。

Stage2．创建主视图

Step1．绘制图 3.15.4 所示的两条中心线。

（1）选择命令。选择下拉菜单 C 绘图 ➡ L 任意线 ➡ E 绘制任意线 命令，系统弹出"直线"工具栏。

（2）绘制竖直中心线。分别在"自动抓点"工具栏的 X 文本框、Y 文本框和 Z 文本框中输入值 0、-100 和 0，并分别按 Enter 键确认；然后在"直线"工具栏的 文本框中输入值 200，按 Enter 键确认；在 文本框中输入值 90，按 Enter 键确认。

（3）单击 按钮，完成图 3.15.5 所示的中心线的绘制。

（4）绘制水平中心线。分别在"自动抓点"工具栏的 X 文本框、Y 文本框和 Z 文本框中输入值-100、0 和 0，并分别按 Enter 键确认；然后在"直线"工具栏的 文本框中输入值 200，按 Enter 键确认；在 文本框中输入值 0，按 Enter 键确认。

图 3.15.4　绘制中心线　　　　　　　　图 3.15.5　绘制竖直中心线

（5）单击 按钮，完成两条中心线的绘制。

Step2．绘制图 3.15.6 所示的三个圆。

（1）定义绘图图层。在状态栏 层别 按钮后的文本框中输入值 2，并按 Enter 键确认。

（2）定义绘图线型。在状态栏的 下拉列表中选择 选项，在 下拉列表中选择第二个选项 。

（3）选择命令。选择下拉菜单 C 绘图 ➡ A 圆弧 ➡ C 圆心+点... 命令，系统弹出"编辑圆心点"工具栏。

（4）绘制第一个圆。在绘图区选取两条中心线的交点为圆心，然后在"编辑圆心点"工具栏的 文本框中输入值 185，按 Enter 键确认。

（5）单击 按钮，完成图 3.15.7 所示的第一个圆的绘制。

（6）参照步骤（4）绘制图 3.15.8 所示的第二个圆和第三个圆。两圆心均位于两条中心线的交点，第二个圆的直径为 60，第三个圆的直径为 40。

（7）单击 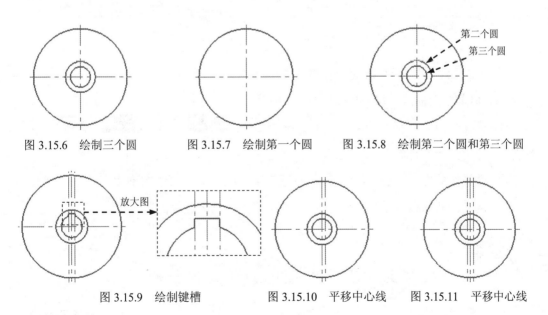按钮，完成三个圆的绘制。

Step3. 绘制图 3.15.9 所示的键槽。

（1）平移竖直中心线。

① 选择命令。选择下拉菜单 X 转换 ➡ T 平移... 命令。

② 定义第一个平移对象。在绘图区选取竖直中心线为第一个平移对象，然后在"标准选择"工具栏中单击 按钮，完成第一个平移对象的定义，同时系统弹出"平移选项"对话框。

③ 定义平移距离。在"平移选项"对话框中选中 复制 单选项；在 直角坐标 区域的 ΔX 文本框中输入值 6，按 Enter 键确认。

④ 单击 按钮完成中心线的平移，如图 3.15.10 所示。

⑤ 定义第二个平移对象。在绘图区选取相同竖直中心线为第二个平移对象，然后在"标准选择"工具栏中单击 按钮，完成第二个平移对象的定义，同时系统弹出"平移选项"对话框。

⑥ 定义平移距离。在"平移选项"对话框中选中 复制 单选项，在 直角坐标 区域的 ΔX 文本框中输入值-6，按 Enter 键确认。

⑦ 单击 按钮完成中心线的平移操作，如图 3.15.11 所示。

图 3.15.6　绘制三个圆　　　图 3.15.7　绘制第一个圆　　　图 3.15.8　绘制第二个圆和第三个圆

第二个圆
第三个圆

放大图

图 3.15.9　绘制键槽　　　图 3.15.10　平移中心线　　　图 3.15.11　平移中心线

（2）绘制键槽。

① 选择命令。选择下拉菜单 C 绘图 ➡ L 任意线 ➡ E 绘制任意线 命令，系统弹出"直

线"工具栏。

② 绘制直线。在"直线"工具栏单击 ![按钮] 按钮使其处于按下状态；在图 3.15.12 所示的中心线与圆的交点单击鼠标左键，定义直线的起点；在 ![文本框] 文本框中输入值 4，按 Enter 键确认；在 ![文本框] 文本框中输入值 90 并按 Enter 键确认，绘制图 3.15.13 所示的左端的竖直直线。在 ![文本框] 文本框中输入值 12，按 Enter 键确认；在 ![文本框] 文本框中输入值 0 并按 Enter 键确认，绘制图 3.15.14 所示的水平直线。单击 ![按钮] 按钮使其处于弹起状态，最后在图 3.15.15 所示的中心线与圆的交点位置单击鼠标左键，绘制右端的竖直直线。

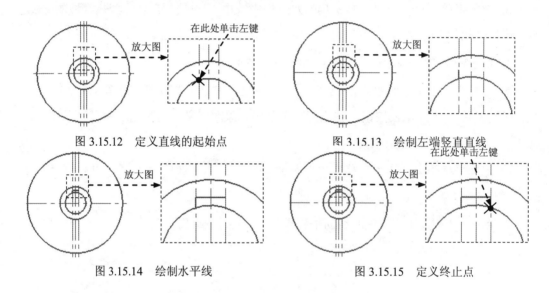

图 3.15.12   定义直线的起始点   图 3.15.13   绘制左端竖直直线

图 3.15.14   绘制水平线   图 3.15.15   定义终止点

③ 单击 ![按钮] 按钮完成直线的绘制。

（3）修剪多余曲线，修剪后如图 3.15.16 所示。

① 选择命令。选择下拉菜单 **E 编辑** ➡ **T 修剪/打断** ➡ **T 修剪/打断/延伸** 命令，系统弹出"修剪/延伸/打断"工具栏。

② 设置修剪方式。在"修剪/延伸/打断"工具栏中单击 ![按钮] 按钮使其处于按下状态。

③ 定义修剪曲线。在图 3.15.17 所示的位置 1 和位置 2 单击鼠标左键修剪曲线。

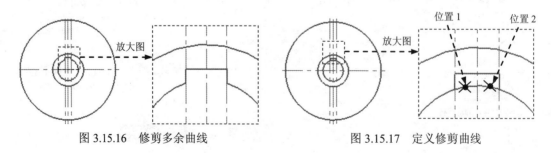

图 3.15.16   修剪多余曲线   图 3.15.17   定义修剪曲线

④ 单击 ![按钮]按钮完成曲线的修剪。

Step4. 绘制图 3.15.18 所示的铣刀刀具定位槽。

（1）绘制图 3.15.19 所示的直线。

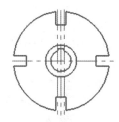

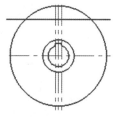

图 3.15.18　铣刀定位槽　　　　　　　　图 3.15.19　绘制直线

① 选择命令。选择下拉菜单 **C 绘图** ➡ **L 任意线** ➡ **A 绘制平行线** 命令，系统弹出
"平行线"工具栏。

② 定义平行对象。在绘图区选取水平中心线为平行对象。

③ 定义平行距离及位置。在"平行线"工具栏的 ![文本框]文本框中输入值 67，然后在水平
中心线以上的任意位置单击定义平行位置。

④ 单击 ![按钮]按钮完成直线的绘制。

（2）绘制图 3.15.20 所示的两条直线。

① 选择命令。选择下拉菜单 **C 绘图** ➡ **L 任意线** ➡ **A 绘制平行线** 命令，系统弹出
"平行线"工具栏。

② 定义平行对象。在绘图区选取中间的竖直中心线为平行对象。

③ 定义平行距离及位置。在"平行线"工具栏的 ![文本框]文本框中输入值 10，在中间的竖
直中心线以左的任意位置单击定义平行位置，然后单击两次 ![按钮] 按钮，使其处于
![状态] 状态。

④ 单击 ![按钮]按钮完成两条直线的绘制。

（3）修剪多余曲线，修剪后的结果如图 3.15.21 所示。

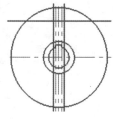

图 3.15.20　绘制直线　　　　　　　　　图 3.15.21　修剪曲线

① 选择命令。选择下拉菜单 **E 编辑** ➡ **T 修剪/打断** ▶ ➡ **T 修剪/打断/延伸** 命令，系

统弹出"修剪/延伸/打断"工具栏。

② 设置修剪方式。在"修剪/延伸/打断"工具栏中单击 ![button] 按钮使其处于按下状态。

③ 定义修剪曲线和修剪至曲线。选取图 3.15.22 所示的直线 1 和直线 2 为修剪曲线，选取图 3.15.22 所示的直线 3 为修剪至曲线。

注意：在选取修剪曲线时，选取的位置为要保留的部分；若此时不能修剪，可保存后重新打开再进行修剪即可。

图 3.15.22　修剪曲线

④ 参照上述步骤创建图 3.15.23 所示的修剪曲线。

图 3.15.23　修剪曲线

⑤ 单击 ![button] 按钮完成曲线的修剪。

（4）创建图 3.15.24 所示的旋转曲线。

图 3.15.24　旋转曲线

① 选择命令。选择下拉菜单 ![X 转换] ➡ ![R 旋转...] 命令。

② 定义旋转对象。在绘图区选取图 3.15.24a 所示的三条直线为旋转对象，然后在"标准选择"工具栏中单击 ![button] 按钮，完成旋转对象的定义，同时系统弹出"旋转选项"对话框。

③ 定义旋转参数。在"旋转选项"对话框中选中 单选项，在 文本框中输入值 3，在 文本框中输入值 90，按 Enter 键确认。

④ 单击 按钮完成旋转曲线的操作。

（5）修剪多余曲线，如图 3.15.25 所示。

① 选择命令。选择下拉菜单 E 编辑 ➡ T 修剪/打断 ▶ ➡ ✗T 修剪/打断/延伸 命令，系统弹出"修剪/延伸/打断"工具栏。

② 设置修剪方式。在"修剪/延伸/打断"工具栏单击 按钮使其处于按下状态。

③ 定义修剪曲线。修剪图 3.15.25a 所示的多余曲线，修剪后如图 3.15.25b 所示。

　　　　a）修剪前　　　　　　　　　　　　　　　　　　　　b）修剪后

图 3.15.25　修剪曲线

④ 单击 按钮完成曲线的修剪。

Stage3．创建剖视图

Step1．绘制图 3.15.26 所示的两条直线。

（1）选择命令。选择下拉菜单 C 绘图 ➡ L 任意线 ➡ E 绘制任意线 命令，系统弹出"直线"工具栏。

（2）绘制直线。

① 绘制直线 1。单击 按钮使其处于弹起状态；在绘图区选取图 3.15.27 所示的点 1 为第一条直线的起点，然后在"直线"工具栏的 文本框中输入值 150，按 Enter 键确认；在 文本框中输入值 0，按 Enter 键确认，然后按单击 键。

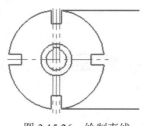

图 3.15.26　绘制直线

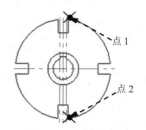

图 3.15.27　定义直线的起始点

② 绘制直线 2。在绘图区选取图 3.15.27 所示的点 2 为第一条直线的起点，然后在"直

线"工具栏的 文本框中输入值 150，按 Enter 键确认；在 文本框中输入值 0，按 Enter 键确认。

（3）单击 ✔ 按钮，完成直线的绘制。

Step2. 绘制图 3.15.28 所示的矩形。

（1）选择命令。选择下拉菜单 C 绘图 ➡ R 距形... 命令，系统弹出"矩形"工具栏。

（2）绘制矩形。在绘图区选取图 3.15.29 所示的点 1 为矩形的一个顶点，然后在"矩形"工具栏的 文本框中输入值 53，按 Enter 键确认；在绘图区选取图 3.15.29 所示的点 2 为矩形的另一个顶点。

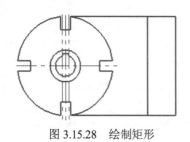

图 3.15.28　绘制矩形

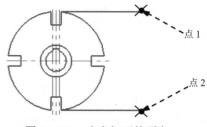

图 3.15.29　定义矩形的顶点

（3）单击 ✔ 按钮，完成矩形的绘制。

Step3. 删除直线，如图 3.15.30 所示。

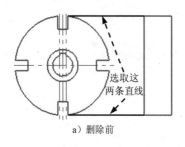

选取这两条直线

a）删除前

b）删除后

图 3.15.30　删除直线

（1）选择命令。选择下拉菜单 E 编辑 ➡ D 删除 ➡ E 删除图素 命令。

（2）定义删除图素。在绘图区选取图 3.15.30a 所示的两条直线为删除的对象。

（3）在"标准选择"工具栏中单击 ⬤ 按钮，完成删除直线的操作。

Step4. 绘制图 3.15.31 所示的七条水平直线。

（1）选择命令。选择下拉菜单 C 绘图 ➡ L 任意线 ➡ E 绘制任意线 命令，系统弹出"直线"工具栏。

（2）绘制图 3.15.31 所示的七条水平直线，每条直线的长度均为 250。

（3）单击 ✔ 按钮，完成直线的绘制。

Step5. 平移直线，如图 3.15.32 所示。

（1）选择命令。选择下拉菜单 X 转换 ➡️ T 平移... 命令。

（2）定义平移对象。在绘图区选取图 3.15.32 所示的直线为平移对象，然后在"标准选择"工具栏中单击 按钮，完成平移对象的定义，同时系统弹出"平移选项"对话框。

（3）定义平移距离。在"平移选项"对话框中选中 复制 单选项，在 直角坐标 区域的 X 文本框中输入值 5，按 Enter 键确认。

（4）单击 按钮完成直线的平移。

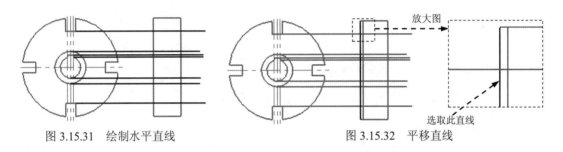

图 3.15.31　绘制水平直线　　　　　　图 3.15.32　平移直线

Step6. 修剪曲线，如图 3.15.33 所示。

（1）选择命令。选择下拉菜单 E 编辑 ➡️ T 修剪/打断 ▶ ➡️ T 修剪/打断/延伸 命令，系统弹出"修剪/延伸/打断"工具栏。

（2）设置修剪方式。在"修剪/延伸/打断"工具栏单击 按钮使其处于按下状态。

（3）定义修剪曲线和修剪至曲线。选取图 3.15.33a 所示的直线 1 和直线 2 为修剪曲线，选取图 3.15.33a 所示的直线 3 为修剪至曲线。

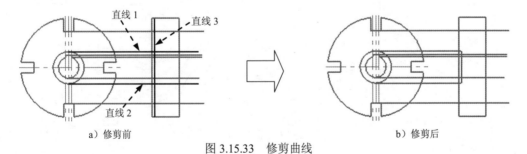

a）修剪前　　　　　　　　　　　　　　b）修剪后

图 3.15.33　修剪曲线

（4）单击 按钮完成曲线的修剪。

Step7. 多曲线修剪，如图 3.15.34 所示。

（1）选择命令。选择下拉菜单 E 编辑 ➡️ T 修剪/打断 ▶ ➡️ M 多物修整 命令，系统弹出"多物体修剪"工具栏。

（2）定义修剪曲线和修剪至曲线。选取图 3.15.34a 所示的四条水平直线为修剪曲线，在"标准选择"工具栏中单击 按钮，完成修剪曲线的定义；选取图 3.15.34a 所示的竖直直线为修剪至曲线，在修剪直曲线的右边的任意位置单击左键定义保留位置。

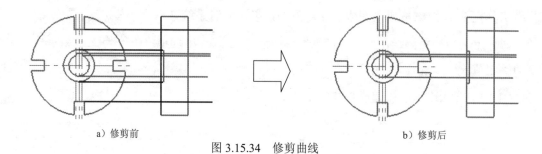

a）修剪前　　　　　　　　　　　　　　　b）修剪后

图 3.15.34　修剪曲线

（3）单击 按钮完成曲线的修剪。

Step8. 参照 Step7 完成图 3.15.35 所示的多曲线修剪。

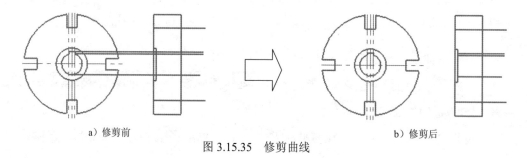

a）修剪前　　　　　　　　　　　　　　　b）修剪后

图 3.15.35　修剪曲线

Step9. 参照 Step7 完成图 3.15.36 所示的多曲线修剪。

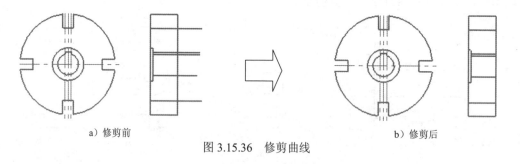

a）修剪前　　　　　　　　　　　　　　　b）修剪后

图 3.15.36　修剪曲线

Step10. 创建图 3.15.37 所示的倒角。

（1）选择命令。选择下拉菜单 C 绘图 → C 倒角 ▶ → C 串连倒角 命令，系统弹出"串连选项"对话框和"串连倒角"工具栏。

（2）定义倒角边链。选取图 3.15.38 所示的边线，系统会自动选取与之相连的所有边线并添加串连方向，如图 3.15.39 所示。在"串连选项"对话框中单击 按钮完成倒角边链的定义。

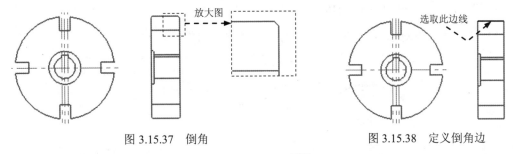

图 3.15.37　倒角　　　　　　　　　　　　　图 3.15.38　定义倒角边

（3）设置倒角参数。在"串连倒角"工具栏的![]文本框中输入值 2，按 Enter 键确认；单击![]按钮使其处于按下状态。

（4）单击![]按钮完成倒角的创建。

Step11. 创建图 3.15.40 所示的倒角。

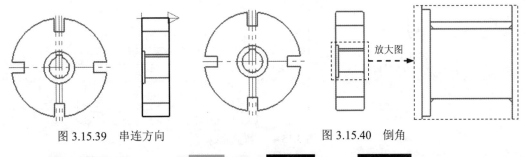

图 3.15.39　串连方向　　　　　　　　　　　图 3.15.40　倒角

（1）选择命令。选择下拉菜单 C 绘图 ➡ C 倒角 ▶ ➡ E 倒角... 命令，系统弹出"倒角"工具栏。

（2）设置倒角参数。在"倒角"工具栏的![]文本框中输入值 2，按 Enter 键确认；单击![]钮使其处于按下状态。

（3）定义倒角边。在绘图区选取图 3.15.41 所示的直线 1 和直线 2 为倒角边，此时系统会自动创建倒角。

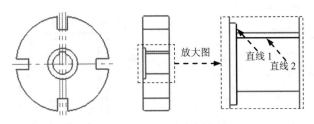

图 3.15.41　定义倒角边

注意： 在选取倒角边的时候要注意选取的位置，如果选取直线 1 时选取的位置在直线 2 的下部，则倒角位置将发生改变。

（4）参照步骤（3）创建其余三个倒角。

（5）单击☑按钮完成倒角的创建。

Step12. 参照 Step11 创建图 3.15.42 所示的倒角，倒角值为 1。

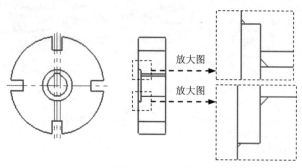

图 3.15.42　倒角

Step13. 修剪多余曲线，如图 3.15.43 所示。

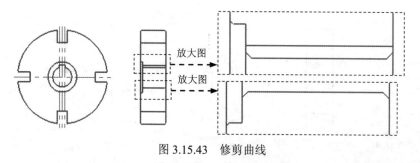

图 3.15.43　修剪曲线

（1）选择命令。选择下拉菜单 E 编辑 ➡ T 修剪/打断 ▶ ➡ ✓ T 修剪/打断/延伸 命令，系统弹出"修剪/延伸/打断"工具栏。

（2）设置修剪方式。在"修剪/延伸/打断"工具栏中单击 ⊣⊢ 按钮使其处于按下状态。

（3）定义修剪曲线。修剪后的结果如图 3.15.43 所示。

（4）单击☑按钮完成曲线的修剪。

Step14. 绘制图 3.15.44 所示的三条竖直直线。

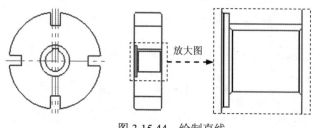

图 3.15.44　绘制直线

（1）选择命令。选择下拉菜单 C 绘图 ➡ L 任意线 ➡ E 绘制任意线 命令，系统弹出"直线"工具栏。

（2）绘制三条直线。

（3）单击✅按钮，完成直线的绘制。

Stage4．修改主视图

Step1. 绘制图 3.15.45 所示的三个圆。

（1）选择命令。选择下拉菜单 C 绘图 ➡ A 圆弧 ➡ C 圆心+点... 命令，系统弹出"编辑圆心点"工具栏。

（2）绘制三个圆。三个圆的直径分别为 44、62 和 181。

（3）单击✅按钮，完成三个圆的绘制。

Step2. 修剪多余曲线，如图 3.15.46 所示。

（1）选择命令。选择下拉菜单 E 编辑 ➡ T 修剪/打断 ▶ ➡ T 修剪/打断/延伸 命令，系统弹出"修剪/延伸/打断"工具栏。

（2）设置修剪方式。在"修剪/延伸/打断"工具栏中单击 ⊣⊦ 按钮，使其处于按下状态。

（3）定义修剪曲线。修剪后如图 3.15.46 所示。

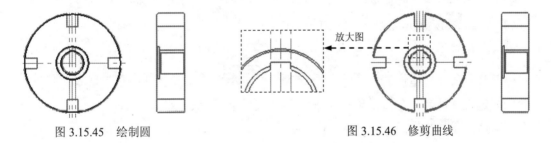

图 3.15.45　绘制圆　　　　　　　　　　　图 3.15.46　修剪曲线

（4）单击✅按钮完成曲线的修剪。

Stage5．修改两个视图

Step1. 隐藏图 3.15.47 所示的两条中心线。

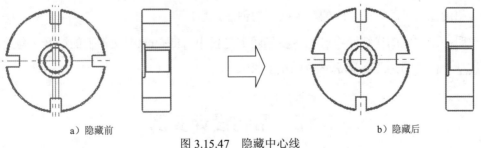

a）隐藏前　　　　　　　　　　　　　　　　　　　b）隐藏后

图 3.15.47　隐藏中心线

（1）选择命令。选择下拉菜单 R 屏幕 ➡ B 隐藏图素 命令。

（2）定义隐藏对象。选中对称中心线两侧的两条中心线为隐藏对象。

（3）在"标准选择"工具栏中单击 ● 按钮，完成中心线的隐藏。

Step2. 延长图 3.15.48 所示的中心线。

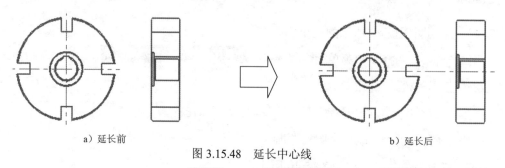

a）延长前　　　　　　　　　　　　　　　　b）延长后

图 3.15.48　延长中心线

（1）选择命令。选择下拉菜单 E 编辑 ➡ T 修剪/打断 ▶ ➡ ✦ T 修剪/打断/延伸 命令，系统弹出"修剪/延伸/打断"工具栏。

（2）设置修剪方式。在"修剪/延伸/打断"工具栏中单击 按钮，使其处于按下状态，并在其后的文本框中输入值 130，按 Enter 键确认。

（3）定义延长对象。在绘图区选取水平中心线的右端，此时系统会自动延长中心线。

（4）单击 ✔ 按钮完成延长中心线的操作。

Step3. 保存文件。

（1）选择命令。选择下拉菜单 F 文件 ➡ ■ S 保存 命令，系统弹出"另存为"对话框。

（2）定义文件名。在 文件名(N): 文本框中输入文件名"FACER"。

（3）单击 ✔ 按钮，完成文件的保存。

3.16　基座设计实例

本实例将介绍基座的创建过程，希望读者通过此实例学会多线的设置以及绘制方法，下面介绍图 3.16.1 所示的基座的两个视图的创建过程。

说明：本实例的详细操作过程请参见随书光盘中 video\ch03\文件下的语音视频讲解文件。模型文件为 D:\mcx6\work\ch03.16\BASE。

3.17　吊钩设计实例

本实例将介绍吊钩的创建过程，其轮廓线为圆弧与圆弧以及圆弧与直线相切所得，希望读者在绘制过程中体会此类图形绘制的方法，下面介绍图 3.17.1 所示的吊钩的创建过程。

说明：本实例的详细操作过程请参见随书光盘中 video\ch03\文件夹下的语音视频讲解文件。模型文件为 D:\mcx6\work\ch03.17\CLASP。

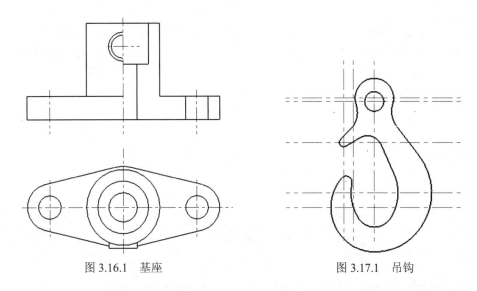

图 3.16.1　基座　　　　　　　　　　　图 3.17.1　吊钩

第4章　图形尺寸标注

本章提要　　本章内容涵盖了从尺寸标注样式设置到创建尺寸标注，再到编辑尺寸标注的全过程。读者应重点理解每一种尺寸标注的概念、用途及操作方法。本章的内容包括：

- 标注尺寸
- 其他类型的图形标注
- 编辑图形标注
- 图案填充
- 标注实例

4.1　标注尺寸

标注尺寸用于确定图素的大小或图素间的相互位置，以及在图形中添加注释等。标注尺寸包括线性标注、角度标注、半径标注、直径标注等几种类型。

标注尺寸样式也就是尺寸标注的外观。比如标注文字的样式、箭头类型、颜色等都属于标注尺寸样式。标注尺寸样式由系统提供的多种尺寸变量控制，用户可以根据需要对其进行设置并保存，以便重复使用此样式，从而可以提高软件的使用效率。

在 MasterCAM X6 中，图形尺寸标注包括尺寸标注、注释和图案填充。它们主要位于 C 绘图 下拉菜单的 D 尺寸标注 ▶ 菜单的 D 标注尺寸 子菜单中，如图 4.1.1 所示。同样，在"Drafting"工具栏中也列出了相应的尺寸标注的命令，如图 4.1.2 所示。

4.1.1　尺寸标注的组成

一个完整的尺寸标注是由标注文字、尺寸线、尺寸线的端点符号（箭头）、尺寸界线及标注起点组成，如图 4.1.3 所示。下面分别对尺寸标注的构成进行说明。

- 标注文字：用于表明图形大小的数值，标注文字除了包含一个基本的数值外，还可以包含前缀、后缀、公差和其他的任何文字，在创建尺寸标注时，可以控制标注文字字体及其位置和方向。

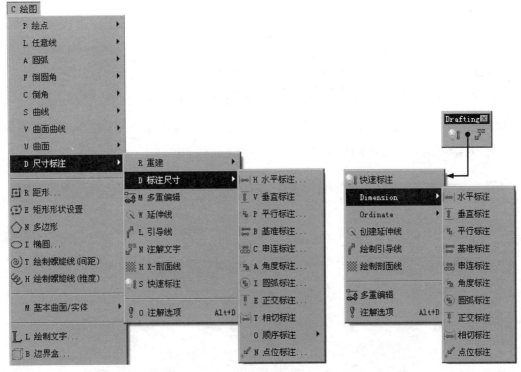

图 4.1.1　"标注尺寸"子菜单　　　　　　　　图 4.1.2　"Drafting"工具栏

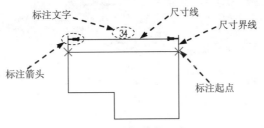

图 4.1.3　尺寸标注的元素

- 尺寸线：标注尺寸线，简称尺寸线，一般是一条两端带箭头的线段，用于表明标注的范围。对于角度标注，尺寸线是一段圆弧。尺寸线应使用细实线。

- 标注箭头：标注箭头位于尺寸线的两端，用于指出测量的开始和结束位置。系统默认使用楔形的箭头符号，此外还提供了多种箭头符号，如三角形，开放三角形、圆形框、矩形框、斜线、积分符号等，以满足用户的不同需求。

- 标注起点：标注起点是所标注对象的起点，系统测量的数据均以起点为计算点。标注起点通常与尺寸界线的起点重合，也可以利用尺寸变量，使标注起点与尺寸界线的起点之间有一小段距离。

- 尺寸界线：尺寸界线是表明标注范围的直线，可用于控制尺寸线的位置。尺寸界线也应使用细实线。

4.1.2　设置尺寸标注样式

在对大小及复杂程度不同的零件图进行标注时，往往由于它们大小不同而需要对尺寸标注的标注文字和尺寸箭头等因素的大小、形状进行调整，即进行尺寸标准样式设置。

选择下拉菜单 C 绘图 ➡ D 尺寸标注 ➡ ! O 注解选项 命令（或者在"Drafting"工具栏的 下拉列表中选择 ! O 注解选项 选项），系统弹出图 4.1.4 所示的"自定义选项"对话框。可以看到对话框由五个选项卡组成，下面分别对其进行介绍。

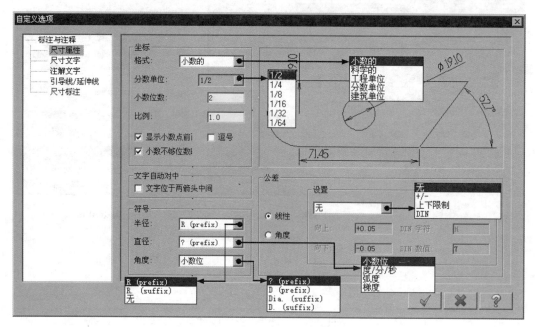

图 4.1.4　"自定义选项"对话框

1．"尺寸属性"选项卡

"尺寸属性"选项卡用于设置尺寸标注的显示属性，如图 4.1.4 所示。

图 4.1.4 所示的"尺寸属性"选项卡中部分选项的说明如下：

● 坐标区域：用于设置系统坐标的相关参数，其中包括格式:下拉列表、分数单位:下拉列表、小数位数文本框、比例文本框、☑显示小数点前i复选框、☑逗号复选框和☑小数不够位数复选框。

　☑　格式:下拉列表：用于定义文本格式，其中包括小数的选项、科学的选项、工程单位选项、分数单位选项和建筑单位选项。

　☑　分数单位:下拉列表：用于设置分数的单位形式，其中包括1/2选项、1/4选项、1/8选项、1/16选项、1/32选项和1/64选项。

- ☑ 小数位数 文本框：用于设置小数的位数值。

- ☑ 比例 文本框：用于设置标注与测量间的比例值。如果定义的比例值为 2，而绘制的直线长度为 20，则标注的尺寸长度为 40。

- ☑ ☑ 显示小数点前i 复选框：用于设置显示小数点前面的零。

- ☑ ☑ 逗号 复选框：用于设置小数点为逗号。

- ☑ ☑ 小数不够位数 复选框：用于设置在小数位数没有达到所定义的位数时以零补充其余的位数。

● 文本自动对中 区域的 ☑ 文字位于两箭头中间 复选框：用于设置文本位于标注箭头的中间。

● 符号 区域：用于设置符号的相关参数，其中包括 半径 下拉列表、直径 下拉列表和 角度 下拉列表。

- ☑ 半径 下拉列表：用于定义半径标注的符号。

- ☑ 直径 下拉列表：用于定义直径标注的符号。

- ☑ 角度 下拉列表：用于设置角度的单位。

● 公差 区域：用于设置公差的相关参数，其包括 ⊙ 线性 单选项、⊙ 角度 单选项和 设置 区域。

- ☑ ⊙ 线性 单选项：用于设置在直线上添加公差。

- ☑ ⊙ 角度 单选项：用于设置在角度上添加公差。

- ☑ 设置 区域：用于设置公差类型及公差值，其中包括 无 ▼ 下拉列表、向上 文本框、向下 文本框、DIN 字符 文本框和 DIN 数值 文本框。

2．"尺寸文字"选项卡

"尺寸文字"选项卡用于设置尺寸标注文字的属性和对齐方式，如图 4.1.5 所示。

图 4.1.5 所示的"尺寸文字"选项卡中部分选项的说明如下：

● 文字大小 区域：用于设置标注文字的大小参数，其包括 文字高度 文本框、字高公差 文本框、⊙ 固定 单选项、⊙ 按比例 单选项、长宽比 文本框、文字宽度 文本框、文字间距 文本框、比例(F) ... 按钮和 ☑ 调整比例 复选框。

- ☑ 文字高度 文本框：用于设置文本的高度值。

- ☑ 字高公差 文本框：用于设置公差文本的高度值。

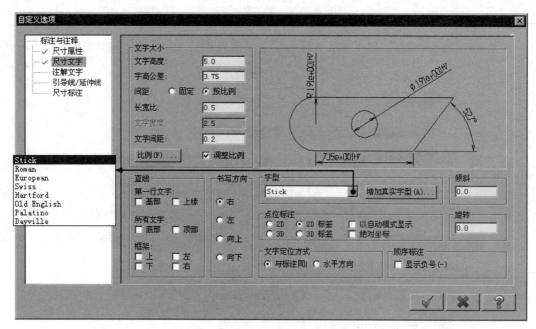

图 4.1.5　"尺寸文字"选项卡

☑ ⊙固定 单选项：用于设置在标注文字的每一个字体之间加入空格。

☑ ⊙按比例 单选项：用于设置按照定义的长宽比例设置标注文字。

☑ 长宽比 文本框：用于定义标注文字的长宽比。此文本框当选中⊙按比例单选项时可用。

☑ 文字宽度 文本框：用于定义每一个字体的宽度。此文本框当选中⊙固定单选项时可用。

☑ 文字间距 文本框：用于设置每一个字体之间的间距值。

☑ 比例(F)... 按钮：用于设置尺寸字高比例因子的相关参数。单击此按钮，系统弹出图 4.1.6 所示的"尺寸字高的比例"对话框。用户可通过该对话框设置尺寸字高比例因子的参数。

☑ ☑调整比例 复选框：用于设置根据定义的比例调整标注文字的大小。

● 直线 区域：用于设置添加直线的位置选项，其包括☑基部复选框、☑上缘复选框、☑底部复选框、☑顶部复选框、☑上复选框、☑下复选框、☑左复选框和☑右复选框。

☑ ☑基部 复选框：用于设置在标注文字的第一行文字基部添加直线。

☑ ☑上缘 复选框：用于设置在标注文字的第一行文字上缘添加直线。

☑ ☑底部 复选框：用于设置在标注文字的所有文字底部添加直线。

☑ ☑顶部 复选框：用于设置在标注文字的所有文字顶部添加直线。

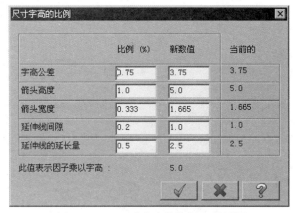

图 4.1.6 "尺寸字高的比例"对话框

☑ ☑上 复选框：用于设置在标注文字的上部添加框架。

☑ ☑下 复选框：用于设置在标注文字的下部添加框架。

☑ ☑左 复选框：用于设置在标注文字的左部添加框架。

☑ ☑右 复选框：用于设置在标注文字的右部添加框架。

● 书写方向 区域：用于设置书写方向的相关参数，包括● 右 单选项、● 左 单选项、● 向上 单选项和 ● 向下 单选项。

☑ ● 右 单选项：用于设置书写方向为自左向右书写。

☑ ● 左 单选项：用于设置书写方向为自右向左书写。

☑ ● 向上 单选项：用于设置书写方向为自下而上书写。

☑ ● 向下 单选项：用于设置书写方向为自上而下书写。

● 字型 区域：用于设置字型的相关参数，其中包括 Stick ▼ 下拉列表和 增加真实字型(A)... 按钮。

☑ Stick ▼ 下拉列表：用于设置标注文字的字体类型。

☑ 增加真实字型(A)... 按钮：单击此按钮，系统弹出"字体"对话框。用户可以通过此对话框设置真实字型的参数。

● 点位标注 区域：用于设置点位标注的相关参数，其中包括● 2D 单选项、● 2D标签 单选项、● 3D 单选项、● 3D标签 单选项、☑ 以自动模式显示 复选框和 ☑ 绝对坐标 复选框。

☑ ● 2D 单选项：用于设置显示 X 方向和 Y 方向的点的位置坐标，如图 4.1.7 所示。

☑ ● 2D标签 单选项：用于设置显示 X 方向和 Y 方向的点的位置坐标以及 X 轴和 Y 轴，如图 4.1.8 所示。

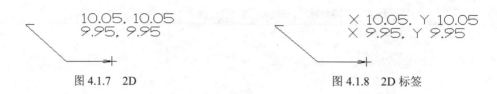

图 4.1.7　2D　　　　　　　　　　　　图 4.1.8　2D 标签

- ☑ ^{◉ 3D}单选项：用于设置显示 X 方向、Y 方向和 Z 方向点的位置文本，如图 4.1.9 所示。

- ☑ ^{◉ 3D 标签}单选项：用于设置显示 X 方向、Y 方向和 Z 方向点的位置文本以及 X 轴、Y 轴和 Z 轴，如图 4.1.10 所示。

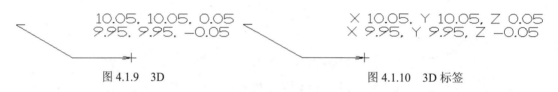

图 4.1.9　3D　　　　　　　　　　　图 4.1.10　3D 标签

- ☑ ^{☑ 以自动模式显示}复选框：用于设置以自动的模式显示创建的点的位置标注。

- ☑ ^{☑ 绝对坐标}复选框：用于设置显示点的位置的绝对坐标。如果不选中此复选框将显示点的三维坐标。

- ● ^{文字定位方式}区域：用于设置文字的对齐方式的相关选项，包括^{◉ 与标注同}单选项和^{◉ 水平方向}单选项。

  - ☑ ^{◉ 与标注同}单选项：用于设置文字的对齐方式是与尺寸线对齐。

  - ☑ ^{◉ 水平方向}单选项：用于设置文字的对齐方式为水平对齐。

- ● ^{倾斜}文本框：用于定义标注文字的倾斜角度值。

- ● ^{旋转}文本框：用于设置标注文字的旋转角度值。

- ● ^{☑ 显示负号 (-)}复选框：用于设置使用"顺序标注"方式时，如果标注的尺寸在坐标系的负值区域，系统会自动在该尺寸前加上负号。

3."注解文字"选项卡

"注解文字"选项卡用于设置注解文字的属性和对齐方式，如图 4.1.11 所示。

图 4.1.11 所示的"注解文字"选项卡中部分选项的说明如下：

- ● ^{文字大小}区域：用于设置注解文字的大小参数，包括^{文字高度}文本框、^{◉ 固定}单选项、^{◉ 按比例}单选项、^{长宽比}文本框、^{文字宽度}文本框、^{文字间距}文本框、^{行距}文本框、^{比例 (F) ...}按钮和^{☑ 调整比例}复选框。

  - ☑ ^{文字高度}文本框：用于设置注解文字的高度值。

- ☑ ⊙固定 单选项：用于设置在注解文字的每两个字之间加入空格。

- ☑ ⊙按比例 单选项：用于设置按照定义的长宽比例设置注解文字。

- ☑ 长宽比 文本框：用于定义注解文字的长宽比。此文本框当选中 ⊙按比例 单选项时
可用。

- ☑ 文字宽度 文本框：用于定义注解文字的每一个字体的宽度。此文本框当选中
⊙固定 单选项时可用。

- ☑ 文字间距 文本框：用于设置注解文字的每两个字之间的间距值。

- ☑ 行距 文本框：用于定义注解文字间的行距值。

- ☑ 比例(F)... 按钮：用于设置注解文字的尺寸字高比例因子的相关参数。单击此
按钮，系统弹出图 4.1.12 所示的 "Factors of Note Text Height" 对话框。用户
可通过该对话框设置注解文字的尺寸字高比例因子的参数。

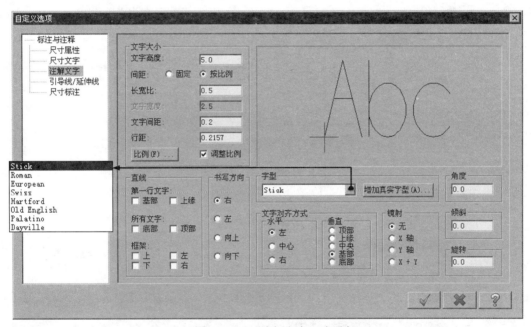

图 4.1.11　"注解文字"选项卡

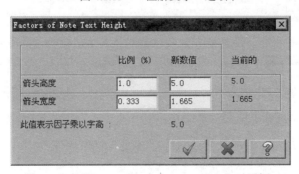

图 4.1.12　"Factors of Note Text Height" 对话框

☑ ☑ 调整比例 复选框：用于设置根据定义的比例调整注解文字的大小。

- 直线 区域：用于设置添加直线的位置选项，其中包括 ☑ 基部 复选框、☑ 上缘 复选框、☑ 底部 复选框、☑ 顶部 复选框、☑ 上 复选框、☑ 下 复选框、☑ 左 复选框和 ☑ 右 复选框。

  ☑ ☑ 基部 复选框：用于设置在注解文字的第一行文字基部添加直线。

  ☑ ☑ 上缘 复选框：用于设置在注解文字的第一行文字上缘添加直线。

  ☑ ☑ 底部 复选框：用于设置在注解文字的所有文字底部添加直线。

  ☑ ☑ 顶部 复选框：用于设置在注解文字的所有顶部添加直线。

  ☑ ☑ 上 复选框：用于设置在注解文字的上部添加框架。

  ☑ ☑ 下 复选框：用于设置在注解文字的下部添加框架。

  ☑ ☑ 左 复选框：用于设置在注解文字的左部添加框架。

  ☑ ☑ 右 复选框：用于设置在注解文字的右部添加框架。

- 书写方向 区域：用于设置注解文字书写方向的相关参数，其中包括 ⊙ 右 单选项、⊙ 左 单选项、⊙ 向上 单选项和 ⊙ 向下 单选项。

  ☑ ⊙ 右 单选项：用于设置注解文字的书写方向为自左向右书写。

  ☑ ⊙ 左 单选项：用于设置注解文字的书写方向为自右向左书写。

  ☑ ⊙ 向上 单选项：用于设置注解文字的书写方向为自下向上书写。

  ☑ ⊙ 向下 单选项：用于设置注解文字的书写方向为自上向下书写。

- 字型 区域：用于设置注解文字字型的相关参数，其包括 Stick ▼ 下拉列表和 增加真实字型(A)... 按钮。

  ☑ Stick ▼ 下拉列表：用于设置注解文字的字体类型。

  ☑ 增加真实字型(A)... 按钮：单击此按钮，系统弹出"字体"对话框。用户可以通过该对话框设置注解文字的字体的参数。

- 文字对齐方式 区域：用于设置注解文字的对齐方式，其中包括 水平 区域和 垂直 区域。

  ☑ 水平 区域：用于设置水平方向上的对齐方式，其中包括 ⊙ 左 单选项、⊙ 中心 单选项和 ⊙ 右 单选项。

  ☑ 垂直 区域：用于设置垂直方向上的对齐方式，其中包括 ⊙ 顶部 单选项、⊙ 上缘 单选项、⊙ 中央 单选项、⊙ 基部 单选项和 ⊙ 底部 单选项。

- 镜射 区域：用于设置注释字本镜像的相关参数，其中包括 ⊙ 无 单选项、⊙ X 轴 单选项、⊙ Y 轴 单选项和 ⊙ X + Y 单选项。

  ☑ ⊙ 无 单选项：用于设置注解文字不进行镜像操作。

  ☑ ⊙ X 轴 单选项：用于设置注解文字关于 X 轴镜像。

- ☑ ⊙ Y 轴 单选项：用于设置注解文字关于 Y 轴镜像。

- ☑ ⊙ X + Y 单选项：用于设置注解文字关于 X 轴和 Y 轴镜像。

- ● 角度 文本框：用于设置注解文字的角度值。

- ● 倾斜 文本框：用于定义注解文字中每个字的倾斜角度值。

- ● 旋转 文本框：用于设置注解文字中每个字的旋转角度值。

4．"引导线/延伸线"选项卡

"引导线/延伸线"选项卡用于设置尺寸线、尺寸界线和箭头的属性，如图 4.1.13 所示。

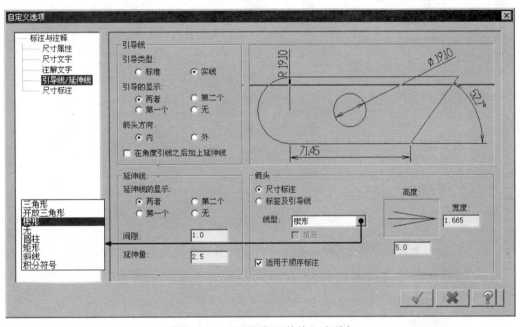

图 4.1.13　"引导线/延伸线"选项卡

图 4.1.13 所示的"引导线/延伸线"选项卡中部分选项的说明如下：

- ● 引导线 区域：用于设置尺寸线的相关参数，其包括 ⊙ 标准 单选项、⊙ 实线 单选项、⊙ 两者 单选项、⊙ 第一个 单选项、⊙ 第二个 单选项、⊙ 无 单选项、⊙ 内 单选项、⊙ 外 单选项和 ☑ 在角度引线之后加上延伸线 复选框。

  - ☑ ⊙ 标准 单选项：用于设置尺寸线的样式为标准样式，如图 4.1.14 所示。

  - ☑ ⊙ 实线 单选项：用于设置尺寸线的样式为选取实体样式，如图 4.1.15 所示。

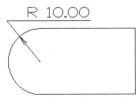

图 4.1.14　标准

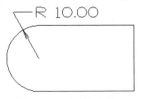

图 4.1.15　选取实体

☑　⦿两者单选项：用于设置显示标注文字两边的尺寸线，如图 4.1.16 所示。

☑　⦿第一个单选项：用于设置显示标注文字第一端的尺寸线，如图 4.1.17 所示。

图 4.1.16　两者　　　　　　　　　　　　　　　图 4.1.17　第一个

☑　⦿第二个单选项：用于设置显示标注文字第二端的尺寸线，如图 4.1.18 所示。

☑　⦿无单选项：用于设置不显示标注文字两边的尺寸线，如图 4.1.19 所示。

图 4.1.18　第二个　　　　　　　　　　　　　　图 4.1.19　无

☑　⦿内单选项：用于设置箭头在尺寸界线内。

☑　⦿外单选项：用于设置箭头在尺寸界线外。

☑　☑在角度引线之后加上延伸线复选框：用于设置在角度的引线后加上尺寸界线。

● 延伸线区域：用于设置尺寸界线的相关参数，其中包括⦿两者单选项、⦿第一个单选项、⦿第二个单选项、⦿无单选项、间隙文本框和延伸量文本框。

☑　⦿两者单选项：用于设置显示标注文字两边的尺寸界线，如图 4.1.20 所示。

☑　⦿第一个单选项：用于设置显示标注文字第一端的尺寸界线，如图 4.1.21 所示。

图 4.1.20　两者　　　　　　　　　　　　　　　图 4.1.21　第一个

☑　⦿第二个单选项：用于设置显示标注文字第二端的尺寸界线，如图 4.1.22 所示。

☑　⦿无单选项：用于设置不显示标注文字两边的尺寸界线，如图 4.1.23 所示。

图 4.1.22　第二个

图 4.1.23　无

- ☑ **间隙** 文本框：用于设置延伸线与标注所选图素之间的间隙值。

- ☑ **延伸量** 文本框：用于设置延伸线超出标注箭头的距离值。

- ● **箭头** 区域：用于设置箭头的相关参数，其中包括 **尺寸标注** 单选项、**标签及引导线** 单选项、**线型** 下拉列表、**填充** 复选框、**适用于顺序标注** 复选框、**高度** 文本框和 **宽度** 文本框。

  - ☑ **尺寸标注** 单选项：设置用于尺寸标注的箭头。

  - ☑ **标签及引导线** 单选项：用于设置箭头使用于引线标注。

  - ☑ **线型** 下拉列表：用于定义箭头的类型，其中包括 **三角形** 选项、**开放三角形** 选项、**楔形** 选项、**无** 选项、**圆柱** 选项、**矩形** 选项、**斜线** 选项和 **积分符号** 选项。

  - ☑ **填充** 复选框：用于给箭头设置填充颜色。当定义的箭头类型为 **三角形** 选项、**开放三角形** 选项、**圆柱** 选项和 **矩形** 选项时，此复选框可用。

  - ☑ **适用于顺序标注** 复选框：用于将设置箭头参数应用到"顺序标注"命令。

  - ☑ **高度** 文本框：用于定义标注箭头的高度。

  - ☑ **宽度** 文本框：用于定义标注箭头的宽度。

5．"尺寸标注"选项卡

"尺寸标注"选项卡用于设置标注尺寸的属性和对齐方式，如图 4.1.24 所示。

图 4.1.24 所示的"尺寸标注"选项卡中部分选项的说明如下：

- ● **关联性** 区域：用于设置标注尺寸与被标注的图素之间的关联性参数，包括 **创建尺寸标注、标签、引导线及尺寸线时使其与选取的图形具有关联** 复选框和 **重建** 区域。

  - ☑ **创建尺寸标注、标签、引导线及尺寸线时使其与选取的图形具有关联** 复选框：用于设置创建的标注与被标注的图素之间具有关联性。

  - ☑ **重建** 区域：用于设置重建的相关选项，其中包括 **自动** 复选框和 **将重建的图素显示为"结果"** 复选框。**自动** 复选框：用于设置当尺寸改变时自动更新实体。**将重建的图素显示为"结果"** 复选框：用于为标注的实体尺寸设置显示的结果。

- ● **关联控制** 区域：用于设置删除与标注相关联的尺寸时处理标注尺寸的方式，其中包括 **当删除的图素具有关联的尺寸标注时，便显示此警告信息** 单选项、**删除选取的图素及其所有关联的尺寸标注,但不显示警告** 单选项、**保留所有的尺寸标注但删除其关联性,不显示** 单选项和 **忽略所有关联的尺寸标注,不显示警告信息** 单选项。

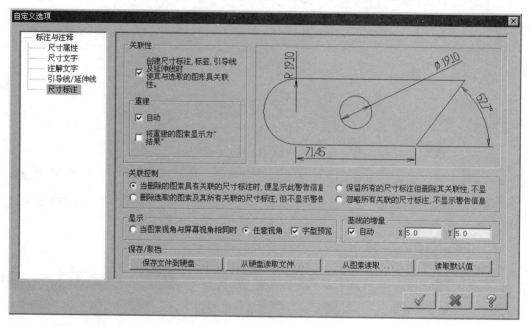

图 4.1.24 "尺寸标注" 选项卡

☑ ⊙当删除的图素具有关联的尺寸标注时,便显示此警告信息单选项:用于设置当删除与标注相关联的尺

寸时显示 "警告" 对话框, 如图 4.1.25 所示。

☑ ⊙删除选取的图素及其所有关联的尺寸标注,但不显示警告单选项: 用于设置当删除与标注相关

联的尺寸时不显示 "警告" 对话框。

☑ ⊙保留所有的尺寸标注但删除其关联性,不显单选项: 用于设置当删除与标注相关联的尺寸

时保留尺寸标注但删除其关联性, 不显示 "警告" 对话框。

☑ ⊙忽略所有关联的尺寸标注,不显示警告信息单选项: 用于设置当删除与标注相关联的尺寸

时忽略所有关联的尺寸标注, 不显示 "警告" 对话框。

● 显示区域: 用于设置显示的相关参数, 其中包括⊙当图素视角与屏幕视角相同时单选项、

⊙任意视角单选项和☑字型预览复选框。

☑ ⊙当图素视角与屏幕视角相同时单选项:用于设置仅当图素视角与屏幕视角相同时显示

尺寸标注。

☑ ⊙任意视角单选项: 用于设置在任意的屏幕视角显示尺寸标注。

☑ ☑字型预览复选框:用于设置当屏幕放大到一定程度时以矩形框来代替尺寸标注

显示。

● 基线的增量区域: 用于设置基线增量的相关参数, 其中包括☑自动复选框、X文本框和

Y文本框。

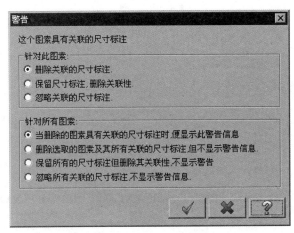

图 4.1.25　"警告"对话框

- ☑ 自动复选框：用于在使用基准标注时，自动使用已定义的 X 和 Y 方向上的尺寸增量值。

- ☑ X文本框：用于定义 X 方向上的尺寸增量值。

- ☑ Y文本框：用于定义 Y 方向上的尺寸增量值。

- ● 保存/取档区域：用于设置存档/取档的相关参数，其中包括保存文件到硬盘 ...按钮、从硬盘读取文件...按钮、从图素读取 ...按钮和读取默认值按钮。

  - ☑ 保存文件到硬盘 ...按钮：用于保存当前的尺寸标注设置。

  - ☑ 从硬盘读取文件...按钮：用于读取已保存的尺寸标注设置。

  - ☑ 从图素读取 ...按钮：用于设置用户选取尺寸标注设置。单击此按钮，用户可以在绘图区选取一个尺寸标注作为尺寸标注设置。

  - ☑ 读取默认值按钮：用于设置读取系统默认的尺寸标注设置。

4.1.3　尺寸标注

尺寸标注是在现有的图素上添加标注尺寸，使其成为完整的工程图。MsaterCAM X6 为用户提供了多种标注命令，可以进行水平、垂直、平行、角度、半径、直径等标注。水平标注、垂直标注和平行标注统称为线性标注，用于标注图形对象的线性距离或长度。下面讲解创建尺寸标注的方法。

1. 水平标注

水平标注用于标注对象上的两点在水平方向上的距离，尺寸线沿水平方向放置。下面以图 4.1.26 所示的模型为例讲解水平标注的创建过程。

图 4.1.26　水平标注

Step1. 打开文件 D:\mcx6\work\ch04\ch04.01\ch04.01.03\HORIZONTAL.MCX-6。

Step2. 选择命令。选择下拉菜单 C 绘图 ➡ D 尺寸标注 ▶ ➡ D 标注尺寸 ▶ ➡ H 水平标注 命令，系统弹出图 4.1.27 所示的"尺寸标注"工具栏。

图 4.1.27　"尺寸标注"工具栏

图 4.1.27 所示的"尺寸标注"工具栏中部分选项的说明如下：

- 按钮：用于设置尺寸界线的显示。该按钮有四种状态，分别为 、 、 和 。 状态表示仅显示左边的尺寸界线； 状态表示仅显示右边的尺寸界线； 状态表示显示两边的尺寸界线； 状态表示不显示尺寸界线。
- 按钮：用于设置标注文字位于尺寸线的中间。
- 按钮：用于设置标注箭头是在尺寸界线内，还是在尺寸界线外。
- 按钮：用于设置水平标注。
- 按钮：用于设置垂直标注。
- 按钮：用于设置锁定当前的尺寸位置。
- 按钮：用于设置标注尺寸的角度。单击此按钮，系统弹出图 4.1.28 所示的"输入角度"对话框。用户可以通过该对话框设置标注尺寸的角度，如图 4.1.29 所示。

图 4.1.28　"输入角度"对话框

图 4.1.29　设置标注尺寸角度

- 按钮：用于设置标注文字的字体。单击此按钮，系统弹出图 4.1.30 所示的"字体编辑"对话框。用户可以通过该对话框对标注文字的字体进行设置。

- 按钮：用于编辑标注文字。单击此按钮，系统弹出图 4.1.31 所示的"编辑尺寸文字"对话框。用户可以通过该对话框对标注文字进行设置。

　　图 4.1.30　"字体编辑"对话框　　　　　图 4.1.31　"编辑尺寸文字"对话框

- 按钮：用于设置标注文字的高度。单击此按钮，系统弹出图 4.1.32 所示的"高度"对话框。用户可以通过该对话框对标注文字的高度进行设置。

- 按钮：用于设置标注文字的小数位数。单击此按钮，系统弹出图 4.1.33 所示的"请输入小数位数"对话框。用户可以通过该对话框对标注文字的小数位数进行设置。

　　图 4.1.32　"高度"对话框　　　　　图 4.1.33　"请输入小数位数"对话框

- 按钮：用于设置在标注文字前加上直径符号。

- 按钮：用于设置在标注文字前加上半径符号。

- 按钮：用于设置在标注文字时，以矩形方框显示标注文字。

- ![icon]按钮：用于改变标注角度的标注位置。
- ![icon]按钮：用于排列"顺序标注"的标注位置。
- ![icon]按钮：用于改变"相切标注"的标注位置。
- ![icon]按钮：用于设置在选定的标注文字上添加尺寸线。
- ![icon]按钮：用于设置在选定的标注文字上去除尺寸线。
- ![icon]按钮：用于设置尺寸标注的参数。单击此按钮，系统弹出"自定义选项"对话框。用户可以通过该对话框对尺寸标注的详细参数进行设置。
- ![icon]按钮：用于将当前的尺寸标注设置复制到"自定义选项"配置中。

Step3. 定义标注对象。在绘图区选取图 4.1.34 所示的直线为标注对象。

Step4. 定义标注尺寸的放置位置。在图 4.1.35 所示的位置单击以放置标注尺寸，如图 4.1.36 所示。

说明：在定义标注对象时，选取图 4.1.34 所示的直线的两个端点也可以标出图 4.1.36 所示的效果。

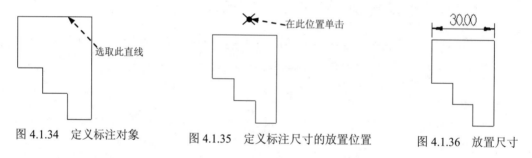

图 4.1.34　定义标注对象　　　图 4.1.35　定义标注尺寸的放置位置　　　图 4.1.36　放置尺寸

Step5. 参照 Step3、Step4 创建图 4.1.26b 所示的其余两个水平尺寸。

Step6. 在"尺寸标注"工具栏中单击 ![icon]按钮，完成水平尺寸的标注。

2．垂直标注

垂直标注用于标注对象上的两点在垂直方向上的距离，尺寸线沿垂直方向放置。下面以图 4.1.37 所示的模型为例讲解垂直标注的创建过程。

Step1. 打开文件 D:\mcx6\work\ch04\ch04.01\ch04.01.03\VERTICAL.MCX-6。

Step2. 选择命令。选择下拉菜单菜单 C 绘图 ➡ D 尺寸标注 ➡ D 标注尺寸 ➡ V 垂直标注 命令，系统弹出"尺寸标注"工具栏。

图 4.1.37　垂直标注

Step3. 定义标注对象。在绘图区选取图 4.1.38 所示的直线为标注对象。

Step4. 定义标注尺寸的放置位置。在图 4.1.39 所示的位置单击以放置标注尺寸，放置后如图 4.1.40 所示。

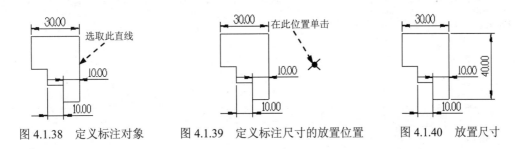

图 4.1.38　定义标注对象　　　图 4.1.39　定义标注尺寸的放置位置　　　图 4.1.40　放置尺寸

Step5. 参照 Step3~Step4 创建图 4.1.37b 所示的其余两个垂直标注的尺寸。

Step6. 在"尺寸标注"工具栏中单击 ☑ 按钮，完成垂直尺寸的标注。

3．平行标注

平行标注用于标注两点在所选对象上的平行距离，尺寸线与所选对象平行放置。下面以图 4.1.41 所示的模型为例讲解平行标注的创建过程。

Step1. 打开文件 D:\mcx6\work\ch04\ch04.01\ch04.01.03\ALIGNED.MCX-6。

图 4.1.41　平行标注

Step2. 选择命令。选择下拉菜单 C 绘图 ➡ D 尺寸标注 ➡ D 标注尺寸 ➡ P 平行标注… 命令，系统弹出"尺寸标注"工具栏。

Step3. 定义标注对象。在绘图区选取图 4.1.42 所示的直线为标注对象。

Step4. 定义标注尺寸的放置位置。在图 4.1.43 所示的位置单击以放置标注尺寸，放置后如图 4.1.44 所示。

图 4.1.42　定义标注对象　　图 4.1.43　定义标注尺寸的放置位置　　图 4.1.44　放置尺寸

Step5. 参照 Step3~ Step4 创建图 4.1.41b 所示的另一个平行尺寸。

Step6. 在"尺寸标注"工具栏中单击☑按钮，完成平行尺寸的标注。

4．基准标注

基准标注是以已创建的线性尺寸为基准，并根据指定的点的位置进行线性标注。下面以图 4.1.45 所示的模型为例讲解基准标注的创建过程。

a）创建前　　　　　　　　　　　　　　　　　　　b）创建后

图 4.1.45　基准标注

Step1. 打开文件 D:\mcx6\work\ch04\ch04.01\ch04.01.03\BENCHMARK.MCX-6。

Step2. 选择命令。选择下拉菜单 C 绘图 ➡ D 尺寸标注 ▶ ➡ D 标注尺寸 ▶ ➡ B 基准标注... 命令。

Step3. 定义基准。在绘图区选取图 4.1.46 所示的尺寸为基准。

Step4. 定义尺寸标注对象。依次在绘图区选取图 4.1.47 所示的点 1 和点 2，此时系统生成如图 4.1.48 所示尺寸标注。

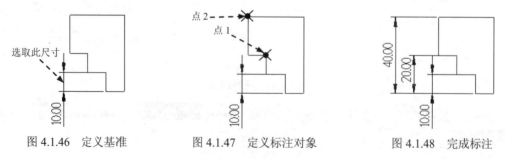

图 4.1.46　定义基准　　　　　图 4.1.47　定义标注对象　　　　　图 4.1.48　完成标注

Step5. 按两下 Esc 键，退出基准标注状态。

5．串连标注

串连标注是以已创建的线性尺寸为基准，并根据指定的点的位置进行线性标注。此命令与基准标注不同，使用串连标注创建的尺寸的尺寸线首尾相连且位于同一直线上。下面以图 4.1.49 所示的模型为例讲解串连标注的创建过程。

a）创建前   b）创建后

图 4.1.49　串连标注

Step1. 打开文件 D：\mcx6\work\ch04\ch04.01\ch04.01.03\CHAIN.MCX-6。

Step2. 选择命令。选择下拉菜单 C 绘图 ➡ D 尺寸标注 ▶ ➡ D 标注尺寸 ▶ ➡ C 串连标注... 命令。

Step3. 定义基准。在绘图区选取图 4.1.50 所示的尺寸为基准。

Step4. 定义标注尺寸对象。依次在绘图区选取图 4.1.51 所示的点 1 和点 2，此时系统生成图 4.1.52 所示的尺寸标注。

Step5. 按两下 Esc 键退出基准标注状态。

图 4.1.50　定义基准   图 4.1.51　定义标注对象   图 4.1.52　完成标注

6．角度标注

角度标注用于标注两条直线间的夹角。下面以图 4.1.53 所示的模型为例讲解角度标注的创建过程。

Step1. 打开文件 D：\mcx6\work\ch04\ch04.01\ch04.01.03\ANGLE.MCX-6。

Step2. 选择命令。选择下拉菜单 C 绘图 ➡ D 尺寸标注 ▶ ➡ D 标注尺寸 ▶ ➡ A 角度标注... 命令，系统弹出"尺寸标注"工具栏。

图 4.1.53　角度标注

Step3. 定义标注对象。在绘图区选取图 4.1.54 所示的两条直线为标注对象。

Step4. 定义标注尺寸的放置位置。在图 4.1.55 所示的位置单击以放置标注尺寸，放置后如图 4.1.53b 所示。

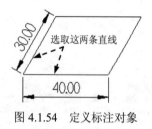

图 4.1.54　定义标注对象

图 4.1.55　定义标注尺寸的放置位置

Step5. 在"尺寸标注"工具栏中单击 ✓ 按钮，完成角度尺寸的标注。

说明： 在没有放置标注尺寸时，用户可以在图 4.1.56 所示的三个放置点的位置单击，创建其余三个位置的角度尺寸标注，如图 4.1.57~图 4.1.59 所示。

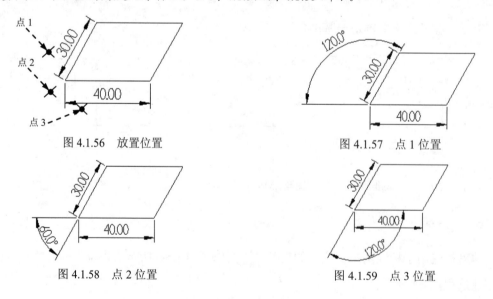

图 4.1.56　放置位置

图 4.1.57　点 1 位置

图 4.1.58　点 2 位置

图 4.1.59　点 3 位置

7. 圆弧标注

圆弧标注用于标注圆或圆弧的直径或半径。下面以图 4.1.60 所示的模型为例讲解圆弧标注的创建过程。

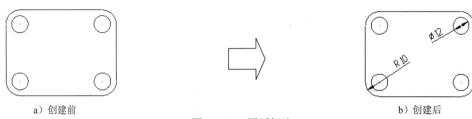

图 4.1.60　圆弧标注

Step1. 打开文件 D:\mcx6\work\ch04\ch04.01\ch04.01.03\ARC.MCX-6。

Step2. 选择命令。选择下拉菜单 C 绘图 ➡ D 尺寸标注 ➡ D 标注尺寸 ➡
I 圆弧标注 命令，系统弹出"尺寸标注"工具栏。

Step3. 定义标注对象。在绘图区选取图 4.1.61 所示的圆为标注对象。

Step4. 定义标注尺寸的放置位置。在图 4.1.62 所示的位置单击以放置标注尺寸，放置后如图 4.1.63 所示。

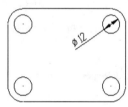

图 4.1.61　定义标注对象　　　图 4.1.62　定义标注尺寸的放置位置　　　图 4.1.63　放置尺寸

Step5. 参照 Step3、Step4 创建图 4.1.60b 所示的半径尺寸。

Step6. 在"尺寸标注"工具栏中单击 按钮，完成圆弧尺寸的标注。

8. 正交标注

正交标注用于标注点到直线或者两个平行直线之间的距离。下面以图 4.1.64 所示的模型为例讲解正交标注的创建过程。

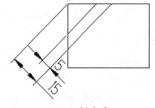

图 4.1.64　正交标注

Step1. 打开文件 D:\mcx6\work\ch04\ch04.01\ch04.01.03\PERPENDICULARITY.MCX-6。

Step2. 选择命令。选择下拉菜单 C 绘图 ➡ D 尺寸标注 ➡ D 标注尺寸 ➡
E 正交标注 命令，系统弹出"尺寸标注"工具栏。

Step3. 定义标注对象。依次在绘图区选取图 4.1.65 所示的直线和点为标注对象。

Step4. 定义标注尺寸的放置位置。将尺寸放置在图 4.1.66 所示的位置。

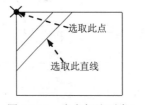

图 4.1.65　定义标注对象

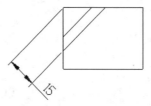

图 4.1.66　放置尺寸

Step5. 参照 Step3~ Step4 创建图 4.1.64b 所示的另一个正交尺寸。

Step6. 在"尺寸标注"工具栏中单击 ✔ 按钮，完成正交尺寸的标注。

9．相切标注

相切标注用于标注点、直线、圆弧与圆之间的距离。下面以图 4.1.67 所示的模型为例讲解相切标注的创建过程。

Step1. 打开文件 D:\mcx6\work\ch04\ch04.01\ch04.01.03\TANGENCY.MCX-6。

Step2. 选择命令。选择下拉菜单 `C 绘图` ➡ `D 尺寸标注` ▶ ➡ `D 标注尺寸` ▶ ➡ `T 相切标注` 命令，系统弹出"尺寸标注"工具栏。

a）创建前　　　　　　　　　　　　　　　　　　　b）创建后

图 4.1.67　相切标注

Step3. 定义标注对象。在绘图区选取图 4.1.67a 所示的两个圆弧为标注对象。

Step4. 定义标注尺寸的放置位置。将尺寸放置在图 4.1.67b 所示的位置。

说明： 如果不能标注图 4.1.67b 所示的尺寸，则需在"尺寸标注"工具栏中单击 按钮调整尺寸位置。

Step5. 在"尺寸标注"工具栏单击 ✔ 按钮，完成相切尺寸的标注。

10．水平顺序标注

水平顺序标注用于按照一定顺序标注对象上的两点在水平方向上的距离，尺寸线沿垂直方向放置。下面以图 4.1.68 所示的模型为例讲解水平顺序标注的创建过程。

Step1. 打开文件 D:\mcx6\work\ch04\ch04.01\ch04.01.03\HORIZONTAL_GRADATION. MCX-6。

Step2. 选择命令。选择下拉菜单 `C 绘图` ➡ `D 尺寸标注` ▶ ➡ `D 标注尺寸` ▶ ➡ `O 顺序标注` ▶ ➡ `H 水顺序平标注...` 命令。

a）创建前　　　　　　　　　　　　　　　　　b）创建后

图 4.1.68　水平顺序标注

Step3. 定义开始顺序标注尺寸的位置。在绘图区选取图 4.1.69 所示的点（圆弧和直线的交点）位置为开始顺序标注尺寸的位置。

Step4. 定义开始顺序标注尺寸的放置位置。将尺寸放置在图 4.1.70 所示的位置。

Step5. 参照 Step3、Step4 标注其余三个水平顺序尺寸，如图 4.1.68b 所示。

Step6. 按 Esc 键退出水平顺序标注状态。

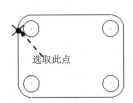

图 4.1.69　定义开始顺序标注的尺寸位置

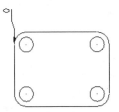

图 4.1.70　放置尺寸

11．垂直顺序标注

垂直顺序标注用于按照一定顺序标注对象上的两点在垂直方向上的距离，尺寸线沿水平方向放置。下面以图 4.1.71 所示的模型为例讲解垂直顺序标注的创建过程。

Step1. 打开文件　D:\mcx6\work\ch04\ch04.01\ch04.01.03\VERTICAL_GRADATION.MCX-6。

Step2. 选择命令。选择下拉菜单 C 绘图 ➡ D 尺寸标注 ➡ D 标注尺寸 ➡ O 顺序标注 ➡ V 垂直顺序标注... 命令。

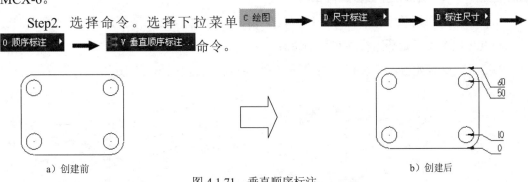

a）创建前　　　　　　　　　　　　　　　　　b）创建后

图 4.1.71　垂直顺序标注

Step3. 定义开始顺序标注尺寸的位置。在绘图区选取图 4.1.72 所示的点（圆弧和直线的交点）位置为开始顺序标注尺寸的位置。

Step4. 定义开始顺序标注尺寸的放置位置。将尺寸放置在图 4.1.73 所示的位置。

Step5. 参照 Step3~ Step4 标注其余三个垂直顺序尺寸，如图 4.1.71b 所示。

图 4.1.72　定义开始顺序标注尺寸的位置

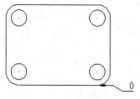

图 4.1.73　放置尺寸

Step6. 按 Esc 键退出垂直顺序标注状态。

12．平行顺序标注

平行顺序标注用于按照一定顺序标注对象上的两点在所选对象上的平行距离，尺寸线沿所选对象的平行方向放置。下面以图 4.1.74 所示的模型为例讲解平行顺序标注的创建过程。

　　　a）创建前　　　　　　　　　　　　　　　　　　　　b）创建后

图 4.1.74　平行顺序标注

Step1. 打开文件 D:\mcx6\work\ch04\ch04.01\ch04.01.03\ALIGNED_GRADATION. MCX-6。

Step2. 选择命令。选择下拉菜单 C 绘图 ➡ D 尺寸标注 ➡ D 标注尺寸 ➡ O 顺序标注 ➡ P 平行顺序标注... 命令。

Step3. 定义开始顺序标注尺寸的位置。在绘图区选取图 4.1.75 所示的点 1（两直线的交点）和点 2 位置为开始顺序标注尺寸的位置。

Step4. 定义开始顺序标注尺寸的放置位置。将尺寸放置在图 4.1.76 所示的位置。

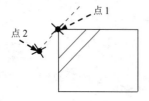

图 4.1.75　定义开始顺序的尺寸位置

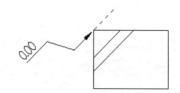

图 4.1.76　放置尺寸

Step5. 定义下一个顺序标注尺寸的位置。在绘图区选取图 4.1.77 所示的直线端点位置为下一个顺序标注尺寸的位置。

Step6. 定义下一个顺序标注尺寸的放置位置。将尺寸放置在图 4.1.78 所示的位置。

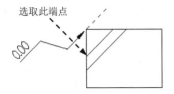

图 4.1.77　定义下一个顺序标注尺寸的位置

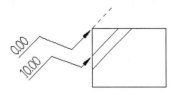

图 4.1.78　放置尺寸

Step7. 参照 Step5、Step6 标注最后一个平行顺序尺寸，如图 4.1.74b 所示。

Step8. 按 Esc 键退出平行顺序标注状态。

13．添加顺序标注

添加顺序标注是在现有的顺序尺寸上添加一个或多个新的顺序尺寸。下面以图 4.1.79 所示的模型为例讲解添加顺序标注的创建过程。

a）创建前

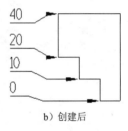

b）创建后

图 4.1.79　添加顺序标注

Step1. 打开文件 D:\mcx6\work\ch04\ch04.01\ch04.01.03\ADD_GRADATION.MCX-6。

Step2. 选择命令。选择下拉菜单 `C 绘图` ➡ `D 尺寸标注` ➡ `D 标注尺寸` ➡ `O 顺序标注` ➡ `E 增加至现有顺序标注` 命令。

Step3. 定义顺序尺寸。在绘图区选取图 4.1.80 所示的顺序尺寸。

Step4. 添加图 4.1.81 所示的三个顺序尺寸。

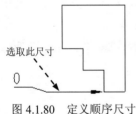

图 4.1.80　定义顺序尺寸

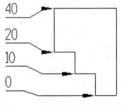

图 4.1.81　添加顺序尺寸

Step5. 按 Esc 键退出添加顺序标注状态。

14．快速标注顺序尺寸

快速标注顺序尺寸是根据定义的标注基点创建水平和垂直两个方向上的顺序尺寸。下面以图 4.1.82 所示的模型为例讲解快速标注顺序尺寸的创建过程。

a）创建前　　　　　　　　　　　　　　　　b）创建后

图 4.1.82　快速标注顺序尺寸

Step1. 打开文件 D:\mcx6\work\ch04\ch04.01\ch04.01.03\QUICK_GRADATION.MCX-6。

Step2. 选择命令。选择下拉菜单 <kbd>C 绘图</kbd> ➡ <kbd>D 尺寸标注</kbd> ➡ <kbd>D 标注尺寸</kbd> ➡

<kbd>O 顺序标注</kbd> ➡ <kbd>W 自动标注顺序尺寸</kbd> 命令，系统弹出图 4.1.83 所示"顺序标注尺寸/自动标注"

对话框。

图 4.1.83　"顺序标注尺寸/自动标注"对话框

图 4.1.83 所示的"顺序标注尺寸/自动标注"对话框中的部分选项的说明如下：

- <kbd>原点</kbd>区域：用于设置自动标注的基准点的参数，其中包括<kbd>X</kbd>文本框、<kbd>Y</kbd>文本框和
  <kbd>选择(S)...</kbd>按钮。

  - ☑ <kbd>X</kbd>文本框：用于定义基准点在 X 轴上的坐标。
  - ☑ <kbd>Y</kbd>文本框：用于定义基准点在 Y 轴上的坐标。
  - ☑ <kbd>选择(S)...</kbd>按钮：用于选取现有图素的端点、中点和现有点作为基准点。单击
    此按钮，用户可以在绘图区选取一个点作为基准点。

- <kbd>点</kbd>区域：用于设置创建尺寸的位置，其中包括<kbd>☑ 圆弧的圆心点</kbd>复选框、<kbd>☑ 单一全圆</kbd>复选
  框、<kbd>☑ 圆弧的端点</kbd>复选框和<kbd>☑ 端点</kbd>复选框。

  - ☑ <kbd>☑ 圆弧的圆心点</kbd>复选框：用于设置在圆弧的圆心点创建标注尺寸。
  - ☑ <kbd>☑ 单一全圆</kbd>复选框：用于设置对整圆创建标注尺寸。
  - ☑ <kbd>☑ 圆弧的端点</kbd>复选框：用于设置对圆弧的端点创建标注尺寸。
  - ☑ <kbd>☑ 端点</kbd>复选框：用于设置对图素的端点创建标注尺寸。

- <kbd>选项</kbd>区域：用于设置自动标注尺寸的相关选项，其中包括<kbd>☑ 显示负号</kbd>复选框、
  <kbd>☑ 小数点前加个0</kbd>复选框、<kbd>☑ 显示箭头</kbd>复选框和<kbd>边缘间距</kbd>文本框。

☑ 　显示负号　复选框：用于设置标注的尺寸在坐标系的负值区域，系统会自动在该尺寸前加上负号。

☑ 　小数点前加个0　复选框：用于设置显示小数点前面的零。

☑ 　显示箭头　复选框：用于设置显示尺寸线箭头。

☑ 　边缘间距　文本框：用于设置自动标注尺寸的尺寸线长度值。

● 　创建　区域：用于设置创建自动标注尺寸的类型，其中包括 ☑ 水平 复选框和 ☑ 垂直 复选框。

☑ 　水平　复选框：用于设置创建水平顺序标注。

☑ 　垂直　复选框：用于设置创建垂直顺序标注。

Step3. 定义基准点。在"顺序标注尺寸/自动标注"对话框的 原点 区域中单击 选择(S)... 按钮，然后在绘图区选取图 4.1.84 所示的点（直线的端点）为基准点。

Step4. 定义自动标注参数。在 创建 区域中选中 ☑ 水平 复选框和 ☑ 垂直 复选框；在 点 区域中选中 ☑ 端点 复选框；在 选项 区域中选中 ☑ 小数点前加个0 复选框，在 边缘间距 文本框中输入值 10。

图 4.1.84　定义基准点

Step5. 单击 ✔ 按钮，关闭"顺序标注尺寸/自动标注"对话框。然后在绘图区框选图 4.1.82a 所示的图形，此时系统会自动创建图 4.1.82b 所示的顺序尺寸。

15. 点位标注

点位标注是对选取的图素点进行二维或者三维的坐标标注。下面以图 4.1.85 所示的模型为例讲解点位标注的创建过程。

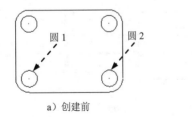

a）创建前

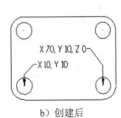

b）创建后

图 4.1.85　点位标注

Step1. 打开文件 D:\mcx6\work\ch04\ch04.01\ch04.01.03\POINT.MCX-6。

Step2. 二维点位的标注。

（1）选择命令。选择下拉菜单 C 绘图 ➡ D 尺寸标注 ▶ ➡ D 标注尺寸 ▶ ➡ ✔ N 点位标注... 命令，系统弹出"尺寸标注"工具栏。

（2）定义标注位置。在绘图区选取图 4.1.85a 所示的圆 1 的圆心，并放置点的坐标如图

4.1.85b 所示。

（3）在"尺寸标注"工具栏单击 ☑ 按钮，完成二维点位的坐标标注。

Step3. 三维点位的标注。

（1）选择命令。选择下拉菜单 C 绘图 ➡ D 尺寸标注 ▶ ➡ 💡 O 注解选项 命令，系统弹出"自定义选项"对话框。

（2）设置参数。单击 尺寸文字 选项卡，在 点位标注 区域中选中 ⊙ 3D 标签 单选项。

（3）单击 ☑ 按钮，完成参数的设置。

（4）选择命令。选择下拉菜单 C 绘图 ➡ D 尺寸标注 ▶ ➡ D 标注尺寸 ▶ ➡ ✎ N 点位标注... 命令，系统弹出"尺寸标注"工具栏。

（5）定义标注位置。在绘图区选取图 4.1.85a 所示的圆 2 的圆心，并放置点的坐标如图 4.1.85b 所示。

（6）在"尺寸标注"工具栏单击 ☑ 按钮，完成三维点位的坐标标注。

4.1.4　快速标注

使用"快速标注"命令 💡 S 快速标注，可以自动判断所选图素的类型，从而自动选择合适的标注方式完成标注。下面以图 4.1.86 所示的模型为例讲解快速标注的创建过程。

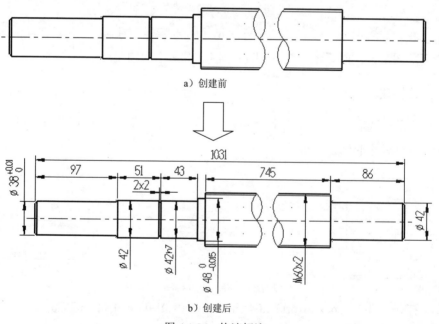

a）创建前

b）创建后

图 4.1.86　快速标注

Step1. 打开文件 D:\mcx6\work\ch04\ch04.01\ch04.01.04\EXAMPLE.MCX-6。

Step2. 选择命令。选择下拉菜单 C 绘图 ➡ D 尺寸标注 ▶ ➡ 💡 S 快速标注 命令，系统弹出"尺寸标注"工具栏。

Step3. 标注图 4.1.87 所示的尺寸。

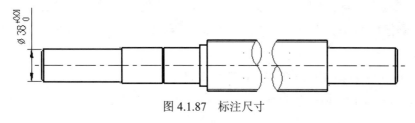

图 4.1.87　标注尺寸

（1）定义标注对象。在绘图区选取图 4.1.88 所示的直线为标注的对象。

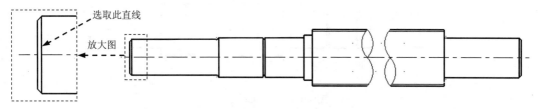

图 4.1.88　定义标注对象

（2）设置标注参数。在"尺寸标注"工具栏中单击 [ ] 按钮使其处于弹起状态；单击 [ ] 按钮使其处于按下状态，添加直径符号；单击 [ ] 按钮，系统弹出"自定义选项"对话框。在"自定义选项"对话框的 尺寸属性 选项卡的 坐标 区域的 小数位数 文本框中输入值 4，然后选中 ☑ 显示小数点前 复选框，取消选中 逗号 复选框和 □ 小数不够位数 复选框；在 公差 区域的 设置 子区域的下拉列表中选择 +/- 选项，然后分别在 向上 文本框中输入值 0.01，在 向下 文本框中输入值 0；单击 引号线/延伸线 选项卡，在 箭头 区域的 线型 下拉列表中选择 开放三角形 选项，然后选中 ☑ 填充 复选框。单击 ✓ 按钮退出"自定义选项"对话框。

（3）放置尺寸。在图 4.1.87 所示的位置放置尺寸。

Step4. 标注图 4.1.89 所示的尺寸。

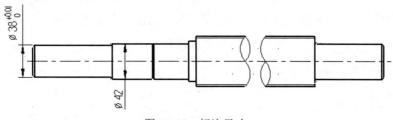

图 4.1.89　标注尺寸

（1）定义标注对象。在绘图区选取图 4.1.90 所示的直线为标注的对象。

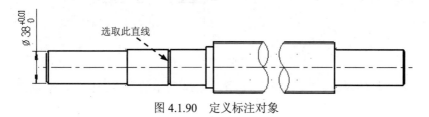

图 4.1.90　定义标注对象

（2）设置标注参数。在"尺寸标注"工具栏中单击 按钮使其处于按下状态，添加直径符号；单击 按钮，系统弹出"自定义选项"对话框。在"自定义选项"对话框中单击 尺寸属性 选项卡，在 公差 区域的 设置 子区域的下拉列表中选择 无 选项。单击 按钮退出"自定义选项"对话框。

（3）放置尺寸。在图 4.1.89 所示的位置放置尺寸。

Step5. 标注图 4.1.91 所示的尺寸。

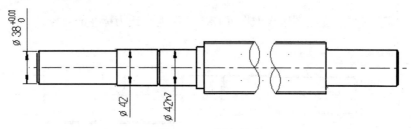

图 4.1.91　标注尺寸

（1）定义标注对象。在绘图区选取图 4.1.92 所示的直线为标注的对象。

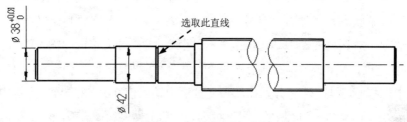

图 4.1.92　定义标注对象

（2）设置标注参数。在"尺寸标注"工具栏中单击 按钮使其处于按下状态，添加直径符号；单击 按钮，系统弹出"自定义选项"对话框。在"自定义选项"对话框中单击 尺寸属性 选项卡，在 公差 区域的 设置 子区域的下拉列表中选择 DIN 选项，然后分别在 DIN 字符 文本框中输入 h，在 DIN 数值 文本框中输入值 7。单击 按钮退出"自定义选项"对话框。

（3）放置尺寸。在图 4.1.91 所示的位置放置尺寸。

Step6. 标注图 4.1.93 所示的尺寸。

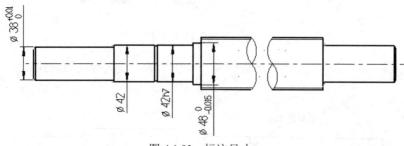

图 4.1.93　标注尺寸

（1）　定义标注对象。在绘图区选取图 4.1.94 所示的直线为标注的对象。

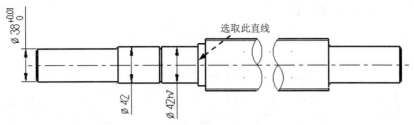

图 4.1.94　定义标注对象

（2）设置标注参数。在"尺寸标注"工具栏中单击 按钮使其处于按下状态，添加直径符号；单击 按钮，系统弹出"自定义选项"对话框。在"自定义选项"对话框中单击 尺寸属性 选项卡，在 公差 区域的 设置 子区域的下拉列表中选择 +/- 选项，然后在 向上 文本框中输入值 0，在 向下 文本框中输入值-0.015。单击 按钮退出"自定义选项"对话框。

（3）放置尺寸。在图 4.1.93 所示的位置放置尺寸。

Step7. 标注图 4.1.95 所示的尺寸。

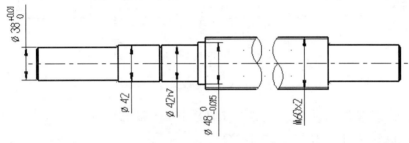

图 4.1.95　标注尺寸

（1）定义标注对象。在绘图区选取图 4.1.96 所示的点 1（两条粗实线交点）和点 2（两条粗实线交点）为标注的对象。

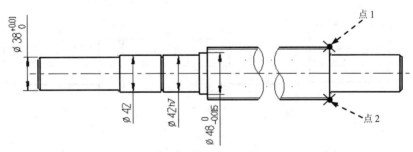

图 4.1.96　定义标注对象

（2）设置标注参数。在"尺寸标注"工具栏中单击 按钮，系统弹出"自定义选项"对话框。在"自定义选项"对话框中单击 尺寸属性 选项卡，在 公差 区域的 设置 子区域的下拉列表中选择 无 选项。单击 按钮退出"自定义选项"对话框。在"尺寸标注"工具栏中单击 abc 按钮，系统弹出"编辑尺寸文字"对话框。在该对话框的文本框中将原值改为 M60×2，单击 按钮退出"编辑尺寸文字"对话框。

（3）放置尺寸。在图 4.1.95 所示的位置放置尺寸。

Step8. 标注图 4.1.97 所示的尺寸。

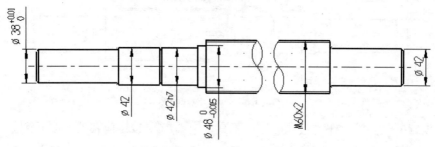

图 4.1.97　标注尺寸

（1）定义标注对象。在绘图区选取图 4.1.98 所示的直线为标注的对象。

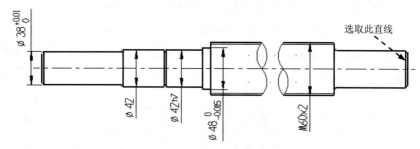

图 4.1.98　定义标注对象

（2）设置标注参数。在"尺寸标注"工具栏中单击 按钮使其处于按下状态；然后单击 按钮使其处于按下状态，添加直径符号。

（3）放置尺寸。在图 4.1.97 所示的位置放置尺寸。

Step9. 标注图 4.1.99 所示的尺寸。

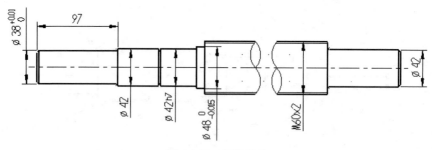

图 4.1.99　标注尺寸

（1）定义标注对象。在绘图区选取图 4.1.100 所示的点 1（粗实线交点）和点 2（粗实线交点）为标注的对象。

（2）设置标注参数。在"尺寸标注"工具栏中单击 按钮使其处于按下状态。

（3）放置尺寸。在图 4.1.99 所示的位置放置尺寸。

Step10. 标注图 4.1.101 所示的尺寸。

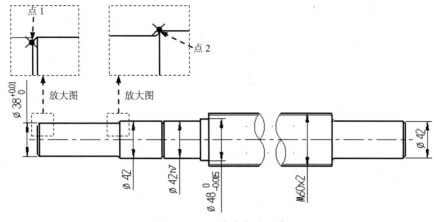

图 4.1.100　定义标注对象

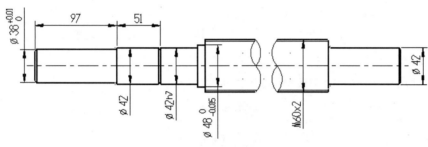

图 4.1.101　标注尺寸

（1）定义标注对象。在绘图区选取图 4.1.102 所示的点 1（粗实线交点）和点 2（粗实线交点）为标注的对象。

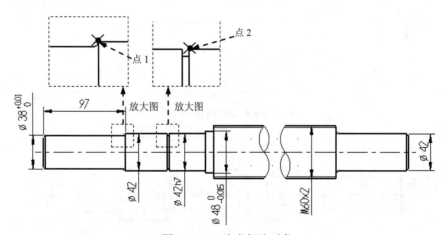

图 4.1.102　定义标注对象

（2）放置尺寸。在图 4.1.101 所示的位置放置尺寸。

Step11. 标注图 4.1.103 所示的尺寸。

（1）定义标注对象。在绘图区选取图 4.1.104 所示的点 1（粗实线交点）和点 2（粗实线交点）为标注的对象。

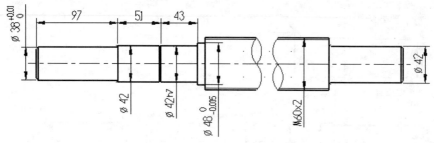

图 4.1.103　标注尺寸

（2）设置标注参数。在"尺寸标注"工具栏中单击 ⊢ 按钮使其处于按下状态。

（3）放置尺寸。在图 4.1.103 所示的位置放置尺寸。

Step12. 标注图 4.1.105 所示的尺寸。

（1）定义标注对象。在绘图区选取图 4.1.106 所示的点 1（粗实线交点）和点 2（粗实线交点）为标注的对象；在"尺寸标注"工具栏中单击 abc 按钮，系统弹出"编辑尺寸文字"对话框，在该对话框的文本框中将原值改为 745。

（2）放置尺寸。在图 4.1.105 所示的位置放置尺寸。

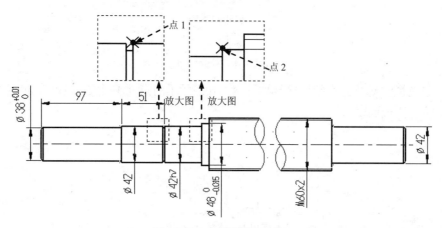

图 4.1.104　定义标注对象

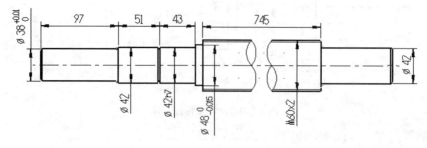

图 4.1.105　标注尺寸

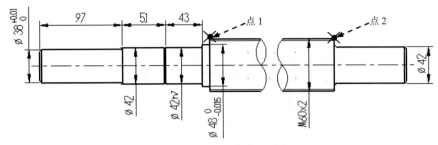

图 4.1.106　定义标注对象

Step13. 标注图 4.1.107 所示的尺寸。

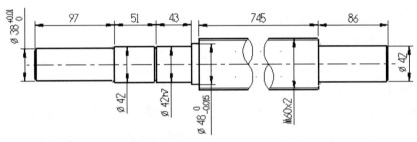

图 4.1.107　标注尺寸

（1）定义标注对象。在绘图区选取图 4.1.108 所示的点 1（粗实线交点）和点 2（粗实线交点）为标注的对象。

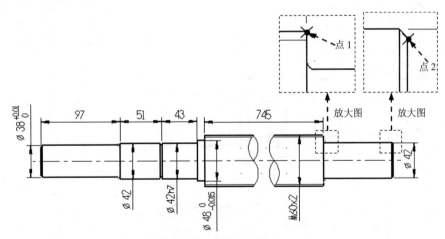

图 4.1.108　定义标注对象

（2）设置标注参数。在"尺寸标注"工具栏中单击 ⬅ 按钮使其处于按下状态。

（3）放置尺寸。在图 4.1.107 所示的位置放置尺寸。

Step14. 标注图 4.1.109 所示的尺寸。

（1）定义标注对象。在绘图区选取图 4.1.110 所示的点 1（粗实线交点）和点 2（粗实线交点）为标注的对象。

（2）设置标注参数。在"尺寸标注"工具栏中单击 ⬅ 按钮使其处于按下状态，然后单击 abc 按钮，系统弹出"编辑尺寸文字"对话框，在该对话框的文本框中将原值改为 1031。

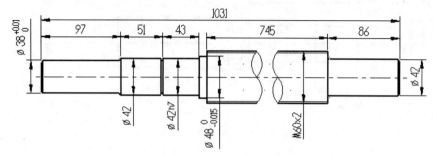

图 4.1.109　标注尺寸

（3）放置尺寸。在图 4.1.109 所示的位置放置尺寸。

Step15. 标注图 4.1.111 所示的尺寸。

（1）定义标注对象。在绘图区选取图 4.1.112 所示的点 1（粗实线交点）和点 2（粗实线交点）为标注的对象。

（2）设置标注参数。在"尺寸标注"工具栏中单击 ⟷ 按钮使其处于按下状态，然后单击 abc 按钮，系统弹出"编辑尺寸文字"对话框，在此对话框的文本框中将值改为 2×2。

（3）放置尺寸。在图 4.1.111 所示的位置放置尺寸。

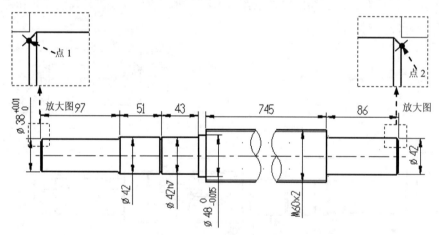

图 4.1.110　定义标注对象

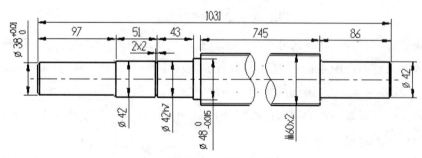

图 4.1.111　标注尺寸

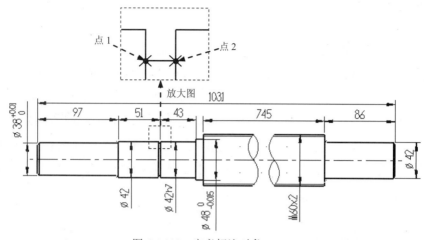

图 4.1.112 定义标注对象

Step16. 在"尺寸标注"工具栏单击 ✅ 按钮，完成快速标注尺寸的操作。

4.2 其他类型的图形标注

在 MasterCAM X6 中，除了对图形进行尺寸标注外，用户还可以对其进行其他标注，如绘制延伸线、绘制引导线、图形注释等。它们主要位于 C 绘图 下拉菜单的 D 尺寸标注 子菜单中，如图 4.2.1 所示。同样，在"Drafting"工具栏中也列出了相应的绘制命令，如图 4.2.2 所示。

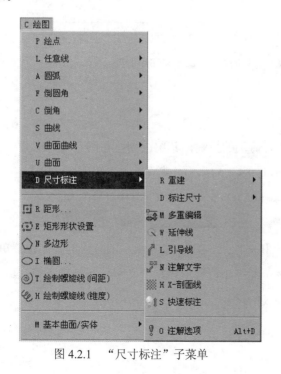

图 4.2.1 "尺寸标注"子菜单

图 4.2.2 "Drafting"工具栏

4.2.1　绘制延伸线

"延伸线"命令 <kbd>○ W 延伸线</kbd> 是绘制一条没有箭头的直线，其用于创建在图素与对图素所作的注释文本之间的指引线。下面以图 4.2.3 所示的模型为例讲解延伸线的创建过程。

Step1. 打开文件 D:\mcx6\work\ch04\ch04.02\ch04.02.01\EXTENDABLE_LINE.MCX-6。

Step2. 选择命令。选择下拉菜单 <kbd>C 绘图</kbd> ➡ <kbd>D 尺寸标注 ▶</kbd> ➡ <kbd>○ W 延伸线</kbd> 命令。

Step3. 定义延伸线的起始点和终止点。在图 4.2.4 所示的点 1 位置单击，定义延伸线的起始点；然后在图 4.2.4 所示的点 2 位置单击，定义延伸线的终止点。

Step4. 按 Esc 键退出绘制延伸线状态。

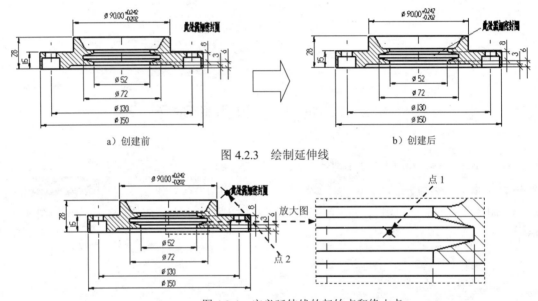

图 4.2.3　绘制延伸线

图 4.2.4　定义延伸线的起始点和终止点

4.2.2　绘制引导线

"引导线"命令 <kbd>L 引导线</kbd> 是绘制一条有箭头的折线，其用于创建在图素与对图素所作的注释文本之间的一条有箭头的折线。下面以图 4.2.5 所示的模型为例讲解引导线的创建过程。

Step1. 打开文件 D:\mcx6\work\ch04\ch04.02\ch04.02.02\GUIDE_LINE.MCX-6。

Step2. 选择命令。选择下拉菜单 <kbd>C 绘图</kbd> ➡ <kbd>D 尺寸标注 ▶</kbd> ➡ <kbd>L 引导线</kbd> 命令。

Step3. 定义引导线的起始点、转折点和终止点。在图 4.2.6 所示的直线的中间位置单击，定义引导线的起始点；然后在图 4.2.6 所示的点 1 位置单击，定义引导线的转折点；最后在图 4.2.6 所示的点 2 位置单击，定义引导线的终止点。

Step4. 按两下 Esc 键退出绘制引导线状态。

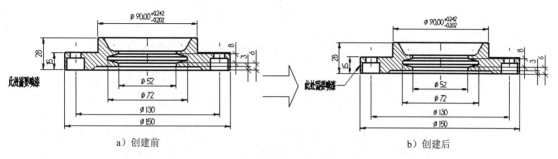

图 4.2.5　绘制引导线

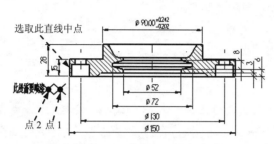

图 4.2.6　定义引导线的起始点和终止点

4.2.3　图形注释

使用"注解文字"命令 [N 注解文字] 可以在图形中添加注释文本信息。下面以图 4.2.7 所示的模型为例讲解图形注释的创建过程。

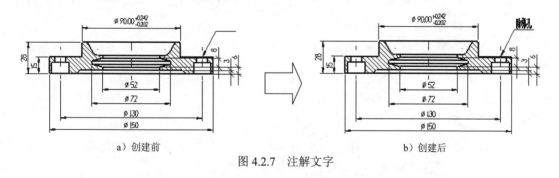

图 4.2.7　注解文字

Step1. 打开文件 D:\mcx6\work\ch04\ch04.02\ch04.02.03\TEXT.MCX-6。

Step2. 选择命令。选择下拉菜单 [C 绘图] ➡ [D 尺寸标注 ▶] ➡ [N 注解文字] 命令，系统弹出图 4.2.8 所示的"注解文字"对话框。

图 4.2.8 所示的"注解文字"对话框中部分选项的说明如下：

● [L 加载文件] 按钮: 用于将文件中的文字载入到注解框中。单击此按钮，系统弹出"打开"对话框。用户可以通过该对话框选择文件。

● **A 增加符号** 按钮：用于为注解文本添加符号。单击此按钮，系统弹出"选取符号："
  对话框。用户可以通过该对话框为注解文本添加符号。

图 4.2.8 "注解文字"对话框（一）

● **创建**区域：用于设置创建注解文本的方式，其包括 **单一注解** 单选项、 **连续注解** 单选
  项、 **标签同--单一引线** 单选项、 **标签同--分段引线** 单选项、 **标签同--多重引线** 单选项、 **单一引线**
  单选项、 **分段引线** 单选项和 **多重引线** 单选项。

  ☑ **单一注解** 单选项：用于一个创建图形注释。

  ☑ **连续注解** 单选项：用于一个创建连续的图形注释。此单选项与 **单一注解** 单选项
    不同， **单一注解** 单选项只能在一个位置创建图形注释，而此单选项能在不同位
    置创建相同的图形注释。

  ☑ **标签同--单一引线** 单选项：用于创建带引导线的图形注释，图形注释前面的引导
    线不能弯折，如图 4.2.9 所示。

  ☑ **标签同--分段引线** 单选项：用于创建带多折引线的图形注释，如图 4.2.10 所示。

图 4.2.9 标签同-单一引线   图 4.2.10 标签同-分段引线

  ☑ **标签同--多重引线** 单选项：用于创建带多重指引线的图形注释，如图 4.2.11 所示。

  ☑ **单一引线** 单选项：用于只创建不能折弯的指引线，如图 4.2.12 所示。

  ☑ **分段引线** 单选项：用于只创建多折的指引线，如图 4.2.13 所示。

  ☑ **多重引线** 单选项：用于只创建多重指引线，如图 4.2.14 所示。

● **属性(P)...** 按钮：用于设置图形注释的属性。单击此按钮，系统弹出图 4.2.15 所示
  的"注解文字"对话框。用户可以通过该对话框对注解文字的属性进行设置。

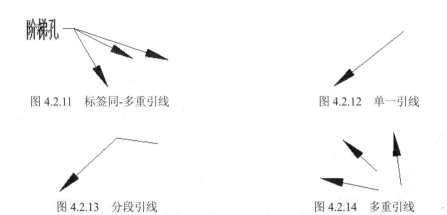

图 4.2.11 标签同-多重引线   图 4.2.12 单一引线

图 4.2.13 分段引线   图 4.2.14 多重引线

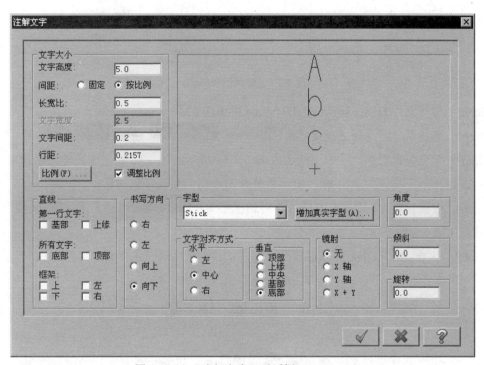

图 4.2.15 "注解文字"对话框（二）

Step3. 输入添加的注解文字。在"注解文字"对话框的文本框中输入"阶梯孔"字样。

Step4. 设置图形注释产生方式。在 创建 区域中选中 ⊙ 单一注解 单选项。

Step5. 设置图形注释属性。单击 属性(P)... 按钮，系统弹出"注解文字"对话框。在"注解文字"对话框的 文字大小 区域的 文字高度 文本框中输入值 10；在 字型 区域单击 增加真实字型(A)... 按钮，系统弹出"字体"对话框。在"字体"对话框 字体(F) 列表框中选择 ⊘ 宋体 选项，在 字形(Y) 列表框中选择 常规 选项，在 大小(S) 列表框中选择 10 选项。单击 确定 按钮退出"字体"对话框，同时系统返回至"注解文字"对话框。单击 ✓ 按钮退出"注解文字"对话框。

Step6. 放置图形注释。将图形注释放置在图 4.2.7b 所示的位置，完成图形注释的创建。

4.3 编辑图形标注

在 MasterCAM X6 中，用户可以使用"多重编辑"命令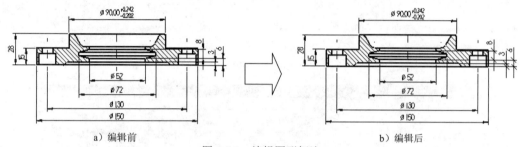对现有的图形标注进行编辑，如标注属性、标注文字、尺寸标注和引导线/延伸线等进行设置。下面以图 4.3.1 所示模型为例讲解编辑图形标注的操作。

a）编辑前　　　　　　　　　　　　　　　　b）编辑后

图 4.3.1　编辑图形标注

Step1. 打开文件 D:\mcx6\work\ch04\ch04.03\EDIT.MCX-6。

Step2. 选择命令。选择下拉菜单 C 绘图 ➡ D 尺寸标注 ▸ ➡ M 多重编辑 命令。

Step3. 定义编辑对象。在绘图区选取图 4.3.1a 所示的 8、3、6 三个尺寸为编辑对象，在"标准选择"工具栏中单击 按钮，系统弹出"自定义选项"对话框。

Step4. 设置参数。在"自定义选项"对话框中单击 引导线/延伸线 选项卡，在 箭头 区域的 线型 下拉列表中选择 斜线 选项。

Step5. 单击 按钮，完成编辑图形标注的操作，如图 4.3.1b 所示。

4.4 图 案 填 充

有时经常需要重复绘制一些图案以填充图形中的某个区域来表达该区域的特征。在 MasterCAM X6 中不需要一一绘制，它为用户提供了图案填充的命令，用户可以通过"剖面线"命令 H X-剖面线 对现有图形的封闭区域进行图形填充。下面以图 4.4.1 所示模型为例讲解创建图案填充的操作步骤。

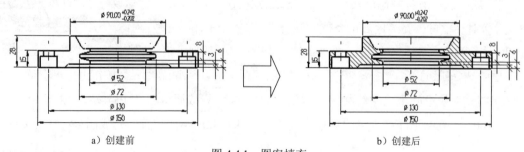

a）创建前　　　　　　　　　　　　　　　　b）创建后

图 4.4.1　图案填充

Step1. 打开文件 D:\mcx6\work\ch04\ch04.04\FILL.MCX-6。

Step2. 选择命令。选择下拉菜单 C 绘图 ➡ D 尺寸标注 ▶ ➡ H X-剖面线 命令，系统弹出图 4.4.2 所示的"剖面线"对话框。

图 4.4.2 所示的"剖面线"对话框中部分选项的说明如下：

- 图样 区域：用于设置填充图样的类型，包括一个列表和 U 用户定义的剖面线图样 按钮。

  - ☑ 图样 区域列表框：用于选择填充图样。

  - ☑ U 用户定义的剖面线图样 按钮：用于自定义填充的图样。单击此按钮，系统弹出图 4.4.3 所示的"自定义剖面线图样"对话框。用户可以通过该对话框自定义填充的图样。

- 参数 区域：用于设置填充图样的参数，包括 间距 文本框和 角度 文本框。

  - ☑ 间距 文本框：用于设置填充图样的两个临近图素的间距值。

  - ☑ 角度 文本框：用于设置填充图样的角度值。

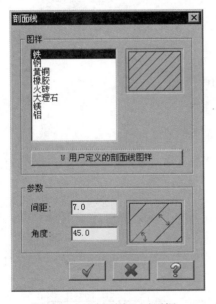

图 4.4.2 "剖面线"对话框

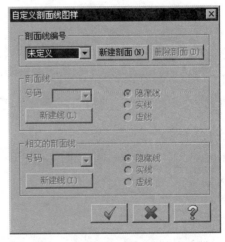

图 4.4.3 "自定义剖面线图样"对话框

图 4.4.3 所示的"自定义剖面线图样"对话框中部分选项的说明如下：

- 剖面线编号 区域：用于设置剖面线编号，包括 未定义 ▼ 下拉列表、新建剖面(N) 按钮和 删除剖面(D) 按钮。

  - ☑ 未定义 ▼ 下拉列表：用于选择自定义剖面线的编号。

  - ☑ 新建剖面(N) 按钮：用于新建剖面线编号。

  - ☑ 删除剖面(D) 按钮：用于删除现有的用户自定义剖面线编号。

- 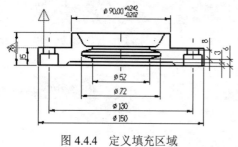剖面线 区域：用于设置剖面线的相关参数，包括 号码 下拉列表、 新建线(L) 按钮、
  ⊙ 隐藏线 单选项、⊙ 实线 单选项和 ⊙ 虚线 单选项。

  ☑ 号码 下拉列表：用于选择剖面线的数量。

  ☑ 新建线(L) 按钮：用于增加剖面线的数量。单击此按钮，系统会自动在 号码
    下拉列表中添加剖面线数量选项，最多可以添加至 16 条。

  ☑ ⊙ 隐藏线 单选项：用于创建隐藏剖面线。

  ☑ ⊙ 实线 单选项：用于创建实线剖面线。

  ☑ ⊙ 虚线 单选项：用于创建虚线剖面线。

- 相交的剖面线 区域：用于设置交叉剖面线的参数，包括 号码 下拉列表、 新建线(I) 按
  钮、⊙ 隐藏线 单选项、⊙ 实线 单选项和 ⊙ 虚线 单选项。

  ☑ 号码 下拉列表：用于选择相交剖面线的数量。

  ☑ 新建线(I) 按钮：用于增加相交剖面线的数量。单击此按钮，系统会自动
    在 号码 下拉列表中添加剖面线数量选项，最多可以添加至 16 条。

  ☑ ⊙ 隐藏线 单选项：用于创建隐藏的相交剖面线。

  ☑ ⊙ 实线 单选项：用于创建实线相交剖面线。

  ☑ ⊙ 虚线 单选项：用于创建虚线相交剖面线。

Step3. 设置剖面线参数。在"剖面线"对话框的 图样 区域的列表框中选择 铁 选项；在 参数
区域的 间距 文本框中输入值 3，在 角度 文本框中输入值 135；单击 ✓ 按钮，系统弹出"串
连选项"对话框。

Step4. 定义填充区域。选取图 4.4.4 所示的串连，单击 ✓ 按钮完成剖面线的创建，如
图 4.4.5 所示。

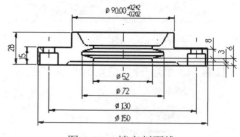

图 4.4.4　定义填充区域　　　　　　　　　图 4.4.5　填充剖面线

Step5. 参照 Step2~ Step4 创建图 4.4.1 所示的其余三处剖面线。

4.5　标　注　实　例

本实例主要介绍尺寸标注的基本过程，读者要重点掌握尺寸标注的技巧以及标注方法的运用。标注实例如图 4.5.1 所示，其尺寸的标注过程如下：

Step1. 打开文件 D:\mcx6\work\ch04\ch04.05\EXAMPLE.MCX-6。

Step2. 设置标注参数。

（1）选择命令。选择下拉菜单 C 绘图 ➝ D 尺寸标注 ▶ ➝ ! O 注解选项 命令，系统弹出"自定义选项"对话框。

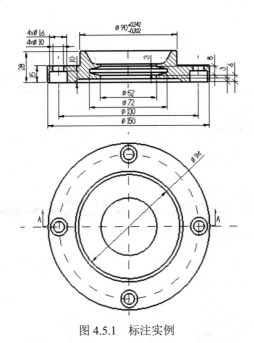

图 4.5.1　标注实例

（2）设置参数。在"自定义选项"对话框 坐标 区域的 小数位数 文本框中输入值 4，然后选中 ☑ 显示小数点前i 复选框，取消选中 ☐ 逗号 复选框和 ☐ 小数不够位数i 复选框；单击 引导线/延伸线 选项卡，在 箭头 区域的 线型 下拉列表中选择 开放三角形 选项，然后选中 ☑ 填充 复选框，在 高度 文本框中输入值 5，在 宽度 文本框中输入值 2。

（3）单击 ✓ 按钮，完成标注参数的设置。

Step3. 创建剖面线。

（1）选择命令。选择下拉菜单 C 绘图 ➝ D 尺寸标注 ▶ ➝ H X-剖面线 命令，系统弹出"剖面线"对话框。

（2）设置剖面线参数。在"剖面线"对话框的 图样 区域的列表框中选择 铁 选项；在 参数 区域的 间距 文本框中输入值 3，在 角度 文本框中输入值 135；单击 ✓ 按钮，系统弹出"串连选项"对话框。

（3）定义填充区域。选取图 4.5.2 所示的串连，单击 按钮完成剖面线的创建，如图
4.5.3 所示。

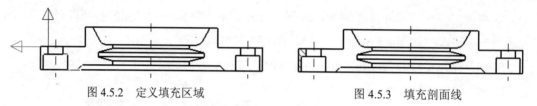

　　图 4.5.2　定义填充区域　　　　　　　　　　　　　图 4.5.3　填充剖面线

（4）参照（1）~（3）创建图 4.5.4 所示的其余三处剖面线。

Step4. 创建图 4.5.5 所示的水平尺寸。

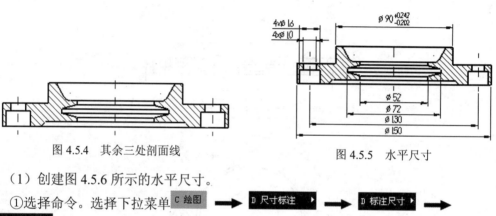

　　图 4.5.4　其余三处剖面线

　　　　　　　　　　　　　　　　　　　　　图 4.5.5　水平尺寸

（1）创建图 4.5.6 所示的水平尺寸。

① 选择命令。选择下拉菜单 C 绘图 ➡ D 尺寸标注 ▶ ➡ D 标注尺寸 ▶ ➡
↦ H 水平标注... 命令，系统弹出"尺寸标注"工具栏。

② 定义标注对象。在绘图区选取图 4.5.7 所示的点 1 和点 2 为标注的对象。

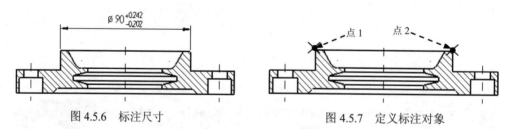

　　图 4.5.6　标注尺寸　　　　　　　　　　　　　　图 4.5.7　定义标注对象

③ 设置标注参数。在"尺寸标注"工具栏中单击 ⊕ 按钮使其处于按下状态，添加直径
符号；单击 ❗ 按钮，系统弹出"自定义选项"对话框。在"自定义选项"对话框中单击 尺寸属性
选项卡，在 公差 区域的 设置 子区域的下拉列表中选择 +/- 选项，然后分别在 向上 文本框和 向下 文
本框中输入值 0.242 和-0.202；单击 ✓ 按钮退出"自定义选项"对话框。

④ 放置尺寸。在图 4.5.6 所示的位置放置尺寸。

（2）创建图 4.5.8 所示的水平尺寸。

① 定义标注对象。在绘图区选取图 4.5.9 所示的点 1 和点 2 为标注的对象。

② 设置标注参数。在"尺寸标注"工具栏中单击 ⊕ 按钮使其处于按下状态，添加直径

符号；单击 ![]按钮，系统弹出"自定义选项"对话框。在"自定义选项"对话框中单击 尺寸属性 选项卡，在 公差 区域的 设置 子区域的下拉列表中选择 无 选项；单击 ✓ 按钮退出"自定义选项"对话框。

③ 放置尺寸。在图 4.5.8 所示的位置放置尺寸。

（3）创建图 4.5.10 所示的水平尺寸。

① 定义标注对象。在绘图区选取图 4.5.11 所示的点 1 和点 2 为标注的对象。

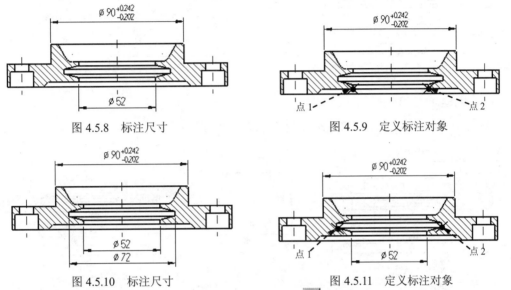

图 4.5.8　标注尺寸　　　　　　　　　图 4.5.9　定义标注对象

图 4.5.10　标注尺寸　　　　　　　　　图 4.5.11　定义标注对象

② 设置标注参数。在"尺寸标注"工具栏中单击 ![]按钮使其处于按下状态，添加直径符号。

③ 放置尺寸。在图 4.5.10 所示的位置放置尺寸。

（4）创建图 4.5.12 所示的水平尺寸。

① 定义标注对象。在绘图区选取图 4.5.13 所示的点 1 和点 2 为标注的对象。

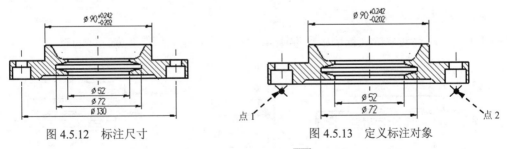

图 4.5.12　标注尺寸　　　　　　　　　图 4.5.13　定义标注对象

② 设置标注参数。在"尺寸标注"工具栏中单击 ![]按钮使其处于按下状态，添加直径符号。

③ 放置尺寸。在图 4.5.12 所示的位置放置尺寸。

（5）创建图 4.5.14 所示的水平尺寸。

① 定义标注对象。在绘图区选取图 4.5.15 所示的点 1 和点 2 为标注的对象。

② 设置标注参数。在"尺寸标注"工具栏中单击 按钮使其处于按下状态，添加直径符号。

③ 放置尺寸。在图 4.5.14 所示的位置放置尺寸。

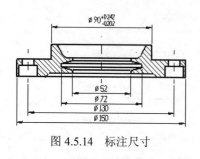

图 4.5.14　标注尺寸

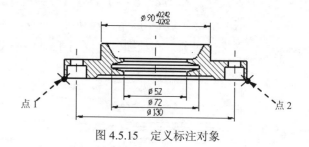

图 4.5.15　定义标注对象

（6）创建图 4.5.16 所示的水平尺寸。

① 定义标注对象。在绘图区选取图 4.5.17 所示的点 1 和点 2 为标注的对象。

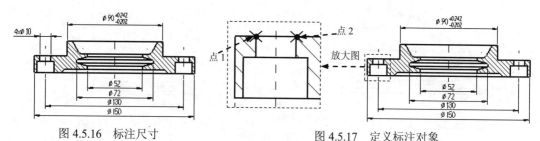

图 4.5.16　标注尺寸

图 4.5.17　定义标注对象

② 设置标注参数。在"尺寸标注"工具栏中单击 按钮使其处于弹起状态；单击 按钮，系统弹出"编辑尺寸文字"对话框。在该对话框的文本框的文字前输入"4×"字样，单击 按钮完成文本编辑的操作，同时系统返回至"尺寸标注"工具栏。单击 按钮使其处于按下状态，添加直径符号。

③ 放置尺寸。在图 4.5.16 所示的位置放置尺寸。

（7）创建图 4.5.18 所示的水平尺寸。

① 定义标注对象。在绘图区选取图 4.5.19 所示的点 1 和点 2 为标注的对象。

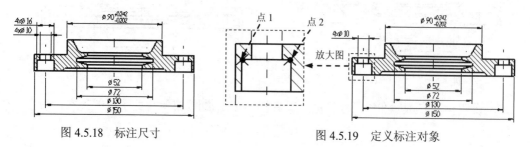

图 4.5.18　标注尺寸

图 4.5.19　定义标注对象

② 设置标注参数。在"尺寸标注"工具栏中单击 按钮，系统弹出"编辑尺寸文字"对话框。在该对话框的文本框的文字前输入"4×"字样，单击 按钮完成文本编辑的操作，同时系统返回至"尺寸标注"工具栏。单击 按钮使其处于按下状态，添加直径符号。

③ 放置尺寸。在图 4.5.18 所示的位置放置尺寸。

（8）单击 ✓ 按钮，完成水平尺寸的标注。

Step5. 创建图 4.5.20 所示的垂直尺寸。

（1）创建图 4.5.21 所示的垂直尺寸。

① 选择命令。选择下拉菜单 C 绘图 ➡ D 尺寸标注 ▶ ➡ D 标注尺寸 ▶ ➡ V 垂直标注 命令，系统弹出"尺寸标注"工具栏。

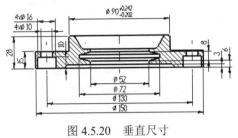

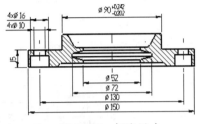

图 4.5.20　垂直尺寸　　　　　　　　　　图 4.5.21　标注尺寸

② 定义标注对象。在绘图区选取图 4.5.22 所示的点 1 和点 2 为标注的对象。

② 设置标注参数。在"尺寸标注"工具栏中单击 ⊣ 按钮使其处于按下状态。

③ 放置尺寸。在图 4.5.21 所示的位置放置尺寸。

（2）创建图 4.5.23 所示的垂直尺寸。

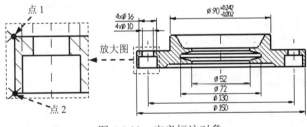

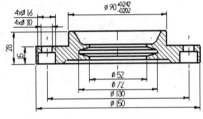

图 4.5.22　定义标注对象　　　　　　　　图 4.5.23　标注尺寸

① 定义标注对象。在绘图区选取图 4.5.24 所示的点 1 和点 2 为标注的对象。

② 放置尺寸。在图 4.5.23 所示的位置放置尺寸。

（3）创建图 4.5.25 所示的垂直尺寸。

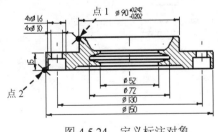

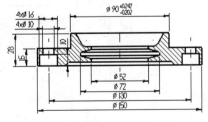

图 4.5.24　定义标注对象　　　　　　　　图 4.5.25　标注尺寸

① 定义标注对象。在绘图区选取图 4.5.26 所示的点 1 和点 2 为标注的对象。

② 放置尺寸。在图 4.5.25 所示的位置放置尺寸。

（4）创建图 4.5.27 所示的垂直尺寸。

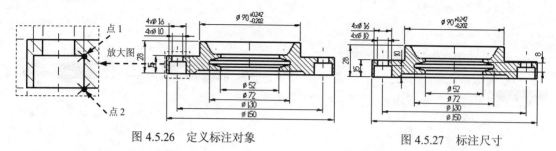

图 4.5.26　定义标注对象

图 4.5.27　标注尺寸

① 定义标注对象。在绘图区选取图 4.5.28 所示的点 1 和点 2 为标注的对象。

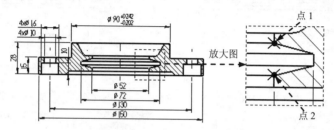

图 4.5.28　定义标注对象

② 放置尺寸。在图 4.5.27 所示的位置放置尺寸。

（5）创建图 4.5.29 所示的垂直尺寸。

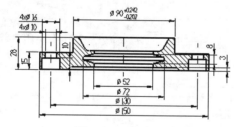

图 4.5.29　标注尺寸

① 定义标注对象。在绘图区选取图 4.5.30 所示的点 1 和点 2 为标注的对象。

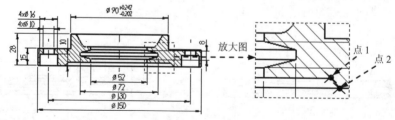

图 4.5.30　定义标注对象

② 放置尺寸。在图 4.5.29 所示的位置放置尺寸。

（6）创建图 4.5.31 所示的垂直尺寸。

① 定义标注对象。在绘图区选取图 4.5.32 所示的点 1 和点 2 为标注的对象。

② 放置尺寸。在图 4.5.31 所示的位置放置尺寸。

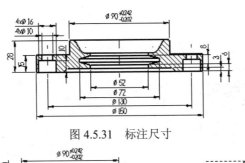

图 4.5.31　标注尺寸

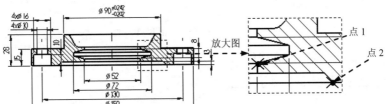

图 4.5.32　定义标注对象

（7）创建图 4.5.33 所示的垂直尺寸。

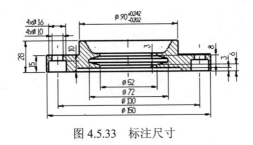

图 4.5.33　标注尺寸

① 定义标注对象。在绘图区选取图 4.5.34 所示的点 1 和点 2 为标注的对象。

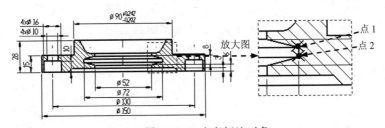

图 4.5.34　定义标注对象

② 放置尺寸。在图 4.5.33 所示的位置放置尺寸。

（8）单击 按钮，完成垂直尺寸的标注。

Step6. 编辑尺寸属性，如图 4.5.35 所示。

（1）选择命令。选择下拉菜单 C 绘图 ➡ D 尺寸标注 ➡ M 多重编辑 命令。

（2）定义编辑对象。在绘图区选取图 4.5.35a 所示的 8、3、6 三个尺寸为编辑对象，在"标准选择"工具栏中单击 按钮，系统弹出"自定义选项"对话框。

（3）设置参数。在"自定义选项"对话框中单击 引导线/延伸线 选项卡，在 箭头 区域的 线型: 下拉列表中选择 斜线 选项。

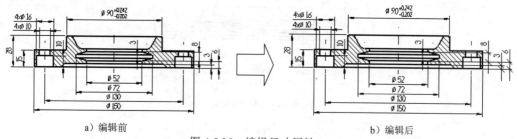

a）编辑前　　　　　　　　　　　　　　　b）编辑后

图 4.5.35　编辑尺寸属性

（4）单击 ✓ 按钮，完成编辑图形标注的操作，如图 4.5.35b 所示。

Step7. 创建图 4.5.36b 所示的直径尺寸。

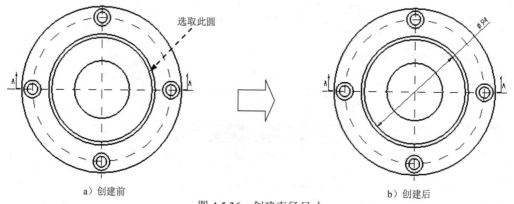

a）创建前　　　　　　　　　　　　　　　b）创建后

图 4.5.36　创建直径尺寸

（1）选择命令。选择下拉菜单 C 绘图 ➡ D 尺寸标注 ➡ D 标注尺寸 ➡ I 圆弧标注... 命令，系统弹出"尺寸标注"工具栏。

（2）定义标注对象。在绘图区选取图 4.5.36a 所示的圆为标注的对象。

（3）放置尺寸。在图 4.5.36b 所示的位置放置尺寸。

（4）单击 ✓ 按钮，完成直径尺寸的标注。

第 5 章　曲面的创建与编辑

本章提要　曲面在实际产品设计中运用非常广泛，并且随着时代的进步，人们的生活水平和质量都在不断提高，追求高品质的生活日益成为时尚。在这种背景下，人们对产品的设计提出了更高的要求——功能不仅要完备，外观也要更加美观。对于产品设计者来说，这无疑要求其在曲面的理解和应用上提出了更高到要求。作为一款优秀的软件，MasterCAM X6 提供了多种创建曲面和编辑曲面的方法，从而可以满足大多数应用领域的要求。通过本章的学习，希望读者对 MasterCAM X6 的曲面创建和编辑有更深刻的理解。本章的内容包括：

- 基本曲面的创建
- 曲面的创建
- 曲面的编辑
- 综合实例

5.1　基本曲面的创建

在 MasterCAM X6 中，基本曲面为具有规则的、固定形状的曲面，其中包括圆柱面、圆锥面、立方体面、球面和圆环面等基本三维曲面。创建基本曲面的命令主要位于 C 绘图 下拉菜单的 M 基本曲面/实体 ▶ 子菜单中，如图 5.1.1 所示。同样，在 "Sketcher" 工具栏中也列出了相应的绘制基本曲面的命令，如图 5.1.2 所示。

5.1.1　圆柱

使用"画圆柱体"命令 C 圆柱体... 是通过输入圆柱的半径和高度来创建圆柱体的曲面的，当然也可以为创建的圆柱体面加一个起始角度和终止角度来创建部分圆柱体面。下面以图 5.1.3 所示的模型为例来讲解圆柱面的创建过程。

Step1. 新建文件。

Step2. 选择命令。选择下拉菜单 C 绘图 ➡ M 基本曲面/实体 ▶ ➡ C 圆柱体... 命令，系统弹出图 5.1.4 所示的"圆柱体"对话框。

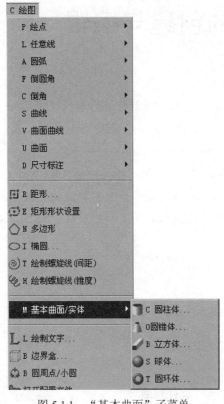

图 5.1.1　"基本曲面"子菜单

图 5.1.2　"Sketcher"工具栏

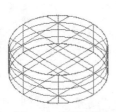

图 5.1.3　圆柱面

图 5.1.4　"圆柱体"对话框

图 5.1.4 所示的"圆柱体"对话框中部分选项的说明如下：

- ![按钮]按钮：用于设置显示"圆柱体"对话框的更多选项。单击此按钮，显示"圆柱体"对话框的更多选项如图 5.1.5 所示。

- ![实体]实体 (S) 单选项：用于创建由实体构成的圆柱。

- ![曲面]曲面 (U) 单选项：用于创建由曲面构成的圆柱。

- ⬤ ⊘文本框: 用于设置圆柱面的直径值。

- ⬤ ⬆文本框: 用于设置圆柱面的高度值。

- ⬤ ⬌按钮: 用于调整创建曲面/实体圆柱的方向, 其有三种状态, 分别为⬌、
  ⬌和⬌, 如图 5.1.6~图 5.1.8 所示。

图 5.1.5　"圆柱体"对话框的更多选项

图 5.1.6　状态 1　　　　图 5.1.7　状态 2

图 5.1.8　状态 3

图 5.1.5 所示的"圆柱体"对话框中部分选项的说明如下:

- ⬤ 扫描区域: 用于设置圆柱体的扫描角度, 其包括△文本框和△文本框。

  ☑ △文本框: 用于设置圆柱体曲面/实体的起始角度值。

  ☑ △文本框: 用于设置圆柱体曲面/实体的终止角度值。

- ⬤ 轴向区域: 用于设置圆柱体曲面/实体的轴线的位置, 包括⦿X单选项、⦿Y单选项、
  ⦿Z单选项、▬按钮和✛按钮。

  ☑ ⦿X单选项: 用于设置 X 轴为圆柱体曲面/实体的轴线, 如图 5.1.9 所示。

  ☑ ⦿Y单选项: 用于设置 Y 轴为圆柱体曲面/实体的轴线, 如图 5.1.10 所示。

  ☑ ⦿Z单选项: 用于设置 Z 轴为圆柱体曲面/实体的轴线, 如图 5.1.11 所示。

图 5.1.9　X 轴　　　　　　图 5.1.10　Y 轴　　　　　　图 5.1.11　Z 轴

  ☑ ▬按钮: 用于选取圆柱体曲面/实体的轴线。单击此按钮, 用户可以在绘图
  区选取一条直线作为圆柱体曲面/实体的轴线。

☑ 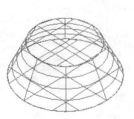按钮：用于以两个端点确定圆柱体曲面/实体的轴线。单击此按钮，用户可以在绘图区选取两点作为圆柱体曲面/实体的轴线的两个端点。

Step3. 定义圆柱体曲面的基点位置。分别在"自动抓点"的工具栏的 X 文本框、 Y 文本框和 Z 文本框中输入值 0、0 和 0，并分别按 Enter 键确认。

Step4. 设置圆柱体曲面的参数。在"圆柱体"对话框中选中 ⊙ 曲面(U) 单选项，在 文本框中输入值 30，按 Enter 键确认；在 文本框中输入值 20，按 Enter 键确认。

Step5. 单击 按钮，完成圆柱体曲面的创建。

Step6. 保存文件。选择下拉菜单 F 文件 ➡ S 保存 命令，在弹出的"另存为"对话框中输入文件名称 CYLINDER。

5.1.2　圆锥

使用"画圆锥体"命令 O圆锥体... 是通过输入圆锥的半径和高度来创建圆锥体的曲面的，当然也可以为创建的圆锥体面加一个起始角度和终止角度来创建部分圆锥体面。下面以图 5.1.12 所示的模型为例讲解圆锥体曲面的创建过程。

Step1. 新建文件。

Step2. 选择命令。选择下拉菜单 C 绘图 ➡ M 基本曲面/实体 ▶ ➡ O圆锥体... 命令，系统弹出图 5.1.13 所示的"锥体"对话框。

图 5.1.12　圆锥　　　　　　　图 5.1.13　"锥体"对话框

图 5.1.13 所示的"锥体"对话框中部分选项的说明如下：

- 按钮：用于设置显示"锥体"对话框的更多选项。单击此按钮，显示"锥体"

  对话框的更多选项如图 5.1.14 所示。

- 单选项：用于创建由实体构成的圆锥体。

- 单选项：用于创建由曲面构成的圆锥体。

  - ☑ 文本框：用于设置圆锥体底面的直径值。

- 文本框：用于设置圆圆锥体的高度值。

- 区域：用于设置圆锥体顶部的创建方式，包括单选项和单选项。

  - ☑ 单选项：用于设置通过定义圆锥母线与圆锥中心轴的夹角来创建圆锥的

    顶部。用户可以在其后的文本框中输入值来定义圆锥母线与圆锥中心轴的夹

    角。

  - ☑ 单选项：用于设置通过定义半径来创建圆锥的顶部。用户可以在其后的

    文本框中输入值来定义圆锥顶部的半径值。

- 按钮：用于调整创建曲面/实体圆锥的方向，有三种状态，分别为、

  和，如图 5.1.6~图 5.1.8 所示。

图 5.1.14　"锥体"对话框的更多选项

图 5.1.15　状态 1

图 5.1.16　状态 2

图 5.1.17　状态 3

图 5.1.14 所示的"锥体"对话框中部分选项的说明如下：

- 区域：用于设置圆锥体的扫描角度，包括文本框和文本框。

  - ☑ 文本框：用于设置曲面/实体圆锥体的起始角度值。

  - ☑ 文本框：用于设曲面/实体置圆锥体的终止角度值。

- 区域：用于设置曲面/实体圆锥体的轴线的位置，包括单选项、单选项、

☑ Z 单选项、━━ 按钮和 ✛ 按钮。

- ☑ ⊙ X 单选项：用于设置 X 轴为曲面/实体圆锥体的轴线。

- ☑ ⊙ Y 单选项：用于设置 Y 轴为曲面/实体圆锥体的轴线。

- ☑ ⊙ Z 单选项：用于设置 Z 轴为曲面/实体圆锥体的轴线。

- ☑ ━━ 按钮：用于选取圆曲面/实体圆锥体的轴线。单击此按钮，用户可以在绘图区选取一条直线作为圆锥体曲面/实体的轴线。

- ☑ ✛ 按钮：用于以两个端点确定曲面/实体圆锥体的轴线。单击此按钮，用户可以在绘图区选取两点作为曲面/实体圆锥体的轴线的两个端点。

Step3. 定义圆锥曲面的基点位置。分别在"自动抓点"的工具栏的 X 文本框、 Y 文本框和 Z 文本框中输入值 0、0 和 0，并分别按 Enter 键确认。

Step4. 设置圆锥曲面的参数。在"锥体"对话框中选中 ⊙ 曲面(U) 单选项，在 ↗ 文本框中输入值 30，按 Enter 键确认；在 ⬆ 文本框中输入值 20，按 Enter 键确认；在 顶部 区域选中 ⊙ ↗ 单选项，并在其后的文本框中输入值 20，按 Enter 键确认。

Step5. 单击 ✔ 按钮，完成圆锥曲面的创建。

Step6. 保存文件。选择下拉菜单 F 文件 ➡ 🖫 S 保存 命令，在系统弹出的"另存为"对话框中输入文件名称 CONE。

5.1.3 立方体

使用"画立方体"命令 🖉 B 立方体... 是通过定义立方体的长度、宽度和高度来创建立方体。下面以图 5.1.18 所示的模型为例讲解立方体曲面的创建过程。

Step1. 新建文件。

Step2. 选择命令。选择下拉菜单 C 绘图 ➡ M 基本曲面/实体 ▶ ➡ 🖉 B 立方体... 命令，系统弹出图 5.1.19 所示的"立方体选项"对话框。

图 5.1.19 所示的"立方体选项"对话框中部分选项的说明如下：

- ▼ 按钮：用于设置显示"立方体选项"对话框的更多选项。单击此按钮，"立方体选项"对话框显示的更多选项如图 5.1.20 所示。

- ⊙ 实体(S) 单选项：用于创建由实体构成的立方体。

- ⊙ 曲面(U) 单选项：用于创建由曲面构成的立方体。

- 🔲 文本框：用于定义立方体的长度值。

- 🔲 文本框：用于定义立方体的宽度值。

- 文本框: 用于定义立方体的高度值。

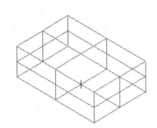

图 5.1.18　立方体　　　　　　　图 5.1.19　"立方体选项"对话框

- 按钮: 用于调整创建曲面/实体立方体的方向, 其有三种状态, 分别为 ⬜、⬜和⬜。

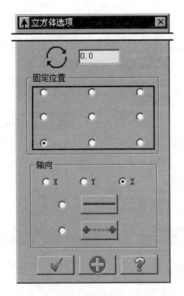

图 5.1.20　"立方体选项"对话框的更多选项

图 5.1.20 所示的"立方体选项"对话框中部分选项的说明如下:

- ⟳文本框: 用于定义立方体绕 Z 轴旋转的角度值。
- 固定位置区域: 用于设置立方体基准点的位置。
- 轴向区域: 用于设置曲面/实体立方体的轴线的位置, 包括⊙X单选项、⊙Y单选项、⊙Z单选项、━━按钮和✚按钮。
  - ☑ ⊙X单选项: 用于设置 X 轴为曲面/实体立方体体的轴线, 如图 5.1.21 所示。

☑ ⊙Y 单选项：用于设置 Y 轴为曲面/实体立方体的轴线，如图 5.1.22 所示。

☑ ⊙Z 单选项：用于设置 Z 轴为曲面/实体立方体的轴线，如图 5.1.23 所示。

图 5.1.21　X 轴　　　　　图 5.1.22　Y 轴　　　　　图 5.1.23　Z 轴

☑ 按钮：用于选取曲面/实体立方体的轴线。单击此按钮，用户可以在绘图区选取一条直线为曲面/实体立方体的轴线。

☑ 按钮：用于以两个端点确定曲面/实体立方体的轴线。单击此按钮，用户可以在绘图区选取两点为曲面/实体立方体的轴线的两个端点。

Step3. 定义立方体曲面的基点位置。分别在"自动抓点"的工具栏的 X 文本框、 Y 文本框和 Z 文本框中输入值 0、0 和 0，并分别按 Enter 键确认。

Step4. 设置立方体曲面的参数。在"立方体选项"对话框中选中 ⊙ 曲面(U) 单选项，在 文本框中输入值 30，按 Enter 键确认；在 文本框中输入值 20，按 Enter 键确认；在 文本框中输入值 10，按 Enter 键确认。

Step5. 单击 ✓ 按钮，完成立方体曲面的创建。

Step6. 保存文件。选择下拉菜单 F 文件 ➡ S 保存 命令，在系统弹出的"另存为"对话框中输入文件名称 BLOCK。

5.1.4　球

使用"画球体"命令 S 球体... 是通过定义球的半径来创建球体，当然也可以为创建的球体面加一个起始角度和终止角度来创建部分球体面。下面以图 5.1.24 所示的模型为例讲解球体曲面的创建过程。

Step1. 新建文件。

Step2. 选择命令。选择下拉菜单 C 绘图 ➡ M 基本曲面/实体 ▶ ➡ S 球体... 命令，系统弹出图 5.1.25 所示的"圆球选项"对话框。

图 5.1.25 所示的"圆球选项"对话框中部分选项的说明如下：

● 按钮：用于设置显示"圆球选项"对话框的更多选项。单击此按钮，显示"圆球体选项"对话框的更多选项如图 5.1.26 所示。

-  单选项：用于创建由实体构成的球体。
- 单选项：用于创建由曲面构成的球体。

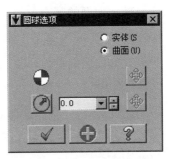

图 5.1.24　球体　　　　　　　　　图 5.1.25　"圆球选项"对话框

- 文本框：用于定义球体的半径值。

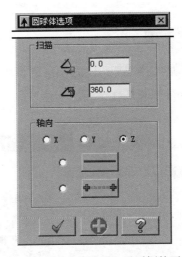

图 5.1.26　"圆球体选项"对话框的更多选

图 5.1.26 所示的"圆球体选项"对话框中部分选项的说明如下：

- 扫描 区域：用于设置球体的扫描角度，包括 文本框和 文本框。
  - ☑ 文本框：用于设置曲面/实体球体的起始角度值。
  - ☑ 文本框：用于设置曲面/实体置球体的终止角度值。
- 轴向 区域：用于设置曲面/实体球体的轴线的位置，包括 X 单选项、 Y 单选项、 Z 单选项、 按钮和 按钮。
  - ☑ X 单选项：用于设置 X 轴为曲面/实体球体的轴线。
  - ☑ Y 单选项：用于设置 Y 轴为曲面/实体球体的轴线。
  - ☑ Z 单选项：用于设置 Z 轴为曲面/实体球体的轴线。
  - ☑ 按钮：用于选取圆曲面/实体球体的轴线。单击此按钮，用户可以在绘图区选取一条直线为球体曲面/实体的轴线。

☑ ⬅➡按钮：用于以两个端点确定曲面/实体球体的轴线。单击此按钮，用户可
以在绘图区选取两点作为曲面/实体球体的轴线的两个端点。

Step3. 定义球体曲面的基点位置。分别在"自动抓点"的工具栏的 X 文本框、Y 文本
框和 Z 文本框中输入值 0、0 和 0，并分别按 Enter 键确认。

Step4. 设置球体曲面的参数。在"圆球选项"对话框中选中 ⊙ 曲面(U) 单选项，在 ⟋ 文本
框中输入值 50，并按 Enter 键确认。

Step5. 单击 ✓ 按钮，完成球体曲面的创建。

Step6. 保存文件。选择下拉菜单 F 文件 ➡ S 保存 命令，在系统弹出的"另存为"对
话框中输入文件名称 BALL。

5.1.5 圆环体

使用"画圆环体"命令 T 圆环体... 是通过定义圆环中心线的半径和圆环环管的半径来创
建圆环体，当然也可以为创建的圆环体面加一个起始角度和终止角度来创建部分圆环体面。
下面以图 5.1.27 所示的模型为例讲解圆环体曲面的创建过程。

Step1. 新建文件。

Step2. 选择命令。选择下拉菜单 C 绘图 ➡ M 基本曲面/实体 ▶ ➡ T 圆环体... 命令，系
统弹出图 5.1.28 所示的"圆环体选项"对话框。

图 5.1.27 圆环体

图 5.1.28 "圆环体选项"对话框

图 5.1.28 所示的"圆环体选项"对话框中部分选项的说明如下：

● ⬇按钮：用于设置显示"圆环体选项"对话框的更多选项。单击此按钮，"圆环体
选项"对话框显示的更多选项如图 5.1.29 所示。

● ⊙ 实体(S) 单选项：用于创建由实体构成的圆环体。

● ⊙ 曲面(U) 单选项：用于创建由曲面构成的圆环体。

● 🔧 文本框：用于定义到圆环中心的距离。

● 文本框: 用于定义圆环体的圆环环管的半径。

图 5.1.29 "圆环体选项"对话框的更多选项

图 5.1.29 所示的"圆环体选项"对话框中部分选项的说明如下:

● 扫描 区域: 用于设置圆环体的扫描角度, 包括 文本框和 文本框。

　　☑ 文本框: 用于设置曲面/实体圆环体的起始角度值。

　　☑ 文本框: 用于设曲面/实体置圆环体的终止角度值。

● 轴向 区域: 用于设置曲面/实体圆环体的轴线的位置, 包括 X 单选项、 Y 单选项、 Z 单选项、 按钮和 按钮。

　　☑ X 单选项: 用于设置 X 轴为曲面/实体圆环体的轴线。

　　☑ Y 单选项: 用于设置 Y 轴为曲面/实体圆环体的轴线。

　　☑ Z 单选项: 用于设置 Z 轴为曲面/实体圆环体的轴线。

　　☑ 按钮: 用于选取圆曲面/实体圆环体的轴线。单击此按钮, 用户可以在绘图区选取一条直线为圆环体曲面/实体的轴线。

　　☑ 按钮: 用于以两个端点确定曲面/实体圆环体的轴线。单击此按钮, 用户可以在绘图区选取两点作为曲面/实体圆环体的轴线的两个端点。

Step3. 定义圆环体曲面的基点位置。分别在"自动抓点"的工具栏的 X 文本框、 Y 文本框和 Z 文本框中输入值 0、0 和 0, 并分别按 Enter 键确认。

　　Step4. 设置圆环体曲面的参数。在"圆环体选项"对话框中选中 曲面(U) 单选项, 在 文本框中输入值 50, 并按 Enter 键确认; 在 文本框中输入值 10, 并按 Enter 键确认; 单击 按钮显示"圆环体选项"对话框的更多选项。在 扫描 区域的 文本框中输入值 0, 并按 Enter 键确认; 在 文本框中输入值 270, 并按 Enter 键确认。

　　Step5. 单击 按钮, 完成圆环体曲面的创建。

Step6. 保存文件。选择下拉菜单 F 文件 ➡ 🖫 S 保存 命令，在系统弹出的"另存为"对话框中输入文件名称 TORUS。

5.2　曲面的创建

在 MasterCAM X6 中，曲面通常是由一个或多个封闭或者开放的二维图形经过拉伸、旋转等命令创建的。创建曲面的命令主要位于 C 绘图 下拉菜单的 U 曲面 ▶ 子菜单中，如图 5.2.1 所示。同样，在"Surfaces"工具栏中也有相应的创建曲面的命令，如图 5.2.2 所示。

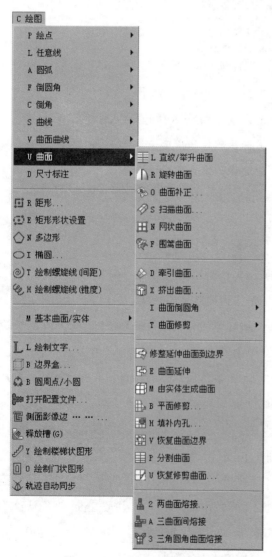

图 5.2.1　"曲面"子菜单

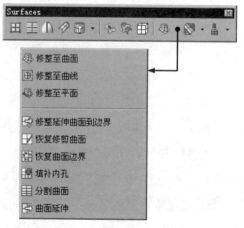

图 5.2.2　"Surfaces"工具栏

5.2.1　挤出曲面

使用"挤出曲面"命令是将指定的一个封闭的图形沿其法向方向进行平移而所形成的曲面，平移之后的曲面为封闭的几何体。下面以图 5.2.3 所示的模型为例讲解挤出曲面的创建过程。

a）创建前　　　　　　　图 5.2.3　挤出曲面　　　　　　　b）创建后

Step1. 打开文件 D:\mcx6\work\ch05.02.01\EXTRUDED_SURFACE.MCX-6。

Step2. 选择命令。选择下拉菜单 C 绘图 ➡ U 曲面 ➡ X 挤出曲面... 命令，系统弹出"串连选项"对话框。

Step3. 定义拉伸轮廓。选取图 5.2.3a 所示的边线，此时系统会自动选取与此边线相连的所有图素，同时系统弹出 5.2.4 所示的"挤出曲面"对话框。

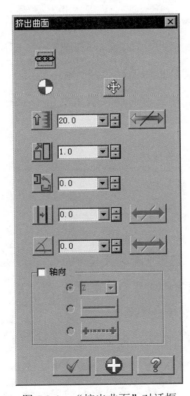

图 5.2.4　"挤出曲面"对话框

图 5.2.4 所示的"挤出曲面"对话框中部分选项的说明如下：

- ▦按钮：用于选取挤出曲面的轮廓。单击此按钮，系统弹出"串连选项"对话框。用户可以通过该对话框选取挤出曲面的轮廓。

- ✥按钮：用于定义挤出曲面的基点。单击此按钮，用户可以在绘图区选取一点作为挤出曲面的基点。

- ⬆文本框：用于定义挤出曲面的深度值。

- ↔按钮：用于调整挤出曲面的拉伸方向，有三种状态，分别为 ↔、↔ 和 ↔，如图 5.2.5~图 5.2.7 所示。

图 5.2.5　状态 1

图 5.2.6　状态 2

图 5.2.7　状态 3

- ⬔文本框：用于定义挤出曲面的缩放比例值。

- ⬔文本框：用于定义挤出曲面的绕其中心轴旋转的角度值。

- ⬔文本框：用于定义挤出曲面的偏移距离值，如图 5.2.8 所示。

- ↔按钮：用于调整挤出曲面的偏移方向。

- ⬔文本框：用于定义挤出曲面的拔模角度值，如图 5.2.9 所示。

图 5.2.8　偏移

图 5.2.9　拔模

- ↔按钮：用于调整挤出曲面的拔模方向。

- ☑轴向复选框：用于设置挤出曲面的中心轴。当选中此复选框时，Z▾下拉列表、—按钮和✥按钮被激活。

- Z▾下拉列表：用于定义挤出曲面的中心轴，包括 X 选项、Y 选项和 Z 选项。
  - ☑ X 选项：用于设置 X 轴为挤出曲面的中心轴，如图 5.2.10 所示。
  - ☑ Y 选项：用于设置 Y 轴为挤出曲面的中心轴，如图 5.2.11 所示。
  - ☑ Z 选项：用于设置 Z 轴为挤出曲面的中心轴，如图 5.2.12 所示。

图 5.2.10 X 轴

图 5.2.11 Y 轴

图 5.2.12 Z 轴

☑ 按钮：用于选取挤出曲面的轴线。单击此按钮，用户可以在绘图区选取一条直线作为挤出曲面的轴线。

☑ 按钮：用于以两个端点确定挤出曲面的轴线。单击此按钮，用户可以在绘图区选取两点作为挤出曲面的轴线的两个端点。

Step4. 设置拉伸参数。在"挤出曲面"对话框的 文本框中输入值 20，按 Enter 键确认；在 文本框中输入值 10，按 Enter 键确认；单击其后的 按钮，调整拔模方向向外，结果如图 5.2.3b 所示。

Step5. 单击 按钮，完成挤出曲面的创建。

5.2.2 旋转曲面

使用"旋转曲面"命令 R 旋转曲面 是将指定的串连图素绕定义的旋转轴旋转一定的角度而产生的曲面。下面以图 5.2.13 所示的模型为例讲解拉伸曲面的创建过程。

a）创建前　　　　　　　　　　　　　　　　　　　　　b）创建后

图 5.2.13 旋转曲面

Step1. 打开文件 D:\mcx6\work\ch05.02.02\REVOLVEDE_SURFACES.MC X-6。

Step2. 选择命令。选择下拉菜单 C 绘图 ➡ U 曲面 ▶ ➡ R 旋转曲面 命令，系统弹出"串连选项"对话框。

Step3. 定义旋转轮廓。单击 按钮，选取图 5.2.14 所示的曲线，此时系统会自动为所选取的图素添加方向，如图 5.2.15 所示；在选取图 5.2.16 所示的直线，单击 按钮完成旋转轮廓的定义，同时系统弹出 5.2.17 所示的"旋转曲面"工具栏。

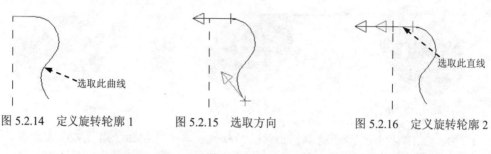

图 5.2.14　定义旋转轮廓 1　　　图 5.2.15　选取方向　　　图 5.2.16　定义旋转轮廓 2

图 5.2.17　"旋转曲面"工具栏

图 5.2.17 所示的"旋转曲面"工具栏中的部分选项的说明如下：

- 按钮：用于选取旋转曲面的轮廓。单击此按钮，系统弹出"串连选项"对话框。用户可以通过该对话框选取旋转曲面的轮廓。

- 按钮：用于定义旋转曲面的旋转轴。单击此按钮，用户可以在绘图区选取一直线作为旋转曲面的旋转轴。

- 按钮：用于改变旋转方向，如图 5.2.18 所示。

a）方向 1　　　　　　　　　　　　b）方向 2

图 5.2.18　改变旋转方向

- 文本框：用于定义旋转曲面的起始角度值。

- 文本框：用于定义旋转曲面的终止角度值。

Step4. 定义旋转轴。选取图 5.2.13a 所示的虚线为旋转轴。

Step5. 设置旋转参数。在"旋转曲面"工具栏的 文本框中输入值 0，在 文本框中输入值 360。

Step6. 单击 按钮，完成旋转曲面的创建。

5.2.3　曲面补正

使用"曲面补正"命令 0 曲面补正 是将现有的曲面沿着其法向方向移动一段距离。下面以图 5.2.19 所示的模型为例讲解曲面补正的创建过程。

a）创建前　　　　　　　　　　　　　　　　　　　　　　b）创建后

图 5.2.19　曲面补正

Step1. 打开文件 D:\mcx6\work\ch05.02.03\OFFSET_SURFACES.MCX-6。

Step2. 选择命令。选择下拉菜单  命令。

Step3. 定义补正曲面。在绘图区选取图 5.2.19a 所示的曲面为补正曲面，在"标准选择"工具栏中单击 按钮完成补正曲面的定义，同时系统弹出图 5.2.20 所示的"曲面补正"工具栏。

图 5.2.20　"曲面补正"工具栏

图 5.2.20 所示的"曲面补正"工具栏中的部分选项的说明如下：

- 按钮：用于选取补正的曲面。单击此按钮，用户可以在绘图区选取要补正的曲面。

- 按钮：用于单独翻转补正曲面。单击此按钮，在绘图区显示图 5.2.21 所示的曲面的法向，此时单击此曲面可以调整补正方向，如图 5.2.22 所示。

单击此曲面

图 5.2.21　曲面的法向

图 5.2.22　调整补正方向后

- 按钮：用于在多个补正曲面之间进行切换。

- 按钮：用于调整补正曲面的补正方向。

- 文本框：用于设置补正距离。

- 按钮：用于设置根据指定的补正距离和方向复制选取的补正曲面，如图 5.2.23 所示。

- 按钮：用于设置根据指定的补正距离和方向移动选取的补正曲面，如图 5.2.24 所示。

图 5.2.23　复制

图 5.2.24　移动

Step4. 设置补正参数。在"曲面补正"工具栏的 文本框中输入值 5，单击  按钮使其处于按下状态。

Step5. 单击  按钮，完成曲面补正的创建。

5.2.4　扫描曲面

使用"扫描曲面"命令 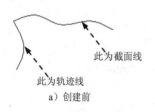 是将一个或多个截面图素沿着指定的一条或者多条轨迹线进行扫描所形成的曲面。定义的截面图素和轨迹线可以是封闭的，也可以是开放的。下面以图 5.2.25 所示的模型为例讲解扫描曲面的创建过程。

图 5.2.25　扫描曲面

Step1. 打开文件 D:\mcx6\work\ch05.02.04\SWEPT_SURFACES.MCX-6。

Step2. 选择命令。选择下拉菜单 C 绘图 ➡ U 曲面▶ ➡ S 扫描曲面... 命令，系统弹出"串连选项"对话框和"扫描曲面"工具栏。

Step3. 定义截面线。单击 按钮，选取图 5.2.25a 所示的截面线，此时系统会自动为所选取的图素添加方向，如图 5.2.26 所示；单击 按钮完成截面线的定义，同时系统再次弹出"串连选项"对话框。

Step4. 定义轨迹线。单击 按钮，选取图 5.2.25a 所示的轨迹线，此时系统会自动为所选取的图素添加方向，如图 5.2.27 所示；单击 按钮完成轨迹线的定义，同时系统弹出图 5.2.28 所示的"扫描曲面"工具栏。

图 5.2.26　定义截面线

图 5.2.27　定义轨迹线

图 5.2.28　"扫描曲面"工具栏

图 5.2.28 所示的"扫描曲面"工具栏中的部分选项的说明如下：

- ![按钮]按钮：用于选取扫描曲面的截面图素和轨迹图素。单击此按钮，系统弹出"串连选项"对话框。用户可以通过该对话框选取扫描曲面的截面图素和轨迹图素。

- ![按钮]按钮：用于设置使用截面线沿着轨迹线做平移运动的方式创建扫描曲面，如图 5.2.29 所示。

- ![按钮]按钮：用于设置使用截面线不仅沿着轨迹线做平移运动，而且截面线按照轨迹线的走势做一定的旋转的方式创建扫描曲面，如图 5.2.30 所示。

- ![按钮]按钮：用于设置与轨迹线相关的曲面，依次来控制曲面的扫描生成。

- ![按钮]按钮：用于设置截面图素和轨迹线为两条以上时创建扫描曲面。

图 5.2.29　平移

图 5.2.30　旋转

Step5. 设置扫描方式。在"扫描曲面"工具栏中单击"旋转"按钮![按钮]定义扫面方式。

Step6. 单击![按钮]按钮，完成扫描曲面的创建。

5.2.5　网状曲面

使用"网状曲面"命令![图标]是根据指定相交的网格线控制曲面的形状，就像渔网一样。此种曲面的创建方式适用于创建变化多样、形状复杂的曲面。下面以图 5.2.31 所示的模型为例讲解网状曲面的创建过程。

a）创建前　　　　　　　　　　　　　　　　　　　b）创建后

图 5.2.31　网状曲面

Step1. 打开文件 D:\mcx6\work\ch05.02.05\NET_SURFACE.MCX-6。

Step2. 选择命令。选择下拉菜单 C 绘图 ➡ U 曲面 ▸ ➡ N 网状曲面 命令，系统弹出"串连选项"对话框和图 5.2.32 所示的"创建网状曲面"工具栏。

图 5.2.32 "创建网状曲面"工具栏

图 5.2.32 所示的"创建网状曲面"工具栏中的部分选项的说明如下：

● 按钮：用于选取网状曲面的网格线。单击此按钮，系统弹出"串连选项"对话框。用户可以通过该对话框选取网状曲面的网格线。

● 按钮：用于手动设置顶点位置。先单击此按钮，在选取网状曲面的网格线之后，用户可以在绘图区选取一个顶点。使用此按钮之前需确认所选取的网格线有一个共同的交点。

● 下拉列表：用于定义曲面的 Z 轴深度，包括 引导方向 选项、截断方向 选项和 平均 选项。

☑ 引导方向 选项：用于设置使用引导方向控制 Z 轴深度。

☑ 截断方向 选项：用于设置使用截面方向控制 Z 轴深度。

☑ 平均 选项：用于设置使用引导方向和截面方向的平均值控制 Z 轴深度。

Step3. 设置控制网格曲面深度方式。在 下拉列表中选择 截断方向 选项。

Step4. 定义网格线。在绘图区依次选取图 5.2.31a 所示的曲线 1、曲线 2、曲线 3、曲线 4、曲线 5 和曲线 6，单击"串连选项"对话框中的 按钮完成网格线的定义。

Step5. 单击"创建网状曲面"工具栏的 按钮，完成网状曲面的创建。

5.2.6 围篱曲面

使用"围篱曲面"命令 F 围篱曲面 是将指定的曲面上的相交线按照定义的长度和角度拉伸所形成的曲面。下面以图 5.2.33 所示的模型为例讲解围篱曲面的创建过程。

选取此曲线

选取此曲面

a）创建前　　　　　　　　　　b）创建后

图 5.2.33 围篱曲面

Step1. 打开文件 D:\mcx6\work\ch05.02.06\FENCE_SURFACE.MCX-6。

Step2. 选择命令。选择下拉菜单 C 绘图 ➡ U 曲面 ▶ ➡ F 围篱曲面 命令，系统弹出图 5.2.34 所示的"创建围篱曲面"工具栏。

图 5.2.34　"创建围篱曲面"工具栏

图 5.2.34 所示的"创建围篱曲面"工具栏中的部分选项的说明如下：

- 按钮：用于选取围篱曲面的相交线。单击此按钮，系统弹出"串连选项"对话框。用户可以通过该对话框选取围篱曲面的相交线。

- 按钮：用于选取创建围篱曲面的附着面。单击此按钮，用户可以在绘图区选取围篱曲面的附着面。

- 按钮：用于调整围篱曲面的创建方向。

- 下拉列表：用于定义创建围篱曲面的方式，包括 常数 选项、线锥 选项和 立体混合 选项。

  - ☑ 常数 选项：用于设置创建高度和角度为恒量的围篱曲面。
  - ☑ 线锥 选项：用于创建高度和角度为线性变量的围篱曲面。
  - ☑ 立体混合 选项：用于创建 S 形的围篱曲面。

- 文本框：用于定义围篱曲面的开始高度值。

- 文本框：用于定义围篱曲面的结束高度值。当 在下拉列表中选择 常数 选项时此文本框不可用。

- 文本框：用于定义围篱曲面的开始角度值。

- 文本框：用于定义围篱曲面的结束角度值。当 在下拉列表中选择 常数 选项时此文本框不可用。

Step3. 定义附着面。选取图 5.2.33a 所示的曲面为围篱曲面的附着面,同时系统弹出"串连选项"对话框。

Step4. 定义相交线。选取图 5.2.33a 所示的曲线为相交线,同时系统为选取的相交线添加方向,如图 5.2.35 所示；单击 按钮完成相交线的定义。

Step5. 设置围篱曲面参数。单击 按钮调整围篱曲面方向,调整后如图

5.2.36 所示；在  下拉列表中选择 线锥 选项，然后在"开始高度"  的文本框中输入值 0，按 Enter 键确认；在"结束高度" 的文本框中输入值 10，按 Enter 键确认。

图 5.2.35　相交线方向   图 5.2.36　调整后栅格曲面方向

Step6. 单击 按钮，完成围篱曲面的创建。

5.2.7　直纹/举升曲面

使用"直纹/举升曲面"命令 L 直纹/举升曲面 是将多个截面图形按照一定的顺序连接起来所形成的曲面。若每个截面图形间是用直线相连，则称为直纹；若每个截面图形间是用曲线相连，则称为举升。因直纹曲面和举升曲面创建的步骤基本相同，所以下面以图 5.2.37 所示的模型为例讲解举升曲面的创建过程，而直纹曲面的创建过程就不再赘述了。

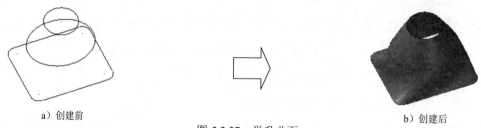

a）创建前   b）创建后

图 5.2.37　举升曲面

Step1. 打开文件 D:\mcx6\work\ch05.02.07\RULED_LIFTED_SURFACES. MCX-6。

Step2. 选择命令。选择下拉菜单 C 绘图 ➡ U 曲面 ➡ L 直纹/举升曲面 命令，系统弹出"串连选项"对话框。

Step3. 定义截面图形。选取图 5.2.38 所示的直线，系统会自动选取图 5.2.39 所示的线串并显示串连方向；选取图 5.2.40 所示的椭圆，系统会自动选取图 5.2.41 所示的线串并显示串连方向；选取图 5.2.42 所示的圆，系统会自动选取图 5.2.43 所示的线串并显示串连方向；单击 按钮完成截面图形的定义，同时系统弹出图 5.2.44 所示的"直纹/举升"工具栏。

注意：要使箭头方向保持一致。

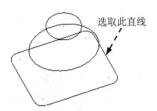

图 5.2.38　选取直线

图 5.2.39　自动选取的线串

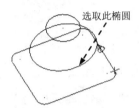

图 5.2.40　选取椭圆

图 5.2.41　自动选取的线串

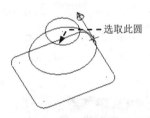

图 5.2.42　选取圆

图 5.2.43　自动选取的线串

说明：在选取截面图形时，选取的方向不同，创建的曲面也不同。

图 5.2.44　"直纹/举升"工具栏

图 5.2.44 所示的"直纹/举升"工具栏中的部分选项的说明如下：

- 按钮：用于选取直纹/举升曲面的截面图形。单击此按钮，系统弹出"串连选项"对话框。用户可以通过该对话框选取直纹/举升曲面的截面图形。

- 按钮：用于创建直纹曲面。

- 按钮：用于创建举升曲面。

Step4. 单击 按钮，完成举升曲面的创建。

5.2.8　牵引曲面

使用"牵引曲面"命令 ▶ D 牵引曲面... 是以当前的构图平面为牵引平面，将一条或多条外形轮廓沿构图平面的法向方向按照定义的长度和角度牵引出曲面。外形轮廓可以是二维的，也可以是三维的；既可以是封闭的，也可以是开放的。下面以图 5.2.45 所示的模型为例讲解牵引曲面的创建过程。

a）创建前　　　　　　　　　　　　　　　　　　　　b）创建后

图 5.2.45　牵引曲面

Step1. 打开文件 D：\mcx6\work\ch05.02.08\DRAFT_SURFACE.MCX-6。

Step2. 选择命令。选择下拉菜单 C 绘图 ➡ U 曲面 ▸ ➡ D 牵引曲面... 命令，系统弹出"串连选项"对话框。

Step3. 定义牵引曲面的外形轮廓。在绘图区选取图 5.2.46 所示的圆为牵引曲面的外形轮廓，系统会自动显示串连方向，如图 5.2.47 所示，单击 ✓ 按钮完成外形轮廓的定义，同时系统弹出图 5.2.48 所示的"牵引曲面"对话框。

选取此圆

图 5.2.46　定义外形轮廓

图 5.2.47　显示方向

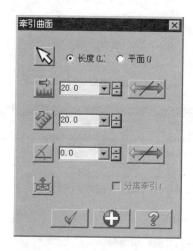

图 5.2.48　"牵引曲面"对话框

图 5.2.48 所示的"牵引曲面"对话框中部分选项的说明如下：

- 按钮：用于选取牵引曲面的外形轮廓。单击此按钮，系统弹出"串连选项"对话框。用户可以通过该对话框选取牵引曲面的外形轮廓。

- 长度(L) 单选项：用于设置使用定义长度和角度的方式创建牵引曲面。

- 平面(0) 单选项：用于设置使用定义角度和牵引截止面的方式创建牵引曲面。

- 文本框：用于定义牵引曲面的牵引长度。

- 按钮：用于调整牵引方向，有三种状态，分别为 、 和 。

-  文本框：用于定义牵引曲面的真实牵引长度。

- 文本框：用于定义牵引曲面的牵引角度。

- 按钮：用于调整牵引角度的方向，有两种状态，分别为 和 。

- 按钮：用于设置牵引截止面。单击此按钮，系统弹出"平面选项"对话框。用户可以通过该对话框创建牵引截止面。

- ☑分离牵引 复选框：用于设置在两个牵引方向上都使用定义牵引角度，仅当调整牵引方向按钮 为 状态时可用。

Step4. 设置牵引曲面的参数。在"牵引曲面"对话框的 文本框中输入值 50，按 Enter 键确认；在 文本框中输入值 10，按 Enter 键确认，并单击 按钮调整牵引角度方向，调整后如图 5.2.45b 所示。

Step5. 单击 按钮，完成牵引曲面的创建。

5.2.9　平面修剪

使用"平面修剪"命令 B 平面修剪... 是对一个封闭图形的内部进行填充后获得平整的曲面。下面以图 5.2.49 所示的模型为例讲解平面修剪的创建过程。

a）创建前　　　　　　　　　　　　　　　　　　　　　b）创建后

图 5.2.49　平面修剪

Step1. 打开文件 D:\mcx6\work\ch05.02.09\FLAT_BOUNDARY.MCX-6。

Step2. 选择命令。选择下拉菜单 C 绘图 ➡ U 曲面 ▸ ➡ B 平面修剪... 命令，系统弹出"串连选项"对话框。

Step3. 定义平面修剪的封闭图形。在绘图区选取图 5.2.50 所示的边线为平面修剪的封闭图形，系统会自动显示串连方向，如图 5.2.51 所示；单击 按钮完成平面修剪的封闭图形的定义，同时系统弹出图 5.2.52 所示的"平面修整"工具栏。

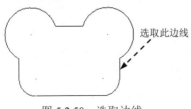

选取此边线

图 5.2.50　选取边线

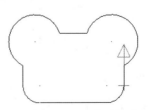

图 5.2.51　显示串连方向

图 5.2.52 "平面修整"工具栏

图 5.2.52 所示的"平面修整"工具栏中的部分选项的说明如下：

- ![按钮]按钮：用于选取平面修剪的封闭图形。单击此按钮，系统弹出"串连选项"对话框。用户可以通过该对话框选取平面修剪的封闭图形。

- ![按钮]按钮：用于增加平面修剪的图形。单击此按钮，系统弹出"串连选项"对话框。用户可以通过该对话框为现有的图形增加线串。

- ![按钮]按钮：用于手动串连平面修剪的图形。单击此按钮，系统弹出图 5.2.53 所示的"手动串连"工具栏。用户可以通过该工具栏手动串连平面修剪的图形，当选取的封闭图形中存在间隙时可使用此种选择方式。

图 5.2.53 "手动串连"工具栏

图 5.2.53 所示的"手动串连"工具栏中的部分选项的说明如下：

- ![按钮]按钮：用于重新选择串连。

- ![文本框]文本框：用于定义间隙公差值。

Step4. 单击 ![按钮]按钮，完成平面修剪的创建。

5.2.10 由实体生成曲面

在 MasterCAM X6 中，实体和曲面之间是可以相互转换的，使用实体手段创建的实体模型可以转换成曲面，同时也可以将编辑好的曲面模型转换成实体。使用"由实体生成曲面"命令 ![由实体生成曲面] 可以提取实体表面从而创建曲面。下面以图 5.2.54 所示的模型为例讲解由实体生成曲面的创建过程。

a）创建前　　　　　　　　　　　　　　　　　　b）创建后

图 5.2.54 由实体生成曲面

Step1. 打开文件 D:\mcx6\work\ch05.02.10\SURFACE_FROM_SOLID.MCX-6。

Step2. 选择命令。选择下拉菜单 C绘图 ➡ U曲面 ▶ ➡ M 由实体生成曲面 命令。

Step3. 设置选取方式。在"标准选择"工具栏中单击 按钮和 按钮使其处于弹起状态，单击 按钮使其处于按下状态。

Step4. 定义实体。在绘图区选取图 5.2.54a 所示的实体。

Step5. 在"标准选择"工具栏中单击 按钮完成由实体产生曲面的操作，并按 Esc 键退出转换状态。

5.3 曲面的编辑

通过对 5.2 节的学习，使读者了解到了创建各种曲面的方法，但是，仅创建曲面还不能满足用户的设计需求，还需要对已创建好的曲面进行编辑。MasterCAM X6 为用户提供了多种曲面编辑的方法，如曲面倒圆角、修整曲面、曲面延伸、填补内孔、恢复修剪、打断曲面、恢复边界、两曲面熔接、三曲面间熔接和三圆角曲面等。创建曲面的命令主要位于 C绘图 下拉菜单的 U曲面 ▶ 子菜单中，如图 5.3.1 所示，同样，在"Surfaces"工具栏中也列出了相应的创建曲面的命令，如图 5.3.2 所示。

5.3.1 曲面倒圆角

曲面倒圆角就是在现有的两个曲面之间创建圆角曲面，使这两个曲面进行圆角过渡连接。曲面倒圆角包括三种方式：在曲面和曲面相交处倒圆角、在曲面和曲线相交处倒圆角、在曲面和平面相交处倒圆角。下面分别讲解三种曲面倒圆角的创建过程。

1. 曲面与曲面倒圆角

使用"曲面/曲面"命令 S 曲面与曲面导圆角 可以在两个曲面之间产生圆角曲面（注：此处软件翻译有误，"曲面与曲面导圆角"应翻译为"曲面与曲面倒圆角"，以下不再赘述）。下面以图 5.3.3 所示的模型为例介绍曲面与曲面倒圆角之间的圆角的创建过程。

Step1. 打开文件 D:\mcx6\work\ch05.03.01\FILLET_SURFACES_TO_SURFACES.MCX-6。

Step2. 选择下拉菜单 C绘图 ➡ U曲面 ▶ ➡ I 曲面倒圆角 ▶ ➡ S 曲面与曲面导圆角 命令。

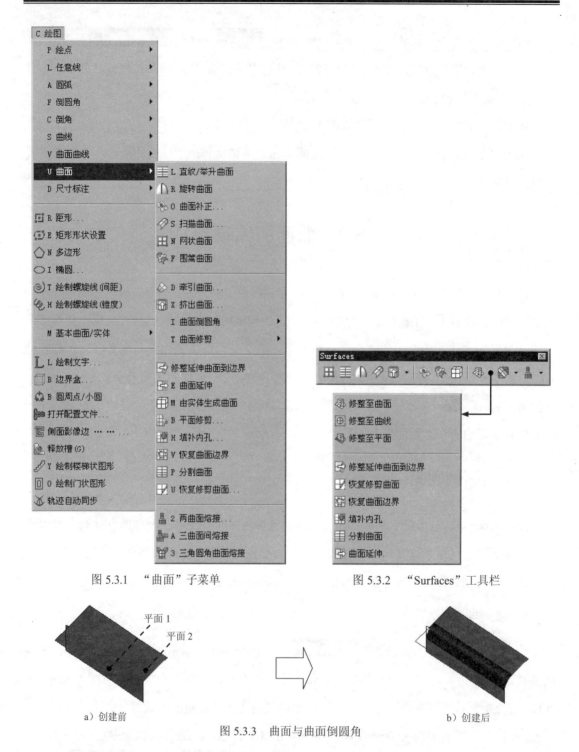

图 5.3.1　"曲面"子菜单　　　　　　　图 5.3.2　"Surfaces"工具栏

a）创建前　　　　　　　　　　　　　　　b）创建后

图 5.3.3　曲面与曲面倒圆角

　　Step3. 定义倒圆角的曲面。在绘图区选取图 5.3.3a 所示的曲面 1，然后在"标准选择"对话框中单击 按钮；在绘图区选取图 5.3.3a 所示的曲面 2，然后在"标准选择"对话框中单击 按钮，系统弹出图 5.3.4 所示的"曲面与曲面倒圆角"对话框。

图 5.3.4 所示的"曲面与曲面倒圆角"对话框中部分选项的说明如下：

- **按钮**：用于设置显示"曲面与曲面倒圆角"对话框的更多选项。单击此按钮，显示"曲面与曲面倒圆角"对话框的更多选项，如图 5.3.5 所示。

图 5.3.4　"曲面与曲面倒圆角"对话框　　　图 5.3.5　"曲面与曲面倒圆角"对话框的更多选项

- **按钮**：用于重新选取第一圆角曲面。单击此按钮，用户可以在绘图区选取倒圆角的第一曲面。

- **按钮**：用于重新选取第二圆角曲面。单击此按钮，用户可以在绘图区选取倒圆角的第二曲面。

- **按钮**：用于选取可能的圆角曲面。单击此按钮，用户可以在绘图区选取第一圆角曲面和可能的圆角曲面点，然后选取第二圆角曲面和可能的圆角曲面点。

- **按钮**：用于设置创建圆角的参数。单击此按钮，系统弹出图 5.3.6 所示的"曲面倒圆角选项"对话框，用户可以通过该对话框对圆角的参数进行设置。

- **文本框**：用于定义圆角的半径值。

- **按钮**：用于设置创建圆角的方向。

- **修剪复选框**：用于设置创建圆角后修剪原始曲面。

- **预览(W)复选框**：用于设置显示预览结果。

- **连接复选框**：用于设置将连接公差内的圆角曲面和两个原始曲面连接成一个图素。

图 5.3.6　"曲面倒圆角选项"对话框

图 5.3.5 所示的"曲面与曲面倒圆角"对话框中部分选项的说明如下：

- **变化圆角** 区域：用于设置可变圆角的参数，其中包括 □→ 按钮、□⤍ 按钮、□＊ 按钮、□⊘ 按钮、□🔗 按钮和 ⟋ 文本框。此区域当选中 **变化圆角** 前的复选框时可用。

  ☑ □→ 按钮：用于根据圆角曲面的中心曲线动态改变圆角曲面的半径。单击此按钮，需要先选取圆角曲面的中心曲线，然后再定义要改变圆角曲面半径的点的位置。

  ☑ □⤍ 按钮：用于改变定义的两个圆角标记中点的圆角曲面半径。单击此按钮，需要选取两个相邻的圆角标记。

  ☑ □＊ 按钮：用于改变选取的圆角标记的圆角曲面半径值。单击此按钮，需要选取要修改圆角曲面半径的圆角标记。

  ☑ □⊘ 按钮：用于删除选取的圆角标记。单击此按钮，需要选取要删除的圆角标记。

  ☑ □🔗 按钮：用于按照定义的圆角标记的半径创建圆角曲面。单击此按钮，系统弹出图 5.3.7 所示的"输入半径"对话框。用户可以在此对话框中输入第一个圆角标记处的圆角半径值，然后按 Enter 键确认。此时系统会让用户定义下一个圆角标记处的圆角半径值，直至定义完所有的圆角标记。

图 5.3.7　"输入半径"对话框

☑　　🖊文本框：用于定义所选的圆角标记的圆角半径值。

图 5.3.6 所示的"**曲面倒圆角选项**"对话框中部分选项的说明如下：

- 图素区域：用于设置创建图素的相关参数，其中包括☑ 倒圆复选框、☑ 边界(复选框、☑ 中心(C)复选框和☑ 曲面曲线(S)复选框。

  - ☑　☑ 倒圆复选框：用于设置创建圆角曲面。

  - ☑　☑ 边界(复选框：用于设置在圆角曲面与圆角面之间创建两条样条曲线。这两条圆角曲线是圆角曲面的切边。

  - ☑　☑ 中心(C)复选框：用于设置创建圆角曲面的中心线，如图 5.3.8 所示。

  - ☑　☑ 曲面曲线(S)复选框：用于设置创建曲面曲线。

- ☑ 查找所有结果复选框：用于设置寻找多个结果。

- ☑ 两侧倒圆角 (B)复选框：用于设置两侧都倒圆角，如图 5.3.8 所示。

图 5.3.8　中心线　　　　　　　　　　　　图 5.3.9　两侧倒圆角

- ☑ 延伸到曲面(E)复选框：用于设置圆角曲面延伸至较大曲面的边缘。

- ☑ 倒角(A)复选框：用于设置创建两个曲面间的倒斜角，此时将不创建倒圆角。

- 连接误差文本框：用于设置连接公差值。

- 修剪曲面选项区域：用于设置修剪曲面的相关参数，其包括☑ 是复选框、原始曲面区域、修剪曲面区域和☑ 删除其它边上平面的曲面复选框。

  - ☑　☑ 是复选框：用于设置激活修剪曲面选项区域的所有参数。

  - ☑　原始曲面区域：用于设置是否保留原始曲面，其中包括◉ 保留()单选项和◉ 删除(D)单选项。

  - ☑　修剪曲面区域：用于设置修剪对象，其中包括◉ 1单选项、◉ 2单选项和◉ 两者单选项。

  - ☑　☑ 删除其它边上平面的曲面复选框：用于设置删除所选择的平面其他边上的曲面。

Step4. 设置倒圆角参数。在"**曲面与曲面倒圆角**"对话框的🖊文本框中输入值 5，按 Enter 键确认。选中☑ 修剪复选框、☑ 预览(W)复选框和☑ 连接复选框。

Step5. 单击 ☑ 按钮，完成曲面与曲面倒圆角的创建。

2．曲线与曲面

使用"曲线与曲面"命令 C 曲线与曲面... 可以在曲线和曲面之间产生圆角曲面。下面以图 5.3.10 所示的模型为例介绍曲线与曲面之间的圆角的创建过程。

a）创建前　　　　　　　　　　　　　　　　　　　b）创建后

图 5.3.10　曲线与曲面

Step1. 打开文件 D:\mcx6\work\ch05.03.01\FILLET_CURVE_TO_SURFACES.MCX-6。

Step2. 选择命令。选择下拉菜单 C 绘图 ➡ U 曲面 ▶ ➡ I 曲面倒圆角 ▶ ➡ C 曲线与曲面... 命令。

Step3. 定义倒圆角的曲线和曲面。在绘图区选取图 5.3.10a 所示的曲面，然后在"标准选择"对话框中单击 按钮，同时系统弹出"串连选项"对话框；在绘图区选取图 5.3.10a 所示的曲线，单击 按钮完成曲线的选取，系统弹出图 5.3.11 所示的"曲线与曲面倒圆角"对话框。

图 5.3.11 所示的"曲线与曲面倒圆角"对话框中部分选项的说明如下：

- 按钮：用于重新选取第一圆角曲面。单击此按钮，用户可以在绘图区选取倒圆角的第一曲面。

- 按钮：用于重新选取圆角曲线。单击此按钮，用户可以在绘图区选取倒圆角的曲线。

图 5.3.11　"曲线与曲面倒圆角"对话框

Step4. 设置倒圆角参数。在"曲线与曲面倒圆角"对话框的文本框中输入值 20，按 Enter 键确认，单击 ⟷ 按钮调整方向，选中 ☑ 修剪 复选框、☑ 预览(W) 复选框和 ☑ 连接 复选框。

Step5. 单击 ✓ 按钮，完成曲线和曲面倒圆角的创建。

3. 曲面与平面

使用"曲面与平面"命令 ◈ P 曲面与平面... 可以在曲面和平面之间产生圆角曲面。下面以图 5.3.12 所示的模型为例介绍曲面与平面之间的圆角的创建过程。

选取此曲面

a）创建前　　　　　　　　　　　　　　　　b）创建后

图 5.3.12　曲面与平面

Step1. 打开文件 D:\mcx6\work\ch05.03.01\FILLET_PLANE_TO_SURFACES.MCX-6。

Step2. 选择命令。选择下拉菜单 C 绘图 ➡ U 曲面 ▶ ➡ I 曲面倒圆角 ▶ ➡ ◈ P 曲面与平面... 命令。

Step3. 定义倒圆角曲面。在绘图区选取图 5.3.12a 所示的曲面，然后在"标准选择"对话框中单击 🔵 按钮，同时系统弹出"平面选择"对话框和图 5.3.13 所示的"曲面与平面倒圆角"对话框。

图 5.3.13 所示的"曲面与平面倒圆角"对话框中部分选项的说明如下：

- ⬇ 按钮：用于设置显示"曲面与平面倒圆角"对话框的更多选项。单击此按钮，显示"曲面与平面倒圆角"对话框的更多选项，如图 5.3.14 所示。

图 5.3.13　"平面与曲面倒圆角"对话框　　　图 5.3.14　"曲面与平面倒圆角"对话框更多选项

- ■按钮：用于重新选取第一圆角曲面。单击此按钮，用户可以在绘图区选取倒圆角的第一曲面。
- ■按钮：用于重新选取圆角平面。单击此按钮，用户可以在绘图区选取倒圆角的平面。

Step4. 定义倒圆角平面。在"平面选择"对话框中单击 ■按钮，系统弹出"视角选择"对话框。在该对话框的列表框中选择 FRONT 选项，单击 ✓ 按钮关闭"视角选择"对话框。然后在"平面选择"对话框中单击 ⤢按钮，调整图 5.3.15 所示的平面的法线方向，单击 ✓ 按钮完成倒圆角平面的定义，此时在绘图区显示图 5.3.16 所示的圆角预览。

图 5.3.15　定义平面法向

图 5.3.16　圆角预览

Step5. 设置倒圆角参数。在"曲线与曲面倒圆角"对话框的 ⟳文本框中输入值 5，按 Enter 键确认。选中 ☑修剪复选框和 ☑连接复选框。

Step6. 单击 ✓ 按钮，完成曲面和平面倒圆角的创建。

5.3.2　修整曲面

修整曲面就是根据指定的修整边界对选定曲面进行剪裁的操作，其修整边界可以是曲面、也可以是曲线，还可以是平面。修整曲面是通过三种命令来实现的，分别为修整至曲面、修整至曲线、修整至平面。下面分别讲解三种修整曲面的创建过程。

1. 修整至曲面

使用"修整至曲面"命令 ▦ 修整至曲面(S). 可以在两个曲面之间进行相互修剪。下面以图 5.3.17 所示的模型为例介绍修整至曲面的创建过程。

a）创建前　　　　　　　　　　　　　　　　　　　　　　b）创建后

图 5.3.17　修整至曲面

Step1. 打开文件 D:\mcx6\work\ch05.03.02\TRIM_SURFACE_TO_SURFACE.MCX-6。

Step2. 选择命令。选择下拉菜单 C 绘图 ➡ U 曲面 ▶ ➡ T 曲面修剪 ▶ ➡
S 修整至曲面... 命令。

Step3. 定义修剪的曲面。在绘图区选取图 5.3.17a 所示的平面 1，然后在"标准选择"
对话框中单击 ⬤ 按钮；在绘图区选取图 5.3.17a 所示的平面 2，然后在"标准选择"对话框
中单击 ⬤ 按钮，系统弹出图 5.3.18 所示的"曲面至曲面"工具栏。

图 5.3.18　"曲面至曲面"工具栏

图 5.3.18 所示的"曲面至曲面"工具栏中的部分选项的说明如下：

- 🔲 按钮：用于重新选取第一个曲面。单击此按钮，用户可以在绘图区选取修剪曲
  面的第一个曲面。

- 🔲 按钮：用于重新选取第二个曲面。单击此按钮，用户可以在绘图区选取修剪曲
  面的第二个曲面。

- 🔲 按钮：用于设置保留原始曲面。

- 🔲 按钮：用于设置删除原始曲面。

- 🔲 按钮：用于设置修剪第一个曲面。

- 🔲 按钮：用于设置修剪第二个曲面。

- 🔲 按钮：用于设置修剪两个曲面。

- 🔲 按钮：用于设置将曲面的相交线延伸至曲面边界并进行修剪。

- 🔲 按钮：用于设置分割曲面。使用此命令进行修剪后不会把修剪的部分删除，而
  是将它保留下来，如图 5.3.19 所示。

- 🔲 按钮：用于设置保留原始曲面的多个区域。

- 🔲 按钮：用于设置修剪后的曲面使用当前系统设置的图素属性，如颜色、层别、
  线型和线宽等。

Step4. 设置修剪参数。在"曲面至曲面"工具栏中单击 🔲 按钮使其处于按下状态，单
击 🔲 按钮使其处于按下状态，单击 🔲 按钮使其处于按下状态，单击 🔲 按钮使其处于弹起状
态。

Step5. 定义修剪曲面的保留部分。

① 在图 5.3.20 所示的曲面上单击，此时系统出现"保留箭头"，拖动鼠标将"保留箭

头"移动到图 5.3.21 所示的位置再次单击鼠标。

图 5.3.19　分割曲面

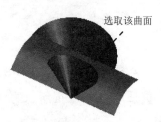

图 5.3.20　选取曲面

图 5.3.21　定义保留部分

② 在图 5.3.22 所示的曲面上单击，此时系统出现"保留箭头"，拖动鼠标将"保留箭头"移动到图 5.3.23 所示的位置再次单击鼠标。

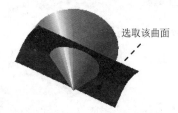

图 5.3.22　选取曲面

图 5.3.23　定义保留部分

Step6. 单击 ✅ 按钮，完成修整至曲面的操作。

2．修整至曲线

使用"修整至曲线"命令 ![C 修整至曲线] 可以根据指定的曲线对曲面进行修剪。下面以图 5.3.24 所示的模型为例介绍修整至曲线的创建过程。

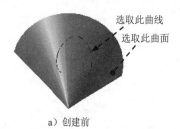

a）创建前

b）创建后

图 5.3.24　修整至曲线

Step1. 打开文件 D:\mcx6\work\ch05.03.02\TRIM_CURVE_TO_SURFACE.MCX-6。

Step2. 选择命令。选择下拉菜单 ![C 绘图] ➡ ![U 曲面] ➡ ![T 曲面修剪] ➡ ![C 修整至曲线...] 命令。

Step3. 定义修剪的曲面。在绘图区选取图 5.3.24a 所示的曲面，然后在"标准选择"对话框中单击 ⬤ 按钮，系统弹出"串连选项"对话框。在绘图区选取图 5.3.24a 所示的曲线，单击 ✅ 按钮完成曲线的选取，系统弹出图 5.3.25 所示的"曲面至曲线"工具栏。

图 5.3.25　"曲面至曲线"工具栏

图 5.3.25 所示的"曲面至曲线"工具栏中的部分选项的说明如下：

- 按钮：用于重新选取要修剪曲面。单击此按钮，用户可以在绘图区选取要修剪曲面。

- 按钮：用于重新选取边界曲线。单击此按钮，用户可以在绘图区选取修剪曲面的边界曲线。

- 按钮：用于设置将所选取的曲线沿着当前构图平面的法向方向投影到定义曲面上并进行修剪。

- 按钮：用于设置将所选取的曲线投影到定义的曲面上并进行修剪。用户可以在其后的文本框中输入计算修剪曲线的最大范围值，以免产生不需要的修剪结果。

Step4. 设置修剪参数。在"曲面至曲面"工具栏中单击 按钮使其处于按下状态，单击 按钮使其处于按下状态。

Step5. 定义修剪曲面的保留部分。在图 5.3.26 所示的曲面上单击，此时系统出现"保留箭头"，拖动鼠标将"保留箭头"移动到图 5.3.27 所示的位置再次单击鼠标。

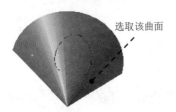

图 5.3.26　选取曲面

图 5.3.27　定义保留部分

Step6. 单击 按钮，完成修整至曲线的操作。

3．修整至平面

使用"修整至平面"命令 可以根据指定的平面对曲面进行修剪。下面以图 5.3.28 所示的模型为例介绍修整至平面的创建过程。

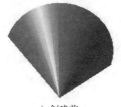

a）创建前

b）创建后

图 5.3.28　修整至平面

Step1. 打开文件 D:\mcx6\work\ch05.03.02\TRIM_SURFACE_TO_PLANE.MCX-6。

Step2. 选择命令。选择下拉菜单
P 修整至平面... 命令。

Step3. 定义修剪曲面。在绘图区选取图 5.3.28a 所示的曲面，然后在"标准选择"对话框中单击 按钮，同时系统弹出"平面选择"对话框。

Step4. 定义平面位置。在"平面选择"对话框的 **Z** 文本框中输入值 5，按 Enter 键确认；单击 按钮完成平面位置的定义，同时系统弹出图 5.3.29 所示的"曲面至平面"工具栏。

图 5.3.29　"曲面至平面"工具栏

图 5.3.29 所示的"曲面至平面"工具栏中的部分选项的说明如下：

- 按钮：用于重新选取要修剪曲面。单击此按钮，用户可以在绘图区选取要修剪曲面。

- 按钮：用于重新选取修剪平面。单击此按钮，用户可以在绘图区选取修剪平面。

- 按钮：用于设置删除所选择的平面其他边上的曲面。

Step5. 设置修剪参数。在"曲面至曲面"工具栏中单击 按钮使其处于按下状态。

Step6. 单击 按钮，完成修整至平面的操作。

5.3.3　曲面延伸

曲面延伸就是将现有曲面的长度或宽度按照定义的值进行延伸，或者延伸到指定的平面。下面以图 5.3.30 所示的模型为例讲解曲面延伸的创建过程。

a）创建前

b）创建后

图 5.3.30　曲面延伸

Step1. 打开文件 D:\mcx6\work\ch05.03.03\SURFACE_EXTEND.MCX-6。

Step2. 选择命令。选择下拉菜单 C 绘图 ➡ U 曲面 ➡ E 曲面延伸 命令，系统弹出图 5.3.31 所示的"曲面延伸"工具栏。

图 5.3.31 "曲面延伸"工具栏

图 5.3.31 所示的"曲面延伸"工具栏中的部分选项的说明如下：

- ● 按钮：用于设置线性延伸。
- ● 按钮：用于设置非线性延伸。
- ● 按钮：用于设置延伸到指定的平面。单击此按钮，系统弹出"平面选择"对话框。用户可以通过该对话框来指定延伸至的平面。
- ● 按钮：用于设置使用指定长度的方式进行延伸。
- ● 按钮：用于设置保留延伸的原始曲面。
- ● 按钮：用于设置删除延伸的原始曲面。

Step3. 设置延伸参数。在"曲面延伸"工具栏中单击 按钮，系统弹出"平面选择"对话框。在 **Z** 文本框中输入值 5，按 Enter 键确认；单击 按钮完成延伸平面位置的定义。

Step4. 定义要延伸的曲面和边线。

① 选取图 5.3.30a 所示的曲面为延伸曲面，此时在延伸曲面上出现"箭头"，如图 5.3.32 所示。拖动鼠标将"箭头"移动到图 5.3.33 所示的位置再次单击鼠标，完成一边的曲面延伸。

图 5.3.32 定义延伸曲面

图 5.3.33 定义延伸边线

② 选取图 5.3.34 所示的曲面为延伸曲面，此时在延伸曲面上出现"箭头"。拖动鼠标将"箭头"移动到图 5.3.35 所示的位置再次单击鼠标，完成另一边的曲面延伸。

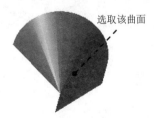

图 5.3.34 定义延伸曲面

图 5.3.35 定义延伸边线

Step5. 单击 按钮，完成图 5.3.30b 所示的曲面延伸的创建。

5.3.4 填补内孔

填补内孔就是将现有的曲面上的孔洞位置处创建一个新的曲面，以填补孔洞。下面以图 5.3.36 所示的模型为例讲解填补内孔的创建过程。

Step1. 打开文件 D:\mcx6\work\ch05.03.04\FILL_HOLES.MCX-6。

a）创建前

b）创建后

图 5.3.36 填补内孔

Step2. 选择命令。选择下拉菜单 ➡ 命令，系统弹出图 5.3.37 所示的"填补孔"工具栏。

图 5.3.37 "填补孔"工具栏

图 5.3.37 所示的"填补孔"工具栏中的部分选项的说明如下：

- 按钮：用于选取要填补的曲面。单击此按钮，用户可以在绘图选取要填补的曲面。

Step3. 定义要填补的曲面和边线。选取图 5.3.36a 所示的曲面为填补曲面，此时在填补曲面上出现"箭头"，如图 5.3.38 所示。拖动鼠标将"箭头"移动到图 5.3.39 所示的位置再次单击鼠标，完成要填补的曲面和边线的定义。

选取该曲面

图 5.3.38 定义填补曲面

图 5.3.39 定义填补边线

Step4. 单击 按钮，完成图 5.3.36b 所示的填补内孔的创建。

5.3.5 恢复修剪曲面

恢复修剪曲面就是取消之前对曲面进行的修剪操作，从而产生一个新的独立曲面。下面以图 5.3.40 所示的模型为例讲解恢复修剪曲面的创建过程。

Step1. 打开文件 D:\mcx6\work\ch05.03.05\UN-TRIM_SURFACES.MCX-6。

a）创建前

b）创建后

图 5.3.40　恢复修剪

Step2. 选择命令。选择下拉菜单命令，系统弹出图 5.3.41 所示的"回复修整"工具栏。

图 5.3.41　"回复修整"工具栏

图 5.3.41 所示的"回复修整"工具栏中的部分选项的说明如下：

- 按钮：用于设置保留原始曲面。
- 按钮：用于设置删除原始曲面。

Step3. 设置恢复修剪曲面参数。在"回复修整"工具栏中单击按钮。

Step4. 定义恢复修剪曲面对象。选取图 5.3.40a 所示的曲面为恢复修剪曲面对象。

Step5. 单击按钮，完成图 5.3.40b 所示的恢复修剪曲面的创建。

5.3.6　分割曲面

分割曲面就是将定义的曲面按照定义的位置和方向进行打断的操作。下面以图 5.3.42 所示的模型为例讲解分割曲面的创建过程。

a）创建前

b）创建后

图 5.3.42　分割曲面

Step1. 打开文件 D:\mcx6\work\ch05.03.06\SPLIT_SURFACE.MCX-6。

Step2. 选择命令。选择下拉菜单命令，系统弹出图 5.3.43 所示的"分割曲面"工具栏。

图 5.3.43　"分割曲面"工具栏

图 5.3.43 所示的"分割曲面"工具栏中的部分选项的说明如下：

● 按钮：用于切换方向，如图 5.3.44 所示。

● 按钮：用于设置分割后的曲面的属性参数由系统属性来决定。

● 按钮：用于设置分割后的曲面属性由原曲面属性来决定。

　　a）方向 1　　　　　　　　　　　　　　　　　　　　　b）方向 2

图 5.3.44　切换方向

Step3. 定义分割曲面和打断位置。选取图 5.3.42a 所示的曲面为分割曲面，此时在该曲面上出现"箭头"，如图 5.3.45 所示。拖动鼠标将"箭头"移动到图 5.3.46 所示的位置再次单击鼠标，完成分割曲面和打断位置的定义。

图 5.3.45　箭头　　　　　　　　　　　图 5.3.46　定义打断位置

Step4. 单击 按钮，完成图 5.3.42b 所示的分割曲面的创建。

5.3.7　恢复曲面边界

恢复曲面边界就是对现有曲面上的孔进行填补，使其恢复修剪前的曲面形状。下面以图 5.3.47 所示的模型为例讲解恢复曲面边界的创建过程。

　　a）创建前　　　　　　　　　　　　　　　　　　　　b）创建后

图 5.3.47　恢复曲面边界

Step1. 打开文件 D:\mcx6\work\ch05.03.07\RESUME_BOUNDARY.MCX-6。

Step2. 选择命令。选择下拉菜单 C 绘图 ➡ U 曲面 ▶ ➡ V 恢复曲面边界 命令。

Step3. 定义要恢复的曲面和边线。选取图 5.3.47a 所示的曲面为恢复曲面，此时在恢复曲面上出现"箭头"，如图 5.3.48 所示。拖动鼠标将"箭头"移动到图 5.3.49 所示的位置再次单击鼠标，完成恢复曲面边界的操作。

图 5.3.48　定义恢复曲面

图 5.3.49　定义恢复边线

Step4. 按 Esc 键退出恢复曲面边界状态。

5.3.8　两曲面熔接

两曲面熔接是在两个曲面之间创建一个平滑的曲面，使原有的两个曲面连接起来。下面以图 5.3.50 所示的模型为例讲解两曲面熔接的创建过程。

a）创建前　　　　　　　　　　　　　　　　　　b）创建后

图 5.3.50　两曲面熔接

Step1. 打开文件 D:\mcx6\work\ch05.03.08\TWO_SURFACE_BLEND.MC X-6。

Step2. 选择命令。选择下拉菜单 C 绘图 ➡ U 曲面 ▶ ➡ 2 两曲面熔接... 命令，系统弹出图 5.3.51 所示的"两曲面熔接"对话框。

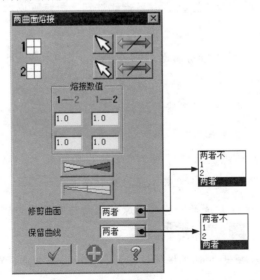

图 5.3.51　"两曲面熔接"对话框

图 5.3.51 所示的"两曲面熔接"对话框中部分选项的说明如下：

● 1 按钮：用于选取两曲面熔接的第一个熔接曲面。单击此按钮，用户可以在绘图区选取第一个熔接曲面。

-  按钮：用于调整第一个熔接曲面的熔接方向。

- 按钮：用于选取两曲面熔接的第二个熔接曲面。单击此按钮，用户可以在绘图区选取第二个熔接曲面。

- 按钮：用于调整第二个熔接曲面的熔接方向。

- 熔接数值区域：用于设置起始位置和终止位置的熔接值，其包括 1—2 文本框和 1—2 文本框。

  - ☑ 1—2 文本框：用于设置起始位置的熔接值。熔接值越大，熔接曲面在起始位置过渡的也就越平滑，即熔接曲面在起始位置的弯曲程度越小。

  - ☑ 1—2 文本框：用于设置终止位置的熔接值。

- 按钮：用于扭转熔接曲面，如图 5.3.52 所示。

a）扭转前　　　　　　　　　　　　　　　　　　　　　b）扭转后

图 5.3.52　扭转

- 按钮：用于修改熔接点。单击此按钮，用户可以在绘图区对熔接点的位置进行修改。

- 修剪曲面按钮：用于设置修剪曲面的相关参数，其包括 两者不 选项、1 选项、2 选项和 两者 选项。

  - ☑ 两者不 选项：用于设置不修剪熔接曲面的原始曲面。

  - ☑ 1 选项：用于设置只修剪第一个熔接原始曲面。

  - ☑ 2 选项：用于设置只修剪第二个熔接原始曲面。

  - ☑ 两者 选项：用于设置修剪两个熔接原始曲面。

- 保留曲线按钮：用于设置是否保留熔接原始曲面与熔接曲面的相关参数，其包括 两者不 选项、1 选项、2 选项和 两者 选项。

  - ☑ 两者不 选项：用于设置不保留熔接原始曲面与熔接曲面的交线。

  - ☑ 1 选项：用于设置保留第一个熔接原始曲面与熔接曲面之间的交线。

  - ☑ 2 选项：用于设置保留第二个熔接原始曲面与熔接曲面之间的交线。

  - ☑ 两者 选项：用于设置保留两个熔接原始曲面与熔接曲面之间的交线。

Step3. 定义熔接原始曲面和熔接位置。

① 选取图 5.3.53 所示的曲面为第一个熔接原始曲面，此时在该曲面上出现"箭头"，拖动鼠标，将"箭头"移动到图 5.3.54 所示的位置单击鼠标，完成第一个熔接原始曲面和熔接位置的定义。

图 5.3.53　定义第一个熔接原始曲面　　　　　　图 5.3.54　定义熔接位置

② 选取图 5.3.55 所示的曲面为第二个熔接原始曲面，此时在延伸曲面上出现"箭头"。拖动鼠标，将"箭头"移动到图 5.3.56 所示的位置单击鼠标，完成第二个熔接原始曲面和熔接位置的定义，此时在绘图区出现熔接曲面预览，如图 5.3.57 所示。

图 5.3.55　定义第二个熔接原始曲面　　图 5.3.56　定义熔接位置　　图 5.3.57　熔接预览

Step4. 设置熔接曲面参数。在"两曲面熔接"对话框中单击 1⊞ 按钮后的 ⟷ 按钮调整熔接方向，如图 5.3.58 所示；单击 2⊞ 按钮后的 ⟶ 按钮调整熔接方向，如图 5.3.59 所示；单击 ⋈ 按钮扭转熔接曲面，如图 5.3.60 所示。在 保留曲线 下拉列表中选择 两者不 选项。

图 5.3.58　调整第一熔接曲面的方向　图 5.3.59　调整第二熔接曲面的方向　图 5.3.60　扭转熔接曲面

Step5. 单击 ✓ 按钮，完成图 5.3.50b 所示的两曲面熔接的创建。

5.3.9　三曲面间熔接

三曲面间熔接是在三个曲面之间创建一个平滑的曲面，使原有的三个曲面连接起来。

下面以图 5.3.61 所示的模型为例讲解三曲面间熔接的创建过程。

a）创建前   b）创建后

图 5.3.61 三曲面间熔接

Step1. 打开文件 D:\mcx6\work\ch05.03.09\3_Surface_Blend.MCX-6。

Step2. 选择命令。选择下拉菜单 C 绘图 ➡ U 曲面 ▶ ➡ A 三曲面间熔接 命令。

Step3. 定义熔接原始曲面和熔接位置。

① 选取图 5.3.62 所示的曲面为第一个熔接原始曲面，此时在该曲面上出现"箭头"，拖动鼠标，将"箭头"移动到图 5.3.63 所示的位置单击鼠标，完成第一个熔接原始曲面和熔接位置的定义。

图 5.3.62 定义第一个熔接原始曲面   图 5.3.63 定义熔接位置

② 选取图 5.3.64 所示的曲面为第二个熔接原始曲面，此时在延伸曲面上出现"箭头"。拖动鼠标，将"箭头"移动到图 5.3.65 所示的位置单击鼠标，完成第二个熔接原始曲面和熔接位置的定义。

图 5.3.64 定义第二个熔接原始曲面   图 5.3.65 定义熔接位置

③ 选取图 5.3.66 所示的曲面为第三个熔接原始曲面，此时在延伸曲面上出现"箭头"。拖动鼠标，将"箭头"移动到图 5.3.67 所示的位置单击鼠标，完成第三个熔接原始曲面和熔接位置的定义。按 Enter 键确认，此时在绘图区出现熔接曲面预览，如图 5.3.68 所示。同时系统弹出图 5.3.69 所示的"三曲面间熔接"对话框。

图 5.3.66　定义第三个熔接原始曲面

图 5.3.67　定义熔接位置

图 5.3.69 所示的"三曲面间熔接"对话框中部分选项的说明如下:

- ☑ 修剪曲面 (R) 复选框: 用于设置修剪熔接原始曲面。
- ☑ 保留曲线 (K) 复选框: 用于设置保留熔接原始曲面与熔接曲面之间的交线。

Step4. 设置熔接曲面参数。在"三曲面间熔接"对话框中单击 1⊞ 按钮后的 ⟷ 按钮调整熔接方向,如图 5.3.70 所示;选中 ☑ 修剪曲面 (R) 复选框。

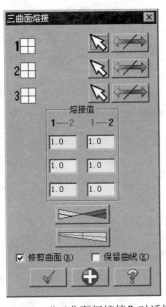

图 5.3.69　"三曲面间熔接"对话框

图 5.3.68　熔接预览

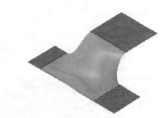

图 5.3.70　调整第一熔接曲面的方向

Step5. 单击 ✓ 按钮,完成图 5.3.61b 所示的三曲面间熔接的创建。

5.3.10　三圆角曲面熔接

三圆角曲面熔接是在三个相交曲面之间生成光滑圆角。使用此命令生成的圆角要比三曲面间熔接生成的曲面更加圆滑。下面以图 5.3.71 所示的模型为例讲解三圆角曲面熔接的创建过程。

a）创建前　　　　　　　　　　　　　　　　　　　b）创建后

图 5.3.71　三圆角曲面熔接

Step1. 打开文件 D:\mcx6\work\ch05.03.10\3_FILLET_BLEND.MCX-6。

Step2. 选择命令。选择下拉菜单 C 绘图 ➡ U 曲面 ▶ ➡ 3 三角圆曲曲面熔接 命令。

Step3. 定义圆角曲面。在绘图区依次选取图 5.3.72 所示的曲面 1、曲面 2 和曲面 3，此时会在绘图区产生三圆角曲面熔接的预览图，如图 5.3.73 所示。同时弹出图 5.3.74 所示的"三圆角面熔接"对话框。

图 5.3.72　定义圆角曲面

图 5.3.73　圆角预览

图 5.3.74 所示的"三圆角面熔接"对话框中部分选项的说明如下：

- 3田 按钮：用于重新选取圆角曲面。单击此按钮，用户可以在绘图区选取三个要圆角的曲面。

- ⊙3 单选项：用于设置创建的圆角曲面是由三个小曲面组成。

- ⊙6 单选项：用于设置创建的圆角曲面是由六个小曲面组成，如图 5.3.75 所示。

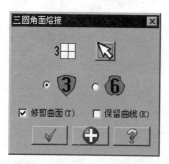

图 5.3.74　"三圆角面熔接"对话框

图 5.3.75　六个曲面的圆角曲面

Step4. 设置圆角曲面参数。在"三圆角面熔接"对话框中选中 ⊙3 单选项；选中 ☑修剪曲面(T) 复选框。

Step5. 单击 ✓ 按钮，完成图 5.3.71b 所示的三圆角曲面熔接的创建。

5.3.11 修整延伸曲面到边界

修整延伸曲面到边界就是将定义的曲面按照定义的方向和位置进行延伸。下面以图 5.3.76 所示的模型为例讲解修整延伸曲面到边界的创建过程。

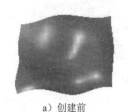

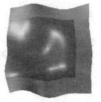

a）创建前   b）创建后

图 5.3.76 修整延伸曲面到边界

Step1. 打开文件 D:\mcx6\work\ch05.03.11\EXPAND_SURFACE_EDGE.MCX-6。

Step2. 选择命令。选择下拉菜单 C 绘图 ➡ U 曲面 ▶ ➡ 修整延伸曲面到边界 命令。系统弹出图 5.3.77 所示的"修整延伸边界"工具栏。

图 5.3.77 "修整延伸边界"工具栏

图 5.3.77 所示的"修整延伸边界"工具栏中的部分选项的说明如下：

- ◄──► 按钮：用于调整延伸曲面的方向。如图 5.3.78 所示。

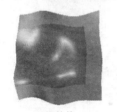

a）调整前   b）调整后

图 5.3.78 延伸

- 按钮：用于设置延伸曲面的长度。
- 按钮：用于设置曲面的拐角延伸出来保持尖角形状，如图 5.3.79a 所示。
- 按钮：用于设置曲面的拐角延伸出来为扇形，如图 5.3.79b 所示。

a）尖角   b）圆角

图 5.3.79 拐角形状

Step3. 定义延伸曲面。在绘图区选取图 5.3.76a 所示的曲面，在绘图区图 5.3.80 中箭头所示的位置处单击定义曲面延长的第一点；然后在图 5.3.81 中箭头所示的位置处单击定义曲面延长的第二点。

图 5.3.80　定义延长第一点　　　　　　　　　图 5.3.81　定义延长第二点

Step4. 定义延伸曲面的长度。在"修整延伸边界"工具栏 按钮后的文本框中输入 5，按 Enter 键。

Step5. 单击 按钮，完成修整延伸曲面到边界的创建。

5.4　综 合 实 例

本实例是一个日常生活中常见的微波炉调温旋钮。设计过程是：首先创建曲面旋转特征和基准曲线，然后利用基准曲线通过镜像构建曲面，再使用曲面修剪来塑造基本外形，最后进行倒圆角得到最终的模型。零件模型如图 5.4.1 所示。

图 5.4.1　零件模型

Step1. 创建曲面和草图 1 两个图层。

（1）在状态栏中单击 层别 按钮，系统弹出"层别管理"对话框。

（2）将层别 1 命名为曲面层。在"层别管理"对话框的 主层别 区域的 名称: 文本框中输入"曲面"字样。

（3）创建图层。在 主层别 区域的 层别号码: 文本框中输入值 2，在 名称: 文本框中输入"草图 1"字样。

（4）单击 按钮，完成图 5.4.2 所示的图层的创建。

Step2. 绘制图 5.4.3 所示的草图 1。

（1）在"Graphics Views"工具栏中单击 按钮，调整构图平面为前视图平面。

（2）绘制图 5.4.4 所示的中心线。

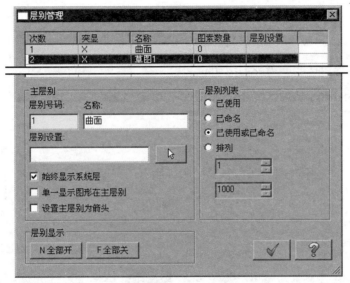

图 5.4.2　创建的图层

图 5.4.3　草图 1　　　　　　　　　图 5.4.4　中心线

① 定义绘图线型。在状态栏的 下拉列表中选择 选项，完成绘图线型的设置。

② 选择命令。选择下拉菜单 绘图 ➡ 任意线 ➡ 绘制任意线 命令，系统弹出"直线"工具栏。

③ 绘制中心线。分别在"自动抓点"工具栏的 文本框、 文本框和 文本框中输入值 0、-10、0，并分别按 Enter 键确认；然后在"直线"工具栏的 文本框中输入值 50，按 Enter 键确认；在 文本框中输入值 90，按 Enter 键确认。

④ 单击 按钮，完成中心线的绘制。

（3）绘制图 5.4.5 所示的圆弧。

① 定义绘图线型。在状态栏的 下拉列表中选择 选项；在 下拉列表中选择第二个选项 。

② 选择命令。选择下拉菜单  命令，系统弹出"极坐标画弧"工具栏。

③ 定义圆心位置。在绘图区选取中心线的下端点为圆弧的圆心。

④ 设置圆弧参数。在"极坐标画弧"工具栏的 ⊙ 文本框中输入值 38，按 Enter 键确认；在 ⊿ 文本框中输入值 0，按 Enter 键确认；在 ⊿ 文本框中输入值 90，按 Enter 键确认。

⑤ 单击 ✓ 按钮，完成圆弧的绘制。

（4）绘制图 5.4.6 所示的直线。

图 5.4.5　绘制圆弧　　　　　　　　　　　图 5.4.6　绘制直线

① 选择命令。选择下拉菜单  命令，系统弹出"直线"工具栏。

② 绘制直线。分别在"自动抓点"工具栏的 X 文本框、Y 文本框和 Z 文本框中输入值 35、0、0，并分别按 Enter 键确认；然后在"直线"工具栏的 ▦ 文本框中输入值 25，按 Enter 键确认；在 ⊿ 文本框中输入值 90，按 Enter 键确认。

③ 单击 ✓ 按钮，完成直线的绘制。

（5）修剪曲线，如图 5.4.7 所示。

a）修剪前　　　　　　　　　　　　　　　　　　　　　b）修剪后

图 5.4.7　修剪曲线

① 选择命令。选择下拉菜单 E 编辑 ➡ T 修剪/打断 ▶ ➡ T 修剪/打断/延伸 命令，系统弹出"修剪/延伸/打断"工具栏。

② 设置修剪方式。在"修剪/延伸/打断"工具栏单击 ┿ 按钮使其处于按下状态。

③ 定义修剪曲线。在要修剪的曲线上单击鼠标左键，修剪之后如图 5.4.7b 所示。

④ 单击 ✓ 按钮，完成曲线的修剪。

（6）标注尺寸。在 ▭▾ 下拉列表中选择第一个选项 ▬ 。选择下拉菜单 C 绘图 ➡ D 尺寸标注 ▸ ➡ S 快速标注 命令标注尺寸如图 5.4.8 所示。

Step3. 创建图 5.4.9 所示的旋转曲面。

（1）在状态栏的 层别 按钮后的文本框中输入值 1，并按 Enter 键确认。

（2）选择命令。选择下拉菜单 C 绘图 ➡ U 曲面 ▸ ➡ R 旋转曲面 命令，系统弹出"串连选项"对话框。

（3）定义轮廓曲线。选取图 5.4.10 所示的曲线链并调整与图相同的串连方向，单击 ✓ 按钮完成轮廓曲线的定义，同时系统弹出"旋转曲面"工具栏。

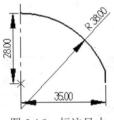

图 5.4.8　标注尺寸

图 5.4.9　旋转曲面

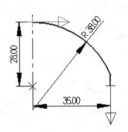

图 5.4.10　定义轮廓曲线

（4）定义旋转轴。选取草图 1 的中心线为旋转轴。

（5）单击 ✓ 按钮，完成曲面的创建。

Step4. 编辑图层 2 的图素不显示。

（1）在状态栏中单击 层别 按钮，系统弹出"层别管理"对话框。

（2）单击 突显 列表中的"草图 1"层前的 × ，使其消失。

（3）单击 ✓ 按钮，完成编辑操作。

Step5. 绘制图 5.4.11 所示的草图 2。

（1）创建图层 3。

① 在状态栏中单击 层别 按钮，系统弹出"层别管理"对话框。

② 创建图层。在 主层别 区域的 层号号码 文本框中输入值 3，在 名称 文本框中输入"草图 2"字样。

③ 单击 ✓ 按钮，完成图层的创建。

（2）绘制图 5.4.12 所示的中心线。

① 定义绘图线型。在状态栏的 ▭▾ 下拉列表中选择 ▬▬ 选项，完成绘图线型的设置。

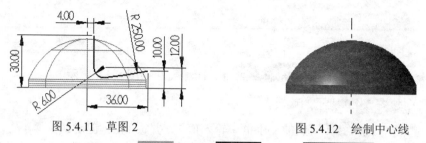

图 5.4.11　草图 2　　　　　　　　　　图 5.4.12　绘制中心线

② 选择命令。选择下拉菜单 C 绘图 ➡ L 任意线 ➡ E 绘制任意线 命令，系统弹出"直线"工具栏。

③ 绘制中心线。分别在"自动抓点"工具栏的 X 文本框、Y 文本框和 Z 文本框中输入值 0、-10、0，并分别按 Enter 键确认；然后在"直线"工具栏的 文本框中输入值 50，按 Enter 键确认；在 文本框中输入值 90，按 Enter 键确认。

④ 单击 按钮，完成中心线的绘制。

（3）绘制图 5.4.13 所示的圆。

① 定义绘图线型。在状态栏的 下拉列表中选择 选项；在 下拉列表中选择第二个选项 。

② 选择命令。选择下拉菜单 C 绘图 ➡ A 圆弧 ➡ C 圆心+点... 命令，系统弹出"编辑圆心点"工具栏。

③ 定义圆心位置。分别在"自动抓点"工具栏的 X 文本框、Y 文本框和 Z 文本框中输入值 10、12、0，并分别按 Enter 键确认。

④ 设置圆参数。在"编辑圆心点"工具栏的 文本框中输入值 12，按 Enter 键确认。

⑤ 单击 按钮，完成圆的绘制。

（4）绘制图 5.4.14 所示的直线。

图 5.4.13　绘制圆　　　　　　　　　　图 5.4.14　绘制直线

① 选择命令。选择下拉菜单 C 绘图 ➡ L 任意线 ➡ E 绘制任意线 命令，系统弹出"直线"工具栏。

② 绘制直线。在"直线"工具栏中单击 按钮使其处于按下状态，然后选取上一步所绘制的圆为相切对象（选取圆的左边）；分别在"自动抓点"工具栏的 X 文本框、Y 文本框和 Z 文本框中输入值 4、30、0，并分别按 Enter 键确认。

③ 单击 ✔ 按钮，完成直线的绘制。

（5）绘制图 5.4.15 所示的圆弧。

① 选择命令。选择下拉菜单 `C 绘图` ➡ `A 圆弧` ➡ `T 切弧` 命令，系统弹出"圆弧切线"工具栏。

② 定义创建方式。在"圆弧切线"工具栏中单击 ⊕ 按钮使其处于按下状态。

③ 定义相切对象和通过点。在 ⊖ 文本框中输入值 250，按 Enter 键确认；在绘图区选取步骤（3）所绘制的圆为相切对象；分别在"自动抓点"工具栏的 `X` 文本框、`Y` 文本框和 `Z` 文本框中输入值 36、10、0，并分别按 Enter 键确认，此时在绘图区显示符合参数的所有圆弧，选取图 5.4.16 所示的圆弧为保留圆弧。

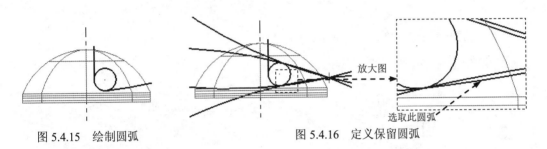

图 5.4.15　绘制圆弧　　　　　　　　　图 5.4.16　定义保留圆弧

④ 单击 ✔ 按钮，完成圆弧的绘制。

（6）修剪曲线，如图 5.4.17 所示。

a）修剪前　　　　　　　　　　　　　　b）修剪后

图 5.4.17　修剪曲线

① 选择命令。选择下拉菜单 `E 编辑` ➡ `T 修剪/打断` ➡ `T 修剪/打断/延伸` 命令，系统弹出"修剪/延伸/打断"工具栏。

② 设置修剪方式。在"修剪/延伸/打断"工具栏单击 ╫ 按钮使其处于按下状态。

③ 定义修剪曲线。在要修剪的曲线上单击鼠标左键，修剪之后如图 5.4.17b 所示。

④ 单击 ✔ 按钮，完成曲线的修剪。

（7）标注尺寸。在 ▭▾ 下拉列表中选择第一个选项 ▬。选择下拉菜单 `C 绘图` ➡ `D 尺寸标注` ➡ `S 快速标注` 命令标注尺寸如图 5.4.18 所示。

Step6. 编辑图层 3 的图素不显示。

（1）在状态栏中单击 层别 按钮，系统弹出"层别管理"对话框，然后取消选中 □ 始终显示系统层 复选框。

（2）单击 突显 列表中的"草图 2"层前的 ×，使其消失。

（3）单击 ✓ 按钮，完成编辑操作。

Step7. 绘制图 5.4.19 所示的草图 3。

（1）创建图层 4。

① 在状态栏中单击 层别 按钮，系统弹出"层别管理"对话框。

② 创建图层。在 主层别 区域的 层别号码 文本框中输入值 4，在 名称: 文本框中输入"草图 3"字样。

③ 单击 ✓ 按钮，完成图层的创建。

（2）绘制图 5.4.20 所示的中心线。

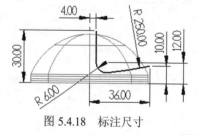

图 5.4.18　标注尺寸

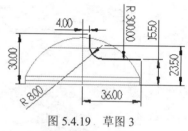

图 5.4.19　草图 3

① 定义绘图线型。在状态栏的 ▭▾ 下拉列表中选择 ▭ 选项，完成绘图线型的设置。

② 选择命令。选择下拉菜单 C 绘图 ➡ L 任意线 ➡ E 绘制任意线 命令，系统弹出"直线"工具栏。

③ 绘制中心线。分别在"自动抓点"工具栏的 X 文本框、Y 文本框和 Z 文本框中输入值 0、-10、35，并分别按 Enter 键确认；然后在"直线"工具栏的 文本框中输入值 50，按 Enter 键确认；在 文本框中输入值 90，按 Enter 键确认。

④ 单击 ✓ 按钮，完成中心线的绘制。

（3）绘制图 5.4.21 所示的圆。

① 定义绘图线型。在状态栏的 ▭▾ 下拉列表中选择 ▭ 选项；在 ▭▾ 下拉列表中选择第二个选项 ▭ 。

② 选择命令。选择下拉菜单 C 绘图 ➡ A 圆弧 ➡ C 圆心+点... 命令，系统弹出"编辑圆心点"工具栏。

③ 定义圆心位置。分别在"自动抓点"工具栏的 ⬚X 文本框、⬚Y 文本框和 ⬚Z 文本框中输入值 12、23.5、35，并分别按 Enter 键确认。

④ 设置圆参数。在"编辑圆心点"工具栏的 ⬚ 文本框中输入值 16，按 Enter 键确认。

⑤ 单击 ✔ 按钮，完成圆的绘制。

（4）绘制图 5.4.22 所示的直线。

图 5.4.20　绘制中心线　　　　图 5.4.21　绘制圆　　　　图 5.4.22　绘制直线

① 选择命令。选择下拉菜单 C 绘图 ➡ L 任意线 ➡ E 绘制任意线 命令，系统弹出"直线"工具栏。

② 绘制直线。在"直线"工具栏中单击 ╱ 按钮使其处于按下状态，然后选取上一步所绘制的圆为相切对象（选取圆的左边）；分别在"自动抓点"工具栏的 ⬚X 文本框、⬚Y 文本框和 ⬚Z 文本框中输入值 4、30、35，并分别按 Enter 键确认。

③ 单击 ✔ 按钮，完成直线的绘制。

（5）绘制图 5.4.23 所示的圆弧。

① 选择命令。选择下拉菜单 C 绘图 ➡ A 圆弧 ➡ T 切弧 命令，系统弹出"圆弧切线"工具栏。

② 定义创建方式。在"圆弧切线"工具栏中单击 ⬚ 按钮使其处于按下状态。

③ 定义相切对象和通过点。在 ⬚ 文本框中输入值 300，按 Enter 键确认；在绘图区选取步骤（3）所绘制的圆为相切对象；分别在"自动抓点"工具栏的 ⬚X 文本框、⬚Y 文本框和 ⬚Z 文本框中输入值 36、15.5、35，并分别按 Enter 键确认，此时在绘图区显示符合参数的所有圆弧，选取图 5.4.24 所示的圆弧为保留圆弧。

④ 单击 ✔ 按钮，完成圆弧的绘制。

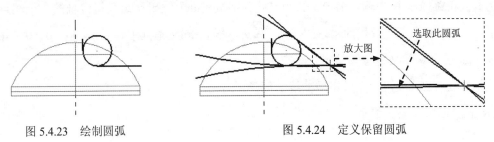

图 5.4.23　绘制圆弧　　　　　　图 5.4.24　定义保留圆弧

（6）修剪曲线，如图 5.4.25 所示。

a）修剪前

b）修剪后

图 5.4.25　修剪曲线

① 选择命令。选择下拉菜单 <kbd>E 编辑</kbd> ➡ <kbd>T 修剪/打断 ▶</kbd> ➡ <kbd>T 修剪/打断/延伸</kbd> 命令，系统弹出"修剪/延伸/打断"工具栏。

② 设置修剪方式。在"修剪/延伸/打断"工具栏中单击 按钮使其处于按下状态。

③ 定义修剪曲线。在要修剪的曲线上单击鼠标左键，修剪之后如图 5.4.25b 所示。

④ 单击 按钮，完成曲线的修剪。

（7）标注尺寸。在 下拉列表中选择第一个选项 。选择下拉菜单 <kbd>C 绘图</kbd> ➡ <kbd>D 尺寸标注 ▶</kbd> ➡ <kbd>S 快速标注</kbd> 命令，标注尺寸如图 5.4.26 所示。

（8）创建图 5.4.27 所示的镜像曲线。

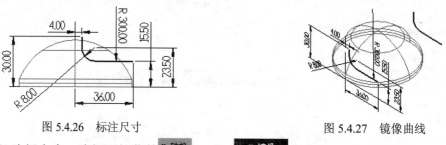

图 5.4.26　标注尺寸

图 5.4.27　镜像曲线

① 选择命令。选择下拉菜单 <kbd>X 转换</kbd> ➡ <kbd>M 镜像...</kbd> 命令。

② 在"Graphics Views"工具栏中单击 按钮，调整构图平面为顶视图平面。

③ 定义镜像对象。在绘图区选取草图 3 所绘制的曲线为镜像对象，在"标准选择"工具栏中单击 按钮完成镜像对象的定义，同时系统弹出"镜射选项"对话框。

④ 定义镜像轴。在 <kbd>轴向</kbd> 区域单击 按钮，然后分别在"自动抓点"工具栏的 <kbd>X</kbd> 文本框、<kbd>Y</kbd> 文本框和 <kbd>Z</kbd> 文本框中输入值 0、0、0，并分别按 Enter 键确认定义镜像轴的一个端点；分别在"自动抓点"工具栏的 <kbd>X</kbd> 文本框、<kbd>Y</kbd> 文本框和 <kbd>Z</kbd> 文本框中输入值 10、0、0，并分别按 Enter 键确认定义镜像轴的另一个端点。

⑤ 单击 按钮，完成镜像曲线的创建。

Step8. 编辑图层 3 显示。

（1）在状态栏中单击 层别 按钮，系统弹出"层别管理"对话框。

（2）单击 突显 列表中的"草图 2"层前的列表框，显示 × 。

（3）单击 ✓ 按钮，完成编辑操作。

Step9. 创建图 5.4.28 所示的举升曲面。

（1）在状态栏的 层别 按钮后的文本框中输入值 1，并按 Enter 键确认。

（2）选择命令。选择下拉菜单 C 绘图 ➡ U 曲面 ▶ ➡ L 直纹/举升曲面 命令，系统弹出"串连选项"对话框。

（3）定义举升外形。在绘图区依次选取草图 3 所绘制的曲线、草图 2 所绘制的曲线和镜像曲线为举升的三个外形，单击 ✓ 按钮完成轮廓曲线的定义，同时系统弹出"直纹/举升"工具栏。

（4）单击 ✓ 按钮，完成举升曲面的创建。

Step10. 编辑图层 3 和图层 4 的图素不显示。

（1）在状态栏中单击 层别 按钮，系统弹出"层别管理"对话框。

（2）单击 突显 列表中的"草图 2"层前的 × ，使其消失；单击 突显 列表中的"草图 3"层前的 × ，使其消失。

（3）单击 ✓ 按钮，完成编辑操作。

Step11. 创建图 5.4.29 所示的镜像曲面。

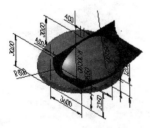

图 5.4.28　举升曲面　　　　　　　　图 5.4.29　镜像曲面

（1）选择命令。选择下拉菜单 X 转换 ➡ M 镜像... 命令。

（2）定义镜像对象。在绘图区选取举升曲面为镜像对象，在"标准选择"工具栏中单击 ⚫ 按钮完成镜像对象的定义，同时系统弹出"镜射选项"对话框。

（3）定义镜像轴。在 轴向 区域单击 ⬌ 按钮，然后分别在"自动抓点"工具栏的 X 文本框、Y 文本框和 Z 文本框中输入值 0、0、0，并分别按 Enter 键确认定义镜像轴的一个端点；分别在"自动抓点"工具栏的 X 文本框、Y 文本框和 Z 文本框中输入值 0、10、0，并分别按 Enter 键确认定义镜像轴的另一个端点。

（4）单击 按钮，完成镜像曲面的创建。

Step12. 创建图 5.4.30b 所示的修剪曲面。

图 5.4.30　修剪曲面

（1）选择命令。选择下拉菜单 `C 绘图` ➡ `U 曲面 ▶` ➡ `T 曲面修剪 ▶` ➡ `S 修整至曲面..` 命令。

（2）定义修剪曲面。在绘图区选取图 5.4.30a 所示的第一个曲面，在"标准选择"工具栏中单击 ⬤ 按钮完成第一个曲面的定义；在绘图区选取图 5.4.30a 所示的第二个曲面，在"标准选择"工具栏中单击 ⬤ 按钮完成第二个曲面的定义，同时系统弹出"曲面至曲面"工具栏。

（3）定义保留部分。在第一个修剪曲面上单击，此时会出现箭头，将箭头移动到图 5.4.31 所示的位置单击鼠标左键；在第二个修剪曲面上单击，此时会出现箭头，将箭头移动到图 5.4.32 所示的位置单击鼠标左键。

图 5.4.31　定义第一个曲面的保留部分

图 5.4.32　定义第二个曲面的保留部分

（4）单击 ☑ 按钮，完成曲面的修剪。

Step13. 参照 Step12 创建图 5.4.33b 所示的修剪曲面。

图 5.4.33　修剪曲面

Step14. 创建图 5.4.34 所示的倒圆角。

图 5.4.34　倒圆角

（1）选择命令。选择下拉菜单 C 绘图 ➡ U 曲面 ▶ ➡ I 曲面倒圆角 ▶ ➡
S 曲面与曲面导圆角 命令。

（2）定义倒圆角曲面。在绘图区选取图 5.4.30a 所示的第一组曲面，在"标准选择"工具栏中单击 按钮完成第一组曲面的定义；在绘图区选取图 5.4.30a 所示的曲面为第二组曲面，在"标准选择"工具栏中单击 按钮完成第二组曲面的定义。

（4）设置倒圆角参数。在"曲面与曲面倒圆角"对话框的 文本框中输入值 1；选中 ✔ 修剪 复选框。

（5）单击 按钮，完成倒圆角的创建。

Step15. 参照 Step14 创建图 5.4.35b 所示的倒圆角，圆角半径值为 5。

图 5.4.35　倒圆角

Step16. 保存文件。输入文件名"GAS_OVEN_SWITCH"。

第6章　创建曲面曲线

本章提要　本章中介绍的曲线功能是在曲面或实体上进行创建的，其中绝大部分曲线是曲面上的曲线。希望通过本章的学习，读者对 MasterCAM X6 的创建曲面上的曲线有更深刻的理解。本章的内容包括：

- 单一边界
- 所有曲线边界
- 缀面边线
- 曲面流线
- 动态绘曲线
- 曲面剖切线
- 曲面曲线
- 分模线
- 曲面交线

6.1　单一边界

使用"单一边界"命令 可以在指定的曲面或实体的边缘生成单一的边界曲线。下面以图 6.1.1 所示的模型为例讲解单一边界的创建过程。

a）创建前

b）创建后

图 6.1.1　创建单一边界

Step1. 打开文件 D:\mcx6\work\ch06.01\CURVE_ON_ONE_EDGE.MCX-6。

Step2. 选择命令。选择下拉菜单 C 绘图 ➡ V 曲面曲线 ➡ 0 单一边界 命令，系统弹出图 6.1.2 所示的"单一边界线"工具栏。

图 6.1.2　"单一边界线"工具栏

图 6.1.2 所示的"单一边界线"工具栏中部分选项的说明如下：

- ▨文本框：用于设置在经过剪裁的曲面上创建边界时边界的起始和终止位置。系统会根据定义的值预测曲面边界线并计算其终止点，这个终止点是该边界改变方向的位置，其位置是根据大于或等于定义值计算而得的。
- ▨按钮：用于设置是否使用适合的圆弧或线来创建曲面边界线。

Step3. 定义边界的附着面和边界位置。选取图 6.1.3 所示的曲面为边界的附着面，此时在所选取的曲面上出现图 6.1.4 所示的箭头。移动鼠标，将箭头移动到图 6.1.5 所示的位置单击鼠标左键，此时系统自动生成创建的边界预览。

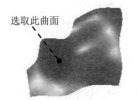

图 6.1.3　定义附着面　　　　　图 6.1.4　出现箭头　　　　　图 6.1.5　定义边界位置

Step4. 单击✔按钮完成单一边界的创建，结果如图 6.1.1b 所示。

6.2　所有曲线边界

使用"所有曲线边界"命令 ▨ A 所有曲线边界 是在指定的曲面或实体的边缘生成边界曲线。下面以图 6.2.1 所示的模型为例讲解所有曲线边界的创建过程。

a）创建前　　　　　　　　　　　　　　　　　　b）创建后

图 6.2.1　创建所有曲线边界

Step1. 打开文件 D:\mcx6\work\ch06.02\CURVE_ON_ALL_EDGE.MCX-6。

Step2. 选择命令。选择下拉菜单 C 绘图 ➡ V 曲面曲线 ▶ ➡ A 所有曲线边界 命令系统弹出图 6.2.2 所示的"创建所有边界线"工具栏。

图 6.2.2　　"创建所有边界线"工具栏

图 6.2.2 所示的"创建所有边界线"工具栏中部分选项的说明如下：

- 按钮：用于重新选取附着曲面。单击此按钮，用户可以在绘图区选取要创建边界的曲面或实体。

- 按钮：用于设置仅在开放边界创建曲线，其使用效果如图 6.2.3 所示。

a）弹起状态　　　　　　　　　　　　　　b）按下状态

图 6.2.3　　"开放边界"按钮的使用效果

- 文本框：用于设置在经过剪裁的曲面上创建边界时的边界起始和终止位置。系统会根据定义的值预测曲面边界直线并计算其终止点，这个终止点是该边界改变方向的位置，其位置是根据大于或等于定义值计算而得的。

- 按钮：用于设置是否使用适合的圆弧或线来创建曲面边界线。

Step3. 定义附着曲面。在绘图区选取图 6.2.1a 所示的面为附着曲面，然后在"标准选择"工具栏中单击 按钮完成附着曲面的定义。

Step4. 单击 按钮完成所有曲线边界的创建，结果如图 6.2.1b 所示。

6.3　缀面边线

使用"缀面边线"命令 是在定义的曲面上沿着曲面的一个或两个方向，在指定位置构建曲线。下面以图 6.3.1 所示的模型为例讲解缀面边线的创建过程。

a）创建前　　　　　　　　　　　　　　　　　　b）创建后

图 6.3.1　　创建缀面边线

Step1. 打开文件 D:\mcx6\work\ch06.03\CURVE_CONSTANT_PARAMETER.MCX-6。

Step2. 选择命令。选择下拉菜单  命令，系统弹出图 6.3.2 所示的"绘制指定位置的曲线曲面"工具栏。

图 6.3.2　"绘制指定位置的曲线曲面"工具栏

图 6.3.2 所示的"绘制指定位置的曲线曲面"工具栏中部分选项的说明如下：

- 按钮：用于调整固定曲线的方向，有三种状态，分别为 、 和 ，其对应结果分别如图 6.3.3~图 6.3.5 所示。

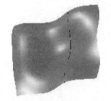　　

图 6.3.3　状态 1　　　　　图 6.3.4　状态 2　　　　　图 6.3.5　状态 3

- 下拉列表：用于设置创建的固定曲线的质量控制类型。此下拉列表锁定在"弦差"选项。系统会自动在 NURBS 曲面和等参数曲面上创建精确的曲线，而在其他类型的曲面上创建近似于 NURBS 曲线的弦高曲线。

- 文本框：用于设置创建固定曲线的弦差值。此值限定了创建的固定曲线与指定曲面的最大距离。

Step3. 定义固定曲线的附着面与位置。选取图 6.3.6 所示的曲面为固定曲线的附着面，此时在所选取的曲面上出现图 6.3.7 所示的箭头，移动鼠标将箭头移动到图 6.3.8 所示的位置单击鼠标左键，此时系统自动生成创建的固定曲线预览。

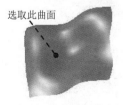　　

图 6.3.6　定义附着面　　　图 6.3.7　箭头　　　　　图 6.3.8　定义固定曲线位置

Step4. 单击 按钮完成缀面边线的创建，如图 6.3.1b 所示。

6.4　曲　面　流　线

使用"曲面流线"命令可以在定义的曲面上沿着曲面在常数参数方向上创建指定间距的参数曲线。下面以图 6.4.1 所示的模型为例讲解曲面流线的创建过程。

a）创建前
图 6.4.1　创建曲面流线
b）创建后

Step1.　打开文件 D:\mcx6\work\ch06.04\CURVE_FLOWLINE.MCX-6。

Step2.　选择命令。选择下拉菜单  命令，系统弹出图 6.4.2 所示的"流线曲线"工具栏。

图 6.4.2　"流线曲线"工具栏

图 6.4.2 所示的"流线曲线"工具栏中部分选项的说明如下：

- 按钮：用于调整流线曲线的方向，有两种状态，分别为 ⟨⟩ 和 ⟨⟩，如图 6.4.3 和图 6.4.4 所示。

图 6.4.3　状态 1
图 6.4.4　状态 2

- 弦差 下拉列表：用于设置创建的流线曲线的质量控制类型。此下拉列表锁定在"弦差"选项。系统会自动在 NURBS 曲面和等参数曲面上创建精确的曲线；而在其他类型的曲面上创建近似于 NURBS 曲线的弦高曲线。

- 0.02 文本框：用于设置创建流线曲线的弦差值。此值限定了创建的流线曲线与指定曲面的最大距离。

● 下拉列表：用于设置创建的流线曲线的数量控制方式，包括 弦差 选项、距离 选项和 编号 选项。

　☑　弦差 选项：用于设置使用弦高的方式控制流线曲线的数量。用户可以在其后的文本框中设置创建流线曲线的公差值。此值限定了创建的流线曲线与指定曲面的最大距离。使用此种方法创建的流线曲线的数量与间距是根据所选取的曲面或实体面的形状和复杂程度而定的。

　☑　距离 选项：用于设置使用相邻两条流线曲线之间的距离控制流线曲线的数量。用户可以在其后的文本框中定义相邻两条流线曲线之间的距离值。

　☑　编号 选项：用于设置使用数值控制流线曲线的数量。用户可以在其后的文本框中定义要创建流线曲线的数量。

Step3. 定义流线曲线的附着面。在绘图区选取图 6.4.1a 所示的曲面为流线曲线的附着面。

Step4. 设置流线曲线的参数。在"流线曲线"工具栏的 下拉列表中选择 编号 选项，并在其后的文本框中输入值 5。

Step5. 单击 按钮完成曲面流线的创建，如图 6.4.1b 所示。

6.5　动态绘曲线

使用"动态绘曲线"命令 D 动态绘曲线 可以在定义的曲面上绘制任意曲线。下面以图 6.5.1 所示的模型为例讲解动态绘曲线的创建过程。

a）创建前　　　　　　　　　　　　　　　　　　　　b）创建后

图 6.5.1　动态绘曲线

Step1. 打开文件 D:\mcx6\work\ch06.05\CURVE_DYNAMIC.MCX-6。

Step2. 选择命令。选择下拉菜单 C 绘图 ➡ V 曲面曲线 ▶ ➡ D 动态绘曲线 命令，系统弹出图 6.5.2 所示的"绘制动态曲线"工具栏。

图 6.5.2 "绘制动态曲线"工具栏

图 6.5.2 所示的"绘制动态曲线"工具栏中部分选项的说明如下：

- 文本框：用于设置创建动态曲线的弦差值。此值限定了创建的动态曲线与指定曲面的最大距离。

Step3. 定义动态曲线的附着面并绘制曲线。

（1）定义动态曲线的附着面。选取图 6.5.1a 所示的曲面为动态曲线的附着面，此时在所选取的曲面上出现图 6.5.3 所示的箭头。

（2）绘制动态曲线。按照从左至右的顺序在图 6.5.4 所示的位置依次单击鼠标左键，然后按 Enter 键确认。

图 6.5.3 箭头

图 6.5.4 定义动态曲线通过点

Step4. 单击 按钮完成动态绘曲线的创建，如图 6.5.1b 所示。

6.6 曲面剖切线

使用"曲面剖切线"命令 可以在定义的曲面上创建与指定平面的交线。下面以图 6.6.1 所示的模型为例讲解曲面剖切线的创建过程。

a）创建前

b）创建后

图 6.6.1 创建曲面剖切线

Step1. 打开文件 D:\mcx6\work\ch06.06\CURVE_SLICE.MCX-6。

Step2. 选择命令。选择下拉菜单 C 绘图 → V 曲面曲线 → S 曲面剖切线 命令，系统弹出图 6.6.2 所示的"剖切线"工具栏。

图 6.6.2　"剖切线"工具栏

图 6.6.2 所示的"剖切线"工具栏中部分选项的说明如下：

● ⬛按钮：用于定义剖切平面。单击此按钮，系统弹出"平面选择"对话框。用户可以通过该对话框定义剖切平面的位置。

● ↔文本框：用于定义补正平面的间隔值。当需要创建不同深度的剖切线时使用此文本框，如图 6.6.3 所示。

● ↦文本框：用于定义曲面的偏移距离。如果在此文本框中定义了曲面的偏移距离，则系统会根据定义的值将曲面偏移并与定义的平面相交来创建剖切线，如图 6.6.4 所示。

图 6.6.3　补正平面

图 6.6.4　偏移曲面

● ⬛按钮：用于设置将剖切线连接成一个图素。

● ⬛按钮：用于设置查找多个结果。如果不按下此按钮，系统会将找到的第一个解作为最终结果，如图 6.6.5 所示。

a）弹起状态

图 6.6.5　查找所有结果

b）按下状态

Step3. 定义剖切平面。

① 在"剖切线"工具栏中单击⬛按钮，系统弹出"平面选择"对话框。

② 在"平面选择"对话框的⬛文本框中输入值 2.5，按 Enter 键确认。

③ 单击 ☑ 按钮完成剖切平面的定义。

Step4. 选取要剖切的曲面。在绘图区选取图 6.6.1a 所示的曲面。

Step5. 设置剖切参数。在"剖切线"工具栏的↔文本框中输入值 0；在↦文本框中输入值 0；单击 ![x] 按钮和 ![≈] 按钮使其处于按下状态。

Step6. 单击 ![+] 按钮应用设置参数，然后单击 ![✓] 按钮完成剖切线的创建，如图 6.6.1b 所示。

6.7　曲　面　曲　线

使用"曲面曲线"命令  可以将曲线转为曲面曲线。下面以图 6.7.1 所示的模型为例讲解曲面曲线的创建过程。

a）创建前　　　　　　　　　　　　　　　　　　　　　　　　　b）创建后

图 6.7.1　创建曲面曲线

Step1. 打开文件 D:\mcx6\work\ch06.07\CURVE_SURFACE.MCX-6。

Step2. 选择命令。选择下拉菜单 ![C 绘图] ➡ ![V 曲面曲线 ▶] ➡ ![U 曲面曲线] 命令。

Step3. 定义要转化的曲线。选取图 6.7.2 所示的曲线为要转化的曲线，然后在"标准选择"工具栏中单击 ![●] 按钮，即完成曲线的转化。

Step4. 验证是否转化为曲面曲线。

① 选择命令。选择下拉菜单 ![R 屏幕] ➡ ![B 隐藏图素] 命令。

② 定义隐藏对象。在"标准选择"工具栏中单击 ![单一] 按钮，系统弹出"选取所有单一选择"对话框。

③ 在"选取所有单一选择"对话框的列表框中选中 ![☑ 曲面曲线] 复选框。

④ 单击 ![✓] 按钮关闭"选取所有单一选择"对话框。

⑤ 框选图 6.7.3 所示的所有图素。

选取此曲线

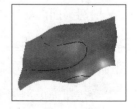

图 6.7.2　定义转化曲线　　　　　　　　　　　　　图 6.7.3　定义隐藏对象

⑥ 在"标准选择"工具栏中单击 ![●] 按钮隐藏图素，如图 6.7.1b 所示。

6.8　分　模　线

使用"创建分模线"命令 P 创建分模线 是将曲面（零件）分为两个部分。下面以图 6.8.1 所示的模型为例讲解分模线的创建过程。

　　a）创建前　　　　　　　　　　　　　　　　　　　　b）创建后

图 6.8.1　创建分模线

Step1. 打开文件 D:\mcx6\work\ch06.08\CURVE_PARTING_LINE.MCX-6。

Step2. 选择命令。选择下拉菜单 C 绘图 ➜ V 曲面曲线 ▶ ➜ P 创建分模线 命令，系统弹出图 6.8.2 所示的"分模线"工具栏。

图 6.8.2　"分模线"工具栏

图 6.8.2 所示的"分模线"工具栏中部分选项的说明如下：

- ⌇下拉列表：用于设置控制创建的分模线的精度，包括 弦差 选项和 距离 选项。
  - ☑ 弦差选项：用于设置使用以弦高的方式控制分模线的质量。用户可以在其后的文本框中设置创建分模线的弦差值。此值限制了创建的分模线与指定曲面的最大距离。
  - ☑ 距离选项：用于设置使用以分模线上点的修正距离控制分模线的质量。修正距离是指分模线上的点在指定曲面或实体面上沿曲线方向的距离。用户可以在其后的文本框中定义点的修正距离值。
- ⊿文本框：用于定义分模线的倾斜角度值。

Step3. 定义要创建分模线的实体面。在"标准选择"工具栏中单击 ☑ 按钮，然后选取图 6.8.1a 所示的模型外表面，单击 ◉ 按钮完成要创建分模线的实体面的定义。

Step4. 设置构图平面。在状态栏中单击 平面 按钮，然后在弹出的快捷菜单中选择 F 前视图 命令。

Step5. 设置分模线参数。在"分模线"工具栏的 文本框中输入值 30，按 Enter 键确认。

Step6. 单击 按钮应用设置参数，再单击 按钮完成分模线的创建，如图 6.8.1b 所示。

6.9 曲面交线

使用"曲面交线"命令 可以在两个曲面或实体的相交位置创建一条曲线。下面以图 6.9.1 所示的模型为例讲解曲面交线的创建过程。

a）创建前   b）创建后

图 6.9.1　创建曲面交线

Step1. 打开文件 D:\mcx6\work\ch06.09\CURVE_INTERSECTION.MCX-6。

Step2. 选择命令。选择下拉菜单 ➡ ➡ 命令，系统弹出"曲线相交"工具栏。

Step3. 定义相交曲面。在绘图区选取图 6.9.1 所示的曲面 1 为第一曲面，然后在"标准选择"工具栏中单击 按钮完成第一曲面的定义；在绘图区选取图 6.9.1 所示的曲面 2 为第二曲面，然后在"标准选择"工具栏中单击 按钮完成第二曲面的定义，此时"曲线交线"工具栏中的参数被激活，如图 6.9.2 所示的。

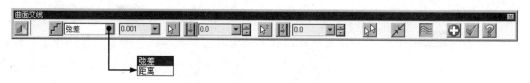

图 6.9.2　"曲线相交"工具栏

图 6.9.2 所示的"曲线交线"工具栏中部分选项的说明如下：

- 下拉列表：用于设置控制创建的交线的精度，包括 选项和 选项。

  ☑ 选项：用于设置使用以弦高的方式控制交线的质量。用户可以在其后的文本框中设置创建交线的弦差值。此值限制了创建的交线与指定曲面的最大距离。

  ☑ 选项：用于设置使用以交线上点的修正距离控制交线的质量。修正距离是指交线上的点在指定曲面或实体面上沿曲线方向的距离。用户可以在其后的文本框中定义点的修正距离值。

- 按钮：用于重新选取第一曲面。单击此按钮，用户可以在绘图区选取一个曲面为第一曲面。

- ⬛ 文本框：用于设置第一曲面的偏移距离值。在此文本框中定义偏移距离，第一曲面的位置是不会改变的，而创建的交线会根据定义的值进行偏移，如图 6.9.3 所示。

- ⬛ 按钮：用于重新选取第二曲面。单击此按钮，用户可以在绘图区选取两个曲面为第二曲面。

- ⬛ 文本框：用于设置第二曲面的偏移距离值。在此文本框中定义偏移距离，第二曲面的位置是不会改变的，而创建的交线会根据定义的值进行偏移，如图 6.9.4 所示。

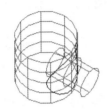

图 6.9.3　第一曲面偏移

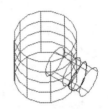

图 6.9.4　第二曲面偏移

- ⬛ 按钮：用于设置创建另一个相交曲线。在出现以下两种情况时可使用此按钮：当用户知道存在一个或者多个交线而系统创建交线失败时，可使用此按钮；当用户知道有多个相交的可能，但又没有按下⬛按钮而又需要创建与系统不同的交线时，可使用此按钮。

- ⬛ 按钮：用于设置将交线连接成一个图素。

- ⬛ 按钮：用于设置查找多个结果。

Step4. 设置交线参数。在"曲线相交"工具栏的⬛文本框中输入值 0，按 Enter 键确认；在⬛文本框中输入值 0，按 Enter 键确认；单击⬛按钮使其处于按下状态。

Step5. 单击⬛按钮完成交线的创建，如图 6.9.1b 所示。

第7章 实体的创建与编辑

本章提要 三维实体能够更具体、更直观地表现物体的结构特征，并且包含丰富的模型信息，为产品的后处理（分析、计算、制造）提供了条件。MasterCAM X6 软件不但为用户提供了基本三维实体的设计，而且还提供了几种常用的创建实体的方法，以及三维实体的编辑功能，同时还能够根据所生成的实体自动生成工程图。本章的内容包括：

- 基本实体的创建
- 实体的创建
- 实体的编辑
- 生成工程图
- 实体操作管理器
- 分析
- 生成工程图
- 综合实例

7.1 基本实体的创建

基本实体是具有规则的、固定形状的实体。在 MasterCAM X6 中提供了圆柱、圆锥、立方体、球和圆环等基本三维实体。创建基本实体的命令主要位于下拉菜单 <kbd>C 绘图</kbd> 的 <kbd>M 基本曲面/实体 ▶</kbd> 子菜单中，如图 7.1.1 所示。同样，在"基础绘图"工具栏中也列出了相应的绘制基本实体的命令，如图 7.1.2 所示。

7.1.1 圆柱

使用"圆柱体"命令 <kbd>C 圆柱体...</kbd> 是通过输入圆柱的半径和高度来创建圆柱体的实体的，当然也可以为创建的圆柱体加一个起始角度和终止角度来创建部分圆柱体。下面以图 7.1.3 所示的模型为例讲解圆柱的创建过程。

Step1. 新建名称为 CYLINDER 的模型。

说明：系统默认新建的是一个空白的文件，只有在我们保存的时候才可以修改模型的名称，下同。

Step2. 选择命令。选择下拉菜单 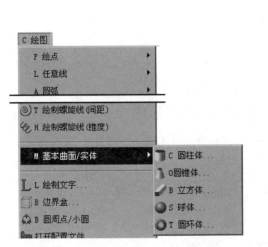 命令，系统弹出"圆柱体"对话框。

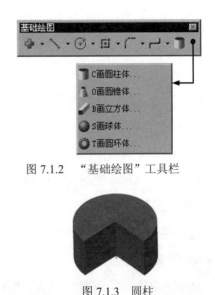

图 7.1.2　　"基础绘图"工具栏

图 7.1.1　　"基本曲面/实体"子菜单

图 7.1.3　　圆柱

Step3. 定义圆柱的基点位置。分别在"自动抓点"的工具栏的 ⊠ 文本框、 ⊻ 文本框和 ⊿ 文本框中输入值 0，0，0，并分别按 Enter 键确认。

Step4. 设置圆柱的参数。在"圆柱体"对话框中选中 ⊙ **实体(S** 单选项，在 ⊘ 文本框中输入值 30，按 Enter 键确认；在 ⬆ 文本框中输入值 30，按 Enter 键确认；单击 ⬇ 按钮显示"圆柱体"对话框的更多选项。在 △ 文本框中输入值 0，按 Enter 键确认；在 △ 文本框中输入值 270，按 Enter 键确认。

Step5. 单击 ✔ 按钮，完成圆柱的创建。

Step6. 保存文件。选择下拉菜单 **F 文件** ➡ **S 保存** 命令，在弹出的"另存为"对话框中输入要创建的模型的名称即可。

7.1.2　圆锥

使用"圆锥体"命令 **O圆锥体...** 是通过输入半径和高度来创建圆锥体，当然也可以在创建的圆锥体上加一个起始角度和终止角度来创建部分圆锥体。下面以图 7.1.4 所示的模型为例讲解圆锥体的创建过程。

Step1. 新建名称为 CONE 的模型。

Step2. 选择命令。选择下拉菜单 **C 绘图** ➡ **M 基本曲面/实体** ➡ **O圆锥体...** 命令，系统弹出"锥体"对话框。

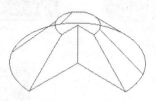

图 7.1.4　圆锥

Step3. 定义圆锥体的基准点位置。分别在"自动抓点"的工具栏的 ⊠ 文本框、Ⅴ 文本框和 Ⅴ 文本框中输入值 0，0，0，并分别按 Enter 键确认。

Step4. 设置圆锥体的参数。在"锥体"对话框中选中 ⊙ 实体(S 单选项，在 文本框中输入值 30，按 Enter 键确认；在 文本框中输入值 20，按 Enter 键确认；在 顶部 区域中选中 ⊙ 单选项，并在其后的文本框中输入值 10，按 Enter 键确认；单击 按钮显示"锥体"对话框的更多选项。在 文本框中输入值 0，按 Enter 键确认；在 文本框中输入值 270，按 Enter 键确认。

Step5. 单击 ✓ 按钮，完成圆锥体的创建。

Step6. 保存文件。选择下拉菜单 F 文件 ➡ 📄 S 保存 命令，在弹出的"另存为"对话框中输入要创建的模型的名称即可。

7.1.3　立方体

使用"立方体"命令 B 立方体... 是通过定义立方体的长度、宽度和高度来创建立方体。下面以图 7.1.5 所示的模型为例讲解立方体的创建过程。

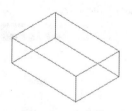

图 7.1.5　立方体

Step1. 新建名称为 BLOCK 的模型。

Step2. 选择命令。选择下拉菜单 C 绘图 ➡ M 基本曲面/实体 ▶ ➡ B 立方体... 命令，系统弹出"立方体选项"对话框。

Step3. 定义立方体曲面的基点位置。分别在"自动抓点"的工具栏的 ⊠ 文本框、Ⅴ 文本框和 Ⅴ 文本框中输入值 0，0，0，并分别按 Enter 键确认。

Step4. 设置立方体曲面的参数。在"立方体选项"对话框中选中 ⊙ 实体(S 单选项，在 🎲

文本框中输入值 30，按 Enter 键确认；在 文本框中输入值 20，按 Enter 键确认；在 文本框中输入值 10，按 Enter 键确认。

　　Step5. 单击 按钮，完成立方体的创建。

　　Step6. 保存文件。选择下拉菜单 文件 ➡ S 保存 命令，在弹出的"另存为"对话框中输入要创建的模型的名称即可。

7.1.4　球

　　使用"球体"命令 S 球体... 是通过定义球的半径来创建球体，当然也可以在创建的球体上加一个起始角度和终止角度来创建部分球体。下面以图 7.1.6 所示的模型为例讲解球体的创建过程。

图 7.1.6　球体

　　Step1. 新建名称为 BALL 的模型。

　　Step2. 选择命令。选择下拉菜单 C 绘图 ➡ M 基本曲面/实体 ▶ S 球体... 命令，系统弹出"圆球选项"对话框。

　　Step3. 定义球体曲面的基点位置。分别在"自动抓点"的工具栏的 文本框、文本框和 文本框中输入值 0，0，0，并分别按 Enter 键确认。

　　Step4. 设置球体的参数。在"圆球选项"对话框中选中 实体(S 单选项，在 文本框中输入值 50，并按 Enter 键确认；单击 按钮显示"圆球选项"对话框的更多选项。在 文本框中输入值 0，按 Enter 键确认；在 文本框中输入值 270，按 Enter 键确认。

　　Step5. 单击 按钮，完成球体的创建。

　　Step6. 保存文件。选择下拉菜单 文件 ➡ S 保存 命令，在弹出的"另存为"对话框中输入要创建的模型的名称即可。

7.1.5　圆环体

　　使用"圆环体"命令 T 圆环体... 是通过定义圆环的半径和最小半径来创建圆环体，当然也可以在创建的圆环体上加一个起始角度和终止角度来创建部分圆环体。下面以图 7.1.7

所示的模型为例讲解圆环体的创建过程。

图 7.1.7   圆环体

Step1. 新建名称为 TORUS 的模型。

Step2. 选择命令。选择下拉菜单 C 绘图 ➡ M 基本曲面/实体 ➡ T 圆环体... 命令，系统弹出"圆环体选项"对话框。

Step3. 定义圆环体曲面的基点位置。分别在"自动抓点"的工具栏的 X 文本框、 Y 文本框和 Z 文本框中输入值 0，0，0，并分别按 Enter 键确认。

Step4. 设置圆环体曲面的参数。在"圆环体选项"对话框中选中 ⊙ 实体(S) 单选项，在 文本框中输入值 50，并按 Enter 键确认；在 文本框中输入值 10，并按 Enter 键确认；单击 按钮显示"圆环体选项"对话框的更多选项。在 扫描 区域的 文本框中输入值 0，并按 Enter 键确认；在 文本框中输入值 270，并按 Enter 键确认。

Step5. 单击 按钮，完成圆环体的创建。

Step6. 保存文件。选择下拉菜单 F 文件 ➡ S 保存 命令，在弹出的"另存为"对话框中输入要创建的模型的名称即可。

7.2   实体的创建

在 MasterCAM X6 中，实体通常是由一个或多个封闭的或者开放的二维图形经过挤出、旋转、举升等命令创建的。创建实体的命令主要位于 S 实体 下拉菜单中，如图 7.2.1 所示。同样，在"实体"工具栏中也列出了相应的创建实体的命令，如图 7.2.2 所示。

7.2.1   挤出实体

使用"挤出实体"命令 ↑ X 挤出实体... 是将指定的一个或多个外形轮廓，沿着指定的方向和距离进行平移所形成的实体。如果所选取的外形轮廓为封闭曲线，可以生成实心实体或空心实体；当所选取的外形轮廓为开放曲线时，只能生成薄壁实体。下面以图 7.2.3 所示的模型为例讲解挤出实体的创建过程。

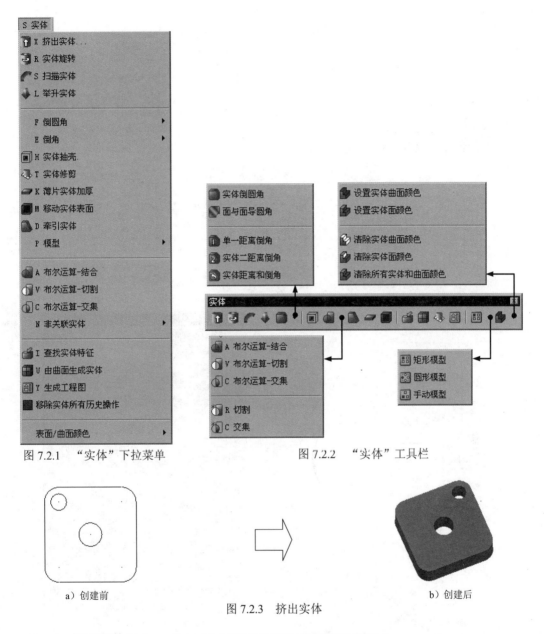

图 7.2.1　"实体"下拉菜单　　　　　　　　图 7.2.2　"实体"工具栏

a）创建前　　　　　　　　　　　　　　　　b）创建后

图 7.2.3　挤出实体

Step1. 打开文件 D：\mcx6\work\ch07.02.01\EXTRUDE.MCX-6。

Step2. 选择命令。选择下拉菜单 S 实体 ➡ ↑ X 挤出实体... 命令，系统弹出"串连选项"对话框。

Step3. 定义外形轮廓。选取图 7.2.4 所示的边线，此时系统会自动为所选取的图素添加方向，如图 7.2.5 所示；选取图 7.2.6 所示的圆，此时系统会自动为所选取的图素添加方向，如图 7.2.7 所示；选取图 7.2.8 所示的圆，此时系统会自动为所选取的图素添加方向，如图

7.2.9 所示；单击 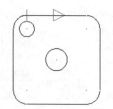 按钮完成轮廓的定义，同时系统弹出 7.2.10 所示的"挤出串连"对话框。

图 7.2.4　选取边线

图 7.2.5　选取方向

图 7.2.6　选取圆

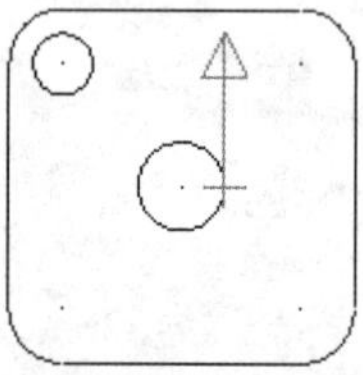

图 7.2.7　选取方向

图 7.2.8　选取圆

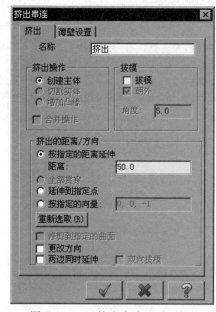

图 7.2.10　"挤出串连"对话框

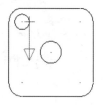

图 7.2.9　选取方向

图 7.2.10 所示的"挤出串连"对话框中的部分选项的说明如下：

➢ **挤出** 选项卡：用于设置挤出的相关参数。

● **名称** 文本框：用于设置挤出特征的名称。

● **挤出操作** 区域：用于设置挤出操作的方式，其中包括 **创建主体** 单选项、**切割实体** 单选项、**增加凸缘** 单选项和 **合并操作** 复选框。

☑ **创建主体** 单选项：用于设置创建新的挤出实体。

☑ 　◉切割实体　单选项：用于设置创建切除的挤出特征。此单选项在创建最初的一个实体时不可用。

☑ 　◉增加凸缘　单选项：用于在现有实体的基础上创建挤出特征。使用此种方式创建的挤出特征的材料与现有的实体相同。此单选项在创建最初的一个实体时不可用。

☑ 　☑合并操作　复选框：用于将多个挤出操作合成一个挤出操作。当同时挤出多个封闭轮廓时，如果不选中此复选框，则系统会在操作管理器中创建相应个数的挤出特征；反之，则创建一个挤出特征。

● 　拔模　区域：用于设置拔模角的相关参数，其中包括☑拔模复选框、☑朝外复选框和角度:文本框。

☑ 　☑拔模　复选框：用于设置创建拔模角，如图 7.2.11 所示。

☑ 　☑朝外　复选框：用于设置拔模方向相对于挤出轮廓为朝外，如图 7.2.12 所示；反之，则朝内，如图 7.2.13 所示。

图 7.2.11　拔模　　　　　　　　　　图 7.2.12　朝外拔模

☑ 　角度:文本框：用于定义拔模角度。

● 　挤出的距离/方向　区域：用于设置挤出距离/方向的相关参数，其中包括◉按指定的距离延伸单选项、距离:文本框、◉全部贯穿单选项、◉延伸到指定点单选项、◉按指定的向量:单选项、重新选取(R)按钮、☑修剪到指定的曲面复选框、☑更改方向复选框、☑两边同时延伸复选框和☑双向拔模复选框。

☑ 　◉按指定的距离延伸　单选项：用于设置按照指定的挤出距离进行挤出。

☑ 　距离:文本框：用于定义挤出的距离值。

☑ 　◉全部贯穿　单选项：用于定义创建的挤出特征完全贯穿所选择的实体，如图 7.2.14 所示。

☑ 　◉延伸到指定点　单选项：用于根据指定点的位置来确定挤出的长度，如图 7.2.14 所示。

☑ 按指定的向量单选项：用于根据定义的向量来确定挤出的距离和方向。用户可以在其后的文本框中输入值来定义向量参数，如图 7.2.14 所示。

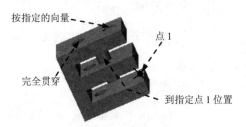

图 7.2.13　朝内拔模　　　　　　　　　　　图 7.2.14　挤出距离

☑ 重新选取(R)按钮：用于重新定义挤出方向。单击此按钮，系统弹出图 7.2.15 所示的"实体串连方向"工具栏。用户可以通过此工具栏重新定义挤出方向。

图 7.2.15　"实体串连方向"工具栏

☑ ☑修剪到指定的曲面复选框：用于设置将挤出体挤出到选定的曲面并进行修剪。

☑ ☑更改方向复选框：用于设置更改挤出方向。

☑ ☑两边同时延伸复选框：用于设置以挤出轮廓为中心向两边同时挤出，如图 7.2.16 所示。

☑ ☑双向拔模复选框：用于设置挤出两边同时拔模，如图 7.2.17 所示。当同时选中 ☑拔模角复选框和 ☑两边同时延伸复选框时此复选框可用。

图 7.2.16　两边同时延伸　　　　　　　　　　图 7.2.17　双向拔模

➢ 薄壁设置选项卡：用于设置薄壁的相关参数。

● 薄壁设置区域：用于设置薄壁特征的相关参数，其中包括☑薄壁实体复选框、⊙厚度朝内单选项、⊙厚度朝外单选项、⊙双向单选项、朝内的厚度文本框、朝外的厚度文本框和 ☑开放轮廓的两端同时产生拔模角复选框。

☑ ☑薄壁实体复选框：用于设置创建薄壁实体。选中此复选框后才能设置其他参数。

☑ ⊙厚度朝内单选项：用于设置薄壁实体的厚度方向相对于挤出轮廓向内，如图

7.2.18 所示。

☑ 　⦿ 厚度朝外 单选项：用于设置薄壁实体的厚度方向相对于挤出轮廓向外，如图
7.2.19 所示。

☑ 　⦿ 双向 单选项：用于设置薄壁实体的厚度方向相对于挤出轮廓向两侧，如
图 7.2.20 所示。

图 7.2.18　厚度朝内　　　　图 7.2.19　厚度朝外　　　　图 7.2.20　双向

☑ 　朝内的厚度 文本框：用于定义薄壁的朝内的厚度值。

☑ 　朝外的厚度 文本框：用于定义薄壁的朝外的厚度值。

☑ 　☑ 开放轮廓的两端同时产生拔模角 复选框：用于设置开放轮廓的两端同时产生拔模角。

图 7.2.15 所示的"实体串连方向"工具栏中的部分选项的说明如下：

- 　按钮：用于根据挤出轮廓的串连方向设置挤出方向，其判断的方式符合右手定则。四指握拳，拇指直立，将四指的方向调整到与挤出轮廓的串联方向相同，则拇指方向为挤出方向。

- 　按钮：用于设置挤出方向为定义的一条链的方向。单击此按钮，用户可以在绘图区选取一条链来定义挤出方向。

- 　按钮：用于设置挤出方向为 Z 轴方向。

- 　按钮：用于以直线的方向定义挤出方向。单击此按钮，用户可以在绘图区选取一条直线来定义挤出方向。

- 　按钮：用于以两点的方式定义挤出方向。单击此按钮，用户可以在绘图区选取两点来定义挤出方向。

- 　按钮：用于调整所有挤出方向为当前的反方向。

- 　按钮：用于调整一个链串的挤出方向。单击此按钮，用户可以在绘图区选取要调整方向的链，选取之后系统会自动调整其方向。

Step4. 设置挤出参数。在"挤出串连"对话框的 挤出的距离/方向 区域中选中 ⦿ 按指定的距离延伸
单选项，然后在 距离 文本框中输入值 20；选中 ☑ 更改方向 复选框。

Step5. 单击 ✔ 按钮，完成挤出特征的创建。

7.2.2　实体旋转

使用"实体旋转"命令 R 实体旋转 是将指定的一个或多个外形轮廓，绕着定义的旋转轴旋转所形成的实体。下面以图 7.2.21 所示的模型为例讲解实体旋转的创建过程。

a）创建前　　　　　　　　　　　　　　　　　　　　　b）创建后

图 7.2.21　实体旋转

Step1. 打开文件 D:\mcx6\work\ch07.02.02\REVOLVE.MCX-6。

Step2. 选择命令。选择下拉菜单 S 实体 ➡ R 实体旋转 命令，系统弹出"串连选项"对话框。

Step3. 定义外形轮廓。选取图 7.2.22 所示的边线，此时系统会自动为所选取的图素添加方向，如图 7.2.23 所示；单击 ✓ 按钮完成旋转轮廓的定义。

图 7.2.22　选取边线　　　　　　　　　　　　　图 7.2.23　选取方向

Step4. 定义旋转轴。选取图 7.2.24 所示的虚线为旋转轴，系统会在绘图区显示旋转方向，如图 7.2.25 所示。同时系统弹出 7.2.26 所示的"方向"对话框。单击 ✓ 按钮完成旋转轴的定义，此时系统弹出图 7.2.27 所示的"旋转实体的设置"对话框。

图 7.2.24　定义旋转轴　　　　　图 7.2.25　旋转方向　　　　　图 7.2.26　"方向"对话框

图 7.2.26 所示的"方向"对话框中的部分选项的说明如下：

- 重新选取轴（直线）(A) 按钮：用于重新选取旋转轴。单击此按钮，用户可以在绘图区选取一条直线作为旋转轴线。

- 反向(R) 按钮：用于调整旋转方向。

图 7.2.27　"旋转实体的设置"对话框

图 7.2.27 所示的"旋转实体的设置"对话框中的部分选项的说明如下：

➢ <u>旋转</u>选项卡：用于设置旋转的相关参数。

● <u>名称</u>文本框：用于设置旋转特征的名称。

● <u>旋转操作</u>区域：用于设置旋转操作的方式，其包括<u>⊙创建主体</u>单选项、<u>⊙切割实体</u>单选项、<u>⊙增加凸缘</u>单选项和<u>☑合并操作</u>复选框。

 ☑ <u>⊙创建主体</u>单选项：用于设置创建新的旋转实体。

 ☑ <u>⊙切割实体</u>单选项：用于设置创建切除的旋转特征。此单选项在创建最初的一个实体时不可用。

 ☑ <u>⊙增加凸缘</u>单选项：用于在现有实体的基础上创建旋转特征。使用此种方式创建的旋转特征的材料与现有的实体相同。此单选项在创建最初的一个实体时不可用。

 ☑ <u>☑合并操作</u>复选框：用于将多个旋转操作合成一个旋转操作。当同时旋转多个封闭轮廓时，如果不选中此复选框，则系统会在操作管理器中创建相应个数的旋转特征；反之，则创建一个旋转特征。

● <u>角度/轴向</u>区域：用于设置旋转角度和轴线的相关参数，其包括<u>起始角度</u>文本框、<u>终止角度</u>文本框、<u>重新选取(R)</u>按钮和<u>☑反向</u>复选框。

 ☑ <u>起始角度</u>文本框：用于设置旋转的起始角度值。

 ☑ <u>终止角度</u>文本框：用于设置选装的终止角度值。

 ☑ <u>重新选取(R)</u>按钮：用于重新选取旋转轴。单击此按钮，用户可以在绘图区重新选取一条直线作为旋转轴线。

☑　☑ 反向 复选框：用于设置改变旋转方向。

➢ 薄壁设置 选项卡：用于设置薄壁设置的相关参数。

● 薄壁设置 区域：用于设置薄壁特征的相关参数，其中包括 ☑ 薄壁实体 复选框、 ◉ 厚度朝内 单选项、 ◉ 厚度朝外 单选项、 ◉ 双向 单选项、 朝内的厚度 文本框和 朝外的厚度 文本框。

☑　☑ 薄壁实体 复选框：用于设置创建薄壁实体。当选中此复选框时， 薄壁设置 区域才可被激活。

☑　◉ 厚度朝内 单选项：用于设置薄壁实体的厚度方向相对于旋转轮廓向内。

☑　◉ 厚度朝外 单选项：用于设置薄壁实体的厚度方向相对于旋转轮廓向外。

☑　◉ 双向 单选项：用于设置薄壁实体的厚度方向相对于旋转轮廓向两侧。

☑　朝内的厚度 文本框：用于定义薄壁的朝内的厚度值。

☑　朝外的厚度 文本框：用于定义薄壁的朝外的厚度值。

Step5. 设置旋转参数。在"旋转实体的设置"对话框的 角度/轴向 区域的 起始角度 文本框中输入值 0；在 终止角度 文本框中输入值 360。

Step6. 单击 ✓ 按钮，完成实体旋转的创建。

7.2.3　扫描

使用"扫描实体"命令 S 扫描实体 是将指定的一个或多个共面且封闭的外形轮廓，沿着定义的一条轨迹进行扫描所形成的实体。下面以图 7.2.28 所示的模型为例讲解扫描特征的创建过程。

a）创建前　　　　　　　　　　　　　　　　　　b）创建后

图 7.2.28　扫描实体

Step1. 打开文件 D:\mcx6\work\ch07.02.03\SWEEP.MCX-6。

Step2. 选择命令。选择下拉菜单 S 实体 ➡ S 扫描实体 命令，系统弹出"串连选项"对话框。

Step3. 定义扫描外形轮廓。选取图 7.2.29 所示的圆，此时系统会自动为所选取的图素添加方向，如图 7.2.30 所示；单击 ✓ 按钮完成扫描外形轮廓的定义，此时系统再次弹出"串连选项"对话框。

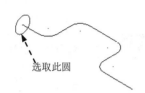

图 7.2.29　定义扫描外形轮廓

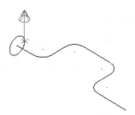

图 7.2.30　选取方向

Step4. 定义扫描轨迹。选取图 7.2.31 所示的曲线，此时系统会自动选取与此曲线相连的所有图素并弹出图 7.2.32 所示的"扫描实体"对话框。

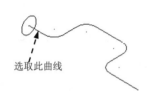

图 7.2.31　定义扫描外形轮廓

图 7.2.32　"扫描实体"对话框

图 7.2.32 所示的"扫描实体"对话框中的部分选项的说明如下：

- **名称** 文本框：用于设置扫描的名称。

- **扫描操作** 区域：用于设置扫描操作的方式，其中包括 **创建主体** 单选项、**切割实体** 单选项、**增加凸缘** 单选项和 **合并操作** 复选框。

  - ☑ **创建主体** 单选项：用于设置创建新的扫描实体。

  - ☑ **切割实体** 单选项：用于设置创建切除的扫描特征。此单选项在创建最初的一个实体时不可用。

  - ☑ **增加凸缘** 单选项：用于在现有实体的基础上创建扫描特征。使用此种方式创建的扫描特征的材料与现有的实体相同。此单选项在创建最初的一个实体时不可用。

  - ☑ **合并操作** 复选框：用于将多个扫描操作合成一个扫描操作。当同时扫描多个封闭轮廓时，如果不选中此复选框，则系统会在操作管理器中创建相应个数的扫描特征；反之，则创建一个扫描特征。

Step5. 单击 按钮，完成扫描特征的创建。

7.2.4　举升实体

使用"举升实体"命令 **L 举升实体** 是将多个截面图形按照一定的顺序以平滑或线性方式

连接起来所形成的实体。下面以图 7.2.33 所示的模型为例讲解举升实体特征的创建过程。

Step1. 打开文件 D:\mcx6\work\ch07.02.04\LIFT.MCX-6。

Step2. 选择命令。选择下拉菜单 命令，系统弹出"串连选项"对话框。

a）创建前

b）创建后

图 7.2.33　举升实体

Step3. 定义截面轮廓。

① 选取第一个截面轮廓。选取图 7.2.34 所示的直线，此时系统会自动选取与此直线相连的所有图素并添加串连方向，如图 7.2.35 所示。

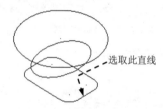

图 7.2.34　定义第一个举升截面轮廓

图 7.2.35　选取方向

② 选取第二个截面轮廓。选取图 7.2.36 所示的椭圆，此时系统会自动为此图素添加串连方向，如图 7.2.37 所示。

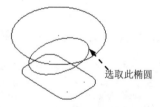

图 7.2.36　定义第二个举升截面轮廓

图 7.2.37　选取方向

③ 选取第三个截面轮廓。选取图 7.2.38 所示的圆，此时系统会自动为此图素添加串连方向，如图 7.2.39 所示。

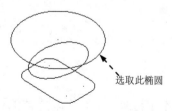

图 7.2.38　定义第三个举升截面轮廓

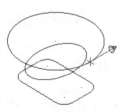

图 7.2.39　选取方向

④ 单击  按钮完成截面轮廓的定义，此时系统弹出图 7.2.40 所示的"举升实体"对话框。

图 7.2.40　"举升实体"对话框

a）举升　　　　　　　b）直纹

图 7.2.41　举升和直纹

图 7.2.40 所示的"举升实体"对话框中的部分选项的说明如下：

● ☑ 以直纹方式产生实体 复选框：用于设置创建直纹实体，如图 7.2.41b 所示。

Step4. 设置举升参数。在"举升实体"对话框中取消选中 □ 以直纹方式产生实体 复选框。

Step5. 单击 ✓ 按钮，完成举升特征的创建。

7.2.5　由曲面生成实体

使用"由曲面生成实体"命令 U 由曲面生成实体 是将根据曲面生成实体。下面以图 7.2.42 所示的模型为例讲解由曲面生成实体的创建过程。

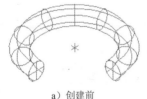

a）创建前

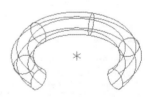

b）创建后

图 7.2.42　由曲面生成实体

Step1. 打开文件 D:\mcx6\work\ch07.02.05\SOLID_FROM_SURFACE.MCX。

Step2. 选择命令。选择下拉菜单 S 实体 ➡ U 由曲面生成实体 命令，系统弹出图 7.2.43 所示的"曲面转为实体"对话框。

Step3. 设置串连选项。在"曲面转为实体"对话框中选中 ☑ 使用所有可以看见的曲面 复选框；在 原始的曲面 区域中选中 ⊙ 删除 单选项；在 实体的层别 区域中选中 ☑ 使用当前层别 复选框。

Step4. 单击 ✓ 按钮，完成由曲面转为实体的创建。

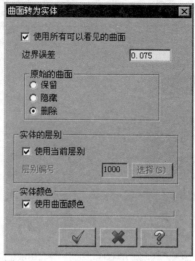

图 7.2.43　"曲面转为实体"对话框

图 7.2.43 所示的"曲面转为实体"对话框中的部分选项的说明如下：

- **☑ 使用所有可以看见的曲面** 复选框：用于设置由当前绘图区的所有可见曲面创建实体。

- **边界误差** 文本框：用于设置曲面边界间允许的最大间隙值。如果超过了最大间隙值，则此曲面将不会被转为实体。

- **原始的曲面** 区域：用于设置处理原始曲面的方式，其包括 **⊙ 保留** 单选项、**⊙ 隐藏** 单选项 和 **⊙ 删除** 单选项。

  - ☑ **⊙ 保留** 单选项：用于设置保留原始曲面。

  - ☑ **⊙ 隐藏** 单选项：用于设置隐藏原始曲面。

  - ☑ **⊙ 删除** 单选项：用于设置删除原始曲面。

- **实体的层别** 区域：用于设置曲面转为实体后实体的所在图层，其包括 **☑ 使用当前层别** 复选框、**层别编号:** 文本框和 **选择(S)** 按钮。

  - ☑ **☑ 使用当前层别** 复选框：用于设置转换的实体放置在当前的图层中。

  - ☑ **层别编号:** 文本框：用于设置转换的实体放置在指定的图层中。用户可以在此文本框中定义放置的图层编号。

  - ☑ **选择(S)** 按钮：用于在现有的图层中选择转为实体的放置图层。单击此按钮，系统弹出"层别"对话框。用户可以通过该对话框选取转为实体的放置图层。

7.3　实体的编辑

在 MasterCAM X6 中，实体编辑包括倒圆角、倒角、抽壳、加厚、实体修剪、牵引实体、移除实体表面、结合、切割、交集等。创建实体的命令主要位于 S 实体 下拉菜单中，如图 7.3.1 所示。同样，在"实体"工具栏中也列出了相应的创建实体的命令，如图 7.3.2 所示。

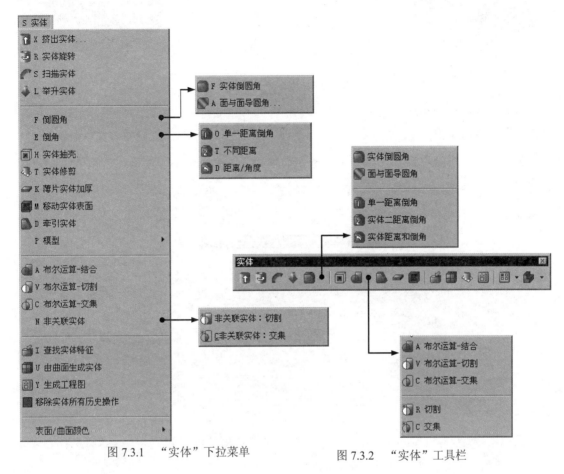

图 7.3.1 "实体"下拉菜单　　　　　图 7.3.2 "实体"工具栏

7.3.1 倒圆角

倒圆角可以在定义的实体边界线上产生圆角过渡。MasteCAM X6 为用户提供了两种倒圆角的命令，分别为"实体倒圆角"命令 F 实体倒圆角 和"面与面倒圆角"命令 A 面与面导圆角... 。下面将分别介绍使用两种倒圆角命令进行倒圆角的创建过程。

1. 固定半径倒圆角

"实体倒圆角"命令 F 实体倒圆角 可以创建固定半径倒圆角。下面以图 7.3.3 所示的模型为例讲解固定倒圆角的创建过程。

Step1. 打开文件 D:\mcx6\work\ch07.03.01\FILLET.MCX-6。

Step2. 选择命令。选择下拉菜单 S 实体 ➡ F 倒圆角 ▶ ➡ F 实体倒圆角 命令。

选取此边线

a）创建前 b）创建后

图 7.3.3　固定半径倒圆角

Step3. 定义倒圆角边。在绘图区选取图 7.3.3a 所示的边线，在"标准选择"工具栏中单击 按钮完成倒圆角边的定义，同时系统弹出图 7.3.4 所示的"倒圆角参数"对话框。

说明：在进行选取时，光标移动到实体的不同位置会显示不同的图案。不同的图案表示不同的捕捉对象：光标显示为 时捕捉到的是实体；光标显示为 时捕捉到的是面；光标显示为 时捕捉到的是实体边界线。

图 7.3.4　"倒圆角参数"对话框

图 7.3.4 所示的"倒圆角参数"对话框中的部分选项的说明如下：

- 名称 文本框：用于设置倒圆角的名称。
- 固定半径 单选项：用于设置创建固定半径倒圆角过渡。
- 变化半径 单选项：用于设置创建变化半径倒圆角过渡。
  - ☑ 线性 单选项：用于设置变化半径倒圆角的类型为线性的，如图 7.3.5 所示。
  - ☑ 平滑 单选项：用于设置变化半径倒圆角的类型为平滑的，如图 7.3.6 所示。

图 7.3.5　线性

图 7.3.6　平滑

- 半径 文本框：用于定义倒圆角的半径值。
- 超出的处理 下拉列表：用于定义圆角超出边界的处理方式，其包括 默认 选项、维持熔接 选项和 维持边界 选项。

☑ **默认**选项：用于设置倒圆角超出边界的处理方式为默认。使用此选项，系统会在"保持熔接"方式和"保持边界"方式中选择一个最好的方式处理超出边界的情况。

☑ **维持熔接**选项：用于设置使用保持熔接的方式处理超出边界的情况，如图 7.3.7 所示。使用此选项创建的圆角可以使圆角和超出边界面保持相切，其保持相切的方式是通过延伸或修剪超出边界面来实现的。

☑ **维持边界**选项：用于设置使用保持边界的方式处理超出边界的情况，如图 7.3.8 所示。使用此选项创建的圆角，其圆角和超出边界面是不相切的。

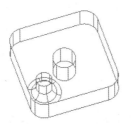 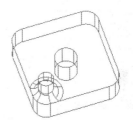

　　　图 7.3.7　维持熔接　　　　　　　　　图 7.3.8　维持边界

- ☑ **角落斜接**复选框：用于设置在角落处创建斜接，如图 7.3.9 所示。

　　　　a）未选中　　　　　　　　　　　　b）选中后

图 7.3.9　角落斜接

- ☑ **沿切线边界延伸**复选框：用于设置在与所选取边相切的所有边处创建圆角过渡，如图 7.3.10 所示（只选取了图 7.3.3a 所示的一条边线）。

　　　　a）未选中　　　　　　　　　　　　b）选中后

图 7.3.10　沿切线边界延伸

- **编辑(E)** 按钮：用于编辑变化圆角的位置和变化圆角的半径值。单击此按钮，系统弹出图 7.3.11 所示的快捷菜单。用户可以通过此快捷菜单来编辑变化圆角的位置和半径值。

图 7.3.11 所示的快捷菜单中的选项的说明如下：

- 命令：用于以动态插入点的方式插入可变半径的标记，半径标记如图 7.3.12 所示。

图 7.3.11 快捷菜单

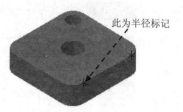

图 7.3.12 半径标记

- 中点插入命令：用于在定义边的中点位置插入半径标记。
- 修改位置命令：用于修改半径标记位置。
- 修改半径命令：用于修改半径标记的半径值。
- 移动命令：用于移除指定的半径标记。
- 循环命令：用于循环修改半径标记处的半径值。

Step4. 设置倒圆角参数。在"实体倒圆角参数"对话框中选中 ⊙ 固定半径 单选项；在 半径 文本框中输入值 3；选中 ☑ 沿切线边界延伸 复选框。

Step5. 单击 ✓ 按钮，完成固定半径倒圆角的创建，如图 7.3.3b 所示。

2. 变化半径倒圆角

"倒圆角"命令 F 实体倒圆角 也可以创建变化半径倒圆角。下面以图 7.3.13 所示的模型为例讲解变化倒圆角的创建过程。

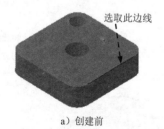
a）创建前

b）创建后

图 7.3.13 变化半径倒圆角

Step1. 打开文件 D:\mcx6\work\ch07.03.01\FILLET.MCX-6。

Step2. 选择命令。选择下拉菜单 S 实体 ➡ F 倒圆角 ▶ ➡ F 实体倒圆角 命令。

Step3. 定义倒圆角边。在绘图区选取图 7.3.13a 所示的边线，在"标准选择"工具栏中单击 🔵 按钮完成倒圆角边的定义，同时系统弹出"倒圆角参数"对话框。

Step4. 设置倒圆角参数。在"倒圆角参数"对话框的 半径 文本框中输入值 3；选中 ⊙ 变化半径

单选项和 线性单选项；取消选中 □沿切线边界延伸 复选框；单击 编辑(E) 按钮并在弹出的快捷菜单中选择 中点插入 命令。选取图 7.3.13a 所示的边线，系统会自动在此边线的中点位置添加半径标记同时弹出"输入半径"对话框。在此对话框中输入值 8，按 Enter 键确认，系统返回至"实体倒圆角"对话框。

Step5. 单击 ✓ 按钮，完成变化半径倒圆角的创建，如图 7.3.13b 所示。

3. 面与面倒圆角

使用"面与面倒圆角"命令 A 面与面导圆角... 可以在两组面之间创建圆角过渡。下面以图 7.3.14 所示的模型为例讲解面与面倒圆角的创建过程。

a）创建前　　　　　　　　　　　　　　　　　　　　b）创建后

图 7.3.14　面与面倒圆角

Step1. 打开文件 D:\mcx6\work\ch07.03.01\FILLET.MCX-6。

Step2. 选择命令。选择下拉菜单 S 实体 ➡ F 倒圆角 ▶ ➡ A 面与面导圆角... 命令。

Step3. 定义倒圆角面。在绘图区选取图 7.3.15 所示的面 1 为第一面组，在"标准选择"工具栏中单击 🔵 按钮完成倒圆角第一面组的定义，在绘图区选取图 7.3.15 所示的面 2 为第二面组，在"标准选择"工具栏中单击 🔵 按钮完成倒圆角第二面组的定义，同时系统弹出图 7.3.16 所示的"实体的面与面倒圆角参数"对话框。

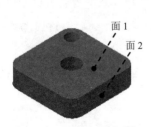

图 7.3.15　定义倒圆角面

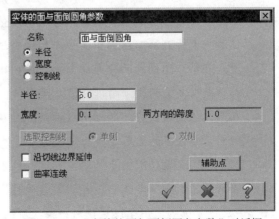

图 7.3.16　"实体的面与面倒圆角参数"对话框

图 7.3.16 所示的"实体的面与面倒圆角参数"对话框中的部分选项的说明如下：

● 名称 文本框：用于设置面与面倒圆角的名称。

- ⊙半径 单选项：用于设置使用半径的方式限制圆角过渡。使用此种方式创建的圆角可使圆角面的圆角半径保持不变，如图7.3.17所示。

- ⊙宽度 单选项：用于设置使用宽度的方式限制圆角过渡。使用此种方式创建的圆角可使圆角过渡的宽度保持不变，而圆角半径可能发生变化，如图7.3.18所示。

图7.3.17　半径

图7.3.18　宽度

- ⊙控制线 单选项：用于设置使用控制线的方式限制圆角过渡。使用此种方式创建圆角无需定义圆角半径或宽度，只需定义圆角的边界即可，如图7.3.19所示。

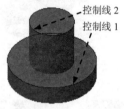

控制线2
控制线1

a）创建前

b）创建后

图7.3.19　控制线

- 半径 文本框：用于定义圆角的半径值。当选中 ⊙半径 单选项时此文本框可用。

- 宽度 文本框：用于定义圆角的宽度值。当选中 ⊙宽度 单选项时此文本框可用。

- 两方向的跨度 文本框：用于定义圆角过渡在第一组圆角面与第二组圆角面的分布。当定义的两方向跨度值为1时，第一组圆角面与第二组圆角面将平分定义圆角宽度，如图7.3.20所示；当定义的两方向跨度值小于1时，在第一组圆角面分布的圆角过渡将大于在第二组圆角面分布的圆角过渡，并且在第一组圆角面分布的圆角过渡与在第二组圆角面分布的圆角过渡的比之为定义的两方向跨度值，如图7.3.21所示；当定义的两方向跨度值大于1时，在第一组圆角面分布的圆角过渡将小于在第二组圆角面分布的圆角过渡，并且在第一组圆角面分布的圆角过渡与在第二组圆角面分布的圆角过渡的比之为定义的两方向跨度值，如图7.3.22所示。

- 选取控制线 按钮：用于选取控制线。单击此按钮，用户可以在绘图区选取面与面圆角的控制线。当选中 ⊙控制线 单选项时此按钮可用。

- ⊙单侧 单选项：用于设置使用一条控制线来限制圆角过渡。

- ⊙双侧 单选项：用于设置使用两条控制线来限制圆角过渡。

- ☑沿切线边界延伸 复选框：用于设置在与所选取边相切的所有边处创建圆角过渡。

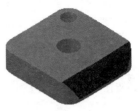

图 7.3.20　两方向跨度等于 1 时　　　图 7.3.21　两方向跨度小于 1 时　　　图 7.3.22　两方向跨度大于 1 时

- ☑ 曲率连续 复选框：用于设置创建到指定的点具有相同的曲率的圆角过渡。

- 辅助点 按钮：用于设置创建离辅助点最近的圆角过渡。当创建的圆角过渡具有
  多种解时，可以通过定义辅助点的方式确定圆角过渡的位置，如图 7.3.23 所示。

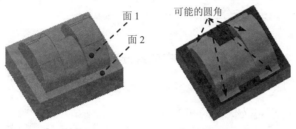

图 7.3.23　可能的圆角过渡

　　Step4. 设置倒圆角参数。在"实体的面与面倒圆角参数"对话框中选中 ⊙ 半径 单选项；
在 半径 文本框中输入值 3；选中 ☑ 沿切线边界延伸 复选框。

　　Step5. 单击 ✓ 按钮，完成面与面倒圆角的创建，如图 7.3.14b 所示。

7.3.2　倒角

　　倒角可以在定义的实体上产生倒角。MasteCAM X6 为用户提供了三种倒角的命令，分
别为"单一距离倒角"命令 ┃ 0 单一距离倒角 、"不同距离"命令 2 T 不同距离 和"距离/角度"命
令 ⊗ D 距离/角度 。下面将分别介绍使用三种倒角命令进行创建倒角的过程。

1. 单一距离

　　"单一距离倒角"命令 ┃ 0 单一距离倒角 是在两个表面进行相同长度的倒角。下面以图 7.3.24
所示的模型为例讲解单一距离倒角的创建过程。

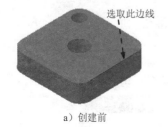

a）创建前　　　　　　　　　　　　　　　　　　　　　　　　　　b）创建后

图 7.3.24　单一距离

Step1. 打开文件 D:\mcx6\work\ch07.03.02\CHAMFER.MCX-6。

Step2. 选择命令。选择下拉菜单 `S 实体` ➡ `E 倒角 ▶` ➡ `1 0 单一距离倒角` 命令。

Step3. 定义倒角边。在绘图区选取图 7.3.24a 所示的边线，在"标准选择"工具栏中单击 ⬤ 按钮完成倒角边的定义，同时系统弹出图 7.3.25 所示的"倒角参数"对话框。

图 7.3.25　"倒角参数"对话框

图 7.3.25 所示的"倒角参数"对话框中的部分选项的说明如下：

● `名称` 文本框：用于设置倒角的名称。

● `距离` 文本框：用于定义倒角的距离值。

● `☑ 角落斜接` 复选框：用于设置在角落处创建斜接，如图 7.3.26 所示。

　　a）未选中　　　　　　　　　　　　　　　　　　　b）选中后

图 7.3.26　角落斜接

● `☑ 沿切线边界延伸` 复选框：用于设置在与所选取边相切的所有边处创建倒角过渡。

Step4. 设置倒角参数。在"实体倒角参数"对话框的 `距离` 文本框中输入值 3；选中 `☑ 沿切线边界延伸` 复选框。

Step5. 单击 `✓` 按钮，完成面与面倒角的创建，如图 7.3.24b 所示。

2．不同距离

"不同距离"命令 `2 T 不同距离` 是在两个表面进行不同距离的倒角。下面以图 7.3.27 所示的模型为例讲解不同距离倒角的创建过程。

Step1. 打开文件 D:\mcx6\work\ch07.03.02\CHAMFER.MCX-6。

Step2. 选择命令。选择下拉菜单 `S 实体` ➡ `E 倒角 ▶` ➡ `2 T 不同距离` 命令。

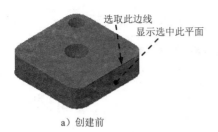
a）创建前

b）创建后

图 7.3.27　不同距离

Step3. 定义倒角边。在绘图区选取图 7.3.27a 所示的边线，系统弹出图 7.3.28 所示的"选取参考面"对话框，此时并在绘图区中显示选中图 7.3.27a 所示的平面。单击 ✔ 按钮关闭"选取参考面"对话框。在"标准选择"工具栏中单击 ◉ 按钮完成倒角边的定义，同时系统弹出图 7.3.29 所示的"倒角参数"对话框。

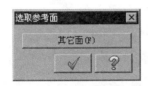

图 7.3.28　"选取参考面"对话框

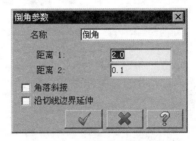

图 7.3.29　"倒角参数"对话框

图 7.3.28 所示的"选取参考面"对话框中的选项的说明如下：

- **其它面(F)** 按钮：用于选取其他的面。单击此按钮，可以切换选取面。

图 7.3.29 所示的"倒角参数"对话框中的部分选项的说明如下：

- **距离1:** 文本框：用于定义倒角边临近的所选取的倒角面上的倒角的距离值。
- **距离2:** 文本框：用于定义倒角边临近的未选取的倒角面上的倒角的距离值。

Step4. 设置倒角参数。在"倒角参数"对话框的 **距离1:** 文本框中输入值 8；在 **距离2:** 文本框中输入值 2；取消选中 **☐ 沿切线边界延伸** 复选框。

Step5. 单击 ✔ 按钮，完成不同距离倒角的创建，如图 7.3.27b 所示。

3．距离/角度

"距离/角度"命令 **◉ D 距离/角度** 是根据定义的距离和角度创建倒角。下面以图 7.3.30 所示的模型为例讲解距离/角度倒角的创建过程。

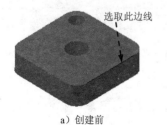
a）创建前

b）创建后

图 7.3.30　距离/角度

Step1. 打开文件 D:\mcx6\work\ch07.03.02\CHAMFER.MCX-6。

Step2. 选择命令。选择下拉菜单 S 实体 ➡ E 倒角 ▶ ➡ D 距离/角度 命令。

Step3. 定义倒角边。在绘图区选取图 7.3.30a 所示的边线，系统弹出"选取参考面"对话框。单击 ✓ 按钮关闭"选取参考面"对话框。在"标准选择"工具栏中单击 ⬤ 按钮完成倒角边的定义，同时系统弹出图 7.3.31 所示的"倒角参数"对话框。

图 7.3.31 "倒角参数"对话框

图 7.3.31 所示的"倒角参数"对话框中的部分选项的说明如下：

- 距离 文本框：用于定义倒角的距离值。
- 角度 文本框：用于定义倒角的角度值。

Step4. 设置倒角参数。在"倒角参数"对话框的 距离 文本框中输入值 3；在 角度 文本框中输入值 45；选中 ☑ 沿切线边界延伸 复选框。

Step5. 单击 ✓ 按钮，完成距离/角度倒角的创建，如图 7.3.30b 所示。

7.3.3 抽壳

使用"实体抽壳"命令 H 实体抽壳 可以将指定的面移除，并根据实体的结构将其中心掏空，使之形成定义壁厚的薄壁实体。下面以图 7.3.32 所示的模型为例讲解抽壳的创建过程。

a）创建前 　　b）创建后

图 7.3.32 抽壳

Step1. 打开文件 D:\mcx6\work\ch07.03.03\SHELL_SOLID.MCX-6。

Step2. 选择命令。选择下拉菜单 S 实体 ➡ H 实体抽壳 命令。

Step3. 定义抽壳移除面。在绘图区选取图 7.3.32a 所示的面为移除面，然后在"标准选择"工具栏中单击 按钮完成抽壳移除面的定义，同时系统弹出图 7.3.33 所示的"实体抽壳"对话框。

图 7.3.33　"实体抽壳"对话框

图 7.3.33 所示的"实体抽壳"对话框中的部分选项的说明如下：

● 名称 文本框：用于设置抽壳的名称。

● 实体抽壳方向 区域：用于定义抽壳的方向参数，其包括 ⊙朝内 单选项、⊙朝外 单选项和 ⊙两者 单选项。

   ☑ ⊙朝内 单选项：用于设置朝内创建抽壳，如图 7.3.34 所示。

   ☑ ⊙朝外 单选项：用于设置朝外创建抽壳，如图 7.3.35 所示。

   ☑ ⊙两者 单选项：用于设置双向抽壳，如图 7.3.36 所示。

● 实体抽壳厚度 区域：用于定义抽壳的参数，其中包括 朝内的厚度 文本框和 朝外的厚度 文本框。

   ☑ 朝内的厚度 文本框：用于定义朝内抽壳的厚度值。

   ☑ 朝外的厚度 文本框：用于定义朝外抽壳的厚度值。

Step4. 设置抽壳参数。在"实体抽壳的设置"对话框的 实体抽壳方向 区域中选中 ⊙朝内 单选项；在 实体抽壳厚度 区域的 朝内的厚度 文本框中输入值 1。

图 7.3.34　朝内　　　　　　图 7.3.35　朝外　　　　　　图 7.3.36　两者

Step5. 单击 按钮，完成抽壳的创建，如图 7.3.32b 所示。

7.3.4　加厚

使用"薄片实体加厚"命令 K 薄片实体加厚 可以将曲面生成的薄壁实体进行加厚。下面以图 7.3.37 所示的模型为例讲解加厚的创建过程。

a）创建前　　　　　　　　　　　　　　　　　　　　　　b）创建后

图 7.3.37　加厚

Step1. 打开文件 D:\mcx6\work\ch07.03.04\THICKEN_SHEET_SOLID.MCX-6。

Step2. 选择命令。选择下拉菜单 S 实体 ➡ K 薄片实体加厚 命令，系统弹出图 7.3.38 所示的"增加薄片实体的厚度"对话框。

图 7.3.38　"增加薄片实体的厚度"对话框

图 7.3.38 所示的"增加薄片实体的厚度"对话框中的部分选项的说明如下：

● 名称 文本框：用于设置加厚的名称。

● 厚度 文本框：用于定义增加的厚度值。

● 方向 区域：用于定义加厚方向的参数，其包括 ⊙ 单侧 单选项和 ⊙ 双侧 单选项。

　　☑ ⊙ 单侧 单选项：用于设置根据定义进行单方向的加厚。

　　☑ ⊙ 双侧 单选项：用于设置以薄片实体为对称面进行两侧加厚。

Step3. 设置加厚参数。在"增加薄片实体的厚度"对话框的 厚度 文本框中输入值 2；在 方向 区域中选中 ⊙ 单侧 单选项。

Step4. 单击 ✓ 按钮，系统弹出图 7.3.39 所示的"厚度方向"对话框。

图 7.3.39 所示的"厚度方向"对话框中的选项的说明如下：

● 切换 (F) 按钮：用于调整加厚方向。

Step5. 调整加厚方向。调整之后如图 7.3.40 所示。

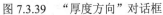

图 7.3.39　"厚度方向"对话框

图 7.3.40　定义加厚方向

Step6. 单击 按钮，完成加厚的创建，如图 7.3.37b 所示。

7.3.5　实体修剪

使用"实体修剪"命令 可以根据定义的平面、曲面、薄壁实体切割指定的实体。用户可以根据需要保留其中的一部分，也可以保留两部分。下面以图 7.3.41 所示的模型为例讲解实体修剪的创建过程。

a）创建前

b）创建后

图 7.3.41　实体修剪

Step1. 打开文件 D:\mcx6\work\ch07.03.05\TRIM_SOLID.MCX-6。

Stcp2. 选择命令。选择下拉菜单 S 实体 ➡ 实体修剪 命令，系统弹出图 7.3.42 所示的"修剪实体"对话框。

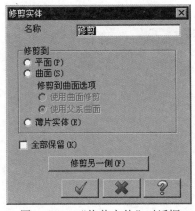

图 7.3.42　"修剪实体"对话框

图 7.3.42 所示的"修剪实体"对话框中的部分选项的说明如下：

● 名称文本框：用于设置修剪实体的名称。

● 修剪到区域：用于设置修剪工具体的类型，其中包括 平面(P) 单选项、 曲面(S) 单选

项和 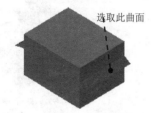薄片实体(E) 单选项。

- ☑ 平面(F) 单选项：用于设置使用平面作为修剪工具体。选中此单选项，系统弹出"平面选项"对话框。用户可以通过该对话框进行修剪平面的创建或选取。

- ☑ 曲面(S) 单选项：用于设置使用曲面作为修剪工具体。选中此单选项。用户可以在绘图区选取一个曲面作为修剪的工具体。

- ☑ 薄片实体(E) 单选项：用于设置使用薄片实体作为修剪工具体。选中此单选项，用户可以在绘图区选取一个薄片实体作为修剪的工具体。

- ● ☑ 全部保留(K) 复选框：用于设置保留修剪工具两侧的实体。

- ● 修剪另一侧(F) 按钮：用于调整修剪方向。

Step3. 定义修剪工具体。在"修剪实体"对话框中选中 曲面(S) 单选项，然后在绘图区选取图 7.3.43 所示的曲面为修剪的工具体。

Step4. 定义修剪方向。单击 修剪另一侧(F) 按钮，调整为图 7.3.44 所示的修剪方向。

选取此曲面

图 7.3.43　定义修剪工具体

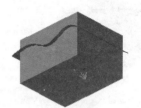

图 7.3.44　定义修剪方向

Step5. 单击 ✓ 按钮，完成修剪实体的创建，如图 7.3.41b 所示。

7.3.6　牵引实体

使用"牵引实体"命令 D 牵引实体 可以将实体的一个或多个表面绕着指定的边界线或实体面与其他面的交线旋转一定的角度。下面以图 7.3.45 所示的模型为例讲解牵引实体的创建过程。

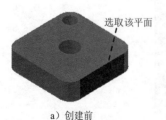

选取该平面

a）创建前

图 7.3.45　牵引实体

b）创建后

Step1. 打开文件 D:\mcx6\work\ch07.03.06\DRAFT.MCX-6。

Step2. 选择命令。选择下拉菜单 S 实体 ➡ D 牵引实体 命令。

Step3. 定义牵引面。在绘图区选取图 7.3.45a 所示的面为牵引面，然后在"标准选择"工具栏中单击 按钮完成牵引面的定义，同时系统弹出图 7.3.46 所示的"实体牵引面的参数"对话框。

图 7.3.46　"实体牵引面的参数"对话框

图 7.3.46 所示的"实体牵引面的参数"对话框中的部分选项的说明如下：

● 名称 文本框：用于设置牵引特征的名称。

● ⊙ 牵引到实体面 单选项：用于设置将定义的牵引面牵引到指定的实体表面，如图 7.3.47 所示。

● ⊙ 牵引到指定平面 单选项：用于设置将定义的牵引面牵引到指定的平面，如图 7.3.48 所示。

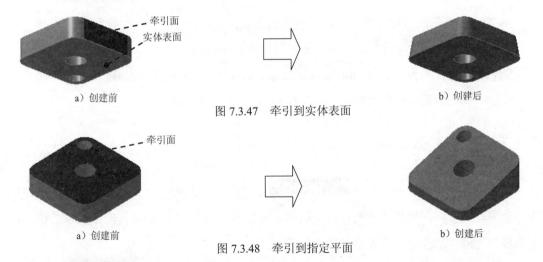

图 7.3.47　牵引到实体表面

图 7.3.48　牵引到指定平面

● ⊙ 牵引到指定边界 单选项：用于设置将定义的牵引面牵引到指定的边界，如图 7.3.49 所示。

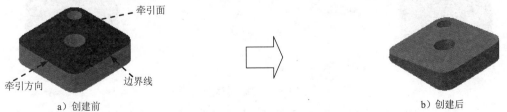

图 7.3.49　牵引到指定边界

● ⊙ 牵引挤出 单选项：用于设置将定义的拉伸侧面进行牵引，如图 7.3.50 所示。

a）创建前

b）创建后

图 7.3.50　牵引挤出

● 牵引角度:文本框：用于定义牵引的角度值。

Step4. 设置牵引参数。在"实体牵引面的参数"对话框中选中 ⊙ 牵引到实体面 单选项；在 牵引角度:文本框中输入值 5；选中 ☑ 沿切线边界延伸 复选框。单击 ✓ 按钮，完成参数设置。

Step5. 定义牵引到的实体面。选取图 7.3.51 所示的模型表面为牵引的实体面，系统弹出图 7.3.52 所示的"拔模方向"对话框。

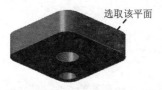
选取该平面

图 7.3.51　定义牵引的实体面

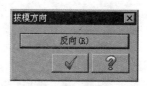

图 7.3.52　"拔模方向"对话框

图 7.3.52 所示的"拔模方向"对话框中的选项的说明如下：

● 反向(R) 按钮：用于调整拔模方向。

Step6. 调整拔模方向。单击 反向(R) 按钮调整拔模方向。

Step7. 单击 ✓ 按钮，完成牵引实体的创建，如图 7.3.50b 所示。

7.3.7　移除实体表面

使用"移动实体表面"命令 M 移动实体表面 可以将实体上的一个或多个面删除，从而形成一个薄片的实体。被移除的面可以是封闭实体，也可以是薄片实体。下面以图 7.3.53 所示的模型为例讲解移除实体表面的操作过程。

选取该平面

a）创建前

b）创建后

图 7.3.53　移除实体表面

Step1. 打开文件 D:\mcx6\work\ch07.03.07\REMOVE_FACES_FROM_A_SOLID.MCX-6。

Step2. 选择命令。选择下拉菜单 S 实体 ➡ M 移动实体表面 命令。

Step3. 定义移除面。在绘图区选取图 7.3.53a 所示的面为移除面，然后在"标准选择"工具栏中单击  按钮完成移除面的定义，同时系统弹出图 7.3.54 所示的"移除实体表面"对话框。

图 7.3.54 所示的"移除实体表面"对话框中的部分选项的说明如下：

● 原始实体 区域：用于设置处理原始曲面的方式，其中包括 ⊙保留 单选项、⊙隐藏 单选项和 ⊙删除 单选项。

　　☑ ⊙保留 单选项：用于设置保留原始曲面。

　　☑ ⊙隐藏 单选项：用于设置隐藏原始曲面。

　　☑ ⊙删除 单选项：用于设置删除原始曲面。

图 7.3.54　"移除实体表面"对话框

● 新建实体的层别 区域：用于设置新建实体的所在图层，其包括 ☑使用当前层别 复选框、层别编号 文本框和 选择(S) 按钮。

　　☑ ☑使用当前层别 复选框：用于设置新建的实体放置在当前的图层中。

　　☑ 层别编号 文本框：用于设置新建的实体放置在指定的图层中。用户可以在此文本框中定义放置的图层编号。

　　☑ 选择(S) 按钮：用于在现有的图层中选择新建实体的放置图层。单击此按钮，系统弹出"层别"对话框。用户可以通过该对话框选取新建实体的放置图层。

Step4. 设置移除参数。在"移除实体表面"对话框的 原始实体 区域中选中 ⊙删除 单选项；在 新建实体的层别 区域选中 ☑使用当前层别 复选框。

Step5. 单击 ✓ 按钮，完成移除实体表面的操作，系统弹出一个对话框，提示用户是否在开放的边界绘制边界曲线。单击 否(N) 按钮完成边界线设置，如图 7.3.53b 所示。

7.3.8　结合

使用"结合"命令 A 布尔运算-结合 可以使两个或者两个以上的单独且相交的实体合并成

一个独立的实体。下面以图 7.3.55 所示的模型为例讲解结合的创建过程。

Step1. 打开文件 D:\mcx6\work\ch07.03.08\UNITE.MCX-6。

Step2. 选择命令。选择下拉菜单 S 实体 ➡ A 布尔运算-结合 命令。

a）创建前　　　　　　　　　　　　　　　　　　　　　b）创建后

图 7.3.55　结合

Step3. 定义结合的目标主体和工件主体。在绘图区选取图 7.3.55a 所示的实体 1 为目标主体；然后选取图 7.3.55a 所示的实体 2 为工件主体。

Step4. 在"标准选择"工具栏中单击 按钮完成结合的创建，如图 7.3.55b 所示。

7.3.9　切割

使用"切割"命令 V 布尔运算-切割 可以在两个相交的实体的其中一个实体去修剪另一个实体。下面以图 7.3.56 所示的模型为例讲解切割的创建过程。

a）创建前　　　　　　　　　　　　　　　　　　　　　b）创建后

图 7.3.56　切割

Step1. 打开文件 D:\mcx6\work\ch07.03.09\SUBTRACT.MCX-6。

Step2. 选择命令。选择下拉菜单 S 实体 ➡ V 布尔运算-切割 命令。

Step3. 定义切割的目标主体和工件主体。在绘图区选取图 7.3.56a 所示的实体 1 为目标主体；然后选取图 7.3.56a 所示的实体 2 为工件主体。

Step4. 在"标准选择"工具栏中单击 按钮完成切割的创建，如图 7.3.56b 所示。

7.3.10　交集

使用"交集"命令 C 布尔运算-交集 可以创建两个相交的实体的共同部分。下面以图 7.3.57 所示的模型为例讲解交集的创建过程。

Step1. 打开文件 D:\mcx6\work\ch07.03.10\INTERSECTION.MCX-6。

Step2. 选择命令。选择下拉菜单 S 实体 ➡ C 布尔运算-交集 命令。

a) 创建前　　　　　　　　　　　　　　　　　　　　　b) 创建后

图 7.3.57　交集

Step3. 定义交集的目标主体和工件主体。在绘图区选取图 7.3.57a 所示的实体 1 为目标主体；然后选取图 7.3.57a 所示的实体 2 为工件主体。

Step4. 在"标准选择"工具栏中单击 按钮完成交集的创建，如图 7.3.57b 所示。

7.3.11　非关联实体的布尔运算

非关联布尔运算将产生没有操作历史记录的新实体。非关联实体的布尔运算包括非关联切割和非关联交集两个命令。它们的创建过程与关联切割和关联交集基本相同，只是可以保留原实体。下面将分别对它们进行介绍。

1. 切割

下面以图 7.3.58 所示的模型为例讲解非关联切割的创建过程。

a) 创建前　　　　　　　　　　　　　　　　　　　　　b) 创建后

图 7.3.58　非关联切割

Step1. 打开文件 D:\mcx6\work\ch07.03.11\SUBTRACT.MCX-6。

Step2. 选择命令。选择下拉菜单 S 实体 ➡ N 非关联实体 ➡ R 切割 命令。

Step3. 定义非关联切割的目标主体和工件主体。在绘图区选取图 7.3.58a 所示的实体 1 为目标主体；然后选取图 7.3.58a 所示的实体 2 为工件主体。

Step4. 在"标准选择"工具栏中单击 按钮完成非关联切割的创建，系统弹出图 7.3.59 所示的"实体非关联的布尔运算"对话框。

Step5. 设置保留对象。在"实体非关联的布尔运算"对话框中选中 ☑ 保留原来的目标实体 复选框和 ☑ 保留原来的工件实体 复选框。

Step6. 单击 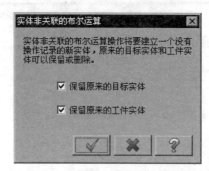 按钮，完成非关联切割的操作，如图 7.3.58b 所示。

图 7.3.59 "实体非关联的布尔运算"对话框

图 7.3.59 所示的"实体非关联的布尔运算"对话框中的选项的说明如下：

● ☑ 保留原来的目标实体 复选框：用于设置保留选取的原始目标体。

● ☑ 保留原来的工件实体 复选框：用于设置保留选取的原始工件体。

2. 交集

下面以图 7.3.60 所示的模型为例讲解非关联交集的创建过程。

a) 创建前　　　　　　　　　　　　　　　　　　　　　　　　　　b) 创建后

图 7.3.60　非关联交集

Step1. 打开文件 D:\mcx6\work\ch07.03.11\INTERSECTION.MCX-6。

Step2. 选择命令。选择下拉菜单 S 实体 ➡ N 非关联实体 ▶ ➡ C 交集 命令。

Step3. 定义非关联交集的目标主体和工件主体。在绘图区选取图 7.3.60a 所示的实体 1 为目标主体；然后选取图 7.3.60a 所示的实体 2 为工件主体。

Step4. 在"标准选择"工具栏中单击 ● 按钮完成非关联交集的创建，完成"实体非关联的布尔运算"对话框。

Step5. 设置保留对象。在"实体非关联的布尔运算"对话框中选中 ☑ 保留原来的目标实体 复选框和 ☑ 保留原来的工件实体 复选框。

Step6. 单击 ✓ 按钮，完成非关联交集的操作，如图 7.3.60b 所示。

7.4　实体操作管理器

"实体操作管理"可以详细的记录一个实体的创建过程，而且是有先后顺序的，记录中包含有实体创建时的参数设置。所以，通过"实体操作管理"窗口可以对实体在创建过程中的参数进行修改、删除创建记录、改变创建顺序等操作。

实体操作管理器一般显示在屏幕左侧，如果在屏幕上没有显示，可以通过选择下拉菜单 ▼ 视图 ➡ ❚❚O 切换操作管理 命令打开实体操作管理器，如图 7.4.1 所示。

图 7.4.1　模型及实体操作管理器

有一些记录前面有一个"+"，单击此符号可以将该记录展开，可以看到记录的下一级操作信息，同时记录前的"+"变化为"−"；有些记录的前方有一个"−"，单击此符号可以将该记录下的项目折叠起来，减小占用面积。

在不同的项目上单击鼠标右键，将弹出相应的快捷菜单，从而能更方便地操作，如图 7.4.2 和图 7.4.3 所示。

图 7.4.2　快捷菜单（一）　　　　　　图 7.4.3　快捷菜单（二）

7.4.1 删除操作

删除操作是指在操作管理器中删除某项特征操作。下面以图 7.4.4 所示的模型为例讲解删除指定项目的一般操作过程。

a）删除前

图 7.4.4 删除操作

b）删除后

Step1. 打开文件 D：\mcx6\work\ch07.04.01\DELETE.MCX-6。

Step2. 定义删除项目。右击图 7.4.5 所示的操作管理器中的项目，此时系统会自动弹出快捷菜单。

Step3. 选择命令。在弹出的快捷菜单中选择 删除 命令，系统会将指定的项目删除，同时在相关的记录符号上就会被打上"叉号"，如图 7.4.6 所示。

说明："叉号"表明该项目已发生变化，需重新生成所有实体。

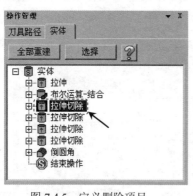

图 7.4.5 定义删除项目

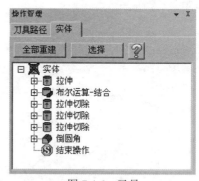

图 7.4.6 叉号

Step4. 重新生成实体。单击 全部重建 按钮重新计算所有实体，重新生成之后如图 7.4.4b 所示。

7.4.2 暂时屏蔽操作效果

暂时屏蔽操作效果是指忽略指定的操作对实体的影响。使用"禁用"命令 禁用 可以屏蔽指定的操作效果。下面以图 7.4.7 所示的模型为例讲解暂时屏蔽操作效果的一般操作过程。

a) 屏蔽前

b) 屏蔽后

图 7.4.7　暂时屏蔽操作

Step1. 打开文件 D:\mcx6\work\ch07.04.02\SHIELD.MCX-6。

Step2. 定义禁用项目。右击图 7.4.8 所示的操作管理器中的项目，此时系统会自动弹出快捷菜单。

Step3. 选择命令。在系统弹出的快捷菜单中选择 禁用 命令，系统会将指定的项目禁用，同时此项目会以灰色显示，如图 7.4.9 所示。

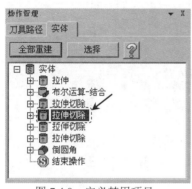

图 7.4.8　定义禁用项目

图 7.4.9　禁用效果

说明：保存模型之前应该取消操作的抑制。如果在有抑制操作的状态下保存了模型，下次再打开时被抑制的操作可能出现不能重建的情况。

7.4.3　编辑操作参数

欲修改已创建实体的参数，可以展开相应的记录，找到"参数"项并单击，即可打开相应的对话框重新设置参数。下面以图 7.4.10 所示的模型为例讲解编辑操作参数的一般操作过程。

a) 编辑前

b) 编辑后

图 7.4.10　编辑操作参数

Step1. 打开文件 D:\mcx6\work\ch07.04.03\EDIT.MCX-6。

Step2. 定义编辑项目。单击图 7.4.11 所示的项目前的 "+" 展开此项目；单击图 7.4.12 所示的项目前的 "+" 展开此项目；单击图 7.4.13 所示的项目前的 "+" 展开此项目，如图 7.4.14 所示；在图 7.4.14 所示的项目上单击鼠标左键，系统会弹出 "挤出串连" 对话框。

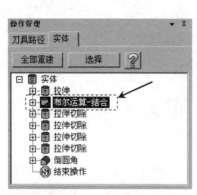

图 7.4.11　展开项目

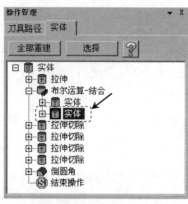

图 7.4.12　展开项目

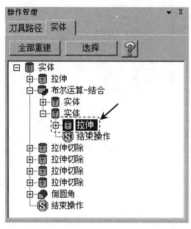

图 7.4.13　展开项目

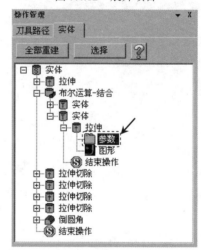

图 7.4.14　展开后项目

Step3. 编辑参数。将 "挤出串连" 对话框的 挤出的距离/方向 区域的 距离 文本框中的值改为 40，单击 ✓ 按钮完成参数的编辑。此时模型及实体管理器如图 7.4.15 所示。

Step4. 重新生成实体。单击 全部重建 按钮重新计算所有实体，重新生成之后如图 7.4.10b 所示。

7.4.4　编辑二维截形

一些实体是在二维截形的基础上创建的，例如拉伸实体、旋转实体、举升实体和扫描实体等。它们的实体记录中都有 "图形" 项，利用此项可以修改二维截形。下面以图 7.4.16

所示的模型为例讲解编辑二维截形的一般操作过程。

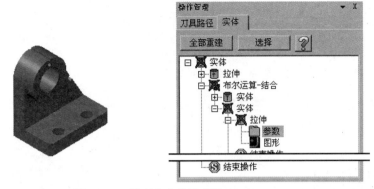

图 7.4.15　模型和实体管理器

a）编辑前　　　　　　　　　　　　　　　　　　　　　　b）编辑后

图 7.4.16　编辑二维截形

Step1. 打开文件 D:\mcx6\work\ch07.04.04\BOLT.MCX-6。

Step2. 定义编辑项目。单击图 7.4.17 所示的项目前的"+"展开此项目，如图 7.4.18 所示；在图 7.4.18 所示的项目上单击鼠标左键，系统会弹出图 7.4.19 所示的"实体串连管理"对话框。

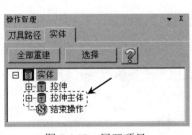

图 7.4.17　展开项目

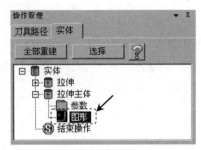

图 7.4.18　展开后项目

Step3. 编辑截面图形。在 基本串连 上右击，在系统弹出的快捷菜单中选择 重新串连 命令，系统弹出"串连选项"对话框。然后选取图 7.4.20 所示的边线，系统会自动串连与它相连的所有图素，并添加串连方向，如图 7.4.21 所示。单击两次 ✓ 按钮完成截面定义。

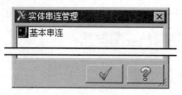

选取此边线

图 7.4.19　"实体串连管理"对话框　　图 7.4.20　定义串连边线　　图 7.4.21　串连方向

Step4. 重新生成实体。单击 全部重建 按钮重新计算所有实体，重新生成之后如图 7.4.16b 所示。

7.4.5　改变操作次序

操作管理器中的记录表明生成的实体的先后过程，改变操作的次序就是改变实体的生成过程。下面以图 7.4.22 所示的操作管理器为例讲解改变操作次序的一般操作过程。

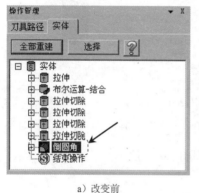
a）改变前

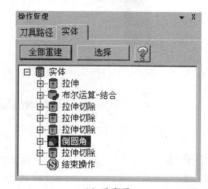
b）改变后

图 7.4.22　改变操作次序

Step1. 打开文件 D:\mcx6\work\ch07.04.05\CHANGE.MCX-6。

Step2. 改变次序的操作。在图 7.4.22a 所示的项目上按住鼠标左键不放，向上拖动鼠标，将项目移动到图 7.4.22b 所示的位置松开鼠标，完成操作次序的改变。

7.5　分　　析

MasterCAM X6 为用户提供了一些分析功能，可以分析图素的属性、点位分析、两点间距、角度、面积和体积、重叠或短小图素以及曲面和实体的检测等。分析的命令主要位于 A 分析 下拉菜单中，如图 7.5.1 所示。下面将分别它们进行介绍。

7.5.1　图素属性

使用"分析图素属性"命令 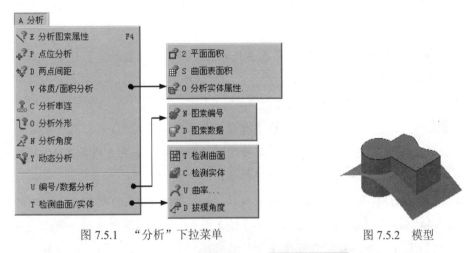 可以显示图素的详细信息，图素种类的不同，其相关的详细信息也有所不同。同时，用户也可以通过修改这些信息来修改图素。下面通过图 7.5.2 所示的模型为例讲解分析图素属性的一般过程。

1．直线属性

Step1. 打开文件 D:\mcx6\work\ch07.05.01\PROPERTIES.MCX-6。

图 7.5.1　"分析"下拉菜单　　　　　　图 7.5.2　模型

Step2. 选择命令。选择下拉菜单 A 分析 ➡ E 分析图素属性 命令。

Step3. 定义要分析对象。选取图 7.5.3 所示的直线为分析对象，系统弹出图 7.5.4 所示的"线的属性"对话框。

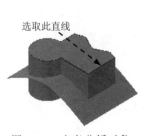

选取此直线

图 7.5.3　定义分析对象

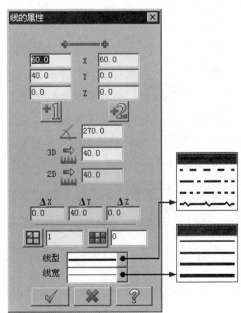

图 7.5.4　"线的属性"对话框

图 7.5.4 所示的 "线的属性" 对话框中的各选项的说明如下：

- ⊠ 文本框：用于设置线在 X 轴方向上的起点和终点的坐标值。用户可以在左边的文本框中定义直线的起点坐标值，在右边的文本框中定义终点坐标值。

- ⊠ 文本框：用于设置线在 Y 轴方向上的起点和终点的坐标值。用户可以在左边的文本框中定义直线的起点坐标值，在右边的文本框中定义终点坐标值。

- ⊠ 文本框：用于设置线在 Z 轴方向上的起点和终点的坐标值。用户可以在左边的文本框中定义直线的起点坐标值，在右边的文本框中定义终点坐标值。

- ⊞ 按钮：用于设置起点位置。单击此按钮，用户可以在绘图区任意一点单击鼠标左键来定义线的起点位置。

- ⊞ 按钮：用于设置终点位置。单击此按钮，用户可以在绘图区任意一点单击鼠标左键来定义线的终点位置。

- ⊠ 文本框：用于设置线的角度值。

- 3D ⊞ 文本框：用于设置线的 3D 长度值。如果直线是在 2D 的模式下创建的则此文本框仅显示 3D 长度，并不能对其长度值进行编辑；如果直线是在 3D 的模式下创建的，则用户可以对 3D 长度值进行编辑。

- 2D ⊞ 文本框：用于设置线的 2D 长度值。如果直线是在 2D 的模式下创建的则用户可以对 2D 长度值进行编辑；如果直线是在 3D 的模式下创建的，则此文本框仅显示 2D 长度，并不能对其长度值进行编辑。

- ΔX 文本框：用于显示线在 X 轴方向上的增量值。

- ΔY 文本框：用于显示线在 Y 轴方向上的增量值。

- ΔZ 文本框：用于显示线在 Z 轴方向上的增量值。

- ⊞ 文本框：用于定义线所在的图层。用户可以在其后的文本框中定义线的所在图层，也可单击 ⊞ 按钮，通过弹出的 "层别" 对话框定义线的所在图层。

- ⊞ 文本框：用于定义线的颜色。用户可以在其后的文本框中定义线的颜色，也可以单击 ⊞ 按钮，通过弹出的 "颜色" 对话框定义线的颜色。

- 线型 下拉列表：用于设置线的类型，例如实线、虚线、中心线、双点画线和波折线。

- 线宽 下拉列表：用于定义线的宽度。

Step4. 修改线的类型。在 线型 下拉列表中选择 ------- 选项。

Step5. 单击 ✓ 按钮完成直线属性分析的操作，如图 7.5.5 所示。

2. 圆弧属性

Step1. 打开文件 D:\mcx6\work\ch07.05.01\PROPERTIES.MCX-6。

Step2. 选择命令。选择下拉菜单 A 分析 ➡ E 分析图素属性 命令。

Step3. 定义要分析对象。选取图 7.5.6 所示的圆弧为分析对象，系统弹出图 7.5.7 所示的"圆弧属性"对话框。

图 7.5.5　修改属性效果

选取此圆弧

图 7.5.6　定义分析对象

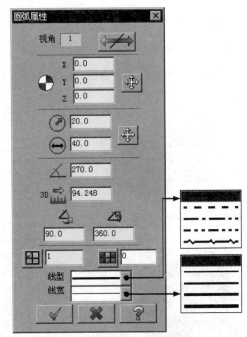

图 7.5.7　"圆弧属性"对话框

图 7.5.7 所示的"圆弧属性"对话框中的各选项的说明如下：

- X 文本框：用于设置圆心在 X 轴方向上的坐标值。
- Y 文本框：用于设置圆心在 Y 轴方向上的坐标值。
- Z 文本框：用于设置圆心在 Z 轴方向上的坐标值。
- ✛ 按钮：用于定义圆心的位置。单击此按钮，用户可以在绘图区任意一点单击定义圆心的位置。
- ↗ 文本框：用于定义圆弧的半径值。
- ↔ 文本框：用于定义圆弧的直径值。
- ✛ 按钮：用于定义半径的大小。单击此按钮，用户可以在绘图区任意一点单击定义半径的大小。
- ∠ 文本框：用于设置圆弧转过的角度值。
- 3D 文本框：用于设置圆弧的 3D 长度值。
- ◿ 文本框：用于设置圆弧的起始角度值。
- ◺ 文本框：用于设置圆弧的终止角度值。

Step4. 修改线宽。在 线宽 下拉列表中选择第二个选项 ━━━━━ 。

Step5. 单击 ☑ 按钮完成圆弧属性分析的操作，如图 7.5.8 所示。

3. NURBS 曲线属性

Step1. 打开文件 D:\mcx6\work\ch07.05.01\PROPERTIES.MCX-6。

Step2. 选择命令。选择下拉菜单 **A 分析** ➡ **E 分析图素属性** 命令。

Step3. 定义要分析对象。选取图 7.5.9 所示的曲线为分析对象，系统弹出图 7.5.10 所示的 "NURBS 曲线属性" 对话框。

图 7.5.8　修改线宽效果

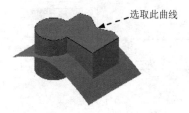

图 7.5.9　定义分析对象

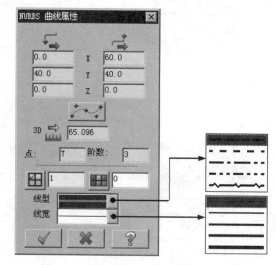

图 7.5.10　"NURBS 曲线属性" 对话框

图 7.5.10 所示的 "NURBS 曲线属性" 对话框中的各选项说明如下：

- **X** 文本框：用于设置显示起点或终点在 X 轴方向上坐标值。左边的文本框显示的为起点在 X 轴方向上的坐标值，右边的文本框显示的为终点在 X 轴方向上的坐标值。

- **Y** 文本框：用于设置显示起点或终点在 Y 轴方向上坐标值。左边的文本框显示的为起点在 Y 轴方向上的坐标值，右边的文本框显示的为终点在 Y 轴方向上的坐标值。

- **Z** 文本框：用于设置显示起点或终点在 Z 轴方向上坐标值。左边的文本框显示的为起点在 Z 轴方向上的坐标值，右边的文本框显示的为终点在 Z 轴方向上的坐标值。

- **⌇** 按钮：用于调整 NURBS 曲线的控制点位置。

- **3D ⇨** 文本框：用于显示 NURBS 曲线的 3D 长度值。

- **点** 文本框：用于显示 NURBS 曲线的控制点数。

- **阶数** 文本框：用于显示 NURBS 曲线的阶数。

Step4. 修改 NURBS 曲线。单击  按钮,选取图 7.5.11 所示的控制点并调整到图 7.5.12 所示的位置,按 Enter 键确认。

图 7.5.11　定义修改控制点

图 7.5.12　调整之后控制点位置

Step5. 单击 ✔ 按钮,完成 NURBS 曲线属性分析的操作。

4．NURBS 曲面属性

Step1. 打开文件 D:\mcx6\work\ch07.05.01\PROPERTIES.MCX-6。

Step2. 选择命令。选择下拉菜单 A 分析 ➡ E 分析图素属性 命令。

Step3. 定义要分析对象。选取图 7.5.13 所示的曲面为分析对象,系统弹出图 7.5.14 所示的"NURBS 曲面"对话框。

图 7.5.14 所示的"NURBS 曲面"对话框中的部分选项的说明如下:

● 控制点 文本框:用于显示曲面的控制点的数量。

● 阶数 文本框:用于显示曲面的阶数。

● ↙↗ 按钮:用于改变曲面的正向。

图 7.5.13　定义分析对象

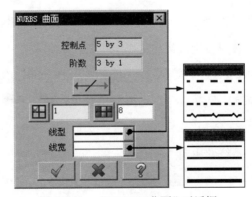

图 7.5.14　"NURBS 曲面"对话框

Step4. 修改显示颜色。在 ▦ 文本框中输入值 13,按 Enter 键确认。

Step5. 单击 ✔ 按钮,完成 NURBS 曲面属性分析的操作。

5．实体属性

Step1. 打开文件 D:\mcx6\work\ch07.05.01\PROPERTIES.MCX-6。

Step2. 选择命令。选择下拉菜单 A 分析 ➡ E 分析图素属性 命令。

Step3. 定义要分析对象。选取图 7.5.15 所示的实体为分析对象，系统弹出图 7.5.16 所示的"挤出"对话框。

图 7.5.15 定义分析对象

图 7.5.16 "挤出"对话框

图 7.5.16 所示的"挤出"对话框中的部分选项的说明如下：

● 最上面的文本框：用于定义所选的封闭实体的名称。

● 操作次数文本框：用于显示创建所选的封闭实体的操作次数。

● 封闭的实体主体按钮：用于显示实体的类型，例如"封闭的实体主体"、"开放薄片实体"等。

Step4. 修改显示颜色。在⊞文本框中输入值 13，按 Enter 键确认。

Step5. 单击✓按钮，完成实体属性分析的操作。

7.5.2 点坐标

使用"点位分析"命令P 点位分析可以测量指定点的空间坐标值。下面通过图 7.5.17 所示的模型为例讲解测量点坐标的一般过程。

Step1. 打开文件 D:\mcx6\work\ch07.05.02\ANALYZE_POSITION.MCX-6。

Step2. 选择命令。选择下拉菜单 A 分析 ➡ P 点位分析 命令。

Step3. 定义分析点的位置。选取图 7.5.18 所示的圆心，系统弹出图 7.5.19 所示的"点分析"对话框。

Step4. 单击✓按钮，完成点坐标分析的操作。

图 7.5.17 模型

图 7.5.18 定义分析点的位置

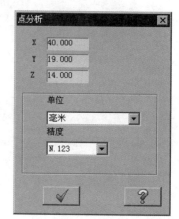

图 7.5.19 "点分析"对话框

7.5.3　两点间距

使用"两点间距"命令  可以测量两点间的距离。下面通过图 7.5.20 所示的模型为例讲解测量两点间距离的一般过程。

Step1. 打开文件 D:\mcx6\work\ch07.05.03\ANALYZE_DISTANCE.MCX-6。

Step2. 选择命令。选择下拉菜单 A 分析 ➡ D 两点间距 命令。

Step3. 定义分析点的位置。依次选取图 7.5.21 所示的圆心 1 和圆心 2,系统弹出图 7.5.22 所示的"距离分析"对话框。

图 7.5.20　模型

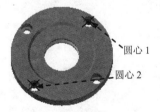

图 7.5.21　定义分析点的位置

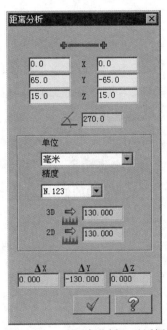

图 7.5.22　"距离分析"对话框

Step4. 单击 ✓ 按钮,完成两点间距分析的操作。

7.5.4　分析角度

使用"分析角度"命令 N 分析角度 可以测量两条直线所成的角度值。下面通过图 7.5.23 所示的模型为例讲解测量两线夹角的一般过程。

Step1. 打开文件 D:\mcx6\work\ch07.05.04\ANALYZE_ANGLE.MCX-6。

Step2. 选择命令。选择下拉菜单 A 分析 ➡ N 分析角度 命令,系统弹出图 7.5.24 所示的"角度分析"对话框。

图 7.5.23　模型

图 7.5.24　"角度分析"对话框

图 7.5.24 所示的"**角度分析**"对话框中的各选项的说明如下：

- **⊙ 两线** 单选项：用于定义设置测量的两条直线。
- **⊙ 三点** 单选项：用于以三点的方式定义测量的两条直线的端点。
- **夹角** 文本框：用于显示两条直线的夹角。
- **补角** 文本框：用于显示两条直线的补角。
- **⊙ 2D** 单选项：用于显示测量的两条直线在当前的构图平面上所成的角度。
- **⊙ 3D** 单选项：用于显示测量的两条直线在空间所成的角度。

Step3. 设置测量类型。在"角度分析"对话框中选中 **⊙ 三点** 单选项和 **⊙ 3D** 单选项。

Step4. 定义两直线的位置。依次选取图 7.5.25 所示的点 1、点 2 和点 3，此时在"角度分析"文本框中显示两条直线的夹角值，如图 7.5.26 所示。

Step5. 单击 **✓** 按钮，完成两线夹角分析的操作。

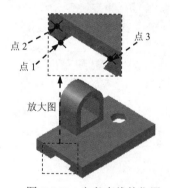

图 7.5.25　定义直线的位置

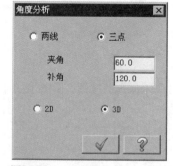

图 7.5.26　"角度分析"对话框

7.5.5　面积/体积

使用"体质/面积分析"子菜单 **V 体质/面积分析 ▶** 中的命令可以测量指定平面或曲面的面积以及定义实体的体积，它们分别为 **2 平面面积** 命令、**S 曲面表面积** 命令和 **0 分析实体属性** 命令。下面将分别进行介绍。

1．平面面积

使用"平面面积"命令 $\boxed{?~2~平面面积}$ 可以测量指定的串连图素所形成的封闭平面的面积。下面以图 7.5.27 所示的模型为例讲解平面面积测量的一般过程。

Step1. 打开文件 D:\mcx6\work\ch07.05.05\ANALYZE_2D.MCX-6。

Step2. 设置构图平面。在状态栏中单击 $\boxed{平面}$ 按钮，在系统弹出的快捷菜单中选择 $\boxed{F~前视图}$ 命令。

Step3. 选择命令。选择下拉菜单 $\boxed{A~分析}$ ➡ $\boxed{V~体质/面积分析 ▶}$ ➡ $\boxed{?~2~平面面积}$ 命令，系统弹出"串连选项"对话框。

Step4. 定义图素。选取图 7.5.28 所示的直线，系统会自动串连与它相连的图素并添加串连方向，如图 7.5.29 所示；单击 $\boxed{✓}$ 按钮完成图素的定义，同时系统弹出图 7.5.30 所示的"分析 2D 平面面积"对话框。

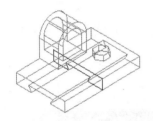
图 7.5.27　模型

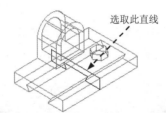
选取此直线
图 7.5.28　定义图素

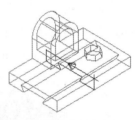
图 7.5.29　串连方向

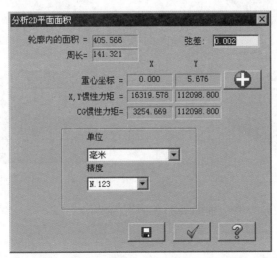
图 7.5.30　"分析 2D 平面面积"对话框

图 7.5.30 所示的"分析 2D 平面面积"对话框中的部分选项的说明如下：

- $\boxed{弦差}$ 文本框：用于设置分析的精确度，此值越小越精确，但是计算的时间比较长。
- $\boxed{➕}$ 按钮：用于根据设置的参数重新计算结果。

● 按钮：用于保存计算的结果。

Step5. 保存分析结果。单击 按钮，系统弹出"另存为"对话框，输入文件名 ANALYZE_2D，单击 保存(S) 按钮保存分析结果。

Step6. 单击 按钮，完成平面面积分析的操作。

2. 曲面表面积

使用"曲面表面积"命令 S 曲面表面积 可以测量指定的曲面表面积。下面以图 7.5.31 所示的模型为例讲解曲面表面积测量的一般过程。

Step1. 打开文件 D:\mcx6\work\ch07.05.05\ANALYZE_SURFACE_AREA. MCX。

Step2. 选择命令。选择下拉菜单 A 分析 ➡ V 体质/面积分析 ➡ S 曲面表面积 命令。

Step3. 定义分析曲面。在绘图区选取图 7.5.32 所示的曲面为分析曲面，然后在"标准选择"工具栏中单击 按钮完成分析曲面的定义，同时系统弹出图 7.5.33 所示的"曲面面积分析"对话框。

Step4. 保存分析结果。单击 按钮，系统弹出"另存为"对话框，输入文件名 ANA LYZE_SURFACE_AREA，单击 保存(S) 按钮保存分析结果。

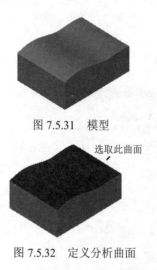

图 7.5.31 模型

图 7.5.32 定义分析曲面

图 7.5.33 "曲面面积分析"对话框

Step5. 单击 按钮，完成曲面表面积分析的操作。

3. 分析实体属性

使用"分析实体属性"命令 O 分析实体属性. 可以测量指定的实体的体积、质量以及中心坐标。下面以图 7.5.34 所示的模型为例讲解实体体积测量的一般过程。

Step1. 打开文件 D:\mcx6\work\ch07.05.05\SOLID_PROPERTIES.MCX-6。

Step2. 选择命令。选择下拉菜单 <kbd>A 分析</kbd> ➡ <kbd>V 体质/面积分析 ▶</kbd> ➡ <kbd>O 分析实体属性.</kbd> 命令，系统弹出图 7.5.35 所示的"实体属性"对话框。

图 7.5.34　模型　　　　　　图 7.5.35　"实体属性"对话框

图 7.5.35 所示的"实体属性"对话框中的部分选项的说明如下：

- <kbd>🖉</kbd> 按钮：用于选取回转中心线。单击此按钮，用户可以在绘图区选取一条计算惯性力矩的回转中心线直线。

Step3. 保存分析结果。单击 <kbd>💾</kbd> 按钮，系统弹出"另存为"对话框，输入文件名 SOLID_PROPERTIES，单击 <kbd>保存(S)</kbd> 按钮保存分析结果。

Step4. 单击 <kbd>✓</kbd> 按钮，完成实体属性分析的操作。

7.5.6　分析串连

使用"分析串连"命令 <kbd>C 分析串连</kbd> 可以检测到指定的串连图素中是否存在重叠或者短小的图素等问题。下面以图 7.5.36 所示的模型为例讲解串连分析的一般过程。

Step1. 打开文件 D:\mcx6\work\ch07.05.06\ANALYZE_CHAIN.MCX-6。

Step2. 选择命令。选择下拉菜单 <kbd>A 分析</kbd> ➡ <kbd>C 分析串连</kbd> 命令，系统弹出"串连选项"对话框。

Step3. 定义分析对象。在"串连选项"对话框中单击 <kbd>　　</kbd> 按钮，框选图 7.5.37 所示的所有图素，然后在三角形内任意一点单击鼠标左键定义搜索区域。单击 <kbd>✓</kbd> 按钮完成分析对象的定义，同时系统弹出图 7.5.38 所示的"分析串连"对话框（一）。

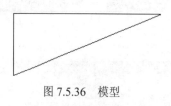

图 7.5.36　模型

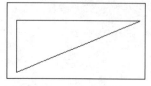

图 7.5.37　定义分析对象

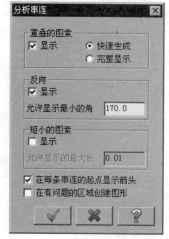

图 7.5.38　"分析串连"对话框（一）

图 7.5.38 所示的"**分析串连**"对话框（一）中的部分选项的说明如下：

- **重叠的图素**区域：用于设置分析重叠图素的相关参数，其包括 ☑**显示** 复选框、 ◉**快速生成** 单选项和 ◉**完整显示** 单选项。

  - ☑ ☑**显示** 复选框：用于设置以红色的圆形标记显示重叠图素。

  - ☑ ◉**快速生成** 单选项：用于设置仅搜索临近的重叠图素。当选中 ☑**显示** 复选框时此单选项可用。

  - ☑ ◉**完整显示** 单选项：用于设置搜索全部的重叠图素。当选中 ☑**显示** 复选框时此单选项可用。

- **反向**区域：用于设置分析反向的参数，其中包括 ☑**显示** 复选框和 **允许显示最小的角** 文本框。

  - ☑ ☑**显示** 复选框：用于设置以方向标记串连方向大于定义的角度值的链。

  - ☑ **允许显示最小的角** 文本框：用于设置反向的最小角度值。

- **短小的图素**区域：用于设置分析短小图素的相关参数，其包括 ☑**显示** 复选框和 **允许显示的最大长** 文本框。

  - ☑ ☑**显示** 复选框：用于设置以蓝色圆形标记小于定义的最大长度值的图素。

  - ☑ **允许显示的最大长** 文本框：用于设置允许显示的最大长度值。当选中 ☑**显示** 复选框时此单选项可用。

- ☑**在每条串连的起点显示箭头** 复选框：用于设置在每条链的起始点显示箭头，以便更好的指示串连间隙。

- ☑**在有问题的区域创建图形** 复选框：用于设置根据用户定义的参数在有问题的位置创建显示图形。

Step4. 设置分析参数。在"分析串连"对话框（一）的 **重叠的图素** 区域中选中 ☑**显示** 复选框和 ◉**完整显示** 单选项；在 **反向** 区域中选中 ☑**显示** 复选框；在 **短小的图素** 区域中选中 ☑**显示** 复选框；选中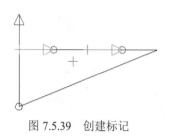复选框和复选框。单击 ✓ 按钮完成参数的设置，系统在绘图区添加图 7.5.39 所示的标记，同时弹出图 7.5.40 所示的"串连分析"对话框（二）。

图 7.5.39 创建标记

图 7.5.40 "串连分析"对话框（二）

Step5. 单击 确定 按钮，关闭"分析串连"对话框（二）。

7.5.7 分析外形

使用"分析外形"命令 ? 0 分析外形 可以分析由串连外形组成图素的详细属性并以文本框的形式显示出来。下面以图 7.5.41 所示的模型为例讲解外形分析的一般过程。

Step1. 打开文件 D:\mcx6\work\ch07.05.07\ANALYZE_CONTOUR.MCX-6。

Step2. 选择命令。选择下拉菜单 A 分析 ➡ ? 0 分析外形 命令，系统弹出"串连选项"对话框。

Step3. 定义图素。选取图 7.5.42 所示的直线，系统会自动串连与它相连的图素并添加串连方向，如图 7.5.43 所示；单击 ✓ 按钮完成图素的定义，同时系统弹出图 7.5.44 所示的"外形分析"对话框。

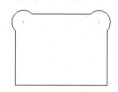

图 7.5.41 模型

图 7.5.42 选取直线

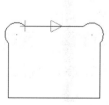

图 7.5.43 串连方向

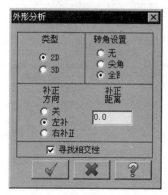

图 7.5.44 "外形分析"对话框

图 7.5.44 所示的 "外形分析" 对话框中的部分选项的说明如下：

- 区域：用于设置分析串连外形的类型，其中包括 单选项和 单选项。

  - ☑ 单选项：用于设置分析 2D 边界外形。

  - ☑ 单选项：用于设置分析 3D 边界外形。

- 区域：用于定义转角类型的设置，其中包括 单选项、 单选项和 单选项。

  - ☑ 单选项：用于设置不在拐角处插入圆弧。

  - ☑ 单选项：用于设置当采用外补正的时候，在小于或等于 135° 的拐角处插入圆弧。

  - ☑ 单选项：用于设置当采用外补正的时候，在所有的拐角处插入圆弧。

- 区域：用于定义补正方向，其中包括 单选项、 单选项和 单选项。

  - ☑ 单选项：用于设置不补正。

  - ☑ 单选项：用于设置在串连方向的左侧进行补正。

  - ☑ 单选项：用于设置在串连方向的右侧进行补正。

- 文本框：用于定义补正的距离值。

- 复选框：用于设置防止添加了补正距离和补正方向外形产生自相交。选中此复选框，系统会自动防止自相交。

Step4. 设置分析参数。在 "外形分析" 对话框的 区域选中 单选项；在 区域选中 单选项；在 区域选中 单选项，并在 文本框中输入值 1；选中 复选框。单击 按钮应用设置，系统弹出图 7.5.45 所示的 "外形分析" 窗口。

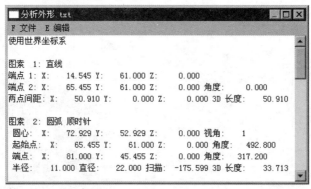

图 7.5.45   "分析外形" 对话框

Step5. 保存分析结果。在 "分析外形" 窗口中选择下拉菜单 ➡ 命令，系统弹出 "另存为" 对话框，接受系统默认的文件名，单击 按钮保存分析结果。然后选择下拉菜单 ➡ 命令，关闭 "分析外形" 窗口。

7.5.8　动态分析

使用"动态分析"命令 可以分析指定图素上任意位置的信息，指定的分析图素可以是直线、圆弧和样条曲线、曲面和实体等。下面以图 7.5.46 所示的模型为例讲解动态分析的一般过程。

Step1. 打开文件 D:\mcx6\work\ch07.05.08\ANALYZE_DYNAMIC.MCX-6。

Step2. 选择命令。选择下拉菜单 A 分析 ➡ Y 动态分析 命令。

Step3. 定义分析对象。选取图 7.5.47 所示的曲面为分析对象，此时会在绘图区定义的曲面上显示出图 7.5.48 所示的分析箭头，同时系统弹出图 7.5.49 所示的"动态分析"对话框。

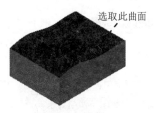

图 7.5.46　模型　　　　　　　　　　图 7.5.47　定义分析对象

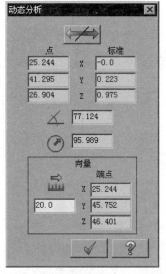

图 7.5.48　分析箭头　　　　　　图 7.5.49　"动态分析"对话框

图 7.5.49 所示的"动态分析"对话框中的部分选项的说明如下：

- ⬌按钮：用于调整分析箭头的方向。
- 📊文本框：用于设置分析箭头的长度值。

Step4. 查看分析信息。此时用户可以移动鼠标，分析箭头会跟随鼠标移动，同时在"动态分析"对话框中显示出对应点的相关信息。

Step5. 单击  按钮关闭"动态分析"对话框，然后按 Esc 键退出分析状态。

7.5.9 数据/编号

使用"编号/数据分析"子菜单 `U 编号/数据分析 ▶` 中的 `N 图素编号` 命令和 `D 图素数据` 命令可以通过指定编号来分析图素属性或者通过指定图素来分析数据。下面将分别进行介绍。

1. 图素编号

使用"图素编号"命令 `N 图素编号` 可以分析指定编号的图素属性信息。下面以图 7.5.50 所示的模型为例讲解图素编号分析的一般过程。

Step1. 打开文件 D:\mcx6\work\ch07.05.09\ANALYZE_NUMBER.MCX-6。

Step2. 选择命令。选择下拉菜单 `A 分析` ➡ `U 编号/数据分析 ▶` ➡ `N 图素编号` 命令，系统弹出图 7.5.51 所示的"分析图素编号"对话框。

Step3. 定义要分析的图素编号。在"分析图素编号"对话框的 `图素编` 文本框中输入值 2，单击 √ 按钮完成图素编号的定义，系统弹出图 7.5.52 所示的"圆弧属性"对话框，并且将对应编号的图素以高亮方式显示。

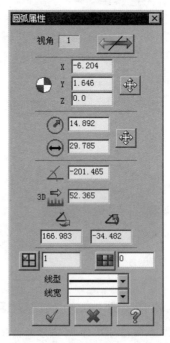

图 7.5.50　模型

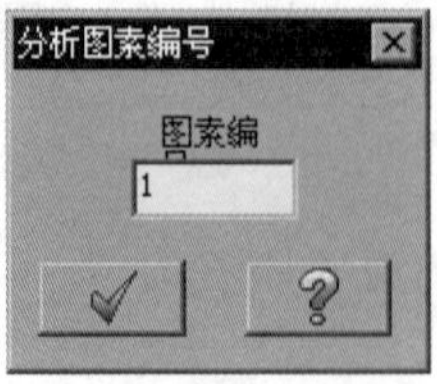

图 7.5.52　"圆弧属性"对话框

图 7.5.51　"分析图素编号"对话框

说明：在创建图素的时候系统会自动给所创建的图素添加编号，如图 7.5.50 所示，直线是第一个创建的图素，圆弧是第二个创建的图素，样条曲线是第三个创建的图素，因此，直线的编号为 1，圆弧的编号为 2，样条曲线的编号为 3。

Step4. 单击 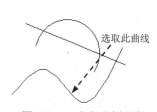 按钮，关闭"圆弧属性"对话框。

2．图素数据

使用"图素数据"命令 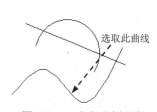 可以分析指定编号的图素属性信息。下面以图 7.5.53 所示的模型为例讲解图素编号分析的一般过程。

Step1. 打开文件 D:\mcx6\work\ch07.05.09\DATABASE_PROPERTIES.MCX。

Step2. 选择命令。选择下拉菜单 A 分析 ➡ U 编号/数据分析 ➡ D 图素数据 命令。

Step3. 定义要分析的对象。在绘图区选取图 7.5.53 所示的样条曲线为分析对象，此时系统弹出图 7.5.54 所示的"图素数据属性"对话框。

说明： 在"图素数据属性"对话框中显示了样条曲线的相关信息，用户可以在该对话框中获取样条曲线的一些信息。

图 7.5.53　定义分析对象　　　　图 7.5.54　"图素数据属性"对话框

Step5. 单击 按钮关闭"图素数据属性"对话框。

7.5.10　检测曲面/实体

使用"检测曲面/实体"子菜单 T 检测曲面/实体 中的命令可以检测曲面或实体的一些错误，它们分别为 T 检测曲面 、 C 检测实体 、 U 曲率... 和 D 拔模角度 命令。下面将分别对它们进行介绍。

1．检测曲面

使用"检测曲面"命令 T 检测曲面 可以检测曲面中的自相交、尖脊、小曲面、法向以及基础曲面的一些信息。下面以图 7.5.55 所示的模型为例讲解检查曲面的一般过程。

Step1. 打开文件 D:\mcx6\work\ch07.05.10\TEST_SURFACES.MCX-6。

Step2. 选择命令。选择下拉菜单  **A 分析** ➞ **T 检测曲面/实体** ➞ **T 检测曲面** 命令，系统弹出图 7.5.56 所示的"曲面检测"对话框。

图 7.5.55　模型　　　　图 7.5.56　"曲面检测"对话框

图 7.5.56 所示的"曲面检测"对话框中的部分选项的说明如下：

- 按钮：用于选取要分析的曲面。单击此按钮，用户可以在绘图区选取要分析的曲面。

- **过切检测** 复选框：用于设置检查在定义的公差中的自相交、尖脊等区域。

    ☑ **公差** 文本框：用于设置检查的公差值。

- **小曲面** 复选框：用于设置检查小曲面。

    ☑ **最小面** 文本框：用于定义最小曲面的最大值。

- **法向** 复选框：用于设置检查与所选曲面法向相反的曲面，系统会自动显示其编号来表示与所选曲面法向相反的曲面。

- **基本曲面** 复选框：用于检测基本曲面。

    ☑ **隐藏** 单选项：用于检测隐藏了的基础曲面。

    ☑ **恢复隐藏** 单选项：用于检测没隐藏的基础曲面。

说明： 基本曲面为裁剪曲面的原始曲面。

Step3. 定义分析曲面。在"分析曲面"对话框中单击 按钮，选取图 7.5.57 所示的曲面为分析曲面，然后单击"标准选择"工具栏中的 按钮完成分析曲面的定义。

Step4. 设置检查参数。在"分析曲面"对话框中选中 **过切检查** 复选框和 **小曲面** 复选框。

Step5. 单击 按钮应用设置参数，系统弹出图 7.5.58 所示的"小曲面"对话框。

Step6. 单击 **确定** 按钮关闭"小曲面"对话框，同时系统弹出图 7.5.59 所示的"过切检查"对话框。

Step7. 单击 **确定** 按钮关闭"过切检查"对话框，完成曲面的检查。

图 7.5.57　定义分析曲面

图 7.5.58　"小曲面"对话框

图 7.5.59　"过切检查"对话框

2．检测实体

使用"检测实体"命令 **C 检测实体** 可以分析实体可能出现的错误情况，这个功能具有识别和描述具体错误的功能，并以高亮的形式显示错误的位置。这个功能可以完整的分析由其他软件输入文件的实体，并确定实体。

分析实体只需选择下拉菜单命令 **分析(A)** ➡ **检测曲面/实体(T)** ➡ **C 检测实体** 即可，系统会弹出分析结果对话框，显示分析的结果。

3．检测曲面曲率

使用"曲率"命令 **U 曲率…** 可以检测曲面中的曲率分布信息。下面以图 7.5.60 所示的模型为例讲解检查曲面曲率的一般过程。

Step1．打开文件 D:\mcx6\work\ch07.05.10\TEST_ CURVATURE.MCX-6。

Step2．选择命令。选择下拉菜单 **A 分析** ➡ **T 检测曲面/实体** ➡ **U 曲率…** 命令，系统弹出图 7.5.61 所示的"曲线分析"对话框。

图 7.5.60　模型

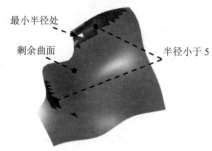

图 7.5.62　分析结果

图 7.5.61　"曲线分析"对话框

Step3. 设置检查参数。在"曲线分析"对话框中设置图 7.5.61 所示的参数，单击 ![按钮]按钮结果如图 7.5.62 所示。

Step4. 单击 ![按钮]按钮，完成曲面曲率的分析。

图 7.5.61 所示的"曲线分析"对话框中的部分选项的说明如下：

- 速度 <---> 精度 区域：用于设置分析的速度和精度。
  - ☑ ![滑块条]滑块条：用于调节速度和精度的关系，拖动滑块向左则速度增加，精度降低，反之，则速度降低，精度增加。
  - ☑ ![按钮]按钮：用于重新显示分析结果，仅在滑动条发生改变后被激活。
- ☑ 半径小于 复选框：用于设置检查小于指定曲率半径的区域。勾选该选项后，在其下的文本框中输入半径值，并设定必要的显示颜色。
  - ☑ ☑ 只显示内部半径 文本框：用于设置检查沿参考平面分布的内部半径符合指定数值的区域。勾选该选项后，参考平面 下拉列表被激活。
  - ☑ 参考平面 下拉列表：用于设置内部半径的测量平面。
- ☑ 最小值 复选框：勾选该项，系统以设定的颜色显示最小半径值区域。用户可在其后的文本框中输入对应的颜色编号，或者单击 ![按钮]按钮来定义显示颜色。
- ☑ 平面 复选框：勾选该项，系统以设定的颜色显示平面区域。其颜色设置方法参考 ☑ 最小值 复选框，以下不再赘述。
- ☑ 剩余 复选框：勾选该项，系统以设定的颜色显示其余的曲面部分
- 最小检测 文本框：显示最小的测量数值。
- 最大检测 文本框：显示最大的测量数值。

4．拔模角度

使用"拔模角度"命令 ![D 拔模角度]可以检测模型中各曲面的拔模角度信息。下面以图 7.5.63 所示的模型为例讲解拔模角度的一般过程。

Step1. 打开文件 D:\mcx6\work\ch07.05.10\TEST_DRAFT_ANGLE.MCX-6。

Step2. 选择命令。选择下拉菜单 A 分析 ➡ T 检测曲面/实体 ▶ ➡ D 拔模角度 命令，系统弹出图 7.5.64 所示的"拔模角度分模"对话框。

图 7.5.64 所示的"拔模角度分模"对话框中的部分选项的说明如下：

- 参考平面 区域：用于设置拔模方向的参考平面。
  - ☑ 俯视图 ▼ 下拉列表：用于设置检查在定义的公差中的自相交、尖脊等区域。
  - ☑ ⊙ 使用曲面法向 单选项：用于设置使用曲面的法线方向进行拔模角度的检查。

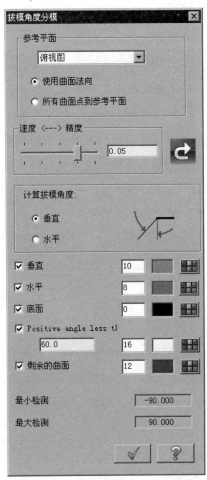

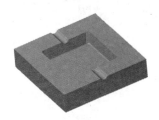

图 7.5.63　模型

图 7.5.65　显示拔模角度曲面

图 7.5.64　"拔模角度分模"对话框

- ☑ **⊙ 所有曲面点到参考平面** 单选项：用于设置使用曲面的点到参考平面的方向进行拔模角度的检查。选中此单选项时不区分底面。

- **速度 <---> 精度** 区域：用于设置分析的速度和精度。

  - ☑ **──┴──** 滑块条：用于调节速度和精度的关系，拖动滑块向左则速度增加，精度降低，反之，则速度降低，精度增加。

  - ☑ **↱** 按钮：用于重新显示分析结果，仅在滑动条发生改变后被激活。

- **计算拔模角度：** 区域：用于设置计算拔模角度与参考平面的角度关系。其中包括 **⊙ 垂直** 单选项和 **⊙ 水平** 单选项。

- ☑ **垂直** 复选框：勾选该项，系统以设定的颜色显示垂直于参考平面的曲面。用户可在其后的文本框中输入对应的颜色编号，或者单击 **⊞** 按钮来定义显示颜色。

- ☑ **水平** 复选框：勾选该项，系统以设定的颜色显示平行于参考平面的曲面。其颜色设置方法参考 **☑ 垂直** 复选框，以下不再赘述。

- ☑底面复选框：勾选该项，系统以设定的颜色显示沿拔模方向被其他曲面遮挡的曲面部分。
- ☑ Positive angle greater复选框：勾选该项，在其下的文本框中输入最小角度值，系统以设定的颜色显示拔模角度大于该数值的曲面部分。
- ☑剩余的曲面复选框：勾选该项，系统以设定的颜色显示其余的曲面部分
- 最小检测文本框：显示最小的测量角度值。
- 最大检测文本框：显示最大的测量角度值。

Step3. 设置检查参数。在"拔模角度分模"对话框中设置图 7.5.56 所示的参数，单击 ↻ 按钮结果如图 7.5.65 所示。

Step4. 单击 ✓ 按钮，完成拔模教的分析。

7.6　生成工程图

MasterCAM X6 为用户提供了生成简单的工程图命令 Y 生成工程图 ，使用此命令可以将所绘制的三维图形，经过设置纸张的大小、缩放比例和视图放置等参数，将视图中的图形以线框模式自动生成工程图。下面通过图 7.6.1 所示的工程图讲解创建工程图的一般过程。

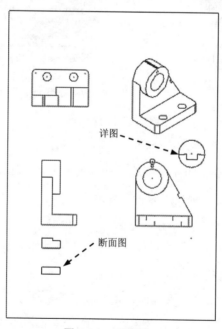

图 7.6.1　工程图

Step1. 打开文件 D:\mcx6\work\ch07.06\EXAMPLE.MCX-6。

Step2. 选择命令。选择下拉菜单 S 实体 ➡ Y 生成工程图 命令，系统弹出图 7.6.2 所示的 "实体图纸布局" 对话框（一）。

图 7.6.2 所示的 "实体图纸布局" 对话框（一）中的各选项的说明如下：

● 纸张大小 区域：用于设置图纸纸张的大小以及放置方式。

  ☑ ☑ 使用模板文件 复选框：用于设置是否使用已定义的图纸模板文件。勾选该选项，用户可单击其后的 ⊘ 按钮，选取合适的模板文件。载入图框如图 7.6.3 所示。

  ☑ ⊙ 纵向 单选项：用于设置纸张纵向放置，如图 7.6.4 所示。

  ☑ ⊙ 横向 单选项：用于设置纸张横向放置，如图 7.6.5 所示。

  ☑ A4 ▼ 下拉列表：用于设置图纸纸张的大小。包括 A 选项、B 选项、C 选项、D 选项、E 选项、A4 选项、A3 选项、A2 选项、A1 选项、A0 选项和 自定义 选项。

图 7.6.2 "实体图纸布局" 对话框（一）

图 7.6.3 使用模板文件

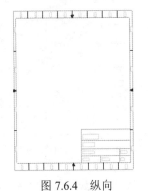

图 7.6.4 纵向

图 7.6.5 横向

☑ X 、Y 文本框：用于设置纸张的大小。仅在 A4 ▼ 下拉列表中选择 自定义 选项时此文本框可用。

● ☑ 不显示隐藏线 复选框：用于设置不显示隐藏线，如图 7.6.6 所示。

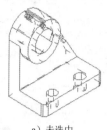 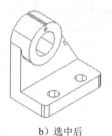

a）未选中   b）选中后

图 7.6.6 "不显示隐藏线"复选框

● 比例缩放 文本框：用于定义工程图的缩放比例。

● 布局方式 下拉列表：用于设置图纸中视图的配置方式。

☑ 4 View DIN 选项：用于设置创建仰视、前视、左视和正等轴测图四个视图，如图 7.6.7 所示。

☑ 4 个标准视图 选项：用于设置创建俯视、前视、右视和正等轴测图四个视图，如图 7.6.8 所示。

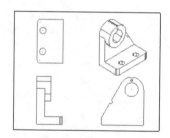 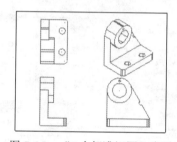

图 7.6.7 "4 View DIN"类型   图 7.6.8 "4 个标准视图"类型

☑ 3 View DIN 选项：用于设置创建俯视、前视和左视三个视图，如图 7.6.9 所示。

☑ 3 个标准视图 选项：用于设置创建顶视、前视和右视三个视图，如图 7.6.10 所示。

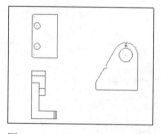 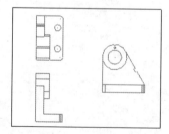

图 7.6.9 "3 View DIN"类型   图 7.6.10 "3 个标准视图"类型

☑ 1 View IsoMetric 选项：用于设置创建一个等轴测视图，如图 7.6.11 所示。

Step3. 设置图纸参数。在"实体图纸布局"对话框的 A4 下拉列表中选择 A3 选项；然后选中 ⊙纵向 单选项；选中 ☑不显示隐藏线 复选框，取消选中 ☑径向显示角度 复选框；在 布局方式 下拉列表中选择 4 个标准视图 选项，单击 ✓ 按钮应用设置，同时系统弹出"层别"对话框。

Step4. 设置图纸所在层别。接受系统默认的层别编号，单击 ✓ 按钮完成图纸所在层别的设置，此时在绘图区显示图 7.6.12 所示的四个视图，同时系统弹出图 7.6.13 所示的"实体图纸布局"对话框（二）。

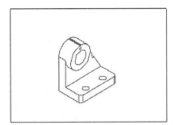

图 7.6.11 "1 View IsoMetric"类型

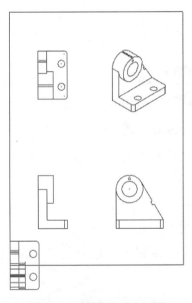

图 7.6.12 创建的四个视图

图 7.6.13 "实体图纸分布"对话框（二）

图 7.6.13 所示的"实体图纸布局"对话框（二）中的各选项说明如下：

- 实体 按钮：用于使用当前的设置创建一个不同的新实体的工程图。

- 重设 按钮：用于设置"实体图纸布局"对话框（一）的参数。单击此按钮，系统返回至"实体图纸布局"对话框（一），用户可以对其中的参数进行修改。

- 隐藏线 区域：用于设置是否显示隐藏线，其包括 单一视图 按钮、全部隐藏 按钮、全部切换 按钮和 全部显示 按钮。

- ☑ `单一视图` 按钮：用于设置显示指定视图的隐藏线。单击此按钮，用户可以在绘图区选取需要显示隐藏线的视图。

- ☑ `全部隐藏` 按钮：用于设置隐藏全部视图的隐藏线。

- ☑ `全部切换` 按钮：用于设置切换显示当前的视图的隐藏线，即原显示隐藏线的视图不显示隐藏线，原不显示隐藏线的视图显示隐藏线。

- ☑ `全部显示` 按钮：用于设置显示全部视图的隐藏线。

- ● `纸张大小` 区域：用于设置纸张大小以及放置方向。可参看前面的说明。

- ● `比例` 区域：用于设置缩放的参数，其中包括 `1.0` 文本框、`单一` 按钮和 `全部` 按钮。

  - ☑ `1.0` 文本框：用于设置缩放比例值。

  - ☑ `单一` 按钮：用于设置以定义的比例缩放指定的视图。单击此按钮，用户可以在绘图区选择要缩放的视图。

  - ☑ `全部` 按钮：用于设置以定义的比例缩放全部的视图。

- ● `更改视图` 区域：用于更改视图，其中包括 `` 文本框、`视图` 按钮和 `✛` 按钮。

  - ☑ `` 文本框：用于定义视图的代码。

  - ☑ `视图` 按钮：单击此按钮，系统弹出"视角选择"对话框，用户可以选择要更改的视图。

- ● `移动` 区域：用于移动指定的视图，其中包括 `平移` 按钮、`角度` 文本框、`排列` 按钮和 `旋转` 按钮。

  - ☑ `平移` 按钮：用于将指定的视图从一个点移动到另一个点。单击此按钮，用户可以在绘图区要移动的视图上指定一个点，然后再在绘图区指定移动的终止点。

  - ☑ `角度` 文本框：用于定义旋转的角度值。

  - ☑ `排列` 按钮：用于将指定的两个视图对齐。单击此按钮，用户可以在绘图区定义一个对齐基准视图的基准点，然后再在绘图区指定要对齐的视图的对齐相应点，此时系统会自动对齐视图。

  - ☑ `旋转` 按钮：用于将指定的视图旋转定义的角度。单击此按钮，用户可以在绘图区选取要旋转的视图，系统会根据定义的旋转角度旋转视图。

- ● `增加/移除` 区域：用于增加或移除视图，其中包括 `增加视图` 按钮、`移除` 按钮、`增加断面` 按钮和 `增加详图` 按钮。

  - ☑ `增加视图` 按钮：用于增加指定的视图。

  - ☑ `移除` 按钮：用于移除现有的视图。

  - ☑ `增加断面` 按钮：用于增加断面视图。

  - ☑ `增加详图` 按钮：用于增加放大视图。

● ☑ 径向显示角度 复选框：用于设置是否显示按设定角度的曲面径向光顺线条。

Step5. 设置前视图显示隐藏线。在"实体图纸布局"对话框（二）的 隐藏线 区域中单击 单一视图 按钮，然后再选取前视图（图 7.6.14），系统会自动显示隐藏线。

Step6. 旋转俯视图。在 移动 区域的 角度 文本框中输入值 90，单击 旋转 按钮并在绘图区选取图 7.6.15a 所示的视图，系统会自动旋转该视图，如图 7.6.15b 所示。

图 7.6.14　显示隐藏线

　　　　a）旋转前　　　　　　　b）旋转后

图 7.6.15　旋转视图

Step7. 移动视图。

① 选择命令。在 移动 区域中单击 平移 按钮。

② 定义移动起始点和终止点。在绘图区选取图 7.6.16 所示点 1（两边线的交点），然后竖直拖动鼠标，将视图移动到点 2 的位置单击鼠标左键。

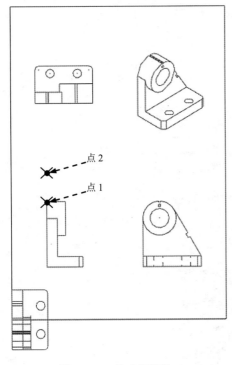

图 7.6.16　移动视图前

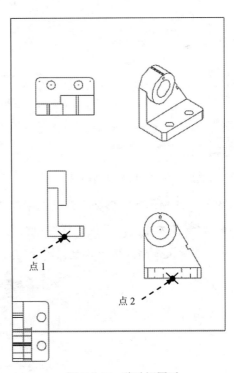

图 7.6.17　移动视图后

③在 移动 区域中单击 排列 按钮，选取图 7.6.17 所示的点 1 作为对齐位置点，然后选取点 2 作为校正位置点，结果如图 7.6.18 所示。

Step8. 增加详图。

① 选择命令。在 增加/移除 区域中单击 增加详图 按钮，系统弹出图 7.6.19 所示的"详图形式"对话框。

② 设置详图形式。在"详图形式"对话框中选中 ⊙ 圆柱 单选项。

③ 单击 ✓ 按钮完成详图形式的设置。

④ 定义详图位置。绘制图 7.6.20 所示的圆，系统弹出图 7.6.21 所示的"参数"对话框。

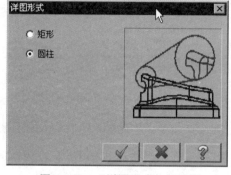

图 7.6.19 "详图形式"对话框

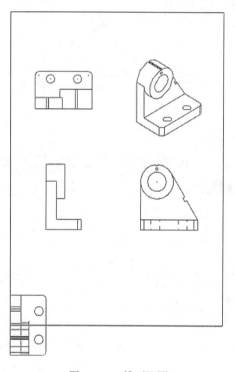

图 7.6.18 排列视图

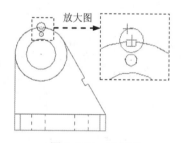

图 7.6.20 绘制圆

图 7.6.21 所示的"参数"对话框中的选项的说明如下：

● 颜色 文本框：用于设置详图的颜色数值。

● 比例 文本框：用于设置详图的缩放比例值。

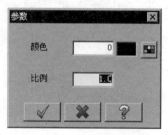

图 7.6.21 "参数"对话框

⑤ 设置详图参数。在"参数"对话框的 颜色 文本框中输入值 0，按 Enter 键确认；在 比例 文本框中输入值 5，单击 ✓ 按钮完成参数的设置。

⑥ 放置详图。将详图放置在图 7.6.22 所示的位置。

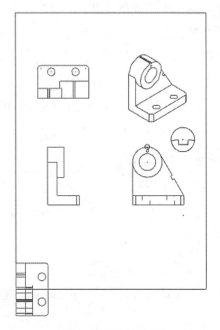

图 7.6.22　放置详图

Step9. 增加断面图。

① 选择命令。在 增加/移除 区域中单击 增加断面 按钮，系统弹出图 7.6.23 所示的"断面形式"对话框。

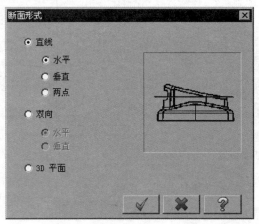

图 7.6.23　"断面形式"对话框

图 7.6.23 所示的"断面形式"对话框中的各选项的说明如下：

● 直线 单选项：用于设置创建直线断面图。

- 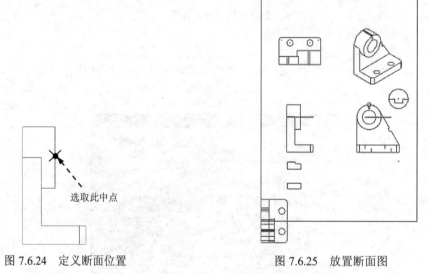水平单选项：用于设置创建水平直线断面图。
- 垂直单选项：用于设置创建竖直直线断面图。
- 两点单选项：用于设置创建两点斜直线断面图。
- 双向单选项：用于设置创建折线断面图。
- 水平单选项：用于设置创建水平折线断面图。
- 垂直单选项：用于设置创建竖直折线断面图。
- 3D平面单选项：用于设置创建空间平面断面图。

② 设置断面形式。在"断面形式"对话框中选中 直线单选项，然后选中其下的 水平单选项。

③ 单击 ✔ 按钮完成断面形式的设置。

④ 定义详图位置。选取图 7.6.24 所示的中点，系统弹出"参数"对话框。

⑤ 设置详图参数。在"参数"对话框的 颜色文本框中输入值 0，在 比例文本框中输入值 1，单击 ✔ 按钮完成参数的设置。

⑥ 放置断面图。将断面图放置在图 7.6.25 所示的位置。

Step10. 在"实体图纸布局"对话框（二）中单击 ✔ 按钮完成工程图的创建。

选取此中点

图 7.6.24　定义断面位置   图 7.6.25　放置断面图

Step11. 隐藏实体。

① 选择命令。选择下拉菜单 R 屏幕 ➡ B 隐藏图素命令。

② 定义隐藏对象。在"标准选择"工具栏中单击 单一按钮，系统弹出"选取所有单一选择"对话框。

③ 在"选取所有单一选择"对话框中的列表框中选中 ✔ 实体复选框。

④ 单击 ✅ 按钮，关闭"选取所有单一选择"对话框。

⑤ 框选图纸左下角的实体模型，在"标准选择"工具栏中单击 🔘 按钮隐藏图素。

7.7　综 合 实 例

本综合实例介绍了基座的设计过程。希望读者在学习本实例后，可以熟练掌握挤出特征、倒圆角特征的创建。零件模型如图 7.7.1 所示。

Step1. 创建实体和草图 1 两个图层。

（1）在状态栏中单击 层别 按钮，系统弹出"层别管理"对话框。

（2）将层别 1 命名为实体。在"层别管理"对话框的 主要层 区域的 名称: 文本框中输入"实体"字样。

（3）创建图层。在 主要层 区域的 层别号码: 文本框中输入值 2，在 名称: 文本框中输入"草图 1"字样。

（4）单击 ✅ 按钮，完成图 7.7.2 所示的图层的创建。

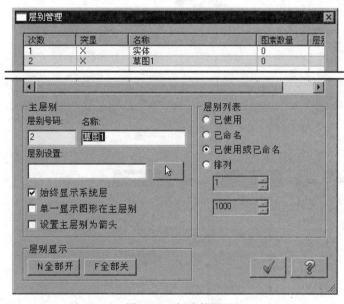

图 7.7.1　零件模型　　　　　　　　　图 7.7.2　创建的图层

Step2. 绘制图 7.7.3 所示的草图 1。

（1）绘制图 7.7.4 所示的中心线。

① 定义绘图线型。在状态栏的 ▬▬ ▾ 下拉列表中选择 ▬ ▬ ▬ 选项，完成绘图线型的设置。

② 选择命令。选择下拉菜单 C 绘图 ➡ L 任意线 ➡ E 绘制任意线 命令，系统弹出"直线"工具栏。

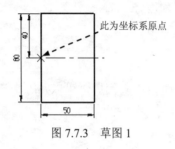

图 7.7.3　草图 1　　　　　　　　　　　　　　图 7.7.4　绘制中心线

③ 绘制中心线。分别在"自动抓点"工具栏的 ☒ 文本框、☒ 文本框和 ☒ 文本框中输入值-10、0、0，并分别按 Enter 键确认；然后在"直线"工具栏的 🔲 文本框中输入值 70，按 Enter 键确认；在 ☒ 文本框中输入值 0，按 Enter 键确认。

④ 单击 ✓ 按钮，完成中心线的绘制。

（2）绘制图 7.7.5 所示的矩形。

① 定义绘图线型。在状态栏的 ▭▾ 下拉列表中选择 ▭ 选项；在 ▭▾ 下拉列表中选择第二个选项 ▭ 。

② 选择命令。选择下拉菜单 C 绘图 ➡ R 距形... 命令，系统弹出"矩形"工具栏。

③ 绘制矩形。分别在"自动抓点"工具栏的 ☒ 文本框、☒ 文本框和 ☒ 文本框中输入值 0、40、0，并分别按 Enter 键确认；然后别在"自动抓点"工具栏的 ☒ 文本框、☒ 文本框和 ☒ 文本框中输入值 50、-40、0，并分别按 Enter 键确认。

④ 单击 ✓ 按钮，完成矩形的绘制。

（3）标注尺寸。在 ▭▾ 下拉列表中选择第一个选项 ▭ 。选择下拉菜单 C 绘图 ➡ D 尺寸标注 ▸ ➡ S 快速标注 命令，标注尺寸如图 7.7.6 所示。

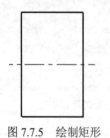

图 7.7.5　绘制矩形　　　　　　　　　　　　图 7.7.6　标注尺寸

Step3. 绘创建图 7.7.7 所示的挤出特征。

（1）切换图层。在状态栏的 层别 按钮后的文本框中输入值 1，并按 Enter 键确认。

（2）选择命令。选择下拉菜单 S 实体 ➡ ↑ X 挤出实体... 命令，系统弹出"串连选项"

对话框。

（3）定义轮廓曲线。选取图 7.7.8 所示的曲线链并调整为与图示相同的串连方向，单击 按钮完成轮廓曲线的定义，同时系统弹出"挤出串连"对话框。

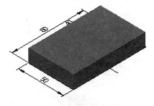

图 7.7.7　挤出特征

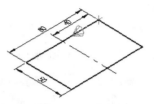

图 7.7.8　定义轮廓曲线

（4）设置拉伸参数。在 挤出的距离/方向 区域中选中 ⊙ 按指定的距离延伸 单选项，然后在 距离 文本框中输入值 14。

（5）单击 按钮，完成挤出特征的创建。

Step4. 编辑图层 2 的图素不显示。

（1）在状态栏中单击 层别 按钮，系统弹出"层别管理"对话框。

（2）单击 突显 列表中的"草图 1"层的 ☒ 单元格，使"×"消失。

（3）单击 按钮，完成编辑操作。

Step5. 绘制图 7.7.9 所示的草图 2。

（1）创建图层 3。

① 在状态栏中单击 层别 按钮，系统弹出"层别管理"对话框。

② 创建图层。在 主要层 区域的 层别号码 文本框中输入值 3，在 名称 文本框中输入"草图 2"字样。

③ 单击 按钮，完成图层的创建。

（2）绘制图 7.7.10 所示的两个圆。

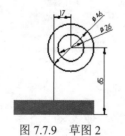

图 7.7.9　草图 2

图 7.7.10　绘制圆弧

① 定义绘图线型。在 下拉列表中选择第二个选项 。

② 选择命令。选择下拉菜单 C 绘图 ➡ A 圆弧 ➡ C 圆心+点... 命令，系统弹出"编

辑圆心点”工具栏。

③ 定义圆心位置。在“绘图视角”工具栏中单击 按钮调整构图面为右视视角；分别在“自动抓点”工具栏的 文本框、文本框和文本框中输入值 17、65、0，并分别按 Enter 键确认。

④ 设置圆参数。在“编辑圆心点”工具栏的 文本框中输入值 46，按 Enter 键确认。

⑤ 参照步骤③~④绘制同心圆，同心圆直径为 26。

⑥ 单击 按钮，完成圆的绘制。

（3）标注尺寸。在 下拉列表中选择第一个选项 。选择下拉菜单 C 绘图 ➡ D 尺寸标注 ▸ ➡ S 快速标注 命令，标注尺寸如图 7.7.11 所示。

Step6. 创建图 7.7.12 所示的挤出特征。

（1）切换图层。在状态栏的 层别 按钮后的文本框中输入值 1，并按 Enter 键确认。

（2）选择命令。选择下拉菜单 S 实体 ➡ X 挤出实体... 命令，系统弹出“串连选项”对话框。

（3）定义轮廓曲线。选取草图 2 所绘制的两个圆弧并调整为与图 7.7.13 所示的相同的串连方向，单击 按钮完成轮廓曲线的定义，同时系统弹出“挤出串连”对话框。

注意：两个圆弧的串连方向要一致。

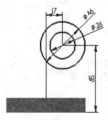      

图 7.7.11　标注尺寸   图 7.7.12　拉伸特征   图 7.7.13　定义串连方向

（4）设置拉伸参数。在 挤出的距离/方向 区域中选中 按指定的距离延伸 单选项，然后在 距离 文本框中输入值 26。

（5）单击 按钮，完成挤出特征的创建。

Step7. 编辑图层 3 的图素不显示。

（1）在状态栏中单击 层别 按钮，系统弹出“层别管理”对话框。

（2）单击 突显 列表中的“草图 2”层前的 单元格，使“×”消失。

（3）单击 按钮，完成编辑操作。

Step8. 绘制图 7.7.14 所示的草图 3。

（1）创建图层 4。

① 在状态栏中单击 层别 按钮，系统弹出"层别管理"对话框。

② 创建图层。在 主要层 区域的 层别号码 文本框中输入值 4，在 名称 文本框中输入"草图 3"字样。

③ 单击 ✓ 按钮，完成图层的创建。

（2）绘制图 7.7.15 所示的圆。

① 定义绘图线型。在 ▭ 下拉列表中选择第二个选项 ▭ 。

② 选择命令。选择下拉菜单 C 绘图 ➡ A 圆弧 ➡ C 圆心+点 命令，系统弹出"编辑圆心点"工具栏。

③ 定义圆心位置。分别在"自动抓点"工具栏的 X 文本框、Y 文本框和 Z 文本框中输入值 17、65、0，并分别按 Enter 键确认。

图 7.7.14　草图 3

图 7.7.15　绘制圆

④ 设置圆参数。在"编辑圆心点"工具栏的 ⬡ 文本框中输入值 46，按 Enter 键确认。

⑤ 单击 ✓ 按钮，完成圆的绘制。

（3）绘制图 7.7.16 所示的三条直线。

① 选择命令。选择下拉菜单 C 绘图 ➡ L 任意线 ➡ E 绘制任意线 命令，系统弹出"直线"工具栏。

② 绘制第一条直线。在绘图区选取图 7.7.17 所示的两个点位置线的两个端点（长方体的两个顶点）。

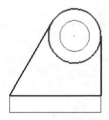

图 7.7.16　绘制直线

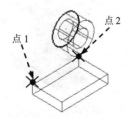

图 7.7.17　定义第一条直线的端点

③ 绘制第二条直线。在"直线"工具栏中单击 ✏ 按钮使其处于按下状态，然后将第二条直线的端点定义到图 7.7.17 所示的点 1 的位置，之后在绘图区选取步骤（2）中所绘制的

圆为相切对象。

④ 绘制第三条直线。在"直线"工具栏中单击 ![按钮]按钮使其处于按下状态，然后将第三条直线的端点定义到图 7.7.17 所示的点 2 的位置，之后在绘图区选取步骤（2）中所绘制的圆为相切对象。

⑤ 单击 ![按钮]按钮，完成直线的绘制。

（4）修剪曲线，如图 7.7.18 所示。

① 选择命令。选择下拉菜单 **E 编辑** ➡ **T 修剪/打断** ▶ ➡ **≺ T 修剪/打断/延伸** 命令，系统弹出"修剪/延伸/打断"工具栏。

a）修剪前	图 7.7.18　修剪曲线	b）修剪后

② 设置修剪方式。在"修剪/延伸/打断"工具栏中单击 ![按钮]按钮使其处于按下状态。

③ 定义修剪曲线。在要修剪的曲线上单击鼠标左键，修剪之后如图 7.7.18b 所示。

④ 单击 ![按钮]按钮，完成曲线的修剪。

Step9. 绘创建图 7.7.19 所示的挤出特征。

（1）在状态栏的 **层别** 按钮后的文本框中输入值 1，并按 Enter 键确认。

（2）选择命令。选择下拉菜单 **S 实体** ➡ **↑ X 挤出实体...** 命令，系统弹出"串连选项"对话框。

（3）定义轮廓曲线。选取草图 3 所绘制的曲线并调整为与图 7.7.20 所示的相同的串连方向，单击 ![按钮]按钮完成轮廓曲线的定义，同时系统弹出"挤出串连"对话框。

图 7.7.19　拉伸特征

图 7.7.20　定义串连方向

（4）设置拉伸参数。在 **挤出的距离/方向** 区域中选中 ⊙ **按指定的距离延伸** 单选项，然后在 **距离** 文本框中输入值 15。

（5）单击 ![按钮]按钮，完成挤出特征的创建。

Step10. 编辑图层 4 的图素不显示。

（1）在状态栏中单击 层别 按钮，系统弹出"层别管理"对话框。

（2）单击 突显 列表中的"草图 3"层前的 ☒ 单元格，使"×"消失。

（3）单击 ✓ 按钮，完成编辑操作。

Step11. 创建布尔运算——结合。

（1）选择命令。选择下拉菜单 S 实体 ➡ A 布尔运算-结合 命令。

（2）定义目标主体和工件主体。在绘图区选取图 7.7.21 所示的目标主体和工件主体。

（3）在"标准选择"工具栏中单击 ● 按钮，完成布尔运算——结合的创建。

Step12. 创建布尔运算——结合。

（1）选择命令。选择下拉菜单 S 实体 ➡ A 布尔运算-结合 命令。

（2）定义目标主体和工件主体。在绘图区选取图 7.7.22 所示的目标主体和工具主体。

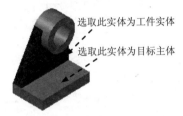

图 7.7.21　定义目标主体和工件主体　　　　图 7.7.22　定义目标主体和工件主体

（3）在"标准选择"工具栏中单击 ● 按钮，完成布尔运算——结合的创建。

Step13. 绘制图 7.7.23 所示的草图 4。

（1）创建图层 5。

① 在状态栏中单击 层别 按钮，系统弹出"层别管理"对话框。

② 创建图层。在 主要层 区域的 层别号码 文本框中输入值 5，在 名称: 文本框中输入"草图 4"字样。

③ 单击 ✓ 按钮，完成图层的创建。

（2）绘制图 7.7.24 所示的圆。

① 定义绘图线型。在 ▼ 下拉列表中选择第二个选项 。

② 选择命令。选择下拉菜单 C 绘图 ➡ A 圆弧 ➡ C 圆心+点... 命令，系统弹出"编辑圆心点"工具栏。

③ 定义圆心位置。在"绘图视角"工具栏中单击 ⊕ 按钮调整构图面为俯视视角；分别在"自动抓点"工具栏的 X 文本框、 Y 文本框和 Z 文本框中输入值 40，25，0，并分别按 Enter 键确认。

④ 设置圆参数。在"编辑圆心点"工具栏的 ⊕ 文本框中输入值 12，按 Enter 键确认。

⑤ 单击 ✓ 按钮，完成圆的绘制。

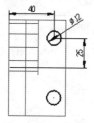

图 7.7.23　草图 4

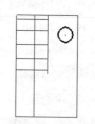

图 7.7.24　绘制圆

（3）标注尺寸。在 下拉列表中选择第一个选项 ▬▬▬ 。选择下拉菜单 C 绘图 ➡ D 尺寸标注 ▶ ➡ S 快速标注命令，标注尺寸如图 7.7.25 所示。

（4）创建图 7.7.26 所示的镜像曲线。

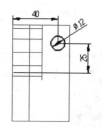

图 7.7.25　标注尺寸

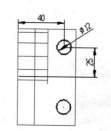

图 7.7.26　镜像曲线

① 定义绘图线型。在 ▬▬▬ 下拉列表中选择第二个选项 ▬▬▬ 。

② 选择命令。选择下拉菜单 X 转换 ➡ M 镜像... 命令。

③ 定义镜像对象。在绘图区选取步骤（2）所绘制的圆为镜像对象，在"标准选择"工具栏中单击 按钮完成镜像对象的定义，同时系统弹出"镜射选项"对话框。

④ 定义镜像轴。在 轴向 区域中单击 按钮，然后分别在"自动抓点"工具栏的 X 文本框、Y 文本框和 Z 文本框中输入值 0、0、0，并分别按 Enter 键确认定义镜像轴的一个端点；分别在"自动抓点"工具栏的 X 文本框、Y 文本框和 Z 文本框中输入值 10、0、0，并分别按 Enter 键确认定义镜像轴的另一个端点。

⑤ 单击 按钮，完成镜像曲线的创建。

Step14. 绘创建图 7.7.27 所示的挤出特征。

（1）切换图层。在状态栏的 层别 按钮后的文本框中输入值 1，并按 Enter 键确认。

（2）选择命令。选择下拉菜单 S 实体 ➡ X 挤出实体... 命令，系统弹出"串连选项"对话框。

（3）定义轮廓曲线。选取草图 4 所绘制的两个圆弧并调整与图 7.7.28 所示的相同的串连方向，单击 按钮完成轮廓曲线的定义，同时系统弹出"挤出串连"对话框。

（4）设置拉伸参数。在 挤出操作 区域中选中 ⊙ 切割实体 单选项和 ☑ 合并操作 复选框；在

区域中选中 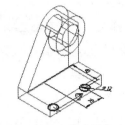 单选项。

（5）单击 ✓ 按钮，完成挤出特征的创建。

Step15. 编辑图层 5 的图素不显示。

图 7.7.27　挤出特征

图 7.7.28　定义串连方向

（1）在状态栏中单击 层别 按钮，系统弹出"层别管理"对话框。

（2）单击 突显 列表中的"草图 4"层前的 ☒ 　　　 单元格，使"×"消失。

（3）单击 ✓ 按钮，完成编辑操作。

Step16. 绘制图 7.7.29 所示的草图 5。

（1）创建图层 6。

① 在状态栏中单击 层别 按钮，系统弹出"层别管理"对话框。

② 创建图层。在 主要层 区域的 层别号码: 文本框中输入值 6，在 名称: 文本框中输入"草图 5"字样。

③ 单击 ✓ 按钮，完成图层的创建。

（2）绘制图 7.7.30 所示的中心线。

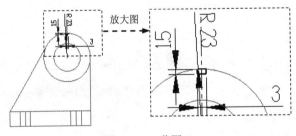

图 7.7.29　草图 5

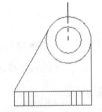

图 7.7.30　绘制中心线

① 定义绘图线型。在状态栏的 ▬▬▬▼ 下拉列表中选择 ▬ ▬ ▬ 选项，在 ▭▼ 下拉列表中选择第一个选项 ▬▬ 。

② 选择命令。选择下拉菜单 C 绘图 ➡ L 任意线 ➡ E 绘制任意线 命令，系统弹出"直线"工具栏。

③ 绘制中心线。在"绘图视角"工具栏中单击 🔲 按钮调整构图面为右视视角；分别在"自动抓点"工具栏的 X 文本框、Y 文本框和 Z 文本框中输入值 17、65、0，并分别按 Enter 键确认；然后在"直线"工具栏的 ⟂ 文本框中输入值 40，按 Enter 键确认；在 ∠ 文本框中

输入值 90，按 Enter 键确认。

④ 单击 按钮，完成中心线的绘制。

（3）绘制图 7.7.31 所示的圆。

① 定义绘图线型。在状态栏的 下拉列表中选择 选项；在 下拉列表中选择第二个选项 。

② 选择命令。选择下拉菜单 C 绘图 ➡ A 圆弧 ➡ C 圆心+点... 命令，系统弹出"编辑圆心点"工具栏。

③ 定义圆心位置。分别在"自动抓点"工具栏的 X 文本框、 Y 文本框和 Z 文本框中输入值 17、65、0，并分别按 Enter 键确认。

④ 设置圆参数。在"编辑圆心点"工具栏的 文本框中输入值 46，按 Enter 键确认。

⑤ 单击 按钮，完成圆的绘制。

（4）绘制图 7.7.32 所示的两条直线。

图 7.7.31　绘制圆　　　　　　　　图 7.7.32　绘制平行线

① 选择命令。选择下拉菜单 C 绘图 ➡ L 任意线 ➡ A 绘制平行线 命令，系统弹出"平行线"工具栏。

② 定义平行对象。在绘图区选取步骤（3）所绘制的中心线为平行对象。

③ 定义平行距离及位置。在"平行线"工具栏的 文本框中输入值 1.5，然后在中间的竖直中心线以左的任意位置单击定义平行位置，然后单击两次 按钮，使其处于 状态。

④ 单击 按钮完成两条直线的绘制。

（5）修剪曲线，如图 7.7.33 所示。

① 选择命令。选择下拉菜单 E 编辑 ➡ T 修剪/打断 ➡ T 修剪/打断/延伸 命令，系统弹出"修剪/延伸/打断"工具栏。

② 设置修剪方式。在"修剪/延伸/打断"工具栏中单击 按钮使其处于按下状态。

③ 定义修剪曲线。在要修剪的曲线上单击鼠标左键，修剪之后如图 7.7.33b 所示。

④ 单击 按钮，完成曲线的修剪。

a）修剪前　　　　　　　　　　　　图 7.7.33　修剪曲线　　　　　　　　　　　　b）修剪后

（6）编辑直线长度，如图 7.7.34 所示。

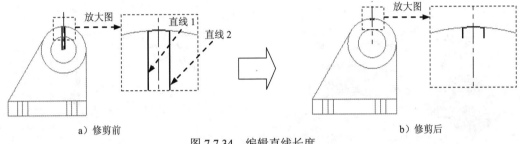

a）修剪前　　　　　　　　　　　　图 7.7.34　编辑直线长度　　　　　　　　　　　b）修剪后

① 选择命令。选择下拉菜单 A 分析 ➡ E 分析图素属性 命令。

② 定义编辑对象。选取图 7.7.34a 所示的直线 1 为编辑对象，同时系统弹出"线的属性"对话框。

③ 修改直线长度。将 3D 文本框中的值改为 1.5，按 Enter 键确认。

④ 选取图 7.7.34a 所示的直线 2 为编辑对象，将直线 2 的长度值改为 1.5。

⑤ 单击 ✓ 按钮，完成直线的编辑操作。

（7）绘制图 7.7.35 所示的直线。

① 选择命令。选择下拉菜单 C 绘图 ➡ L 任意线 ➡ E 绘制任意线 命令，系统弹出"直线"工具栏。

② 绘制直线。单击 ✓ 按钮，完成直线的绘制。

（8）标注尺寸。在 ▼ 下拉列表中选择第一个选项 。选择下拉菜单 C 绘图 ➡ D 尺寸标注 ▶ ➡ S 快速标注 命令，标注尺寸如图 7.7.36 所示。

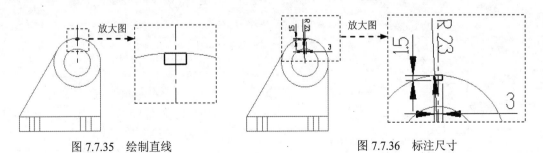

图 7.7.35　绘制直线　　　　　　　　　　　　　图 7.7.36　标注尺寸

Step17. 绘创建图 7.7.37 所示的挤出特征。

（1）在状态栏 层别 按钮后的文本框中输入值 1，并按 Enter 键确认。

（2）选择命令。选择下拉菜单 S 实体 ➜ ↑ X 挤出实体... 命令，系统弹出"串连选项"对话框。

（3）定义轮廓曲线。选取草图 5 所绘制的曲线并调整为与图 7.7.38 所示的相同的串连方向，单击 ✓ 按钮完成轮廓曲线的定义，同时系统弹出"挤出串连"对话框。

（4）设置拉伸参数。在 挤出操作 区域中选中 ◉ 切割实体 单选项；在 挤出的距离/方向 区域中选中 ◉ 全部贯穿 单选项。

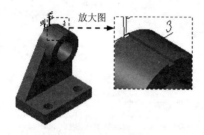

图 7.7.37　拉伸特征

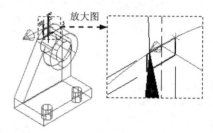

图 7.7.38　定义串连方向

（5）单击 ✓ 按钮，完成挤出特征的创建。

Step18. 编辑图层 6 的图素不显示。

（1）在状态栏中单击 层别 按钮，系统弹出"层别管理"对话框。

（2）单击 突显 列表中的"草图 5"层前的 [X 　　　] 单元格，使"×"消失。

（3）单击 ✓ 按钮，完成编辑操作。

Step19. 绘制图 7.7.39 所示的草图 6。

（1）创建图层 7。

① 在状态栏中单击 层别 按钮，系统弹出"层别管理"对话框。

② 创建图层。在 主要层 区域的 层别号码 文本框中输入值 7，在 名称 文本框中输入"草图 6"字样。

③ 单击 ✓ 按钮，完成图层的创建。

（2）绘制图 7.7.40 所示的直线。

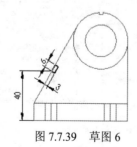

图 7.7.39　草图 6

图 7.7.40　绘制直线

① 选择命令。选择下拉菜单 C 绘图 ➡ L 任意线 ➡ E 绘制任意线 命令，系统弹出"直线"工具栏。

② 绘制第一条直线。在 下拉列表中选择第二个选项 ████。在绘图区选取图 7.7.41 所示的两个点。

③ 单击 ✓ 按钮，完成直线的绘制。

（3）绘制图 7.7.42 所示的平行直线。

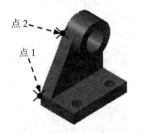

点 2
点 1

图 7.7.41　定义直线的端点

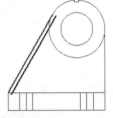

图 7.7.42　绘制平行线

① 选择命令。选择下拉菜单 C 绘图 ➡ L 任意线 ➡ A 绘制平行线 命令，系统弹出"平行线"工具栏。

② 定义平行对象。在绘图区选取步骤（2）所绘制的直线为平行对象。

③ 定义平行距离及位置。在"平行线"工具栏的 ➡ 文本框中输入值 3，然后直线以右的任意位置单击定义平行位置。

④ 单击 ✓ 按钮完成平行直线的绘制。

（4）绘制图 7.7.43 所示的辅助线。

① 定义绘图线型。在 下拉列表中选择一个选项 ████。

② 选择命令。选择下拉菜单 C 绘图 ➡ L 任意线 ➡ E 绘制任意线 命令，系统弹出"直线"工具栏。

③ 绘制中心线。在"绘图视角"工具栏中单击 按钮调整构图面为右视视角；分别在"自动抓点"工具栏的 X 文本框、Y 文本框和 Z 文本框中输入值 -40、40、0，并分别按 Enter 键确认；然后在"直线"工具栏的 文本框中输入值 40，按 Enter 键确认；在 文本框中输入值 0，按 Enter 键确认。

④ 单击 ✓ 按钮，完成辅助线的绘制。

（5）绘制图 7.7.44 所示的垂线。

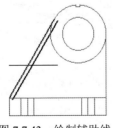

图 7.7.43　绘制辅助线

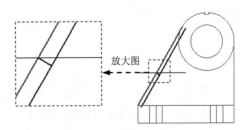

放大图

图 7.7.44　绘制垂线

① 定义绘图线型。在 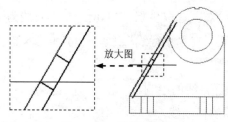 下拉列表中选择第二个选项 ▬▬▬▬▬▬ 。

② 选择命令。选择下拉菜单 C 绘图 ➡ L 任意线 ➡ + P 绘制垂直正交线... 命令，系统弹出"垂直正交线"工具栏。

③ 定义垂直对象。在绘图区选取步骤（3）所绘制的平行直线为垂直对象，然后选取步骤（5）所绘制的辅助线与步骤（2）所绘制的直线的交点为垂直线的通过点。

④ 在"直线"工具栏的 ⊞ 文本框中输入值 3，按 Enter 键确认。

⑤ 单击 ✔ 按钮，完成垂直线的绘制。

（6）绘制图 7.7.45 所示的平行直线。

① 选择命令。选择下拉菜单 C 绘图 ➡ L 任意线 ➡ A 绘制平行线 命令，系统弹出"平行线"工具栏。

② 定义平行对象。在绘图区选取上一步骤所绘制的垂直线为平行对象。

③ 定义平行距离及位置。在"平行线"工具栏的 ⊞ 文本框中输入值 6，然后在垂直线以上的任意位置单击定义平行位置。

④ 单击 ✔ 按钮完成平行直线的绘制。

图 7.7.45　绘制平行线

（7）修剪曲线，如图 7.7.46 所示（隐藏辅助线）。

① 选择命令。选择下拉菜单 E 编辑 ➡ T 修剪/打断 ▶ ➡ T 修剪/打断/延伸 命令，系统弹出"修剪/延伸/打断"工具栏。

② 设置修剪方式。在"修剪/延伸/打断"工具栏中单击 ⊞ 按钮使其处于按下状态。

a）修剪前

b）修剪后

图 7.7.46　修剪曲线

③ 定义修剪曲线。在要修剪的曲线上单击鼠标左键，修剪之后如图 7.7.46b 所示。

④ 单击 ✔ 按钮，完成曲线的修剪。

（8）标注尺寸。在 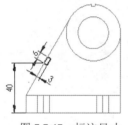 下拉列表中选择第一个选项 ███████。选择下拉菜单 ██C绘图██ ➡ ██D尺寸标注 ▶██ ➡ ██💡S快速标注██命令，标注尺寸如图 7.7.47 所示。

Step20. 创建图 7.7.48 所示的挤出特征。

（1）在状态栏的 ██层别██ 按钮后的文本框中输入值 1，并按 Enter 键确认。

（2）选择命令。选择下拉菜单 ██S实体██ ➡ ██↑X挤出实体...██命令，系统弹出"串连选项"对话框。

（3）定义轮廓曲线。选取草图 6 所绘制的曲线并调整与图 7.7.49 所示的相同的串连方向，单击 ██✓██按钮完成轮廓曲线的定义，同时系统弹出"挤出串连"对话框。

（4）设置拉伸参数。在 ██挤出操作██区域中选中 ⊙切割实体 单选项；在 ██挤出的距离/方向██区域中选中 ⊙全部贯穿 单选项。

（5）单击 ██✓██按钮，完成挤出特征的创建。

Step21. 编辑图层 7 的图素不显示。

（1）在状态栏中单击 ██层别██ 按钮，系统弹出"层别管理"对话框。

（2）单击 ██突显██ 列表中的"草图 6"层前的 ██×██████ 单元格，使"×"消失。

（3）单击 ██✓██按钮，完成编辑操作。

图 7.7.47 标注尺寸

图 7.7.48 拉伸特征

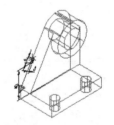

图 7.7.49 定义串连方向

Step22. 绘制图 7.7.50 所示的草图 7。

（1）创建图层 8。

① 在状态栏中单击 ██层别██ 按钮，系统弹出"层别管理"对话框。

② 创建图层。在 ██主要层██ 区域的 ██层别号码██ 文本框中输入值 8，在 ██名称:██ 文本框中输入"草图 7"字样。

③ 单击 ██✓██按钮，完成图层的创建。

（2）绘制图 7.7.51 所示的中心线。

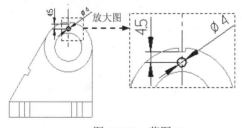

图 7.7.50 草图 7

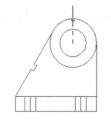

图 7.7.51 绘制中心线

① 定义绘图线型。在状态栏的 ▬▬▬▼ 下拉列表中选择 ▬ ▬ ▬ 选项。

② 选择命令。选择下拉菜单 C 绘图 ➡ L 任意线 ➡ E 绘制任意线 命令，系统弹出"直线"工具栏。

③ 绘制中心线。分别在"自动抓点"工具栏的 X 文本框、Y 文本框和 Z 文本框中输入值 17、65、0，并分别按 Enter 键确认；然后在"直线"工具栏的 ▤ 文本框中输入值 40，按 Enter 键确认；在 ◿ 文本框中输入值 90，按 Enter 键确认。

④ 单击 ✔ 按钮，完成中心线的绘制。

（3）绘制图 7.7.52 所示的圆。

① 定义绘图线型。在状态栏的 ▬▬▬▼ 下拉列表中选择 ▬▬▬ 选项；在 ▬▬▬▼ 下拉列表中选择第二个选项 ▬▬▬。

② 选择命令。选择下拉菜单 C 绘图 ➡ A 圆弧 ➡ C 圆心+点... 命令，系统弹出"编辑圆心点"工具栏。

③ 定义圆心位置。在绘图区选取图 7.7.53 所示的边线中点为圆心。

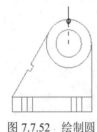

图 7.7.52　绘制圆

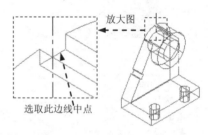

图 7.7.53　定义圆心位置

④ 设置圆参数。在"编辑圆心点"工具栏的 ⬡ 文本框中输入值 4，按 Enter 键确认。

⑤ 单击 ✔ 按钮，完成圆的绘制。

（4）平移圆。

① 选择命令。选择下拉菜单 X 转换 ➡ T 平移... 命令。

② 定义平移对象。在绘图区选取步骤（3）所绘制的圆为平移对象，然后在"标准选择"工具栏中单击 ◉ 按钮，完成平移对象的定义，同时系统弹出"平移选项"对话框。

③ 定义平移距离。在"平移选项"对话框中选中 ◉ 单选项；在 直角坐标 区域的 △Y 文本框中输入值-4.5，按 Enter 键确认。

④ 单击 ✔ 按钮完成圆的平移操作，如图 7.7.54 所示。

（5）标注尺寸。在 ▬▬▬▼ 下拉列表中选择第一个选项 ▬▬▬。选择下拉菜单 C 绘图 ➡ D 尺寸标注 ▶ ➡ S 快速标注 命令，标注尺寸如图 7.7.55 所示。

Step23. 创建图 7.7.56 所示的挤出特征。

（1）在状态栏的 层别 按钮后的文本框中输入值 1，并按 Enter 键确认。

（2）选择命令。选择下拉菜单 S 实体 ➡ X 挤出实体... 命令，系统弹出"串连选项"对话框。

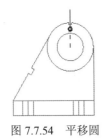

图 7.7.54　平移圆

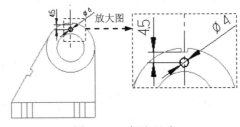

图 7.7.55　标注尺寸

（3）定义轮廓曲线。选取草图 7 所绘制的圆并调整与图 7.7.57 所示的相同的串连方向，单击 ✓ 按钮完成轮廓曲线的定义，同时系统弹出"挤出串连"对话框。

（4）设置拉伸参数。在 挤出操作 区域中选中 ⊙ 切除实体 单选项；在 挤出的距离/方向 区域中选中 ⊙ 全部贯穿 单选项。

（5）单击 ✓ 按钮，完成挤出特征的创建。

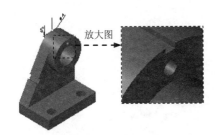

图 7.7.56　拉伸特征

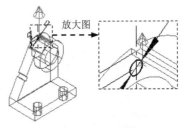

图 7.7.57　定义串连方向

Step24. 编辑图层 8 的图素不显示。

（1）在状态栏中单击 层别 按钮，系统弹出"层别管理"对话框。

（2）单击 突显 列表中的"草图 7"层前的 ☒ 单元格，使"×"消失。

（3）单击 ✓ 按钮，完成编辑操作。

Step25. 创建图 7.7.58b 所示的倒圆角。

a）创建前　　　　　　　　　　　　　　　　　　　　　b）创建后

图 7.7.58　倒圆角

（1）选择命令。选择下拉菜单 S 实体 ➡ F 倒圆角 ▶ ➡ F 实体倒圆角 命令。

（2）定义倒圆角边。在绘图区选取图 7.7.58a 所示的两条边线为倒圆角边，在"标准选择"工具栏中单击 ● 按钮完成倒圆角边的定义，同时系统弹出"倒圆角参数"对话框。

（3）设置倒圆角参数。在 半径: 文本框中输入值 5。

（4）单击 ✓ 按钮，完成倒圆角的创建。

Step26. 保存文件。

（1）选择命令。选择下拉菜单 F 文件 ➡ 🖫 S 保存 命令，系统弹出"另存为"对话框。

（2）定义文件名。在 文件名(N): 文本框中输入文件名"BASE"。

（3）单击 ✓ 按钮完成文件的保存。

第 8 章　MasterCAM X6 数控加工入门

本章提要　MasterCAM X6 的加工模块为我们提供了非常方便、实用的数控加工功能，本章将通过一个简单零件的加工来说明 MasterCAM X6 数控加工操作的一般过程。通过对本章的学习，希望读者能够清楚地了解数控加工的一般流程及操作方法，并了解其中的原理。本章的内容包括:

- MasterCAM X6 数控加工流程
- MasterCAM X6 加工模块的进入
- 设置工件
- 选择加工方法
- 选择刀具
- 设置加工参数
- 加工仿真
- 利用后处理生成 NC 程序

8.1　MasterCAM X6 数控加工流程

随着科学技术的不断进步与深化，数控技术已成为制造业逐步实现自动化、柔性化和集成化的基础技术。在学习数控加工之前，先介绍一下数控加工的特点和加工流程，以便进一步了解数控加工的应用。

数控加工具有两个最大的特点: 一是可以极大地提高加工精度; 二是可以稳定加工质量，保持加工零件的一致性，即加工零件的质量和时间由数控程序决定而不是由人为因素决定。概括起来它具有以下优点:

(1) 提高生产率。

(2) 提高加工精度且保证加工质量。

(3) 不需要熟练的机床操作人员。

(4) 便于设计加工的变更，同时加工设定柔性强。

(5) 操作过程自动化，一人可以同时操作多台机床。

(6) 操作容易方便，降低了劳动强度。

(7) 可以减少工装夹具。

（8）降低检查工作量。

在国内 MasterCAM X6 加工软件因其操作便捷且比较容易掌握，所以应用较为广泛。MasterCAM X6 能够模拟数控加工的全过程，其一般流程如图 8.1.1 所示。

（1）创建制造模型，包括创建或获取设计模型以及工件规划。

（2）进入加工环境。

（3）设置工件。

（4）对加工区域进行设置。

（5）选择刀具，并对刀具的参数进行设置。

（6）设置加工参数，包括共性参数及不同的加工方式的特有参数的设置。

（7）进行加工仿真。

（8）利用后处理器生成 NC 程序。

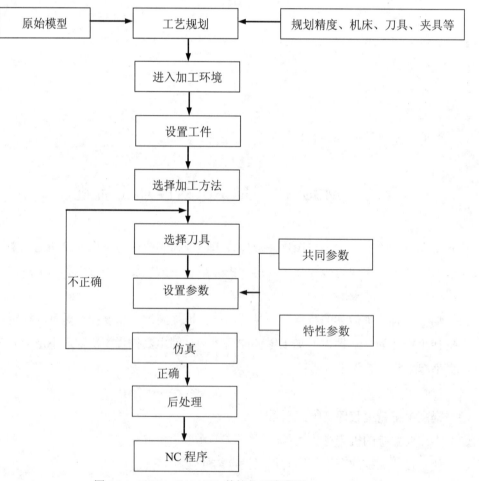

图 8.1.1　MasterCAM X6 数控加工流程图

8.2　MasterCAM X6 加工模块的进入

在进行数控加工操作之前首先需要进入 MasterCAM X6 数控加工环境，其操作如下：

Step1. 打开原始模型。选择下拉菜单 F 文件 ➡ 0 打开文件 命令，系统弹出图 8.2.1 所示的"打开" 对话框；在"查找范围"下拉列表中选择文件目录 D:\mcx6\work\ch08，然后在中间的列表框中选择文件 MILLING.MCX-6；单击 ✓ 按钮，系统打开模型并进入MasterCAM X6 的建模环境。

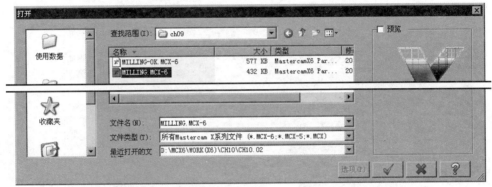

图 8.2.1　"打开"对话框

Step2. 进入加工环境。选择下拉菜单 M 机床类型 ➡ M 铣削 ▶ ➡ D 默认 命令，系统进入加工环境，此时零件模型如图 8.2.2 所示。

图 8.2.2　零件模型

关于 MasterCAM X6 中原始模型的说明：由于 MasterCAM X6 在 CAD 方面的功能较为薄弱，在使用 MasterCAM X6 进行数控加工前，经常使用其他 CAD 软件完成原始模型的创建，然后另存为 MasterCAM 可以读取的文件格式，再通过 MasterCAM X6 进行数控加工。

8.3　设 置 工 件

工件也称毛坯，它是加工零件的坯料。为了使模拟加工时的仿真效果更加真实，我们需要在模型中设置工件；另外，当需要系统自动运算进给速度等参数时，设置工件也是非常重要的。下面还是以前面的模型 MILLING.MCX-6 为例，紧接着 8.2 节的操作来继续说明设置工件的一般步骤。

Step1. 在"操作管理"中单击 **山 属性 - Mill Default MM** 节点前的"+"号，将该节点展开，然后单击 ◆ **材料设置** 节点，系统弹出图 8.3.1 所示的"机器群组属性"对话框（一）。

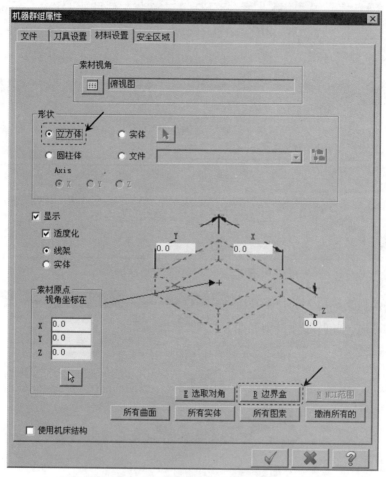

图 8.3.1　"机器群组属性"对话框（一）

图 8.3.1 所示的"机器群组属性"对话框（一）中材料设置选项卡的各选项的说明如下：

- ▦ 按钮：用于设置素材视角。单击该按钮可以选择被排列的素材样式的视角。例如：如果加工一个系统坐标（WCS）不同于 Top 视角的机件，则可以通过该按钮来选择一个适当的视角。MasterCAM 可以根据存储的基于 WCS 或者刀具平面的个别视角创建操作，甚至可以改变组间刀路的 WCS 或者刀具平面。

- ◉ **立方体** 单选项：用于创建一个立方体的工件。

- ◉ **实体** 单选项：选项用于选取一个实体工件。当选中此单选项时，其后的 ▷ 按钮被激活，单击该按钮可以在绘图区域选取一个实体为工件。

- ⦿ 圆柱体 单选项：用于创建一个圆柱体工件。当选中此单选项时，其下的 ⦿ X 单选项、⦿ Y 单选项和 ⦿ Z 单选项被激活，单击这三个单选项分别可以定义圆柱体的轴线在相对应的坐标轴上。

- ⦿ 文件 单选项：用于设置选取一个来自文件的实体模型（文件类型为 STL）为工件。当选中此单选项时，其后的 按钮被激活，单击该按钮可以在任意目录下选取工件。

- ☑ 显示 复选框：用于设置工件在绘图区域显示。当选中该复选框时，其下的 ☑ 适度化 复选框、⦿ 线架 单选项和 ⦿ 实体 单选项被激活。

  - ☑　☑ 适度化 复选框：用于创建一个恰好包含模型的工件。

  - ☑　⦿ 线架 单选项：用于设置以线框的形式显示工件。

  - ☑　⦿ 实体 单选项：用于设置以实体的形式显示工件。

- 按钮：用于选取模型原点，同时也可以在 素材原点 区域的 X 文本框、Y 文本框和 Z 文本框中输入值来定义工件的原点。

  - ☑　X 文本框：用于设置在 X 轴方向的工件长度。此文本框将根据定义的工件类型做相应的调整。

  - ☑　Y 文本框：用于设置在 Y 轴方向的工件长度。此文本框将根据定义的工件类型做相应的调整。

  - ☑　Z 文本框：用于设置在 Z 轴方向的工件长度。此文本框将根据定义的工件类型做相应的调整。

- E 选取对角 按钮：用于以选取模型对角点的方式定义工件的尺寸。当通过此种方式定义工件的尺寸后，模型的原点也会根据选取的对角点进行相应的调整。

- B 边界盒 按钮：用于根据用户所选取的几何体来创建一个最小的工件。

- N NCI范围 按钮：用于对限定刀路的模型边界进行计算创建工件尺寸，此功能仅基于进给速率进行计算，不根据快速移动进行计算。

- 所有曲面 按钮：用于以所有可见的表面来创建工件尺寸。

- 所有实体 按钮：用于以所有可见的实体来创建工件尺寸。

- 所有图素 按钮：用于以所有可见的图素来创建工件尺寸。

- 撤消所有的 按钮：用于移除创建的工件尺寸。

Step2. 设置工件的形状。在"机器群组属性"对话框的 形状 区域中选中 ⦿ 立方体 单选项。

Step3. 设置工件的尺寸。在"机器群组属性"对话框中单击 B 边界盒 按钮，系统弹出图 8.3.2 所示的"边界盒选项"对话框，采用系统默认的选项设置，单击 按钮，系统再次弹出"机器群组属性"对话框，此时该对话框如图 8.3.3 所示。

图 8.3.2 所示的"边界盒选项"对话框中各选项说明如下：

- 按钮：用于选取创建工件尺寸所需的图素。

- ☑ 所有图素 复选框：用于选取创建工件尺寸所需的所有图素。

- 创建 区域：该区域包括 ☑ 素材 复选框、☑ 线或弧 复选框、☑ 点 复选框、☑ 中心点 复选框和 ☑ 实体 复选框。

  - ☑ ☑ 素材 复选框：用于创建一个模型相近的一个工件坯。

  - ☑ ☑ 线或弧 复选框：用于创建线或者圆弧。当定义的图形为矩形时，则会创建接近边界的直线；当定义的图形为圆柱形时，则会创建圆弧和线。

  - ☑ ☑ 点 复选框：用于在边界盒的角或者长宽处创建点。

  - ☑ ☑ 中心点 复选框：用于创建一个中心点。

  - ☑ ☑ 实体 复选框：用于创建一个模型相近的一个实体。

- 延伸 区域：该区域包括 X 文本框、Y 文本框和 Z 文本框。此区域根据 形状 区域的不同而有所差异。

  - ☑ X 文本框：用于设置 X 方向的工件延伸量。

  - ☑ Y 文本框：用于设置 Y 方向的工件延伸量。

  - ☑ Z 文本框：用于设置 Z 方向的工件延伸量。

- 形状 区域：该区域包括 ⊙ 立方体 单选项、⊙ 圆柱体 单选项、⊙ Z 单选项、⊙ Y 单选项、⊙ X 单选项和 ☑ 中心轴 复选框。

  - ☑ ⊙ 立方体 单选项：用于设置工件形状为立方体。

  - ☑ ⊙ 圆柱体 单选项：用于设置工件形状为圆柱体。

  - ☑ ⊙ Z 单选项：用于设置圆柱体的轴线在 Z 轴上。此单选项只有在工件形状为圆柱体时方可使用。

  - ☑ ⊙ Y 单选项：用于设置圆柱体的轴线在 Y 轴上。此单选项只有在工件形状为圆柱体时方可使用。

  - ☑ ⊙ X 单选项：用于设置圆柱体的轴线在 X 轴上。此单选项只有在工件形状为圆柱体时方可使用。

  - ☑ ☑ 中心轴 复选框：用于设置圆柱体工件的轴心，当选中此复选框时，圆柱体工件的轴心在构图原点上；反之，圆柱体工件的轴心在模型的中心点上。

Step4. 单击"机器群组属性"对话框中的 ✔ 按钮，完成工件的设置，此时零件如图 8.3.4 所示，从图中可以观察到零件的边缘多了红色的双点画线，双点画线围成的图形即为工件。

图 8.3.2　"边界盒选项"对话框

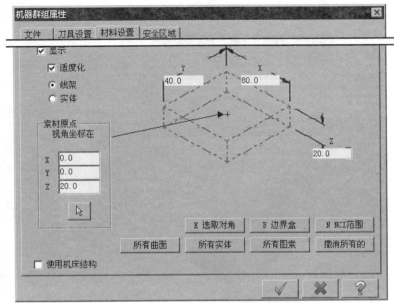

图 8.3.3　"机器群组属性"对话框（二）

图 8.3.4　显示工件

8.4　选择加工方法

MasterCAM X6 为用户提供了很多种加工方法，根据加工的零件不同，只有选择合适的加工方式，才能提高加工效率和加工质量，并通过 CNC 加工刀具路径获取控制机床自动加工的 NC 程序。在零件数控加工程序编制的同时，还要仔细考虑成型零件公差、形状特点、材料性质以及技术要求等因素，进行合理的加工参数设置，才能保证编制的数控程序高效、准确地加工出质量合格的零件。因此，加工方法的选择非常重要。

下面还是以前面的模型 MILLING.MCX-6 为例，紧接着 8.3 节的操作来继续说明选择加工方法的一般步骤。

Step1. 选择下拉菜单 I 刀具路径 ➡ R 曲面粗加工 ➡ K 粗加工挖槽加工 命令，系统弹出图 8.4.1 所示的"输入新 NC 名称"对话框，采用系统默认的 NC 名称，单击 ✔ 按钮。

Step2. 设置加工面。在图形区选择图 8.4.2 所示的曲面（共 10 个小曲面），然后按 Enter 键，系统弹出图 8.4.3 所示的"刀具路径的曲面选取"对话框。

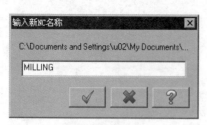

图 8.4.1　"输入新 NC 名称"对话框

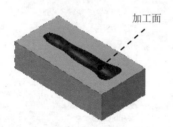

图 8.4.2　选取加工面

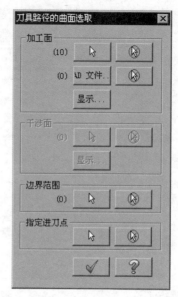

图 8.4.3　"刀具路径的曲面选取"对话框

图 8.4.3 所示的"刀具路径的曲面选取"对话框中各按钮的说明如下：

- 加工面 区域：该区域用于设置各种加工方法的加工面。
  - ☑ 按钮：单击该按钮后，系统返回视图区，用于选取加工面。
  - ☑ 按钮：用于取消所有已选取的加工面。
  - ☑ AD 文件 按钮：单击该按钮后，选取一个 STL 文件，从而指定加工曲面。
  - ☑ 按钮：用于取消所有通过 STL 文件指定的加工面。
  - ☑ 显示 按钮：单击该按钮后，系统将在视图区中单独显示已选取的加工面。
- 干涉面 区域：用于干涉面的设置。
  - ☑ 按钮：单击该按钮后，系统返回视图区，用于选取干涉面。
  - ☑ 按钮：用于取消所有已选取的干涉面。
  - ☑ 显示 按钮：单击该按钮后，系统将在视图区中单独显示已选取的干涉面。
- 切削范围 区域：该区域可以对切削范围进行设置。
  - ☑ 按钮：单击该按钮后，可以通过"串连选项"对话框，选取切削范围。
  - ☑ 按钮：用于取消所有已选取的切削范围。
- 指定进刀点 区域：该区域可以对进刀点进行设置。
  - ☑ 按钮：单击该按钮后，系统返回视图区，用于选取进刀点。
  - ☑ 按钮：用于取消已选取的进刀点。

8.5　选　择　刀　具

在 MasterCAM X6 生成刀具路径之前，需选择在加工过程中所使用的刀具。一个零件从粗加工到精加工可能要分成若干步骤，需要使用若干把刀具，而刀具的选择直接影响到加工的成败和效率，因此，在选择刀具之前，要先了解加工零件的特征、机床的加工能力、工件材料的性能、加工工序、切削量以及其他相关的因素，然后再选用合适的刀具。

下面还是以前面的模型 MILLING.MCX-6 为例，紧接着 8.4 节的操作来继续说明选择刀具的一般步骤。

Step1. 在"刀具路径的曲面选取"对话框中单击 按钮，系统弹出图 8.5.1 所示的"曲面粗加工挖槽"对话框。

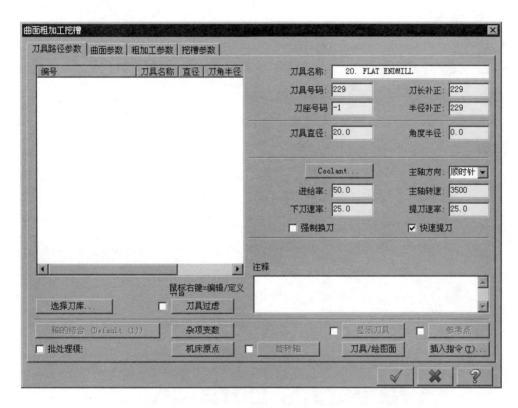

图 8.5.1　"曲面粗加工挖槽"对话框

Step2. 确定刀具类型。在"曲面粗加工挖槽"对话框中单击 刀具过虑 按钮（此处应为"过虑"），系统弹出图 8.5.2 所示的"刀具过虑列表设置"对话框。单击该对话框 刀具类型 区域中的 全关 按钮后，在刀具类型按钮群中单击 （圆鼻刀）按钮；单击 按钮，关闭"刀具过虑列表设置"对话框，系统返回到"曲面粗加工挖槽"对话框。

Step3. 选择刀具。在"曲面粗加工挖槽"对话框中单击 选择刀库... 按钮，系统弹出图 8.5.3 所示的"选择刀具"对话框。在该对话框的列表区域中选择图 8.5.3 所示的刀具；单击 按钮，关闭"选择刀具"对话框，系统返回至"曲面粗加工挖槽"对话框。

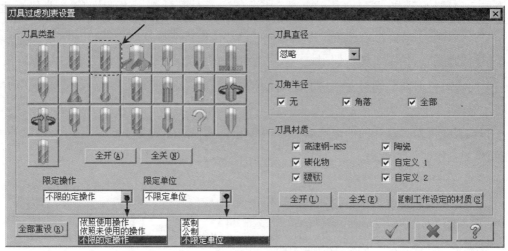

图 8.5.2　"刀具过虑列表设置"对话框

图 8.5.2 所示的"刀具过虑列表设置"对话框的主要功能是可以按照用户的要求对刀具进行检索，其中各选项的说明如下：

☑ 刀具类型区域：该区域将根据不同的加工方法列出不同的刀具类型，便于用户进行检索。单击任何一种刀具类型的按钮，则该按钮处于按下状态，即选中状态再次单击，按钮弹起，即非选中状态。图 8.5.2 所示的 刀具类型区域中共提供了 22 种刀具类型，依次为平底刀、球刀、圆鼻刀、面铣刀、圆角成形刀、倒角刀、槽刀、锥度刀、鸠尾铣刀、糖球形铣刀、钻头、铰刀、镗刀、右牙刀、左牙刀、中心钻、点钻、沉头孔钻、鱼眼孔钻、未定义、雕刻刀具和平头钻。

☑ 全开(A)按钮：单击该按钮可以使所有刀具类型处于选中状态。

☑ 全关(N)按钮：单击该按钮可以使所有刀具类型处于非选中状态。

☑ 限定操作下拉列表：（此处翻译有误，应译为"操作限定"）系统共提供了依照使用操作、依照未使用的操作和不限的定操作三种限定方式。

☑ 限定单位下拉列表：该下拉列表中也提供了英制、公制和不限定单位三种限制方式。

● 刀具直径区域：该区域中包含一个下拉列表，通过该下拉列表中的选项可以快速地检索到满足用户所需要的刀具直径。

● 刀角半径区域：用户可以通过该区域提供的☑无、☑角落（圆角）和☑全部（全圆角）三个复选框，进行刀具圆角的检索。

● 刀具材质区域：用户可通过该区域所提供的六种刀具材料对刀具进行索引。

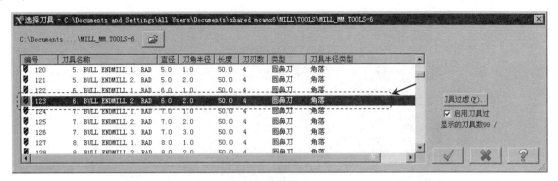

图 8.5.3　"选择刀具"对话框

Step4. 设置刀具参数。

（1）完成上步操作后，在"曲面粗加工挖槽"对话框 刀具路径参数 选项卡的列表框中显示出上步选取的刀具；双击该刀具，系统弹出图 8.5.4 所示的"定义刀具-机床群组-1"对话框。

（2）设置刀具号码。在"定义刀具-机床群组-1"对话框中的 刀具号码 文本框中，将原有的数值改为 1。

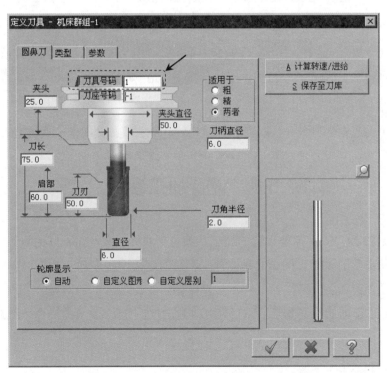

图 8.5.4　"定义刀具-机床群组-1"对话框

（3）设置刀具的加工参数。单击"定义刀具-机床群组-1"对话框的 参数 选项卡，设置图 8.5.5 所示的参数。

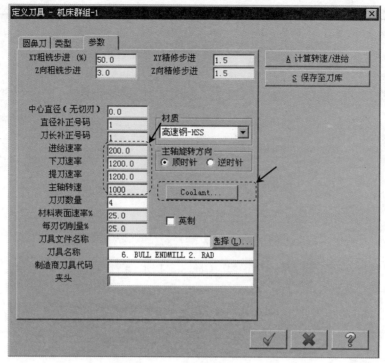

图 8.5.5　"参数"选项卡

（4）设置冷却方式。在 参数 选项卡中单击 Coolant... 按钮，系统弹出"Coolant…"对话框；在 Flood （切削液）下拉列表中选择 On 选项，单击该对话框中的 ✓ 按钮，关闭"Coolant…"对话框。

Step5. 单击"定义刀具-机床群组-1"对话框中的 ✓ 按钮，完成刀具参数的设置。

8.6　设置加工参数

在 MasterCAM X6 中需要设置的加工参数包括共性参数及在不同的加工方式中所特有的参数。这些参数的设置直接影响数控程序编写的好坏，程序加工效率的高低取决于加工参数设置得是否合理。

下面还是以前面的模型 MILLING.MCX-6 为例，紧接着 8.5 节的操作来继续说明设置加工参数的一般步骤。

Stage1. 设置共性参数

Step1. 设置曲面加工参数。在"曲面粗加工挖槽"对话框中单击 曲面参数 选项卡，设置图 8.6.1 所示的参数。

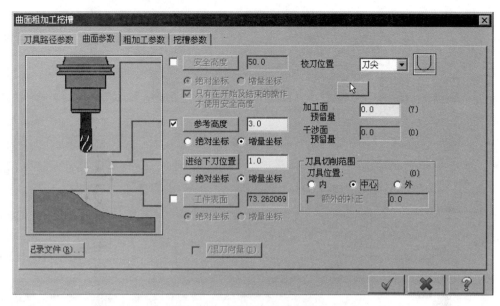

图 8.6.1　"曲面参数"选项卡

Step2. 设置粗加工参数。

（1）在"曲面粗加工挖槽"对话框中单击 粗加工参数 选项卡。

（2）设置进给量。在 Z 轴最大进给量: 文本框中输入 0.3，其他参数采用系统默认的设置值，如图 8.6.2 所示。

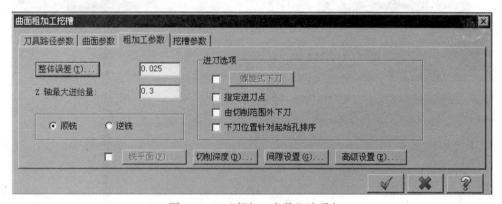

图 8.6.2　"粗加工参数"选项卡

Stage2. 设置挖槽加工特有参数

Step1. 在"曲面粗加工挖槽"对话框中单击 挖槽参数 选项卡，设置图 8.6.3 所示的参数。

Step2. 选中 ☑ 粗加工 复选框，并在 切削方式 列表框中选择 高速切削 方式。

Step3. 在"曲面粗加工挖槽"对话框中单击 ✔ 按钮，完成加工参数的设置，此时系统将自动生成图 8.6.4 所示的刀具路径。

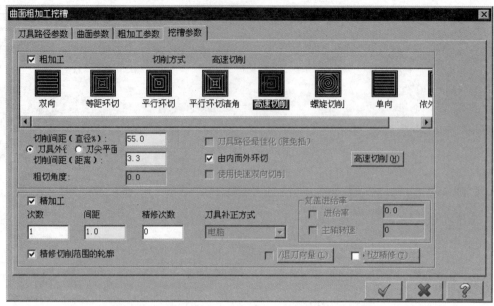

图 8.6.3 "挖槽参数"选项卡

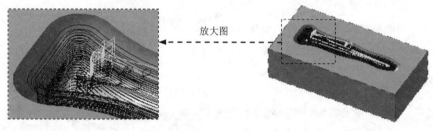

图 8.6.4 刀具路径

8.7 加 工 仿 真

加工仿真是用实体切削的方式来模拟刀具路径。对于已生成刀具路径的操作，可在图形窗口中以线框形式或实体形式模拟刀具路径，让用户在图形方式下很直接地观察到刀具切削工件的实际过程，以验证各操作定义的合理性。下面还是以前面的模型MILLING.MCX-6 为例，紧接着 8.6 节的操作来继续说明加工仿真的一般步骤。

Step1. 路径模拟。

（1）在"操作管理"中单击 刀具路径 - 601.8K - MILLING.NC - 程序号码 0 节点，系统弹出图 8.7.1 所示的"路径模拟"对话框及图 8.7.2 所示的"路径模拟控制"操控板。

图 8.7.1 所示的"路径模拟"对话框中部分按钮的说明如下：

● 按钮：用于显示"路径模拟"对话框的其他信息。

说明："路径模拟"对话框的其他信息包括刀具路径群组、刀具的详细资料以及刀具路径的具体信息。

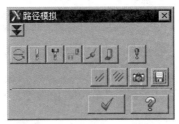

图 8.7.1　"路径模拟"对话框

- ⊖按钮：用于以不同的颜色来显示各种刀具路径。
- 按钮：用于显示刀具。
- 按钮：用于显示刀具和刀具夹头。
- 按钮：用于显示快速移动。如果取消选中此按钮，将不显示刀路的快速移动和刀具运动。
- 按钮：用于显示刀路中的实体端点。
- 按钮：用于显示刀具的阴影。
- 按钮：用于设置刀具路径模拟选项的参数。
- 按钮：用于移除屏幕上所有刀路。
- 按钮：用于显示刀路。当 按钮处于选中状态时，单击此按钮才有效。
- 按钮：用于将当前状态的刀具和刀具夹头拍摄成静态图像。
- 按钮：用于将可见的刀路存入指定的层。

图 8.7.2　"路径模拟控制"操控板

图 8.7.2 所示的"路径模拟控制"操控板中各选项的说明如下：

- 按钮：用于播放刀具路径。
- 按钮：用于暂停播放刀具路径。
- 按钮：用于将路径模拟返回起始点。
- 按钮：用于将路径模拟返回一段。
- 按钮：用于将路径模拟前进一段。
- 按钮：用于将路径模拟移动到终点。
- 按钮：用于显示刀具的所有轨迹。
- 按钮：用于设置逐渐显示刀具的轨迹。
- 滑块：用于设置路径模拟速度。
- 按钮：用于设置暂停设定的相关参数。

（2）在"路径模拟控制"操控板中单击 按钮，系统将开始对刀具路径进行模拟，结果与 8.6 节的刀具路径相同。在"路径模拟"对话框中单击 按钮，关闭该对话框。

Step2. 实体切削验证。

（1）在"操作控制器"中确认 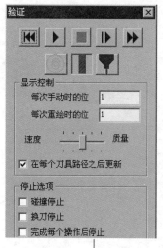 节点被选中，然后单击"验证已选择的操作"按钮 ，系统弹出图 8.7.3 所示的"验证"对话框。

（2）在"验证"对话框中单击 ▶ 按钮。系统将开始进行实体切削仿真，结果如图 8.7.4 所示。单击 ✓ 按钮，关闭该对话框。

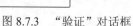

图 8.7.3　"验证"对话框

图 8.7.4　仿真结果

图 8.7.3 所示的"验证"对话框中各选项的说明如下：

- 🔤 按钮：用于将实体切削验证返回起始点。
- ▶ 按钮：用于播放实体切削验证。
- ■ 按钮：用于暂停播放实体切削验证。
- ▮▶ 按钮：用于手动播放实体切削验证。
- ▶▶ 按钮：用于将实体切削验证前进一段。
- ▢ 按钮：用于设置不显示刀具。
- ▮ 按钮：用于设置显示实体刀具。
- ▼ 按钮：用于设置显示实体刀具和刀具卡头。
- 显示控制 区域：该区域包括 每次手动时的位 文本框、每次重绘时的位移 文本框、速度 ─┤├─ 质量 滑块和 ☑ 在每个刀具路径之后更新 复选框。
  - ☑ 每次手动时的位 文本框：用于设置每次手动播放的位移。
  - ☑ 每次重绘时的位 文本框：用于设置刀具在屏幕更新前的移动位移。
  - ☑ 速度 ─┤├─ 质量 滑块：用于设置速度和质量之间的关系。
  - ☑ ☑ 在每个刀具路径之后更新 复选框：用于设置在每个刀路后更新工件。
- 停止选项 区域：该区域包括 ☑ 碰撞停止 复选框、☑ 换刀停止 复选框和 ☑ 完成每个操作后停止 复选框。

☑ 　☑ **碰撞停止** 复选框：用于设置当发生撞刀时实体切削验证停止。

☑ 　☑ **换刀停止** 复选框：用于设置当换刀时实体切削验证停止。

☑ 　☑ **完成每个操作后停止** 复选框：用于设置当完成每个操作后时实体切削验证停止。

- ☑ **显示模拟** 复选框：用于调出校验工具栏，此工具栏额外的暂停或停止的详细信息，如代码、坐标、进给率、圆弧速度、当前补偿和冷却液等。

- 按钮：用于设置验证选项的参数。

- 按钮：用于显示截面部分。

- 按钮：用于测量验证过程中定义点间的距离。

- 按钮：用于使模型表面平滑。

- 按钮：用于以 STL 类型保存文件。

- 按钮：用于设置降低实体切削验证速度。

- 按钮：用于设置提高实体切削验证速度。

- 验证速度滑块：用于调节实体切削验证速度。

8.8　利用后处理生成 NC 程序

　　刀具路径生成并确定其检验无误后，就可以进行后处理操作了。后处理是由 NCI 刀具路径文件转换成 NC 文件，而 NC 文件是可以在机床上实现自动加工的一种途径。

　　下面还是以前面的模型 MILLING.MCX-6 为例，紧接着 8.7 节的操作来继续说明利用后处理器生成 NC 程序的一般步骤。

　　Step1. 在"操作管理"中单击 **G1** 按钮，系统弹出图 8.8.1 所示的"后处理程序"对话框。

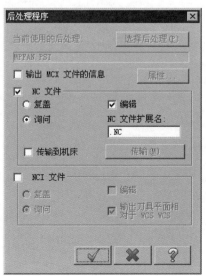

图 8.8.1　"后处理程序"对话框

Step2. 设置图 8.8.1 所示的参数，在"后处理程序"对话框中单击 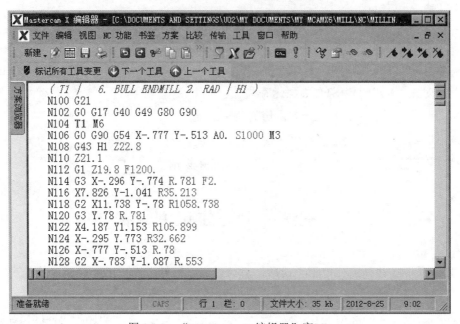 按钮，系统弹出"另存为"对话框，选择合适的存放位置，单击 保存(S) 按钮。

Step3. 完成上步操作后，系统弹出图 8.8.2 所示的"Mastercam X 编辑器"窗口。从中可以观察到，系统已经生成了 NC 程序，然后关闭该窗口。

Step4. 保存模型。选择下拉菜单 F 文件 ➡ S 保存 命令，保存模型。

```
( T1  /   6. BULL ENDMILL 2. RAD / H1 )
N100 G21
N102 G0 G17 G40 G49 G80 G90
N104 T1 M6
N106 G0 G90 G54 X-.777 Y-.513 A0. S1000 M3
N108 G43 H1 Z22.8
N110 Z21.1
N112 G1 Z19.8 F1200.
N114 G3 X-.296 Y-.774 R.781 F2.
N116 X7.826 Y-1.041 R35.213
N118 G2 X11.738 Y-.78 R1058.738
N120 G3 Y.78 R.781
N122 X4.187 Y1.153 R105.899
N124 X-.295 Y.773 R32.662
N126 X-.777 Y-.513 R.78
N128 G2 X-.783 Y-1.087 R.553
```

图 8.8.2 "Mastercam X 编辑器"窗口

第 9 章　铣削 2D 加工

本章提要　MasterCAM X6 中的 2D 加工功能为用户提供了非常方便、实用的数控加工功能，它可以由简单的 2D 图形直接加工成为三维的立体模型。由于 2D 加工刀具路径的建立简单快捷、不易出错，且程序生成快并容易控制，因此在数控加工中的运用比较广泛。本章将通过几个简单零件的加工来说明 MasterCAM X6 的 2D 加工模块。通过本章的学习，希望读者能够掌握外形铣削、挖槽加工、面铣削、雕刻加工和钻孔加工等刀具路径的建立方法及参数设置。本章的内容包括：

- 外形铣加工
- 挖槽加工
- 面铣加工
- 雕刻加工
- 钻孔加工
- 全圆铣削路径
- 综合实例

9.1　概　　述

在 MasterCAM X6 中，把零件只需二维图就可以完成的加工，称为二维铣削加工。二维刀路是利用二维平面轮廓，通过二维刀路模组功能产生零件加工路径程序。二维刀具的加工路径包括外形铣削、挖槽加工、面铣削、雕刻加工和钻孔等。

9.2　外形铣加工

外形铣加工是沿选择的边界轮廓进行切削，从而生成刀具路径，常用于外形粗加工或者外形精加工。下面通过图 9.2.1 所示的模型为例来说明外形铣的加工过程，其操作如下。

Stage1. 进入加工环境

Step1. 打开原始模型。选择下拉菜单 **F 文件** ➡ **0 打开文件** 命令，系统弹出图 9.2.2 所示的"打开"对话框。在"查找范围"下拉列表中选择文件目录 D:\mcx6\work\ch09.02，选择文件 CONTOUR.MCX-6。单击 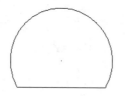 按钮，系统打开模型并进入 MasterCAM X6 的建模环境。

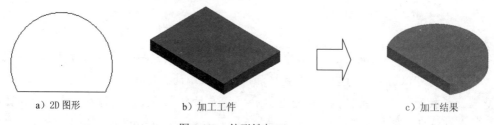

　　a）2D 图形　　　　　　　　b）加工工件　　　　　　　　c）加工结果

图 9.2.1　外形铣加工

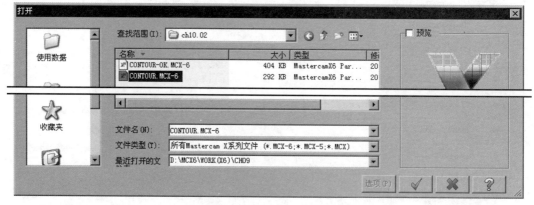

图 9.2.2　"打开"对话框

　　Step2. 进入加工环境。选择下拉菜单 M 机床类型 ➡ M 铣削 ▶ ➡ D 默认 命令，系统进入加工环境，此时零件模型如图 9.2.3 所示。

图 9.2.3　零件模型二维图

Stage2. 设置工件

　　Step1. 在"操作管理"中单击 山 属性 - Mill Default MM 节点前的"+"号，将该节点展开，然后单击 ◆ 材料设置 节点，系统弹出图 9.2.4 所示的"机器群组属性"对话框（一）。

　　Step2. 设置工件的形状。在"机器群组属性"对话框中的 形状 区域中选中 ⊙ 立方体 单选项。

　　Step3. 设置工件的尺寸。在"机器群组属性"对话框中单击 B 边界盒 按钮，系统弹出图 9.2.5 所示的"边界盒选项"对话框，接受系统默认的选项设置，单击 ✓ 按钮，返回至"机器群组属性"对话框，此时该对话框如图 9.2.6 所示。

Step4. 设置工件参数。在"机器群组属性"对话框的 ᵞ 文本框中输入值 62，在 ˣ 文本框中输入值 82，在 ᶻ 文本框中输入值 10.0，如图 9.2.6 所示。

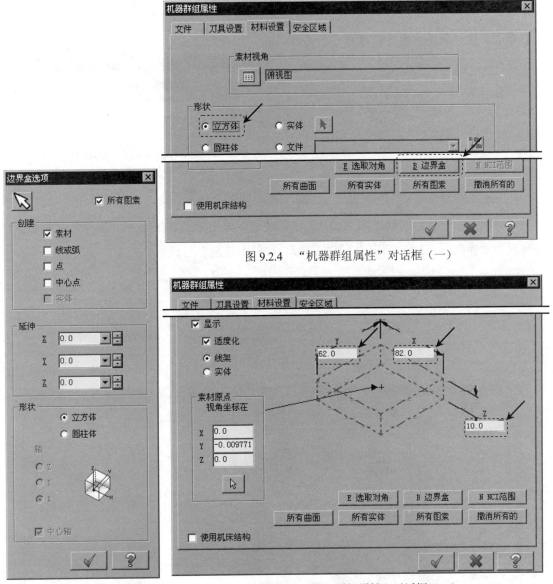

图 9.2.4 "机器群组属性"对话框（一）

图 9.2.5 "边界盒选项"对话框　　图 9.2.6 "机器群组属性"对话框（二）

Step5. 单击"机器群组属性"对话框中的 按钮，完成工件的设置。此时零件如图 9.2.7 所示，从图中可以观察到零件的边缘多了红色的双点画线，双点画线围成的图形即为工件。

Stage3. 选择加工类型

Step1. 选择下拉菜单 I 刀具路径 ➡ C 外形铣削 命令，系统弹出图 9.2.8 所示的"输入新 NC 名称"对话框，采用系统默认的 NC 名称，单击 按钮，完成 NC 名称的设置，同时系统弹出"串连选项"对话框。

说明：用户也可以在"输入新 NC 名称"对话框中输入具体的名称，例如"减速箱下箱体的加工程序"。在生成加工程序时，系统会自动以"减速箱下箱体的加工程序.NC"命名程序名，这样就不需要再修改程序的名称。

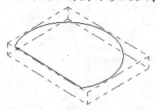

图 9.2.7 显示工件

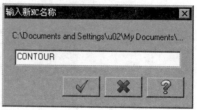

图 9.2.8 "输入新 NC 名称"对话框

Step2. 设置加工区域。在 下拉列表中选择 选项，在图形区中选择图 9.2.9 所示的边线，系统自动选择图 9.2.10 所示的边链，单击 按钮，完成加工区域的设置，同时系统弹出图 9.2.11 所示的"2D 刀具路径-外形铣削"对话框。

图 9.2.9 选取区域

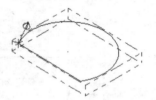

图 9.2.10 定义区域

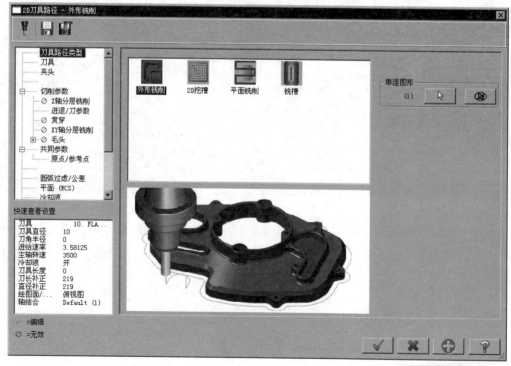

图 9.2.11 "2D 刀具路径 – 外形铣削"对话框

Stage4. 选择刀具

Step1. 确定刀具类型。在"2D 刀具路径-外形铣削"对话框的左侧节点列表中，单击 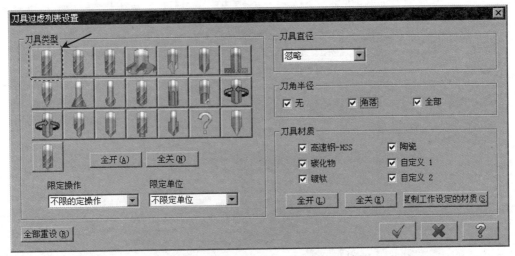 刀具节点，切换到刀具参数界面；单击 过虑(F)… 按钮，系统弹出图 9.2.12 所示的"刀具过虑列表设置"对话框，单击 刀具类型 区域中的 全关(N) 按钮后，在刀具类型按钮群中单击 （平底刀）按钮，单击 ✔ 按钮，关闭"刀具过虑列表设置"对话框，系统返回至"2D 刀具路径-外形铣削"对话框。

图 9.2.12　"刀具过虑列表设置"对话框

Step2. 选择刀具。在"2D 刀具路径-外形铣削"对话框中，单击 从刀库中选择… 按钮，系统弹出图 9.2.13 所示的"选择刀具"对话框，在该对话框的列表框中选择图 9.2.13 所示的刀具。单击 ✔ 按钮，关闭"选择刀具"对话框，系统返回至"2D 刀具路径-外形铣削"对话框。

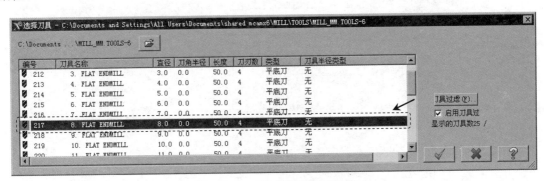

图 9.2.13　"选择刀具"对话框

Step3. 设置刀具参数。

（1）完成上步操作后，在"2D 刀具路径-外形铣削"对话框的刀具列表框中显示出上步选取的刀具，双击该刀具，系统弹出图 9.2.14 所示的"定义刀具-机床群组-1"对话框。

（2）设置刀具号码。在"定义刀具-机床群组-1"对话框中的 刀具号码 文本框中，将原有的数值改为 1。

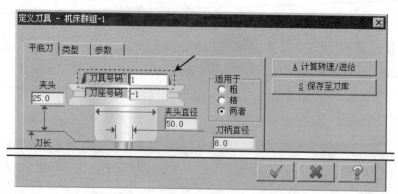

图 9.2.14 "定义刀具 – 机床群组-1"对话框

（3）设置刀具的加工参数。单击"定义刀具-机床群组-1"对话框的 **参数** 选项卡，设置图 9.2.15 所示的参数。

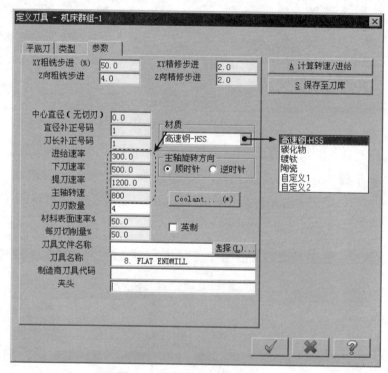

图 9.2.15 "参数"选项卡

（4）设置冷却液方式。在 **参数** 选项卡中单击 **Coolant... (*)** 按钮，系统弹出"Coolant…"对话框，在 **Flood**（切削液）下拉列表中选择 **On** 选项，单击该对话框中的 ✓ 按钮，系统返回至"定义刀具-机床群组-1"对话框。

Step4. 单击"定义刀具-机床群组-1"对话框中的 ✓ 按钮，完成刀具参数的设置，系统返回至"2D 刀具路径-外形铣削"对话框。

图 9.2.15 所示的 "参数" 选项卡中部分选项的说明如下：

- XY粗铣步进 [%] 文本框：用于定义粗加工时，XY 方向的步进量为刀具直径的百分比。
- Z向粗铣步进 文本框：用于定义粗加工时，Z 方向的步进量。
- XY精修步进 文本框：用于定义精加工时 XY 方向的步进量。
- Z向精修步进 文本框：用于定义精加工时 Z 方向的步进量。
- 中心直径（无切刃） 文本框：用于设置镗孔、攻丝的底孔直径。
- 直径补正号码 文本框：用于设置刀具直径补偿号码。
- 刀长补正号码 文本框：用于设置刀具长度补偿号码。
- 进给速率 文本框：用于定义进给速度。
- 下刀速率 文本框：用于定义下刀速度。
- 提刀速率 文本框：用于定义提刀速度。
- 主轴转速 文本框：用于定义主轴旋转速度。
- 刀刃数量 文本框：用于定义刀具切削刃的数量。
- 材料表面速率% 文本框：用于定义刀具切削线速度的百分比。
- 每刃切削量% 文本框：用于定义进刀量（每刃）的百分比。
- 刀具文件名称 文本框：用于设置刀具文档的名称。
- 刀具名称 文本框：用于添加刀具名称和注释。
- 制造商的刀具代码 文本框：用于显示刀具制造商的信息。
- 夹头 文本框：用于显示夹头的信息。
- 材质 下拉列表：用于设置刀具的材料，其包括 高速钢-HSS 选项、碳化物 选项、镀钛 选项、陶瓷 选项、自定义1 选项和 自定义2 选项。
- 主轴旋转方向 区域：用于定义主轴的旋转方向，其包括 ⊙ 顺时针 单选项和 ⊙ 逆时针 单选项。
- Coolant... (*) 按钮：用于定义加工时的冷却方式。单击此按钮，系统会自动弹出 "Coolant..." 对话框，用户可以在该对话框中设置冷却方式。
- ☑ 英制 复选框：用于定义刀具的规格。当选中此复选框时，为英制；反之，则为公制。
- 选择(L)... 按钮：用于选择刀具文档的名称。单击此按钮，系统弹出 "打开" 对话框，用户可以在该对话框中选择刀具名称。如果没有选择刀具名称，则系统会自动根据定义的刀具信息创建其结构。
- A 计算转速/进给 按钮：用于计算进给率、下刀速率、提刀速率和主轴转速。单击此按钮，系统将根据工件的材料自动计算进给率、下刀速率、提刀速率以及主轴转速，并自动更新进给率、下刀速率、提刀速率和主轴转速的值。

- 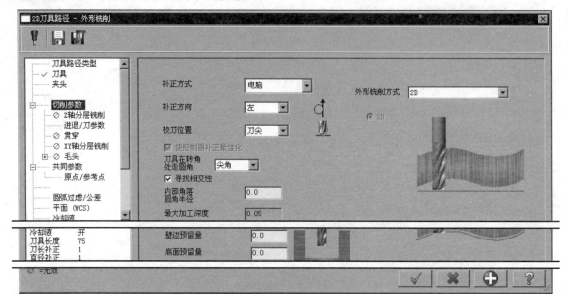   保存至刀库   按钮：保存刀具设置的相关参数到资料库。

Stage5. 设置加工参数

Step1. 设置加工参数。在"2D 刀具路径-外形铣削"对话框的左侧节点列表中单击切削参数节点，设置图 9.2.16 所示的参数。

图 9.2.16   "切削参数"界面

图 9.2.16 所示的"切削参数"选项卡中部分选项的说明如下：

- 补正方式下拉列表：由于刀具都存在各自的直径，如果刀具的中心点与加工的轮廓外形线重合，则加工后的结果将会比正确的结果小，此时就需要对刀具进行补正。刀具的补正是将刀具中心从轮廓外形线上按指定的方向偏移一定的距离。MasterCAM X6 为用户提供了如下五种刀具补正的形式。
  - ☑ 电脑选项：该选项表示系统将自动进行刀具补偿，但不进行输出控制的代码补偿。
  - ☑ 控制器选项：该选项表示系统将自动进行输出控制的代码补偿，但不进行刀具补偿。
  - ☑ 磨损选项：该选项表示系统将自动对刀具和输出控制代码进行相同的补偿。
  - ☑ 反向磨损选项：该选项表示系统将自动对刀具和输出控制代码进行相对立的补偿。
  - ☑ 关选项：该选项表示系统将不对刀具和输出控制代码进行补偿。
- 补正方向下拉列表：该下拉列表用于设置刀具补正的方向，当选择左选项时，刀具将沿着加工方向向左偏移一个刀具半径的距离；当选择右选项时，刀具将沿着加工方向向右偏移一个刀具半径的距离。

- **校刀位置** 下拉列表: 该下拉列表用于设置刀具在 Z 轴方向的补偿方式。
  - ☑ **中心** 选项: 当选择此选项时, 系统将自动从刀具球心位置开始计算刀长。
  - ☑ **刀尖** 选项: 当选择此选项时, 系统将自动从刀尖位置开始计算刀长。
- **内部角落圆角半径** 下拉列表: 该下拉列表用于设置刀具在转角处铣削时是否有圆角过渡。
  - ☑ **无** 选项: 该选项表示刀具在转角处铣削时不采用圆角过渡。
  - ☑ **尖角** 选项: 该选项表示刀具在小于或等于 135° 的转角处铣削时采用圆角过渡。
  - ☑ **全部** 选项: 该选项表示刀具在任何转角处铣削时均采用圆角过渡。
- ☑ **寻找相交性** 复选框: 用于防止刀具路径相交而产生过切。
- **最大加工深度** 文本框: 在 3D 铣削时该选项有效。
- **壁边预留量** 文本框: 用于设置沿 XY 轴方向的侧壁加工预留量。
- **底面预留量** 文本框: 用于设置沿 Z 轴方向的底面加工预留量。
- **外形铣削方式** 下拉列表: 该下拉列表用于设置外形铣削的类型, MasterCAM X6 为用户提供了如下五种类型。
  - ☑ **2D** 选项: 当选择此选项时, 则表示整个刀具路径的切削深度相同, 都为之前设置的切削深度值。
  - ☑ **2D 倒角** 选项: 当选择此选项时, 则表示需要使用倒角铣刀对工件的外形进行铣削, 其倒角角度需要在刀具中进行设置。用户选择该选项后, 其下会出现图 9.2.17 所示的参数设置区域, 可对其相应的参数进行设置。

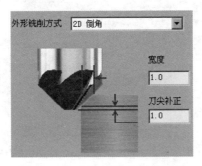

图 9.2.17　"2D 倒角"参数设置

  - ☑ **斜插** 选项: 该选项一般用于铣削深度较大的外形, 它表示在给定的角度或高度后, 以斜向进刀的方式对外形进行加工。用户选择该选项后, 其下会出现图 9.2.18 所示的参数设置区域, 可对其相应的参数进行设置。
  - ☑ **残料加工** 选项: 该选项一般用于铣削上一次外形加工后留下的残料。用户选择该选项后, 其下会出现图 9.2.19 所示的参数设置区域, 可对相应的参数进行设置。
  - ☑ **摆线式** 选项: 该选项一般用于沿轨迹轮廓线进行铣削。用户选择该选项后,其下会出现图 9.2.20 所示的参数设置区域，可对相应的参数进行设置。

Step2. 设置深度参数。在"2D 刀具路径-外形铣削"对话框左侧的节点列表中，单击 ⊘ `Z轴分层铣削` 节点，设置图 9.2.21 所示的参数。

图 9.2.18 "斜插"参数设置

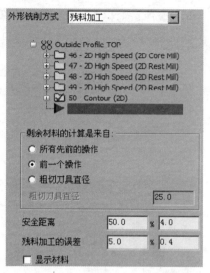

图 9.2.19 "残料加工"参数设置

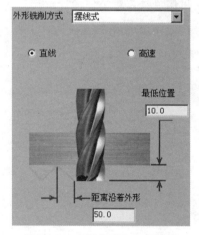

图 9.2.20 "摆线式"参数设置

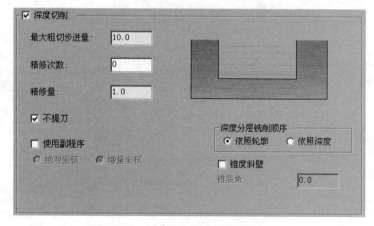

图 9.2.21 "深度切削"参数设置

Step3. 设置进/退刀参数。在"2D 刀具路径-外形铣削"对话框左侧的节点列表中，单击 `进退/刀参数` 节点，设置图 9.2.22 所示的参数。

图 9.2.22 所示的"进/退刀参数"参数设置的各选项的说明如下：

- ☑ `在封闭轮廓的中点位置执行进/退刀` 复选框：当选中该复选框时，将自动从第一个串联的实体的中点处执行进/退刀。
- ☑ `过切检测` 复选框：当选中该复选框时，将进行过切的检测。如果在进/退刀过程中产生了过切，系统将自动移除刀具路径。

- 重叠量文本框：用于设置与上一把刀具的重叠量，以消除接刀痕。重叠量为相邻刀具路径的刀具重合值。
- 进刀区域：用于设置进刀的相关参数，其中包括直线区域、圆弧区域、☑指定进刀点复选框、☑使用指定点的深度复选框、☑只在第一层深度加上进刀向量复选框、☑第一个位移后才下刀复选框和☑复盖进给率复选框。当选中进刀区域前的复选框时，此区域的相关设置方可使用。

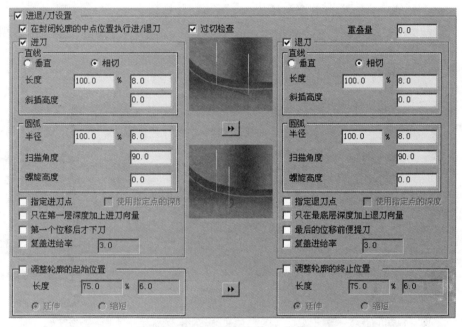

图 9.2.22　"进/退刀参数" 参数设置

- ☑ 直线区域：用于设置直线进刀方式的参数，其中包括⊙垂直单选项、⊙相切单选项、长度文本框和斜插高度文本框。⊙垂直单选项：该单选项用于设置进刀路径垂直于切削方向。⊙相切单选项：该单选项用于设置进刀路径相切于切削方向。长度文本框：用于设置进刀路径的长度。斜插高度文本框：该文本框用于添加一个斜向高度到进刀路径。
- ☑ 圆弧区域：用于设置圆弧进刀方式的参数，其中包括半径文本框、扫描角度文本框和螺旋高度文本框。半径文本框：该文本框用于设置进刀圆弧的半径，进刀圆弧总是正切于刀具路径。扫描角度文本框：该文本框用于设置进刀圆弧的扫掠角度。螺旋高度文本框：该文本框用于添加一个螺旋进刀的高度。
- ☑ ☑指定进刀点复选框：用于设置最后链的点为进刀点。
- ☑ ☑使用指定点的深度复选框：用于设置在指定点的深度处开始进刀。
- ☑ ☑只在第一层深度加上进刀向量复选框：用于设置仅第一次切削深度添加进刀移动。

☑ ☑ 第一个位移后才下刀 复选框：用于设置在第一个位移后开启刀具补偿。

☑ ☑ 复盖进给率 复选框：用于定义一个指定的进刀进给率。

● 调整轮廓的起始位置 区域：用于调整轮廓线的起始位置，其中包括 长度 文本框、● 延伸 单选项和 ● 缩短 单选项。当选中 调整轮廓的起始位置 区域前的复选框时，此区域的相关设置方可使用。

　　☑ 长度 文本框：用于设置调整轮廓起始位置的刀具路径长度。

　　☑ ● 延伸 单选项：用于在刀具路径轮廓的起始处添加一个指定的长度。

　　☑ ● 缩短 单选项：用于在刀具路径轮廓的起始处去除一个指定的长度。

● 退刀 区域：用于设置退刀的相关参数，其中包括 直线 区域、圆弧 区域、☑ 指定退刀点 复选框、☑ 使用指定点的深度 复选框、☑ 只在最底层深度加上退刀向量 复选框、☑ 最后的位移前便提刀 复选框和 ☑ 复盖进给率 复选框。当选中 退刀 区域前的复选框时，此区域的相关设置方可使用。

　　☑ 直线 区域：用于设置直线退刀方式的参数，其中包括 ● 垂直 单选项、● 相切 单选项、长度 文本框和 斜插高度 文本框。● 垂直 单选项：该单选项用于设置退刀路径垂直于切削方向。● 相切 单选项：该单选项用于设置退刀路径相切于切削方向。长度 文本框：该文本框用于设置退刀路径的长度。插降高度 文本框：该文本框用于添加一个斜向高度到退刀路径。

　　☑ 圆弧 区域：用于设置圆弧退刀方式的参数，其中包括 半径 文本框、扫描角度 文本框和 螺旋高度 文本框。半径 文本框：该文本框用于设置退刀圆弧的半径，退刀圆弧总是正切于刀具路径。扫描角度 文本框：该文本框用于设置退刀圆弧的扫掠角度。螺旋高度 文本框：该文本框用于添加一个螺旋退刀的高度。

　　☑ ☑ 指定退刀点 复选框：用于设置最后链的点为退刀点。

　　☑ ☑ 使用指定点的深度 复选框：用于设置在指定点的深度处开始退刀。

　　☑ ☑ 只在最底层深度加上退刀向量 复选框：用于设置仅最后一次切削深度添加退刀移动。

　　☑ ☑ 最后的位移前便提刀 复选框：用于设置在最后的位移处后关闭刀具补偿。

　　☑ ☑ 覆盖进给率 复选框：用于定义一个指定的退刀进给率。

● 调整轮廓的终止位置 区域：用于调整轮廓线的起始位置，其中包括 长度 文本框、● 延伸 单选项和 ● 缩短 单选项。当选中 调整轮廓的终止位置 区域前的复选框时，此区域的相关设置方可使用。

　　☑ 长度 文本框：用于设置调整轮廓终止位置的刀具路径长度。

　　☑ ● 延伸 单选项：用于在刀具路径轮廓的终止处添加一个指定的长度。

　　☑ ● 缩短 单选项：用于在刀具路径轮廓的终止处去除一个指定的长度。

Step4. 设置贯穿参数。在"2D 刀具路径-外形铣削"对话框左侧的节点列表中，单击

◇ 贯穿 节点，设置图 9.2.23 所示的参数。

说明：设置贯穿距离需要在 ☑ 贯穿 复选框被选中时方可使用。

Step5. 设置分层切削参数。在 "2D 刀具路径-外形铣削" 对话框中左侧的节点列表中，单击◇ XY轴分层铣削 节点，设置图 9.2.24 所示的参数。

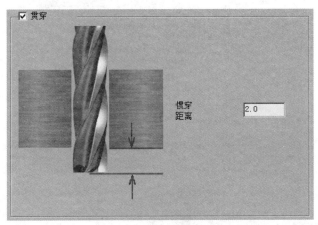

图 9.2.23　"贯穿" 参数设置

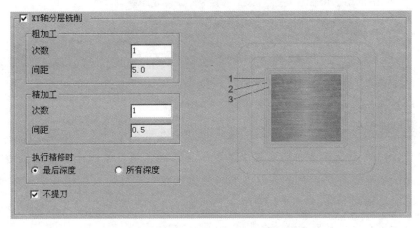

图 9.2.24　"XY 轴分层切削" 参数设置

Step6. 设置共同参数。在 "2D 刀具路径-外形铣削" 对话框左侧的节点列表中，单击 共同参数 节点，设置图 9.2.25 所示的参数。

图 9.2.25 所示 "共同参数" 参数设置中部分选项的说明如下：

- 安全高度... 按钮：当该按钮前的复选框处于选中状态时，该按钮可用。单击该按钮后，用户可以直接在图形区中选取一点来确定加工体的最高面与刀尖之间的距离；也可以在其后的文本框中直接输入数值来定义安全高度。

- ◉ 绝对座标 单选项：当选中该单选项时，将自动从原点开始计算。

- ◉ 增量座标 单选项：当选中该单选项时，将根据关联的几何体或者其他的参数开始计算。

- 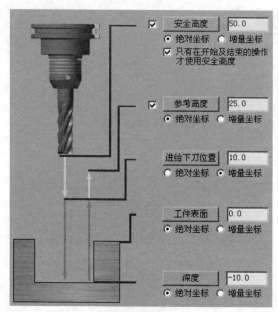　按钮：当该按钮前的复选框处于选中状态时，该按钮可用。单击该按钮后，用户可以直接在图形区中选取一点来确定下次走刀的高度，用户也可以在其后的文本框中直接输入数值来定义参考高度。

图 9.2.25　"共同参数"参数设置

说明：参考高度应在进给下刀位置前进行设置，如果没有设置安全高度，则在走刀过程中，刀具的起始和返回值将为参考高度所定义的距离。

- 进给下刀位置按钮：当该按钮前的复选框处于选中状态时，该按钮可用。单击该按钮后，用户可以直接在图形区中选取一点来确定从刀具快速运动转变为刀具切削运动的平面高度，用户也可以在其后的文本框中直接输入数值来定义参考高度。

说明：如果没有设置安全高度和参考高度，则在走刀过程中，刀具的起始值和返回值将为进给下刀位置所定义的距离。

- 工件表面按钮：当该按钮前的复选框处于选中状态时，该按钮可用。单击该按钮后，用户可以直接在图形区中选取一点来确定工件在 Z 轴方向上的高度，刀具在此平面将根据定义的刀具加工参数生成相应的加工增量。用户也可以在其后的文本框中直接输入数值来定义参考高度。

- 深度…按钮：单击该按钮后，可以直接在图形区中选取一点来确定最后的加工深度，也可以在其后的文本框中直接输入数值来定义加工深度，但在 2D 加工中此处的数值一般为负数。

Step7. 单击"2D 刀具路径-外形铣削"对话框中的 按钮，完成加工参数的设置，此时系统将自动生成图 9.2.26 所示的刀具路径。

Stage6．加工仿真

Step1．路径模拟。

（1）在"操作管理"中单击 刀具路径 - 10.4K - CONTOUR.NC - 程序号码 0 节点，系统弹出图9.2.27 所示的"路径模拟"对话框及图 9.2.28 所示"路径模拟控制"操控板。

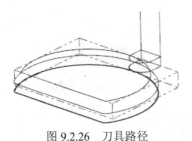

图 9.2.26　刀具路径　　　　　　图 9.2.27　"路径模拟"对话框

图 9.2.28　"路径模拟控制"操控板

（2）在"路径模拟控制"操控板中单击 ▶ 按钮，系统将开始对刀具路径进行模拟，在"路径模拟"对话框中单击 ✓ 按钮，结果如图 9.2.26 所示。

Step2．实体切削验证。

（1）在"操作管理"中确认 1 - 外形铣削 (2D) - [WCS: 俯视图] - [刀具平面: 俯视图] 节点被选中，然后单击"验证已选择的操作"按钮 📦 ，系统弹出图 9.2.29 所示的"验证"对话框。

（2）在"验证"对话框中单击 ▶ 按钮。系统将开始进行实体切削仿真，结果如图 9.2.30所示。

说明：如果系统没有弹出"拾取碎片"对话框，用户可以通过单击 I 设置 ➡ C 系统配置...命令，然后在系统弹出的"系统配置"对话框中单击 实体切削验证 下的 验证设置 节点，在其右侧的设置区域中选中 其它选项 区域中的 ☑ 删除剩余的材料 复选框。

图 9.2.29　"验证"对话框

图 9.2.30　仿真结果

（3）此时系统弹出图 9.2.31 所示的"拾取碎片"对话框，采用默认的参数设置，单击 拾取(P) 按钮，在图形区拾取加工结果较大块的部分，单击 ✓ 按钮，结果如图 9.2.32 所示。

（4）在"验证"对话框单击 ✓ 按钮，完成实体切削验证。

图 9.2.31 "拾取碎片"对话框   图 9.2.32 拾取结果

Step3. 保存模型。选择下拉菜单 F 文件 ➡ ⊟ S 保存 命令，保存模型。

9.3 挖槽加工

挖槽加工是在定义的加工边界范围内进行铣削加工。下面通过两个实例来说明挖槽加工的 2D 模块中的一般过程。

9.3.1 实例 1

挖槽加工中的标准挖槽主要是用来切削沟槽形状或切除封闭外形所包围的材料，常常用于对凹槽特征的精加工以及对平面的精加工。下面的一个实例（图 9.3.1）主要说明了标准挖槽的一般操作过程。

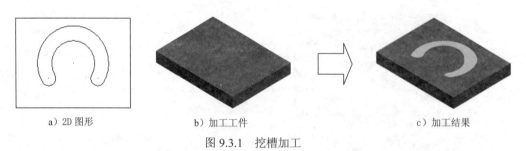

a）2D 图形   b）加工工件   c）加工结果

图 9.3.1 挖槽加工

Stage1. 进入加工环境

Step1. 打开文件 D:\mcx6\work\ch09.03\POCKET.MCX-6。

Step2. 进入加工环境。选择下拉菜单 M 机床类型 ➡ M 铣削 ▶ ➡ D 默认 命令，系统进入加工环境，此时零件模型如图 9.3.2 所示。

Stage2. 设置工件

Step1. 在"操作管理"中单击 ⛰ 属性 - Mill Default MM 节点前的"+"号，将该节点展开，然后单击 ◈ 材料设置 节点，系统弹出图 9.3.3 所示的"机器群组属性"对话框（一）。

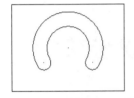

图 9.3.2 零件模型二维图

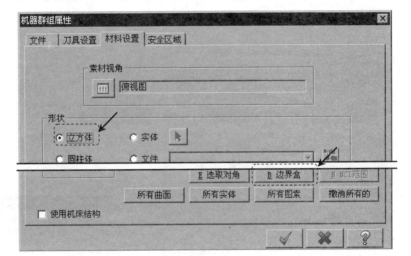

图 9.3.3 "机器群组属性"对话框（一）

Step2. 设置工件的形状。在"机器群组属性"对话框中的 形状 区域中选中 ⊙ 立方体 单选项。

Step3. 设置工件的尺寸。在"机器群组属性"对话框中单击 B 边界盒 按钮，系统弹出图 9.3.4 所示的"边界盒选项"对话框，接受系统默认的选项设置，单击 ✓ 按钮，返回至"机器群组属性"对话框，此时该对话框如图 9.3.5 所示。

图 9.3.4 "边界盒选项"对话框

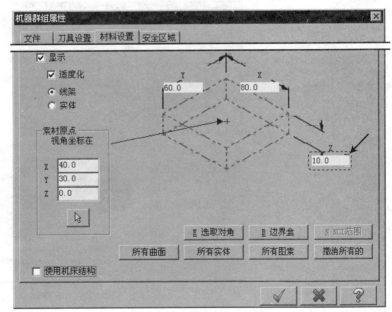

图 9.3.5 "机器群组属性"对话框（二）

Step4. 设置工件参数。在"机器群组属性"对话框的 ^{Z} 文本框中输入值 10.0，如图 9.3.5 所示。

Step5. 单击"机器群组属性"对话框中的 ✓ 按钮，完成工件的设置。此时零件如图 9.3.6 所示，从图中可以观察到零件的边缘多了红色的双点画线，双点画线围成的图形即为工件。

Stage3. 选择加工类型

Step1. 选择下拉菜单 I 刀具路径 ➡ P 标准挖槽 命令，系统弹出图 9.3.7 所示的"输入新 NC 名称"对话框，采用系统默认的 NC 名称，单击 ✓ 按钮，完成 NC 名称的设置，同时系统弹出"串连选项"对话框。

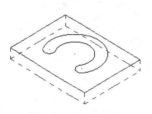

图 9.3.6　显示工件

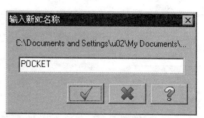

图 9.3.7　"输入新 NC 名称"对话框

Step2. 设置加工区域。在图形区中选择图 9.3.8 所示的边线，系统自动选择图 9.3.9 所示的边链，单击 ✓ 按钮，完成加工区域的设置，同时系统弹出图 9.3.10 所示的"2D 刀具路径-2D 挖槽"对话框。

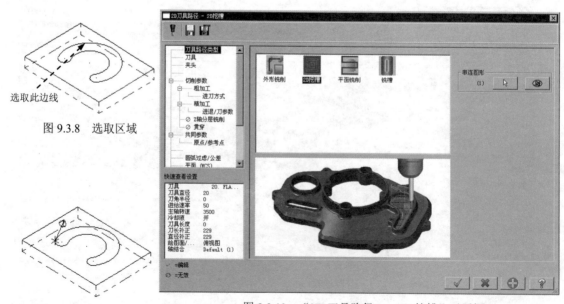

图 9.3.8　选取区域

图 9.3.9　定义区域

图 9.3.10　"2D 刀具路径 － 2D 挖槽"对话框

Stage4. 选择刀具

Step1. 确定刀具类型。在"挖槽（标准）"对话框左侧的节点列表中，单击 刀具 节点，切换到刀具参数界面；单击 过滤(F)... 按钮，系统弹出图 9.3.11 所示的"刀具过虑列表设置"对话框，单击 刀具类型 区域中的 全关(N) 按钮后，在刀具类型按钮群中单击 （圆鼻刀）按钮。单击 按钮，关闭"刀具过虑列表设置"对话框，系统返回至"2D 刀具路径-2D 挖槽"对话框。

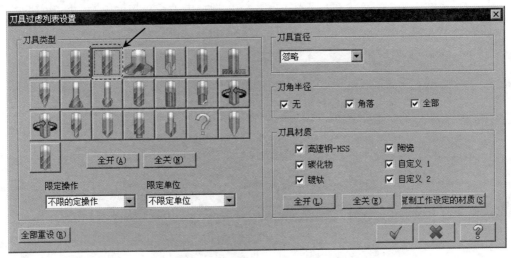

图 9.3.11　"刀具过虑列表设置"对话框

Step2. 选择刀具。在"2D 刀具路径-2D 挖槽"对话框中，单击 从刀库中选择... 按钮，系统弹出图 9.3.12 所示的"选择刀具"对话框，在该对话框的列表框中选择图 9.3.12 所示的刀具。单击 按钮，关闭"选择刀具"对话框，系统返回至"2D 刀具路径-2D 挖槽"对话框。

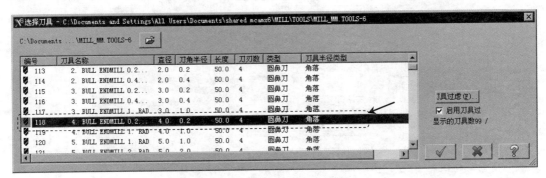

图 9.3.12　"选择刀具"对话框

Step3. 设置刀具参数。

（1）完成上步操作后，在"2D 刀具路径-2D 挖槽"对话框刀具列表中双击该刀具，系统弹出图 9.3.13 所示的"定义刀具-机床群组-1"对话框。

（2）设置刀具号码。在"定义刀具-机床群组-1"对话框中的 刀具号码 文本框中，将原有的数值改为 1。

（3）设置刀具的加工参数。单击"定义刀具-机床群组-1"对话框的 参数 选项卡，设置图 9.3.14 所示的参数。

（4）设置冷却液方式。在 参数 选项卡中单击 Coolant... (*) 按钮，系统弹出"Coolant…"对话框，在 Flood （切削液）下拉列表中选择 On 选项，单击该对话框中的 ✓ 按钮，关闭"Coolant…"对话框。

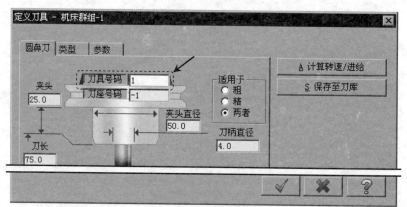

图 9.3.13　　"定义刀具-机床群组-1"对话框

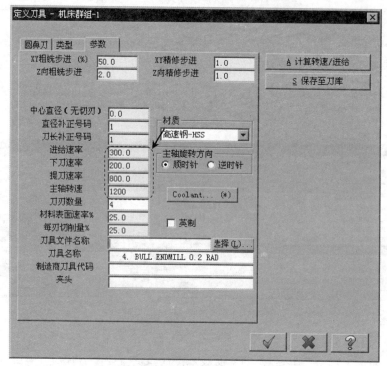

图 9.3.14　　"参数"选项卡

Step4. 单击"定义刀具-机床群组-1"对话框中的 按钮，完成刀具参数的设置，系统返回至"2D 刀具路径 - 2D 挖槽"对话框。

Stage5. 设置加工参数

Step1. 设置加工参数。在"2D 刀具路径-2D 挖槽"对话框中左侧的节点列表中，单击 切削参数 节点，设置如图 9.3.15 所示的参数。

图 9.3.15 所示"切削参数"设置界面的部分选项的说明如下：

- 挖槽类型 下拉列表：用于设置挖槽加工的类型，其中包括 标准 选项、平面铣 选项、使用岛屿深度 选项、残料加工 选项和 开放式挖槽 选项。

  - ☑ 标准 选项：该选项为标准的挖槽方式，此种挖槽方式仅对定义的边界内部的材料进行铣削。

  - ☑ 平面铣 选项：该选项为平面挖槽的加工方式，此种挖槽方式是对定义的边界所围成的平面的材料进行铣削。

  - ☑ 使用岛屿深度 选项：该选项为对岛屿进行加工的方式，此种加工方式能自动地调整铣削深度。

  - ☑ 残料加工 选项：该选项为残料挖槽的加工方式，此种加工方式可以对先前的加工自动进行残料计算并对剩余的材料进行切削。当使用这种加工方式时，其下会激活相关选项，可以对残料加工的参数进行设置。

  - ☑ 开放式挖槽 选项：该选项为对未封闭串连进行铣削的加工方式。当使用这种加工方式时，其下会激活相关选项，可以对残料加工的参数进行设置。

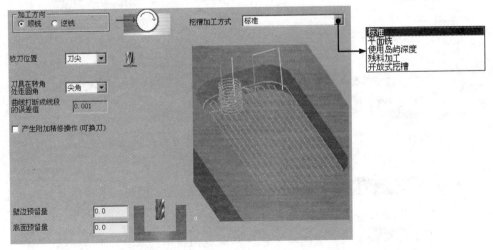

图 9.3.15 "切削参数"参数设置

Step2. 设置粗加工参数。在"2D 刀具路径-2D 挖槽"对话框左侧的节点列表中，单击

粗加工 节点，设置图 9.3.16 所示的参数。

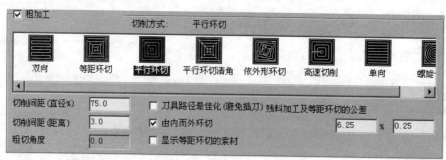

图 9.3.16 "粗加工"参数设置

图 9.3.16 所示"粗加工"参数设置界面中部分选项的说明如下：

* **粗加工** 复选框：用于创建粗加工。
* **切削方式:** 列表框：该列表框包括 **双向** 、 **等距环切** 、 **平行环切** 、 **平行环切清角** 、 **依外形环切** 、 **高速切削** 、 **单向** 和 **螺旋切削** 八种切削方式。
  * ☑ **双向** 选项：该选项表示根据粗加工的角采用 Z 形走刀，其加工速度快，但刀具容易磨损，采用此种切削方式的刀具路线如图 9.3.17 所示。
  * ☑ **等距环切** 选项：该选项表示根据剩余的部分重新计算出新的剩余部分，直到加工完成，刀具路线如图 9.3.18 所示，此种加工方法的切削范围比"平行环切"方法的切削范围大，比较适合加工规则的单型腔，加工后型腔的底部和侧壁的质量较好。

图 9.3.17 "双向"

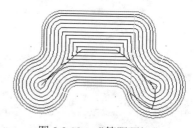

图 9.3.18 "等距环切"

  * ☑ **平行环切** 选项：该选项是根据每次切削边界产生一定偏移量，直到加工完成，刀具路线如图 9.3.19 所示，由于刀具进刀方向一致，使刀具切削稳定，但不能保证清除切削残料。
  * ☑ **平行环切清角** 选项：该选项与"平行环切"类似，但加入了清除角处的残量刀路，刀具路线如图 9.3.20 所示。
  * ☑ **依外形环切** 选项：该选项是根据凸台或凹槽间的形状，从某一个点递进进行切削，刀具路线如图 9.3.21 所示，此种切削方法适合于加工型腔内部存在的一个或多个岛屿。

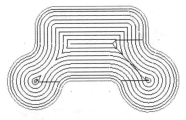

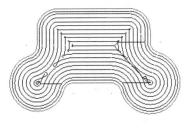

图 9.3.19　"平行环切"　　　　　　　　　图 9.3.20　"平行环切清角"

☑ 高速切削选项：该选项是在圆弧处生成平稳的切削，且不易使刀具受损的一种加工方式，但加工时间较长，刀具路线如图 9.3.22 所示。

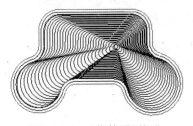

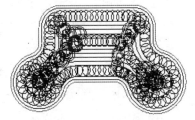

图 9.3.21　"依外形环切"　　　　　　　　图 9.3.22　"高速切削"

☑ 单向选项：该选项是始终沿一个方向切削，适合切削深度较大时选用，但加工时间较长，刀具路线如图 9.3.23 所示。

☑ 螺旋切削选项：该选项是从某一点开始，沿螺旋线切削，刀具路线如图 9.3.24 所示。此种切削方式在切削时比较平稳，适合非规则型腔时选用，有较好的切削效果且生成的程序较短。

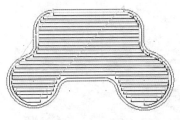

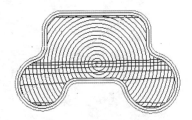

图 9.3.23　"单向"　　　　　　　　　　　图 9.3.24　"螺旋切削"

　　说明：读者可以打开 D:\mcx6\work\ch09.03\EXAMPLE.MCX-6 文件，通过更改其切削方式，仔细观察它们的特点。

- 切削间距（直径%）文本框：用于设置切削间距为刀具直径的百分比。

- 切削间距（距离）文本框：用于设置 XY 方向上的切削间距，XY 方向上的切削间距为距离值。

- 粗切角度文本框：用于设置粗加工时刀具加工角的角度限制。此文本框仅在切削方式为双向和单向时可用。

- ☑ **刀具路径最佳化（避免插刀）** 复选框：用于防止在切削凸台或凹槽周围区域时因切削量过大而产生的刀具损坏。此选项仅在 **切削方式:** 为 **双向**、**等距环切**、**平行环切** 和 **平行环切清角** 时可用。

- ☑ **由内而外环切** 复选框：用于设置切削方向。选中此复选框，则切削方向为由内向外切削；反之，则由外向内切削。此选项仅在 **切削方式:** 为 **双向** 和 **单向切削** 时不可用。

- **残料加工及等距环切的公差** 文本框：设置粗加工的加工公差，可在第一个文本框中输入刀具直径的百分比或在第二个文本框中输入具体值。

Step3. 设置粗加工进刀模式。在"2D 刀具路径-2D 挖槽"对话框左侧的节点列表中，单击 **粗加工** 节点下的 **进刀方式** 节点，设置图 9.3.25 所示的参数。

图 9.3.25 所示"进刀方式"参数设置界面中部分选项的说明如下：

- ◉ **螺旋式** 单选项：用于设置螺旋方式下刀。

  - ☑ **最小半径** 文本框：用于设置螺旋的最小半径。可在第一个文本框输入刀具直径的百分比或在第二个文本框中输入具体值。

  - ☑ **最大半径** 文本框：用于设置螺旋的最大半径。可在第一个文本框输入刀具直径的百分比或在第二个文本框中输入具体值。

  - ☑ **Z 方向开始螺旋位** 文本框：用于设置刀具在工件表面的某个高度开始螺旋下刀。

  - ☑ **XY 方向预留量** 文本框：用于设置刀具螺旋下刀时距离边界的距离。

  - ☑ **进刀角度** 文本框：用于设置刀具螺旋下刀时的螺旋角度。

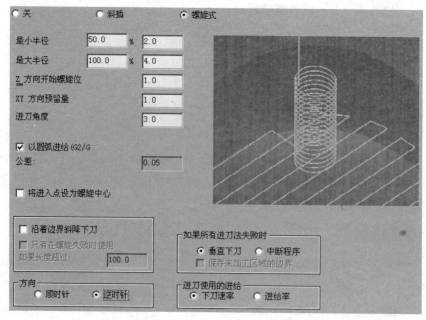

图 9.3.25 "进刀方式"参数设置

Step4. 设置精加工参数。在"2D 刀具路径-2D 挖槽"对话框左侧的节点列表中，单击 精加工 节点，设置图 9.3.26 所示的参数。

图 9.3.26 所示"精加工"参数设置界面中部分选项的说明如下：

- ☑ 精加工 复选框：用于创建精加工。
- 次数 文本框：用于设置精加工的次数。
- 间距 文本框：用于设置每次精加工的切削间距。
- 精修次数 文本框：用于设置在同一路径精加工的精修次数。
- 刀具补正方式 文本框：用于设置刀具的补正方式。

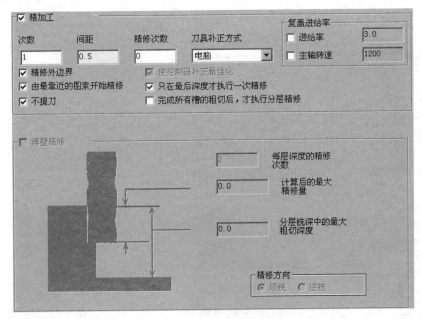

图 9.3.26　"精加工"参数设置

- 复盖进给率 区域：用于设置精加工进给参数，该区域包括 进给率 文本框和 主轴转速 文本框。
  - ☑ 进给率 文本框：用于设置加工时的进给率。
  - ☑ 主轴转速 文本框：用于设置加工时的主轴转速。
- ☑ 精修外边界 复选框：用于设置精加工内/外边界。选中此复选框，则精加工外部边界；反之，则精加工内部边界。
- ☑ 由最靠近的图案开始精修 复选框：用于设置粗加工后精加工的起始位置为最近的端点。选中此复选框，则将最近的端点作为精加工的起始位置；反之，则将按照原先定义的顺序进行精加工。
- ☑ 不提刀 复选框：用于设置在精加工时是否返回到预先定义的进给下刀位置。
- ☑ 使控制器补正最佳化 复选框：用于设置控制器补正的优化。

- ☑ 只在最后深度才执行一次精修 复选框：用于设置只在最后一次切削时进行精加工。选中此复选框，则只在最后一次切削时进行精加工；反之，则将对每次切削进行精加工。

- ☑ 完成所有槽的粗切后，才执行分层精修 复选框：用于设置完成所有粗加工后才进行多层的精加工。

Step5. 设置共同参数。在"2D 刀具路径-2D 挖槽"对话框左侧的节点列表中，单击 共同参数 节点，设置图 9.3.27 所示的参数。

Step6. 单击"2D 刀具路径-2D 挖槽"对话框中的 ✓ 按钮，完成加工参数的设置，此时系统将自动生成图 9.3.28 所示的刀具路径。

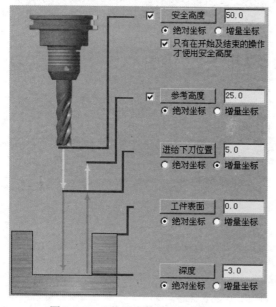

图 9.3.27 "共同参数"参数设置

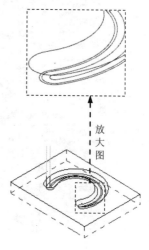

图 9.3.28 刀具路径

Stage6. 加工仿真

Step1. 路径模拟。

（1）在"操作管理"中单击 ❤ 刀具路径 - 10.6K - POCKET.NC - 程序号码 0 节点，系统弹出"路径模拟"对话框及"路径模拟控制"操控板。

（2）在"路径模拟控制"操控板中单击 ▶ 按钮，系统将开始对刀具路径进行模拟，结果与图 9.3.26 所示的刀具路径相同，在"路径模拟"对话框中单击 ✓ 按钮。

Step2. 实体切削验证。

（1）在"操作管理"中确认 ▧ 1 - 2D挖槽（标准）- [WCS: TOP] - [刀具平面: TOP] 节点被选中，然后单击"验证已选择的操作"按钮 ▣，系统弹出图 9.3.29 所示的"验证"对话框。

（2）在"验证"对话框中单击 ▶ 按钮。系统将开始进行实体切削仿真，结果如图 9.3.30

所示，单击  按钮。

　　Step3. 保存模型。选择下拉菜单 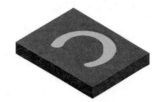 命令，保存模型。

图 9.3.29　"验证"对话框　　　　　　　　图 9.3.30　仿真结果

9.3.2　实例 2

　　挖槽加工凸台的方法不同于 9.3.1 节中的标准挖槽加工，它是直接加工出平面从而得到所需要加工的凸台。下面通过一个实例（图 9.3.31）来说明挖槽的一般操作过程：

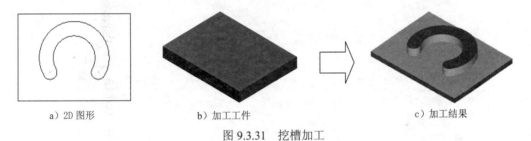

a）2D 图形　　　　　　　b）加工工件　　　　　　　c）加工结果

图 9.3.31　挖槽加工

Stage1. 进入加工环境

　　Step1. 打开文件 D:\mcx6\work\ch09.03\POCKET.MCX-6。

　　Step2. 进入加工环境。选择下拉菜单 <kbd>M 机床类型</kbd> ➡ <kbd>M 铣削 ▶</kbd> ➡ <kbd>D 默认</kbd> 命令，系统进入加工环境，此时零件模型如图 9.3.32 所示。

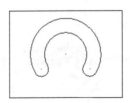

图 9.3.32　零件模型

Stage2. 设置工件

　　Step1. 在"操作管理"中单击 <kbd>山 属性 - Mill Default MM</kbd> 节点前的"+"号，将该节点展开，然后单击 ◆ 材料设置 节点，系统弹出"机器群组属性"对话框。

Step2. 设置工件的形状。在"机器群组属性"对话框中的 形状 区域中选中 ⊙ 立方体 单选项。

Step3. 设置工件的尺寸。在"机器群组属性"对话框中单击 B 边界盒 按钮，系统弹出"边界盒选项"对话框，接受系统默认的选项设置，单击 ✓ 按钮，返回至"机器群组属性"对话框，此时该对话框如图 9.3.33 所示。

Step4. 设置工件参数。在"机器群组属性"对话框的 Z 文本框中输入值 10.0，如图 9.3.33 所示。

Step5. 单击"机器群组属性"对话框中的 ✓ 按钮，完成工件的设置。此时工件如图 9.3.34 所示，从图中可以观察到零件的边缘多了红色的双点画线，双点画线围成的图形即为工件。

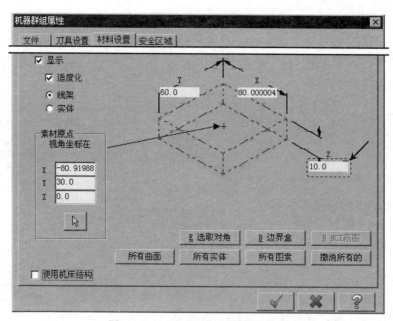

图 9.3.33　"机器群组属性"对话框

Stage3. 选择加工类型

Step1. 选择下拉菜单 T 刀具路径 ➡ P 标准挖槽 命令，系统弹出"输入新 NC 名称"对话框，采用系统默认的 NC 名称，单击 ✓ 按钮，完成 NC 名称的设置，同时系统弹出"串连选项"对话框。

Step2. 设置加工区域。在图形区中选择图 9.3.35 所示的边线，系统自动选择图 9.3.36 所示的边链 1；在图形区中选择图 9.3.37 所示的边线，系统自动选择图 9.3.38 所示的边链 2，单击 ✓ 按钮，完成加工区域的设置，同时系统弹出 "2D 刀具路径-2D 挖槽"对话框。

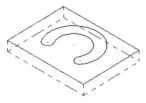

图 9.3.34　显示工件

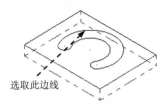

图 9.3.35　选取区域

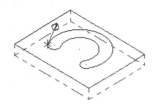

图 9.3.36　定义加工区域

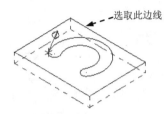

图 9.3.37　选取加工区域

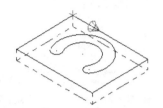

图 9.3.38　定义区域

Stage4. 选择刀具

Step1. 确定刀具类型。在"2D 刀具路径-2D 挖槽"对话框左侧的节点列表中，单击 [刀具] 节点，切换到刀具参数界面；单击 [过虑(F)...] 按钮，系统弹出"刀具过滤列表设置"对话框，单击 [刀具类型] 区域中的 [全关(N)] 按钮后，在刀具类型按钮群中单击 [ ]（平底刀）按钮，单击 [√] 按钮，关闭"刀具过滤列表设置"对话框，系统返回至"2D 刀具路径 – 2D 挖槽"对话框。

Step2. 选择刀具。在"2D 刀具路径-2D 挖槽"对话框中，单击 [从刀库中选择...] 按钮，系统弹出"选择刀具"对话框，在该对话框的列表框中选择 [213　4. FLAT ENDMILL　4.0　0.0　50.0　4　平底刀　无] 刀具。单击 [√] 按钮，关闭"选择刀具"对话框，系统返回至"2D 刀具路径-2D 挖槽"对话框。

Step3. 设置刀具参数。

（1）完成上步操作后，在"2D 刀具路径-2D 挖槽"对话框的刀具列表中双击该刀具，系统弹出"定义刀具-机床群组-1"对话框。

（2）设置刀具号码。在"定义刀具-机床群组-1"对话框中的 [刀具号码] 文本框中，将原有的数值改为 1。

（3）设置刀具的加工参数。单击"定义刀具-机床群组-1"对话框的 [参数] 选项卡，设置图 9.3.39 所示的参数。

（4）设置冷却液方式。在 [参数] 选项卡中单击 [Coolant... (*)] 按钮，系统弹出"Coolant..."对话框，在 [Flood]（切削液）下拉列表中选择 [On] 选项，单击该对话框中的 [√] 按钮，关闭"Coolant..."对话框。

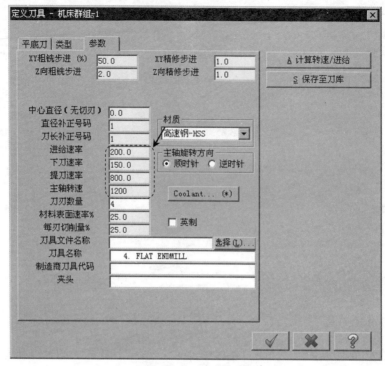

图 9.3.39　"参数"选项卡

Step4. 单击"定义刀具-机床群组-1"对话框中的 按钮，完成刀具的设置，系统返回至"2D 刀具路径-2D 挖槽"对话框。

Stage5. 设置加工参数

Step1. 设置切削参数。在"2D 刀具路径-2D 挖槽"对话框左侧的节点列表中，单击 切削参数 节点，设置图 9.3.40 所示的参数。

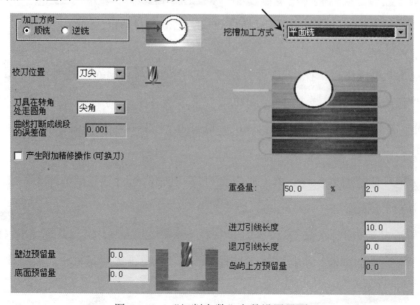

图 9.3.40　"切削参数"参数设置界面

Step2. 设置粗加工参数。在"2D 刀具路径-2D 挖槽"对话框左侧的节点列表中，单击 **粗加工** 节点，设置图 9.3.41 所示的参数。

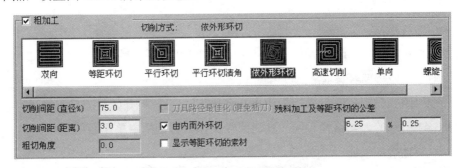

图 9.3.41　"粗加工"参数设置界面

Step3. 设置精加工参数。在"2D 刀具路径-2D 挖槽"对话框左侧的点列表中，单击 **精加工** 节点，设置图 9.3.42 所示的参数。

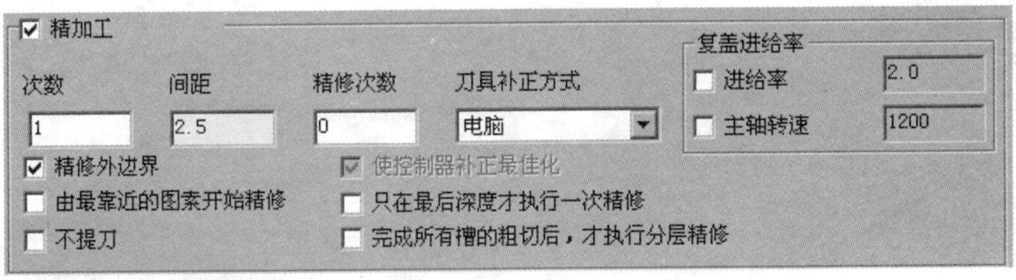

图 9.3.42　"精加工"参数设置界面

Step4. 设置共同参数。在"2D 刀具路径 – 2D 挖槽"对话框中左侧的节点列表中，单击 **共同参数** 节点，设置图 9.3.43 所示的参数。

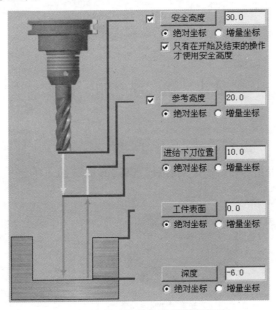

图 9.3.43　"共同参数"参数设置界面

Step5. 单击"2D 刀具路径 – 2D 挖槽"对话框中的 ✓ 按钮，完成加工参数的设置，此时系统将自动生成图 9.3.44 所示的刀具路径。

Stage6. 加工仿真

Step1. 路径模拟。

（1）在"操作管理"中单击 ≋ 刀具路径 - 174.4K - POCKET.NC - 程序号码 0 节点，系统弹出"路径模拟"对话框及"路径模拟控制"操控板。

（2）在"路径模拟控制"操控板中单击 ▶ 按钮，系统将开始对刀具路径进行模拟，结果与图 9.3.44 所示的刀具路径相同，在"路径模拟"对话框中单击 ✓ 按钮。

Step2. 实体切削验证。

（1）在"操作管理"中确认 ┗ ❖ 1 - 2D挖槽（平面加工）- [WCS: TOP] - [刀具平面: TOP] 节点被选中，然后单击"验证已选择的操作"按钮 ❖，系统弹出"验证"对话框。

（2）在"验证"对话框中单击 ▶ 按钮。系统将开始进行实体切削仿真，结果如图 9.3.45 所示，单击 ✓ 按钮。

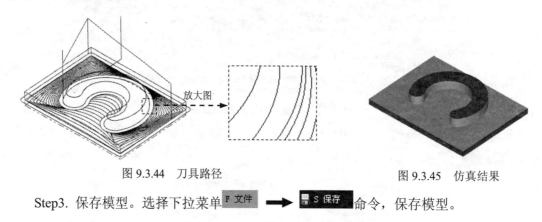

图 9.3.44　刀具路径　　　　　　　　　　　图 9.3.45　仿真结果

Step3. 保存模型。选择下拉菜单 F 文件 ➡ 🖫 S 保存 命令，保存模型。

9.4　面　铣　加　工

面铣加工是通过定义加工边界对平面进行铣削，常常用于工件顶面和台阶面的加工。下面通过一个实例（图 9.4.1）来说明 MasterCAM X6 面铣加工的一般过程，其操作如下。

a）2D 图形　　　　　　　　b）加工工件　　　　　　　　c）加工结果

图 9.4.1　面铣加工

Stage1. 进入加工环境

Step1. 打开文件 D:\mcx6\work\ch09.04\FACE.MCX-6。

Step2. 进入加工环境。选择下拉菜单 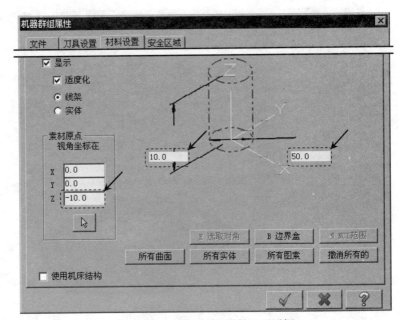 机床类型 ➡ 铣削 ▶ ➡ D 默认 命令，系统进入加工环境，此时零件模型如图 9.4.2 所示。

Stage2. 设置工件

Step1. 在"操作管理"中单击 ⊔ 属性 - Mill Default MM 节点前的"+"号，将该节点展开，然后单击 ◆ 材料设置 节点，系统弹出"机器群组属性"对话框。

Step2. 设置工件的形状。在"机器群组属性"对话框中的 形状 区域中选中 ⊙ 圆柱体 单选项和 ⊙ Z 单选项。

Step3. 设置工件的尺寸。在"机器群组属性"对话框中单击 B 边界盒 按钮，系统弹出"边界盒选项"对话框，接受系统默认的选项设置，单击 ✓ 按钮，返回至"机器群组属性"对话框，如图 9.4.3 所示。

Step4. 设置工件参数。在"机器群组属性"对话框的"Z 轴向高度"文本框中输入值 10.0，在"圆柱直径"文本框中输入值 50，在 素材原点 视角坐标在 区域的 Z 文本框中输入值-10，如图 9.4.3 所示。

Step5. 单击"机器群组属性"对话框中的 ✓ 按钮，完成工件的设置。此时零件如图 9.4.4 所示，从图中可以观察到零件的边缘多了红色的双点画线，双点画线围成的图形即为工件。

图 9.4.2　零件模型

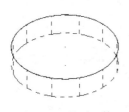

图 9.4.4　显示工件

图 9.4.3　"机器群组属性"对话框

Stage3. 选择加工类型

Step1. 选择下拉菜单 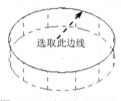 命令，系统弹出"输入新 NC 名称"对话框，采用系统默认的 NC 名称，单击 ✓ 按钮，完成 NC 名称的设置，同时系统弹出"串连选项"对话框。

Step2. 设置加工区域。在图形区中选择图 9.4.5 所示的边线，系统自动选择图 9.4.6 所示的边链，单击 ✓ 按钮，完成加工区域的设置，同时系统弹出图 9.4.7 所示的"2D 刀具路径-平面铣削"对话框。

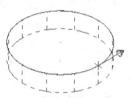

图 9.4.5　选取加工区域　　　　　　图 9.4.6　定义加工区域

Stage4. 选择刀具

Step1. 确定刀具类型。在"2D 刀具路径-平面铣削"对话框左侧的节点列表中，单击 刀具 节点，切换到刀具参数界面；单击 过虑(F)... 按钮，系统弹出图 9.4.8 所示的"刀具过滤列表设置"对话框，单击 刀具类型 区域中的 全关(N) 按钮后，在刀具类型按钮群中单击 ▌（平底刀）按钮。单击 ✓ 按钮，关闭"刀具过滤列表设置"对话框，系统返回至"2D 刀具路径-平面铣削"对话框。

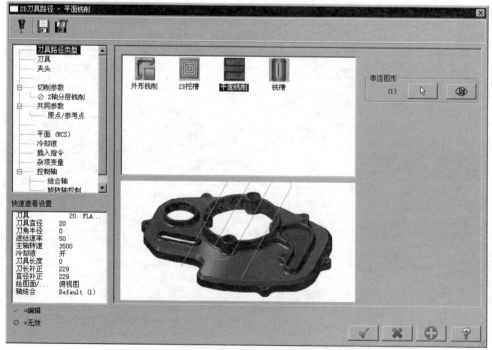

图 9.4.7　"2D 刀具路径-平面铣削"对话框

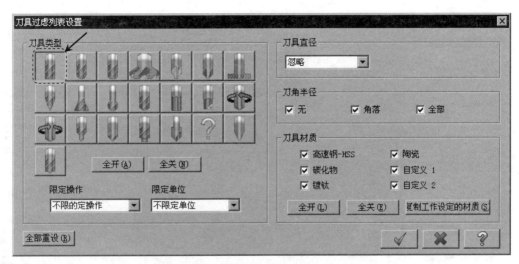

图 9.4.8　"刀具过虑列表设置"对话框

　　Step2. 选择刀具。在 "2D 刀具路径-平面铣削" 对话框中，单击 从刀库中选择… 按钮，系统弹出 " 选 择 刀 具 " 对 话 框 ，在 该 对 话 框 的 列 表 框 中 选 择 229　20. FLAT ENDMILL　20.0　0.0　50.0　4　平底刀　无 刀具。单击 ✓ 按钮，关闭 "选择刀具" 对话框，系统返回至 "2D 刀具路径-平面铣削" 对话框。

　　Step3. 设置刀具参数。

　　（1）完成上步操作后，在 "2D 刀具路径-平面铣削" 对话框的刀具列表中双击该刀具，系统弹出 "定义刀具-机床群组-1" 对话框。

　　（2）设置刀具号码。在 "定义刀具-机床群组-1" 对话框中的 刀具号码 文本框中，将原有的数值改为 1。

　　（3）设置刀具的加工参数。单击 "定义刀具-机床群组-1" 对话框的 参数 选项卡，在 进给速率 文本框中输入值 500.0，在 下刀速率 文本框中输入值 800.0，在 提刀速率 文本框中输入值 800.0，在 主轴转速 文本框中输入值 500.0。

　　（4）设置冷却液方式。在 参数 选项卡中单击 Coolant… (*) 按钮，系统弹出 "Coolant…" 对话框，在 Flood （切削液）下拉列表中选择 On 选项，单击该对话框中的 ✓ 按钮，关闭 "Coolant…" 对话框。

　　Step4. 单击 "定义刀具-机床群组-1" 对话框中的 ✓ 按钮，完成刀具的参数设置，系统返回至 "2D 刀具路径-平面铣削" 对话框。

Stage5. 设置加工参数

　　Step1. 设置加工参数。在 "2D 刀具路径-平面铣削" 对话框左侧的节点列表中，单击 切削参数 节点，设置图 9.4.9 所示的参数。

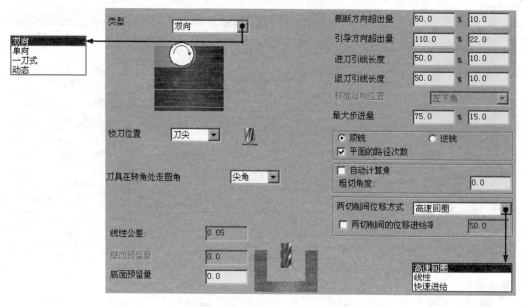

图 9.4.9   "切削参数" 参数设置界面

图 9.4.9 所示 "切削参数" 参数设置界面中部分选项的说明如下：

- **类型** 下拉列表框：用于选择切削类型，包括 **双向** 、 **单向** 、 **一刀式** 和 **动态** 四种切削类型。

  - ☑ **双向** 选项：该选项为切削方向往复变换的铣削方式。
  - ☑ **单向** 选项：该选项为切削方向固定是某个方向的铣削方式。
  - ☑ **一刀式** 选项：该选项为在工件中心进行单向一次性的铣削加工。
  - ☑ **动态** 选项：该选项为切削方向动态调整的铣削方式。

- **两切削间位移方式** 下拉列表框：用于定义两切削间的运动方式，其包括 **高速回圈** 、 **线性** 和 **快速进给** 三种运动方式。

  - ☑ **高速回圈** 选项：该选项为在两切削间自动创建 180° 圆弧的运动方式。
  - ☑ **线性** 选项：该选项为在两切削间自动创建一条直线的运动方式。
  - ☑ **快速进给** 选项：该选项为在两切削间采用快速移动的运动方式。

- **截断方向超出量** 文本框：用于设置平面加工时垂直于切削方向的刀具重叠量。用户可在第一个文本框中输入刀具直径的百分比，或在第二个文本框中直接输入距离值来定义重叠量。当切削类型为 **一刀式** 时，此文本框不可用。

- **引导方向超出量** 文本框：用于设置平面加工时平行于切削方向的刀具重叠量。用户可在第一个文本框中输入刀具直径的百分比，或在第二个文本框中直接输入距离值来定义重叠量。

- **进刀引线长度** 文本框：用于在第一次切削前添加额外的距离。用户可在第一个文本框中输入刀具直径的百分比，或在第二个文本框中直接输入距离值来定义该长度。

● 退刀引綫长度文本框：用于在最后一次切削后添加额外的距离。用户可在第一个文本框中输入刀具直径的百分比，或在第二个文本框中直接输入距离值来定义该长度。

Step2. 设置共同参数。在"2D 刀具路径-平面铣削"对话框左侧的节点列表中，单击共同参数节点，设置图 9.4.10 所示的参数。

Step3. 单击"2D 刀具路径-平面铣削"对话框中的✔按钮，完成加工参数的设置，此时系统将自动生成图 9.4.11 所示的刀具路径。

Stage6. 加工仿真

Step1. 路径模拟。

（1）在"操作管理"中单击 刀具路径 - 5.5K - FACE.NC - 程序号码 0 节点，系统弹出"路径模拟"对话框及"路径模拟控制"操控板。

（2）在"路径模拟控制"操控板中单击▶按钮，系统将开始对刀具路径进行模拟，结果与图 9.4.12 所示的刀具路径相同，在"路径模拟"对话框中单击✔按钮。

Step2. 实体切削验证。

（1）在"操作管理"中确认 1 - 平面铣削 - [WCS: TOP] - [刀具平面: TOP] 节点被选中，然后单击"验证已选择的操作"按钮⬛，系统弹出"验证"对话框。

（2）在"验证"对话框中单击▶按钮，系统将开始进行实体切削仿真，结果如图 9.4.12 所示，单击✔按钮。

Step3. 保存模型。选择下拉菜单 F 文件 ➡ S 保存 命令，保存模型文件。

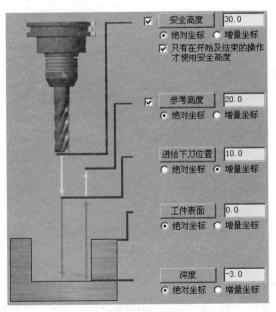

图 9.4.10　"共同参数"参数设置界面

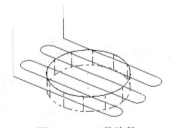

图 9.4.11　刀具路径

图 9.4.12　仿真结果

9.5　雕　刻　加　工

实际上雕刻加工属于铣削加工的一个特例，它被包含在铣削加工范围内，其加工图形一般是平面上的各种文字和图案。通过图 9.5.1 所示的实例，讲解一个雕刻加工的操作，其操作如下。

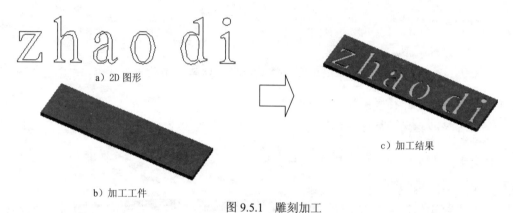

a）2D 图形

c）加工结果

b）加工工件

图 9.5.1　雕刻加工

Stage1. 进入加工环境

Step1. 打开文件 D:\mcx6\work\ch09.05\TEXT.MCX-6。

Step2. 进入加工环境。选择下拉菜单 **M 机床类型** ➡ **M 铣削 ▶** ➡ **D 默认** 命令，系统进入加工环境，此时零件模型如图 9.5.2 所示。

图 9.5.2　零件模型

Stage2. 设置工件

Step1. 在"操作管理"中单击 **⊔ 属性 - Mill Default MM** 节点前的"+"号，将该节点展开，然后单击 **◆ 材料设置** 节点，系统弹出"机器群组属性"对话框。

Step2. 设置工件的形状。在"机器群组属性"对话框中的 **形状** 区域中选中 **⊙ 立方体** 单选项。

Step3. 设置工件的尺寸。在"机器群组属性"对话框中单击 **B 边界盒** 按钮，系统弹出"边界盒选项"对话框，接受系统默认的选项设置，单击 **✓** 按钮，返回至"机器群组属性"对话框，此时该对话框如图 9.5.3 所示。

Step4. 设置工件参数。在"机器群组属性"对话框的 **X** 文本框中输入值 105，在 **Y** 文本框中输入值 26，在 **Z** 文本框中输入值 3.0，如图 9.5.3 所示。

Step5. 单击"机器群组属性"对话框中的 按钮，完成工件的设置。此时零件如图 9.5.4 所示，从图中可以观察到零件的边缘多了红色的双点画线，双点画线围成的图形即为工件。

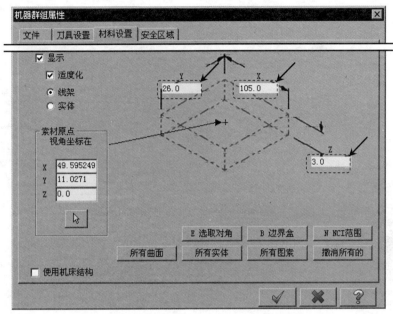

图 9.5.3 "机器群组属性"对话框

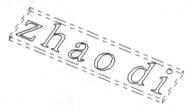

图 9.5.4 显示工件

Stage3. 选择加工类型

Step1. 选择下拉菜单 I 刀具路径 ➡ 雕刻 命令，系统弹出"输入新 NC 名称"对话框，采用系统默认的 NC 名称，单击 按钮，完成 NC 名称的设置，同时系统弹出"串连选项"对话框。

Step2. 设置加工区域。在"串连选项"对话框中单击 按钮，在图形区中框选图 9.5.5 所示的模型零件，在空白处左击，系统自动选择图 9.5.6 所示的边链。单击 按钮，完成加工区域的设置，同时系统弹出图 9.5.7 所示的"雕刻"对话框。

图 9.5.5 选取区域

图 9.5.6 定义区域

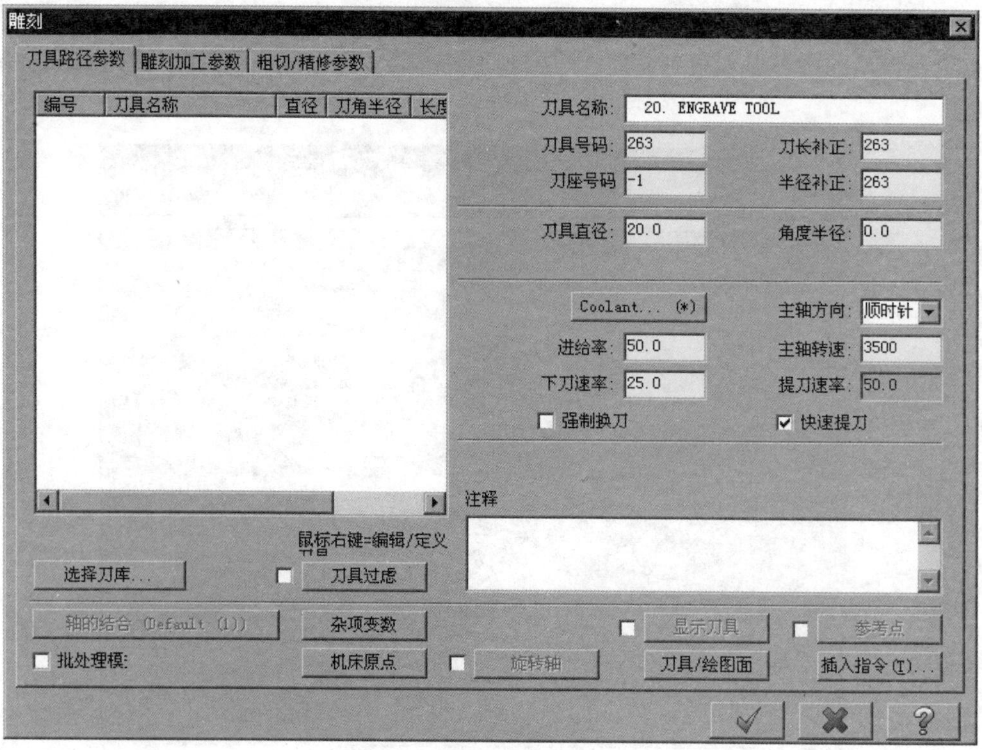

图 9.5.7 "雕刻"对话框

Stage4. 选择刀具

Step1. 确定刀具类型。在"雕刻"对话框中单击 刀具过滤 按钮，系统弹出"刀具过滤列表设置"对话框，单击 刀具类型 区域中的 全关(N) 按钮后，在刀具类型按钮群中单击 （平底刀）按钮，单击 按钮，关闭"刀具过滤列表设置"对话框，系统返回至"雕刻"对话框。

Step2. 选择刀具。在"雕刻"对话框中，单击 选择刀库... 按钮，系统弹出"选择刀具"对话框，在该对话框的列表框中选择 210 1. FLAT ENDMILL 1.0 0.0 50.0 4 平底刀 无 刀具。单击 按钮，关闭"选择刀具"对话框，系统返回至"雕刻"对话框。

Step3. 设置刀具参数。

（1）完成上步操作后，在"雕刻"对话框的 刀具路径参数 选项卡的列表框中显示出上步选取的刀具，双击该刀具，系统弹出"定义刀具-机床群组-1"对话框。

（2）设置刀具号码。在"定义刀具-机床群组-1"对话框中的 刀具号码 文本框中，将原有的数值改为 1。

（3）设置刀具的加工参数。单击"定义刀具-机床群组-1"对话框的 参数 选项卡，在 进给速率 文本框中输入值 300.0，在 下刀速率 文本框中输入值 500.0，在 提刀速率 文本框中输入值 500.0，在 主轴转速 文本框中输入值 5000.0。

（4）设置冷却液方式。在 参数 选项卡中单击 Coolant... (*) 按钮，系统弹出"Coolant…"对话框，在 Flood （切削液）下拉列表中选择 On 选项，单击该对话框中的 ✓ 按钮，关闭"Coolant…"对话框。

Step4. 单击"定义刀具-机床群组-1"对话框中的 ✓ 按钮，完成刀具参数的设置，系统返回至"雕刻"对话框。

Stage5. 设置加工参数

Step1. 设置加工参数。在"雕刻"对话框中单击 雕刻加工参数 选项卡，设置图 9.5.8 所示的参数。

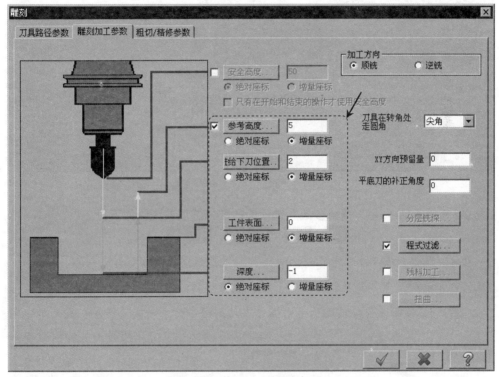

图 9.5.8　"雕刻加工参数"选项卡

图 9.5.8 所示"雕刻加工参数"选项卡中部分选项的说明如下：

- 加工方向 区域：该区域包括 ⊙ 顺铣 单选项和 ⊙ 逆铣 单选项。
  - ☑ ⊙ 顺铣 单选项：切削方向与刀具运动方向相反。
  - ☑ ⊙ 逆铣 单选项：切削方向与刀具运动方向相同。
- 扭曲 按钮：用于设置两条曲线间或者在曲面上的扭曲刀具路径的参数。这种加工方法在四轴或五轴加工时应用得比较多。当该按钮前的复选框被选中时方可使用，否则此按钮为不可用状态。

Step2. 设置加工参数。在"雕刻"对话框中单击 粗切/精修参数 选项卡，设置图 9.5.9 所示的参数。

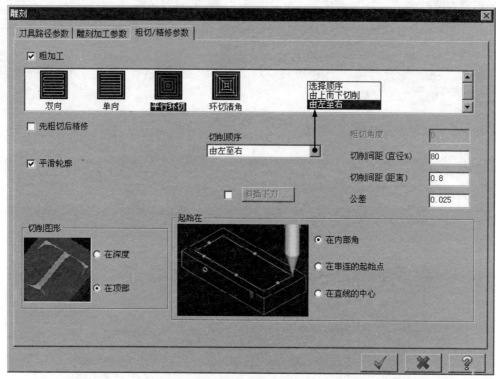

图 9.5.9　"粗切/精修参数"选项卡

图 9.5.9 所示的"粗切/精修参数"选项卡的部分选项的说明如下：

- "切削方式"：包括 双向 、单向 、平行环切 和 环切清角 四种切削方式。

  - ☑ 双向 选项：刀具往复的切削方式，刀具路径如图 9.5.10 所示。

  - ☑ 单向 选项：刀具始终沿一个方向进行切削，刀具路径如图 9.5.11 所示。

  - ☑ 平行环切 选项：该选项是根据每次切削边界产生一定偏移量，直到加工完成，刀具路径如图 9.5.12 所示。此种加工方法不保证清除每次的切削残量。

  - ☑ 环切清角 选项：该选项与 平行环切 类似，但加入了清除拐角处的残量刀路，刀具路径如图 9.5.13 所示。

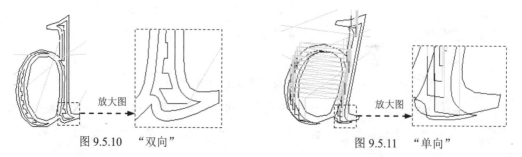

图 9.5.10　"双向"　　　　　　　　　图 9.5.11　"单向"

- ☑ 先粗切后精修 复选框：用于设置精加工之前进行粗加工，同时可以减少换刀次数。
- ☑ 平滑轮廓 复选框：用于设置平滑轮廓而不需要较小的公差。

- 下拉列表：用于设置加工顺序，包括、和选项。
  - ☑ 选项：按选取的顺序进行加工。
  - ☑ 选项：按从上往下的顺序进行加工。
  - ☑ 选项：按从左往右的顺序进行加工。

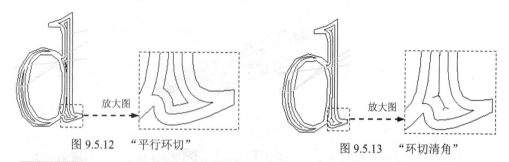

图 9.5.12　"平行环切"　　　　　　　图 9.5.13　"环切清角"

- 按钮：用于设置以一个特殊的角度下刀。当此按钮前的复选框被选中时方可使用，否则此按钮为不可用状态。
- 文本框：用于调整走刀路径的精密度。
- 区域：该区域包括单选项和单选项。
  - ☑ 单选项：用于设置以 Z 轴方向上的深度值来设计加工深度。
  - ☑ 单选项：用于设置在 Z 轴方向上从工件顶部开始计算加工深度，以便不会达到定义的加工深度。

Step3. 单击"雕刻"对话框中的按钮，完成加工参数的设置，此时系统将自动生成如图 9.5.14 所示的刀具路径。

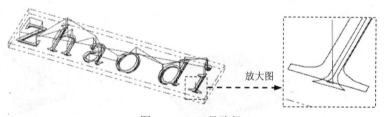

图 9.5.14　刀具路径

Stage6．加工仿真

Step1. 路径模拟。

（1）在"操作管理"中单击<img src="刀具路径 - 35.4K - TEXT.NC - 程序号码" /> 0 节点，系统弹出"路径模拟"对话框及"路径模拟控制"操控板。

（2）在"路径模拟控制"操控板中单击按钮，系统将开始对刀具路径进行模拟，结果与图 9.5.14 所示的刀具路径相同，在"路径模拟"对话框中单击按钮。

Step2. 实体切削验证。

（1）在"操作管理"中确认 `1 - 雕刻操作 - [WCS: 俯视图] - [刀具平面: 俯视图]` 节点被选中，然后单击"验证已选择的操作"按钮 ，系统弹出"验证"对话框。

（2）在"验证"对话框中单击 ▶ 按钮。系统将开始进行实体切削仿真，结果如图 9.5.15 所示，单击 ✓ 按钮。

图 9.5.15　仿真结果

Step3. 保存模型。选择下拉菜单 `F 文件` ➡ `S 保存` 命令，保存模型。

9.6　钻 孔 加 工

钻孔加工是以点或圆弧中心确定加工位置来加工孔或者螺纹，其加工方式有钻孔、攻螺纹和镗孔等。下面通过图 9.6.1 所示的实例说明钻孔的加工过程，其操作如下：

Stage1. 进入加工环境

Step1. 打开文件 D:\mcx6\work\ch09.06\POXKET_DRILLING.MCX-6。零件模型如图 9.6.2 所示。

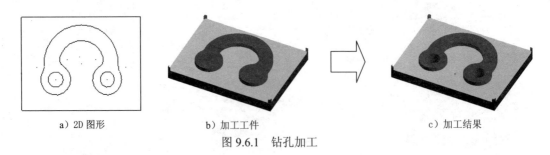

a）2D 图形　　　　　　　b）加工工件　　　　　　　　　c）加工结果

图 9.6.1　钻孔加工

Stage2. 选择加工类型

Step1. 选择下拉菜单 `T 刀具路径` ➡ `D 钻孔` 命令，系统弹出图 9.6.3 所示的"选取钻孔的点"对话框，选取图 9.6.4 所示的两个圆的中心点为钻孔点。

Step2. 单击 ✓ 按钮，完成选取钻孔点的操作，同时系统弹出"2D 刀具路径 – 钻孔/全圆铣削 深孔钻-无啄孔"对话框。

图 9.6.3 "选取钻孔的点"对话框

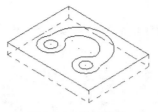

图 9.6.2 零件模型

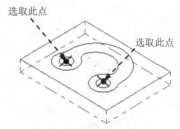

图 9.6.4 定义钻孔点

图 9.6.3 所示的"选取钻孔的点"对话框中各按钮的说明如下：

- 按钮：用于选取点。

- **自动** 按钮：用于自动选取定义的第一点、第二点和第三点之间的点，并自动排序。定义的第一个点为自动选取的起始点，定义的第二点为自动选取的选取方向，而定义的第三点为自动选取的结束点。

- **选择图素 (S)** 按钮：用于自动选取图素中的点，如果选取的图素为圆弧，则系统会自动选取它的中心点作为钻孔中心点；如果选取的为其他的图素，则系统会自动选取它的端点作为钻孔中心点；并且点的顺序与图素的建立顺序保持一致。

- **窗选 (W)** 按钮：用于选取定义的矩形区域内的点图素，将在框中的所有点定义为钻孔中心点。

- **限定圆弧** 按钮：用于选取符合定义范围的所有圆心。

- ☑ **直径** 文本框：用于设置定义圆的直径。

- ☑ **公差** 文本框：用于设置定义圆直径的公差，在定义圆直径公差范围内的圆心均被选取。

- **副程序...** 按钮：用于将先前操作中选取的点定义为本次的加工点，此种选择方式仅适合于先前有钻孔、扩孔、铰孔操作的加工。

- **选择上次** 按钮：用于选择上一次选取的所有点，并能在上次选取点的基础上加入新的定义点。

- **排序...** 按钮：用于设置加工点位的顺序，单击此按钮，系统弹出"排序"窗口，其中图 9.6.5 所示的"2D 排序"选项卡适合平面孔位的矩形排序，图 9.6.6 所示的"旋转排序"选项卡适合平面孔位的圆周排序，图 9.6.7 所示的"交叉断面排序"选项卡适合旋转面上的孔位排序。

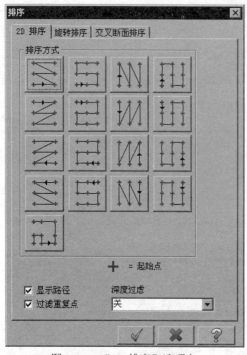

图 9.6.5 "2D 排序"选项卡 ⬛️图 9.6.6 "旋转排序"选项卡

- ⬛️ 编辑 按钮：用于编辑定义点的相关参数。如在某点冷却液开或闭，删除某个定义点或者在某个点创建文本、注释或者编码。

- ✓ 按钮：用于确定钻孔点的选取。

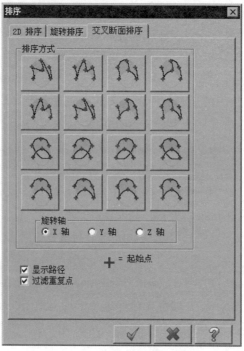

图 9.6.7 "交叉断面排序"选项卡

Stage3. 选择刀具

Step1. 确定刀具类型。在"2D 刀具路径 – 钻孔/全圆铣削 深孔钻-无啄孔"对话框中单击 刀具 节点，切换到刀具参数界面；单击 过滤(F)... 按钮，系统弹出图 9.6.8 所示的"刀具过滤列表设置"对话框，单击 刀具类型 区域中的 全关(N) 按钮后，在刀具类型按钮群中单击 （钻孔）按钮。单击 ✓ 按钮，关闭"刀具过滤列表设置"对话框，系统返回至"2D 刀具路径 – 钻孔/全圆铣削 深孔钻-无啄孔"对话框。

Step2. 选择刀具。在"2D 刀具路径 – 钻孔/全圆铣削 深孔钻-无啄孔"对话框中，单击 从刀库中选择... 按钮，系统弹出"选择刀具"对话框，在该对话框的列表框中选择 110 10. DRILL 10.0 0.0 50.0 2 钻头 无 刀具。单击 ✓ 按钮，关闭"选择刀具"对话框，系统返回至"2D 刀具路径 – 钻孔/全圆铣削 深孔钻-无啄孔"对话框。

Step3. 设置刀具参数。

（1）完成上步操作后，在"2D 刀具路径 – 钻孔/全圆铣削 深孔钻-无啄孔"对话框的刀具列表中双击该刀具，系统弹出"定义刀具-机床群组-1"对话框。

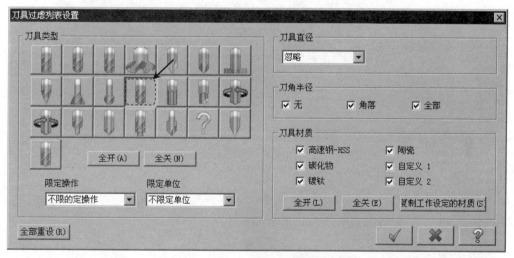

图 9.6.8 "刀具过滤列表设置"对话框

（2）设置刀具号码。在"定义刀具-机床群组-1"对话框中的 刀具号码 文本框中，将原有的数值改为 2。

（3）设置刀具的加工参数。单击"定义刀具-机床群组-1"对话框的 参数 选项卡，在 进给率 文本框中输入值 200.0，在 下刀速率 文本框中输入值 100.0，在 提刀速率 文本框中输入值 1000.0，在 主轴转速 文本框中输入值 1200.0。

（4）设置冷却液方式。在 参数 选项卡中单击 Coolant... (*) 按钮，系统弹出"Coolant..."对话框，在 Flood （切削液）下拉列表中选择 On 选项，单击该对话框中的 ✓ 按钮，关闭"Coolant..."对话框。

Step4. 单击"定义刀具-机床群组-1"对话框中的 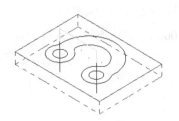 按钮，完成刀具参数的设置，系统返回至"2D 刀具路径 − 钻孔/全圆铣削 深孔钻-无啄孔"对话框。

Stage4．设置加工参数

Step1. 设置加工参数。在"2D 刀具路径 − 钻孔/全圆铣削 深孔钻-无啄孔"对话框的左侧节点列表中，单击 切削参数 节点，设置图 9.6.9 所示的参数。

说明：当选中 ☑ 启用自设钻孔参数 复选框时，可对 1~10 个钻孔参数进行设置。

Step2. 设置共同参数。在"2D 刀具路径 − 钻孔/全圆铣削 深孔钻-无啄孔"对话框左侧的节点列表中，单击 共同参数 节点，设置图 9.6.10 所示的参数。

Step3. 单击"2D 刀具路径 − 钻孔/全圆铣削 深孔钻-无啄孔"对话框中的 按钮，完成加工参数的设置，此时系统将自动生成图 9.6.11 所示的刀具路径。

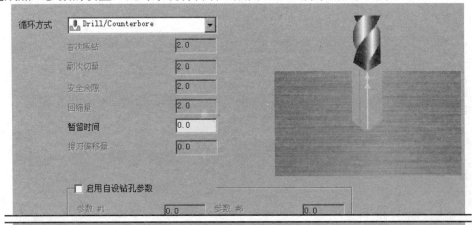

图 9.6.9　"切削参数"设置界面

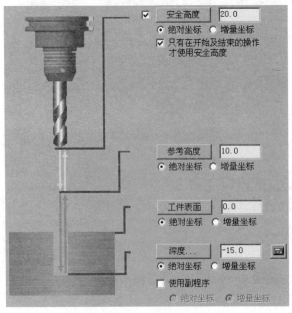

图 9.6.10　"共同参数"设置界面

图 9.6.11　刀具路径

Stage5．加工仿真

Step1．路径模拟。

（1）在"操作管理"中单击 刀具路径 - 4.8K - POXKET_DRILLING.NC - 程序号码 0 节点，系统弹出"路径模拟"对话框及"路径模拟控制"操控板。

（2）在"路径模拟控制"操控板中单击 ▶ 按钮，系统将开始对刀具路径进行模拟，结果与图 9.6.11 所示的刀具路径相同，在"路径模拟"对话框中单击 按钮。

Step2．实体切削验证。

（1）在 刀具路径 选项卡中单击 按钮选择全部操作，然后单击"验证已选择的操作"按钮 ，系统弹出"验证"对话框。

（2）在"验证"对话框中单击 ▶ 按钮。系统将开始进行实体切削仿真，结果如图 9.6.12 所示，单击 按钮。

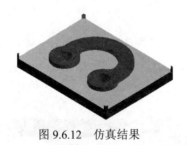

图 9.6.12　仿真结果

Step3．保存模型。选择下拉菜单 F 文件 ➡ S 保存 命令，保存模型。

9.7　全圆铣削路径

全圆铣削路径加工是针对圆形轮廓的 2D 铣削加工，可以通过指定点进行孔的螺旋铣削等。下面介绍创建常用的全圆铣削路径的操作方法。

9.7.1　全圆铣削

全圆铣削主要是用来以较小直径的刀具加工较大直径的圆孔，可对孔壁和底面进行粗精加工。下面以图 9.7.1 所示的例子说明全圆铣削的一般操作过程。

Stage1．进入加工环境

Step1．打开文件 D:\mcx6\work\ch09.07\01\CIRCLE_MILL.MCX-6，系统默认进入铣削加工环境。

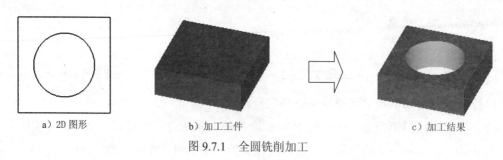

　　a）2D 图形　　　　　　　b）加工工件　　　　　　　c）加工结果

图 9.7.1　全圆铣削加工

Stage2. 设置工件

Step1. 在"操作管理"中单击 属性 - Mill Default MM 节点前的"+"号，将该节点展开，然后单击 ◆ 材料设置 节点，系统弹出"机器群组属性"对话框。

Step2. 设置工件的形状。在"机器群组属性"对话框中的 形状 区域中选中 ⊙ 立方体 单选项。在"机器群组属性"对话框的 X 文本框中输入值 150.0，在 Y 文本框中输入值 150.0，在 Z 文本框中输入值 50.0。

Step3. 单击"机器群组属性"对话框中的 ✓ 按钮，完成工件的设置，从图中可以观察到零件的边缘多了红色的双点画线，双点画线围成的图形即为工件。

Stage3. 选择加工类型

Step1. 选择下拉菜单 I 刀具路径 ➡ L 全圆铣削路径 ▶ ➡ C 全圆铣削 命令，系统"输入新 NC 名称"对话框，采用系统默认的 NC 名称，单击 ✓ 按钮，完成 NC 名称的设置，同时系统弹出"选取钻孔的点"对话框。

Step2. 设置加工区域。在图形区中选取图 9.7.2 所示的点，单击 ✓ 按钮，完成加工点的设置，同时系统弹出图 9.7.3 所示的"2D 刀具路径 - 全圆铣削"对话框。

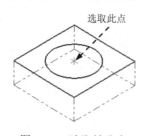

选取此点

图 9.7.2　选取钻孔点

Stage4. 选择刀具

Step1. 确定刀具类型。在"2D 刀具路径 - 全圆铣削"对话框左侧的节点列表中，单击 刀具 节点，切换到刀具参数界面；单击 过滤(F)... 按钮，系统弹出"刀具过滤列表设置"对话框，单击 刀具类型 区域中的 全关(N) 按钮后，在刀具类型按钮群中单击 ‖ （平底刀）按钮。单击 ✓ 按钮，关闭"刀具过滤列表设置"对话框，系统返回至"2D 刀具路径 - 全圆铣削"对话框。

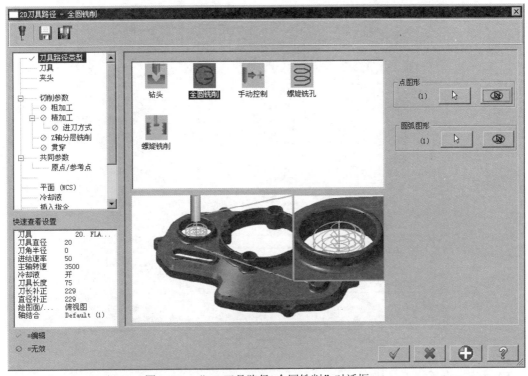

图 9.7.3 "2D 刀具路径-全圆铣削"对话框

Step2. 选择刀具。在"2D 刀具路径－全圆铣削"对话框中，单击 从刀库中选择... 按钮，系统弹出"选择刀具"对话框，在该对话框的列表框中选择 ☑ 229 　20. FLAT ENDMILL　　20.0　　0.0　　50.0　　4　　平底刀 刀具。单击 ✓ 按钮，关闭"选择刀具"对话框，系统返回至"2D 刀具路径－全圆铣削"对话框。

Step3. 设置刀具参数。

（1）完成上步操作后，在"2D 刀具路径－全圆铣削"对话框刀具列表中双击该刀具，系统弹出"定义刀具 － 机床群组-1"对话框。

（2）设置刀具号码。在"定义刀具 － 机床群组-1"对话框中的 刀具号码 文本框中，将原有的数值改为 1。

（3）设置刀具的加工参数。单击"定义刀具 － 机床群组-1"对话框的 参数 选项卡，设置图 9.7.4 所示的参数。

（4）设置冷却液方式。在 参数 选项卡中单击 Coolant... (*) 按钮，系统弹出"Coolant…"对话框，在 Flood （切削液）下拉列表中选择 On 选项，单击该对话框中的 ✓ 按钮，关闭"Coolant…"对话框。

Step4. 单击"定义刀具 － 机床群组-1"对话框中的 ✓ 按钮，完成刀具的设置，系统返回至"2D 刀具路径－全圆铣削"对话框。

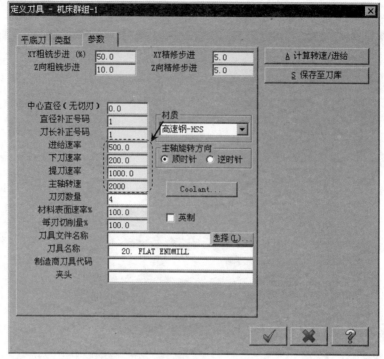

图 9.7.4　"参数"选项卡

Stage5. 设置加工参数

Step1. 设置切削参数。在"2D 刀具路径－全圆铣削"对话框中左侧的节点列表中，单击 切削参数 节点，设置图 9.7.5 所示的参数。

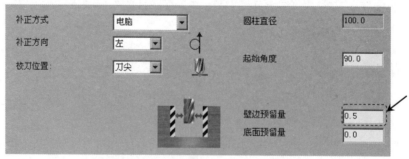

图 9.7.5　"切削参数"参数设置界面

Step2. 设置粗加工参数。在"2D 刀具路径 － 全圆铣削"对话框左侧的节点列表中，单击 粗加工 节点，设置图 9.7.6 所示的参数。

Step3. 设置精加工参数。在"2D 刀具路径 － 全圆铣削"对话框左侧的节点列表中，单击 精加工 节点，设置图 9.7.7 所示的参数。

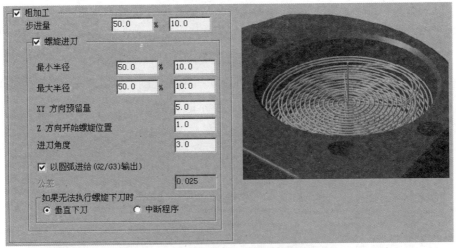

图 9.7.6　"粗加工"参数设置界面

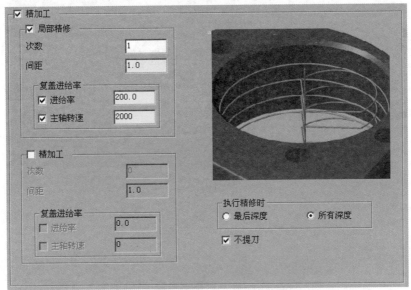

图 9.7.7　"精加工"参数设置界面

图 9.7.7 所示的"精加工"参数设置界面中部分选项的说明如下：

- ☑ 精加工复选框：选中该选项，将创建精加工刀具路径。

- ☑ 局部精修复选框：选中该选项，将创建局部精加工刀具路径。

  - ☑ 次数文本框：用于设置精加工的次数。

  - ☑ 间距文本框：用于设置每次精加工的切削间距。

  - ☑ 复盖进给率区域：用于设置精加工进给参数

  - ☑ 进给率文本框：用于设置加工时的进给率。

  - ☑ 主轴转速文本框：用于设置加工时的主轴转速。

- 执行精修时区域：用于设置精加工的深度位置。

☑　⦿ 所有深度　单选项：用于设置在每层切削时进行精加工。

☑　⦿ 最后深度　单选项：用于设置只在最后一次切削时进行精加工。

● ☑ 不提刀 复选框：用于设置在精加工时是否返回到预先定义的进给下刀位置。

Step4. 设置精加工进刀模式。在"2D 刀具路径 - 全圆铣削"对话框左侧的节点列表中，单击 精加工 节点下的 进刀方式 节点，设置图 9.7.8 所示的参数。

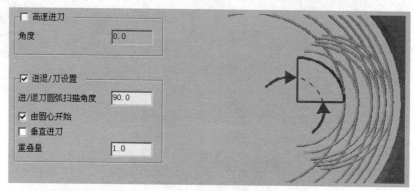

图 9.7.8　"进刀方式"参数设置界面

Step5. 设置深度切削参数。在"2D 刀具路径-全圆铣削"对话框左侧的节点列表中，单击 ⦵ Z轴分层铣削 节点，设置图 9.7.9 所示的参数。

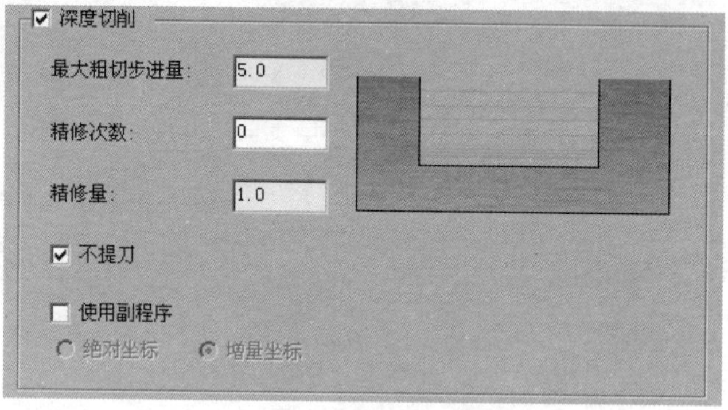

图 9.7.9　设置深度切削参数

Step6. 设置共同参数。在"2D 刀具路径 - 全圆铣削"对话框左侧的节点列表中，单击 共同参数 节点，在 深度 文本框中输入值-50，其余参数采用系统默认设置值。

Step7. 单击"2D 刀具路径 - 全圆铣削"对话框中的 ☑ 按钮，完成挖槽加工参数的设置，此时系统将自动生成图 9.7.10 所示的刀具路径。

Stage6. 加工仿真

Step1. 路径模拟。

（1）在"操作管理"中单击 ≋ 刀具路径 - 24.9K - CIRCLE_MILL.NC - 程序号码 0 节点，系统弹出

"路径模拟"对话框及"路径模拟控制"操控板。

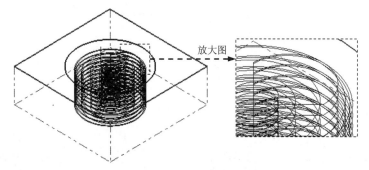

放大图

图 9.7.10　刀具路径

（2）在"路径模拟控制"操控板中单击 ▶ 按钮，系统将开始对刀具路径进行模拟，结果与图 9.7.10 所示的刀具路径相同，在"路径模拟"对话框中单击 ✓ 按钮。

Step2. 保存模型。选择下拉菜单 F 文件 ➡ 🖫 S 保存 命令，保存模型。

9.7.2　螺旋钻孔

螺旋钻孔是以螺旋线的走刀方式加工较大直径的圆孔，可对孔壁和底面进行粗精加工。下面以图 9.7.11 所示的例子说明螺旋钻孔的一般操作过程。

a）2D 图形　　　　　　b）加工工件　　　　　　c）加工结果

图 9.7.11　螺旋钻孔加工

Stage1. 进入加工环境

打开文件 D:\mcx6\work\ch09.07\02\HELIX_MILL.MCX-6，系统默认进入铣削加工环境。

Stage2. 选择加工类型

Step1. 选择下拉菜单 T 刀具路径 ➡ L 全圆铣削路径 ▶ ➡ H 螺旋钻孔 命令，系统弹出"选取钻孔的点"对话框。

Step2. 设置加工区域。在图形区中选取图 9.7.12 所示的点，单击 ✓ 按钮，完成加工点的设置，同时系统弹出"2D 刀具路径 - 螺旋铣孔"对话框。

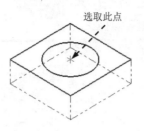

图 9.7.12　选取钻孔点

Stage3. 选择刀具

Step1. 选择刀具。在"2D 刀具路径 - 螺旋铣孔"对话框左侧的节点列表中，单击 刀具 节点，切换到刀具参数界面；在该对话框的列表框中选择已有的刀具。

Step2. 其余参数采用上次设定的默认设置值。

Stage4. 设置加工参数

Step1. 设置切削参数。在"2D 刀具路径 - 螺旋铣孔"对话框左侧的节点列表中，单击 切削参数 节点，设置图 9.7.13 所示的参数。

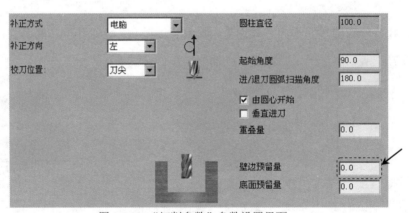

图 9.7.13　"切削参数"参数设置界面

Step2. 设置粗加工参数。在"2D 刀具路径 - 螺旋铣孔"对话框左侧的节点列表中，单击 粗/精加工 节点，设置图 9.7.14 所示的参数。

Step3. 设置共同参数。在"2D 刀具路径 - 螺旋铣孔"对话框左侧的节点列表中，单击 共同参数 节点，在 深度 文本框中输入值-50，其余参数采用系统默认设置值。

Step4. 单击"2D 刀具路径 - 螺旋铣孔"对话框中的 ✓ 按钮，完成挖槽加工参数的设置，此时系统将自动生成图 9.7.15 所示的刀具路径。

Stage5. 加工仿真

Step1. 路径模拟。

（1）在"操作管理"中单击 ≋ 刀具路径 - 12.8K - CIRCLE_MILL.NC - 程序号码 0 节点，系统弹出

"路径模拟"对话框及"路径模拟控制"操控板。

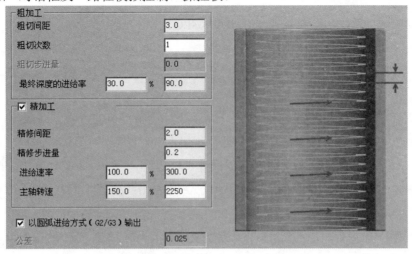

图 9.7.14　"粗/精加工"参数设置界面

图 9.7.15　刀具路径

（2）在"路径模拟控制"操控板中单击 ▶ 按钮，系统将开始对刀具路径进行模拟，结果与图 9.7.15 所示的刀具路径相同，在"路径模拟"对话框中单击 ✓ 按钮。

Step2. 保存模型。选择下拉菜单 F 文件 ➡ S 保存 命令，保存模型。

9.7.3　铣键槽

铣键槽加工是常用的铣削加工，这种加工方式只能加工两端为半圆形的矩形键槽。下面以图 9.7.16 所示的例子说明铣键槽的一般操作过程。

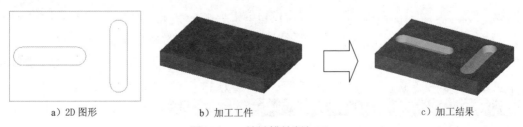

a）2D 图形　　　　　　b）加工工件　　　　　　c）加工结果

图 9.7.16　铣键槽铣削加工

Stage1. 进入加工环境

Step1. 打开文件 D:\mcx6\work\ch09.07\03\SLOT_MILL.MCX-6，系统默认进入铣削加工环境。

Stage2. 设置工件

Step1. 在"操作管理"中单击 ⛰ 属性 - Mill Default MM 节点前的"+"号，将该节点展开，然后单击 ◆ 材料设置 节点，系统弹出"机器群组属性"对话框。

Step2. 设置工件的形状。在"机器群组属性"对话框中的 形状 区域中选中 ⦿ 立方体 单选项。在"机器群组属性"对话框的 X 文本框中输入值 150.0，在 Y 文本框中输入值 100.0，在 Z 文本框中输入值 20.0。

Step3. 单击"机器群组属性"对话框中的 ✓ 按钮，完成工件的设置，从图中可以观察到零件的边缘多了红色的双点画线，双点画线围成的图形即为工件。

Stage3. 选择加工类型

Step1. 选择下拉菜单 I 刀具路径 → L 全圆铣削路径 ► → L 铣键槽 命令，系统 "输入新 NC 名称"对话框，采用系统默认的 NC 名称，单击 ✓ 按钮，完成 NC 名称的设置，同时系统弹出"串连选项"对话框。

Step2. 设置加工区域。在图形区中选取图 9.7.17 所示的两条曲线链，单击 ✓ 按钮，完成加工区域的设置，同时系统弹出"2D 刀具路径 - 铣槽"对话框。

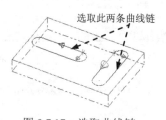

图 9.7.17　选取曲线链

Stage4. 选择刀具

Step1. 选择刀具。在"2D 刀具路径 - 铣槽"对话框左侧的节点列表中，单击 刀具 节点，切换到刀具参数界面；单击 过滤(F)... 按钮，系统弹出"刀具过滤列表设置"对话框，单击 刀具类型 区域中的 全关(N) 按钮后，在刀具类型按钮群中单击 ▮ （平底刀）按钮，单击 ✓ 按钮。关闭"刀具过滤列表设置"对话框，系统返回至"2D 刀具路径 - 铣槽"对话框。

Step2. 选择刀具。在"2D 刀具路径 - 铣槽"对话框中，单击 从刀库中选择... 按钮，系统弹出"选择刀具"对话框，在该对话框的列表框中选择

| 219 | 10. FLAT ENDMILL | 10.0 | 0.0 | 50.0 | 4 | 平底刀 |

刀具。单击 ✓ 按钮，关闭"选

择刀具"对话框,系统返回至"2D刀具路径-铣槽"对话框。

Step3. 设置刀具参数。

(1)完成上步操作后,在"2D刀具路径-铣槽"对话框刀具列表中双击该刀具,系统弹出"定义刀具-机床群组-1"对话框。

(2)设置刀具号码。在"定义刀具-机床群组-1"对话框中的 刀具号码 文本框中,将原有的数值改为1。

(3)设置刀具的加工参数。单击"定义刀具-机床群组-1"对话框的 参数 选项卡,设置图9.7.18所示的参数。

(4)设置冷却液方式。在 参数 选项卡中单击 Coolant... 按钮,系统弹出"Coolant..."对话框,在 Flood (切削液)下拉列表中选择 On 选项,单击该对话框中的 ✓ 按钮,关闭"Coolant..."对话框。

Step4. 单击"定义刀具-机床群组-1"对话框中的 ✓ 按钮,完成刀具参数的设置,系统返回至"2D刀具路径-铣槽"对话框。

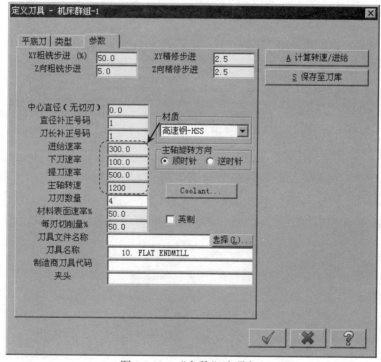

图9.7.18 "参数"选项卡

Stage5. 设置加工参数

Step1. 设置切削参数。在"2D刀具路径-铣槽"对话框左侧的节点列表中,单击 切削参数 节点,设置图9.7.19所示的参数。

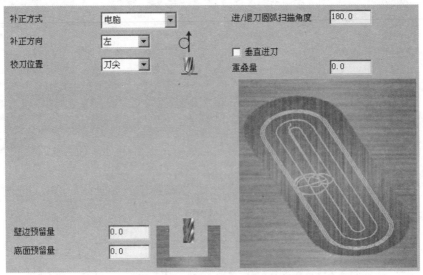

图 9.7.19 "切削参数"参数设置界面

Step2. 设置粗加工参数。在"2D 刀具路径 – 铣槽"对话框左侧的节点列表中，单击 **粗/精加工** 节点，设置图 9.7.20 所示的参数。

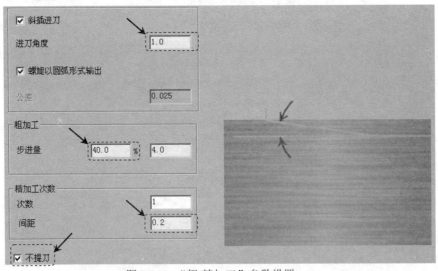

图 9.7.20 "粗/精加工"参数设置

Step3. 设置深度切削参数。在"2D 刀具路径 – 铣槽"对话框左侧的节点列表中，单击 ◇ **Z轴分层铣削** 节点，设置图 9.7.21 所示的参数。

Step4. 设置共同参数。在"2D 刀具路径 – 铣槽"对话框左侧的节点列表中，单击 **共同参数** 节点，在 **深度** 文本框中输入值-10，其余参数采用系统默认设置值。

Step5. 单击"2D 刀具路径 – 铣槽"对话框中的 ✓ 按钮，完成挖槽加工参数的设置，此时系统将自动生成图 9.7.22 所示的刀具路径。

图 9.7.21　设置深度切削参数

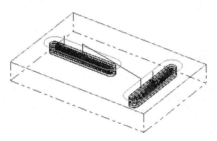

图 9.7.22　刀具路径

Stage6. 加工仿真

Step1. 路径模拟。

（1）在"操作管理"中单击 刀具路径 - 29.6K - SLOT_MILL.NC - 程序号码 0 节点，系统弹出"路径模拟"对话框及"路径模拟控制"操控板。

（2）在"路径模拟控制"操控板中单击 按钮，系统将开始对刀具路径进行模拟，结果与图 9.7.16 所示的刀具路径相同，在"路径模拟"对话框中单击 按钮。

Step2. 保存模型。选择下拉菜单 F 文件 ➡ S 保存 命令，保存模型。

9.8　综合实例

通过前面对二维加工刀具路径的参数设置和操作方法的学习，使用户掌握了如面铣削加工、挖槽加工、钻孔加工、外形铣削加工等的二维数控加工方法。下面结合二维加工的各种方法来加工一个综合实例（图 9.8.1），其加工流程如下。

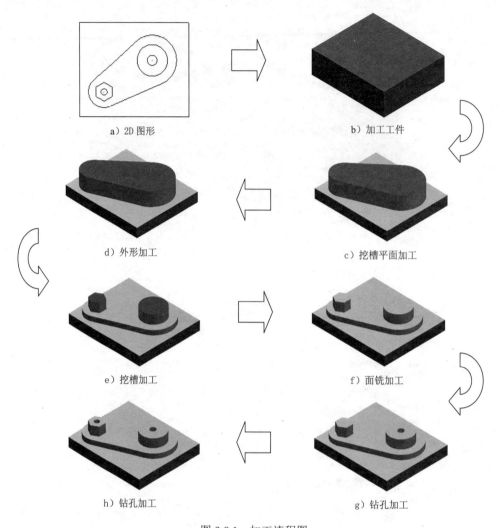

a）2D 图形   b）加工工件

d）外形加工   c）挖槽平面加工

e）挖槽加工   f）面铣加工

h）钻孔加工   g）钻孔加工

图 9.8.1   加工流程图

Stage1. 进入加工环境

Step1. 打开文件 D:\mcx6\work\ch09.08\EXMPLE.MCX-6。

Step2. 进入加工环境。选择下拉菜单 <kbd>M 机床类型</kbd> ➡ <kbd>M 铣削 ▶</kbd> ➡ <kbd>D 默认</kbd> 命令，系统进入加工环境，此时零件模型如图 9.8.2 所示。

Stage2. 设置工件

Step1. 在"操作管理"中单击 <kbd>屾 属性 - Mill Default MM</kbd> 节点前的"+"号，将该节点展开，然后单击 ◆ <kbd>材料设置</kbd> 节点，系统弹出"机器群组属性"对话框。

Step2. 设置工件的形状。在"机器群组属性"对话框中的 <kbd>形状</kbd> 区域中选中 ⦿ <kbd>立方体</kbd> 单选项。

Step3. 设置工件的尺寸。在"机器群组属性"对话框中单击 <kbd>B 边界盒</kbd> 按钮，系统弹出"边界盒选项"对话框，接受系统默认的选项，单击 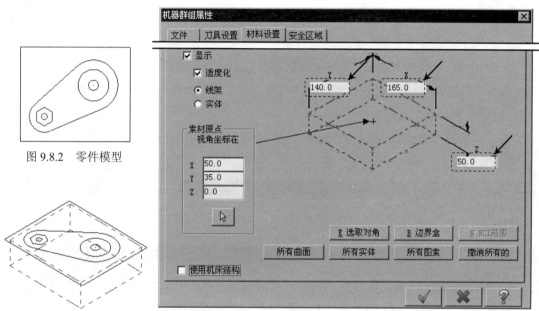 按钮，返回至"机器群组属性"对话框。

Step4. 设置工件参数。在"机器群组属性"对话框的 Y 文本框中输入值 140，在 X 文本框中输入值 165，在 Z 文本框中输入值 50.0，如图 9.8.3 所示。

Step5. 单击"机器群组属性"对话框中的 按钮，完成工件的设置。此时零件如图 9.8.4 所示，从图中可以观察到零件的边缘多了红色的双点画线，双点画线围成的图形即为工件。

图 9.8.2　零件模型

图 9.8.4　显示工件

图 9.8.3　"机器群组属性"对话框

Stage3. 挖槽平面加工

Step1. 选择下拉菜单 T 刀具路径 ➡ P 标准挖槽 命令，系统弹出"输入新 NC 名称"对话框，采用系统默认的 NC 名称，单击 按钮，完成 NC 名称的设置，同时系统弹出"串连选项"对话框。

Step2. 设置加工区域。在图形区中选择图 9.8.5 所示的边线，系统自动选择图 9.8.6 所示的边链 1；在图形区中选择图 9.8.7 所示的边线，系统自动选择图 9.8.8 所示的边链，单击 按钮，完成加工区域的设置，同时系统弹出图 9.8.9 所示的"2D 刀具路径 - 2D 挖槽"对话框。

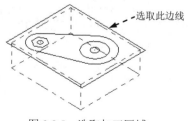

图 9.8.5　选取加工区域

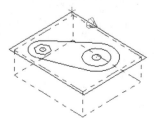

图 9.8.6　定义加工区域

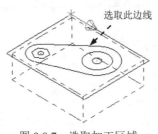

图 9.8.7　选取加工区域

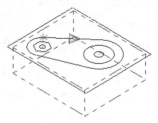

图 9.8.8　定义加工区域

Step3. 确定刀具类型。在"2D 刀具路径－2D 挖槽"对话框左侧的节点列表中，单击 刀具 节点，切换到刀具参数界面；单击 过虑(F)... 按钮，系统弹出图 9.8.9 所示的"刀具过虑列表 设置"对话框，单击该对话框中的 全关(N) 按钮后，在刀具类型按钮群中单击 （平底 刀）按钮。单击 √ 按钮，关闭"刀具过虑列表设置"对话框，系统返回至"2D 刀具路径 －2D 挖槽"对话框。

Step4. 选择刀具。在"2D 刀具路径－2D 挖槽"对话框中，单击 从刀库中选择... 按钮，系统 弹出"选择刀具"对话框，在该对话框的列表框中选择 219　10. FLAT ENDMILL　10.0　0.0　50.0　4　平底刀　无 刀具。单击 √ 按钮，关闭"选 择刀具"对话框，系统返回至"2D 刀具路径－2D 挖槽"对话框。

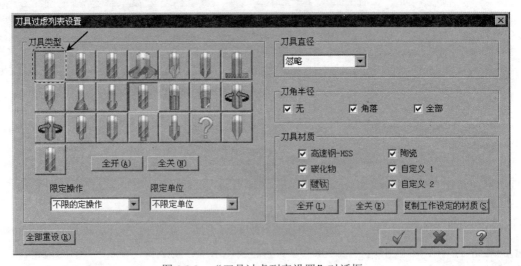

图 9.8.9　"刀具过虑列表设置"对话框

Step5. 设置刀具参数。

（1）完成上步操作后，在"2D 刀具路径－2D 挖槽"对话框刀具列表中双击该刀具， 系统弹出"定义刀具－机床群组-1"对话框。

（2）设置刀具号码。在"定义刀具－机床群组-1"对话框中的 刀具号码 文本框中，将原 有的数值改为 1。

（3）设置刀具的加工参数。单击"定义刀具 - 机床群组-1"对话框的 参数 选项卡，设置如图 9.8.10 所示的参数。

（4）设置冷却液方式。在 参数 选项卡中单击 Coolant... (*) 按钮，系统弹出"Coolant…"对话框，在 Flood （切削液）下拉列表中选择 On 选项，单击该对话框中的 ✓ 按钮，关闭"Coolant…"对话框。

Step6. 单击"定义刀具 - 机床群组-1"对话框中的 ✓ 按钮，完成刀具的设置，系统返回至"2D 刀具路径 - 2D 挖槽"对话框。

Step7. 设置挖槽切削参数。在"2D 刀具路径 - 2D 挖槽"对话框左侧的节点列表中，单击 切削参数 节点，在系统弹出的切削参数设置界面的 挖槽加工方式 下拉列表中选择 平面铣 选项；在 壁边预留量 文本框中输入数值 1.0，其余参数采用系统默认设置值。

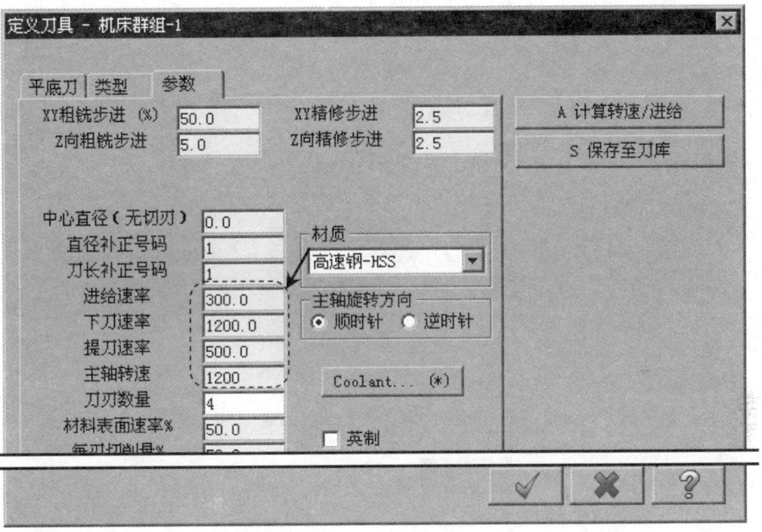

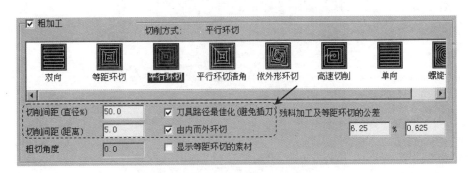

图 9.8.10　"参数"选项卡

Step8. 设置粗加工参数。单击 粗加工 节点，显示粗加工参数设置界面，设置图 9.8.11 所示的参数。

图 9.8.11　"切削参数"设置界面

    Step9. 设置粗加工进刀方式。单击 粗加工 节点下 进刀方式 节点，显示粗加工进刀方式设置界面，选中 ⊙ 螺旋形 单选项。

    Step10. 设置精加工参数。单击 精加工 节点，显示"精加工"参数设置界面，设置图 9.8.12 所示的参数。

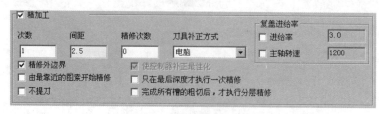

图 9.8.12   "精加工"参数设置界面

    Step11. 设置深度切削参数。单击 ⊘ Z轴分层铣削 节点，显示深度切削参数设置界面，设置图 9.8.13 所示的参数。

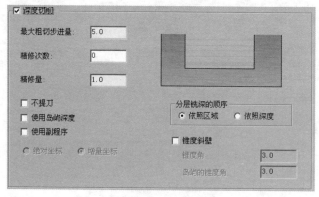

图 9.8.13   "深度切削"参数设置界面

    Step12. 设置共同参数。单击 共同参数 节点，切换到共同参数设置界面，设置图 9.8.14 所示的参数。

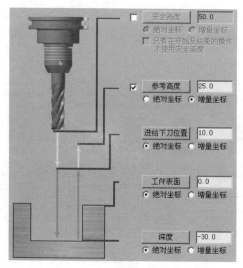

图 9.8.14   "共同参数"设置界面

Step13. 单击"2D 刀具路径 – 2D 挖槽"对话框中的 ![] 按钮，完成加工参数的设置，此时系统将自动生成图 9.8.15 所示的刀具路径。

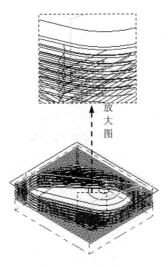

图 9.8.15　刀具路径

Step14. 后面的详细操作过程请参见随书光盘中 video\ch09.08\reference\文件夹下的语音视频讲解文件 EXMPLE-r02.exe。

第 10 章　曲面粗加工

本章提要　MasterCAM X6 为用户提供了非常方便的曲面粗加工方法，分别为"粗加工平行铣削加工""粗加工放射状加工""粗加工投影加工""粗加工流线加工""粗加工等高外形加工""粗加工残料加工""粗加工挖槽加工""粗加工钻削式加工"。本章主要通过具体实例讲解粗加工中各个加工方法的一般操作过程。本章的内容包括：

- 粗加工平行铣削加工
- 粗加工放射状加工
- 粗加工投影加工
- 粗加工流线加工
- 粗加工挖槽加工
- 粗加工等高外形加工
- 粗加工残料加工
- 粗加工钻削式加工

10.1　概　　述

粗加工阶段，从计算时间和加工效率方面考虑，以曲面挖槽加工为主。对于外形余量均匀的零件使用等高外形加工，可快速完成计算和加工。平坦的顶部曲面直接使用平行粗加工，采用较大的背吃刀量，然后再使用平行精加工改善加工表面。

10.2　粗加工平行铣削加工

平行铣削加工（Parallel）通常用来加工陡斜面或圆弧过渡曲面，是一种分层切削加工的方法，加工后零件（工件）的表面刀路呈平行条纹状。此加工方法刀路计算时间长，提刀次数多，加工效率不高，故实际加工中不常采用。下面以图 10.2.1 所示的模型为例讲解粗加工平行铣削加工的一般过程。

a）加工模型

b）加工工件

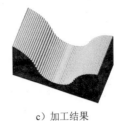
c）加工结果

图 10.2.1　粗加工平行铣削加工

Stage1. 进入加工环境

Step1. 打开文件 D:\mcx6\work\ch10.02\ROUGH_PARALL.MCX-6。

Step2. 进入加工环境。选择下拉菜单 **M 机床类型** ➡ **M 铣削 ▶** ➡ **D 默认** 命令，系统进入加工环境。

Stage2. 设置工件

Step1. 在"操作管理"中单击 **山 属性 - Mill Default MM** 节点前的"+"号，将该节点展开，然后单击 **◆ 材料设置** 节点，系统弹出图 10.2.2 所示的"机器群组属性"对话框。

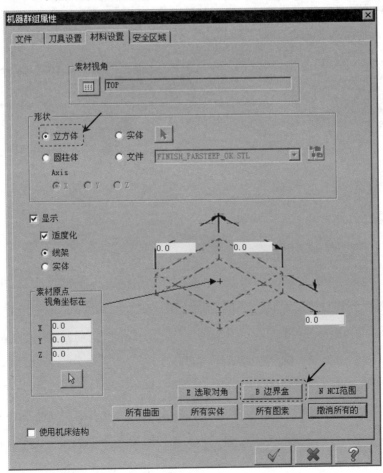

图 10.2.2　"机器群组属性"对话框

Step2. 设置工件的形状。在"机器群组属性"对话框中的 形状 区域中选中 ⊙ 立方体 单选框。

Step3. 设置工件的尺寸。在"机器群组属性"对话框中单击 B 边界盒 按钮，系统弹出"边界盒选项"对话框，接受系统默认的选项设置，单击 ✓ 按钮，返回至"机器群组属性"对话框。

Step4. 在"机器群组属性"对话框的预览区域的 Z 文本框中输入值 100，单击"机器群组属性"对话框中的 ✓ 按钮完成工件的设置。此时零件如图 10.2.3 所示，从图中可以观察到零件的边缘出现了红色的双点画线，双点画线围成的图形即工件。

Stage3. 选择加工类型

Step1. 选择加工方法。选择下拉菜单 T 刀具路径 ➡ R 曲面粗加工 ▶ ➡ P 粗加工平行铣削加工 命令，系统弹出"选取工件形状"对话框，选中 ⊙ 凹 单选项，单击 ✓ 按钮，系统弹出"输入新 NC 名称"对话框，采用系统默认的名称，单击 ✓ 按钮。

Step2. 选择加工面。在图形区中选择图 10.2.4 所示的四个曲面，然后按 Enter 键，系统弹出"刀具路径的曲面选取"对话框，采用系统默认的选项设置，单击 ✓ 按钮，系统弹出"曲面粗加工平行铣削"对话框。

图 10.2.3　显示工件

图 10.2.4　选择加工面

Stage4. 选择刀具

Step1. 选择刀具。

（1）确定刀具类型。在"曲面粗加工平行铣削"对话框中，单击 刀具过虑 按钮，系统弹出"刀具过虑列表设置"对话框，单击 刀具类型 区域中的 全关 (N) 按钮后，在刀具类型按钮群中单击 ▌（圆鼻刀）按钮。单击 ✓ 按钮，关闭"刀具过虑列表设置"对话框，系统返回至"曲面粗加工平行铣削"对话框。

（2）选择刀具。在"曲面粗加工平行铣削"对话框中，单击 选择刀库... 按钮，系统弹出图 10.2.5 所示的"选择刀具"对话框，在该对话框的列表中选择图 10.2.5 所示的刀具。单击 ✓ 按钮，关闭"选择刀具"对话框，系统返回至"曲面粗加工平行铣削"对话框。

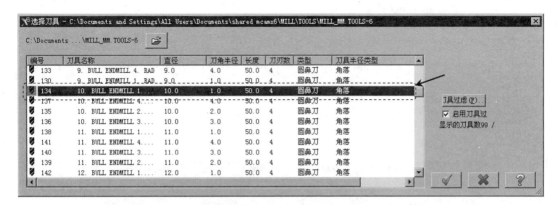

图 10.2.5　"选择刀具"对话框

Step2. 设置刀具相关参数。

（1）在"曲面粗加工平行铣削"对话框中的 刀具路径参数 选项卡的列表框中显示出上步选取的刀具，双击该刀具，系统弹出"定义刀具－机床群组-1"对话框。

（2）设置刀具号码。在"定义刀具－机床群组-1"对话框中的 刀具号码 文本框中，将原有的数值改为1。

（3）设置刀具参数。单击"定义刀具－机床群组-1"对话框的 参数 选项卡，设置如图 10.2.6 所示的参数。

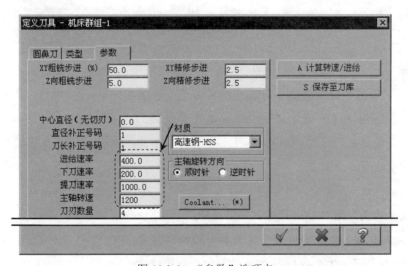

图 10.2.6　"参数"选项卡

（4）设置冷却液方式。在 参数 选项卡中单击 Coolant... (*) 按钮，系统弹出"Coolant..."对话框，在 Flood （切削液）下拉列表中选择 On 选项，单击该对话框中的 ✓ 按钮，关闭"Coolant..."对话框。

（5）单击"定义刀具－机床群组-1"对话框中的 ✓ 按钮，完成刀具的设置。

Stage5．设置加工参数

设置加工参数。

（1）设置曲面参数。在"曲面粗加工平行铣削"对话框中单击 曲面参数 选项卡，设置图 10.2.7 所示的参数。

说明：此处设置的"曲面参数"在粗加工中属于共性参数，在进行粗加工时都要进行类似设置。

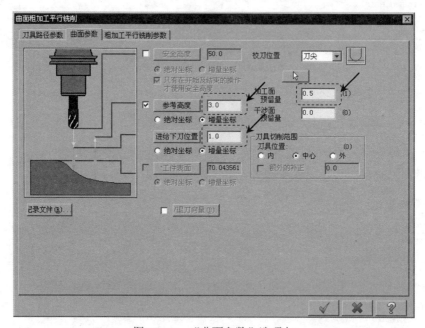

图 10.2.7　　"曲面参数"选项卡

图 10.2.7 所示的"曲面参数"选项卡中部分选项的说明如下：

● /退刀向量(D). 按钮：在加工过程中如需设置进/退刀向量时选中其复选框。单击此按钮，系统弹出"方向"对话框，如图 10.2.8 所示。在该对话框中可以对进刀和退刀向量进行详细设置。

● ▶ 按钮：单击此按钮，系统弹出"刀具路径的曲面选取"对话框，可以对加工面及干涉面等进行相应设置。

● 加工面预留量 文本框：此文本框用于设置加工面的预留量。

● 干涉面预留量 文本框：此文本框用于设置干涉面的预留量。

● 刀具切削范围 区域：主要是在加工过程中控制刀具与边界的位置关系。

　　☑ ⊙内 单选项：设置刀具中心在加工曲面的边界内进行加工。

　　☑ ⊙中心 单选项：设置刀具中心在加工曲面的边界上进行加工。

　　☑ ⊙外 单选项：设置刀具中心在加工曲面的边界外进行加工。

　　☑ ☑额外的补正 复选框：此选项用于设置对刀具的补偿值。只有在刀具的切削范

围中选中 ⊙ 内或 ⊙ 外单选项时，□ 额外的补正 复选框才被激活。

图 10.2.8 所示的"方向"对话框中部分选项的说明如下：

● 进刀向量 区域：用于设置进刀向量的相关参数，其中包括 向量(V)... 按钮、
参考线(L)... 按钮、垂直进刀角度 文本框、XY角度(垂直角≠0) 文本框、进刀引线长度 文本框
和 相对于刀具 下拉列表。

　☑ 向量(V)... 按钮：用于设置进刀向量在坐标系的分向量值。单击此按钮，系
　　统弹出图 10.2.9 所示的"向量"对话框，用户可以在相应的坐标系方向上定
　　义分向量的值。

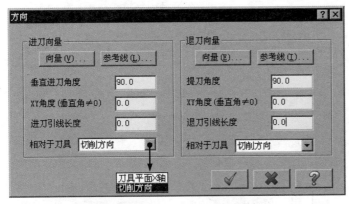

图 10.2.8　"方向"对话框

图 10.2.9　"向量"对话框

　☑ 参考线(L)... 按钮：可在绘图区域直接选取直线作为进刀向量。
　☑ 垂直进刀角度 文本框：用于定义进刀向量与水平面的角度。
　☑ XY角度(垂直角≠0) 文本框：用于定义进刀向量的水平角度。
　☑ 进刀引线长度 文本框：用于定义进刀向量沿进刀角度方向的长度。
　☑ 相对于刀具 下拉列表：用于定义进刀向量的参照对象，其包括 刀具平面X轴 选项和
　　切削方向 选项。

● 退刀向量 区域：用于设置退刀向量的相关参数，其中包括 向量(E)... 按钮、
参考线(I)... 按钮、提刀角度 文本框、XY角度(垂直角≠0) 文本框、退刀引线长度 文本框和
相对于刀具 下拉列表。

　☑ 向量(E)... 按钮：用于设置退刀向量在坐标系的分向量值。单击此按钮，系
　　统弹出"向量"对话框，用户可以在相应的坐标系方向上定义分向量的值。
　☑ 参考线(I)... 按钮：用于在绘图区域直接选取直线作为退刀向量。
　☑ 提刀角度 文本框：用于定义退刀向量与水平面的角度。
　☑ XY角度(垂直角≠0) 文本框：用于定义退刀向量的水平角度。
　☑ 退刀引线长度 文本框：用于定义退刀向量沿退刀角度方向的长度。

☑ 相对于刀具 下拉列表：用于定义退刀向量的参照对象，其包括 刀具平面X轴 选项和 切削方向 选项。

（2）设置粗加工平行铣削参数。

① 在"曲面粗加工平行铣削"对话框中单击 粗加工平行铣削参数 选项卡，如图 10.2.10 所示。

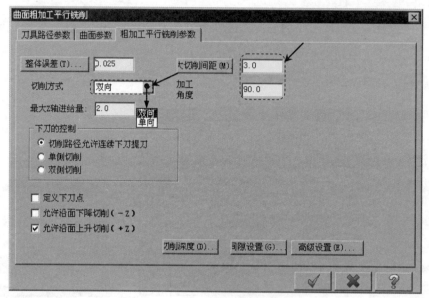

图 10.2.10 "粗加工平行铣削参数"选项卡

图 10.2.10 所示的"粗加工平行铣削参数"项卡中部分选项的说明如下：

- 整体误差(T)... 按钮：单击该按钮，系统弹出"优化刀具路径"对话框，可以对加工误差进行详细设置。

- 切削方式 下拉列表：此下拉列表用于控制加工时的切削方式，包括 单向 和 双向 两个选项。
  - ☑ 单向 选项：选择此选项，则设定在加工过程中刀具在加工曲面上做单一方向的运动。
  - ☑ 双向 选项：选择此选项，则设定在加工过程中刀具在加工曲面上做往复运动。

- 最大Z轴进给量 文本框：此文本框用于设置加工过程中相邻两刀之间的切削深度，深度越大生成的刀路层越少。

- 下刀的控制 区域：此区域用于定义在加工过程中系统对提刀及退刀的控制，包括 ⊙切削路径允许连续下刀提刀 、⊙单侧切削 和 ⊙双侧切削 三个单选项。
  - ☑ ⊙切削路径允许连续下刀提刀 单选项：选中此单选项，则加工过程中允许刀具沿曲面的起伏连续下刀和提刀。
  - ☑ ⊙单侧切削 单选项：选中此单选项则加工过程中只允许刀具沿曲面的一侧下刀和提刀。

☑ ⊙双侧切削单选项：选中此单选项，则加工过程中只允许刀具沿曲面的两侧下刀和提刀。

● ☑定义下刀点复选框：选中此复选框可以设置刀具在定义的下刀点附近开始加工。

● ☑允许沿面下降切削(-Z)复选框：选中此复选框表示在进刀的过程中让刀具沿曲面进行切削。

● ☑允许沿面上升切削(+Z)复选框：选中此复选框表示在退刀的过程中允许刀具沿曲面进行切削。

● 大切削间距(M)按钮：单击此按钮，系统弹出图 10.2.11 所示的"最大步进量"对话框，通过该对话框可以设置铣刀在刀具平面的步进距离。

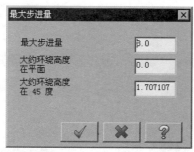

图 10.2.11　"最大步进量"对话框

● 加工角度文本框：用于设置刀具路径的加工角度，范围在 $0 \sim 360°$ 之间，相对于加工平面的 X 轴，逆时针方向为正。

● 刃削深度(D)...按钮：单击此按钮，系统弹出图 10.2.12 所示的"切削深度设置"对话框，在该对话框中对切削深度进行具体设置。一般有"绝对坐标"和"增量坐标"两种方式，推荐使用"增量坐标"方式进行设定（设定过程比较直观）。

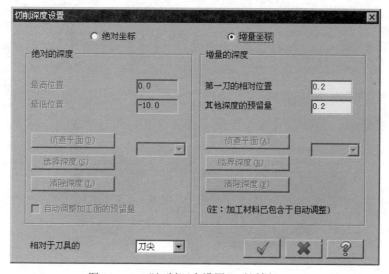

图 10.2.12　"切削深度设置"对话框

- 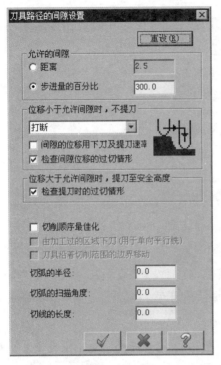 按钮：单击此按钮，系统弹出图 10.2.13 所示的"刀具路径的间隙设置"对话框。该对话框用于设置当刀具路径中出现开口或不连续面时的相关选项。

- 按钮：单击此按钮，系统弹出图 10.2.14 所示的"高级设置"对话框，该对话框主要用于当加工面中有叠加或破孔时的刀路设置。

图 10.2.13　"刀具路径的间隙设置"对话框　　　　图 10.2.14　"高级设置"对话框

② 设置切削间距及加工角度。在 大切削间距 (M) 文本框中输入值 3.0，然后在 加工角度 文本框中输入值 90。

③ 设置切削方式。在"粗加工平行铣削参数"选项卡的 切削方式 下拉列表中选择 双向 选项。

④ 完成参数设置。对话框中的其他参数保持系统默认设置值，单击"粗加工平行铣削"对话框中的 ✓ 按钮，同时在图形区生成图 10.2.15 所示的刀路路径。

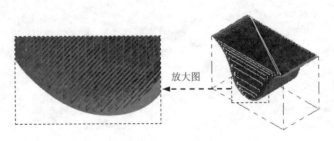

放大图

图 10.2.15　刀路路径

Stage6．加工仿真

Step1．路径模拟。

（1）在"操作管理"中单击刀具路径 - 310.6K - ROUGH_PARALL.NC - 程序号码 0 节点，系统弹出图 10.2.16 所示的"刀路模拟"对话框及图 10.2.17 所示的"刀路模拟控制"操控板。

（2）在"刀路模拟控制"操控板中单击▶按钮，系统将开始对刀具路径进行模拟，结果与图 10.2.15 所示的刀具路径相同，在"刀路模拟"对话框中单击 ✓ 按钮。

Step2．实体切削验证。

（1）在"操作管理"中确认 1 - 曲面粗加工平行铣削 - [WCS: TOP] - [刀具平面: TOP] 节点被选中，然后单击"验证已选择的操作"按钮 ，系统弹出"验证"对话框。

图 10.2.16　"刀路模拟"对话框

图 10.2.17　"刀路模拟控制"操控板

（2）在"验证"对话框中单击▶按钮，系统将开始进行实体切削仿真，结果如图 10.2.18 所示，单击 ✓ 按钮。

Step3．保存文件。选择下拉菜单 F 文件 ➡ S 保存 命令，即可保存文件。

图 10.2.18　仿真结果

10.3　粗加工放射状加工

放射状加工是一种适合圆形、边界或对称性工件的加工方式，它可以较好地完成各种圆形工件等模具结构的加工，所产生的刀具路径呈放射状。下面以图 10.3.1 所示的模型为例讲解粗加工放射状加工的一般操作过程。

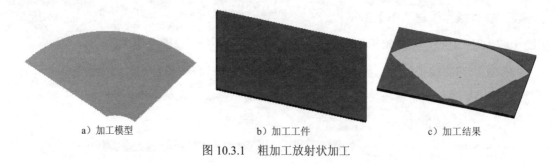

　　　　a）加工模型　　　　　　　　　b）加工工件　　　　　　　　c）加工结果

图 10.3.1　粗加工放射状加工

Stage1. 进入加工环境

Step1. 打开文件 D:\mcx6\work\ch10.03\ROUGH_RADIAL.MCX-6。

Step2. 进入加工环境。选择下拉菜单 **M 机床类型** ➡ **M 铣削** ▶ ➡ **D 默认** 命令，系统进入加工环境。

Stage2. 设置工件

Step1. 在"操作管理"中单击 **山 属性 - Mill Default MM** 节点前的"+"号，将该节点展开，然后单击 **◆ 材料设置** 节点，系统弹出"机器群组属性"对话框。

Step2. 设置工件的形状。在"机器群组属性"对话框中的 **形状** 区域中选中 **⊙ 立方体** 单选框。

Step3. 设置工件的尺寸。在"机器群组属性"对话框中单击 **B 边界盒** 按钮，系统弹出"边界盒选项"对话框，接受系统默认的选项设置，单击 **✓** 按钮，返回至"机器群组属性"对话框。

Step4. 修改边界盒尺寸。在 **X** 文本框中输入值 370，在 **Y** 文本框中输入值 220，在 **Z** 文本框中输入值 10.0，在"机器群组属性"对话框 **素材原点** 区域的 **Z** 文本框中输入值 238，单击"机器群组属性"对话框中的 **✓** 按钮，完成工件的设置。此时零件如图 10.3.2 所示，从图中可以观察到零件的边缘出现了红色的双点画线，双点画线围成的图形即工件。

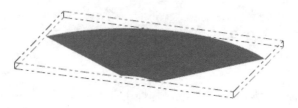

图 10.3.2　显示工件

Stage3. 选择加工类型

Step1. 选择加工方法。选择下拉菜单 `T 刀具路径` ➡ `R 曲面粗加工 ▸` ➡ `R 粗加工放射状加工` 命令，系统弹出"选取工件形状"对话框，采用系统默认的选项设置，单击 ✓ 按钮，系统弹出"输入新 NC 名称"对话框，采用系统默认的名称，单击 ✓ 按钮。

Step2. 选择加工面及放射中心。在图形区中选择图 10.3.3 所示的曲面，然后按 Enter 键，系统弹出"刀具路径的曲面选取"对话框，在该对话框的 `选取放射中心点` 区域中，单击 按钮，选取图 10.3.4 所示的圆弧的中心为加工的放射中心，对话框中的其他选项保持系统默认设置，单击 ✓ 按钮，系统弹出"曲面粗加工放射状"对话框。

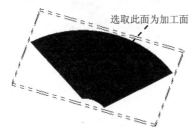

图 10.3.3　选择加工面

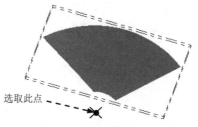

图 10.3.4　定义放射中心

Stage4. 选择刀具

Step1. 选择刀具。

（1）确定刀具类型。在"曲面粗加工放射状"对话框中单击 `刀具过虑` 按钮，系统弹出"刀具过虑列表设置"对话框，单击该对话框中的 `全关(N)` 按钮后，在刀具类型按钮群中单击 （平底刀）按钮。单击 ✓ 按钮，关闭"刀具过虑列表设置"对话框，系统返回至"曲面粗加工放射状"对话框。

（2）选择刀具。在"曲面粗加工放射状"对话框中，单击 `选择刀库...` 按钮，系统弹出 " 选 择 刀 具 " 对 话 框 ， 在 该 对 话 框 的 列 表 框 中 选 择 `219　10. FLAT ENDMILL　10.0　0.0　50.0　4　平底刀　无` 刀具。单击 ✓ 按钮，关闭"选择刀具"对话框，系统返回至"曲面粗加工放射状"对话框。

Step2. 设置刀具相关参数。

（1）在"曲面粗加工放射状"对话框的 `刀具路径参数` 选项卡的列表框中显示出上步选取的刀具，双击该刀具，系统弹出"定义刀具 - 机床群组-1"对话框。

（2）设置刀具号码。在"定义刀具 - 机床群组-1"对话框中的 `刀具号码` 文本框中，将原有的数值改为 1。

（3）设置刀具参数。单击"定义刀具 - 机床群组-1"对话框的 `参数` 选项卡，设置如图 10.3.5 所示的参数。

（4）设置冷却液方式。在 `参数` 选项卡中单击 `Coolant... (*)` 按钮，系统弹出"Coolant..."对话框，在 `Flood` （切削液）下拉列表中选择 `On` 选项，单击该对话框中的 ✓ 按钮，关闭

"Coolant…"对话框。

（5）单击"定义刀具－机床群组-1"对话框中的 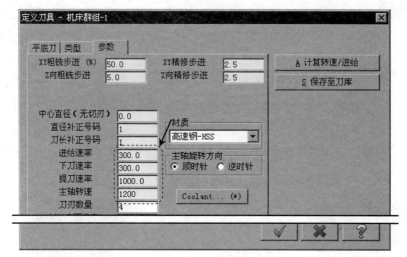 按钮，完成刀具参数的设置。

图 10.3.5　设置刀具参数

Stage5. 设置加工参数

Step1. 设置共性加工参数。

（1）在"曲面粗加工放射状"对话框中单击 曲面参数 选项卡，在 加工面预留量 文本框中输入值 0.5。

（2）在"曲面粗加工放射状"对话框中选中 退刀向量(D) 前面的复选框，单击 退刀向量(D) 按钮，系统弹出"方向"对话框。

（3）在"方向"对话框 进刀向量 区域的 进刀引线长度 文本框中输入值 5，对话框中的其他选项保持系统默认设置，单击 按钮，系统返回至"曲面粗加工放射状"对话框。

Step2. 设置粗加工放射状参数。

（1）在"曲面粗加工放射状"对话框中单击 放射状粗加工参数 选项卡，设置图 10.3.6 所示的参数。

图 10.3.6 所示的"放射状粗加工参数"选项卡中部分选项的说明如下：

- 起始点 区域：此区域可以设置刀具路径的起始下刀点。
  - ☑ ⊙由内而外 单选项：此选项表示起始下刀点在刀具路径中心开始由内向外加工。
  - ☑ ⊙由外而内 单选项：此选项表示起始下刀点在刀具路径边界开始由外向内加工。
- 最大角度增量 文本框：用于设置角度增量值（每两刀路之间的角度值）。
- 起始补正距距离 文本框：用于设置以刀具路径中心补正一个圆为不加工范围。此文本框中输入的值是该圆的半径值。
- 开始角度 文本框：用于设置刀具路径的起始角度。

● ⬛扫描角度文本框：用于设置刀具路径的扫描终止角度。

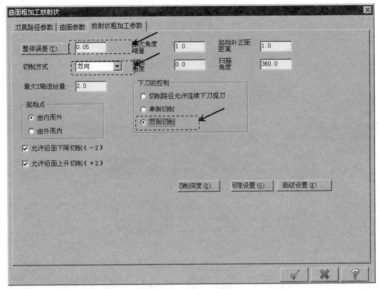

图 10.3.6　"放射状粗加工参数"选项卡

（2）完成参数设置。对话框中的其他选项保持系统默认设置，单击"曲面粗加工放射状"对话框中的⬜按钮，同时在图形区生成图 10.3.7 所示的刀具路径。

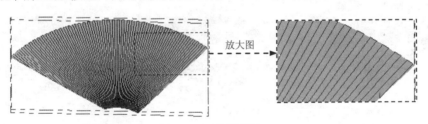

图 10.3.7　刀具路径

Stage6. 加工仿真

Step1. 路径模拟。

（1）在"操作管理"中单击 ≋刀具路径 - 27.5K - ROUGH_RADIAL.NC - 程序号码 0 节点，系统弹出"刀路模拟"对话框及"刀路模拟控制"操控板。

说明：单击的节点是在曲面粗加工下的刀具路径，显示数据的大小有可能与读者做的结果不同，但它是不影响结果的。

（2）在"刀路模拟控制"操控板中单击▶按钮，系统将开始对刀具路径进行模拟，结果与图 10.3.7 所示的刀具路径相同，在"刀路模拟"对话框中单击⬜按钮。

Step2. 实体切削验证。

（1）在"操作管理"中确认 📂1 - 曲面粗加工放射状 - [WCS: TOP] - [刀具平面: TOP] 节点被选中，然后单击"验证已选择的操作"按钮📋，系统弹出"验证"对话框。

（2）在"验证"对话框中单击 ▶ 按钮。系统将开始进行实体切削仿真，结果如图 10.3.8 所示，单击 ✓ 按钮。

图 10.3.8　仿真结果

Step3. 保存文件。选择下拉菜单 F 文件 ➡ 🖫 S 保存 命令，即可保存文件。

10.4　粗加工投影加工

投影加工是将已有的刀具路径文件（NCI）或几何图素（点或曲线）投影到指定曲面模型上并生成刀具路径来进行切削加工的方法。下面将以图 10.4.1 所示的模型为例讲解粗加工投影加工的一般过程（本例是将已有刀具路径投影到曲面进行加工的）。

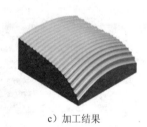

a）加工模型　　　　　　　　　　b）加工工件　　　　　　　　c）加工结果

图 10.4.1　粗加工投影加工

Stage1. 进入加工环境

Step1. 打开文件 D:\mcx6\work\ch10.04\ROUGH_PROJECT.MCX-6。

Step2. 隐藏刀具路径。在"操作管理"中单击 📁 1 - 平面铣削 - [WCS: TOP] - [刀具平面: TOP] 节点，单击 ≋ 按钮，将已存在的刀具路径隐藏，如图 10.4.2b 所示。

Stage2. 选择加工类型

Step1. 选择加工方法。选择下拉菜单 T 刀具路径 ➡ R 曲面粗加工 ▸ ➡ 🔧 I 粗加工投影加工 命令，系统弹出"选取工件形状"对话框，采用系统默认的选项设置，单击 ✓ 按钮。

Step2. 选择加工面。在图形区中选择图 10.4.3 所示的曲面，然后按 Enter 键，系统弹出"刀具路径的曲面选取"对话框，对话框中的其他选项保持系统默认设置，单击 ✓ 按钮，系统弹出"曲面粗加工投影"对话框。

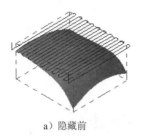
a）隐藏前

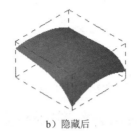
b）隐藏后

图 10.4.2　隐藏刀具路径

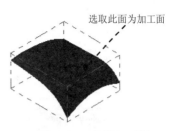
选取此面为加工面

图 10.4.3　选择加工面

Stage3. 选择刀具

Step1. 选择刀具。

（1）确定刀具类型。在"曲面粗加工投影"对话框中，单击 刀具过虑 按钮，系统弹出 "刀具过虑列表设置"对话框，单击该对话框中的 全关(N) 按钮后，在刀具类型按钮群中单击 ▮（球刀）按钮。单击 ✓ 按钮，关闭"刀具过虑列表设置"对话框，系统返回至"曲面粗加工投影"对话框。

（2）选择刀具。在"曲面粗加工投影"对话框中，单击 选择刀库... 按钮，系统弹出 " 选 择 刀 具 " 对 话 框 ， 在 该 对 话 框 的 列 表 框 中 选 择 ▨ 240　6. BALL ENDMILL　6.0　3.0　50.0　4　球刀　全部 刀具。单击 ✓ 按钮，关闭 "选择刀具"对话框，系统返回至"曲面粗加工投影"对话框。

Step2. 设置刀具相关参数。

（1）在"曲面粗加工投影"对话框的 刀具路径参数 选项卡的列表框中显示出上步选取的刀具，双击该刀具，系统弹出"定义刀具 - 机床群组-1"对话框。

（2）设置刀具号码。在"定义刀具 - 机床群组-1"对话框中的 刀具号码 文本框中，将原有的数值改为 2。

（3）设置刀具参数。单击"定义刀具 - 机床群组-1"对话框的 参数 选项卡，设置图10.4.4 所示的参数。

（4）设置冷却液方式。在 参数 选项卡中单击 Coolant... (*) 按钮，系统弹出"Coolant…"对话框，在 Flood （切削液）下拉列表中选择 On 选项，单击该对话框中的 ✓ 按钮，关闭 "Coolant…"对话框。

（5）单击"定义刀具 - 机床群组-1"对话框中的 ✓ 按钮，完成刀具参数的设置。

Stage4. 设置加工参数

Step1. 设置共性加工参数。在"曲面粗加工投影"对话框中单击 曲面参数 选项卡，在 加工面预留量 文本框中输入值 0.5，其他参数保持系统默认设置值。

Step2. 设置粗加工投影参数。

（1）在"曲面粗加工投影"对话框中单击 投影粗加工参数 选项卡，设置图 10.4.5 所示的参数。

（2）完成参数设置。对话框中的其他参数保持系统默认设置值，单击"曲面粗加工投影"对话框中的 ✓ 按钮，图形区生成图 10.4.6 所示的刀具路径。

图 10.4.4　设置刀具参数

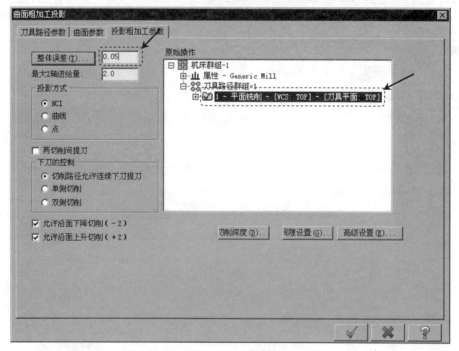

图 10.4.5　"投影粗加工参数"选项卡

图 10.4.5 所示的"投影粗加工参数"选项卡中部分选项的说明如下：

- **投影方式** 区域：此区域用于设置得到刀路的投影方式，包括 **⊙ NCI**、**⊙ 曲线** 和 **⊙ 点**
  三个单选项。
  - ☑ **⊙ NCI** 单选项：选择此单选项表示利用已存在的 NCI 文件进行投影加工。
  - ☑ **⊙ 曲线** 单选项：选择此单选项表示选取一条或多条曲线进行投影加工。
  - ☑ **⊙ 点** 单选项：选择此单选项表示可以通过一组点来进行投影加工。
- ☑ **两切削间提刀** 复选框：如果选中此复选框则在加工过程中强迫在两切削之间提刀。

说明：图 10.4.5 所示的"投影粗加工参数"选项卡中的其他选项可参见其他章节的说明。

Stage5. 加工仿真

Step1. 路径模拟。

（1）在"操作管理"中单击 **≋ 刀具路径 - 212.5K - ROUGH_PROJECT.NC - 程序号码 0** 节点，系统弹出"刀路模拟"对话框及"刀路模拟控制"操控板。

（2）在"刀路模拟控制"操控板中单击 **▶** 按钮，系统将开始对刀具路径进行模拟，结果与图 10.4.6 所示的刀具路径相同，在"刀路模拟"对话框中单击 **✔** 按钮。

Step2. 实体切削验证。

（1）在"操作管理"中确认 **⊘ 2 - 曲面粗加工投影 - [WCS: TOP] - [刀具平面: TOP]** 节点被选中，然后单击"验证已选择的操作"按钮 **⬡**，系统弹出"验证"对话框。

（2）在"验证"对话框中单击 **▶** 按钮，系统将开始进行实体切削仿真，结果如图 10.4.7 所示，单击 **✔** 按钮。

Step3. 生成 NC 程序。

（1）在"操作管理"中单击 **G1** 按钮，系统弹出"后处理程序"对话框。

（2）接受系统默认的选项设置，单击"后处理程序"对话框中的 **✔** 按钮，此时系统弹出"输出部分的 NCI 文件"对话框，单击 **是(Y)** 按钮，系统弹出"另存为"对话框，选择合适的存放位置，单击 **✔** 按钮。

（3）完成上步操作后，系统弹出"MasterCAM X 编辑器"窗口，从中可以观察到系统已经生成的 NC 程序。

（4）关闭"MasterCAM X 编辑器"窗口。

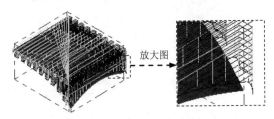

图 10.4.6　工件具路径

图 10.4.7　仿真结果

Step4. 保存文件。选择下拉菜单 <kbd>F 文件</kbd> ➡ <kbd>S 保存</kbd> 命令，即可保存文件。

10.5 粗加工流线加工

流线加工可以设定曲面切削方向是沿着截断方向加工或者是沿切削方向加工，同时也可以控制曲面的"残余高度"来产生一个平滑的加工曲面。下面通过图 10.5.1 所示的模型来讲解粗加工流线加工的操作过程。

Stage1. 进入加工环境

Step1. 打开文件 D:\mcx6\work\ch10.05\ROUGH_FLOWLINE.MCX-6。

Step2. 进入加工环境。选择下拉菜单 <kbd>M 机床类型</kbd> ➡ <kbd>M 铣削 ▶</kbd> ➡ <kbd>D 默认</kbd> 命令，系统进入加工环境。

| a）加工模型 | b）加工工件 | c）加工结果 |

图 10.5.1　粗加工流线加工

Stage2. 设置工件

Step1. 在"操作管理"中单击 <kbd>山 属性 - Mill Default MM</kbd> 节点前的"+"号，将该节点展开，然后单击 <kbd>◇ 材料设置</kbd> 节点，系统弹出"机器群组属性"对话框。

Step2. 设置工件的形状。在"机器群组属性"对话框中的 <kbd>形状</kbd> 区域中选中 <kbd>⊙ 立方体</kbd> 单选框。

Step3. 设置工件的尺寸。在"机器群组属性"对话框中单击 <kbd>B 边界盒</kbd> 按钮，系统弹出"边界盒选项"对话框，接受系统默认的选项设置，单击 <kbd>✓</kbd> 按钮，返回至"机器群组属性"对话框。

Step4. 在"机器群组属性"对话框的预览区域的 <kbd>Z</kbd> 文本框中输入值 40，单击 <kbd>✓</kbd> 按钮，完成工件的设置，结果如图 10.5.2 所示。

Stage3. 选择加工类型

Step1. 选择加工方法。选择下拉菜单 <kbd>T 刀具路径</kbd> ➡ <kbd>R 曲面粗加工 ▶</kbd> ➡ <kbd>F 粗加工流线加工</kbd> 命令，系统弹出"选取工件形状"对话框，采用系统默认的选项设置，单

击 ☑ 按钮，系统弹出"输入新 NC 名称"对话框，采用系统默认的名称，单击 ☑ 按钮。

Step2. 选择加工面。在图形区中选取图 10.5.3 所示的曲面，然后按 Enter 键，系统弹出"刀具路径的曲面选择"对话框。

Step3. 设置曲面流线形式。单击"刀具路径的曲面选择"对话框 曲面流线 区域的 〰 按钮，系统弹出"曲面流线设置"对话框，如图 10.5.4 所示。同时图形区出现流线形式线框，如图 10.5.5 所示。在"曲面流线设置"对话框中单击 补正方向 按钮和 切削方向 按钮，改变曲面流线的方向，结果如图 10.5.6 所示。单击 ☑ 按钮，系统重新弹出"刀具路径的曲面选择"对话框，单击 ☑ 按钮，系统弹出"曲面粗加工流线"对话框。

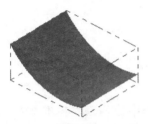

图 10.5.2 设置加工工件

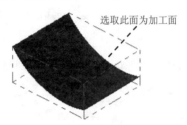

图 10.5.3 选择加工面

图 10.5.4 所示的"曲面流线设置"对话框中部分选项的说明如下：

- 方向切换 区域：用于调整流线加工的方向。

  - ☑ 补正方向 按钮：用于调整补正方向。

  - ☑ 切削方向 按钮：用于调整切削的方向（平行或垂直流线的方向）。

  - ☑ 步进方向 按钮：用于调整步进方向。

  - ☑ 起始点 按钮：用于调整起始点。

- 边界误差 文本框：用于定义创建流线网格的边界，过滤误差。

- 显示边界 按钮：用于显示边界的颜色。

图 10.5.4 "曲面流线设置"对话框

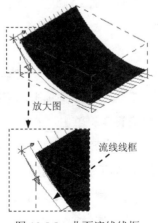

图 10.5.5 曲面流线线框

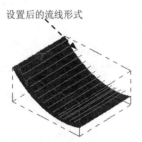

图 10.5.6 设置曲面流线形式

Stage4. 选择刀具

Step1. 选择刀具。

（1）确定刀具类型。在"曲面粗加工流线"对话框中，单击 刀具过虑 按钮，系统弹出 "刀具过虑列表设置"对话框，单击 刀具类型 区域中的 全关 (N) 按钮后，在刀具类型按钮群中单击 ▍（球刀）按钮。单击 ✓ 按钮，关闭"刀具过虑列表设置"对话框，系统返回至"曲面粗加工流线"对话框。

（2）选择刀具。在"曲面粗加工流线"对话框中，单击 选择刀库... 按钮，系统弹出 " 选 择 刀 具 " 对 话 框 ， 在 该 对 话 框 的 下 拉 列 表 中 选 择 ▍ 240　6. BALL ENDMILL　6.0　3.0　50.0　4　球刀　全部 刀具。单击 ✓ 按钮，关闭"选择刀具"对话框，系统返回至"曲面粗加工流线"对话框。

Step2. 设置刀具相关参数。

（1）在"曲面粗加工流线"对话框的 刀具路径参数 选项卡的列表框中显示出上步选取的刀具，双击该刀具，系统弹出"定义刀具－机床群组－1"对话框。

（2）设置刀具号码。在"定义刀具－机床群组－1"对话框中的 刀具号码 文本框中，将原有的数值改为 1。

（3）设置刀具参数。单击"定义刀具－机床群组－1"对话框的 参数 选项卡，在其中的 进给速率 文本框输入值 200，在 下刀速率 文本框输入值 1000，在 提刀速率 文本框输入值 1000，在 主轴转速 文本框输入值 1600。

（4）设置冷却液方式。在 参数 选项卡中单击 Coolant... (*) 按钮，系统弹出"Coolant…"对话框，在 Flood （切削液）下拉列表中选择 On 选项，单击该对话框中的 ✓ 按钮，关闭"Coolant…"对话框。

（5）单击"定义刀具－机床群组－1"对话框中的 ✓ 按钮，完成刀具参数的设置。

Stage5. 设置加工参数

Step1. 设置曲面参数。在"曲面粗加工流线"对话框中单击 曲面参数 选项卡，在 加工面预留量 文本框中输入值 0.5，其他参数保持系统默认设置值。

Step2. 设置曲面流线粗加工参数。

（1）在"曲面粗加工流线"对话框中单击 曲面流线粗加工参数 选项卡，如图 10.5.7 所示。

（2）设置切削方式。在 曲面流线粗加工参数 选项卡的 切削方式 下拉列表中选择 双向 选项。

（3）完成图 10.5.7 所示的参数设置。单击"曲面粗加工流线"对话框中的 ✓ 按钮，同时在图形区生成图 10.5.8 所示的刀具路径。

图 10.5.7 所示的"曲面流线粗加工参数"选项卡中部分选项的说明如下：

● 切削控制 区域：此区域用于控制切削的步进距离值及误差值。

　　☑ ☑ 距离 复选框：选中此复选框可以通过设置一个具体数值来控制刀具沿曲面切

削方向的增量。

☑ ☑ 执行过切检查 复选框：选中此复选框则表示在进行刀具路径计算时，将执行

过切检查。

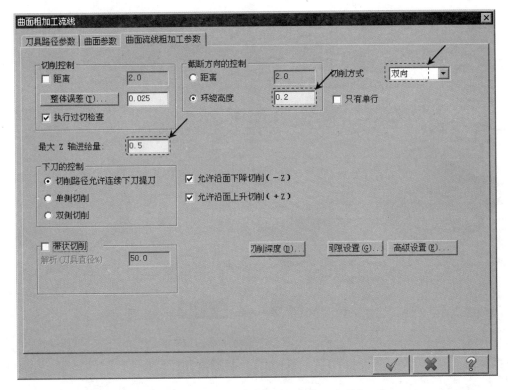

图 10.5.7 "曲面流线粗加工参数"选项卡

● □ 带状切削 复选框：该复选框用于在所选曲面的中部创建一条单一的流线刀具路
径。

☑ 解析(刀具直径%) 文本框：用于设置垂直于切削方向的刀具路径间隔为刀具直径
的定义百分比。

● 截断方向的控制 区域：用于设置控制切削方向的相关参数。

☑ ⊙ 距离 单选项：选中此单选项可以通过设置一个具体数值来控制刀具沿曲面截
面方向的步进增量。

☑ ⊙ 环绕高度 选项：选中此单选项可以设置刀具路径间的剩余材料高度，系统会
根据设定的数值对切削增量进行调整。

● ☑ 只有单行 复选框：用于创建一行越过邻近表面的刀具路径。

Step3. 路径模拟。

（1）在"操作管理"中单击 ≋ 刀具路径 - 677.2K - ROUGH_FLOWLINE.NC - 程序号码 0 节点，系统
弹出"刀路模拟"对话框及"刀路模拟控制"操控板。

（2）在"刀路模拟控制"操控板中单击 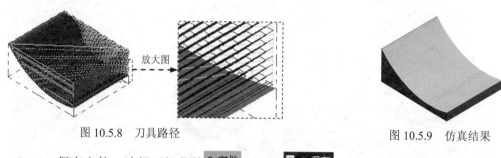 按钮，系统将开始对刀具路径进行模拟，结果与图 10.5.8 所示的刀具路径相同，在"刀路模拟"对话框中单击 按钮。

Stage6．加工仿真

Step1．实体切削验证。

（1）在"操作管理"中确认 1 - 曲面粗加工流线 - [WCS: 俯视图] - [刀具平面: 俯视图] 节点被选中，然后单击"验证已选择的操作"按钮，系统弹出"验证"对话框。

（2）在"验证"对话框中单击 按钮，系统将开始进行实体切削仿真，结果如图 10.5.9 所示，单击 按钮。

放大图

图 10.5.8　刀具路径　　　　　　　　　　图 10.5.9　仿真结果

Step2．保存文件。选择下拉菜单 F 文件 ➡ S 保存 命令，即可保存文件。

10.6　粗加工挖槽加工

粗加工挖槽加工是分层清除加工面与加工边界之间所有材料的一种加工方法，采用曲面挖槽加工可以进行大量切削加工，以减少工件中的多余余量，同时提高加工效率。下面通过图 10.6.1 所示的模型讲解粗加工挖槽加工的一般操作过程。

Stage1．进入加工环境

Step1．打开文件 D:\mcx6\work\ch10.06\ROUGH_POCKET.MCX-6，系统进入加工环境。

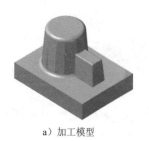  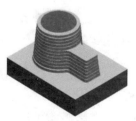

a）加工模型　　　　　　　　b）加工工件　　　　　　　c）加工结果

图 10.6.1　粗加工挖槽加工

Stage2. 设置工件

Step1. 在"操作管理"中单击 山 属性 - Mill Default MM 节点前的"+"号,将该节点展开,然后单击 ◇ 材料设置 节点,系统弹出"机器群组属性"对话框。

Step2. 设置工件的形状。在"机器群组属性"对话框的 形状 区域中选中 ⊙ 立方体 单选项。

Step3. 设置工件的尺寸。在"机器群组属性"对话框中单击 B 边界盒 按钮,系统弹出"边界盒选项"对话框,接受系统默认的选项设置,单击 ✓ 按钮,返回至"机器群组属性"对话框。

Step4. 在"机器群组属性"对话框的 素材原点 区域的 Z 文本框中输入值 52,然后在右侧的预览区的 Z 文本框中输入值 52,单击 ✓ 按钮,完成工件的设置,如图 10.6.2 所示。

Stage3. 选择加工类型

Step1. 选 择 加 工 方 法 。 选 择 下 拉 菜 单 T 刀具路径 ➡ R 曲面粗加工 ➡ K 粗加工挖槽加工 命令,系统弹出"输入新 NC 名称"对话框,采用系统默认的名称,单击 ✓ 按钮。

Step2. 选择加工面及加工范围。

(1)在图形区中选择图 10.6.3 所示的曲面,然后按 Enter 键,系统弹出"刀具路径的曲面选取"对话框。

(2)在"刀具路径的曲面选取"对话框的 边界范围 区域单击 ⟨ 按钮,系统弹出"串连选项"对话框,选取图 10.6.3 所示的边线 1。单击 ✓ 按钮,系统重新弹出"刀具路径的曲面选取"对话框,单击 ✓ 按钮,系统弹出"曲面粗加工挖槽"对话框。

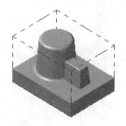

图 10.6.2　设置工件

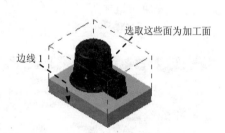

图 10.6.3　选择加工面

Stage4. 选择刀具

Step1. 选择刀具。

(1)确定刀具类型。在"曲面粗加工挖槽"对话框中,单击 刀具过虑 按钮,系统弹出"刀具过滤列表设置"对话框,单击该对话框中的 全关 (N) 按钮后,在刀具类型按钮群中单击 ▊(圆鼻刀)按钮,单击 ✓ 按钮,关闭"刀具过滤列表设置"对话框,系统返回至"曲面粗加工挖槽"对话框。

（2）选择刀具。在"曲面粗加工挖槽"对话框中，单击 选择刀库... 按钮，系统弹出 " 选 择 刀 具 " 对 话 框 ， 在 该 对 话 框 的 列 表 框 中 选 择 ✓ 134　10. BULL ENDMI...　10.0　1.0　50.0　4　圆鼻刀　角落 刀具。单击 ✓ 按钮，关闭 "选择刀具"对话框，系统返回至"曲面粗加工挖槽"对话框。

Step2. 设置刀具相关参数。

（1）在"曲面粗加工挖槽"对话框的 刀具路径参数 选项卡的列表框中显示出上步选取的刀具，双击该刀具，系统弹出"定义刀具－机床群组-1"对话框。

（2）设置刀具号码。在"定义刀具－机床群组-1"对话框中的 刀具号码 文本框中，将原有的数值改为 1。

（3）设置刀具参数。单击"定义刀具－机床群组-1"对话框的 参数 选项卡，在其中的 进给速率 文本框输入值 400，在 下刀速率 文本框输入值 500，在 提刀速率 文本框输入值 1200，在 主轴转速 文本框输入值 1600。

（4）设置冷却液方式。在 参数 选项卡中单击 Coolant... (*) 按钮，系统弹出"Coolant..."对话框，在 Flood （切削液）下拉列表中选择 On 选项，单击该对话框中的 ✓ 按钮，关闭"Coolant..."对话框。

（5）单击"定义刀具－机床群组-1"对话框中的 ✓ 按钮，完成刀具参数的设置。

Stage5. 设置加工参数

Step1. 设置曲面参数。在"曲面粗加工挖槽"对话框中单击 曲面参数 选项卡，在 加工面预留量 文本框中输入值 1， 曲面参数 选项卡中的其他参数保持系统默认设置值。

Step2. 设置曲面粗加工参数。在"曲面粗加工挖槽"对话框中单击 粗加工参数 选项卡，如图 10.6.4 所示，在 Z 轴最大进给量: 文本框中输入值 3。

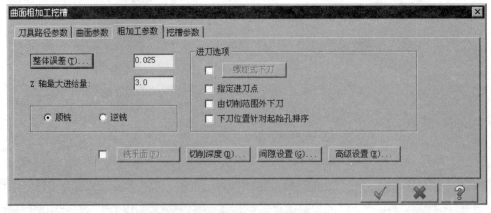

图 10.6.4 "粗加工参数"选项卡

Step3. 设置曲面粗加工挖槽参数。

（1）在"曲面粗加工挖槽"对话框中单击 挖槽参数 选项卡，如图 10.6.5 所示。

（2）设置切削方式。在 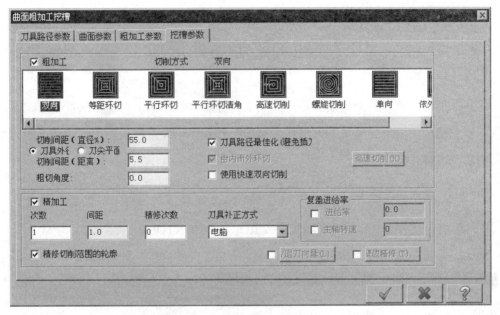 选项卡的"切削方式"列表中区域中选择 █ ("双向")
选项，在 切削间距（直径%）: 文本框中输入值 55。

（3）设置其他参数。在"曲面粗加工挖槽"对话框中选中 ☑ 刀具路径最佳化（避免插刀） 选项，
对话框中的其他参数保持系统默认设置值，单击"曲面粗加工挖槽"对话框中的 ✓ 按钮，
同时在图形区生成图 10.6.6 所示的刀具路径。

图 10.6.5　"挖槽参数"选项卡

Stage6．加工仿真

Step1．路径模拟。

（1）在"操作管理"中单击 ▧ 刀具路径 - 83.8K - ROUGH_POCKET.NC - 程序号码 0 节点，系统弹出
的"刀路模拟"对话框及"刀路模拟控制"操控板。

（2）在"刀路模拟控制"操控板中单击 ▶ 按钮，系统将开始对刀具路径进行模拟，结
果与图 10.6.6 所示的刀具路径相同，在"刀路模拟"对话框中单击 ✓ 按钮。

Step2．实体切削验证。

（1）在"操作管理"中确认 ▣ 1 - 曲面粗加工挖槽 - [WCS: 俯视图] - [刀具平面: 俯视图] 节点被选
中，然后单击"验证已选择的操作"按钮 ▨ ，系统弹出"验证"对话框。

（2）在"验证"对话框中单击 ▶ 按钮，系统将开始进行实体切削仿真，结果如图 10.6.7
所示，单击 ✓ 按钮。

Step3．保存文件。选择下拉菜单 F 文件 ➡ 🖫 S 保存 命令，即可保存文件。

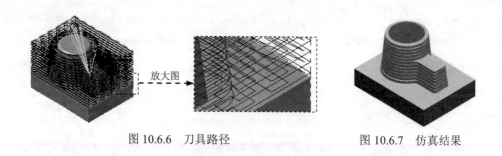

图 10.6.6　刀具路径　　　　　　　　　　　图 10.6.7　仿真结果

10.7　粗加工等高外形加工

等高外形加工是刀具沿曲面等高曲线加工的方法，并且加工时工件余量不可大于刀具直径，以免造成切削不完整，此方法在半精加工过程中也经常被采用。下面通过图 10.7.1 所示的模型讲解其操作过程。

Stage1. 进入加工环境

Step1.　打开文件 D:\mcx6\work\ch10.07\ROUGH_CONTOUR.MCX-6。

Step2.　隐 藏 刀 具 路 径 。 在 " 操 作 管 理 " 中 单 击 `1 - 曲面粗加工挖槽 - [WCS: 俯视图] - [刀具平面: 俯视图]` 节点，单击 ≋ 按钮，将已存在的刀具路径隐藏。

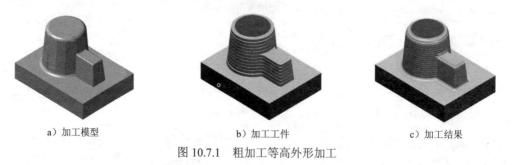

a) 加工模型　　　　　　　　b) 加工工件　　　　　　　　c) 加工结果

图 10.7.1　粗加工等高外形加工

Stage2. 选择加工类型

Step1.　选 择 加 工 方 法 。 选 择 下 拉 菜 单 `T 刀具路径` ➡ `R 曲面粗加工` ➡ `C 粗加工等高外形加工` 命令。

Step2.　选择加工面。在图形区中选择图 10.7.2 所示的曲面，然后按 Enter 键，系统弹出"刀具路径的曲面选取"对话框，采用系统默认的选项设置，单击 ✓ 按钮，系统弹出"曲面粗加工等高外形"对话框。

Stage3. 选择刀具

选取这些面为加工面

图 10.7.2　选择加工面

Step1. 选择刀具。

（1）确定刀具类型。在"曲面粗加工等高外形"对话框中单击 刀具过滤 按钮，系统弹出"刀具过滤列表设置"对话框，单击 刀具类型 区域中的 全关(N) 按钮后，在刀具类型按钮群中单击 （球刀）按钮。单击 ✓ 按钮，关闭"刀具过滤列表设置"对话框，系统返回至"曲面粗加工等高外形"对话框。

（2）选择刀具。在"曲面粗加工等高外形"对话框中，单击 选择刀库... 按钮，系统弹出 "选择刀具"对话框，在该对话框的列表框中选择 | 239 5. BALL ENDMILL 5.0 2.5 50.0 4 球刀 全部 刀具。单击 ✓ 按钮，关闭"选择刀具"对话框，系统返回至"曲面粗加工等高外形"对话框。

Step2. 设置刀具相关参数。

（1）在"曲面粗加工等高外形"对话框的 刀具路径参数 选项卡的列表框中显示出上步选取的刀具，双击该刀具，系统弹出"定义刀具 - 机床群组-1"对话框。

（2）设置刀具号码。在"定义刀具 - 机床群组-1"对话框中的 刀具号码 文本框中，将原有的数值改为 2。

（3）设置刀具参数。单击"定义刀具 - 机床群组-1"对话框的 参数 选项卡，在其中的 进给速率 文本框输入值 200，在 下刀速率 文本框输入值 800，在 提刀速率 文本框输入值 1300，在 主轴转速 文本框输入值 1600。

（4）设置冷却液方式。在 参数 选项卡中单击 Coolant... (*) 按钮，系统弹出"Coolant…"对话框，在 Flood （切削液）下拉列表中选择 On 选项，单击该对话框中的 ✓ 按钮，关闭"Coolant…"对话框。

（5）单击"定义刀具-机床群组-1"对话框中的 ✓ 按钮，完成刀具参数的设置。

Stage4. 设置加工参数

Step1. 设置曲面参数。在"曲面粗加工等高外形"对话框中单击 曲面参数 选项卡，在 加工面预留量 文本框中输入值 0.5，选中 ☑ /退刀向量(N). 按钮前的复选框，并单击此按钮，系统弹出"方向"对话框，在 进刀向量 区域的 进刀引线长度 文本框中输入值 5，单击 ✓ 按钮完成进/退刀向量的设置，同时系统返回至"曲面粗加工等高外形"对话框。

Step2. 设置粗加工等高外形参数。

（1）在"曲面粗加工等高外形"对话框中单击 等高外形粗加工参数 选项卡，如图 10.7.3 所示。

（2）设置切削方式。在 等高外形粗加工参数 选项卡的 封闭式轮廓的方向 区域中选择 ⊙ 顺铣 单选项，在 开放式轮廓的方向 区域中选择 ⊙ 双向 单选项。

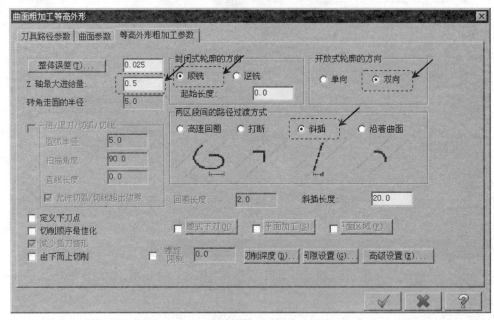

图 10.7.3 "等高外形粗加工参数"选项卡

（3）完成参数设置。对话框中的其他参数保持系统默认设置值，单击"曲面粗加工等高外形"对话框中的 ✔ 按钮，同时在图形区生成图 10.7.4 所示的刀具路径。

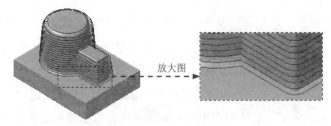

图 10.7.4 刀具路径

图 10.7.3 所示"等高外形粗加工参数"选项卡中部分选项的说明如下：

- 转角走圆的半径 文本框：刀具在高速切削时才有效，其作用是当拐角处于小于 135°时，刀具走圆角。
- 进/退刀 切弧/切线 区域：此区域用于设置加工过程中的进刀及退刀形式。
  - ☑ 圆弧半径 文本框：此文本框中的数值控制加工时进/退刀的圆弧半径。
  - ☑ 扫描角度 文本框：此文本框中的数值控制加工时进/退刀的圆弧扫描角度。
  - ☑ 直线长度 文本框：此文本框中的数值控制加工时进/退刀的直线长度。

- ☑ ☑ 允许切弧/切线超出边界 复选框：选中此复选框表示加工过程中允许进/退刀时超出加工边界。

- ☑ 切削顺序最佳化 复选框：选中此复选框则表示加工时将刀具路径顺序优化，从而提高加工效率。

- ☑ 减少插刀的情形 复选框：选中此复选框则表示加工时将插刀路径优化，以减少插刀情形，避免损坏刀具或工件。

- ☑ 由下而上切削 复选框：选中此复选框表示加工时刀具将由下而上进行切削。

- 封闭式轮廓的方向 区域：此区域用于设置封闭区域刀具的运动形式，其包括 ⊙ 顺铣 单选项、⊙ 逆铣 单选项和 起始长度 文本框。

  - ☑ 起始长度 文本框：用于设置相邻层之间的起始点间距。

- 开放式轮廓的方向 区域：用于设置开放区域刀具的运动形式，其包括 ⊙ 单向 单选项和 ⊙ 双向 单选项。

  - ☑ ⊙ 单向 单选项：选中此选项则加工过程中刀具只做单向运动。

  - ☑ ⊙ 双向 单选项：选中此选项则加工过程中刀具只做往复运动。

- 两区段间的路径过渡方式 区域：用于设置两区段间刀具路径的过渡方式，其包括 ⊙ 高速回圈 单选项、⊙ 打断 选项、⊙ 斜插 单选项、⊙ 沿着曲面 单选项、回圈长度 文本框和 斜插长度 文本框。

  - ☑ ⊙ 高速回圈 单选项：用于在两区段间插入一段回圈的刀具路径。

  - ☑ ⊙ 打断 单选项：用于在两区段间小于定义间隙值的位置插入成直角的刀具路径。用户可以通过单击 间隙设置(G)... 按钮对间隙设置的相关参数进行设置。

  - ☑ ⊙ 斜插 单选项：用于在两区段间小于定义间隙值的位置插入与 Z 轴成定义角度的直线刀具路径。用户可以通过单击 间隙设置(G)... 按钮对间隙设置的相关参数进行设置。

  - ☑ ⊙ 沿着曲面 单选项：用于在两区段间小于定义间隙值的位置插入与曲面在 Z 轴方向上相匹配的刀具路径。用户可以通过单击 间隙设置(G)... 按钮对间隙设置的相关参数进行设置。

  - ☑ 回圈长度 文本框：用于定义高速回圈的长度。如果切削间距小于定义的环的长度，则插入回圈的切削量在 Z 轴方向为恒量；如果切削间距大于定义的环的长度，则将插入一段平滑移动的螺旋线。

  - ☑ 斜插长度 文本框：用于定义斜插直线的长度。此文本框仅在选中 ⊙ 高速回圈 单选项或 ⊙ 斜降 单选项时可以使用。

- 旋式下刀(H) 按钮：用于设置螺旋下刀的相关参数。螺旋下刀的相关设置在该按钮前的复选框被选中时方可使用，否则此按钮为不可用状态。单击此按钮，系统弹出图 10.7.5 所示的"螺旋下刀参数"对话框，用户可以通过该对话框对螺旋下刀的参数进行设置。

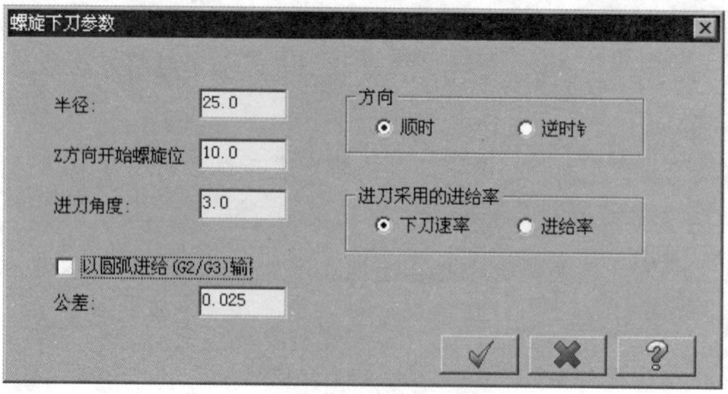

图 10.7.5 "螺旋下刀参数"对话框

- **平面加工(S)**按钮：选中此按钮前面的复选框则表示在等高外形加工过程中同时加工浅平面。单击此按钮，系统弹出图 10.7.6 所示的"浅平面加工"对话框，通过该对话框，用户可以对加工浅平面时的相关参数进行设置。

- **Z面区域(F)...**按钮：选中此按钮前面的复选框则表示在等高外形加工过程中同时加工平面。单击此按钮，系统弹出图 10.7.7 所示的"平面区域加工设置"对话框，通过该对话框，用户可以对加工平面时的相关参数进行设置。

- **螺旋限制**文本框：用于设置将 Z 轴方向上切削量不变的刀具路径转变为螺旋式的刀具路径。当此文本框前的复选框处于选中状态时可用，用户可以在该文本框中输入值来定义螺旋限制的最大距离。

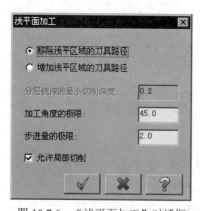

图 10.7.6 "浅平面加工"对话框

图 10.7.7 "平面区域加工设置"对话框

Stage5. 加工仿真

Step1. 路径模拟。

（1）在"操作管理"中单击  刀具路径 - 868.0K - ROUGH_POCKET.NC - 程序号码 0 节点，系统弹出的"刀路模拟"对话框及"刀路模拟控制"操控板。

（2）在"刀路模拟控制"操控板中单击 ▶ 按钮，系统将开始对刀具路径进行模拟，结果与图 10.7.4 所示的刀具路径相同，在"刀路模拟"对话框中单击 ✓ 按钮。

Step2. 实体切削验证。

（1）在 刀具路径 选项卡中单击 ✓ 按钮，然后单击"验证已选择的操作"按钮 📦，系统弹出"验证"对话框。

（2）在"验证"对话框中单击 ▶ 按钮。系统将开始进行实体切削仿真，结果如图 10.7.8 所示，单击 ✓ 按钮。

图 10.7.8　仿真结果

Step3. 保存文件。选择下拉菜单 F 文件 ➡ S 保存 命令，即可保存文件。

10.8　粗加工残料加工

粗加工残料加工是依据已有的加工刀路数据进一步加工以清除残料，该加工方法选取的刀具要比已有粗加工的刀具小，否则达不到预期效果。并且此种方法生成刀路轨迹的时间较长，抬刀次数较多。下面以图 10.8.1 所示的模型为例讲解粗加工残料加工的一般操作过程。

a）加工模型　　　　　　　　　b）加工工件　　　　　　　　c）加工结果

图 10.8.1　粗加工残料加工

Stage1. 进入加工环境

Step1. 打开文件 D：\ mcx6\work\ch10.08\ROUGH_RESTMILL.MCX-6。

Step2. 隐藏刀具路径。在 刀具路径 选项卡中单击 ✓ 按钮，再单击 ≈ 按钮，将已存在的刀具路径隐藏。

Stage2. 选择加工类型

Step1. 选择加工方法。选择下拉菜单 <kbd>T 刀具路径</kbd> ➡ <kbd>R 曲面粗加工</kbd> ➡ <kbd>T 粗加工残料加工</kbd> 命令。

Step2. 选择加工面及加工范围。

（1）在图形区中选择图 10.8.2 所示的曲面，然后按 Enter 键，系统弹出"刀具路径的曲面选取"对话框。

（2）单击"刀具路径的曲面选取"对话框 <kbd>切削范围</kbd> 区域的 <kbd>▸</kbd> 按钮，系统弹出"串连选项"对话框，采用"串连方式"选取图 10.8.2 所示的边线，单击 <kbd>✓</kbd> 按钮，系统重新弹出"刀具路径的曲面选取"对话框，单击 <kbd>✓</kbd> 按钮，系统弹出"曲面残料粗加工"对话框。

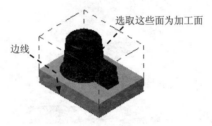

图 10.8.2　选择加工面

Stage3. 选择刀具

Step1. 选择刀具。

（1）确定刀具类型。在"曲面残料粗加工"对话框中单击 <kbd>刀具过滤</kbd> 按钮，系统弹出"刀具过滤列表设置"对话框，单击该对话框中的 <kbd>全关(N)</kbd> 按钮后，在刀具类型按钮群中单击 <kbd>▯</kbd>（球刀）按钮，单击 <kbd>✓</kbd> 按钮，关闭"刀具过滤列表设置"对话框，系统返回至"曲面残料粗加工"对话框。

（2）选择刀具。在"曲面残料粗加工"对话框中，单击 <kbd>选择刀库...</kbd> 按钮，系统弹出"选择刀具"对话框，在该对话框的的列表框中选择 <kbd>∅ 237　3. BALL ENDMILL　3.0　1.5　50.0　4　球刀　全部</kbd> 刀具。单击 <kbd>✓</kbd> 按钮，关闭"选择刀具"对话框，系统返回至"曲面残料粗加工"对话框。

Step2. 设置刀具相关参数。

（1）在"曲面残料粗加工"对话框的 <kbd>刀具路径参数</kbd> 选项卡的列表框中显示出上步选取的刀具，双击该刀具，系统弹出"定义刀具 - 机床群组-1"对话框。

（2）设置刀具号码。在"定义刀具 - 机床群组-1"对话框中的 <kbd>刀具号码</kbd> 文本框中，将原有的数值改为 3。

（3）设置刀具参数。单击"定义刀具 - 机床群组-1"对话框的 <kbd>参数</kbd> 选项卡，在其中的 <kbd>进给速率</kbd> 文本框输入值 300，在 <kbd>下刀速率</kbd> 文本框输入值 1200，在 <kbd>提刀速率</kbd> 文本框输入值 1200，在 <kbd>主轴转速</kbd> 文本框输入值 1500。

（4）设置冷却液方式。在 参数 选项卡中单击 Coolant... (*) 按钮，系统弹出"Coolant…"对话框，在 Flood （切削液）下拉列表中选择 On 选项，单击该对话框中的 ✓ 按钮，关闭"Coolant…"对话框。

（5）单击"定义刀具 - 机床群组-1"对话框中的 ✓ 按钮，完成刀具参数的设置。

Stage4. 设置加工参数

Step1. 设置曲面参数。在"曲面残料粗加工"对话框中单击 曲面参数 选项卡，在 加工面 预留量 文本框中输入值 0.5，曲面参数 选项卡中的其他参数保持系统默认设置值。

Step2. 设置残料加工参数。在"曲面残料粗加工"对话框中单击 残料加工参数 选项卡，如图 10.8.3 所示，在 残料加工参数 选项卡的 开放式轮廓的方向 区域中选择 ⊙ 顺铣 选项，在 开放式轮廓的方向 区域中选择 ⊙ 双向 选项。

Step3. 设置剩余材料参数。在"曲面残料粗加工"对话框中单击 剩余材料参数 选项卡，如图 10.8.4 所示，在 剩余材料的计算是来自: 区域选择 ⊙ 所有先前的操作 选项，其他参数接受系统的默认设置值，单击"曲面残料粗加工"对话框中的 ✓ 按钮，同时在图形区生成 10.8.5 所示的刀具路径。

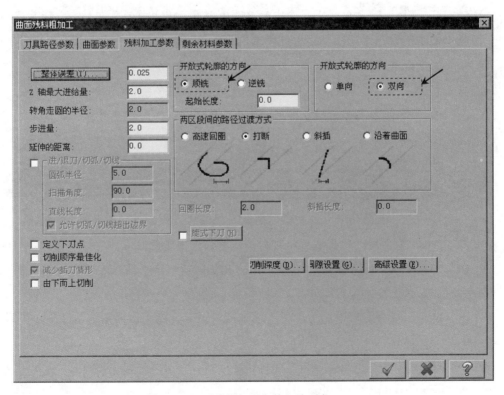

图 10.8.3 "残料加工参数"选项卡

图 10.8.4 所示的"剩余材料参数"选项卡中部分选项的说明如下：

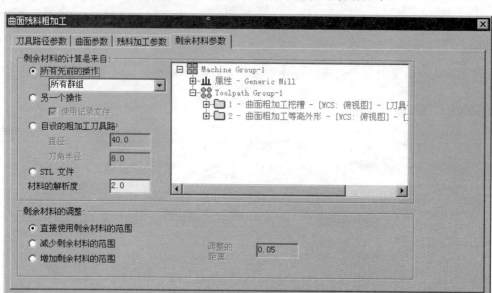

图 10.8.4 "剩余材料参数"选项卡

- 剩余材料的计算是来自: 区域：用于设置残料加工时残料的计算来源，有以下几种形式。
  - ☑ 所有先前的操作 单选项：选中此单选项则表示以之前的所有加工来计算残料。
  - ☑ 另一个操作 单选项：选中此单选项则表示在之前的加工中选择一个需要的加工来计算残料。
  - ☑ 使用记录文件 复选框：此选项表示用已经保存的记录为残料的计算依据。
  - ☑ 自设的粗加工刀具路 单选项：选择此项表示可以通过输入刀具的直径和刀角半径来计算残料。
  - ☑ STL 文件 单选项：当工件模型为不规则形状时选用此单选项，比如铸件。
  - ☑ 材料的解析度: 文本框：用于定义刀具路径的质量。材料的解析度值越小，则创建的刀具路径越平滑；材料的解析度值越大，则创建的刀具路径越粗糙。
- 剩余材料的调整: 区域：此区域可以对加工残料的范围进行设定。
  - ☑ 直接使用剩余材料的范围 单选项：选中此单选项表示直接利用先前的加工余量进行加工。
  - ☑ 减少剩余材料的范围 单选项：选择此单选项可以在已有的加工余量上减少一定范围的残料进行加工。
  - ☑ 增加剩余材料的范围 单选项：选择此单选项可以通过调整切削间距，在已有的加工余量上增加一定范围的残料进行加工。

Stage5．加工仿真

Step1．路径模拟。

（1）在"操作管理"中单击 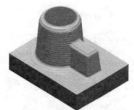 节点，系统弹出的"刀路模拟"对话框及"刀路模拟控制"操控板。

（2）在"刀路模拟控制"操控板中单击▶按钮，系统将开始对刀具路径进行模拟，结果与图 10.8.5 所示的刀具路径相同，在"刀路模拟"对话框中单击 ✓ 按钮。

Step2．实体切削验证。

（1）在刀具路径选项卡中单击 ✓ 按钮，然后单击"验证已选择的操作"按钮 ⬚，系统弹出"验证"对话框。

（2）在"验证"对话框中单击▶按钮。系统将开始进行实体切削仿真，结果如图 10.8.6 所示，单击 ✓ 按钮。

Step3．保存文件。选择下拉菜单 F 文件 ➡ 🗎 S 保存 命令，即可保存文件。

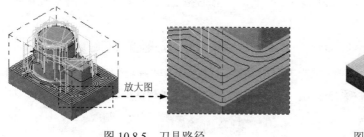

图 10.8.5　刀具路径　　　　　　图 10.8.6　仿真结果

10.9　粗加工钻削式加工

粗加工钻削式加工是将铣刀像钻头一样沿曲面的形状进行快速钻销加工，快速的移除工件的材料。该加工方法要求机床有较高的稳定性和整体刚性。此种加工方法比普通曲面加工方法的加工效率高。下面通过图 10.9.1 所示的实例讲解粗加工钻削式加工的一般操作过程。

Stage1．进入加工环境

Step1．打开文件 D:\mcx6\work\ch10.09\PARALL_STEEP.MCX-6，系统进入加工环境。

  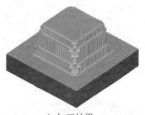

a）加工模型　　　　　　b）加工工件　　　　　　c）加工结果

图 10.9.1　粗加工钻销式加工

Stage2. 设置工件

Step1. 在"操作管理"中单击 **山 属性 – Mill Default MM** 节点前的"+"号，将该节点展开，然后单击 **◇ 材料设置** 节点，系统弹出"机器群组属性"对话框。

Step2. 设置工件的形状。在"机器群组属性"对话框的 **形状** 区域中选中 **◉ 立方体** 单选项。

Step3. 设置工件的尺寸。在"机器群组属性"对话框中单击 **所有曲面** 按钮，在 **素材原点** 区域的 **Z** 文本框中输入值 60，然后在右侧的预览区的 **Z** 文本框中输入值 60。

Step4. 单击"机器群组属性"对话框中的 **✓** 按钮，完成工件的设置，如图 10.9.2 所示。

Stage3. 选择加工类型

Step1. 选择加工方法。选择下拉菜单 **T 刀具路径** ➡ **R 曲面粗加工** ➡ **L 粗加工钻削式加工** 命令，系统弹出"输入新 NC 名称"对话框，采用系统默认的名称，单击 **✓** 按钮。

Step2. 选择加工面及加工范围。

（1）在图形区中选择图 10.9.3 所示的曲面，然后按 Enter 键，系统弹出"刀具路径的曲面选取"对话框。

（2）单击"刀具路径的曲面选取"对话框 **网格** 区域的 **↳** 按钮，选择图 10.9.4 所示的点 1 和点 2（点 1 和点 2 为棱线交点）为加工栅格点。系统重新弹出"刀具路径的曲面选取"对话框，单击 **✓** 按钮，系统弹出"曲面粗加工钻削式"对话框。

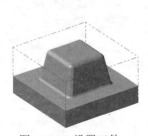
图 10.9.2　设置工件

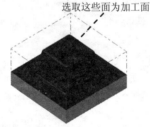
图 10.9.3　选择加工面

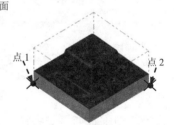
图 10.9.4　定义栅格点

Stage4. 选择刀具

Step1. 选择刀具。

（1）确定刀具类型。在"曲面粗加工钻销式"对话框中单击 **刀具过虑** 按钮，系统弹出"刀具过虑列表设置"对话框，单击该对话框中的 **全关(N)** 按钮后，在刀具类型按钮群中单击 **▮**（圆鼻刀）按钮。单击 **✓** 按钮，关闭"刀具过虑列表设置"对话框，系统返回至"曲面粗加工钻削式"对话框。

（2）选择刀具。在"曲面粗加工钻削式"对话框中，单击 **选择刀库...** 按钮，系统弹出"选择刀具"对话框，在该对话框的列表框中选择 **▮ 128 8. BULL ENDMIL... 8.0 2.0 50.0 4 圆鼻刀 角落** 刀具。单击 **✓** 按钮，关闭"选择刀具"对话框，系统返回至"曲面粗加工钻削式"对话框。

Step2. 设置刀具相关参数。

（1）在"曲面粗加工钻削式"对话框的 刀具路径参数 选项卡的列表框中显示出上步选取的刀具，双击该刀具，系统弹出"定义刀具 - 机床群组-1"对话框。

（2）设置刀具号码。在"定义刀具 - 机床群组-1"对话框中的 刀具号码 文本框中，将原有的数值改为 1。

（3）设置刀具参数。单击"定义刀具 - 机床群组-1"对话框的 参数 选项卡，在其中的 进给速率 文本框输入值 400，在 下刀速率 文本框输入值 1200，在 提刀速率 文本框输入值 1200，在 主轴转速 文本框输入值 1000。

（4）设置冷却液方式。在 参数 选项卡中单击 Coolant... (*) 按钮，系统弹出"Coolant…"对话框，在 Flood （切削液）下拉列表中选择 On 选项，单击该对话框中的 ✓ 按钮，关闭"Coolant…"对话框。

（5）单击"定义刀具 - 机床群组-1"对话框中的 ✓ 按钮，完成刀具参数的设置。

Stage5. 设置加工参数

Step1. 设置曲面参数。在"曲面粗加工钻削式"对话框中单击 曲面参数 选项卡，勾选 安全高度 前面的 ☑ 选项，并在 安全高度 的文本框中输入值 50，在 参考高度 文本框中输入值 20，在 进给下刀位置 文本框中输入值 10，在 加工面预留量 文本框中输入值 0.5，曲面参数 选项卡中的其他设置保持系统默认。

Step2. 设置曲面钻削式粗加工参数。

（1）在"曲面粗加工钻削式"对话框中单击 钻削式粗加工参数 选项卡，如图 10.9.5 所示。

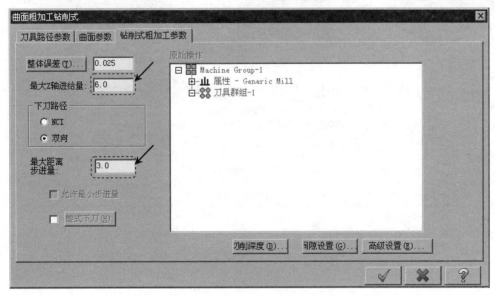

图 10.9.5　"钻削式粗加工参数"选项卡

（2）在 钻削式粗加工参数 选项卡的 最大Z轴进给量 文本框中输入值 6，在 最大距离 步进量 文本框中输入值 3。

（3）完成参数设置。对话框中的其他参数保持系统默认设置值，单击"曲面粗加工钻削式"对话框中的 ✓ 按钮，同时在图形区生成图 10.9.6 所示的刀具路径。

Stage6. 加工仿真

Step1. 路径模拟。

（1）在"操作管理"中单击 刀具路径 - 4533.4K - PARALL_STEEP.NC - 程序号码 0 节点，系统弹出的"刀路模拟"对话框及"刀路模拟控制"操控板。

（2）在"刀路模拟控制"操控板中单击 ▶ 按钮，系统将开始对刀具路径进行模拟，结果与图 10.9.6 所示的刀具路径相同，在"刀路模拟"对话框中单击 ✓ 按钮。

Step2. 实体切削验证。

（1）在"操作管理"中确认 1 - 曲面粗加工钻削式 - [WCS: 俯视图] - [刀具平面: 俯视图] 节点被选中，然后单击"验证已选择的操作"按钮 🗔 ，系统弹出"验证"对话框。

（2）在"验证"对话框中单击 ▶ 按钮。系统将开始进行实体切削仿真，结果如图 10.9.7 所示，单击 ✓ 按钮。

图 10.9.6　刀具路径　　　　　　　图 10.9.7　仿真结果

Step3. 保存文件。选择下拉菜单 F 文件 ➡ S 保存 命令，即可保存文件。

第 11 章　曲面精加工

本章提要　　MasterCAM X6 的精加工功能同样非常强大，本章主要通过具体的实例讲解精加工中各个加工方法的一般操作过程。通过本章的学习，希望读者能够清楚地了解 MasterCAM X6 中精加工的一般流程及操作方法，并了解其中的原理。本章的内容包括：

- 精加工平行铣削加工
- 精加工平行陡斜面加工
- 精加工放射状加工
- 精加工投影加工
- 精加工流线加工
- 精加工等高外形加工
- 精加工残料加工
- 精加工浅平面加工
- 精加工环绕等距加工
- 精加工交线清角加工
- 精加工熔接加工
- 综合实例

11.1　概　　述

精加工就是把粗加工或半精加工后的工件进一步加工到工件的几何形状并达到尺寸精度，其切削方式是通过加工工件的结构及选用的加工类型进行工件表面或外围单层单次切削加工。

MasterCAM X6 提供了十一种曲面精加工加工方式，分别为"精加工平行铣削加工""精加工平行陡斜面加工""精加工放射状加工""精加工投影加工""精加工流线加工""精加工等高外形加工""精加工残料加工""精加工浅平面加工""精加工环绕等距加工""精加工交线清角加工""精加工熔接加工"。

11.2　精加工平行铣削加工

精加工平行铣削加工与粗加工平行铣削加工基本相同，加工时生成沿某一指定角度方向的刀具路径。用此种方法加工出的工件表面较光滑，主要用于圆弧过渡及陡斜面的模型加工。下面以图 11.2.1 所示的模型为例讲解精加工平行铣削加工的一般操作过程。

 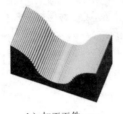 

a）加工模型　　　　　　　　b）加工工件　　　　　　　　c）加工结果

图 11.2.1　精加工平行铣削加工

Stage1. 进入加工环境

Step1. 打开文件 D:\mcx6\work\ch11.02\FINISH_PARALL.MCX-6。

Step2. 隐藏刀具路径。在 刀具路径 选项卡中单击 按钮，再单击 按钮，将已存在的刀具路径隐藏。

Stage2. 选择加工类型

Step1. 选择加工方法。选择下拉菜单 I 刀具路径 ➡ F 曲面精加工 ➡ P 精加工平行铣削... 命令。

Step2. 选择加工面。在图形区中选取图 11.2.2 所示的曲面，按 Enter 键，系统弹出"刀具路径的曲面选取"对话框，采用系统默认的选项设置，单击 按钮，系统弹出"曲面精加工平行铣削"对话框。

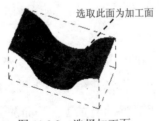

选取此面为加工面

图 11.2.2　选择加工面

Stage3. 选择刀具

Step1. 选择刀具。

（1）确定刀具类型。在"曲面精加工平行铣削"对话框中单击 刀具过虑 按钮，系统弹出"刀具过虑列表设置"对话框，单击该对话框中的 全关(N) 按钮后，在刀具类型按钮群中单击 （球刀）按钮。单击 ✓ 按钮，关闭"刀具过虑列表设置"对话框，系统返回至"曲面精加工平行铣削"对话框。

（2）选择刀具。在"曲面精加工平行铣削"对话框中单击 选择刀库... 按钮，系统弹出图 11.2.3 所示的"选择刀具"对话框，在该对话框的列表框中选择图 11.2.3 所示的刀具。单击 ✓ 按钮，关闭"选择刀具"对话框，系统返回至"曲面精加工平行铣削"对话框。

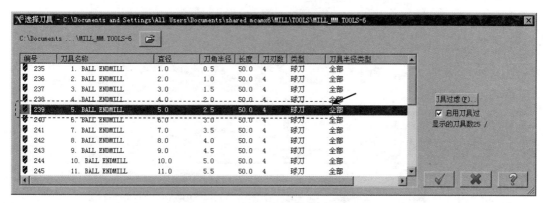

图 11.2.3　"选择刀具"对话框

Step2. 设置刀具相关参数。

（1）在"曲面精加工平行铣削"对话框的 刀具路径参数 选项卡的列表框中显示出上步选取的刀具，双击该刀具，系统弹出"定义刀具 - 机床群组-1"对话框。

（2）设置刀具号码。在"定义刀具 - 机床群组-1"对话框中的 刀具号码 文本框中，将原有的数值改为 2。

（3）设置刀具参数。单击"定义刀具 - 机床群组-1"对话框的 参数 选项卡，设置图 11.2.4 所示的参数。

（4）设置冷却液方式。在 参数 选项卡中单击 Coolant... (*) 按钮，系统弹出"Coolant..."对话框，在 Flood （切削液）下拉列表中选择 On 选项，单击该对话框中的 ✓ 按钮，关闭"Coolant..."对话框。

（5）单击"定义刀具 - 机床群组-1"对话框中的 ✓ 按钮，完成刀具参数的设置。

Stage4. 设置加工参数

Step1. 设置曲面加工参数。在"曲面精加工平行铣削"对话框中单击 曲面参数 选项卡，此选项卡中的各参数设置保持系统默认设置值。

Step2. 设置精加工平行铣削参数。

（1）在"曲面精加工平行铣削"对话框中单击 精加工平行铣削参数 选项卡，如图 11.2.5 所示。

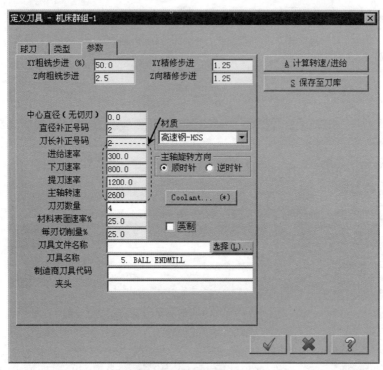

图 11.2.4 "参数"选项卡

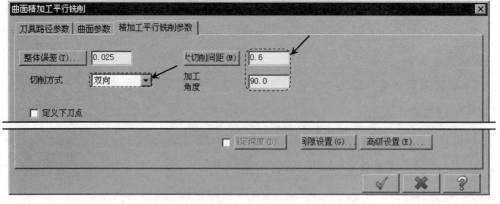

图 11.2.5 "精加工平行铣削参数"选项卡

（2）设置切削方式。在 精加工平行铣削参数 选项卡的 切削方式 下拉列表中选择 双向 选项。

（3）设置切削间距。在 精加工平行铣削参数 选项卡的 大切削间距 (M) 文本框中输入值 0.6。

（4）设置切削角度。在 精加工平行铣削参数 选项卡的 加工角度 文本框中输入值 90。

（5）完成参数设置。对话框中的其他参数保持系统默认设置值，单击"曲面精加工平行铣削"对话框中的 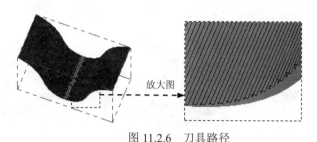 按钮，同时在图形区生成图 11.2.6 所示的刀具路径。

放大图

图 11.2.6　刀具路径

Stage5．加工仿真

Step1．路径模拟。

（1）在"操作管理器"中单击 ≋ 刀具路径 - 107.5K - ROUGH_PARALL.NC - 程序号码 0 节点，系统弹出"刀路模拟"对话框及"刀路模拟控制"操控板。

（2）在"刀路模拟控制"操控板中单击 ▶ 按钮，系统将开始对刀具路径进行模拟，结果与图 11.2.6 所示的刀具路径相同，在"刀路模拟"对话框中单击 ✓ 按钮。

Step2．实体切削验证。

（1）在 刀具路径 选项卡中单击 ✓ 按钮，然后单击"验证已选择的操作"按钮 ⬛，系统弹出"验证"对话框。

（2）在"验证"对话框中单击 ▶ 按钮，系统将开始进行实体切削仿真，结果如图 11.2.7 所示，单击 ✓ 按钮。

图 11.2.7　仿真结果

Step3．保存文件。选择下拉菜单 F 文件 ➡ 🖫 S 保存 命令，即可保存文件。

11.3　精加工平行陡斜面加工

精加工平行陡斜面加工是指从陡斜区域切削残余材料的加工方法，陡斜面是由两个斜坡角度决定。下面以图 11.3.1 所示的模型为例讲解精加工平行陡斜面加工的一般操作过程。

Stage1. 进入加工环境

Step1. 打开文件 D：\mcx6\work\ch11.03\FINISH_PAR.STEEP.MCX-6。

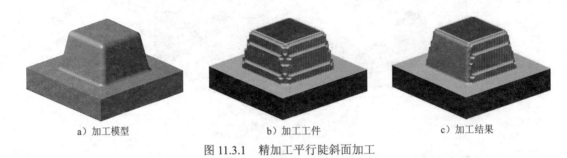

a）加工模型　　　　　　　b）加工工件　　　　　　　c）加工结果

图 11.3.1　精加工平行陡斜面加工

Step2. 隐藏刀具路径。在 刀具路径 选项卡中单击 按钮，再单击 按钮，将已存在的刀具路径隐藏。

Stage2. 选择加工类型

Step1. 选择加工方法。选择 T 刀具路径 ➡ F 曲面精加工▶ ➡ A 精加工平行陡斜面 命令。

Step2. 选择加工面。在图形区中选取图 11.3.2 所示的曲面，按 Enter 键，系统弹出"刀具路径的曲面选取"对话框，对话框中的其他参数保持系统默认设置值，单击 按钮，系统弹出"曲面精加工平行式陡斜面"对话框。

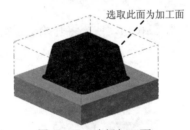

选取此面为加工面

图 11.3.2　选择加工面

Stage3. 选择刀具

Step1. 选择刀具。

（1）确定刀具类型。在"曲面精加工平行式陡斜面"对话框中单击 刀具过虑 按钮，系统弹出"刀具过虑列表设置"对话框，单击该对话框中的 全关(N) 按钮后，在刀具类型按钮群中单击 （圆鼻刀）按钮。单击 按钮，关闭"刀具过虑列表设置"对话框，系统返回至"曲面精加工平行式陡斜面"对话框。

（2）选择刀具。在"曲面精加工平行式陡斜面"对话框中单击 选择刀库... 按钮，系统弹出"选择刀具"对话框，在该对话框的列表框中选择

`122　　6. BULL ENDMIL...　6.0　　1.0　50.0　4　圆鼻刀　角落` 刀具。单击 ✓ 按钮,关闭"选择刀具"对话框,系统返回至"曲面精加工平行式陡斜面"对话框。

Step2. 设置刀具相关参数。

(1)在"曲面精加工平行式陡斜面"对话框 刀具路径参数 选项卡的列表框中显示出上步选取的刀具,双击该刀具,系统弹出"定义刀具－机床群组-1"对话框。

(2)设置刀具号码。在"定义刀具－机床群组-1"对话框中的 刀具号码 文本框中,将原有的数值改为2。

(3)设置刀具参数。单击"定义刀具－机床群组-1"对话框的 参数 选项卡,在其中的 进给速率 文本框中输入值2,在 下刀速率 文本框中输入值1200,在 提刀速率 文本框中输入值1200,在 主轴转速 文本框中输入值800。

(4)设置冷却液方式。在 参数 选项卡中单击 Coolant... (*) 按钮,系统弹出"Coolant..."对话框,在 Flood (切削液)下拉列表中选择 On 选项,单击该对话框中的 ✓ 按钮,关闭"Coolant..."对话框。

(5)单击"定义刀具－机床群组-1"对话框中的 ✓ 按钮,完成刀具参数的设置。

Stage4. 设置加工参数

Step1. 设置曲面加工参数。在"曲面精加工平行式陡斜面"对话框中单击 曲面参数 选项卡,选中 安全高度 前面的复选框 ☑,并在 安全高度 文本框中输入值50,在 参考高度 文本框中输入值20,在 进给下刀位置 文本框中输入值10,在 加工面预留量 文本框中输入值0,曲面参数 选项卡中的其他参数设置保持系统默认设置值。

Step2. 设置陡斜面加工参数。

(1)在"曲面精加工平行式陡斜面"对话框中单击 陡斜面精加工参数 选项卡,如图11.3.3所示。

(2)设置切削方式。在 陡斜面精加工参数 选项卡的 切削方式 下拉列表中选择 双向 选项。

(3)完成参数设置。对话框中的其他参数保持系统默认设置值,单击"曲面精加工平行式陡斜面"对话框中的 ✓ 按钮,同时在图形区生成图11.3.4所示的刀具路径。

图11.3.3 所示的"陡斜面精加工参数"选项卡中部分选项的说明如下:

- 加工角度 文本框:用于定义陡斜面的刀具路径与X轴的角度。

- 切削延伸量 文本框:用于定义刀具能够从以前切削区域下刀切削,消除不同刀具路径间产生的加工间隙,其延伸距离为两个刀具路径的公共部分,延伸刀具路径沿曲面曲率变化。此文本框仅在 切削方式 为 单向 和 双向 时可用。

- **陡斜面的范围** 区域：此区域可以设置加工的陡斜面的范围，此范围是 **倾斜角度** 文本框中的数值与 **倾斜角度** 文本框中的数值之间的区域。

  ☑ **倾斜角度** 文本框：设置陡斜面的起始加工角度。

  ☑ **倾斜角度** 文本框：设置陡斜面的终止加工角度。

  ☑ **☑包含外部的切削** 复选框：用于设置加工在陡斜的范围角度外面的区域。选中此复选框时，系统会自动加工与加工角度成正交的区域和浅的区域，不加工与加工角度平行的区域，使用此复选框可以避免重复切削同一个区域。

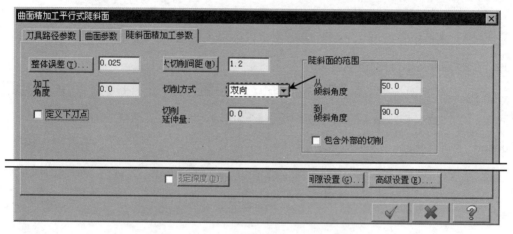

图 11.3.3　"陡斜面精加工参数"选项卡

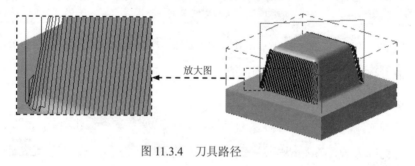

图 11.3.4　刀具路径

Stage5. 加工仿真

Step1. 路径模拟。

（1）在"操作管理器"中单击 **刀具路径 - 117.3K -FINISH_PAR.STEEP.NC - 程序号码 0** 节点，系统弹出"刀路模拟"对话框及"刀路模拟控制"操控板。

（2）在"刀路模拟控制"操控板中单击 ▶ 按钮，系统将开始对刀具路径进行模拟，结果与图 11.3.4 所示的刀具路径相同，"刀路模拟"对话框中单击 ✓ 按钮。

Step2. 实体切削验证。

（1）在 刀具路径 选项卡中单击 按钮，然后单击"验证已选择的操作"按钮 ，系统弹出"验证"对话框。

（2）在"验证"对话框中单击 按钮，系统将开始进行实体切削仿真，结果如图 11.3.5 所示，单击 按钮。

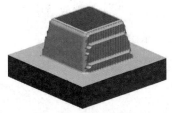

图 11.3.5　仿真结果

Step3. 保存文件。选择下拉菜单 F 文件 ➡ 保存 命令，即可保存文件。

11.4　精加工放射状加工

精加工放射状加工是指刀具绕一个旋转中心对工件某一范围内的材料进行加工，其刀具路径呈放射状。此种加工方法适合于圆形、边界等位值或对称性模型的加工。下面通过图 11.4.1 所示的模型讲解精加工放射状加工的一般操作过程。

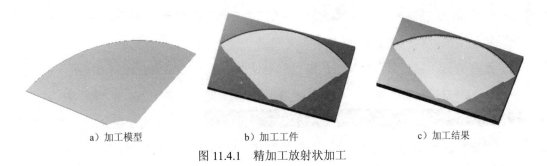

a）加工模型　　　　　　　　b）加工工件　　　　　　　　c）加工结果

图 11.4.1　精加工放射状加工

Stage1. 进入加工环境

Step1. 打开文件 D:\mcx6\work\ch11.04\FINISH_RADIAL.MCX-6。

Step2. 隐藏刀具路径。在 刀具路径 选项卡中单击 按钮，再单击 按钮，将已存在的刀具路径隐藏。

Stage2. 选择加工类型

Step1. 选择加工方法。选择下拉菜单 [I 刀具路径] ➡ [F 曲面精加工▶] ➡ [R 精加工放射状] 命令。

Step2. 选择加工面及放射中心。在图形区中选取图 11.4.2 所示的曲面，然后按 Enter 键，系统弹出"刀具路径的曲面选取"对话框，在该对话框的 [选取放射中心点] 区域中单击 [🔾] 按钮，选取图 11.4.3 所示的圆弧的中心为加工的放射中心，对话框中的其他选项的设置保持系统默认设置，单击 [✔] 按钮，系统弹出"曲面精加工放射状"对话框。

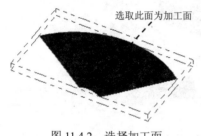

图 11.4.2　选择加工面

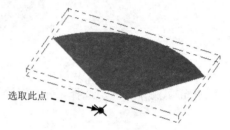

图 11.4.3　定义放射中心

Stage3. 选择刀具

Step1. 选择刀具。

（1）确定刀具类型。在"曲面精加工放射状"对话框中单击 [刀具过虑] 按钮，系统弹出"刀具过虑列表设置"对话框，单击该对话框中的 [全关 (N)] 按钮后，在刀具类型按钮群中单击 [▌]（平底刀）按钮，单击 [✔] 按钮，关闭"刀具过虑列表设置"对话框，系统返回至"曲面精加工放射状"对话框。

（2）选择刀具。在"曲面精加工放射状"对话框中单击 [选择刀库...] 按钮，系统弹出"选择刀具"对话框，在该对话框的列表框中选择 [◪ 215　6. FLAT ENDMILL　6.0　0.0　50.0　4　平底刀　无] 刀具。单击 [✔] 按钮，关闭"选择刀具"对话框，系统返回至"曲面精加工放射状"对话框。

Step2. 设置刀具相关参数。

（1）在"曲面精加工放射状"对话框的 [刀具路径参数] 选项卡的列表框中显示出上步选取的刀具，双击该刀具，系统弹出"定义刀具－机床群组-1"对话框。

（2）设置刀具号码。在"定义刀具－机床群组-1"对话框中的 [刀具号码] 文本框中，将原有的数值改为 2。

（3）设置刀具参数。单击"定义刀具－机床群组-1"对话框的 [参数] 选项卡，设置图

11.4.4 所示的参数。

（4）设置冷却液方式。在 参数 选项卡中单击 Coolant... (*) 按钮，系统弹出"Coolant
…"对话框，在 Flood （切削液）下拉列表中选择 On 选项，单击该对话框中的 ✓ 按钮，
关闭"Coolant…"对话框。

（5）单击"定义刀具－机床群组-1"对话框中的 ✓ 按钮，完成刀具参数的设置。

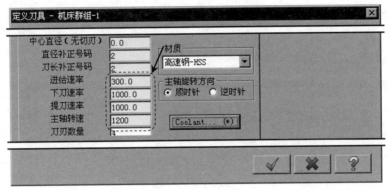

图 11.4.4　设置刀具参数

Stage4．设置加工参数

Step1．设置共性加工参数。

（1）在"曲面精加工放射状"对话框中单击 曲面参数 选项卡，在 加工面预留量 文本框中输入值
0.2。

（2）在"曲面精加工放射状"对话框中选中 /退刀向量 (D) 前面的复选框 ☑，并单击
/退刀向量 (D) 按钮，系统弹出"方向"对话框。

（3）在"方向"对话框 进刀向量 区域的 进刀引线长度 文本框中输入值 5，对话框中的其他
参数保持系统默认设置值，单击 ✓ 按钮，系统返回至"曲面精加工放射状"对话框。

Step2．设置精加工放射状参数。

（1）在"曲面精加工放射状"对话框中单击 放射状加工参数 选项卡，如图 11.4.5 所示。

（2）在 放射状精加工参数 选项卡的 整体误差 (T)... 文本框中输入值 0.025。

（3）设置切削方式。在 放射状精加工参数 选项卡的 切削方式 下拉列表中选择 双向 选项。

图 11.4.5 所示"放射状精加工参数"选项卡中部分选项的说明如下：

● 限定深度 (D)... 按钮：要激活此按钮先要选中此按钮前面的复选框 ☑。单击此按钮，系
　　统弹出"限定深度"对话框。通过该对话框可以对切削深度进行具体设置。

说明：图 11.4.5 所示的"放射状精加工参数"选项卡中的部分选项的功能与粗加工相
同，此处不再赘述。

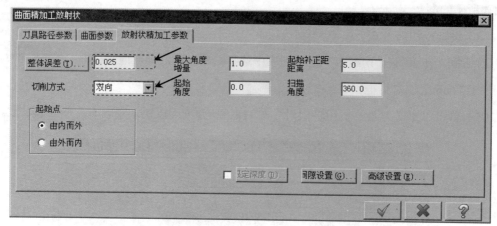

图 11.4.5　"放射状精加工参数"选项卡

（4）完成参数设置。对话框中的其他参数保持系统默认设置值，单击"曲面精加工放射状"对话框中的 ✓ 按钮，同时在图形区生成图 11.4.6 所示的刀具路径。

Stage5. 加工仿真

Step1. 路径模拟。

（1）在"操作管理器"中单击 ≋ 刀具路径 - 28.1K - FINISH_RADIAL.NC - 程序号码 0 节点，系统弹出"刀路模拟"对话框及"刀路模拟控制"操控板。

（2）在"刀路模拟控制"操控板中单击 ▶ 按钮，系统将开始对刀具路径进行模拟，结果与图 11.4.6 所示的刀具路径相同，在"刀路模拟"对话框中单击 ✓ 按钮。

Step2. 实体切削验证。

（1）在"操作管理器"中确认 📝 1 - 曲面粗加工放射状 - [WCS: TOP] - [刀具平面: TOP] 节点和 📝 2 - 曲面精加工放射状 - [WCS: TOP] - [刀具平面: TOP] 节点被选中，然后单击"验证已选择的操作"按钮 📦，系统弹出"验证"对话框。

（2）在"验证"对话框中单击 ▶ 按钮。系统将开始进行实体切削仿真，结果如图 11.4.7 所示，单击 ✓ 按钮。

Step3. 保存文件。选择下拉菜单 F 文件 ➡ 📁 S 保存 命令，即可保存文件。

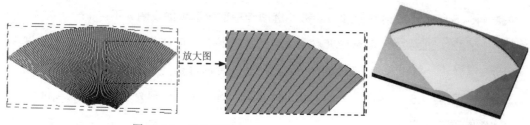

图 11.4.6　刀具路径　　　　　　　　图 11.4.7　仿真结果

11.5 精加工投影加工

投影精加工是将已有的刀具路径文件（NCI）或几何图素（点或曲线）投影到指定曲面模型上并生成刀具路径来进行切削加工的方法。用来做投影图素的 NCI 及几何图素越紧凑所生成的刀具路径跟工件形状越接近，加工出来的效果就越平滑。下面以图 11.5.1 所示的模型为例讲解精加工投影加工的一般操作过程（本例是将已有曲线投影到曲面进行加工的）。

Stage1. 进入加工环境

Step1. 打开文件 D:\mcx6\work\ch11.05\FINISH_PROJECT.MCX-6。

Step2. 隐藏刀具路径。在 刀具路径 选项卡中单击 ✔ 按钮，再单击 ≈ 按钮，将已存在的刀具路径隐藏。

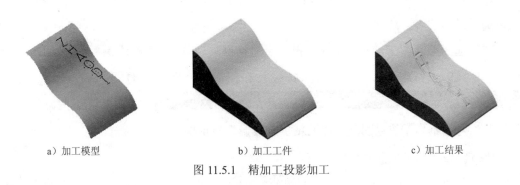

a）加工模型 b）加工工件 c）加工结果

图 11.5.1 精加工投影加工

Stage2. 选择加工类型

Step1. 选择加工方法。选择下拉菜单 T 刀具路径 ➡ F 曲面精加工▶ ➡ T 精加工投影加工 命令。

Step2. 选择加工面及投影曲线。

（1）在图形区中选择图 11.5.2 所示的曲面，然后按 Enter 键，系统弹出"刀具路径的曲面选取"对话框。

（2）单击"刀具路径的曲面选取"对话框 选取曲线 区域的 ↖ 按钮，系统弹出"串连选项"对话框，单击其中的 ▭ 按钮，选取择图 11.5.3 所示的所有曲线（字体曲线），此时系统提示"输入搜寻点"，选取图 11.5.3 所示的点 1（点 1 为直线的端点），在"串连选项"对话框中单击 ✔ 按钮，系统重新弹出"刀具路径的曲面选取"对话框。

（3）"刀具路径的曲面选取"对话框中的其他设置保持系统默认，单击 ✔ 按钮，系统弹出"曲面精加工投影"对话框。

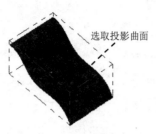

图 11.5.2　定义投影曲面

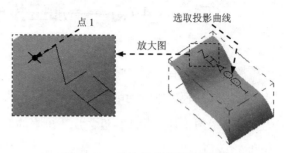

图 11.5.3　选取投影曲线和搜寻点

Stage3. 选择刀具

Step1. 选择刀具。

（1）确定刀具类型。在"曲面精加工投影"对话框中单击 刀具过虑 按钮，系统弹出 "刀具过虑列表设置"对话框，单击该对话框中的 全关(N) 按钮后，在刀具类型按钮群中 单击 （球刀）按钮，单击 ✓ 按钮，关闭"刀具过虑列表设置"对话框，系统返回至"曲 面粗加工投影"对话框。

（2）选择刀具。在"曲面精加工投影"对话框中，单击 选择刀库... 按钮，系统弹 出 " 选 择 刀 具 " 对 话 框 ， 在 该 对 话 框 的 列 表 框 中 选 择 238　4. BALL ENDMILL　4.0　2.0　50.0　4　球刀　全部 刀具。单击 ✓ 按钮，关闭"选 择刀具"对话框，系统返回至"曲面精加工投影"对话框。

Step2. 设置刀具相关参数。

（1）在"曲面精加工投影"对话框的 刀具路径参数 选项卡的列表框中显示出上步选取的刀 具，双击该刀具，系统弹出"定义刀具－机床群组-1"对话框。

（2）设置刀具号码。在"定义刀具－机床群组-1"对话框中的 刀具号码 文本框中，将原 有的数值改为 3。

（3）设置刀具参数。单击"定义刀具－机床群组-1"对话框的 参数 选项卡，在其中 的 进给速率 文本框输入值 200，在 下刀速率 文本框输入值 1600，在 提刀速率 文本框输入值 1600， 在 主轴转速 文本框输入值 2200。

（4）设置冷却液方式。在 参数 选项卡中单击 Coolant... (*) 按钮，系统弹出"Coolant…" 对话框，在 Flood （切削液）下拉列表中选择 On 选项，单击该对话框中的 ✓ 按钮，关闭 "Coolant…"对话框。

（5）单击"定义刀具－机床群组-1"对话框中的 ✓ 按钮，完成刀具参数的设置。

Stage4．设置加工参数

Step1．设置曲面加工参数。在"曲面精加工投影"对话框中单击 曲面参数 选项卡，在 加工面 预留量
文本框中输入值 0，选中 退刀向量(D) 按钮前的复选框，并单击此按钮，系统弹出"方向"对
话框，在 进刀向量 区域的 进刀引线长度 文本框中输入值 5，单击 ✓ 按钮完成进/退刀向量的设
置，同时系统返回至"曲面精加工投影"对话框。

Step2．设置精加工投影参数。

（1）在"曲面精加工投影"对话框中单击 投影精加工参数 选项卡，如图 11.5.4 所示。

（2）单击 投影精加工参数 选项卡的 投影方式 区域确认 ⊙ 曲线 选项处于选中状态，其他选项保
持系统默认设置，单击"曲面精加工投影"对话框中的 ✓ 按钮，同时在图形区生成图 11.5.5
所示的刀具路径。

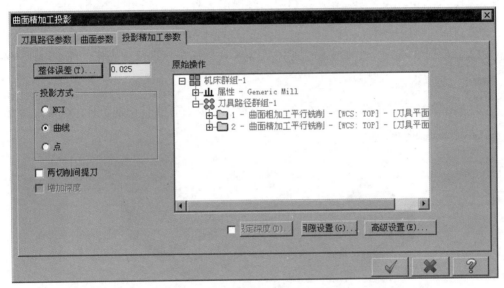

图 11.5.4　"投影精加工参数"选项卡

图 11.5.4 所示的"投影精加工参数"选项卡中部分选项的说明如下：

- ☑ 增加深度 复选框：该复选框用于设置在所选操作中获取加工深度并应用于曲面精
  加工投影中。

- 原始操作 区域：此区域列出了之前的所有操作程序以供选择。

- 限定深度(D)... 按钮：要激活此按钮，需勾选其前面的复选框 ☑。单击此按钮，系统弹
  出"限定深度"对话框，如图 11.5.6 所示。

Stage5．加工仿真

Step1．路径模拟。

（1）在"操作管理器"中单击 **刀具路径 - 19.5K - FINISH_PROJECT.NC - 程序号码** 0 节点，系统弹出"刀路模拟"对话框及"刀路模拟控制"操控板。

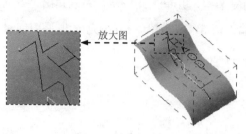

图 11.5.5　刀具路径

图 11.5.6　"限定深度"对话框

（2）在"刀路模拟控制"操控板中单击 ▶ 按钮，系统将开始对刀具路径进行模拟，结果与图 11.5.5 所示的刀具路径相同，在"刀路模拟"对话框中单击 ✔ 按钮。

Step2. 实体切削验证。

（1）在 **刀具路径** 选项卡中单击 ✔ 按钮，然后单击"验证已选择的操作"按钮 📦，系统弹出"验证"对话框。

（2）在"验证"对话框中单击 ▶ 按钮。系统将开始进行实体切削仿真，结果如图 11.5.7 所示，单击 ✔ 按钮。

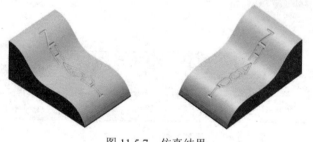

图 11.5.7　仿真结果

Step3. 保存文件。选择下拉菜单 **E 文件** ➡ **S 保存** 命令，即可保存文件。

11.6　精加工流线加工

曲面流线精加工与曲面流线粗加工类似，用于设定曲面切削方向沿着截断方向加工或沿切削方向加工，同时还可以控制曲面的"残脊高度"来生成一个平滑的加工曲面。下面通过图 11.6.1 所示的实例来讲解精加工流线加工的操作过程。

Stage1. 进入加工环境

Step1. 打开文件 D:\mcx6\work\ch11.06\FINISH_FLOWLINE.MCX-6。

Step2. 隐藏刀具路径。在 刀具路径 选项卡中单击 ✓ 按钮，再单击 ≋ 按钮，将已存在的刀具路径隐藏。

a）加工模型　　　　　　　　　b）加工工件　　　　　　　　　c）加工结果

图 11.6.1　精加工流线加工

Stage2. 选择加工类型

Step1. 选择加工方法。选择下拉菜单 Ⅰ 刀具路径 ➡ F 曲面精加工▶ ➡ ⌒F 精加工流线加工命令。

Step2. 选择加工面。在图形区中选取图 11.6.2 所示的曲面，然后按 Enter 键，系统弹出"刀具路径的曲面选取"对话框。

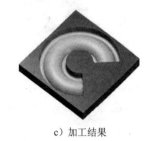

选取此面为加工面

图 11.6.2　选择加工面

Step3. 设置曲面流线形式。单击"刀具路径的曲面选取"对话框 曲面流线 区域的 ⟶ 按钮，系统弹出"曲面流线设置"对话框。同时图形区出现流线形式线框，如图 11.6.3 所示。在"曲面流线设置"对话框中单击 切削方向 按钮，改变曲面流线的方向，结果如图 11.6.4 所示。单击 ✓ 按钮，系统重新弹出"刀具路径的曲面选取"对话框，单击 ✓ 按钮，系统弹出"曲面精加工流线"对话框。

Stage3. 选择刀具

Step1. 选择刀具。

（1）确定刀具类型。在"曲面精加工流线"对话框中单击 刀具过虑 按钮，系统弹出"刀具过虑列表设置"对话框，单击该对话框中的 全关(N) 按钮后，在刀具类型按钮群中

单击 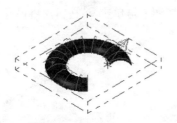（球刀）按钮。单击 按钮，关闭"刀具过虑列表设置"对话框，系统返回至"曲面精加工流线"对话框。

图 11.6.3　曲面流线线框　　　　　图 11.6.4　设置曲面流线形式

（2）选择刀具。在"曲面精加工流线"对话框中单击 选择刀库... 按钮，系统弹出"选 择 刀 具" 对 话 框， 在 该 对 话 框 的 列 表 框 中 选 择 ▓ 239　　5. BALL ENDMILL　　5.0　　2.5　　50.0　　4　球刀　全部 刀具。单击 按钮，关闭 "选择刀具"对话框，系统返回至"曲面精加工流线"对话框。

Step2. 设置刀具相关参数。

（1）在"曲面精加工流线"对话框的 刀具路径参数 选项卡的列表框中显示出上步选取的 刀具，双击该刀具，系统弹出"定义刀具 - 机床群组-1"对话框。

（2）设置刀具号码。在"定义刀具 - 机床群组-1"对话框中的 刀具号码 文本框中，将原 有的数值改为 2。

（3）设置刀具参数。单击"定义刀具 - 机床群组-1"对话框的 参数 选项卡，在其中 的 进给速率 文本框输入值 300.0，在 下刀速率 文本框输入值 1000，在 提刀速率 文本框输入值 1000，在 主轴转速 文本框输入值 2400。

（4）设置冷却液方式。在 参数 选项卡中单击 Coolant... (*) 按钮，系统弹出"Coolant..." 对话框，在 Flood （切削液）下拉列表中选择 On 选项，单击该对话框中的 按钮，关闭 "Coolant..."对话框。

（5）单击"定义刀具 - 机床群组-1"对话框中的 按钮，完成刀具参数的设置。

Stage4. 设置加工参数

Step1. 设置曲面加工参数。在"曲面精加工流线"对话框中单击 曲面参数 选项卡，在 加工面 预留量 文本框中输入值 0，其他参数保持系统默认设置值。

Step2. 设置曲面流线精加工参数。

（1）在"曲面精加工流线"对话框中单击 曲面流线精加工参数 选项卡，如图 11.6.5 所示。

（2）设置切削方式。 曲面流线精加工参数 选项卡的 切削方式 下拉列表中选择 双向 选项。

（3）在 截断方向的控制 区域的 ⊙ 环绕高度 文本框中输入值 0.1，对话框中的其他选项的设置保持系统默认设置，单击"曲面精加工流线"对话框中的 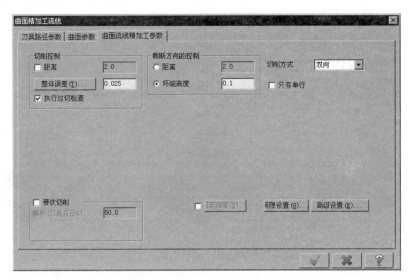 按钮，同时在图形区生成图 11.6.6 所示的刀具路径。

图 11.6.5　"曲面流线精加工参数"选项卡

Stage5. 加工仿真

Step1. 路径模拟。

（1）在"操作管理"中单击 ![刀具路径] 刀具路径 - 373.5K - FINISH_FLOWLINE.NC - 程序号码 0 节点，系统弹出 "刀路模拟"对话框及"刀路模拟控制"操控板。

（2）在"刀路模拟控制"操控板中单击 ▶ 按钮，系统将开始对刀具路径进行模拟，结果与图 11.6.6 所示的刀具路径相同，在"刀路模拟"对话框中单击 ✓ 按钮。

Step2. 实体切削验证。

（1）在 刀具路径 选项卡中单击 ↓ 按钮，然后单击"验证已选择的操作"按钮 ⬤，系统弹出"验证"对话框。

（2）在"验证"对话框中单击 ▶ 按钮。系统将开始进行实体切削仿真，结果如图 11.6.7 所示，单击 ✓ 按钮。

Step3. 保存文件。选择下拉菜单 F 文件 ➡ 🖫 S 保存 命令，即可保存文件。

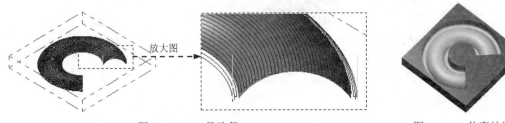

图 11.6.6　刀具路径　　　　　　　　　　　　　　　　　　图 11.6.7　仿真结果

11.7　精加工等高外形加工

精加工中的等高外形加工和粗加工中的等高外形加工大致相同，加工时生成沿加工工件曲面外形的刀具路径。此方法在实际生产中常用于对具有一定陡峭角的曲面进行加工，对平缓曲面的加工效果不佳。下面通过图 11.7.1 所示的模型讲解其操作过程。

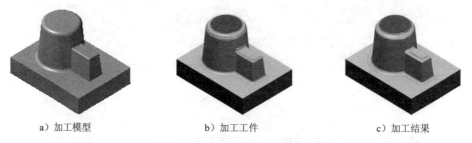

a）加工模型　　　　　　b）加工工件　　　　　　c）加工结果

图 11.7.1　精加工等高外形加工

Stage1.　进入加工环境

Step1.　打开文件 D:\mcx6\work\ch11.07\FINISH_CONTOUR.MCX-6。

Step2.　隐藏刀具路径。在 刀具路径 选项卡中单击 ✔ 按钮，再单击 ≋ 按钮，将已存在的刀具路径隐藏。

Stage2.　选择加工类型

Step1.　选择加工方法。选择下拉菜单 I 刀具路径 ➡ F 曲面精加工▸ ➡ C 精加工等高外形 命令。

Step2.　选择加工面。在图形区中选择图 11.7.2 所示的曲面，然后按 Enter 键，系统弹出"刀具路径的曲面选取"对话框，采用系统默认的选项设置，单击 ✔ 按钮，系统弹出"曲面精加工等高外形"对话框。

选取这些面为加工面

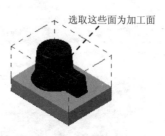

图 11.7.2　选择加工面

Stage3. 选择刀具

Step1. 选择刀具。

（1）确定刀具类型。在"曲面精加工等高外形"对话框中单击 刀具过虑 按钮，系统弹出"刀具过虑列表设置"对话框，单击该对话框中的 全关(N) 按钮后，在刀具类型按钮群中单击 （球刀）按钮，单击 ✓ 按钮，关闭"刀具过虑列表设置"对话框，系统返回至"曲面精加工等高外形"对话框。

（2）选择刀具。在"曲面精加工等高外形"对话框中单击 选择刀库... 按钮，系统弹出" 选 择 刀 具 " 对 话 框 ， 在 该 对 话 框 的 列 表 框 中 选 择 238　4. BALL ENDMILL　4.0　2.0　50.0　4　球刀　全部 刀具。单击 ✓ 按钮，关闭"选择刀具"对话框，系统返回至"曲面精加工等高外形"对话框。

Step2. 设置刀具相关参数。

（1）在"曲面精加工等高外形"对话框的 刀具路径参数 选项卡的列表框中显示出上步选取的刀具，双击该刀具，系统弹出"定义刀具－机床群组-1"对话框。

（2）设置刀具号码。在"定义刀具－机床群组-1"对话框中的 刀具号码 文本框中，将原有的数值改为 3。

（3）设置刀具参数。单击"定义刀具－机床群组-1"对话框的 参数 选项卡，在其中的 进给速率 文本框输入值 200，在 下刀速率 文本框输入值 1300，在 提刀速率 文本框输入值 1300，在 主轴转速 文本框输入值 1600。

（4）设置冷却液方式。在 参数 选项卡中单击 Coolant... (*) 按钮，系统弹出"Coolant…"对话框，在 Flood （切削液）下拉列表中选择 On 选项，单击该对话框中的 ✓ 按钮，关闭"Coolant…"对话框。

（5）单击"定义刀具－机床群组-1"对话框中的 ✓ 按钮，完成刀具参数的设置。

Stage4. 设置加工参数

Step1. 设置曲面加工参数。在"曲面精加工等高外形"对话框中单击 曲面参数 选项卡，在 加工面预留量 文本框中输入值 0，曲面参数 选项卡中的其他参数保持系统默认设置值。

Step2. 设置精加工等高外形参数。

（1）在"曲面精加工等高外形"对话框中单击 等高外形精加工参数 选项卡，如图 11.7.3 所示。

（2）设置进给量。在 等高外形粗加工参数 选项卡的 Z 轴最大进给量: 文本框中输入值 0.5。

（3）设置切削方式。在 等高外形粗加工参数 选项卡中选中 ☑ 切削顺序最佳化 复选框，在 封闭式轮廓的方向 区域中选择 ⦿ 顺铣 选项，在 开放式轮廓的方向 区域中选择 ⦿ 双向 单选项。

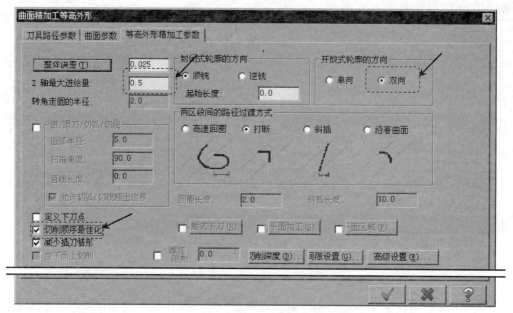

图 11.7.3 "等高外形精加工参数"选项卡

（4）完成参数设置。对话框中的其他参数保持系统默认设置值，单击"曲面精加工等高外形"对话框中的 ✓ 按钮，同时在图形区生成图 11.7.4 所示的刀具路径。

Stage5. 加工仿真

Step1. 路径模拟。

（1）在"操作管理"中单击 ▒ 刀具路径 - 841.8K - FINISH_CONTOUR.NC - 程序号码 0 节点，系统弹出的"刀路模拟"对话框及"刀路模拟控制"操控板。

（2）在"刀路模拟控制"操控板中单击 ▶ 按钮，系统将开始对刀具路径进行模拟，结果与图 11.7.4 所示的刀具路径相同，在"刀路模拟"对话框中单击 ✓ 按钮。

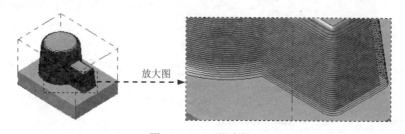

图 11.7.4 刀具路径

Step2. 实体切削验证。

（1）在 刀具路径 选项卡中单击 ✓ 按钮，然后单击"验证已选择的操作"按钮 ⬚，系统弹出"验证"对话框。

（2）在"验证"对话框中单击  按钮，系统将开始进行实体切削仿真，结果如图 11.7.5
所示，单击 按钮。

Step3. 保存文件。选择下拉菜单 文件 ➡ S 保存 命令，即可保存文件。

图 11.7.5　仿真结果

11.8　精加工残料加工

精加工残料加工是依据已有加工刀路数据进一步加工以清除残料，该加工方法选取的
刀具要比已有的粗加工的刀具小，否则达不到预期效果。此方法生成刀路的时间较长，抬
刀次数较多。下面以图 11.8.1 所示的模型为例讲解精加工残料加工的一般操作过程。

a）加工模型

b）加工工件

c）加工结果

图 11.8.1　精加工残料加工

Stage1. 进入加工环境

Step1. 打开文件 D：\ mcx6\work\ch11.08\FINISH_RESTMILL.MCX-6。

Step2. 隐藏刀具路径。在 刀具路径 选项卡中单击 按钮，再单击 按钮，将已存在的刀
具路径隐藏。

Stage2. 选择加工类型

Step1. 选择加工方法。选择下拉菜单 T 刀具路径 ➡ F 曲面精加工▸ ➡
L 精加工残料加工 命令。

Step2. 选择加工面。在图形区中选择图 11.8.2 所示的曲面，然后按 Enter 键，系统弹出
"刀具路径的曲面选取"对话框，采用系统默认的选项设置，单击 按钮，系统弹出"曲

面精加工残料清角"对话框。

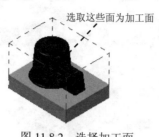

图 11.8.2 选择加工面

Stage3. 选择刀具

Step1. 选择刀具。

（1）确定刀具类型。在"曲面精加工残料清角"对话框中单击 刀具过虑 按钮，系统弹出"刀具过虑列表设置"对话框，单击该对话框中的 全关(N) 按钮后，在刀具类型按钮群中单击 （圆鼻刀）按钮。单击 按钮，关闭"刀具过虑列表设置"对话框，系统返回至"曲面精加工残料清角"对话框。

（2）选择刀具。在"曲面精加工残料清角"对话框中，单击 选择刀库... 按钮，系统弹出"选择刀具"对话框，在该对话框的列表框中选择 119 4. BULL ENDMIL... 4.0 1.0 50.0 4 圆鼻刀 角落 刀具。单击 按钮，关闭"选择刀具"对话框，系统返回至"曲面精加工残料清角"对话框。

Step2. 设置刀具相关参数。

（1）在"曲面精加工残料清角"对话框的 刀具路径参数 选项卡的列表框中显示出上步选取的刀具，双击该刀具，系统弹出"定义刀具 - 机床群组-1"对话框。

（2）设置刀具号码。在"定义刀具 - 机床群组-1"对话框中的 刀具号码 文本框中，将原有的数值改为 4。

（3）设置刀具参数。单击"定义刀具 - 机床群组-1"对话框的 参数 选项卡，在其中的 进给速率 文本框输入值 200，在 下刀速率 文本框输入值 1300，在 提刀速率 文本框输入值 1300，在 主轴转速 文本框输入值 1600。

（4）设置冷却液方式。在 参数 选项卡中单击 Coolant... (*) 按钮，系统弹出"Coolant..."对话框，在 Flood （切削液）下拉列表中选择 On 选项，单击该对话框中的 按钮，关闭"Coolant..."对话框。

（5）单击"定义刀具 - 机床群组-1"对话框中的 按钮，完成刀具参数的设置。

Stage4. 设置加工参数

Step1. 设置曲面加工参数。在"曲面精加工残料清角"对话框中单击 曲面参数 选项卡，在 加工面预留量 文本框中输入值 0；选中 /退刀向量(D) 按钮前的复选框 ☑，并单击 /退刀向量(D) 按钮，系统弹出"方向"对话框，在 进刀向量 区域的 进刀引线长度 文本框中输入值 5，单击 ✓ 按钮完成进/退刀向量的设置，同时系统返回至"曲面精加工残料清角"对话框。

Step2. 设置残料清角精加工参数。

（1）在"曲面精加工残料清角"对话框中单击 残料清角精加工参数 选项卡，如图 11.8.3 所示。

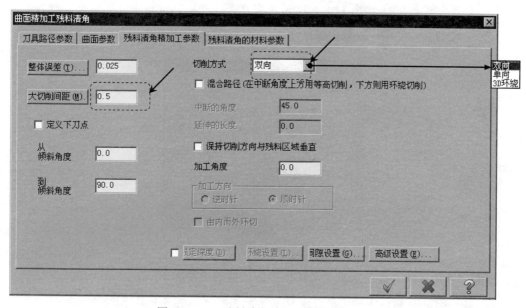

图 11.8.3　"残料清角精加工参数"选项卡

图 11.8.3 所示的"残料清角加工参数"选项卡中部分选项的说明如下：

- 从倾斜角度文本框：此文本框可以设置开始加工曲面斜率角度。
- 到倾斜角度文本框：此文本框可以设置终止加工曲面斜率角度。
- 切削方式下拉列表：用于定义切削方式，其包括 双向 选项、单向 选项和 3D环绕 选项。
  - ☑ 3D环绕 选项：该选线表示采用螺旋切削方式。当选择此选项时 加工方向 区域、☑ 由内而外环切 复选框和 环绕设置(L)... 按钮被激活。
- ☑ 混合路径(在中断角度上方用等高切削，下方则用环绕切削) 复选框：用于创建 2D 和 3D 混合的切削路径。当选中此复选框时，系统在中断角度以上采用 2D 和 3D 混合的切削路径，在中断角度以下采用 3D 的切削路径。当 切削方式 为 3D环绕 时，此复选框不可用。
- 中断的角度文本框：用于定义混合区域，中断角度常常被定义为 45°。当 切削方式 为

3D环绕时，此复选框不可用。

- 延伸的长度文本框：用于定义混合区域的 2D 加工刀具路径的延伸距离。当切削方式为 3D环绕时，此文本框不可用。

- ☑ 保持切削方向与残料区域垂直复选框：用于设置切削方向始终与残料区域垂直。选中此复选框，系统会自动改良精加工刀具路径，减小刀具磨损。当切削方式为3D环绕时，此复选框不可用。

- 环绕设置(L)...按钮：用于设置环绕设置的相关参数。单击此按钮，系统弹出"环绕设置"对话框，如图 11.8.4 所示。用户可以在该对话框中对环绕设置进行定义。该按钮仅当切削方式为3D环绕时可用。

图 11.8.4　"环绕设置"对话框

图 11.8.4 所示的"环绕设置"对话框中各选项的说明如下：

- 3D环绕精度区域：用于定义 3D 环绕的加工精度，其包括 ☑ 复盖自动精度的计算 复选框（此处"复盖"应为"覆盖"）和步进量的百分比文本框。

  - ☑ ☑ 复盖自动精度的计算 复选框：用于自动根据刀具、步进量和切削公差计算加工精度。

  - ☑ 步进量的百分比文本框：用于定义允许改变的 3D 环绕精度为步进量的指定百分比。此值越小，加工精度越高，但是生成刀具路径时间长，并且 NC 程序较大。

- ☑ 将限定区域的边界存为图形复选框：用于将 3D 环绕最外面的边界转换成实体图形。

（2）设置切削间距。在残料清角精加工参数选项卡的 大切削间距 (M) 文本框中输入值 0.5。

（3）设置切削方式。在残料清角精加工参数选项卡的切削方式下拉列表中选择双向选项。

（4）完成参数设置。对话框中的其他参数保持系统默认设置值，单击"曲面精加工残料清角"对话框中的 ☑ 按钮，同时在图形区生成图 11.8.5 所示的刀具路径。

Stage5. 加工仿真

Step1. 路径模拟。

（1）在"操作管理"中单击 ![刀具路径] **刀具路径 - 259.4K - FINISH_RESTMILL.NC - 程序号码 0** 节点，系统弹出的"刀路模拟"对话框及"刀路模拟控制"操控板。

（2）在"刀路模拟控制"操控板中单击 ▶ 按钮，系统将开始对刀具路径进行模拟，结果与图 11.8.5 所示的刀具路径相同，在"刀路模拟"对话框中单击 ✓ 按钮。

Step2. 实体切削验证。

（1）在 **刀具路径** 选项卡中单击 ✓ 按钮，然后单击"验证已选择的操作"按钮 ⬡，系统弹出"验证"对话框。

（2）在"验证"对话框中单击 ▶ 按钮。系统将开始进行实体切削仿真，结果如图 11.8.6 所示，单击 ✓ 按钮。

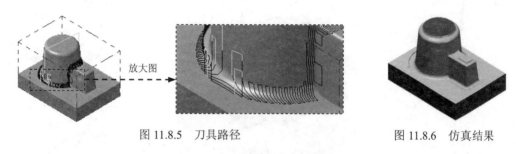

放大图

图 11.8.5　刀具路径　　　　　　　　　　　　　　　　　　　　图 11.8.6　仿真结果

Step3. 保存文件。选择下拉菜单 **F 文件** ➡ **S 保存** 命令，即可保存文件。

11.9　精加工浅平面加工

精加工浅平面加工是对加工后余留下来的浅薄材料进行加工，加工的浅薄区域由曲面斜面确定。该加工方法还可以通过两角度间的斜率来定义加工范围。下面通过图 11.9.1 所示的模型讲解精加工浅平面加工的一般操作过程。

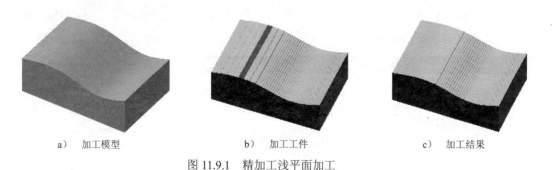

a）　加工模型　　　　　　　　b）　加工工件　　　　　　　　c）　加工结果

图 11.9.1　精加工浅平面加工

Stage1. 进入加工环境

Step1. 打开文件 D:\mcx6\work\ch11.09\FINISH_SHALLOW.MCX-6。

Step2. 隐藏刀具路径。在 刀具路径选项卡中单击 ✔️ 按钮，再单击 ≋ 按钮，将已存在的刀具路径隐藏。

Stage2. 选择加工类型

Step1. 选 择 加 工 方 法 。 选 择 下 拉 菜 单 Ⅰ 刀具路径 ➡️ F 曲面精加工▸ ➡️ S 精加工浅平面加工 命令。

Step2. 选择加工面。在图形区中选择图 11.9.2 所示的曲面，然后按 Enter 键，系统弹出"刀具路径的曲面选取"对话框。单击 ✔️ 按钮完成加工面的选择，同时系统弹出"曲面精加工浅平面"对话框。

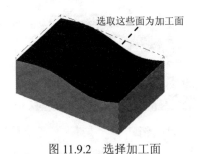

图 11.9.2　选择加工面

Stage3. 选择刀具

Step1. 选择刀具。

（1）确定刀具类型。在"曲面精加工浅平面"对话框中，单击 刀具过虑 按钮，系统弹出"刀具过虑列表设置"对话框，单击该对话框中的 全关 (N) 按钮后，在刀具类型按钮群中单击 🔩（圆鼻刀）按钮。单击 ✔️ 按钮，关闭"刀具过虑列表设置"对话框，系统返回至"曲面精加工浅平面"对话框。

（2）选择刀具。在"曲面精加工浅平面"对话框中，单击 选择刀库... 按钮，系统弹 出 " 选 择 刀 具 " 对 话 框 ， 在 该 对 话 框 的 列 表 框 中 选 择 122   6. BULL ENDMIL...   6.0   1.0   50.0   4   圆鼻刀   角落 刀具。单击 ✔️ 按钮，关闭"选择刀具"对话框，系统返回至"曲面精加工浅平面"对话框。

Step2. 设置刀具相关参数。

（1）在"曲面精加工浅平面"对话框的 刀具路径参数 选项卡的列表框中显示出上步选取的刀具，双击该刀具，系统弹出"定义刀具 - 机床群组-1"对话框。

（2）设置刀具号码。在"定义刀具－机床群组-1"对话框中的 刀具号码 文本框中，将原有的数值改为 2。

（3）设置刀具参数。单击"定义刀具－机床群组-1"对话框的 参数 选项卡，在其中的 进给速率 文本框输入值 200，在 下刀速率 文本框输入值 1600，在 提刀速率 文本框输入值 1600，在 主轴转速 文本框输入值 2000。

（4）设置冷却液方式。在 参数 选项卡中单击 Coolant... (*) 按钮，系统弹出"Coolant…"对话框，在 Flood （切削液）下拉列表中选择 On 选项，单击该对话框中的 ✓ 按钮，关闭"Coolant…"对话框。

（5）单击"定义刀具－机床群组-1"对话框中的 ✓ 按钮，完成刀具参数的设置。

Stage4．设置加工参数

Step1. 设置曲面加工参数。在"曲面精加工浅平面"对话框中单击 曲面参数 选项卡，保持系统的默认的参数设置值。

Step2. 设置浅平面精加工参数。

（1）在"曲面精加工浅平面"对话框中单击 浅平面精加工参数 选项卡，如图 11.9.3 所示。

（2）设置切削方式。在 浅平面精加工参数 选项卡的 大切削间距 (M) 文本框中输入值 1，在 切削方式 下拉列表中选择 双向 选项，

（3）设置参数。在 整体误差 (T)... 文本框中输入 0.025。对话框中的其他参数保持系统默认设置值，单击"曲面精加工浅平面"对话框中的 ✓ 按钮，同时在图形区生成图 11.9.4 所示的刀具路径。

Stage5．加工仿真

Step1. 路径模拟。

（1）在"操作管理"中单击 ≋ 刀具路径 - 140.1K - FINISH_SHALLOW.NC - 程序号码 0 节点，系统弹出的"刀路模拟"对话框及"刀路模拟控制"操控板。

（2）在"刀路模拟控制"操控板中单击 ▶ 按钮，系统将开始对刀具路径进行模拟，结果与图 11.9.4 所示的刀具路径相同，在"刀路模拟"对话框中单击 ✓ 按钮。

Step2. 实体切削验证。

（1）在 刀具路径 选项卡中单击 ✓ 按钮，然后单击"验证已选择的操作"按钮 ▣ ，系统弹出"验证"对话框。

（2）在"验证"对话框中单击 ▶ 按钮，系统将开始进行实体切削仿真，结果如图 11.9.5

所示，单击 ✅ 按钮。

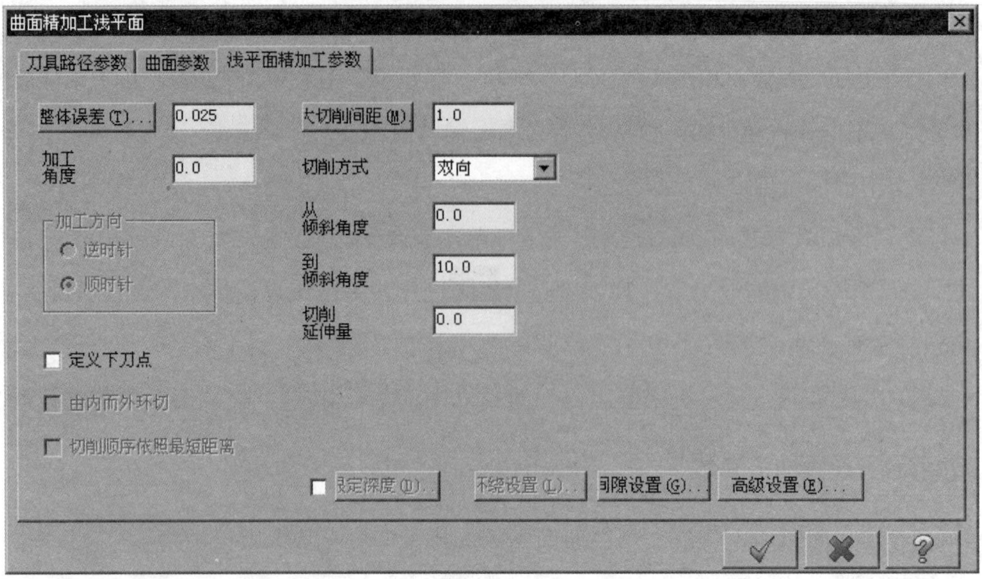

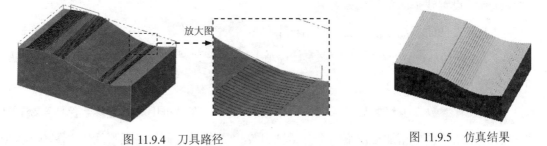

图 11.9.3　"浅平面精加工参数"选项卡

图 11.9.4　刀具路径　　　　　　　　　　图 11.9.5　仿真结果

Step3. 保存文件。选择下拉菜单 F 文件 ➡ S 保存 命令，即可保存文件。

11.10　精加工环绕等距加工

精加工环绕等距加工是在所选加工面上生成等距离环绕刀路的一种加工方法。此方法既有等高外形的效果又有平面铣削的效果。其特点为刀路较均匀、精度较高但是计算时间长，加工后曲面表面有明显刀痕。下面通过图 11.10.1 所示的模型讲解精加工环绕等距加工的一般操作过程。

Stage1. 进入加工环境

Step1. 打开文件 D:\mcx6\work\ch11.10\FINISH_SCALLOP.MCX-6。

Step2. 隐藏刀具路径。在 刀具路径 选项卡中单击 ✅ 按钮，再单击 ≈ 按钮，将已存在的刀具路径隐藏。

a)　加工模型　　　　　　　　b)　加工工件　　　　　　　　c)　加工结果

图 11.10.1　精加工环绕等距加工

Stage2. 选择加工类型

Step1. 选择加工方法。选择下拉菜单 T 刀具路径 ➡ F 曲面精加工▶ ➡ Q 精加工环绕等距加工 命令。

Step2. 选择加工面。在图形区中选择图 11.10.2 所示的曲面，然后按 Enter 键，系统弹出"刀具路径的曲面选取"对话框，单击 ✔ 按钮，系统弹出"曲面精加环绕等距"对话框。

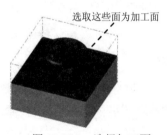

选取这些面为加工面

图 11.10.2　选择加工面

Stage3. 选择刀具

Step1. 选择刀具。

（1）确定刀具类型。在"曲面精加环绕等距"对话框中单击 刀具过虑 按钮，系统弹出"刀具过虑列表设置"对话框，单击该对话框中的 全关(N) 按钮后，在刀具类型按钮群中单击 （球刀）按钮。单击 ✔ 按钮，关闭"刀具过虑列表设置"对话框，系统返回至"曲面精加环绕等距"对话框。

（2）选择刀具。在"曲面精加环绕等距"对话框中，单击 选择刀库... 按钮，系统弹出"选择刀具"对话框，在该对话框的下拉列表中选择 238　4. BALL ENDMILL　4.0　2.0　50.0　4　球刀　全部 刀具。单击 ✔ 按钮，关闭"选择刀具"对话框，系统返回至"曲面精加环绕等距"对话框。

Step2. 设置刀具相关参数。

（1）在"曲面精加环绕等距"对话框的 刀具路径参数 选项卡的列表框中显示出上步选取的刀具，双击该刀具，系统弹出"定义刀具－机床群组-1"对话框。

（2）设置刀具号码。在"定义刀具－机床群组-1"对话框中的 刀具号码 文本框中，将原有的数值改为 2。

（3）设置刀具参数。单击"定义刀具－机床群组-1"对话框的 参数 选项卡，在其中的 进给速率 文本框输入值 200，在 下刀速率 文本框输入值 1500，在 提刀速率 文本框输入值 1500，在 主轴转速 文本框输入值 1200。

（4）设置冷却液方式。在 参数 选项卡中单击 Coolant... (*) 按钮，系统弹出"Coolant…"对话框，在 Flood （切削液）下拉列表中选择 On 选项，单击该对话框中的 ✓ 按钮，关闭"Coolant…"对话框。

（5）单击"定义刀具－机床群组-1"对话框中的 ✓ 按钮，完成刀具参数的设置。

Step3. 设置加工参数。

（1）设置曲面加工参数。在"曲面精加环绕等距"对话框中单击 曲面参数 选项卡，在 加工面预留量 文本框中输入值 0， 曲面参数 选项卡中的其他参数保持系统默认设置值。

（2）设置环绕等距精加工参数。

① 在"曲面精加环绕等距"对话框中单击 环绕等距精加工参数 选项卡，如图 11.10.3 所示。

② 设置切削方式。在 环绕等距精加工参数 选项卡的 大切削间距 (M) 文本框中输入值 0.5，并确认 加工方向 区域的 ⊙ 顺时针 单选项处于选中状态，取消选中 定深度 (D)... 按钮前的复选框。

③ 完成参数设置。对话框中的其他参数保持系统默认设置值，单击"曲面精加环绕等距"对话框中的 ✓ 按钮，同时在图形区生成图 11.10.5 所示的刀具路径。

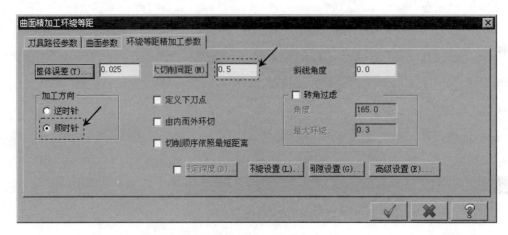

图 11.10.3　"环绕等距精加工参数"选项卡

图 11.10.3 所示的"环绕等距精加工参数"选项卡中部分选项的说明如下：

- **斜线角度** 文本框：该文本框用于定义刀具路径中斜线的角度，斜线的角度常常在 0~45° 之间。
- ☑ **转角过滤** 区域：此区域可以通过设置偏转角度从而避免重要区域的切削。
  - ☑ **角度** 文本框：设置转角角度。较大的转角角度会使转角处更为光滑，但是会增加切削的时间。
  - ☑ **最大环绕** 文本框：用于定义最初计算位置的刀具路径与平滑的刀具路径间的最大距离（图 11.10.4），此值一般为最大切削间距的 25%。

Stage4．加工仿真

Step1．路径模拟。

（1）在"操作管理"中单击 ≋ **刀具路径 – 3141.2K – FINISH_SCALLOP.NC – 程序号码 0** 节点，系统弹出的"刀路模拟"对话框及"刀路模拟控制"操控板。

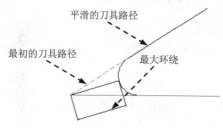

图 11.10.4　最大环绕距离

（2）在"刀路模拟控制"操控板中单击 ▶ 按钮，系统将开始对刀具路径进行模拟，结果与图 11.10.5 所示的刀具路径相同，在"刀路模拟"对话框中单击 ✓ 按钮。

Step2．实体切削验证。

（1）在 **刀具路径** 选项卡中单击 ✓ 按钮，然后单击"验证已选择的操作"按钮 ◈，系统弹出"验证"对话框。

（2）在"验证"对话框中单击 ▶ 按钮。系统将开始进行实体切削仿真，结果如图 11.10.6 所示，单击 ✓ 按钮。

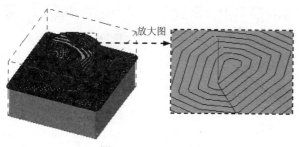

图 11.10.5　刀具路径

图 11.10.6　仿真结果

Step3. 保存文件。选择下拉菜单 <u>F 文件</u> ➡ <u>S 保存</u>命令，即可保存文件。

11.11　精加工交线清角加工

精加工交线清角加工是对粗加工时的刀具路径进行计算，用小直径刀具清除粗加工时留下的残料。下面通过图 11.11.1 所示的模型讲解精加工交线清角加工的一般操作过程。

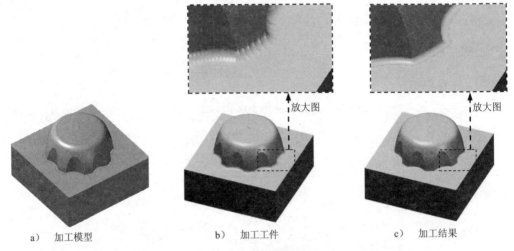

　　a)　　加工模型　　　　　　b)　　加工工件　　　　　　c)　　加工结果

图 11.11.1　精加工交线清角加工

Stage1. 进入加工环境

Step1. 打开文件 D:\mcx6\work\ch11.11\FINISH_LEFTOVER.MCX-6。

Step2. 隐藏刀具路径。在 <u>刀具路径</u> 选项卡中单击 <u>✔</u> 按钮，再单击 <u>≋</u> 按钮，将已存在的刀具路径隐藏。

Stage2. 选择加工类型

Step1. 选择加工方法。选择下拉菜单 <u>T 刀具路径</u> ➡ <u>F 曲面精加工▶</u> ➡ <u>E 精加工交线清角加工</u> 命令。

Step2. 选择加工面。在图形区中选择图 11.11.2 所示的曲面，然后按 Enter 键，系统弹出"刀具路径的曲面选取"对话框。单击 <u>✔</u> 按钮，系统弹出"曲面精加工交线清角"对话框。

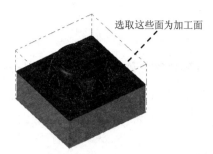

图 11.11.2　选择加工面

Stage3. 选择刀具

Step1. 选择刀具。

（1）确定刀具类型。在"曲面精加工交线清角"对话框中单击 刀具过虑 按钮，系统弹出"刀具过虑列表设置"对话框，单击该对话框中的 全关(ON) 按钮后，在刀具类型按钮群中单击 （球刀）按钮。单击 ✓ 按钮，关闭"刀具过虑列表设置"对话框，系统返回至"曲面精加工交线清角"对话框。

（2）选择刀具。在"曲面精加工交线清角"对话框中，单击 选择刀库... 按钮，系统弹出"选择刀具"对话框，在该对话框的列表框中选择 236　2. BALL ENDMILL　2.0　1.0　50.0　4　球刀　全部 刀具。单击 ✓ 按钮，关闭"选择刀具"对话框，系统返回至"曲面精加工交线清角"对话框。

Step2. 设置刀具相关参数。

（1）在"曲面精加工交线清角"对话框 刀具路径参数 选项卡的列表框中显示出上步选取的刀具，双击该刀具，系统弹出"定义刀具－机床群组-1"对话框。

（2）设置刀具号码。在"定义刀具－机床群组-1"对话框中的 刀具号码 文本框中，将原有的数值改为 3。

（3）设置刀具参数。单击"定义刀具－机床群组-1"对话框的 参数 选项卡，在其中的 进给速率 文本框输入值 300，在 下刀速率 文本框输入值 1000，在 提刀速率 文本框输入值 1000，在 主轴转速 文本框输入值 3000。

（4）设置冷却液方式。在 参数 选项卡中单击 Coolant... (*) 按钮，系统弹出"Coolant..."对话框，在 Flood （切削液）下拉列表中选择 On 选项，单击该对话框中的 ✓ 按钮，关闭"Coolant..."对话框。

（5）单击"定义刀具－机床群组-1"对话框中的 ✓ 按钮，完成刀具参数的设置。

Stage4. 设置加工参数

Step1. 设置曲面加工参数。在"曲面精加工交线清角"对话框中单击 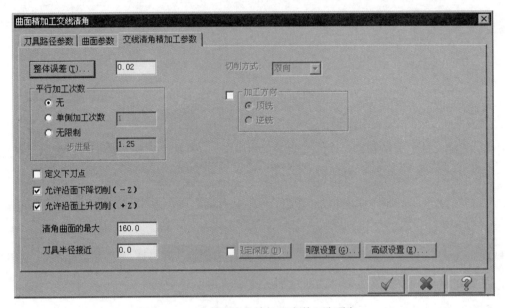 曲面参数 选项卡，在 加工面预留量 文本框中输入值 0，曲面参数 选项卡中的其他参数保持系统默认设置值。

Step2. 设置交线清角精加工参数。

（1）在"曲面精加工交线清角"对话框中单击 交线清角精加工参数 选项卡，如图 11.11.3 所示。

图 11.11.3 "交线清角精加工参数"选项卡

图 11.11.3 所示的"交线清角精加工参数"选项卡中部分选项的说明如下：

- 平行加工次数 区域：用于设置加工过程中平行加工的次数，有 ⊙ 无 、⊙ 单侧加工次数 和 ⊙ 无限制 三个单选项。
  - ☑ ⊙ 无 单选项：选择此单选项即表示加工没有平行加工，一次加工到位。
  - ☑ ⊙ 单侧加工次数 单选项：选择此单选项，可以在其后的文本框中输入交线中心线一侧的平行轨迹数目。
  - ☑ ⊙ 无限制 单选项：选择此单选项，加工过程中依据几何图素从交线中心按切削距离向外延伸，直到加工边界。
  - ☑ 步进量：文本框：在此文本框中输入加工轨迹之间的切削距离。

（2）设置切削方式。在 交线清角精加工参数 选项卡中 整体误差(T)... 文本框中输入值 0.02。

（3）完成参数设置。对话框中的其他参数保持系统默认设置值，单击"曲面精加工交线清角"对话框中的 ✓ 按钮，同时在图形区生成图 11.11.4 所示的刀具路径。

Stage5. 加工仿真

Step1. 路径模拟。

（1）在"操作管理"中单击 ≋ 刀具路径 - 69.4K - FINISH_LEFTOVER.NC - 程序号码 0 节点，系统弹出的"刀路模拟"对话框及"刀路模拟控制"操控板。

（2）在"刀路模拟控制"操控板中单击 ▶ 按钮，系统将开始对刀具路径进行模拟，结果与图 11.11.4 所示的刀具路径相同，在"刀路模拟"对话框中单击 ✓ 按钮。

Step2. 实体切削验证。

（1）在 刀具路径 选项卡中单击 ✔ 按钮，然后单击"验证已选择的操作"按钮 ◆，系统弹出"验证"对话框。

（2）在"验证"对话框中单击 ▶ 按钮。系统将开始进行实体切削仿真，结果如图 11.11.5 所示，单击 ✓ 按钮。

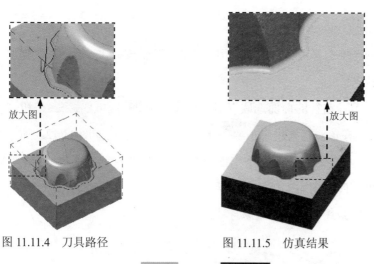

放大图

放大图

图 11.11.4　刀具路径　　　　　　　图 11.11.5　仿真结果

Step3. 保存文件。选择下拉菜单 F 文件 ➡ 📄 S 保存 命令，即可保存文件。

11.12　精加工熔接加工

精加工熔接加工是指刀具路径沿指定的熔接曲线以点对点连接的方式，沿曲面表面生成刀具路径的加工方法。下面通过 11.12.1 所示的模型讲解精加工熔接加工的一般操作过程。

Stage1. 进入加工环境

Step1. 打开文件 D:\mcx6\work\ch11.12\FINISH_BLEND.MCX-6。

Step2. 隐藏刀具路径。在 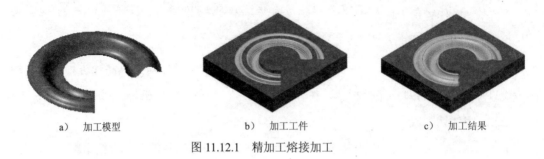刀具路径 选项卡中单击 ✅ 按钮，再单击 ≈ 按钮，将已存在的刀具路径隐藏。

a) 加工模型　　　　　　　b) 加工工件　　　　　　　c) 加工结果

图 11.12.1　精加工熔接加工

Stage2. 选择加工类型

Step1. 选择加工方法。选择下拉菜单 I 刀具路径 ➡ F 曲面精加工▶ ➡ B 精加工熔接加工 命令。

Step2. 选择加工面及熔接曲线。

（1）在图形区中选择图 11.12.2 所示的曲面，然后按 Enter 键，系统弹出"刀具路径的曲面选取"对话框。

（2）单击"刀具路径的曲面选取"对话框 选取熔接曲线 区域的 按钮，系统弹出"串连选项"对话框，在该对话框中单击 按钮，在图形区选择图 11.12.3 所示的曲线 1 和曲线 2 为熔接曲线。单击 ✅ 按钮，系统重新弹出"刀具路径的曲面选取"对话框，单击 ✅ 按钮，系统弹出"曲面精加工熔接"对话框。

注意：要使两曲线的箭头方向保持一致。

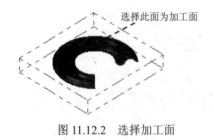

图 11.12.2　选择加工面

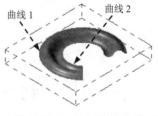

图 11.12.3　选择熔接曲线

Stage3. 选择刀具

Step1. 选择刀具。

（1）确定刀具类型。在"曲面精加工 熔接"对话框中单击 刀具过虑 按钮，系统弹出"刀具过虑列表设置"对话框，单击该对话框中的 全关(N) 按钮后，在刀具类型按钮群中单击 📍（球刀）按钮。单击 ✅ 按钮，关闭"刀具过虑列表设置"对话框，系统返回至

"曲面精加工 熔接"对话框。

（2）选择刀具。在"曲面精加工 熔接"对话框中，单击 选择刀库... 按钮，系统弹出" 选 择 刀 具 "对 话 框 ， 在 该 对 话 框 的 列 表 框 中 选 择 237   3. BALL ENDMILL   3.0   1.5   50.0   4   球刀   全部 刀具。单击 ✓ 按钮，关闭"选择刀具"对话框，系统返回至"曲面精加工 熔接"对话框。

Step2. 设置刀具相关参数。

（1）在"曲面精加工 熔接"对话框的 刀具路径参数 选项卡的列表框中显示出上步选取的刀具，双击该刀具，系统弹出"定义刀具－机床群组-1"对话框。

（2）设置刀具号码。在"定义刀具－机床群组-1"对话框中的 刀具号码 文本框中，将原有的数值改为 2。

（3）设置刀具参数。单击"定义刀具－机床群组-1"对话框的 参数 选项卡，在其中的 进给速率 文本框输入值 300，在 下刀速率 文本框输入值 1000，在 提刀速率 文本框输入值 1000，在 主轴转速 文本框输入值 800。

（4）设置冷却液方式。在 参数 选项卡中单击 Coolant... (*) 按钮，系统弹出"Coolant…"对话框，在 Flood （切削液）下拉列表中选择 On 选项，单击该对话框中的 ✓ 按钮，关闭"Coolant…"对话框。

（5）单击"定义刀具－机床群组-1"对话框中的 ✓ 按钮，完成刀具参数的设置。

Stage4．设置加工参数

Step1. 设置曲面加工参数。在"曲面精加工 熔接"对话框中单击 曲面参数 选项卡，在 加工面预留量 文本框中输入值 0；选中 退刀向量 (D) 按钮前复选框 ✓，并单击 退刀向量 (D) 按钮，系统弹出"方向"对话框，在 进刀向量 区域的 进刀引线长度 文本框中输入值 5，单击 ✓ 按钮完成进/退刀向量的设置，同时系统返回至"曲面精加工 熔接"对话框。

Step2. 设置熔接精加工参数。

（1）在"曲面精加工 熔接"对话框中单击 熔接精加工参数 选项卡，如图 11.12.4 所示，在 最大步进量: 文本框中输入值 0.8。

（2）设置切削方式。在 熔接精加工参数 选项卡中选中 ⊙ 引导方 单选项和 ⊙ 3D 单选项。

图 11.12.4 所示的"熔接精加工参数"选项卡中部分选项的说明如下：

- ⊙ 截断方l 单选项：在一个串联曲线到另一个串联曲线之间创建二维刀具路径，刀具从第一个被选的串联曲线的起点开始加工。

- ⊙ 引导方 单选项：沿串联曲线方向创建二维或三维刀具路径，刀具从第一个被选定的串联线串的起点开始加工。

图 11.12.4　"熔接精加工参数"选项卡

- ● **2D** 单选项：该单选项用于创建一个二维平面的引导方向。
- ● **3D** 单选项：该单选项用于创建一个三维空间的引导方向。

注意：只有在引导方向选项选中的情况下，上述两个单选项才是有效的。

- ● **熔接设置 (B)...** 按钮：单击此按钮，系统弹出"引导方向熔接设置"对话框，如图 11.12.5 所示。

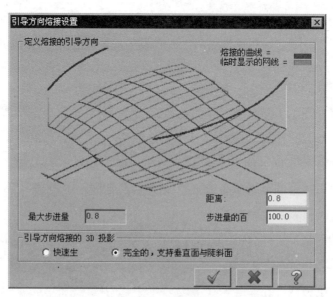

图 11.12.5　"引导方向熔接设置"对话框

图 11.12.5 所示的"引导方向熔接设置"对话框中部分选项的说明如下：

- ● **定义熔接的引导方向** 区域：用于定义假想熔接网格的参数，其中包括 **最大步进量** 文本框、**距离** 文本框和 **步进量的百** 文本框。
  - ☑ **距离** 文本框：用于定义假想网格每一小格的长度。

☑ <u>步进量的百</u> 文本框: 用于定义临时交叉的刀具路径间隔, 此时定义的刀具路径并不包括在最后的刀具路径中。

● <u>引导方向熔接的 3D 投影</u> 区域: 用于设置创建引导方向熔接的 3D 投影方式, 其中包括 ⊙ <u>快速生</u> 单选项和 ⊙ <u>完全的,支持垂直面与陡斜面</u> 单选项。此区域仅当 ⊙ <u>引导方</u> 选中 ⊙ <u>3D</u> 单选项时才可用。

☑ ⊙ <u>快速生</u> 单选项: 该单选项用于减少创建最终熔接刀具路径的时间。

☑ ⊙ <u>完全的,支持垂直面与陡斜</u> 单选项: 该单选项用于设置确保在垂直面上和陡斜面上切削时有正确的刀具运动, 但是创建最终熔接刀具路径的时间将增长。

（3）完成参数设置。对话框中的其他参数保持系统默认设置值, 单击"曲面精加工 熔接"对话框中的 <u>✓</u> 按钮, 同时在图形区生成图 11.12.6 所示的刀具路径。

Stage5. 加工仿真

Step1. 路径模拟。

（1）在"操作管理"中单击 ≋ <u>刀具路径 - 2123.OK - FINISH_BLEND.NC - 程序号码</u> 0 节点, 系统弹出的"刀路模拟"对话框及"刀路模拟控制"操控板。

（2）在"刀路模拟控制"操控板中单击 ▶ 按钮, 系统将开始对刀具路径进行模拟, 结果与图 11.12.6 所示的刀具路径相同, 在"刀路模拟"对话框中单击 <u>✓</u> 按钮。

Step2. 实体切削验证。

（1）在 <u>刀具路径</u> 选项卡中单击 <u>✓</u> 按钮, 然后单击"验证已选择的操作"按钮 ▣, 系统弹出"验证"对话框。

（2）在"验证"对话框中单击 ▶ 按钮。系统将开始进行实体切削仿真, 结果如图 11.12.7 所示, 单击 <u>✓</u> 按钮。

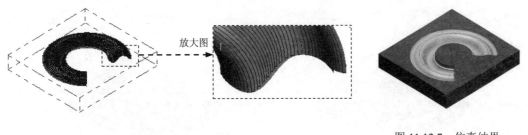

图 11.12.6　刀具路径　　　　　　　图 11.12.7　仿真结果

Step3. 保存文件。选择下拉菜单 <u>F 文件</u> ➡ <u>S 保存</u> 命令, 即可保存文件。

11.13　综 合 实 例

本实例通过对一个吹风机型芯的加工，让读者熟悉使用 MasterCAM X6 加工模块来完成复杂零件的数控编程。下面结合曲面加工的各种方法来加工吹风机型芯（图 11.13.1），其操作如下。

a）加工毛坯

b）曲面挖槽加工

d）曲面残料粗加工

c）曲面粗加工等高外形

e）曲面精加工等高外形

f）曲面精加工浅平面加工

h）曲面精加工交线清角

g）曲面精加工残料清角

图 11.13.1　加工流程图

Stage1.　进入加工环境

Step1.　打开原始模型。选择下拉菜单 <kbd>F 文件</kbd> ➡ <kbd>Q 打开文件</kbd> 命令，系统弹出"打开"对话框。在 <kbd>文件类型(T):</kbd> 下拉列表中选择 <kbd>IGES 文件 (*.IGS;*.IGES)</kbd> 选项，在"查找范围"下拉列表中选择文件目录 D:\mcx6\work\ch11.13，然后在中间的列表框中选择文件 BLOWER_MOLD.IGS。单击 <kbd>✓</kbd> 按钮，系统打开模型并进入 MasterCAM X6 的建模环境。

说明：若想把文件类型为.IGS 的文件转换成.MCX-6 文件，则需选择下拉菜单 <kbd>F 文件</kbd> ➡ <kbd>S 保存</kbd> 命令，在系统弹出的"另存为"对话框的 <kbd>保存类型(T):</kbd> 下拉列表中选择 <kbd>Mastercam X6 文件 (*.MCX-6)</kbd> 选项即可。若想转成.IGS 文件，则需打开.MCX-6 文件，然后选择下拉菜单 <kbd>F 文件</kbd> ➡ <kbd>A 另存文件</kbd> 命令，在系统弹出的"另存为"对话框的 <kbd>保存类型(T):</kbd> 下拉列表中选择 <kbd>IGES 文件 (*.IGS;*.IGES)</kbd> 选项即可。

Step2.　转换文件类型。选择下拉菜单 <kbd>F 文件</kbd> ➡ <kbd>S 保存</kbd> 命令，系统弹出"另存为"对话框。接受系统默认的文件名 BLOWER_MOLD.MCX-6，单击 <kbd>✓</kbd> 按钮完成文件类型的转换。

Step3.　进入加工环境。选择下拉菜单 <kbd>M 机床类型</kbd> ➡ <kbd>M 铣削 ▶</kbd> ➡ <kbd>D 默认</kbd> 命令，系统进入加工环境，此时零件模型如图 11.13.2 所示。

Stage2.　设置工件

Step1.　在"操作管理"中单击 <kbd>山 属性 - Mill Default MM</kbd> 节点前的"+"号，将该节点展开，然后单击 <kbd>◆ 材料设置</kbd> 节点，系统弹出"机器群组属性"对话框。

Step2.　设置工件的形状。在"机器群组属性"对话框中 <kbd>形状</kbd> 区域中选中 <kbd>◉ 立方体</kbd> 单选项。

Step3.　设置工件的尺寸。在"机器群组属性"对话框中单击 <kbd>B 边界盒</kbd> 按钮，系统弹出"边界盒选项"对话框，接受系统默认的选项数值，单击 <kbd>✓</kbd> 按钮，系统返回至"机器群组属性"对话框。

Step4.　单击"机器群组属性"对话框中的 <kbd>✓</kbd> 按钮，完成工件的设置。此时零件如图 11.13.3 所示，从图中可以观察到零件的边缘多了红色的双点画线，双点画线围成的图形即工件。

图 11.13.2　零件模型

图 11.13.3　显示工件

Stage3. 粗加工挖槽加工

Step1. 绘制切削范围。绘制图 11.13.4 所示的切削范围（绘制大致形状即可，可参见录像）。

Step2. 选择下拉菜单 **I 刀具路径** ➡ **R 曲面粗加工▶** ➡ **K 粗加工挖槽加工** 命令，系统弹出"输入新 NC 名称"对话框，采用系统默认的 NC 名称，单击 ✓ 按钮，完成 NC 名称的设置。

Step3. 设置加工区域。

① 设置加工面。在图形区中选择图 11.13.5 所示的面（共 20 个），然后按 Enter 键，系统弹出"刀具路径的曲面选取"对话框。

② 设置加工边界。在 **边界范围** 区域中单击 按钮，系统弹出"串连选项"对话框。在图形区中选择图 11.13.4 所绘制的边线，单击 ✓ 按钮，系统返回至"刀具路径的曲面选取"对话框。

③ 单击 ✓ 按钮，完成加工区域的设置，同时系统弹出"曲面粗加工挖槽"对话框。

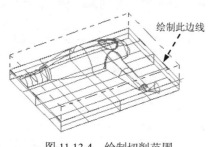
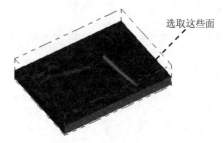

图 11.13.4　绘制切削范围　　　　图 11.13.5　设置加工面

Step4. 确定刀具类型。在"曲面粗加工挖槽"对话框中单击 **刀具过虑** 按钮，系统弹出"刀具过虑列表设置"对话框，单击该对话框中的 **全关(N)** 按钮后，在刀具类型按钮群中单击 （圆鼻刀）按钮。然后单击 ✓ 按钮，关闭"刀具过虑列表设置"对话框，系统返回至"曲面粗加工挖槽"对话框。

Step5. 选择刀具。在"曲面粗加工挖槽"对话框中，单击 **选择刀库...** 按钮，系统弹出"选择刀具"对话框，在该对话框的列表框中选择 `136   10. BULL ENDMI...   10.0   3.0   50.0   4   圆鼻刀   角落` 刀具。单击 ✓ 按钮，关闭"选择刀具"对话框，系统返回至"曲面粗加工挖槽"对话框。

Step6. 设置刀具参数。

（1）完成上步操作后，在"曲面粗加工挖槽"对话框的 **刀具路径参数** 选项卡的列表框中显示出上步选取的刀具，双击该刀具，系统弹出"定义刀具-机床群组-1"对话框。

（2）设置刀具号码。在"定义刀具－机床群组-1"对话框中的 刀具号码 文本框中，将原有的数值改为 1。

（3）设置刀具的加工参数。单击"定义刀具－机床群组-1"对话框的 参数 选项卡，在 下刀速率 文本框输入值 1200，在 提刀速率 文本框输入值 1200，在 主轴转速 文本框输入值 1200。

（4）设置冷却液方式。在 参数 选项卡中单击 Coolant... (*) 按钮，系统弹出"Coolant…"对话框，在 Flood （切削液）下拉列表中选择 On 选项，单击该对话框中的 ✓ 按钮，关闭"Coolant…"对话框。

Step7. 单击"定义刀具－机床群组-1"对话框中的 ✓ 按钮，完成刀具参数的设置，系统返回至"曲面粗加工挖槽"对话框。

Step8. 设置曲面加工参数。在"曲面粗加工挖槽"对话框中单击 曲面参数 选项卡，设置图 11.13.6 所示的参数。

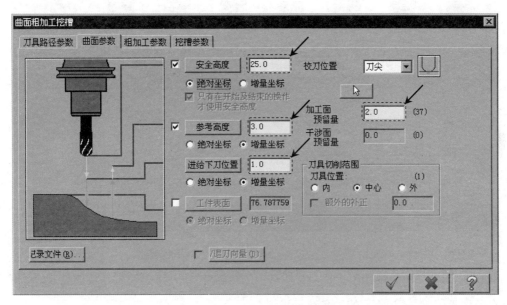

图 11.13.6　"曲面参数"选项卡

Step9. 设置粗加工参数。在"曲面粗加工挖槽"对话框中单击 粗加工参数 选项卡，设置图 11.13.7 所示的参数。

Step10. 设置挖槽参数。在"曲面粗加工挖槽"对话框中单击 挖槽参数 选项卡，设置图 11.13.8 所示的参数。

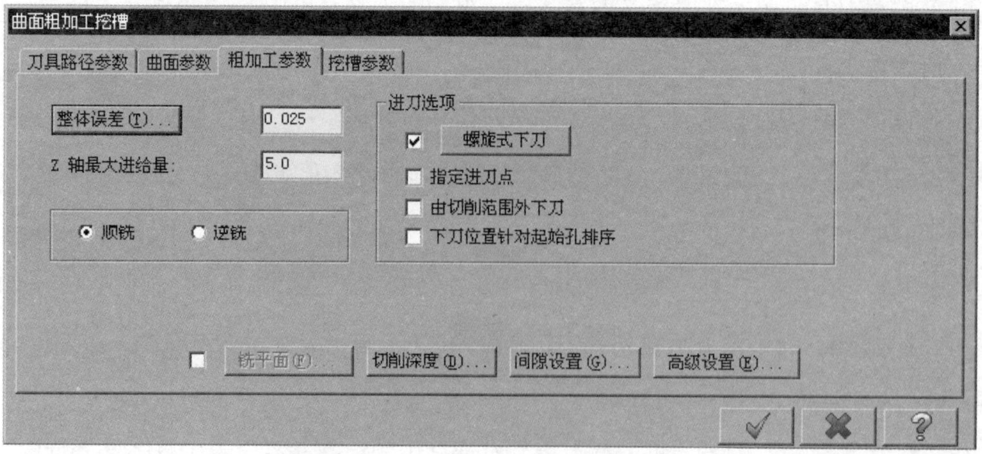

图 11.13.7　"粗加工参数"选项卡

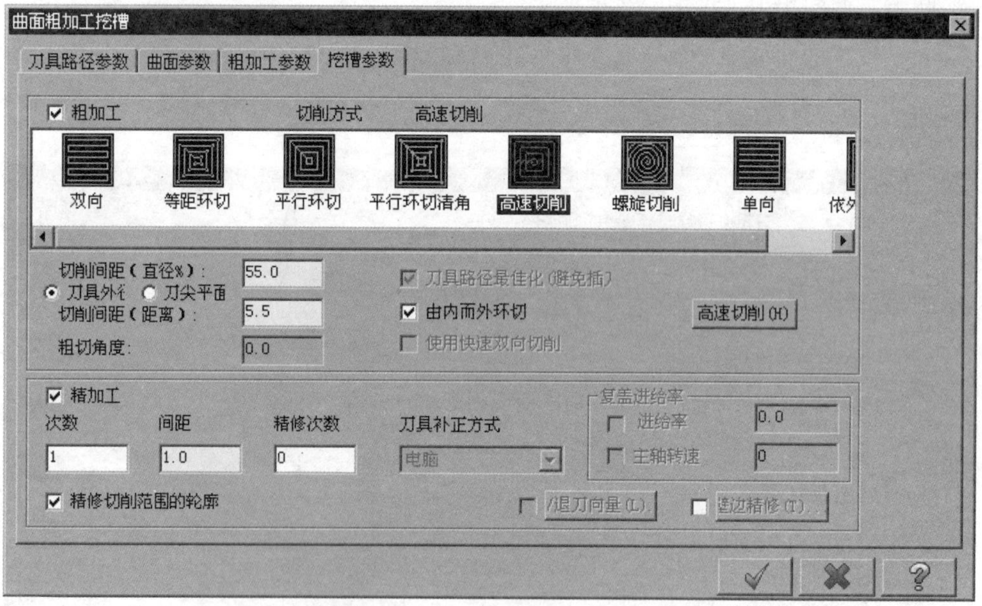

图 11.13.8　"挖槽参数"选项卡

Step11. 单击"曲面粗加工挖槽"对话框中的 ✔ 按钮，完成加工参数的设置，此时系统将自动生成图 11.13.9 所示的刀具路径。

说明：在完成"曲面粗加工挖槽"后，应确保俯视图视角为目前的 WCS、刀具面和构图面以及原点，才能保证后面的刀具加工方向的正确性。具体操作为：在屏幕的右下角单击 WCS ，在系统弹出的快捷菜单中选择 打开视角管理器 命令，此时系统弹出"视图管理器"对话框，在该对话框的 设置当前的视角与原点 区域中单击 ≡ 按钮，然后单击 ✔ 按钮。同样在后面的加工中应先确保俯视图视角为目前的 WCS、刀具面和构图面以及原点，同样采用上述的方法。

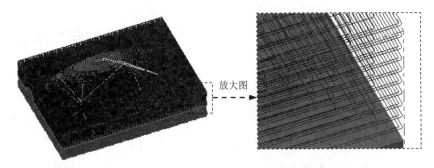

图 11.13.9　刀具路径

Stage4. 粗加工等高外形加工

说明：先隐藏上面的刀具路径，以便于后面加工面的选取，以下不再赘述。

Step1. 选择下拉菜单 T 刀具路径 ➡ R 曲面粗加工 ➡ C 粗加工等高外形加工 命令。

Step2. 设置加工区域。在图形区中选择图 11.13.10 所示的面（共十九个），然后按 Enter 键，系统弹出"刀具路径的曲面选取"对话框。单击 ✓ 按钮，完成加工区域的设置，同时系统弹出"曲面粗加工等高外形"对话框。

Step3. 确定刀具类型。在"曲面粗加工等高外形"对话框中，单击 刀具过虑 按钮，系统弹出"刀具过虑列表设置"对话框，单击该对话框中的 全关(N) 按钮后，在刀具类型按钮群中单击 （圆鼻刀）按钮。然后单击 ✓ 按钮，关闭"刀具过虑列表设置"对话框，系统返回至"曲面粗加工等高外形"对话框。

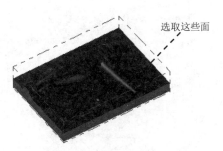

图 11.13.10　设置加工面

Step4. 选择刀具。在"曲面粗加工等高外形"对话框中，单击 选择刀库... 按钮，系统弹出"选择刀具"对话框，在该对话框的列表框中选择 129 8. BULL ... 8.0 3.0 50.0 4 圆鼻刀 角落 刀具。单击 ✓ 按钮，关闭"选择刀具"对话框，系统返回至"曲面粗加工等高外形"对话框。

Step5. 设置刀具参数。

（1）完成上步操作后，在"曲面粗加工等高外形"对话框的 刀具路径参数 选项卡的列表框中显示出上步选取的刀具，双击该刀具，系统弹出"定义刀具－机床群组-1"对话框。

（2）设置刀具号码。在"定义刀具－机床群组-1"对话框中的 刀具号码 文本框中，将原有的数值改为 2。

（3）设置刀具的加工参数。单击"定义刀具－机床群组-1"对话框的 参数 选项卡，在 进给速率 文本框输入值 300，在 下刀速率 文本框输入值 200，在 提刀速率 文本框输入值 500，在 主轴转速 文本框输入值 800。

（4）设置冷却液方式。在 参数 选项卡中单击 Coolant... (*) 按钮，系统弹出"Coolant..."对话框，在 Flood （切削液）下拉列表中选择 On 选项，单击该对话框中的 ✓ 按钮，关闭"Coolant..."对话框。

Step6. 单击"定义刀具－机床群组-1"对话框中的 ✓ 按钮，完成刀具参数的设置，系统返回至"曲面粗加工等高外形"对话框。

Step7. 设置曲面参数。在"曲面粗加工等高外形"对话框中单击 曲面参数 选项卡，设置图 11.13.11 所示的参数。

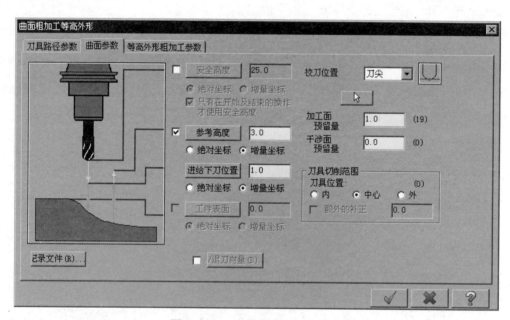

图 11.13.11　"曲面参数"选项卡

Step8. 设置等高外形粗加工参数。在"曲面粗加工等高外形"对话框中单击 等高外形粗加工参数 选项卡，设置图 11.13.12 所示的参数。

Step9. 单击"曲面粗加工等高外形"对话框中的 ✓ 按钮，完成加工参数的设置，此时系统将自动生成图 11.13.13 所示的刀具路径。

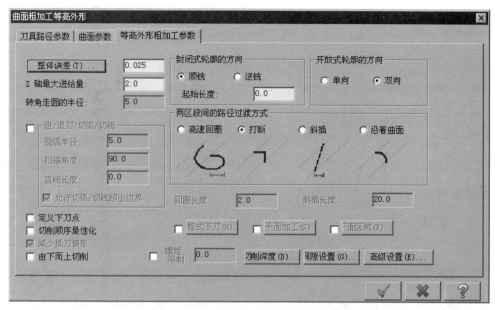

图 11.13.12　"等高外形粗加工参数"选项卡

Stage5. 粗加工残料加工

Step1. 选择下拉菜单 T 刀具路径 ➡ R 曲面粗加工▸ ➡ T 粗加工残料加工 命令。

Step2. 设置加工区域。在图形区中选择图 11.13.14 所示的面（共 19 个），按 Enter 键，系统弹出"刀具路径的曲面选取"对话框。单击 ✓ 按钮，完成加工区域的设置，同时系统弹出"曲面残料粗加工"对话框。

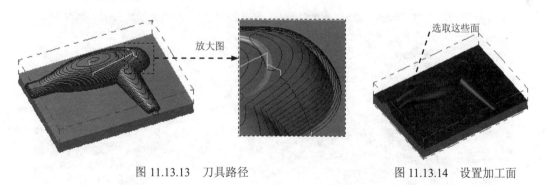

图 11.13.13　刀具路径　　　　　　　　　　　　图 11.13.14　设置加工面

Step3. 确定刀具类型。在"曲面残料粗加工"对话框中，单击 刀具过滤 按钮，系统弹出"刀具过滤列表设置"对话框，单击该对话框中的 全关(N) 按钮后，在刀具类型按钮群中单击 ▮（圆鼻刀）按钮，然后单击 ✓ 按钮，关闭"刀具过滤列表设置"对话框，系统返回至"曲面残料粗加工"对话框。

Step4. 选择刀具。在"曲面残料粗加工"对话框中，单击 选择刀库... 按钮，系统

弹 出 " 选 择 刀 具 " 对 话 框 ， 在 该 对 话 框 的 列 表 框 中 选 择

| | 123 | 6. BULL ENDMIL... | 6.0 | 2.0 | 50.0 | 4 | 圆鼻刀 | 角落 |

刀具。单击 ✓ 按钮，关闭"选择刀具"对话框，系统返回至"曲面残料粗加工"对话框。

Step5. 设置刀具参数。

（1）完成上步操作后，在"曲面残料粗加工"对话框的 刀具路径参数 选项卡的列表框中显示出上步选取的刀具，双击该刀具，系统弹出"定义刀具‐机床群组‐1"对话框。

（2）设置刀具号码。在"定义刀具‐机床群组‐1"对话框中的 刀具号码 文本框中，将原有的数值改为 3。

（3）设置刀具的加工参数。单击"定义刀具‐机床群组‐1"对话框的 参数 选项卡，在 进给速率 文本框输入值 200， 下刀速率 文本框输入值 1200，在 提刀速率 文本框输入值 1200，在 主轴转速 文本框输入值 800。

（4）设置冷却液方式。在 参数 选项卡中单击 Coolant... (*) 按钮，系统弹出"Coolant..."对话框，在 Flood （切削液）下拉列表中选择 On 选项，单击该对话框中的 ✓ 按钮，关闭"Coolant..."对话框。

Step6. 单击"定义刀具‐机床群组‐1"对话框中的 ✓ 按钮，完成刀具参数的设置，系统返回至"曲面残料粗加工"对话框。

Step7. 设置曲面加工参数。在"曲面残料粗加工"对话框中单击 曲面参数 选项卡，设置图 11.13.15 所示的参数。

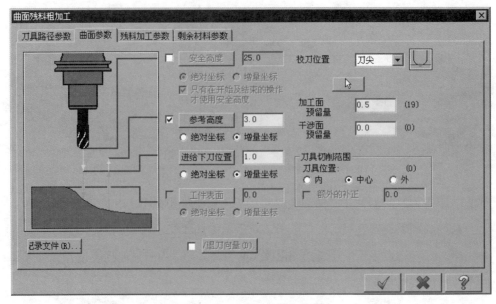

图 11.13.15　"曲面参数"选项卡

Step8. 设置残料加工参数。在"曲面残料粗加工"对话框中单击 残料加工参数 选项卡，设置图 11.13.16 所示的参数。

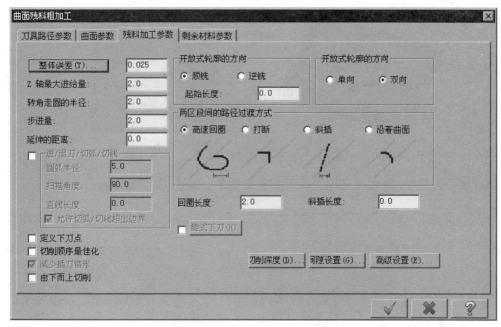

图 11.13.16 "残料加工参数"选项卡

Step9. 设置剩余材料参数。在"曲面残料粗加工"对话框中单击 剩余材料参数 选项卡，设置图 11.13.17 所示的参数。

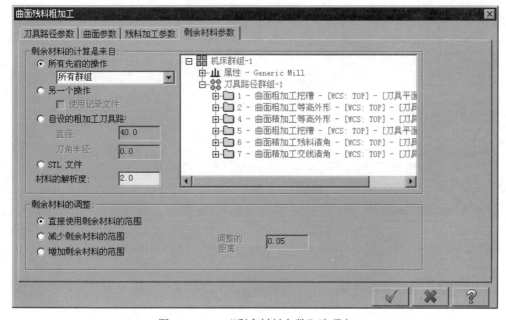

图 11.13.17 "剩余材料参数"选项卡

Step10. 单击"曲面残料粗加工"对话框中的 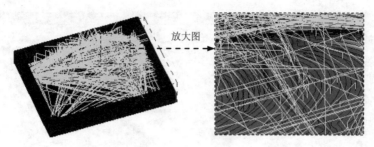 按钮，完成加工参数的设置，此时系统将自动生成图 11.13.18 所示的刀具路径。

放大图

图 11.13.18　刀具路径

Step11. 后面的详细操作过程请参见随书光盘中 video\ch11.13\reference\文件夹下的语音视频讲解文件 BLOWER_MOLD-r02.exe。

第 12 章　多轴铣削加工

本章提要　多轴加工也称变轴加工，是在切削加工中，加工轴不断变化的一种加工方式。本章通过几个典型的范例讲解了 MasterCAM X6 中多轴加工的一般流程及操作方法。读者从中不仅可以领会到 MasterCAM X6 的多轴加工方法，还可以了解多轴加工的基本概念。本章的内容包括：

- 曲线五轴加工
- 曲面五轴加工
- 钻孔五轴加工
- 沿面五轴加工
- 沿边五轴加工
- 旋转五轴加工
- 两曲线之间形状

12.1　概　　述

多轴加工是指使用四轴或五轴以上坐标系的机床加工结构复杂、控制精度高、加工程序复杂的零件。多轴加工适用于加工复杂的曲面、斜轮廓以及分布在不同平面上的孔系等。在加工过程中，由于刀具与工件的位置可以随时调整，使刀具与工件达到最佳的切削状态，从而可以提高机床的加工效率。多轴加工能够提高复杂机械零件的加工精度，因此，它在制造业中发挥着重要作用。在多轴加工中，五轴加工应用范围最为广泛。所谓五轴加工是指在一台机床上至少有五个坐标轴（三个直线轴和两个旋转轴），而且可在计算机数控系统（CNC）的控制下协调运动进行加工。五轴联动数控技术对工业制造特别是对航空航天、军事工业有重要影响。由于其地位特殊，国际上把五轴联动数控技术作为衡量一个国家生产设备自动化水平的标志。

12.2　曲线五轴加工

曲线五轴加工，主要应用于加工三维（3D）曲线或可变曲面的边界，其刀具定位在一个轮廓线上。采用此种加工方式也可以根据机床刀具轴的不同控制方式，生成四轴或者三轴的曲线加工刀具路径。下面以图 12.2.1 所示的模型为例来说明曲线五轴加工的过程，其操作如下：

Stage1. 打开原始模型

打开文件 D:\mcx6\work\ch12.02\LINE_5.MCX-6，系统进入加工环境，此时零件模型如图 12.2.2 所示。

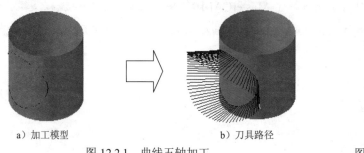

a）加工模型　　　　　　　　　　　b）刀具路径

图 12.2.1　曲线五轴加工

图 12.2.2　零件模型

Stage2. 选择加工类型

选择加工类型。选择下拉菜单 I 刀具路径 ➡ M 多轴加工 命令，系统弹出"输入新 NC 名称"对话框，采用系统默认的 NC 名称；单击 ✓ 按钮，系统弹出图 12.2.3 所示的"多轴刀具路径－曲线五轴"对话框。

Stage3. 选择刀具路径类型

在"多轴刀具路径 － 曲线五轴"对话框左侧列表中单击 刀具路径类型 节点，切换到刀具路径类型参数设置界面，然后采用系统默认的 曲线五轴 选项。

Stage4. 选择刀具

Step1. 选取加工刀具。在"多轴刀具路径－曲线五轴"对话框左侧的列表中单击 刀具 节点，切换到刀具参数界面，然后单击 从刀库中选择... 按钮，系统弹出"选择刀具"对话框。在" 选 择 刀 具 "对 话 框 的 列 表 框 中 选 择 ⓢ 122　　　　6. BULL ENDMILL 1. RAD 6.0　1.0　　　50.0 4　　　圆鼻刀 刀具，单击 ✓ 按钮，完成刀具的选择，同时系统返回至"多轴刀具路径－曲线五轴"对话框。

Step2. 设置刀具号码。在"多轴刀具路径－曲线五轴"对话框中双击上一步骤所选择的刀具，系统弹出"定义刀具-机床群组-1"对话框。在 刀具号码 文本框中输入值 1，其他参数接受系统默认设置值，完成刀具号码的设置。

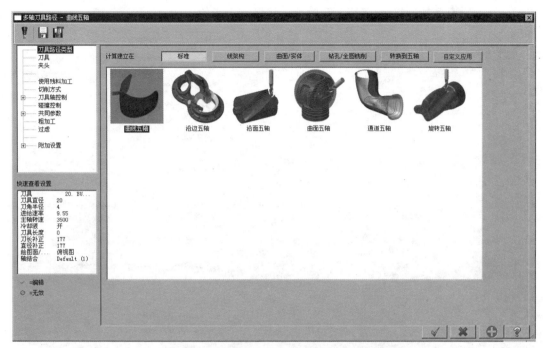

图 12.2.3　"多轴刀具路径 - 曲线五轴"对话框

Step3. 定义刀具参数。单击 参数 选项卡，在 进给速率 文本框中输入值 200.0，在 下刀速率 文本框中输入值 200.0，在 提刀速率 文本框中输入值 200.0，在 主轴转速 文本框中输入值 500.0；单击"冷却液"按钮 Coolant... (*) ，系统弹出"Coolant..."对话框，在 Flood 中下拉列表中选择 On 选项，单击"Coolant..."对话框中的 ✓ 按钮。其他参数采用系统默认设置值。单击"定义刀具 - 机床群组-1"对话框中的 ✓ 按钮，完成刀具参数的定义，同时系统返回至"多轴刀具路径 - 曲线五轴"对话框。

Stage5. 设置加工参数

Step1. 定义切削方式。

（1）在"多轴刀具路径 - 曲线五轴"对话框左侧的列表中单击 切削方式 节点，切换到切削方式设置界面，如图 12.2.4 所示。

图 12.2.4 所示的"切削方式"设置界面中部分选项的说明如下：

● 曲线类型 下拉列表：用于定义加工曲线的类型，包括 3D 曲线 、 所有曲面边界 和单一曲面边界 三个选项。

    ☑ 3D 曲线 选项：用于根据选取的 3D 曲线创建刀具路径。选择该选项，单击其后的 ⬚ 按钮，在绘图区选取所需要的 3D 曲线。

    ☑ 所有曲面边界 选项：用于根据选取的曲面的全部边界创建刀具路径。选择该选项，

单击其后的 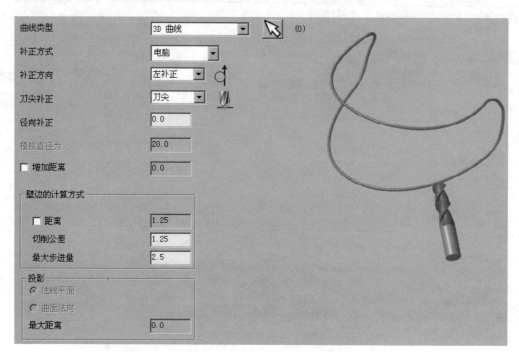 按钮，在绘图区选取所需要的曲面。

图 12.2.4 "切削方式"设置界面

☑ 单一曲面边界 选项：用于根据选取的曲面的某条边界创建刀具路径。选择该选项，
单击其后的 按钮，在绘图区选取所需要的曲面。

● 补正方式 下拉列表：包括 电脑 、 控制器 、 磨损 、 反向磨损 和 关 五个选项。

● 补正方向 下拉列表：包括 左补正 和 右补正 两个选项。

● 刀尖补正 下拉列表：包括 中心 和 刀尖 两个选项。

● 径向补正 文本框：用于定义刀具中心的补正距离，默认为刀具半径值。

● 模拟直径为 文本框：用于定义刀具的模拟直径数值，当补正方式选择 控制器 、 磨损 和
反向磨损 选项时，此文本框被激活。

● ☑ 增加距离 复选框：用于设置刀具沿曲线上测量的刀具路径的距离。

● 壁边的计算方式 区域：用于设置拟合刀具路径的曲线计算方式。

☑ ☑ 距离 复选框：用于设置每一刀具位置的间距。当选中此复选框时，其后的文
本框被激活，用户可以在该文本框中指定刀具位置的间距。

☑ 切削公差 文本框：用于定义刀具路径的切削误差值。切削的误差值越小，刀具
路径越精确。

☑ 最大步进量 文本框：用于指定刀具移动时的最大距离。

● 投影 区域：用于设置投影方向。

☑ ⊙ 法线平面 单选项：用于设置投影方向为沿当前刀具平面的法线方向进行投影。

☑ ⚪ 曲面法向 单选项：用于设置投影方向为沿当前曲面的法线方向进行投影。

☑ 最大距离 文本框：用来设置投影的最大距离，仅在 ⚪ 法线平面 单选项被选中时有效。

（2）定义 3D 曲线。在 曲线类型 下拉列表中选择 3D 曲线 选项，单击其后的 🔾 按钮，系统弹出"串连选项"对话框；在图形区中选取图 12.2.5 所示的曲线，然后按 Enter 键，完成加工曲线的选择，系统返回至"多轴刀具路径 - 曲线五轴"对话框；在 补正方式 下拉列表中选择 关 选项。

选取此曲线

图 12.2.5　选取加工曲线

（3）定义切削参数。在 壁边的计算方式 区域的 切削公差 文本框中输入值 0.02，在 最大步进量 文本框中输入值 2.0，其他参数采用系统默认的设置值，完成切削方式的设置。

Step2. 设置刀具轴控制参数。

（1）在"多轴刀具路径 - 曲线五轴"对话框左侧的列表中单击 刀具轴控制 节点，切换到刀具轴控制参数设置界面，如图 12.2.6 所示。

图 12.2.6 所示的"刀具轴控制参数设置界面"对话框中部分选项的说明如下：

● 刀具轴向控制 下拉列表：用于控制刀具轴的方向，包括 直线、曲面、平面、从...点、到...点 和 串连 选项。

☑ 直线 选项：选择该选项，单击其后的 🔾 按钮，在绘图区域选取一条直线来控制刀具轴向的方向。

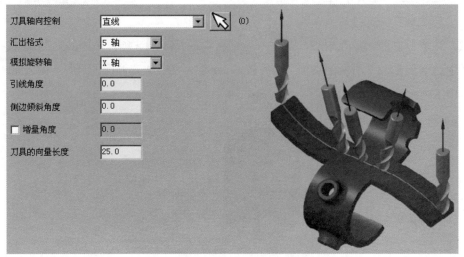

图 12.2.6　刀具轴控制参数设置界面

☑ 　曲面　选项：选择该选项，单击其后的　⬚　按钮，在绘图区域选取一个曲面，系统会自动设置该曲面的法向方向来控制刀具轴向的方向。

☑ 　平面　选项：选择该选项，单击其后的　⬚　按钮，在绘图区域选取一平面，系统会自动设置该平面的法向方向来控制刀具轴向的方向。

☑ 　从...点　选项：用于指定刀具轴线反向延伸通过的定义点。选择该选项，单击其后的　⬚　按钮，可在绘图区域选取一个基准点来指定刀具轴线反向延伸通过的定义点。

☑ 　到...点　选项：用于指定刀具轴线延伸通过的定义点。选择该选项，单击其后的　⬚　按钮，可在绘图区域选取一个基准点来指定刀具轴线延伸通过的定义点。

☑ 　串连　选项：选择该选项，单击其后的　⬚　按钮，用户可在绘图区域选取一直线、圆弧或样条曲线来控制刀具轴向的方向。

● 　汇出格式　下拉列表：用于定义加工输出的方式，主要包括　3轴　、　4轴　和　5轴　三个选项。

　　☑ 　3轴　选项：选择该选项，系统将不会改变刀具的轴向角度。

　　☑ 　4轴　选项：选择该选项，需要在其下的　模拟旋转轴　下拉列表中选择 X 轴、Y 轴、Z 轴其中任意一个轴为第四轴。

　　☑ 　5轴　选项：选择该选项，系统会以直线段的形式来表示五轴刀具路径，其直线方向便是刀具的轴向。

● 　模拟旋转轴　下拉列表：分别对应　5轴　和　4轴　方式下，用来指定旋转轴。

● 　引线角度　文本框：用于定义刀具前倾角度或后倾角度。

● 　侧边倾斜角度　文本框：用于定义刀具侧倾角度。

● 　☑ 增量角度　复选框：用于定义相邻刀具路径间的角度增量。

● 　刀具的向量长度　文本框：用于指定刀具向量的长度，系统会在每一刀的位置通过此长度控制刀具路径的显示。

（2）选取投影曲面。在　刀具轴向控制　下拉列表中选择　曲面　选项，单击其后的　⬚　按钮，在图形区中选取图 12.2.7 所示的曲面，然后按 Enter 键，完成加工曲面的选择，在　侧边倾斜角度　文本框中输入值 0。

图 12.2.7　投影曲面

（3）设置其他参数。在"多轴刀具路径－曲线五轴"对话框左侧的列表中单击 切削方式 节点，切换到切削方式设置界面。在 投影 区域选中 ⊙ 曲面法向 单选项，在 最大距离 文本框中输入值 50.0，完成参数的设置。

Step3. 设置轴的限制参数。在"多轴刀具路径－曲线五轴"对话框左侧的节点列表中单击 刀具轴控制 节点下的 限制 节点，切换到轴的限制参数设置界面，如图 12.2.8 所示；在 限制方式 区域中选中 ⊙ 删除超过极限的位移 单选项，完成限制参数的设置。

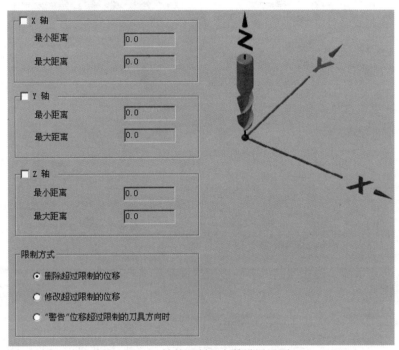

图 12.2.8 "轴的限制"参数设置界面

图 12.2.8 所示的"轴的限制"参数设置界面中部分选项的说明如下：

● X轴 区域：用于设置 X 轴的旋转角度限制范围，其中包括 最小距离 文本框和 最大距离 文本框。

☑ 最小距离 文本框：用于设置 X 轴的最小旋转角度。

☑ 最大距离 文本框：用于设置 X 轴的最大旋转角度。

说明：Y轴 和 Z轴 与 X轴 的设置是完全一致的，这里就不再赘述了。

● 限制方式 区域：用于设置刀具的偏置参数。

☑ ⊙ 删除超过极限的位移 单选项：选中该单选项，系统在计算刀路时会自动将设置角度极限以外的刀具路径删除。

☑ ⊙ 修改超过限制的位移 单选项：选中该单选项，系统在计算刀路时将以锁定刀具轴线方向的方式修改设置角度极限以外的刀具路径。

☑ ⊙ "警告"位移超过限制的刀具方向时 单选项：选中该单选项，系统在计算刀路时将设置角度极限以外的刀具路径用红色标记出来，以便用户对刀具路径进行编辑。

Step4. 设置碰撞控制参数。在"多轴刀具路径 - 曲线五轴"对话框左侧的节点列表中单击 碰撞控制 节点，切换到碰撞控制参数设置界面，如图 12.2.9 所示，在 刀尖控制 区域中选中 ⊙ 在投影曲面上 单选项，完成碰撞控制的设置。

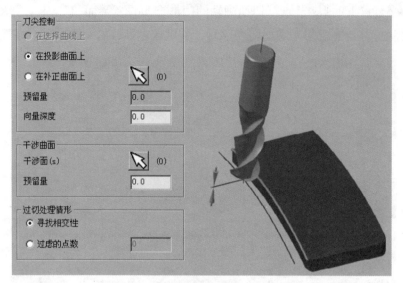

图 12.2.9　"碰撞控制"参数设置界面

图 12.2.9 所示的"碰撞控制"参数设置界面中部分选项的说明如下：

- 刀尖控制 区域：用于设置刀尖顶点的控制位置，包括 ⊙ 在选择曲线上 单选项、⊙ 在投影曲面上 单选项和 ⊙ 在补正曲面上 单选项。

  ☑ ⊙ 在选择曲线上 单选项：选中该单选项，刀尖的位置将沿选取曲线进行加工。

  ☑ ⊙ 在投影曲面上 单选项：选中该单选项，刀尖的位置将沿选取曲线的投影线行加工。

  ☑ ⊙ 在补正曲面上 单选项：用于调整刀尖始终与指定的曲面接触。单击其后的 按钮，系统弹出"刀具路径的曲面选取"对话框，用户可以通过该对话框选择一个曲面作为刀尖的补正对象。

- 干涉曲面 区域：用于检测刀具路径的曲面干涉。

  ☑ 干涉面(s)：单击其后的 按钮，系统弹出"刀具路径的曲面选取"对话框，用户可以利用该对话框中的按钮来选取要检测的曲面，并将干涉显示出来。

  ☑ 预留量 文本框：用来指定刀具与干涉面之间的间隙量。

- 过切处理情形 区域：用于设置产生过切时的处理方式，包括 ⊙ 寻找相交性 单选项和 ⊙ 过虑的点数 单选项。

  ☑ ⊙ 寻找相交性 单选项：该单选项表示在整个刀具路径进行过切检查。

  ☑ ⊙ 过虑的点数 单选项：该单选项表示在指定的程序节中进行过滤检查，用户可以在其后的文本框中指定程序节数。

Step5. 设置共同参数。在"多轴刀具路径－曲线五轴"对话框左侧的节点列表中单击 共同参数 节点，切换到共同参数设置界面。在 安全高度... 文本框中输入值 100.0，在 提刀速率... 文本框中输入值 50.0；在 下刀位置... 文本框中输入值 5.0，其他参数接受系统默认设置值，完成共同参数的设置。

Step6. 设置过滤参数。在"多轴刀具路径－曲线五轴"对话框左侧的节点列表中单击 过滤 节点，切换到过滤参数设置界面，如图 12.2.10 所示，其中的参数保持系统默认的设置值。

图 12.2.10　　"过滤"参数设置界面

Step7. 单击"多轴刀具路径－曲线五轴"对话框中的 ✓ 按钮，完成五轴曲线参数的设置，此时系统将自动生成图 12.2.11 所示的刀具路径。

图 12.2.11　刀具路径

Stage6．路径模拟

Step1. 在"操作管理"中单击 ≋ 刀具路径 - 14.1K - LINE_5.NC - 程序号码 0 节点，系统弹出"刀路模拟"对话框及"刀路模拟控制"操控板。

Step2. 在"刀路模拟控制"操控板中单击 ▶ 按钮，系统将开始对刀具路径进行模拟，结果与图 12.2.11 所示的刀具路径相同，单击"刀路模拟"对话框中的 ✓ 按钮，关闭"刀路模拟控制"操控板。

Step3. 保存文件模型。选择下拉菜单 <kbd>F 文件</kbd> ➡ <kbd>日 S 保存</kbd>命令，保存模型。

12.3　曲面五轴加工

曲面五轴加工可以用于曲面的粗精加工，系统以相对曲面的法线方向来设定刀具轴线方向。曲面五轴加工的参数设置与曲线五轴加工的参数设置相似，下面以图 12.3.1 所示的模型为例来说明曲面五轴加工的过程，其操作如下：

Stage1. 打开原始模型

打开文件 D:\mcx6\work\ch12.03\5_AXIS_FACE.MCX-6，系统进入加工环境，此时零件模型如图 12.3.2 所示。

a）加工模型　　　　　　　　　　　　b）刀具路径

图 12.3.1　曲面五轴加工　　　　　　　　　　图 12.3.2　零件模型

Stage2. 选择加工类型

Step1. 选择加工类型。选择下拉菜单 <kbd>T 刀具路径</kbd> ➡ <kbd>M 多轴加工</kbd>命令，系统弹出"输入新 NC 名称"对话框；采用系统默认的 NC 名称，单击 <kbd>✓</kbd> 按钮；系统弹出"多轴刀具路径－曲面五轴"对话框。

Step2. 选择刀具路径类型。在"多轴刀具路径－曲面五轴"对话框左侧的节点列表中单击 <kbd>刀具路径类型</kbd>节点，然后选择 <kbd>曲面五轴</kbd> 选项。

Stage3. 选择刀具

Step1. 选择加工刀具。在"多轴刀具路径－曲面五轴"对话框左侧的节点列表中单击 <kbd>刀具</kbd>节点，切换到刀具参数设置界面，单击 <kbd>从刀库中选择...</kbd>按钮，系统弹出"选择刀具"对话框。在"选择刀具"对话框的列表框中选择 <kbd>▌122　　6. BULL ENDMILL 1...　　6.0　　1.0　　50.0　　4　　圆鼻刀</kbd>刀具。单击 <kbd>✓</kbd> 按钮，完成刀具的选择，同时系统返回至"多轴刀具路径 － 曲面五轴"对话框。

Step2. 设置刀具号码。在"多轴刀具路径 － 曲面五轴"对话框中双击上一步骤所选择

的刀具，系统弹出"定义刀具 - 机床群组-1"对话框；在 刀具号码 文本框中输入值 1，其他
参数接受系统默认设置值，完成刀具号码的设置。

Step3. 定义刀具参数。单击 参数 选项卡，在 进给速率 文本框中输入值 200.0，在 下刀速率
文本框中输入值 300.0，在 提刀速率 文本框中输入值 300.0，在 主轴转速 文本框中输
入值 500.0；单击 Coolant... (*) 按钮，系统弹出"Coolant…"对话框，在 Flood 下拉列表中
选择 On 选项，单击"Coolant…"对话框中的 ✓ 按钮；其他选项采用系统默认设置。单
击"定义刀具 - 机床群组-1"对话框中的 ✓ 按钮，完成刀具参数的设置，同时系统返回
至"多轴刀具路径 - 曲面五轴"对话框。

Stage4. 设置切削方式

Step1. 设置切削方式。在"多轴刀具路径 - 曲面五轴"对话框左侧的节点列表中单击
切削方式 节点，切换到切削方式参数界面，如图 12.3.3 所示。

图 12.3.3 所示的"切削方式"参数界面对话框中部分选项的说明如下：

- 模式选项 区域：用于定义加工区域，其中包括 曲面(s) 选项、圆柱 选项、圆球 选项和
  立方体 选项。

  - ☑ 曲面(s) 选项：用于定义加工曲面。选择此选项后单击 按钮，用户可以在绘
    图区选择要加工的曲面。选择曲面后，系统会自动弹出"曲面流线设置"对
    话框，用户可进一步设置方向参数。

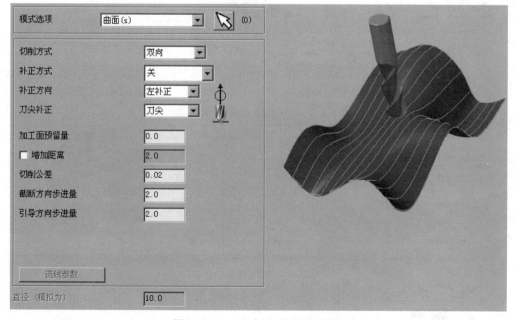

图 12.3.3　"切削方式"参数界面

☑ 　圆柱 选项：用于根据指定的位置和尺寸创建简单的圆柱作为加工面。选择此
选项后，单击 按钮，系统弹出图 12.3.4a 所示的"圆柱体选项"对话框，用
户可输入相关参数定义一个图 12.3.4b 所示的圆柱面作为加工区域。

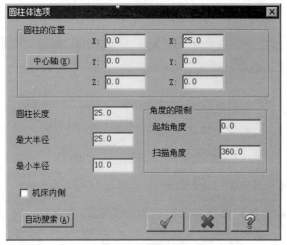

a）"圆柱体选项"对话框　　　　　　　　　　　　　b）定义圆柱体

图 12.3.4　圆柱体模式

☑ 　圆球 选项：用于根据指定的位置和尺寸创建简单的球作为加工面。选择此选
项后，单击 按钮，系统弹出图 12.3.5a 所示的"球型选项"对话框，用户可
输入相关参数定义一个图 12.3.5b 所示的球体面作为加工区域。

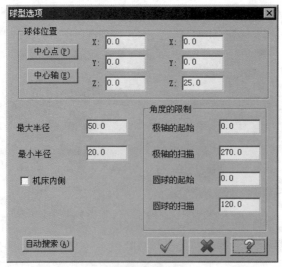

a）"球型选项"对话框　　　　　　　　　　　　　b）定义球体

图 12.3.5　圆球模式

☑ 　立方体 选项：用于根据指定的位置和尺寸创建简单的立方体作为加工面。选择

此选项后，单击 按钮，系统弹出图 12.3.6a 所示的"立方体的选项"对话框，用户可输入相关参数定义一个图 12.3.6b 所示的立方体作为加工区域。

a)"立方体的选项"对话框　　　　　　　　b) 定义立方体

图 12.3.6　立方体模式

☑ 流线参数 按钮：单击此按钮，系统弹出"曲面流线设置"对话框，用户可以定义刀具运动的切削方向、步进方向、起始位置和补正方向。

Step2. 选取加工区域。在"多轴刀具路径－曲面五轴"对话框的 模式选项 下拉列表中选择 曲面(s) 选项；单击其后的 按钮，在图形区中选取图 12.3.7 所示的曲面，然后单击"结束选择"按钮 ；单击"曲面流线设置"对话框的 按钮，系统返回至"多轴刀具路径－曲面五轴"对话框。

加工区域面

图 12.3.7　加工区域

Step3. 设置切削方式参数。在 切削方式 下拉列表中选择 双向 选项；在 切削公差 文本框中输入值 0.02；在 截断方向步进量 文本框中输入值 2.0；在 引导方向步进量 文本框中输入值 2.0；其他参数采用系统默认设置值。

Step4. 设置刀具轴控制参数。在"多轴刀具路径－曲线五轴"对话框左侧的节点列表中单击 刀具轴控制 节点，切换到图 12.3.8 所示的刀具轴控制参数设置界面。在 刀具轴向控制 下

拉列表中选择 曲面模式 选项，在 刀具的向量长度 文本框中输入值 25.0，其他参数采用系统默认设置值。

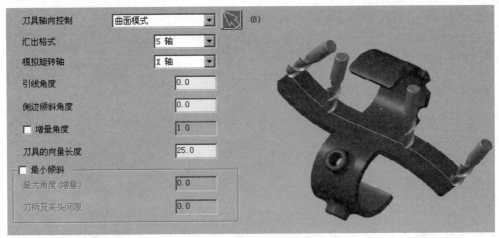

图 12.3.8　设置刀具轴参数

Step5. 设置共同参数。在"多轴刀具路径 - 曲面五轴"对话框左侧的节点列表中单击 共同参数 节点，切换到共同参数设置界面。在 安全高度... 文本框中输入值 100.0，在 提刀速率... 文本框中输入值 50.0，在 下刀位置... 文本框中输入值 5.0，其他参数接受系统默认设置值；完成共同参数的设置。

Step6. 单击"多轴刀具路径 - 曲面五轴"对话框中的 ✓ 按钮，完成曲面五轴参数的设置，此时系统生成图 12.3.9 所示的刀具路径。

Stage5. 路径模拟

Step1. 在"操作管理"中单击 ≋ 刀具路径 - 36.9K - 5_AXIS_FACE.NC - 程序号码 0 节点，系统弹出"刀路模拟"对话框及"刀路模拟控制"操控板。

Step2. 在"刀路模拟控制"操控板中单击 ▶ 按钮，系统将开始对刀具路径进行模拟，结果与图 12.3.9 所示的刀具路径相同；单击"刀路模拟"对话框中的 ✓ 按钮，关闭"刀路模拟控制"操控板。

图 12.3.9　刀具路径

Step3. 保存文件模型。选择下拉菜单 F 文件 ➡ S 保存 命令，保存模型。

12.4　钻孔五轴加工

钻孔五轴加工可以以一点或者一个钻孔向量在曲面上产生钻孔的刀具路径，其参数的设置与前面所讲的曲线五轴加工和曲面五轴加工相似。下面以图 12.4.1 所示的模型为例来说明钻孔五轴加工的操作过程。

Stage1.　打开原始模型

打开文件 D:\mcx6\work\ch12.04\5_AXIS_DRILL.MCX-6。系统进入加工环境，此时零件模型如图 12.4.2 所示。

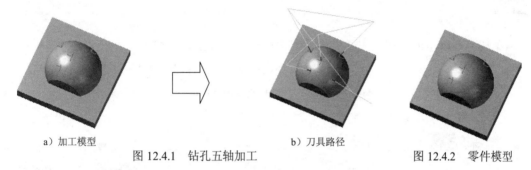

a）加工模型　　　　　　　　　　　　　　　b）刀具路径

图 12.4.1　钻孔五轴加工　　　　　　　　　　　　　图 12.4.2　零件模型

Stage2.　选择加工类型

选择加工类型。选择下拉菜单 T 刀具路径 ➡ M 多轴加工 命令，系统弹出"输入新 NC 名称"对话框，采用系统默认的 NC 名称，单击 ✓ 按钮；在系统弹出的对话框中单击 钻孔/全圆铣削 按钮，然后选择 钻孔五轴 选项。

Stage3.　选择刀具

Step1.　确定刀具类型。在"多轴刀具路径－钻孔五轴"对话框左侧的节点列表中单击 刀具 节点，切换到刀具参数设置界面；单击 过虑(F)... 按钮，系统弹出"刀具过虑列表设置"对话框；单击 刀具类型 区域中的 全关(N) 按钮后，在刀具类型按钮群中单击 ▯ （钻头）按钮；单击 ✓ 按钮，关闭"刀具过虑列表设置"对话框，系统返回至"多轴刀具路径－钻孔五轴"对话框。

Step2.　选择刀具。在"多轴刀具路径－钻孔五轴"对话框中单击 从刀库中选择... 按钮，系统弹出"选择刀具"对话框。在"选择刀具"对话框的列表框中选择 ▯ 7　10. SPO...　10.0　0.0　50.0　2　点钻 刀具，在"选择刀具"对话框中单击 ✓ 按钮，完成刀具的选择，同时系统返回至"多轴刀具路径－钻孔五轴"对话框。

Step3.　设置刀具号。在"多轴刀具路径－钻孔五轴"对话框中双击 Step2 所选择的刀具，

系统弹出"定义刀具－机床群组-1"对话框；在 刀具号码 文本框中输入值 1，其他参数设置
接受系统默认设置值，完成刀具号码的设置。

Step4. 定义刀具参数。单击 参数 选项卡，在 进给速率 文本框中输入值 200.0，在 下刀速率
文本框中输入值 200.0，在 提刀速率 文本框中输入值 200.0，在 主轴转速 文本框中输入
值 500.0；单击 Coolant... (*) 按钮，系统弹出"Coolant…"对话框，在 Flood 下拉列表中选择 On
选项，单击"Coolant…"对话框中的 ✓ 按钮；其他参数采用系统默认设置值；单击"定义
刀具－机床群组-1"对话框中的 ✓ 按钮，完成定义刀具参数，同时系统返回至"多轴刀具
路径－钻孔五轴"对话框。

Stage4. 设置加工参数

Step1. 设置切削方式。在"多轴刀具路径 － 钻孔五轴"对话框左侧的节点列表中单击
切削方式 节点，系统切换到切削方式设置界面，如图 12.4.3 所示。

图 12.4.3 所示的"切削方式"设置界面中部分选项的说明如下：

● 图形类型 下拉列表：用于定义钻孔点的方式，其中包括 点 选项和 点/线 选项。

　　☑ 点 选项：用于选取钻孔点。单击其后的按钮，可以在绘图区选取现有的点作
　　　为刀具路径的钻孔点。

　　☑ 点/线 选项：用于选取直线的端点作为生成刀具路径的控制点。当选取直线
　　　的端点作为生成刀具路径的控制点时，系统会自动选取该直线作为刀具轴线
　　　方向，此时不能对 刀具轴控制 进行设置。

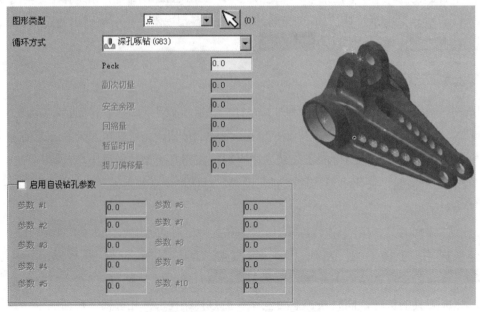

图 12.4.3　"切削方式"设置界面

Step2. 在 图形类型 下拉列表中选择 点 选项，然后单击其后的 按钮，系统弹出图 12.4.4 所示的"选取钻孔的点"对话框；单击 窗选(W) 按钮，在图形区窗选取图 12.4.5 所示的所有点，单击"选取钻孔的点"对话框中的 ✓ 按钮，系统返回至"多轴刀具路径 – 钻孔五轴"对话框；在 循环方式 下拉列表中选择 深孔啄钻(G83) 选项，其他参数采用系统默认设置值。

Step3. 设置刀具轴控制参数。在"多轴刀具路径 – 曲线五轴"对话框左侧的节点列表中单击 刀具轴控制 节点，切换到刀具轴控制参数设置界面；在 刀具轴向控制 的下拉列表中选择 曲面 选项，然后单击其后的 按钮；在图形区中选取图 12.4.6 所示的曲面，然后单击"结束选择"按钮 ，系统返回至"多轴刀具路径 – 钻孔五轴"对话框；在 汇出格式 下拉列表中选择 5 轴 选项，其他选项采用系统默认设置。

Step4. 设置碰撞控制参数。在"多轴刀具路径 – 钻孔五轴"对话框左侧的节点列表中单击 碰撞控制 节点，在 刀尖控制 区域选中 ⊙ 原始点 单选项。

Step5. 设置共同参数。在"多轴刀具路径 – 钻孔"对话框左侧的节点列表中单击 共同参数 节点，切换到共同参数设置界面；选中 安全高度... 按钮前的复选框，并在其后的文本框中输入值 100.0；在 提刀速率... 文本框中输入值 10.0；在 工作表面... 文本框中输入值 0.0，在 深度... 文本框中输入值-5.0，完成共同参数的设置。

图 12.4.4　"选取钻孔的点"对话框

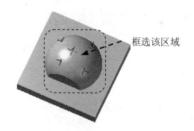

图 12.4.5　选取钻孔点

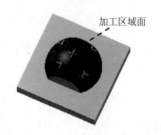

图 12.4.6　选取刀轴控制面

Step6. 单击"多轴刀具路径 – 钻孔五轴"对话框中的 ✓ 按钮，完成钻孔五轴加工参数的设置，此时系统将自动生成图 12.4.7 所示的刀具路径。

图 12.4.7　刀具路径

Stage5．路径模拟

Step1．在"操作管理"中单击 **刀具路径 - 5.3K - 5_AXIS_DRILL.NC - 程序号码** 0 节点，系统弹出"刀路模拟"对话框及"刀路模拟控制"操控板。

Step2．在"刀路模拟控制"操控板中单击 **▶** 按钮，系统将开始对刀具路径进行模拟，结果与图 12.4.7 所示的刀具路径相同；单击"刀路模拟"对话框中的 **✓** 按钮，关闭"刀路模拟控制"操控板。

Step3．保存文件模型。选择下拉菜单 **F 文件** ➡ **💾 S 保存** 命令，保存模型。

12.5　沿面五轴加工

沿面五轴加工可以用来控制刀具所产生的残脊高度，从而产生平滑且精确的精加工刀具路径，系统以相对于曲面法线方向来设定刀具轴向。下面以图 12.5.1 所示的模型为例来说明沿面五轴加工的操作过程。

Stage1．打开原始模型

Step1．打开文件 D:\mcx6\work\ch12.05\5_AXIS_FLOW.MCX-6。

Step2．进入加工环境。选择下拉菜单 **M 机床类型** ➡ **M 铣削 ▶** ➡ **D 默认** 命令，系统进入加工环境，此时零件模型如图 12.5.2 所示。

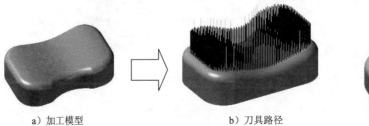

a）加工模型　　　　　　　　　b）刀具路径

图 12.5.1　沿面五轴加工

图 12.5.2　零件模型

Stage2．选择加工类型

选择加工类型。选择下拉菜单 ^I 刀具路径 ➡ M 多轴加工 命令，系统弹出"输入新 NC 名称"对话框，采用系统默认的 NC 名称，单击 ✓ 按钮，在系统弹出的对话框中选择 沿面五轴 选项。

Stage3．选择刀具

Step1. 选择加工刀具。在"多轴刀具路径－沿面五轴"对话框左侧的节点列表中单击 刀具 节点，切换到刀具参数设置界面；在"多轴刀具路径－沿面五轴"对话框中单击 从刀库中选择... 按钮，系统弹出所示的"选择刀具"对话框；在"选择刀具"对话框的列表框中 选择 ✓ 126　　7. BULL ENDMILL 3. RAD　7.0　　3.0　　5... 4　圆鼻刀　角落 刀具；在"选择刀具" 对话框中单击 ✓ 按钮，完成刀具的选择，同时系统返回至"多轴刀具路径－沿面五轴" 对话框。

Step2. 设置刀具号码。在"多轴刀具路径－沿面五轴"对话框中双击上一步骤所选择 的刀具，系统弹出"定义刀具－机床群组－1"对话框；在 刀具号码 文本框中输入值 1，其他 参数采用系统默认的设置值，完成刀具号码的设置。

Step3. 定义刀具参数。单击 参数 选项卡，在 进给速率 文本框中输入值 500.0，在 下刀速率 文本框中输入值 500.0，在 提刀速率 文本框中输入值 1500.0，在 主轴转速 文本框中 输入值 2200.0；单击 Coolant... (*) 按钮，系统弹出"Coolant..."对话框，在 Flood 下拉列表 中选择 On 选项，单击"Coolant..."对话框中的 ✓ 按钮；单击"定义刀具－机床群组-1" 对话框中的 ✓ 按钮，完成刀具参数的定义，同时系统返回至"多轴刀具路径－沿面五轴" 对话框。

Stage4．设置加工参数

Step1. 设置切削方式。在"多轴刀具路径 － 沿面五轴"对话框左侧的节点列表中单击 切削方式 节点，系统切换到切削方式设置界面，如图 12.5.3 所示。

图 12.5.3 所示的"切削方式"设置界面中部分选项的说明如下：

● 切削间距 区域：用于设置切削方向的相关参数，包括 ⊙ 距离: 单选项和 ⊙ 扇形高度 单 选项。

　☑ ⊙ 距离: 单选项：用于定义切削间距。当选中此单选项时，其后的文本框被激 活，用户可以在该文本框中指定切削间距。

　☑ ⊙ 扇形高度 单选项：用于设置切削路径间残留材料高度。当选中此单选项时， 其后的文本框被激活，用户可以在该文本框中指定残留材料的高度。

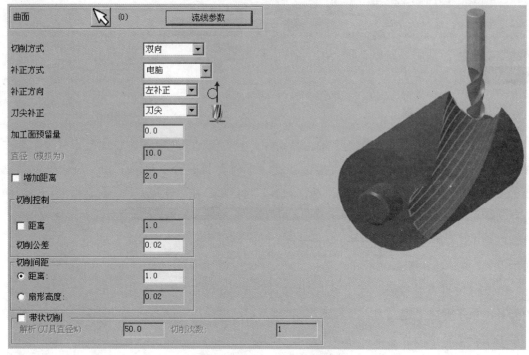

图 12.5.3　"切削方式"设置界面

Step2. 选取加工曲面。在"多轴刀具路径-沿面五轴"对话框中单击 ![按钮]，在图形区中选取图 12.5.4 所示的曲面；在图形区空白处双击，系统弹出图 12.5.5 所示的"曲面流线设置"对话框，调整加工方向如图 12.5.6 所示；单击 ![按钮]，系统返回至"多轴刀具路径-沿面五轴"对话框。

说明： 在该对话框的 方向切换 区域中单击 步进方向 和 切削方向 按钮可调整加工方向。

图 12.5.5　"曲面流线设置"对话框

图 12.5.4　加工区域

图 12.5.6　加工方向

Step3. 在 切削方式 下拉列表中选择 双向 选项；在 切削控制 区域的 切削公差 文本框中输入值

0.001；在 切削间距 区域中选中 ⊙ 距离 单选项，然后在其后面的文本框中输入值 1.0，其他参数采用系统默认设置值。

Step4．设置刀具轴向控制。在"多轴刀具路径－沿面五轴"对话框的 刀具轴向控制 下拉列表中选择 曲面模式 选项，在 汇出格式 下拉列表中选择 5 轴 选项，其他参数采用系统默认设置值。

Step5．设置共同参数。在"多轴刀具路径－沿面五轴"对话框左侧的节点列表中单击 共同参数 节点，切换到共同参数设置界面，取消选中 安全高度... 按钮前的复选框；在 提刀速率... 文本框中输入值 25.0；在 下刀位置... 文本框中输入值 5.0，完成共同参数的设置。

Step6．单击"多轴刀具路径－沿面五轴"对话框中的 ✓ 按钮，完成多轴刀具路径－沿面五轴加工参数的设置，此时系统将自动生成如图 12.5.7 所示的刀具路径。

图 12.5.7 刀具路径

Stage5．刀路模拟

Step1．在"操作管理器"中单击 ▤ 刀具路径 － 3001.3K － 5_AXIS_FLOW.NC － 程序号码 0 节点，系统弹出"刀路模拟"对话框及"刀路模拟控制"操控板。

Step2．在"刀路模拟控制"操控板中单击 ▶ 按钮，系统将开始对刀具路径进行模拟，结果与图 12.5.7 所示的刀具路径相同；单击"刀路模拟"对话框中的 ✓ 按钮，关闭"刀路模拟控制"操控板。

Step3．保存文件模型。选择下拉菜单 F 文件 ➡ ▤ S 保存 命令，保存模型。

12.6　沿边五轴加工

沿边五轴加工可以控制刀具的侧面沿曲面进行切削，从而产生平滑且精确的精加工刀具路径，系统通常以相对于曲面切线方向来设定刀具轴向。以通过图 12.6.1 所示的模型为例来说明沿边五轴加工的操作过程。

Stage1．打开原始模型

打开文件 D:\mcx6\work\ch12.06\SWARF_MILL.MCX-6，系统进入加工环境，此时零件

模型如图 12.6.1a 所示。

a）加工模型　　　　　　　　　　　　　　b）刀具路径

图 12.6.1　沿边五轴加工

Stage2．选择加工类型

选择加工类型。选择下拉菜单 Ⅰ 刀具路径 ➡ M 多轴加工 命令，系统弹出"多轴刀具路径－曲线五轴"对话框，选择 沿边五轴 选项。

Stage3．选择刀具

Step1．选择加工刀具。在"多轴刀具路径 － 沿边五轴"对话框左侧的节点列表中单击 刀具 节点，切换到刀具参数设置界面；单击 从刀库中选择... 按钮，系统弹出"选择刀具"对话框。在 " 选 择 刀 具 " 对 话 框 的 列 表 框 中 选 择 238　　4. BALL ENDMILL　　4.0　　2.0　　5.. 4　　球刀　　全部 刀具；在"选择刀具"对话框中单击 ✓ 按钮，完成刀具的选择，同时系统返回至"多轴刀具路径－沿边五轴"对话框。

Step2．设置刀具号码。在"多轴刀具路径－沿边五轴"对话框中双击上一步骤所选择的刀具，系统弹出"定义刀具－机床群组-1"对话框；在 刀具号码 文本框中输入值 2，其他参数接受系统默认设置值，完成刀具号码的设置。

Step3．定义刀具参数。单击 参数 选项卡，在 进给速率 文本框中输入值 200.0，在 下刀速率 文本框中输入值 100.0，在 提刀速率 文本框中输入值 500.0，在 主轴转速 文本框中输入值 1500.0；单击 Coolant... (*) 按钮，系统弹出"Coolant…"对话框，在 Flood 下拉列表中选择 On 选项，单击"Coolant…"对话框中的 ✓ 按钮；单击"定义刀具－机床群组-1"对话框中的 ✓ 按钮，完成刀具参数的设置，同时系统返回至"多轴刀具路径－沿边五轴"对话框。

Stage4．设置加工参数

Step1．设置切削方式。在"多轴刀具路径 － 沿边五轴"对话框左侧的节点列表中单击 切削方式 节点，系统切换到切削方式设置界面，如图 12.6.2 所示。

图 12.6.2 所示的"切削方式"设置界面中部分选项的说明如下：

- 壁边 区域：用于设置壁边的定义参数，其包括 ⊙ 曲面 单选项、⊙ 串连 单选项。
  - ☑ ⊙ 曲面 单选项：用于设置壁边的曲面。当选中此选项时，单击其后的 ▷ 按钮，用户可以选择依次代表壁边的曲面。

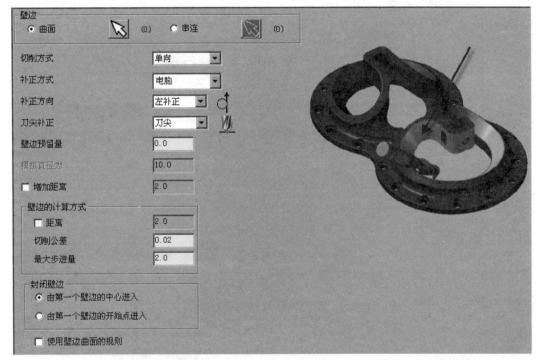

图 12.6.2　"切削方式"设置界面

- ☑ 　**⊙ 串连** 单选项：用于设置壁边的底部和顶部曲线。当选中此选项时，单击其后的 🔽 按钮，用户可以依次选择代表壁边的底部和顶部曲线。

● **壁边的计算方式** 区域：用于设置壁边的计算方式参数。

- ☑ 　**☑ 距离** 复选框：用于定义沿壁边的切削间距。当选中此单选项时，其后的文本框被激活，用户可以在此文本框中指定切削间距。

- ☑ 　**切削公差** 文本框：用于设置切削路径的偏离公差。

- ☑ 　**最大步进量** 文本框：用于定义沿壁边的最大切削间距。当 **☑ 距离** 复选框被选中时，此文本框不能被设置。

● **封闭壁边** 区域：用于设置切削壁边的进入点。

- ☑ 　**⊙ 由第一个壁边的中心进入** 单选项：从组成壁边的第一个边的中心进刀。

- ☑ 　**⊙ 由第一个壁边的开始点进入** 单选项：从组成壁边的第一个边的一个端点进刀。

Step2. 选取壁边曲面。

（1）在"多轴刀具路径－沿边五轴"对话框中选择 **⊙ 曲面** 单选项，单击其后的 🔽 按钮，系统弹出"请选择壁边曲面"提示；在图形区中选取图 12.6.3 所示的曲面，单击"标准选择"工具条中的 🔵 按钮结束选择。

（2）此时系统提示"选择第一曲面"，在图形区中选取图 12.6.4 所示的曲面。

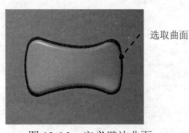

选取曲面

图 12.6.3　定义壁边曲面

选取该曲面

图 12.6.4　定义第一曲面

（3）此时系统提示"选择第一个较低的轨迹"，在图形区中选取图 12.6.5 所示的曲面边线。

（4）此时系统弹出图 12.6.6 所示的"设置边界方向"对话框，同时在图形区中显示方向箭头；单击 切换方向 按钮，调整箭头方向如图 12.6.5 所示。

（5）单击 ✓ 按钮，系统返回至"多轴刀具路径 – 沿边五轴"对话框。

Step3. 定义其余参数。在 切削方式 下拉列表中选择 单向 选项，在 壁边的计算方式 区域中的 切削公差 文本框中输入值 0.01，在 最大步进量 文本框中输入值 1；在 封闭壁边 区域中选中 ◉ 由第一个壁边的开始点进入 单选项，其他参数采用系统默认设置值。

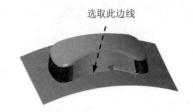

选取此边线

图 12.6.5　定义较低轨迹线

图 12.6.6　"设置边界方向"对话框

Step4. 设置刀具轴控制。在"多轴刀具路径 – 沿边五轴"对话框左侧的节点列表中单击 刀具轴控制 节点，设置图 12.6.7 所示的参数。

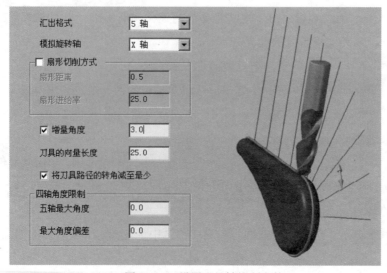

图 12.6.7　设置刀具轴控制参数

图 12.6.7 所示的"刀具轴控制"设置界面中部分选项的说明如下：

- ☑ 扇形切削方式 区域：用于设置壁边的扇形切削参数。
  - ☑ 扇形距离 文本框：用于设置扇形切削时的最小扇形距离。
  - ☑ 扇形进给率 文本框：用于设置扇形切削时的进给率。
- ☑ 增量角度 文本框：用于设置相邻刀具轴之间的增量角度数值。
- 刀具的向量长度 文本框：用于设置刀具切削刃沿刀轴方向的长度数值。
- ☑ 将刀具路径的转角减至最少 复选框：选中该复选框，可减少刀具路径的转角动作。

Step5. 设置碰撞控制参数。

（1）在"多轴刀具路径－沿边五轴"对话框左侧的节点列表中单击 碰撞控制 节点，切换到碰撞控制参数设置界面。

（2）定义补正曲面。刀尖控制 区域中选中 ⦿ 曲面 单选项；单击 补正曲面 区域中的 ▨ 按钮，系统弹出"刀具路径的曲面选取"对话框；单击 ▨ 按钮，在图形区选取图 12.6.8 所示的曲面。单击 ✔ 按钮，返回到"多轴刀具路径－沿边五轴"对话框。

（3）在 补正曲面 区域的 预留量 文本框中输入值 1.0，其他参数采用默认设置值。

选取该面

图 12.6.8　定义补正曲面

Step6. 设置共同参数。在"多轴刀具路径－沿边五轴"对话框左侧的节点列表中单击 共同参数 节点，切换到共同参数设置界面，取消选中 安全高度... 按钮前的复选框；在 提刀速率... 文本框中输入值 25.0，在 下刀位置... 文本框中输入值 5.0，完成共同参数的设置。

Step7. 设置进退刀参数。在"多轴刀具路径－沿边五轴"对话框左侧的节点列表中单击 共同参数 节点下的 进/退刀 节点，系统切换到进退刀参数设置界面，设置图 12.6.9 所示的参数。

Step8. 设置粗加工参数。在"多轴刀具路径－沿边五轴"对话框左侧的节点列表中单击 粗加工 节点，系统切换到粗加工参数设置界面，设置图 12.6.10 所示的深度切削参数。

Step9. 单击"多轴刀具路径－沿边五轴"对话框中的 ✔ 按钮，此时系统将自动生成图 12.6.11 所示的刀具路径。

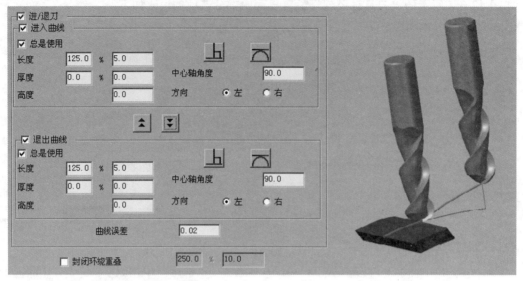

图 12.6.9　进退刀参数设置界面

图 12.6.10　设置深度切削参数

图 12.6.11　刀具路径

Stage5. 路径模拟

Step1. 在"操作管理"中单击 刀具路径 - 303.9K - SWARF_MILL.NC - 程序号码 0 节点，系统弹出"刀路模拟"对话框及"刀路模拟控制"操控板。

Step2. 在"刀路模拟控制"操控板中单击 按钮，系统将开始对刀具路径进行模拟，结果与图 12.6.11 所示的刀具路径相同；单击"刀路模拟"对话框中的 按钮，关闭"刀路模拟控制"操控板。

Step3. 保存文件模型。选择下拉菜单 F 文件 ➡ 保存 命令，保存模型。

12.7　旋转五轴加工

旋转五轴加工主要用来产生圆柱形工件的旋转五轴精加工的刀具路径，其刀具轴或者工作台可以在垂直于 Z 轴的方向上旋转。下面以图 12.7.1 所示的模型为例来说明旋转五轴加工的过程，其操作如下。

a）加工模型

b）刀具路径

图 12.7.1 旋转五轴加工

Stage1. 打开原始模型

Step1. 打开文件 D:\mcx6\work\ch12.07\4_AXIS_ROTARY.MCX-6。

Step2. 进入加工环境。选择下拉菜单 M 机床类型 ➡ M 铣削 ▶ ➡ D 默认 命令，系统进入加工环境，此时零件模型如图 12.7.1a 所示。

Stage2. 选择加工类型

选择加工类型。选择下拉菜单 T 刀具路径 ➡ M 多轴加工 命令，系统弹出"输入新 NC 名称"对话框；采用系统默认的NC 名称，单击 ✔ 按钮，在系统弹出的对话框中选择 旋转五轴 选项。

Stage3. 选择刀具

Step1. 选取加工刀具。在"多轴刀具路径－旋转五轴"对话框左侧的节点列表中单击 刀具 节点，系统切换到刀具参数设置界面；在"多轴刀具路径－旋转五轴"对话框中单击 从刀库中选择... 按钮，系统弹出"选择刀具"对话框；在"选择刀具"对话框的列表框中选择 243 9. B... 9.0 4.5 50.0 4 球刀 全部 刀具；单击 ✔ 按钮，完成刀具的选择，同时系统返回至"多轴刀具路径－旋转五轴"对话框。

Step2. 定义刀具参数。在"多轴刀具路径－旋转五轴"对话框中双击上一步骤所选的刀具，系统弹出"定义刀具－机床群组-1"对话框；在 刀具号码 文本框中输入值 1，其他参数接受系统默认设置值，完成刀具号码的设置。

Step3. 定义刀具参数。单击 参数 选项卡，在 XY粗铣步进 (%) 文本框中输入值 50；在 进给速率 文本框中输入值 300.0，在 下刀速率 文本框中输入值 1200，在 提刀速率 文本框中输入值 1200，在 主轴转速 文本框中输入值 800；单击 Coolant... (*) 按钮，系统弹出"Coolant..."对话框，在 Flood 下拉列表中选择 On 选项，单击"Coolant..."对话框中的 ✔ 按钮。其他参数采用系统默认设置值；单击"定义刀具－机床群组-1"对话框中的 ✔ 按钮，完成刀具参数的定义，同时系统返回至"多轴刀具路径 - 旋转五轴"对话框。

Stage4. 设置加工参数

Step1. 设置切削方式。在"多轴刀具路径 – 旋转五轴"对话框左侧的节点列表中单击 切削方式 节点，系统切换到切削方式设置界面，如图 12.7.2 所示。

图 12.7.2 所示的"切削方式"设置界面中部分选项的说明如下：

- ⊙ 绕着旋转轴切削 单选项：用于设置绕着旋转轴进行切削。
- ⊙ 沿着旋转轴切 单选项：用于设置沿着旋转轴进行切削。

Step2. 选取加工区域。单击"曲面"后的 按钮，在图形区中选取图 12.7.3 所示的曲面，然后单击"结束选择"按钮 ，完成加工区域的选择，系统返回至"多轴刀具路径 - 旋转五轴"对话框；在 切削公差 的文本框输入 0.02，其他参数采用系统默认的设置值。

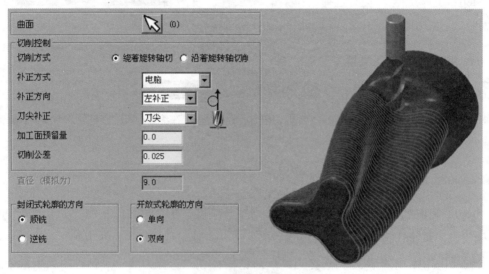

图 12.7.2 "切削方式"设置界面

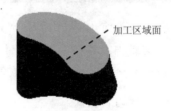

图 12.7.3 加工区域

Step3. 设置刀具轴控制参数。在"多轴刀具路径 - 旋转五轴"对话框左侧的节点列表中单击 刀具轴控制 节点，系统切换到图 12.7.4 所示的刀具轴控制参数设置界面；单击 按钮，选取图 12.7.5 所示的点作为 5 轴点，在 旋转轴 下拉列表中选择 Z 轴 选项，其他参数设置如图 12.7.4 所示。

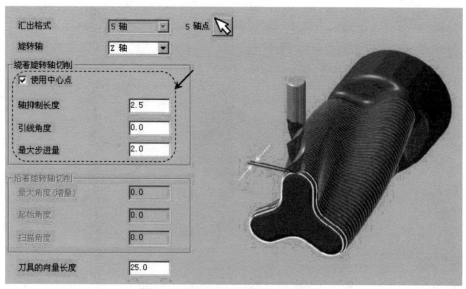

图 12.7.4　"刀具轴控制"设置界面

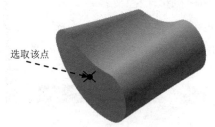

图 12.7.5　定义 5 轴点

图 12.7.4 所示的"刀具轴控制"参数设置界面中部分选项的说明如下：

- 绕着旋转轴切削 区域：用于设置绕着旋转轴切削的相关参数，其中包括 ☑ 使用中心点 复选框、 轴抑制长度 文本框、 引线角度 文本框、 最大步进量 文本框。

  - ☑ ☑ 使用中心点 复选框：用于设置刀具轴向向量终止在所选的点上。当选中此复选框时，刀具轴向向量终止在所选的点上；反之，刀具轴向向量在加工曲面以外。

  - ☑ 轴抑制长度 文本框：用于指定一个沿工件曲面方向的长度来确定刀具轴线位置，此参数只有将中心点选项关闭才能变为可用参数。

  - ☑ 引线角度 文本框：用于指定一个沿刀具切削方向的倾斜角度。

  - ☑ 最大步进量 文本框：用于定义相邻切削间的距离。

- 沿着旋转轴切削 区域：用于设置旋转切削的参数，包括 最大角度(增量) 文本款、 起始角度 文本框和 扫描角度 文本框。

  - ☑ 最大角度(增量) 文本框：用于指定最大的角度增量值。如果最大角度增量值为 1，则将产生值为 360° 的切削。

- ☑ 起始角度 文本框：用于定义切削轴起始位置的角度值（0~360°）。
- ☑ 扫描角度 文本框：用于定义切削轴沿加工区域从起始角度转过的角度值。

Step4. 单击"多轴刀具路径 – 旋转五轴"对话框中的 ☑ 按钮，完成旋转五轴参数的设置，此时系统将自动生成如图 12.7.6 所示的刀具路径。

图 12.7.6　刀具路径

Stage5．路径模拟

Step1. 在"操作管理器"中单击 刀具路径 - 2498.2K - 4_AXIS_ROTARY.NC - 程序号码 0 节点，系统弹出"刀路模拟"对话框及"刀路模拟控制"操控板。

Step2. 在"刀路模拟控制"操控板中单击 ▶ 按钮，系统将开始对刀具路径进行模拟，结果与图 12.7.5 所示的刀具路径相同，单击"刀路模拟"对话框中的 ☑ 按钮，关闭"刀路模拟控制"操控板。

Step3. 保存文件模型。选择下拉菜单 F 文件 ➡ 🖫 S 保存 命令，保存模型。

12.8　两曲线之间形状

两曲线之间形状五轴加工可以对两条曲线之间的模型形状进行切削，通过控制刀具轴向产生平滑且精确的精加工刀具路径。下面以图 12.8.1 所示的模型为例来说明两曲线之间形状五轴加工的操作过程。

Stage1．打开原始模型

打开文件 D:\mcx6\work\ch12.08\ BETWEEN_2_CURVES.MCX-6，系统进入加工环境，此时零件模型如图 12.8.2 所示。

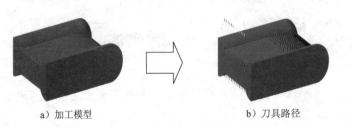

a）加工模型　　　　　　　　b）刀具路径

图 12.8.1　两曲线之间形状加工

图 12.8.2　零件模型

Stage2．选择加工类型

选择加工类型。选择下拉菜单 I 刀具路径 ➡ M 多轴加工 命令，系统弹出 "输入新 NC 名称" 对话框，采用系统默认的 NC 名称，单击 ✓ 按钮；系统弹出 "多轴刀具路径 - 曲线五轴" 对话框，单击 线架构 按钮，然后选择 两曲线之间形状 选项。

Stage3．选择刀具

Step1．选择加工刀具。在 "多轴刀具路径 - 两曲线之间形状" 对话框左侧的节点列表中单击 刀具 节点，系统切换到刀具参数设置界面；单击 从刀库中选择... 按钮，系统弹出所示的 "选 择 刀 具" 对 话 框 ； 在 "选 择 刀 具" 对 话 框 的 列 表 框 中 选 择 ⦰ 211　2. FLAT ENDMILL　2.0　0.0　5...4　平底刀　无 刀具；在 "选择刀具" 对话框中单击 ✓ 按钮，完成刀具的选择，同时系统返回至 "多轴刀具路径 - 两曲线之间形状" 对话框。

Step2．设置刀具号码。在 "多轴刀具路径 - 两曲线之间形状" 对话框中双击上一步骤所选择的刀具，系统弹出 "定义刀具 - 机床群组-1" 对话框；在 刀具号码 文本框中输入值 2，其他参数接受系统默认设置值，完成刀具号码的设置。

Step3．定义刀具参数。单击 参数 选项卡，在 进给速率 文本框中输入值 150.0，在 下刀速率 文本框中输入值 100.0，在 提刀速率 文本框中输入值 500.0，在 主轴转速 文本框中输入值 3000.0；单击 Coolant... (*) 按钮，系统弹出 "Coolant…" 对话框，在 Flood 下拉列表中选择 On 选项，单击 "Coolant…" 对话框中的 ✓ 按钮。单击 "定义刀具 - 机床群组-1" 对话框中的 ✓ 按钮，完成刀具参数的设置，同时系统返回至 "多轴刀具路径 - 两曲线之间形状" 对话框。

Stage4．设置加工参数

Step1．设置切削方式。在 "多轴刀具路径 - 两曲线之间形状" 对话框左侧的节点列表中单击 切削方式 节点，系统切换到切削方式设置界面，如图 12.8.3 所示。

图 12.8.3 所示的 "切削方式" 设置界面中部分选项的说明如下：

- 模式 区域：用于定义切削模式中的曲线和曲面。
  - ☑ 第一个... 按钮：单击此按钮，系统弹出 "串连选项" 对话框，用户可以设置第一条曲线。
  - ☑ 第二个... 按钮：单击此按钮，系统弹出 "串连选项" 对话框，用户可以设置第二条曲线。
  - ☑ 加工曲面... 按钮：单击此按钮，用户可以增加、移除、显示所选择的加工曲面。
- 范围 区域：用于设置切削的加工范围。
  - ☑ 形式 下拉列表：用来定义切削路径在加工曲面边缘和中间范围的多种切削形

式，包括图 12.8.4 所示的四种形式。

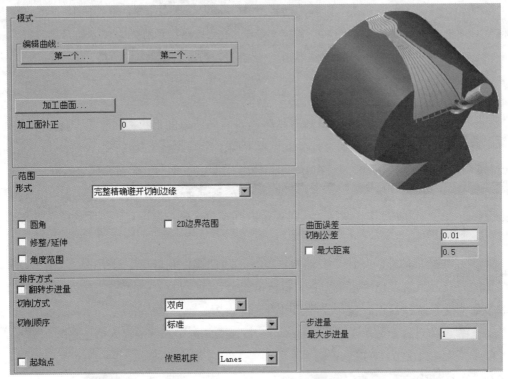

图 12.8.3 "切削方式"设置界面

a）完整精确避开切削边缘

b）完整精确开始与结束在曲面边缘

c）自定义切削次数

d）限制切削依照 1 个或 2 个点

图 12.8.4 切削范围的四种形式

☑ □圆角 复选框：用于设置刀具路径在尖角处的额外的圆角路径。勾选该选项后，可单击 切削方式 节点下的 圆角 节点定义圆角半径的数值。

☑ □修整/延伸 复选框：用于设置刀具路径在曲线两端的延伸和修整刀路长度。勾选该选项后，可单击 切削方式 节点下的 修整/延伸 节点定义详细参数数值。

☑ □角度范围 复选框：用于设置刀具路径沿视角方向的加工角度范围。勾选该选项后，可单击 切削方式 节点下的 角度范围 节点定义详细参数数值。

☑ □2D边界范围 复选框：用于设置刀具路径通过 2D 曲线投影后的边界范围。勾选该选项后，可单击 切削方式 节点下的 2D 范围 节点定义详细参数数值。

● 排序方式 区域：用于设置切削的顺序和起点等参数。

　　☑ □翻转步进量 复选框：选中该复选框，切削的步进方向将进行翻转。

　　☑ 切削方式 下拉列表：用来定义切削的走刀方式，包括 双向 、 单向 、 螺旋式 选项。

　　☑ 切削顺序 下拉列表：用来定义切削的走刀顺序，仅在 双向 和 单向 方式下可用，包括 标准 、 从中心离开 和 从外到中心 选项，其示意效果如图 12.8.5 所示。

　　☑ □起始点 复选框：用于设置刀具路径的起始位置。勾选该选项后，可单击 切削方式 节点下的 起始点参数 节点定义详细参数数值。

a）标准

b）从中心离开
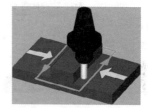
c）从外到中心

图 12.8.5　切削顺序

Step2. 选取加工曲线和曲面。

（1）在"多轴刀具路径 - 两曲线之间形状"对话框中单击 第一个... 按钮，系统弹出"串连选项"对话框并提示"增加串连：1"；在图形区中选取图 12.8.6 所示的曲线串 1；单击 ✓ 按钮，系统返回至"多轴刀具路径 – 两曲线之间形状"对话框。

（2）单击 第二个... 按钮，此时系统提示"增加串连：1"，在图形区中选取图 12.8.7 所示的曲线串 2；单击 ✓ 按钮，系统返回至"多轴刀具路径 – 两曲线之间形状"对话框。

（3）单击 加工曲面... 按钮，系统弹出提示"选择加工曲面（注意你的曲面法向）"；选取图 12.8.8 所示的曲面，然后单击"结束选择"按钮 🔘，系统弹出"选取加工曲面"对话框；单击 执行(D) 按钮，系统返回"多轴刀具路径 – 两曲线之间形状"对话框。

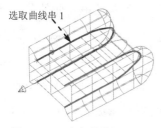
图 12.8.6　定义曲线 1

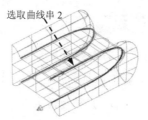
图 12.8.7　定义曲线 2

图 12.8.8　定义加工曲面

（4）在 范围 区域中的 形式 下拉列表选择 完整精确开始与结束在曲面边缘 选项；在 排序方式 区域中的 切削顺序 下拉列表选择 从中心离开 选项，其余参数采用系统默认设置值。

Step3. 设置刀具轴控制。在"多轴刀具路径－两曲线之间形状"对话框左侧的节点列表中单击 刀具轴向控制 节点，设置图 12.8.9 所示的参数。

图 12.8.9 所示的"刀具轴控制"设置界面中部分选项的说明如下：

- 沿着刀具轴 ... 下拉列表：用于设置刀具轴的控制参数。
  - ☑ 引导曲面/延迟 选项：用于设置刀具轴的方向在引导曲面法向基础上进行倾斜。
  - ☑ 角度 选项：用于设置刀具轴的方向可沿某个轴向倾斜一定角度。
  - ☑ 固定轴的角度 选项：用于设置刀具轴的方向可沿某个轴向固定倾斜一定角度。
  - ☑ 绕着轴旋转 选项：用于设置刀具轴的方向可沿某个轴向旋转一定角度。
  - ☑ 线 选项：用于设置刀具轴的方向沿倾斜的直线进行分布。
  - ☑ 到串连 选项：用于设置刀具轴的方向从刀尖延伸后汇聚于某个曲线串。
  - ☑ 加工叶轮角度层 选项：用于设置刀具轴的方向按照叶轮加工来进行控制。

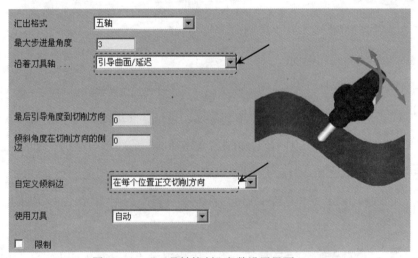

图 12.8.9 "刀具轴控制"参数设置界面

说明：刀具轴控制的部分选项与前面五轴加工的设置含义是完全一致的，此处不再赘述，读者可参考 12.7 节的介绍。

Step4. 设置进退刀参数。在"多轴刀具路径－两曲线之间形状"对话框左侧的节点列表中单击 共同参数 节点下的 默认引入/引出 节点，系统切换到进刀参数设置界面，设置图 12.8.10 所示的参数，单击 >> 按钮将引入参数复制到引出参数中。

Step5. 设置粗加工参数。在"多轴刀具路径－两曲线之间形状"对话框左侧的节点列表中单击 粗加工 节点，系统切换到粗加工参数设置界面；选中 ☑ 切削深度 复选框，然后单击 粗加工 节点下的 切削深度 节点，设置图 12.8.11 所示的切削深度参数。

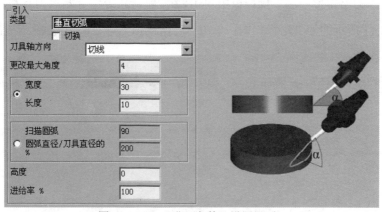

图 12.8.10　"进刀参数"设置界面

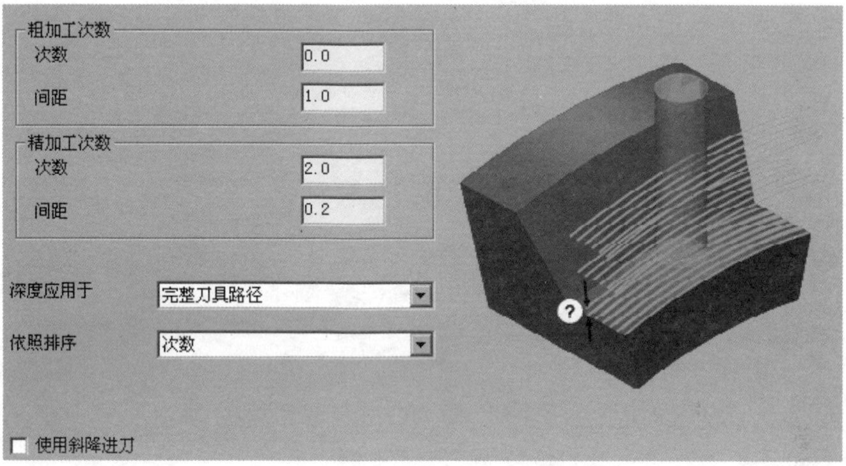

图 12.8.11　"切削深度"参数界面

Step6. 单击"多轴刀具路径 – 两曲线之间形状"对话框中的 按钮，此时系统将自动生成图 12.8.12 所示的刀具路径。

图 12.8.12　刀具路径

Stage5. 路径模拟

Step1. 在"操作管理"中单击 刀具路径 – 298.5K – BETWEEN_2_CURVES.NC – 程序号码 0 节点，系统弹出"刀路模拟"对话框及"刀路模拟控制"操控板。

Step2. 在"刀路模拟控制"操控板中单击 ▶ 按钮，系统将开始对刀具路径进行模拟，结果与图 12.8.11 所示的刀具路径相同；单击"刀路模拟"对话框中的 ☑ 按钮，关闭"刀路模拟控制"操控板。

Step3. 保存文件模型。选择下拉菜单 F 文件 ➡ 🖫 S 保存 命令，保存模型。

第 13 章　车削加工

本章提要　　MasterCAM X6 的车削加工模块为我们提供了多种车削加工方法，包括粗车、精车、车端面、车螺纹、径向车削、车削截断等。通过本章的学习，希望读者能够清楚地了解数控车削加工的一般流程及操作方法，并了解其中的原理。本章的内容包括：

- 粗车加工
- 精车加工
- 径向车削
- 车螺纹刀具路径
- 车削截断
- 车端面
- 钻孔
- 车内径
- 内槽车削

13.1　概　　述

车削加工主要应用于轴类和盘类零件的加工，是工厂中应用最广泛的一种加工方式。车床为二轴联动，相对于铣削加工，车削加工要简单得多。在工厂中多数数控车床都采用手工编程，但随着科学技术的进步，也开始使用软件编程。

使用 MasterCAM X6 可以快速生成车削加工刀具路径和 NC 文件，在绘图时，只需绘制零件图形的一半即可用软件进行加工仿真。

13.2　粗　车　加　工

粗车加工用于大量切除工件中多余的材料，使工件接近于最终的尺寸和形状，它为精车加工做准备。粗车加工一次性去除材料多，加工精度不高。下面以图 13.2.1 所示的模型为例讲解粗车加工的一般过程，其操作如下。

a）2D图形　　　　　b）加工工件　　　　　c）加工结果

图 13.2.1　粗车加工

Stage1．进入加工环境

Step1. 打开文件 D:\mcx6\work\ch13.02\ROUGH_LATHE.MCX-6。

Step2. 进入加工环境。选择下拉菜单 **M 机床类型** ➡ **L 车削** ▶ ➡ **D 默认** 命令，系统进入加工环境，此时零件模型如图 13.2.2 所示。

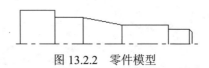

图 13.2.2　零件模型

Stage2．设置工件和夹爪

Step1. 在"操作管理器"中单击 **山 属性 - Lathe Default MM** 节点前的"+"号，将该节点展开，然后单击 **◆ 材料设置** 节点，系统弹出图 13.2.3 所示的"机器群组属性"对话框。

图 13.2.3 所示的"机器群组属性"对话框中部分选项的说明如下：

- **素材视角** 区域：用于定义素材的视角方位，单击 **⊞** 按钮，在系统弹出的"视角选择"对话框中可以更改素材的视角。

- **Stock** 区域：用于定义工件的形状和大小，其包括 **⊙ 左侧主轴** 单选项、**⊙ 右侧主轴** 单选项、**参数** 按钮、**删除** 按钮。

  - ☑ **⊙ 左侧主轴** 单选项：用于定义主轴在机床左侧。

  - ☑ **⊙ 右侧主轴** 单选项：用于定义主轴在机床右侧。

  - ☑ **参数** 按钮：单击此按钮，系统弹出"机床组件管理 - 材料"对话框，此时可以详细定义工件的形状、大小和位置。

  - ☑ **删除** 按钮：单击此按钮，系统将删除已经定义的工件等信息。

- **夹头设置** 区域：用于定义夹爪的形状和大小，其包括 **⊙ 左侧主轴** 单选项、**⊙ 右侧主轴** 单选项、**参数** 按钮、**删除** 按钮。

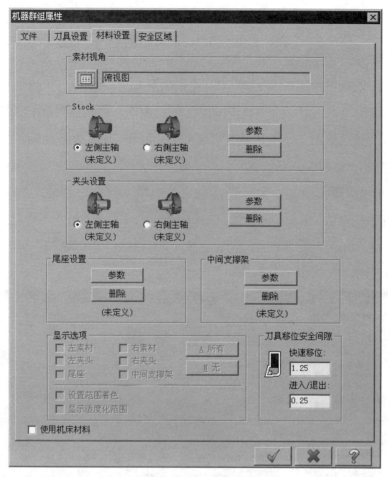

图 13.2.3　"机器群组属性"对话框

- ☑ **左侧主轴** 单选项：用于定义夹爪在机床左侧。

- ☑ **右侧主轴** 单选项：用于定义夹爪在机床右侧。

- ☑ **参数** 按钮：单击此按钮，系统弹出"机床组件夹爪的设定"对话框，此时可以详细定义卡爪的信息。

- ☑ **删除** 按钮：单击此按钮，系统将删除已经定义的夹爪等信息。

- **尾座设置** 区域：用于定义尾座的大小，定义方法同夹爪类似。

- **中间支撑架** 区域：用于定义中间支撑架的大小，定义方法同夹爪类似。

- **显示选项** 区域：通过选中或取消选中不同的复选框来控制各素材的显示或隐藏。

- **刀具移位安全间隙** 区域：用于设置刀具的安全距离，其中包括 **快速移位:** 文本框和 **进入/退出:** 文本框。

- ☑ **快速移位:** 文本框：用于设置刀具在快速移动时与工件、卡盘和尾座间的最小距离。

☑ 进入/退出文本框：用于设置刀具和工件、卡盘、尾座产生进给的进刀/退刀的最小距离。

Step2. 设置工件的形状。在"机器群组属性"对话框的 Stock 区域中单击 参数 按钮，系统弹出"机床组件管理－材料"对话框，如图 13.2.4 所示。

Step3. 设置工件的尺寸。在"机床组件管理 － 材料"对话框中单击 由两点产生(2)... 按钮，然后在图形区选取图 13.2.5 所示的两点（点 1 为最右段上边竖直直线的下端点，点 2 的位置大致如图所示即可），系统返回到"机床组件管理－材料"对话框，在 外径: 文本框中输入值 50.0，在 长度: 文本框中输入值 150.0，在 轴向位置 区域中的 Z 文本框中输入值 2.0，其他参数采用系统默认设置值，单击 预览车床边界 按钮查看工件，如图 13.2.6 所示。按 Enter 键，然后在"机床组件管理 － 材料"对话框中单击 √ 按钮，返回到"机器群组属性"对话框。

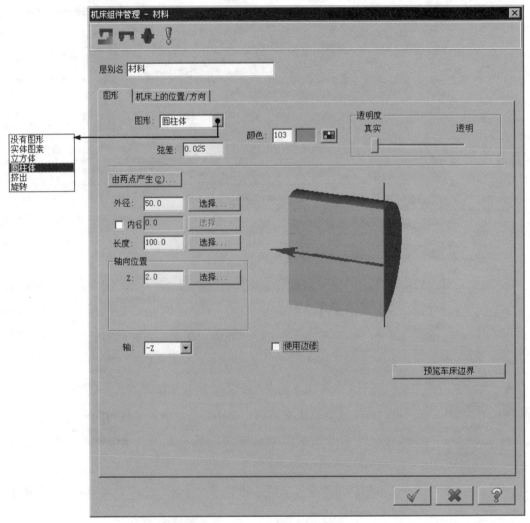

图 13.2.4 "机床组件管理 － 材料"对话框

图 13.2.4 所示"机床组件管理-材料"对话框中各按钮的说明如下：

- 图形:下拉列表：用来设置工件的形状。
- 由两点产生(2)...按钮：通过选择两个点来定义工件的大小。
- 外径:文本框：通过输入数值定义工件的外径大小或通过单击其后的 选择.. 按钮，在绘图区选取点定义工件的外径大小。
- ☑内径文本框：通过输入数值定义工件的内孔大小或通过单击其后的 选择.. 按钮，在绘图区选取点定义工件的内孔大小。
- 长度:文本框：通过输入数值定义工件的长度或通过单击其后的 选择.. 按钮，在绘图区选取点定义工件的长度。
- 轴向位置区域：可用于设置 Z 坐标或通过单击其后的 选择.. 按钮，在绘图区选取点定义毛坯一端的位置。
- ☑使用边缘复选框：选中此复选框，可以通过输入沿零件各边缘的延伸量来定义工件。

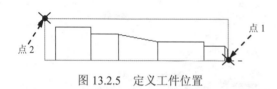

图 13.2.5　定义工件位置

图 13.2.6　预览工件形状和位置

Step4. 设置夹爪的形状。在"机器群组属性"对话框中的夹头设置区域中单击 参数 按钮，系统弹出"机床组件管理 - 夹爪的设置"对话框（一），如图 13.2.7 所示。

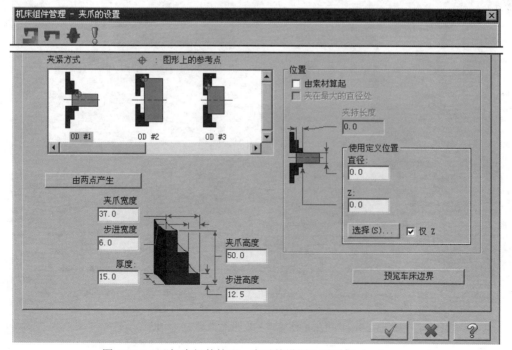

图 13.2.7　"机床组件管理 - 夹爪的设置"对话框（一）

Step5. 设置夹爪的尺寸。在"机床组件管理－夹爪的设置"对话框中单击 由两点产生 按钮，然后在图形区选取图 13.2.8 所示的两点（两点的位置大致如图所示即可），系统返回 到"机床组件管理－夹爪的设置"对话框。设置图 13.2.9 所示的参数，单击 预览车床边界 按钮查看夹爪，结果如图 13.2.10 所示。按 Enter 键，然后在"机床 组件管理－夹爪的设置"对话框中单击 ✓ 按钮，返回到"机器群组属性"对话框。

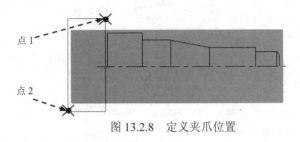

图 13.2.8　定义夹爪位置

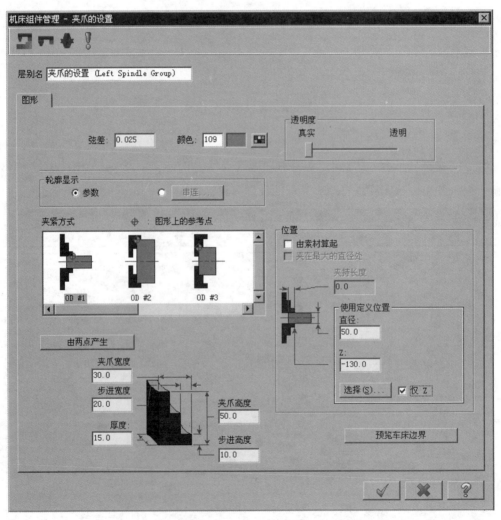

图 13.2.9　"机床组件管理－夹爪的设置"对话框（二）

图 13.2.10　　预览夹爪形状和位置

Step6. 在"机器群组属性"对话框中单击 ✓ 按钮，完成工件和夹爪的设置。

Stage3．选择加工类型

Step1. 选择下拉菜单 T 刀具路径 ➡ R 粗车 命令，系统弹出图 13.2.11 所示的"输入新 NC 名称"对话框，采用系统默认的 NC 名称，单击 ✓ 按钮，系统弹出"串连选项"对话框。

Step2. 定义加工轮廓。在该对话框中单击 ⃝⃝⃝ 按钮，然后在图形区中依次选择图 13.2.12 所示的轮廓线，单击 ✓ 按钮，系统弹出图 13.2.13 所示的"车床粗加工　属性"对话框。

说明：在选择加工轮廓时建议用串联的方式选择加工轮廓，如果用单体的方式选择加工轮廓应保证所选轮廓的方向一致。

图 13.2.11　"输入新 NC 名称"对话框

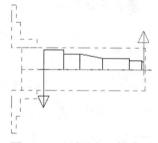

图 13.2.12　选取加工轮廓

图 13.2.13 所示的"车床粗加工　属性"对话框中部分选项的说明如下：

- ☑ 显示刀具 复选框：用于在刀具显示窗口内显示当前的刀具组。
- 选择库中的刀具 按钮：用于在刀具库中选取加工刀具。
- F 刀具过滤 按钮：用于设置刀具过滤的相关选项。
- 刀具号码 文本框：用于显示程序中的刀具号码。
- 补正号码 文本框：用于显示每个刀具的补正号码。

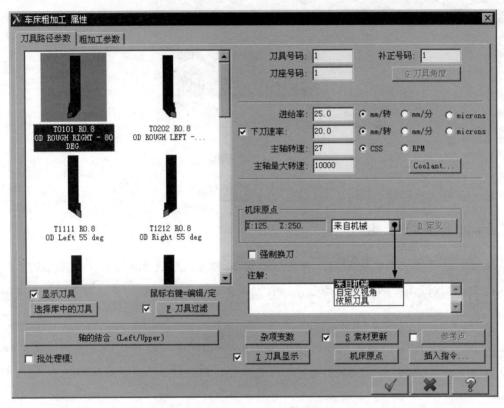

图 13.2.13　"车床粗加工 属性"对话框

- 刀座号码 文本框：用于显示每个刀具的刀座号码。

- G 刀具角度 按钮：用于设置刀具进刀、切削以及刀具角度的相关选项。单击此
  按钮，系统弹出"刀具角度"对话框，用户可以在该对话框中设置相关角度选项。

- 进给率 文本框：用于定义刀具在切削过程中的进给率值。

- 下刀速率 文本框：用于定义下刀的速率值。当此文本框前的复选框被选中时，下刀
  速率文本框及其后的单位设置单选项方可使用，否则下刀速率的相关设置为不可
  用状态。

- 主轴转速 文本框：用于定义主轴的转速值。

- 主轴最大转速 文本框：用于定义用户允许的最大主轴转速值。

- Coolant... 按钮：用于选择加工过程中的冷却液方式。单击此按钮，系统弹出
  "Coolant..."对话框，用户可以在该对话框中选择冷却液方式。

- 机床原点 区域：该区域包括换刀点的坐标 X:125. Z:250. 、来自机械 ▼ 下拉列表和
  D 定义 按钮。

  - ☑ 来自机械 ▼：用于选取换刀点的位置，其中包括 来自机械 选项、自定义视角 选

项和 依照刀具 选项。来自机械 选项：用于设置换刀点的位置来自车床，此位置根据定义的轴结合方式的不同而有所差异。自定义视角 选项：用于设置任意的换刀点。依照刀具 选项：用于设置换刀点的位置来自刀具。

☑　D 定义 按钮：用于定义换刀点的位置。当选择 自定义视角 选项时，此按钮为激活状态，否则为不可用状态。

- ☑ 强制换刀 复选框：用于设置强制换刀的代码。例如：当使用同一把刀具进行连续的加工时，可将无效的刀具代码 1000 改为 1002，并写入 NCI，同时建立新的连接。

- 注解 文本框：用于添加刀具路径注释。

- 轴的结合 (Left/Upper) 按钮：用于选择轴的结合方式。在加工时，车床刀具对同一个轴向具有多重的定义时，即可以选择相应的结合方式。

- 杂项变数 按钮：用于设置杂项变数的相关选项。

- S 索材更新 按钮：用于设置工件更新的相关选项。当此按钮前的复选框被选中时方可使用，否则杂项变数的相关设置为不可用状态。

- 参考点 按钮：用于设置备刀的相关选项设置。当此按钮前的复选框被选中时方可使用，否则设置备刀的相关设置为不可用状态。

- ☑ 批处理模 复选框：用于设置刀具成批次处理。当选中此复选框时，刀具路径会自动地添加到刀具路径管理器中，直到批次处理运行才能生成 NCI 程序。

- T 刀具显示 按钮：用于设置刀具显示的相关选项。

- 机床原点 按钮：用于设置机床原点的相关选项。

- 插入指令... 按钮：用于输入有关的指令。

Stage4．选择刀具

Step1. 在"车床粗加工 属性"对话框中采用系统默认的刀具，在 进给率 文本框中输入值 2.0；在 主轴转速 文本框中输入值 800.0，并选中 ⊙ RPM 单选项；在 机床原点 下拉列表中选择 自定义视角 选项，单击 D 定义 按钮，在系统弹出的"换刀点-使用者定义"对话框的 X: 文本框中输入值 25.0，Z: 文本框中输入值 25.0，单击该对话框中的 ✔ 按钮，系统返回至"车床粗加工 属性"对话框，其他参数采用系统默认设置值。

Step2. 设置冷却液方式。单击 Coolant... 按钮，系统弹出"Coolant..."对话框，在 Flood（切削液）下拉列表中选择 On 选项，单击该对话框中的 ✔ 按钮，关闭"Coolant..."对话框。

Stage5. 设置加工参数

Step1. 设置粗车参数。在"车床粗加工 属性"对话框中单击 粗加工参数 选项卡，设置图 13.2.14 所示的参数。

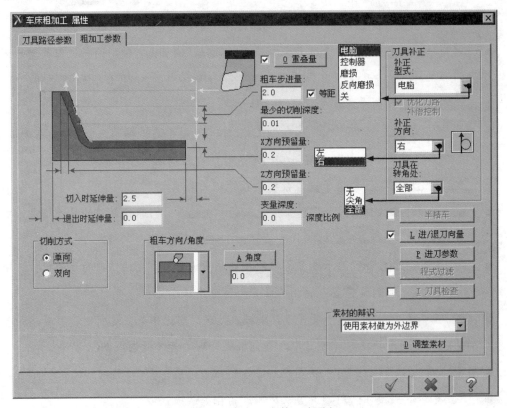

图 13.2.14   "粗加工参数"选项卡

图 13.2.14 所示的"粗加工参数"对话框中部分选项的说明如下：

- **Q 重叠量** 按钮：当该按钮前的复选框处于选中状态时，该按钮可用。单击此按钮，系统会弹出图 13.2.15 所示的"Rough Overlap Parameters"对话框，用户可以通过该对话框设置相邻两次粗车之间的重叠距离。

- **粗车步进量**：文本框：用于设置每一次切削的深度，若选中 ☑ **等距** 复选框则表示将步进量设置为刀具允许的最大切削深度。

- **最少的切削深度**：文本框：用于定义最小切削量。

- **X方向预留量**：文本框：用于定义粗车结束时工件在 X 方向的剩余量。

- **Z方向预留量**：文本框：用于定义粗车结束时工件在 Z 方向的剩余量。

- **变量深度**：文本框：用于定义粗车切削深度为比例值。

- **切入时延伸量**：文本框：用于定义开始进刀时刀具与工件之间的距离。

- **退出时延伸量** 文本框：用于定义退刀时刀具与工件之间的距离。
- **切削方式** 区域：用于定义切削方法，其包括 **⊙ 单向** 和 **⊙ 双向** 两个单选项。
  - ☑ **⊙ 单向** 单选项：用于设置刀具只在一个方向进行切削。
  - ☑ **⊙ 双向** 单选项：用于设置刀具在两个方向进行切削，但要注意选择可以双向切削的刀具。
- **粗车方向/角度** 下拉列表：用于定义粗车的方向和角度。其中包括 ▢、▢、▢ 和 ▢ 选项，单击 **A 角度** 按钮，系统弹出 "Roughing Angle"（粗车角度）对话框，用户可以通过该对话框设置粗车角度。
- **半精车** 按钮：选中此按钮前的复选框可以激活此按钮，单击此按钮，系统弹出 "Semi Finish Parameters"（半精车参数）对话框，通过设置半精车参数可以增加一道半精车工序。

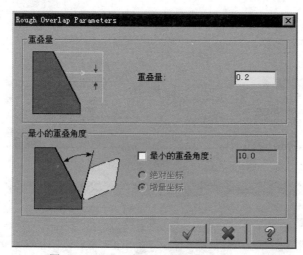

图 13.2.15　"Rough Overlap Parameters" 对话框

- **L 进/退刀向量** 按钮：选中此按钮前的复选框可以激活此按钮，单击此按钮，系统弹出图 13.2.16 所示的 "进退/刀设置" 对话框，其中 "进刀" 选项卡用于设置进刀刀具路径，"引出" 选项卡用于设置退刀刀具路径。
- **P 进刀参数** 按钮：单击此按钮，系统弹出图 13.2.17 所示的 "Plunge Cut Parameters"（进刀参数）对话框，用户可以通过此对话框对进刀的切削参数进行设置。
- **程式过滤** 按钮：用于设置除去加工中不必要的刀具路径。当该按钮前的复选框被选中时此按钮方可使用，否则此按钮为不可用状态。单击此按钮，系统弹出 "Filter settings"（过滤设置）对话框，用户可以在该对话框中对过滤设置的相关选项进行设置。
- **素材的辩识** 下拉列表：用于定义调整工件去除部分的方式，其中包括 Remaining stock 选项、 使用素材做为外边界 选项、 延伸素材到单一外形 选项和 无法识别素材 选项。

- ☑ Remaining stock 选项：用于设置工件是上一个加工操作后的剩余部分。
- ☑ 使用素材做为外边界 选项：用于定义工件的边界为外边界。
- ☑ 延伸素材到单一外形 选项：用于把串联的轮廓线性延伸至工件边界。
- ☑ 无法识别素材 选项：用于设置不使用上述选项。
- ● D 调整素材 按钮：用于调整粗加工时的去除部分。

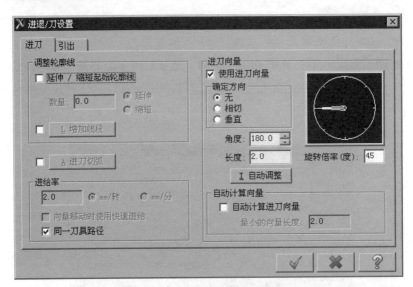

图 13.2.16　"进退/刀设置"对话框

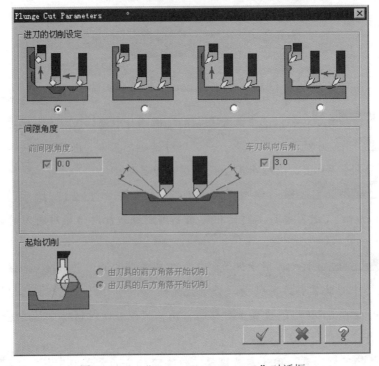

图 13.2.17　"Plunge Cut Parameters"对话框

Step2. 单击"车床粗加工　属性"对话框中的 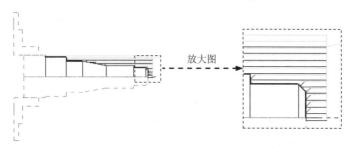 按钮，完成加工参数的数值，此时系统将自动生成如图 13.2.18 所示的刀具路径。

放大图

图 13.2.18　刀具路径

Stage6. 加工仿真

Step1. 刀路模拟。

（1）在"操作管理器"中单击 刀具路径 - 11.6K - ROUGH_LATHE.NC - 程序号码 0 节点，系统弹出如图 13.2.19 所示的"路径模拟"对话框及"路径模拟控制"操控板。

图 13.2.19　"路径模拟"对话框

（2）在"路径模拟控制"操控板中单击 ▶ 按钮，系统将开始对刀具路径进行模拟，结果与图 13.2.18 所示的刀具路径相同，在"路径模拟"对话框中单击 ✓ 按钮。

Step2. 实体切削验证。

（1）在"操作管理"的 刀具路径 选项卡中单击 ✓ 按钮，然后单击"验证已选择的操作"按钮 ⬡，系统弹出图 13.2.20 所示的"验证"对话框。

（2）在"验证"对话框中单击 ▶ 按钮，系统将开始进行实体切削仿真，结果如图 13.2.21所示，单击 ✓ 按钮。

图 13.2.20　"验证"对话框

图 13.2.21　仿真结果

Step3. 保存加工结果。选择下拉菜单 <u>F 文件</u> ➡ <u>S 保存</u>命令，即可保存加工结果。

13.3　精 车 加 工

精车加工与粗车加工基本相同，也是用于切除工件外形外侧、内侧或端面的粗加工留下来的多余材料。精车加工与其他车削加工方法相同，也要在绘图区域选择线串来定义加工边界。下面以图 13.3.1 所示的模型为例讲解精车加工的一般过程。

a) 2D 图形　　　　　　　　b) 加工工件　　　　　　　　c) 加工结果

图 13.3.1　精车加工

Stage1. 进入加工环境

Step1. 打开文件 D:\mcx6\work\ch13.03\FINISH_LATHE.MCX-6，模型如图 13.3.2 所示。

Step2. 隐藏刀具路径。在 <u>刀具路径</u> 选项卡中单击 <u>✔</u> 按钮，再单击 <u>≋</u> 按钮，将已存的刀具路径隐藏。

Stage2. 选择加工类型

Step1. 选择下拉菜单 <u>T 刀具路径</u> ➡ <u>F 精车</u>命令，系统弹出"串连选项"对话框。

Step2. 定义加工轮廓。在该对话框中单击 <u>◯◯◯</u> 按钮，然后在图形区中依次选择图 13.3.3 所示的轮廓线（中心线以上的部分），单击 <u>✔</u> 按钮，系统弹出图 13.3.4 所示的"车床-精车 属性"对话框。

Stage3. 选择刀具

Step1. 在"车床-精车 属性"对话框中选择"T2121 R0.8 OD FINISH RIGHT"刀具，在 <u>进给率:</u> 文本框中输入值 2.0；在 <u>主轴转速:</u> 文本框中输入值 1200.0，并选中 <u>⊙ RPM</u> 单选项；在 <u>机床原点</u> 下拉列表中选择 <u>自定义视角</u> 选项，单击 <u>D 定义</u> 按钮，在系统弹出的"换刀点-使用者定义"对话框的 <u>X:</u> 文本框中输入值 25.0，<u>Z:</u> 文本框中输入值 25.0，单击该对话框中的 <u>✔</u> 按钮，系统返回到"车床 - 精车 属性"对话框，其他参数采用系统默认设置值。

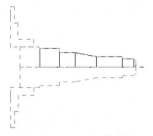

图 13.3.2　打开模型

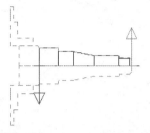

图 13.3.3　选取加工轮廓

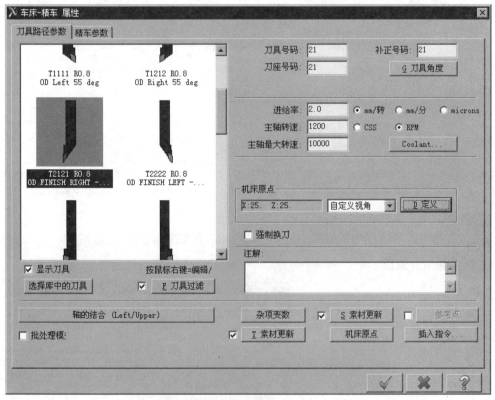

图 13.3.4　"车床 – 精车 属性"对话框

Step2. 设置冷却液方式。单击 Coolant... 按钮，系统弹出"Coolant…"对话框，在 Flood（切削液）下拉列表中选择 On 选项，单击该对话框中的 ✓ 按钮，关闭"Coolant…"对话框。

Stage4．设置加工参数

Step1. 设置精车参数。在"车床 – 精车 属性"对话框中单击 精车参数 选项卡，"精车参数"选项卡如图 13.3.5 所示，在该选项卡中的 精车步进量 文本框中输入值 0.5，在 刀具在转角 在转角处 下拉列表中选择 无 选项。

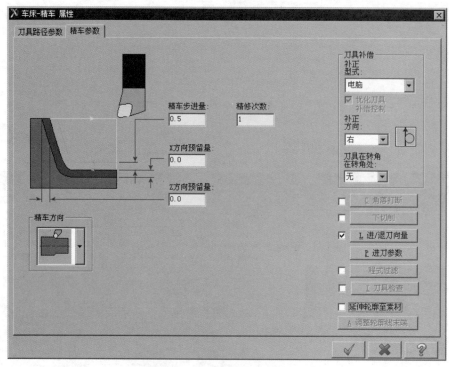

图 13.3.5　"精车参数"选项卡

Step2. 单击该对话框中的 ✓ 按钮，完成加工参数的设置，此时系统将自动生成图 13.3.6 所示的刀具路径。

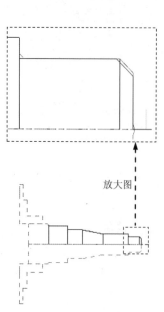

图 13.3.6　刀具路径

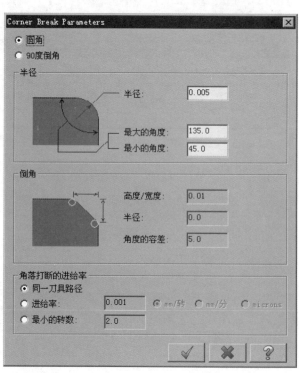

图 13.3.7　"Corner Break Parameters"对话框

图 13.3.5 所示的"精车参数"选项卡中部分按钮的说明如下：

- 精修次数 文本框：用于定义精修的次数。如果精修大于 1，并且 补正型式 为电脑，则系统将根据电脑的刀具补偿参数来决定补正方向；如果 补正型式 为控制器，则系统将根据控制器来决定补正方向；如果 补正型式 为关，则 补正方向 为未知的，且每次精修刀路将为同一个路径。

- C 角落打断 按钮：用于设置在外部所有转角处打断原有的刀具路径，并自动创建圆弧或斜角过渡。当该按钮前的复选框处于选中状态时，该按钮可用，单击该按钮后，系统弹出图 13.3.7 所示的"Corner Break Parameters"对话框，用户可以对角落打断的参数进行设置。

Stage5. 加工仿真

Step1. 路径模拟。

（1）在"操作管理"中单击 ≋ 刀具路径 - 5.6K - FINISH_LATHE.NC - 程序号码 0 节点，系统弹出"路径模拟"对话框及"路径模拟控制"操控板。

（2）在"路径模拟控制"操控板中单击 ▶ 按钮，系统将开始对刀具路径进行模拟，结果与图 13.3.6 所示的刀具路径相同，在"路径模拟"对话框中单击 ✓ 按钮。

Step2. 实体切削验证。

（1）在 刀具路径 选项卡中单击 ✓ 按钮，然后单击"验证已选择的操作"按钮 ◈ ，系统弹出"验证"对话框。

（2）在"验证"对话框的 停止选项 区域中选中 ☑ 碰撞停止 复选框，单击 ▶ 按钮，系统将开始进行实体切削仿真，结果如图 13.3.8 所示，单击 ✓ 按钮。

图 13.3.8　仿真结果

Step3. 保存加工结果。选择下拉菜单 F 文件 ➡ 🖫 S 保存 命令，即可保存加工结果。

13.4　径 向 车 削

径向车削用于加工垂直于车床主轴方向或者端面方向的凹槽。在径向车削加工命令中，其加工几何模型的选择以及参数设置均与前面介绍的有所不同。下面以图 13.4.1 所示的模型为例讲解径向车削加工的一般操作过程。

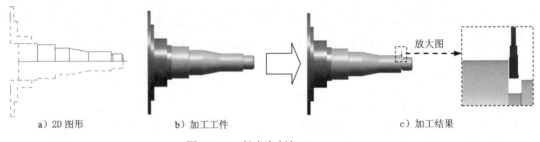

a）2D 图形　　　　　　　b）加工工件　　　　　　　c）加工结果

图 13.4.1　径向车削加工

Stage1. 进入加工环境

Step1. 打开文件 D:\mcx6\work\ch13.04\GROOVE_LATHE.MCX-6。

Step2. 隐藏刀具路径。在 刀具路径 选项卡中单击 ✔ 按钮，再单击 ≋ 按钮，将已存在的刀具路径隐藏，如图 13.4.2 所示。

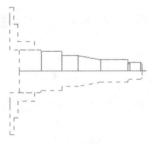

图 13.4.2　模型

Stage2. 选择加工类型

Step1. 选择下拉菜单 刀具路径 ➡ G 车床径向车削刀具路径 命令，系统弹出图 13.4.3 所示的"Grooving Options"对话框。

图 13.4.3 所示的"Grooving Options"对话框的说明如下：

● 切槽的定义方式 区域：用于定义切槽的方式，其中包括 ⊙ 一点 单选项、⊙ 两点 单选项、⊙ 三直线 单选项、⊙ 串连 单选项和 ⊙ 更多串联 单选项。

　☑ ⊙ 一点 单选项：用于以一点的方式控制切槽的位置，每一点控制单独的槽角。

如果选取了两个点，则加工两个槽。

☑　**两点**单选项：用于以两点的方式控制切槽的位置，第一点为槽的上部角，第二点为槽的下部角。

☑　**三直线**单选项：用于以三条直线的方式控制切槽的位置，这三条直线应为矩形的三条边线，第一条和第三条平行且相等。

☑　**串连**单选项：用于以内/外边界的方式控制切槽的位置及形状。当选中此单选项时，定义的外边界必须延伸并经过内边界的两个端点，否则将产生错误的信息。

☑　**更多串联**单选项：用于以多条串连的边界控制切槽的位置。

● **选择点**区域：用于定义选择点的方式，其中包括 **手动**单选项和 **窗选**单选项。此区域仅当**切槽的定义方式**为 **一点**时可用。

☑　**手动**单选项：当选中此单选项时，一次只能选择一点。

☑　**窗选**单选项：当选中此单选项时，可以框选在定义的矩形边界以内的点。

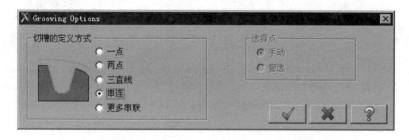

图 13.4.3　"Grooving Options"对话框

Step2. 定义加工轮廓。在"Grooving Options"对话框中选中 **两点**单选项，单击 按钮，在图形区依次选择图 13.4.4 所示的两个端点，然后按 Enter 键，系统弹出图 13.4.5 所示的"车床 – 径向粗车 属性"对话框。

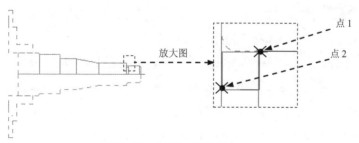

图 13.4.4　定义加工轮廓

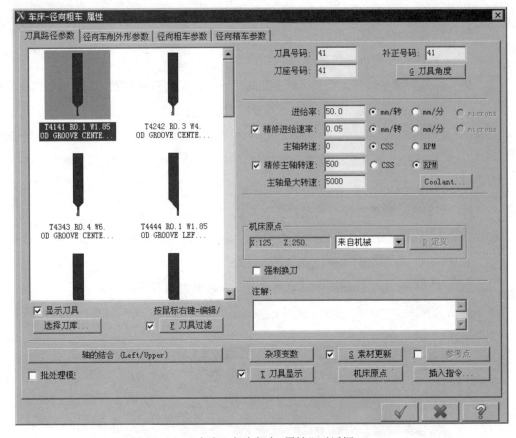

图 13.4.5 "车床－径向粗车 属性"对话框

Stage3. 选择刀具

Step1. 在"车床－径向粗车 属性"对话框中双击系统默认选中的刀具，系统弹出"定义刀具"对话框，设置 刀片 参数如图 13.4.6 所示。

图 13.4.6 所示的"定义刀具"对话框中各按钮的说明如下：

- E 选择目录 按钮：通过指定目录选择已存在的刀具。

- G 取得刀片 按钮：单击此按钮，系统弹出"径向车削/截断的刀把"对话框，在其列表框中可以选择不同序号来指定刀片。

- S 储存刀片 按钮：单击此按钮，可以保存当前的刀片类型。

- D 册除刀片 按钮： 单击此按钮，系统弹出"径向车削/截断的刀把"对话框，可以选中其列表框中的刀把进行删除。

- 刀片名称 文本框：用于定义刀片的名称。

- 刀片材质 下拉列表：用于选择刀片的材质，系统提供了 碳化物 、 金属陶瓷 、 陶瓷 、 烧结体 、 钻石 和 未知 六个选项。

- 刀片厚度 文本框：用于指定刀片的厚度。

- **存至刀具库** 按钮：将当前设定的刀具保存在指定的刀具库中。
- **查看刀具** 按钮：单击此按钮，在图形区显示刀具形状。
- **设定刀具** 按钮：单击此按钮，系统弹出图 13.4.7 所示的"车床的刀具设定"对话框，用于设定刀具的物理方位和方向等。

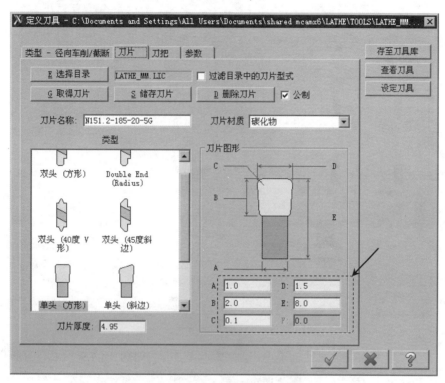

图 13.4.6 "定义刀具"对话框

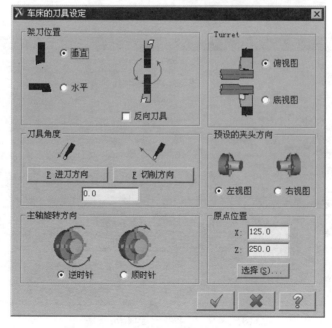

图 13.4.7 "车床的刀具设定"对话框

Step2. 在"定义刀具"对话框中单击 刀把 选项卡，设置参数如图 13.4.8 所示。

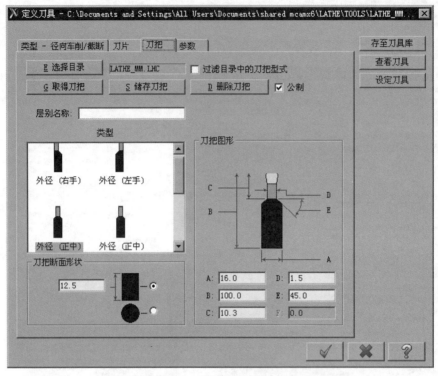

图 13.4.8　"刀把"选项卡

Step3. 在"定义刀具"对话框中单击 参数 选项卡，如图 13.4.9 所示，在 主轴转速 文本框中输入值 500.0，并选中 ⊙ RPM 单选项，单击 ✓ 按钮，系统返回至"车床－径向粗车属性"对话框。

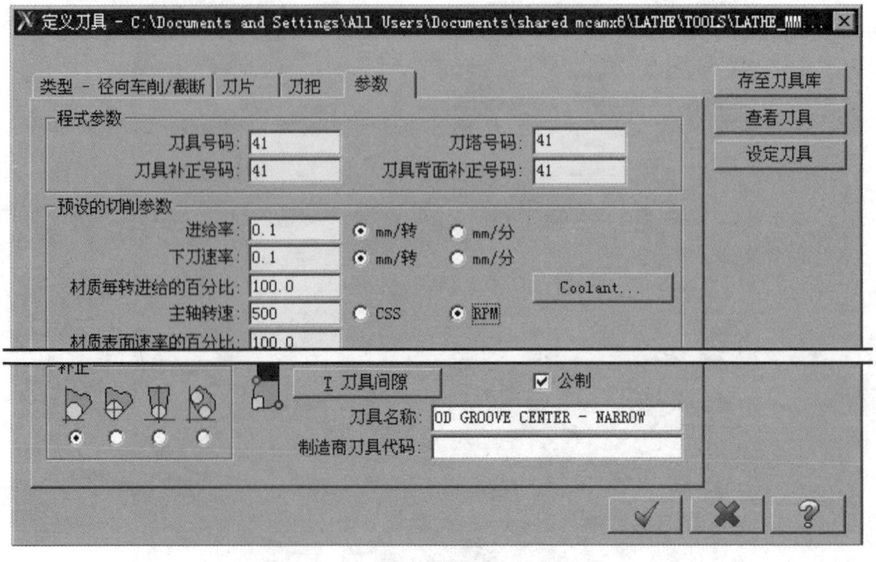

图 13.4.9　"参数"选项卡

图 13.4.9 所示的"参数"选项卡中部分按钮的说明如下：

- ● I 刀具间隙 按钮：单击此按钮，系统弹出"Lathe Tool Clearance"对话框，如图 13.4.10 所示，同时在图形区显示刀具，在"Lathe Tool Clearance"对话框中修改刀具参数，可以在图形区看到刀具的动态变化。

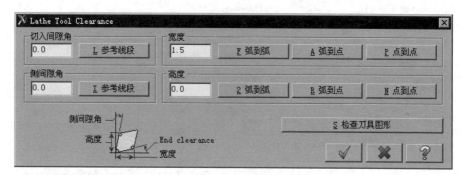

图 13.4.10 "Lathe Tool Clearance"对话框

Stage4. 设置加工参数

Step1. 在"车床－径向粗车 属性"对话框的 进给率: 文本框中输入值 3.0；在 主轴转速: 文本框中输入值 700.0，并选中 ⊙ RPM 单选项；单击 Coolant... 按钮，系统弹出"Coolant..."对话框，在 Flood 下拉列表中选择 On 选项，单击该对话框中的 ✓ 按钮，关闭"Coolant..."对话框，在 机床原点 下拉列表中选择 自定义视角 选项，单击 D 定义 按钮，在系统弹出的"换刀点－使用者定义"对话框的 X: 文本框中输入值 25.0，Z: 文本框中输入值 25.0，单击 ✓ 按钮。

Step2. 在"车床－径向粗车 属性"对话框中单击 径向车削外形参数 选项卡，"径向车削外形参数"界面如图 13.4.11 所示，选中 ☑ 使用素材做为外边界 复选框，其他参数采用系统默认设置值。

图 13.4.11 所示的"径向车削外形参数"选项卡中各按钮的说明如下：

- ● ☑ 使用素材做为外边界 复选框：用于开启延伸切槽到工件外边界的类型区域。当选中该复选框时，延伸切槽到素材边界 区域可以使用。
- ● 延伸切槽到素材边界 区域：用于定义延伸切槽到工件外边界的类型，包括 ⊙ 与切槽的角度平径 单选项和 ⊙ 与切槽的壁边相切 单选项，用户可以通过这两个单选项来指定延伸切槽到工件外边界的类型。
- ● 角度: 文本框：用于定义切槽的角度。
- ● D 外径 按钮：用于定义切槽的位置为外径槽。
- ● I 内径 按钮：用于定义切槽的位置为内径槽。
- ● A 正面 按钮：用于定义切槽的位置为端面槽。

- **B 背面** 按钮：用于定义切槽的位置为背面槽。
- **进刀的方向** 按钮：用于定义进刀方向。单击此按钮，然后在图形区选取一条直线为切槽的进刀方向。

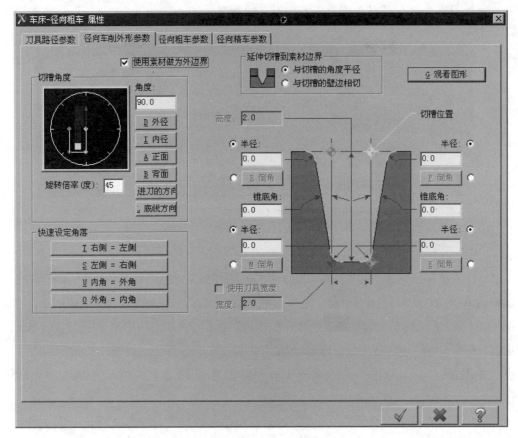

图 13.4.11　"径向车削外形参数"选项卡

- **底线方向** 按钮：用于定义切槽的底线方向。单击此按钮，然后在图形区选择一条直线为切槽的底线方向。
- **旋转倍率(度)** 文本框：用于定义每次旋转倍率基数的角度值。用户可以在文本框中输入某个数值，然后通过点击该文本框上方的角度盘上的位置来定义切槽的角度，系统会以定义的数值的倍数来确定相应的角度。
- **T 右侧 = 左侧** 按钮：用于指定切槽右边的参数与左边相同。
- **S 左侧 = 右侧** 按钮：用于定义指定切槽左边的参数与右边相同。
- **U 内角 = 外角** 按钮：用于指定切槽内角的参数与外角相同。
- **Q 外角 = 内角** 按钮：用于指定切槽外角的参数与内角相同。

Step3. 在"车床－径向粗车 属性"对话框中单击 **径向粗车参数** 选项卡，切换到"径向粗车参数"界面，参数设置如图 13.4.12 所示。

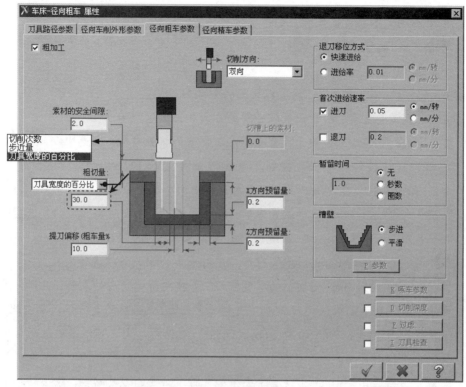

图 13.4.12 "径向粗车参数"选项卡

图 13.4.12 所示的"径向粗车参数"选项卡中各按钮的说明如下：

- 粗加工 复选框：用于创建粗车切槽的刀具路径。

- 素材的安全间隙 文本框：用于定义每次切削时刀具退刀位置与槽之间的高度。

- 粗切量 下拉列表：用于定义进刀量的方式，其包括 切削次数 选项、步近量 选项和 刀具宽度的百分比 选项。用户可以在其下的文本框中输入粗切量的值。

- 提刀偏移 (粗车量% 文本框：用于定义退刀前刀具离开槽壁的距离。

- 退刀移位方式 区域：用于定义退刀的方式，其中包括 快速进给 单选项和 进给率 单选项。

  - ☑ 快速进给 单选项：该单选项用于定义以快速移动的方式退刀。

  - ☑ 进给率 单选项：用于定义以进给率的方式退刀。

- 暂留时间 区域：用于定义刀具在凹槽底部的停留时间，包括 无、秒数 和 圈数 三个单选项。

  - ☑ 无 单选项：用于定义刀具在凹槽底部不停留直接退刀。

  - ☑ 秒数 单选项：用于定义刀具以时间为单位的停留方式。用户可以在 暂留时间 区域的文本框中输入相应的值来定义停留的时间。

☑ 　◉ **圈数** 单选项：用于定义刀具以转数为单位的停留方式。用户可以在 **暂留时间** 区
域的文本框中输入相应的值来定义停留的转数。

● **槽壁** 区域：用于设置当切槽方式为斜壁时的加工方式，其中包括 ◉ **步进** 和 ◉ **平滑** 两
个单选项。

　☑ 　◉ **步进** 单选项：用于设置以台阶的方式加工侧壁。

　☑ 　◉ **平滑** 单选项：用于设置以平滑的方式加工侧壁。

　☑ 　 **P 参数** 按钮：用于设置平滑加工侧壁的相关参数。当选中 ◉ **平滑** 单选项时
激活该按钮。单击此按钮，系统弹出图 13.4.13 所示的"Remove Groove
Steps"对话框，用户可以对该对话框中的参数进行设置。

● **K 啄车参数** 按钮：用于设置啄车的相关参数。当选中此按钮前的复选框时，该
按钮被激活。单击此按钮，系统弹出图 13.4.14 所示的"Peck Parameters"对话框，
用户可以在"Peck Parameters"对话框中对啄车的相关参数进行设置。

● **D 切削深度** 按钮：当切削的厚度较大，并需要得到光滑的表面，此时，用户需
要采用分层切削的方法进行加工。选中 **D 切削深度** 前的复选框，单击此按钮，
系统弹出图 13.4.15 所示的"Groove Depth"对话框，用户可以通过该对话框对分
层加工进行设置。

● **F 过虑...** 按钮：用于设置除去精加工时不必要的刀具路径，除去精加工时不
必要的刀具路径的相关设置。选中 **F 过虑...** 前的复选框，单击此按钮，系统
弹出图 13.4.16 所示的"Filter settings"对话框，用户可以通过该对话框对程式过
滤的相关参数进行设置。

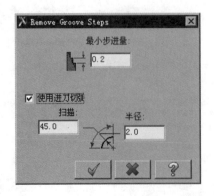

图 13.4.13　"Remove Groove Steps"对话框

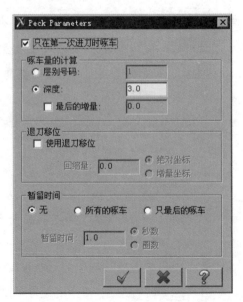

图 13.4.14　"Peck Parameters"对话框

图 13.4.15　"Groove Depth"对话框

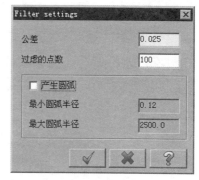

图 13.4.16　"Filter settings"对话框

Step4. 在"车床－径向粗车 属性"对话框中单击 径向精车参数 选项卡，切换到"径向精车参数"界面，如图 13.4.17 所示。单击 L 进刀向量 按钮，系统弹出"Lead In"对话框，如图 13.4.18 所示。在 第一个路径引入 选项卡的 确定方向 区域中选中 ⊙ 相切 单选项；单击 第二个路径引入 选项卡，在 确定方向 区域中选中 ⊙ 垂直 单选项，单击"Lead In"对话框中的 ✓ 按钮，关闭"Lead In"对话框。

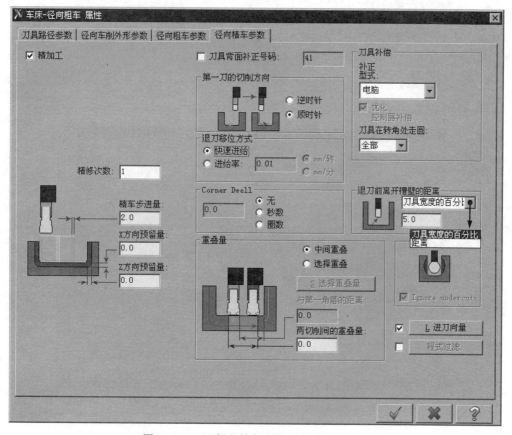

图 13.4.17　"径向精车参数"选项卡

图 13.2.17 所示的"径向精车参数"选项卡中部分按钮的说明如下：

- ☑ 精加工 复选框：用于创建精车切槽的刀具路径。

- ☑ 刀具背面补正号码 复选框：用于设置刀背补正号码。当在切槽的精加工过程中出现了用刀背切削的时候，就需要选中此复选框并设置刀具补偿的号码。

- 第一刀的切削方向 区域：用于定义第一刀的切削方向，其中包括 ⊙ 顺时针 和 ⊙ 逆时针 两个单选项。

- 重叠量 区域：用于定义切削时的重叠量，其中包括 S 选择重叠量 按钮、与第一角落的距离：文本框和 两切削间的重叠量 文本框。

  - ☑ S 选择重叠量 按钮：用于在绘图区直接定义第一次精加工终止的刀具位置和第二次精加工终止的刀具位置。系统将自动计算出刀具与第一角落的距离值和两切削间的重叠量。

  - ☑ 与第一角落的距离：文本框：用于定义第一次精加工终止的刀具位置与第一角落的距离值。

  - ☑ 两切削间的重叠量：文本框：用于定义两次精加工的刀具重叠量值。

- 退刀前离开槽壁的距离 下拉列表：用于设置退刀前离开槽壁的距离方式。

  - ☑ 刀具宽度的百分比 选项：该选项表示以刀具宽度的定义百分比的方式确定退刀的距离，可以通过其下的文本框指定退刀距离。

  - ☑ 距离 选项：该选项表示以值的方式确定退刀的距离，可以通过其下的文本框指定退刀距离。

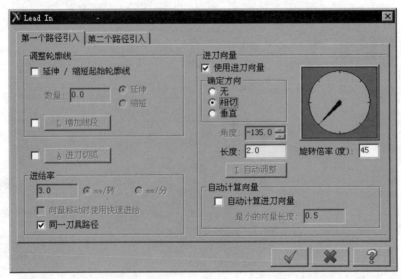

图 13.4.18 "Lead In"对话框

图 13.4.18 所示的"Lead In"对话框中部分选项的说明如下：

● 调整轮廓线 区域：用于设置起始端的轮廓线，其中包括 ☑ 延伸／缩短起始轮廓线 复选框、
数量: 文本框、⊙ 延伸 单选项、⊙ 缩短 单选项和 L 增加线段 按钮。

☑ ☑ 延伸／缩短起始轮廓线 复选框：用于设置延伸/缩短现有的起始轮廓线刀具路径。

☑ ⊙ 延伸 单选项：用于设置起始端轮廓线的类型为延伸现有的起始端刀具路径。

☑ ⊙ 缩短 单选项：用于设置起始端轮廓线的类型为缩短现有的起始端刀具路径。

☑ 数量: 文本框：用于定义延伸或缩短的起始端刀具路径长度值。

☑ L 增加线段 按钮：用于在现有的刀具路径的起始端前创建一段进刀路径。
当此按钮前的复选框处于选中状态时，该按钮可用。单击此按钮，系统弹出
图 13.4.19 所示的"New Contour Line"对话框，用户可以通过该对话框来设
置新轮廓线的长度和角度，或者通过单击"New Contour Line"对话框中的
D 定义 按钮选取起始端的新轮廓线。

● A 进刀切弧 按钮：用于在每次刀具路径的开始位置添加一段进刀圆弧。当此按钮
前的复选框处于选中状态时，该按钮可用。单击此按钮，系统弹出图 13.4.20 所示
的"Entry/Exit Arc"对话框，用户可以通过该对话框来设置 Entry/Exit Arc 的扫描
角度和半径。

图 13.4.19　"New Contour Line"对话框

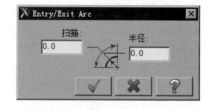

图 13.4.20　"Entry/Exit Arc"对话框

● 进给率 区域：用于设置圆弧处的进给率，其中包括 进给率 区域的文本框、
☑ 向量移动时使用快速进给 复选框和 ☑ 同一刀具路径 复选框。

☑ 进给率 区域的文本框：用于指定圆弧处的进给率。

☑ ☑ 向量移动时使用快速进给 复选框：用于设置在刀具路径的起始端采用快速移动的
进刀方式。如果原有的进刀向量分别由 X 轴和 Z 轴的向量组成，则刀具路径
不会改变，保持原有的刀具路径。

☑ ☑ 同一刀具路径 复选框：用于设置在刀具路径的起始端采用与现有的刀具路径
进给率相同的进刀方式。

● 进刀向量 区域：用于对进刀向量的相关参数进行设置，其中包括 ☑ 使用进刀向量 复选框、
确定方向 区域、角度: 文本框、长度: 文本框、 I 自动调整 按钮和 自动计算向量 区域。

☑ ☑ 使用进刀向量 复选框：用于在进刀圆弧前创建一个进刀向量，进刀向量是由长度和角度控制的。

☑ 确定方向 区域：用于设置进刀向量的方向，其包括⊙ 无 单选项、⊙ 相切 单选项和⊙ 垂直 单选项。

☑ 角度 文本框：用于定义进刀向量的角度。当进刀向量方向为⊙ 无 的时候，此文本框为可用状态。用户可以在其后的文本框中输入值来定义进刀方向的角度。

☑ 长度 文本框：用于定义进刀向量的长度。用户可以在其后的文本框中输入值来定义进刀方向的长度。

☑ Ⅰ 自动调整 按钮：用于根据现有的进刀路径自动调整进刀向量的参数。当进刀向量方向为⊙ 无 的时候，此文本框为可用状态。

☑ 自动计算向量 区域：用于自动计算进刀向量的长度，该长度将根据工件、夹爪和模型的相关参数进行计算。此区域包括 ☑ 自动计算进刀向量 复选框和 最小的向量长度: 文本框。当选中 ☑ 自动计算进刀向量 复选框时，最小的向量长度: 文本框处于激活状态，用户可以在其文本框中输入一个最小的进刀向量长度值。

Step5. 在"车床－径向粗车 属性"对话框中单击 ✓ 按钮，完成加工参数的设置，此时系统将自动生成图 13.4.21 所示的刀具路径。

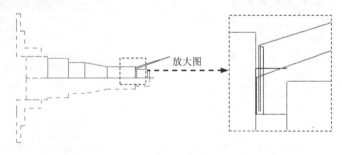

图 13.4.21 刀具路径

Stage5. 加工仿真

Step1. 路径模拟。

（1） 在"操作管理"中单击 ▧ 刀具路径 - 15.2K - GROOVE_LATHE.NC - 程序号码 0 节点，系统弹出"路径模拟"对话框及"路径模拟控制"操控板。

（2）在"路径模拟控制"操控板中单击 ▶ 按钮，系统将开始对刀具路径进行模拟，在"路径模拟"对话框中单击 ✓ 按钮。

Step2. 实体切削验证。

（1）在刀具路径选项卡中单击✓按钮，然后单击"验证已选择的操作"按钮🗇，系统弹出"验证"对话框。

（2）在"验证"对话框的停止选项区域中选中☑ 碰撞停止复选框，单击▶按钮，系统将开始进行实体切削仿真，结果如图 13.4.22 所示，单击✓按钮。

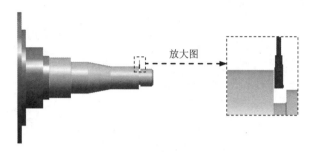

图 13.4.22　仿真结果

Step3. 保存加工结果。选择下拉菜单F 文件 ➡ 🖫 S 保存命令，即可保存加工结果。

13.5　车螺纹刀具路径

车螺纹刀具路径包括车削外螺纹、内螺纹和螺旋槽等，在设置加工参数时，只要指定了螺纹的起点和终点就可以进行加工。下面将详细介绍外螺纹车削和内螺纹车削的加工过程，而螺旋槽车削与车削螺纹相似，请读者自行学习，此处不再赘述。

13.5.1　外螺纹车削

MasterCAM 中螺纹车削加工与其他的加工不同，在加工螺纹时不需要选择加工的几何模型，只需定义螺纹的起始位置与终止位置即可。下面以图 13.5.1 所示的模型为例讲解外螺纹切削加工的一般过程，其操作如下。

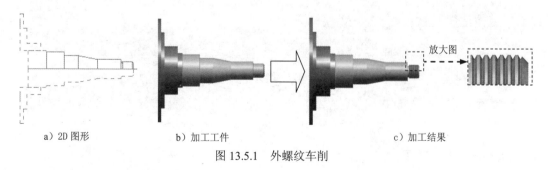

a）2D 图形　　　　　　b）加工工件　　　　　　　　c）加工结果

图 13.5.1　外螺纹车削

Stage1. 进入加工环境

Step1. 打开文件 D:\mcx6\work\ch13.05.01\THREAD_OD_LATHE.MCX-6。

Step2. 隐藏刀具路径。在 刀具路径 选项卡中单击 ≈ 按钮，将已存在的刀具路径隐藏，如图 13.5.2 所示。

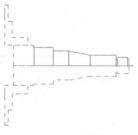

图 13.5.2　模型

Stage2. 选择加工类型

选择下拉菜单 T 刀具路径 ➡ T 车螺纹 命令，系统弹出图 13.5.3 所示的"车床-车螺纹 属性"对话框。

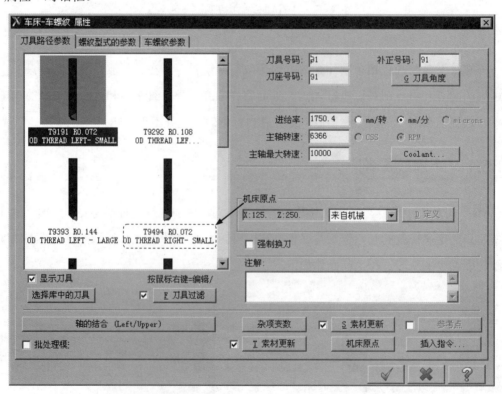

图 13.5.3　"车床-车螺纹 属性"对话框

Stage3. 选择刀具

Step1. 设置刀具参数。选取图 13.5.3 所示的"T9494 R0.072 OD THREAD RIGHT-SMALL"

刀具，在"车床-车螺纹 属性"对话框的 进给率: 文本框中输入值 100.0。

Step2. 设置冷却液方式。单击 Coolant... 按钮，系统弹出"Coolant…"对话框，在 Flood 下拉列表中选择 On 选项，单击该对话框中的 ✓ 按钮，关闭"Coolant…"对话框。

Step3. 设置刀具路径参数。在 机床原点 下拉列表中选择 自定义视角 选项，单击 D 定义 按钮，在系统弹出的"换刀点－使用者定义"对话框的 X: 文本框中输入值 25.0，Z: 文本框中输入值 25.0，单击该对话框中的 ✓ 按钮，返回至"车床-车螺纹 属性"对话框，其他参数采用系统默认设置值。

Stage4. 设置加工参数

Step1. 在"车床-车螺纹 属性"对话框中单击 螺纹型式的参数 选项卡，切换到图 13.5.4 所示的"螺纹形式的参数"界面。

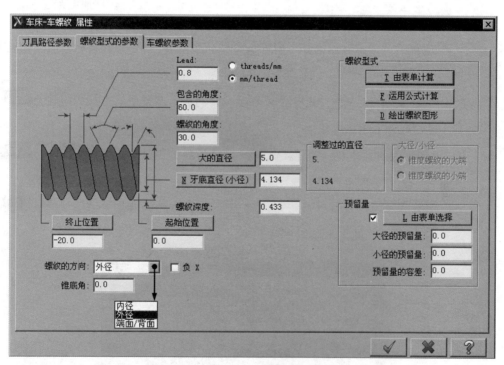

图 13.5.4　"螺纹型式的参数"选项卡

图 13.5.4 所示的"螺纹型式的参数"选项卡中部分按钮的说明如下：

- 终止位置 按钮：单击此按钮，然后可以在图形区选取螺纹的结束位置。
- 起始位置 按钮：单击此按钮，然后可以在图形区选取螺纹的起始位置。
- 螺纹的方向 下拉列表：用于定义螺纹所在位置，包括 内径 、外径 和 端面/背面 三个选项。
- □ 负 X 复选框：用于设置当在 X 轴负向车削时，显示螺纹。
- 锥底角: 文本框：用于定义螺纹的圆锥角度。如果指定的值为正值，即从螺纹开始到螺纹尾部，螺纹的直径将逐渐增加；如果指定的值为负值，即从螺纹的开始到螺纹的尾部，螺纹的直径将逐渐减小；如果用户直接在绘图区选取了螺纹的起始位置和结束位置，则系统会自动计算角度并显示在此文本框中。

- ☑ **I 由表单计算** 按钮：单击此按钮，系统弹出"螺纹表格"对话框，通过此对话框可以选择螺纹的类型和规格。

- ☑ **F 运用公式计算** 按钮：单击此按钮，系统弹出"Compute From Formula"对话框，如图 13.5.5 所示，用户可以通过该对话框对计算螺纹公式及相关设置进行定义。

- ☑ **D 绘出螺纹图形** 按钮：单击此按钮后可以在图形区绘制所需的螺纹。

- ● **预留量** 区域：用于定义切削的预留量，其包括 **L 由表单选择** 按钮、**大径的预留量** 文本框、**小径的预留量** 文本框和 **预留量的容差** 文本框。

  - ☑ **L 由表单选择** 按钮：单击此按钮，系统弹出"Allowance Table"对话框，通过该对话框可以选择不同螺纹类型的预留量。当选中此按钮前的复选框时，该按钮可用。

  - ☑ **大径的预留量** 文本框：用于定义螺纹外径的加工预留量。当 **螺纹的方向** 为 **端面/背面** 时，此文本框不可用。

  - ☑ **小径的预留量** 文本框：用于定义螺纹内径的加工预留量。当 **螺纹的方向** 为 **端面/背面** 时，此文本框不可用。

  - ☑ **预留量的容差** 文本框：用于定义螺纹外径和内径的加工公差。当 **螺纹的方向** 为 **端面/背面** 时，此文本框不可用。

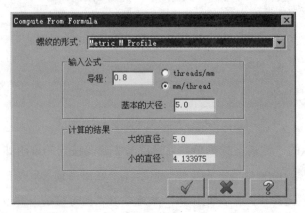

图 13.5.5　"Compute From Formula"对话框

Step2. 设置螺纹形式的参数。在"螺纹形式的参数"界面中单击 **起始位置** 按钮，然后在图形中选取图 13.5.6 所示的点 1（最右端竖直线的上端点）作为起始位置；单击按钮，然后在图形区选取图 13.5.6 所示的点 2（水平直线的右端点）作为结束位置；单击 大的直径 按钮，然后在图形区选择图 13.5.6 所示的边线作为大的直径参考；单击 N 牙底直径(小径) 按钮，然后选择图 13.5.6 所示的边线作为牙底直径参考；在 螺纹的方向 下拉列表中选择 外径 选项，在 Lead: 文本框中输入值 2.0，其他参数采用系统默认设置值。

Step3. 设置车螺纹参数选项卡。在"车床-车螺纹 属性"对话框中单击 车螺纹参数 选项卡，如图 13.5.7 所示。在 退刀延伸量: 文本框中输入值 1.0，其他参数采用系统默认的设置值。

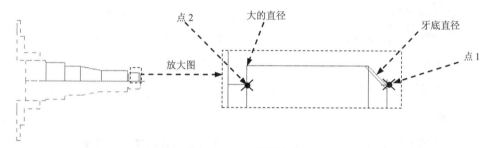

图 13.5.6 定义螺纹参数

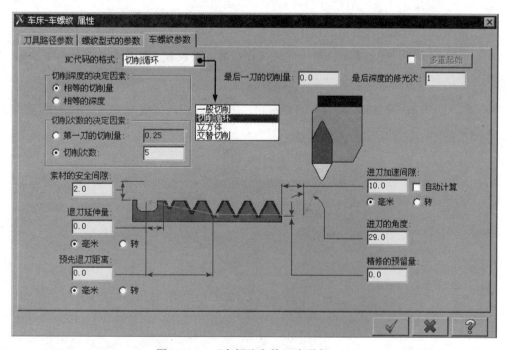

图 13.5.7 "车螺纹参数"选项卡

图 13.5.7 所示的"车螺纹参数"选项卡中部分选项的说明如下：

- NC代码的格式: 下拉列表：该下拉列表中包含 一般切削 选项、切削循环 选项、立方体 选项和 交替切削 选项。

- 切削深度的决定因素: 区域：用于定义切削深度的决定因素。

- ☑ 相等的切削量 单选项：选中此单选项，系统按相同的切削材料量进行加工。

- ☑ 相等的深度 单选项：选中此单选项，系统按相同的切削深度进行加工。

- 切削次数的决定因素 区域：用于选择定义切削次数的方式，其包括 ⊙ 第一刀的切削量 单选项和 ⊙ 切削次数 单选项。

  - ☑ ⊙ 第一刀的切削量 单选项：选择此单选项，系统根据第一刀的切削量、最后一刀的切削量和螺纹深度计算切削次数。

  - ☑ ⊙ 切削次数 单选项：选中此单选项，直接输入切削次数即可。

- 素材的安全间隙 文本框：用于定义刀具每次切削前与工件间的距离。

- 退刀延伸量 文本框：用于定义最后一次切削时的刀具位置与退刀槽的径向中心线间的距离。

- 预先退刀距离 文本框：用于定义开始退刀时的刀具位置与退刀槽的径向中心线间的距离。

- 进刀加速间隙 文本框：用于定义刀具切削前与加速到切削速度时在 Z 轴方向上的距离。

- ☑ 自动计算 复选框：用于自动计算进刀加速间隙。

- 最后一刀的切削量 文本框：用于定义最后一次切削的材料去除量。

- 最后深度的修光次 文本框：用于定义螺纹精加工的次数。当精加工无材料去除时，所有的工刀具路径将为相同的加工深度。

Step4. 在"车床-车螺纹 属性"对话框单击 ✔ 按纽，完成加工参数的设置，此时系统将自动生成图 13.5.8 所示的刀具路径。

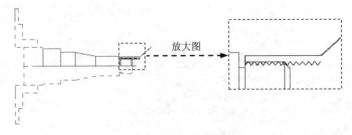

图 13.5.8　刀具路径

Stage5. 加工仿真

Step1. 路径模拟。

（1）在"操作管理"中单击 🔻 刀具路径 - 4.9K - THREAD_OD_LATHE.NC - 程序号码 0 节点，系统弹出"路径模拟"对话框及"路径模拟控制"操控板。

（2）在"路径模拟控制"操控板中单击 ▶ 按钮，系统将开始对刀具路径进行模拟，结果与图 13.5.8 所示的刀具路径相同，在"路径模拟"对话框中单击 ✔ 按钮。

Step2. 实体切削验证。

（1）在 刀具路径 选项卡中单击 按钮，然后单击"验证已选择的操作"按钮 ，系统弹出"验证"对话框。

（2）在"验证"对话框的 停止选项 区域中选中 碰撞停止 复选框，单击 按钮，系统将开始进行实体切削仿真，结果如图 13.5.9 所示，单击 按钮。

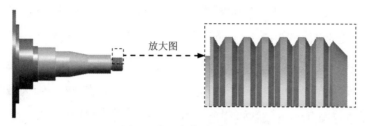

图 13.5.9　仿真结果

Step3. 保存加工结果。选择下拉菜单 F 文件 ➡ S 保存 命令，即可保存加工结果。

13.5.2　内螺纹车削

内螺纹车削加工与外螺纹车削加工基本相同，只是在螺纹的方向参数设置上有所区别。在加工内螺纹时也不需要选择加工的几何模型，只需定义螺纹的起始位置与终止位置即可。下面以图 13.5.10 所示的模型为例讲解内螺纹切削加工的一般过程，其操作如下。

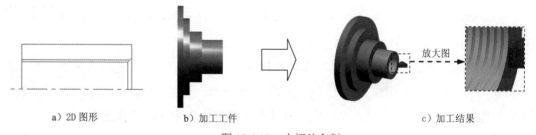

a）2D 图形　　　　　　　b）加工工件　　　　　　　c）加工结果

图 13.5.10　内螺纹车削

Stage1. 进入加工环境

Step1. 打开文件 D:\mcx6\work\ch13.05.02\THREAD_ID_LATHE，模型如图 13.5.11 所示。

Step2. 进入加工环境。选择下拉菜单 M 机床类型 ➡ L 车削 ▶ ➡ D 默认 命令，系统进入加工环境。

Stage2. 设置工件和夹爪

Step1. 在"操作管理器"中单击 **山 属性 - Lathe Default MM** 节点前的"+"号，将该节点展开，然后单击 ◆ **材料设置** 节点，系统弹出"机器群组属性"对话框。

Step2. 设置工件的形状。在"机器群组属性"对话框中的 **Stock** 区域中单击 **参数** 按钮，系统弹出"机床组件管理 – 材料"对话框。

Step3. 设置工件的尺寸。在"机床组件管理 – 材料"对话框中单击 **由两点产生(2)...** 按钮，然后在图形区选取图 13.5.12 所示的两点（两点的位置大致如图所示即可），系统返回到"机床组件管理 – 材料"对话框；在 **外径:** 文本框中输入值 40.0，选中 **☑ 内径** 复选框，并在 **☑ 内径** 文本框中输入值 24.0，在 **长度:** 文本框中输入值 50.0，在 **轴向位置** 区域的 **Z:** 文本框中输入值 0.0，其他参数采用系统默认设置值。单击 **预览车床边界** 按钮查看工件，结果如图 13.5.13 所示。按 Enter 键，然后在"机床组件管理-材料"对话框中单击 **✓** 按钮，系统返回至"机器群组属性"对话框。

图 13.5.11　打开模型　　　　图 13.5.12　定义工件位置　　　　图 13.5.13　预览工件形状和位置

Step4. 设置夹爪的形状。在"机器群组属性"对话框的 **夹头设置** 区域中单击 **参数** 按钮，系统弹出"机床组件管理 – 夹爪的设置"对话框。

Step5. 设置夹爪的尺寸。在"机床组件管理 – 夹爪的设置"对话框中设置参数如图 13.5.14 所示。单击 **预览车床边界** 按钮查看夹爪，如图 13.5.15 所示；按 Enter 键，然后在"机床组件管理 – 夹爪的设置"对话框中单击 **✓** 按钮，系统返回到"机器群组属性"对话框。

Step6. 在"机器群组属性"对话框中单击 **✓** 按钮，完成工件和夹爪的设置。

Stage3. 选择加工类型

选择下拉菜单 **I 刀具路径** ➡ **I 车螺纹** 命令，系统弹出"输入新 NC 名称"对话框，接受系统默认名称，单击 **✓** 按钮，系统弹出"车床-车螺纹 属性"对话框。

Stage4. 选择刀具

Step1. 在"车床-车螺纹 属性"对话框中选择"T102102　R0.072　ID　THREAD　MIN.

30. DIA.." 刀具并双击，系统弹出"定义刀具"对话框，在 刀片 选项卡 刀片图形 区域的 A: 文本框中输入值 5.0，单击 刀把 选项卡，在 刀把图形 区域的 A: 文本框中输入值 10.0，在 C: 文本框中输入值 6.0，单击 ✓ 按钮，系统返回至"车床-车螺纹 属性"对话框。

Step2. 在 进给率: 文本框中输入值 1000.0；单击 Coolant... 按钮，系统弹出"Coolant…"对话框，在 Flood 下拉列表中选择 On 选项，单击该对话框中的 ✓ 按钮，关闭"Coolant…"对话框。在 机床原点 下拉列表中选择 自定义视角 选项，单击 D 定义 按钮，在弹出的"换刀点-使用者定义"对话框的 X: 文本框中输入值 25.0，在 Z: 文本框中输入值 25.0，单击该对话框中的 ✓ 按钮，返回至"车床-车螺纹 属性"对话框，其他参数采用系统默认设置值。

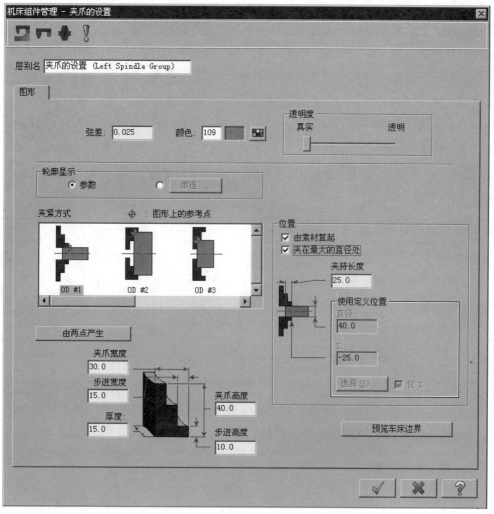

图 13.5.14　"机床组件管理－夹爪的设置"对话框

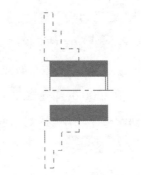

图 13.5.15　预览夹爪形状和位置

Stage5．设置加工参数

Step1. 在"车床-车螺纹 属性"对话框中单击 螺纹型式的参数 选项卡，切换到"螺纹形式的参数"设置界面。

Step2. 在"螺纹形式的参数"设置界面中单击 起始位置 按钮，然后选取图 13.5.16 所示的点 1 作为起始位置；单击 终止位置 按钮，然后选取图 13.5.16 所示的点 2 作为结束位置；单击 大的直径 按钮，然后在图形区选择图 13.5.16 所示的点 3 作为大的直径参考；单击 N 牙底直径(小径) 按钮，然后选择图 13.5.16 所示的点 4 作为牙底直径参考；在 螺纹的方向 下拉列表中选择 内径 选项，在 Lead: 文本框中输入值 2.0，其他参数采用系统默认设置值。

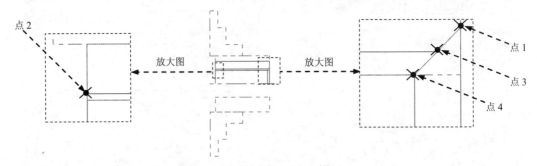

图 13.5.16　定义螺纹型式参数

Step3. 在"车床-车螺纹 属性"对话框中单击 ✓ 按钮，完成加工参数的设置，此时系统将自动生成图 13.5.17 所示的刀具路径。

Stage6．加工仿真

Step1. 路径模拟。

（1）在"操作管理"中单击 ≋ 刀具路径 - 4.9K -THREAD_ID_LATHE.NC - 程序号码 0 节点，系统弹出"路径模拟"对话框及"路径模拟控制"操控板。

（2）在"路径模拟控制"操控板中单击 ▶ 按钮，系统将开始对刀具路径进行模拟，结果与图 13.5.17 所示的刀具路径相同，在"路径模拟"对话框中单击 按钮。

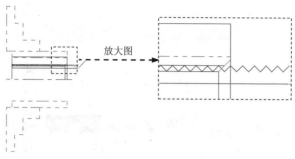

图 13.5.17　刀具路径

Step2. 实体切削验证。

（1）在"操作管理"中确认 1 - 车床-车螺纹 - [WCS: 俯视图] - [刀具平面: 车床 顶部 左边 [TOP] 1 节点被选中，然后单击"验证已选择的操作"按钮 ，系统弹出"验证"对话框。

（2）在"验证"对话框的 停止选项 区域中选中 碰撞停止 复选框，单击 按钮，系统将开始进行实体切削仿真，结果如图 13.5.18 所示，单击 按钮。

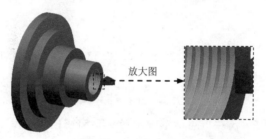

图 13.5.18　仿真结果

Step3. 保存加工结果。选择下拉菜单 F 文件 ➡ S 保存 命令，即可保存加工结果。

13.6　车　削　截　断

在 MasterCAM X6 中车削截断只需定义一个点即可进行加工，其参数设置较前面所叙述的加工方式来说比较简单。下面通过图 13.6.1 所示的实例来讲解车削截断的详细操作过程，其操作过程如下。

a）2D 图形　　　　　　　　b）加工工件　　　　　　　　c）加工结果

图 13.6.1　车削截断

Stage1. 进入加工环境

Step1. 打开模型。D:\mcx6\work\ch13.06\LATHE_CUT. MCX-6。

Step2. 隐藏刀具路径。在 刀具路径 选项卡中单击 ≋ 按钮，将已存在的刀具路径隐藏，如图 13.6.2 所示。

Stage2. 选择加工类型

Step1. 选择命令。选择下拉菜单 I 刀具路径 ➞ C 截断 命令，系统提示"选择截断的边界点"。

Step2. 定义边界点。在图形区选择图 13.6.3 所示的边界点作为截断的边界点，系统弹出"车床-截断 属性"对话框。

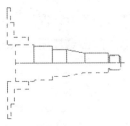

图 13.6.2　模型

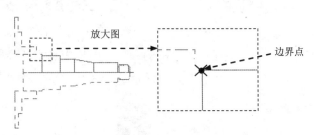

图 13.6.3　定义截断边界点

Stage3. 选择刀具

Step1. 在"车床-截断 属性"对话框中选择"T151151 R0.4 W4. OD CUTOFF RIGHT"刀具，在 主轴转速 文本框中输入值 500.0，并选中 ⊙ RPM 单选项；在 机床原点 下拉列表中选择自定义视角 选项，单击 D 定义 按钮。在系统弹出的"换刀点-使用者定义"对话框的 X: 文本框中输入值 25.0，Z: 文本框中输入值 25.0，单击该对话框中的 ✓ 按钮，系统返回到"车床-截断 属性"对话框，其他参数采用系统默认设置值。

Step2. 设置冷却液方式。在"车床-截断 属性"对话框中单击 Coolant... 按钮，系统弹出"Coolant..."对话框，在 Flood （切削液）下拉列表中选择 On 选项，单击该对话框中的 ✓ 按钮，关闭"Coolant..."对话框。

Stage4. 设置加工参数

Step1. 在"车床-截断 属性"对话框中单击 截断的参数 选项卡，设置图 13.6.4 所示的参数。
图 13.6.4 所示的"截断的参数"选项卡中部分按钮的说明如下：

- 退刀距离 区域：用于选择定义退刀距离的方式，包括 ⊙ 无、⊙ 绝对座标、⊙ 增值座标 和 ☑ From stock 四个选项。

- X 的相切位置 按钮：用于定义截断车削终点的 X 坐标，单击此按钮可以在图形区选取一个点。

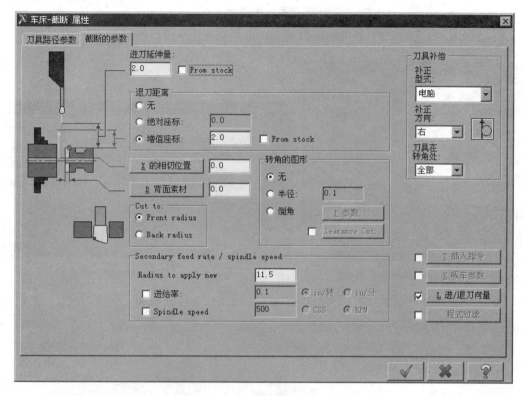

图 13.6.4　"截断的参数"选项卡

- ● 　B 背面素材　按钮：用于定义工件反向的材料。
- ● Cut to：区域：用于定义截断车削的位置。
  - ☑ ● Front radius 单选项：刀具的前端点与指定终点的 X 坐标重合。
  - ☑ ● Back radius 单选项：刀具的后端点与指定终点的 X 坐标重合。
- ● 转角的图形 区域：用于定义刀具在工件转角处的切削外形。
  - ☑ ● 无 单选项：选中此选项则切削外形为直角。
  - ☑ ● 半径 单选项：选中此选项则切削外形为圆角，可以在其后的文本框中指定圆角半径。
  - ☑ ● 倒角 单选项：选中此选项则切削外形为倒角，单击 P 参数... 按钮，系统弹出图 13.6.5 所示的 "Cutoff Chamfer" 对话框，用户可以通过该对话框对倒角的参数进行设置。
  - ☑ learance Cut... 按钮：单击此按钮，系统弹出图 13.6.6 所示的 "Clearance Cut" 对话框，用户可以通过该对话框设置第一刀下刀的参数。当此按钮前的复选框处于选中状态时可用。
- ● Secondary feed rate / spindle speed 区域：用于定义第二速率和主轴转速。

- ☑ `Radius to apply new` 文本框：用于定义应用范围的半径值。
- ☑ ☐`进给率` 复选框：用于定义第二速率的数值。
- ☑ ☐`Spindle speed` 复选框：用于定义第二主轴转速的数值。

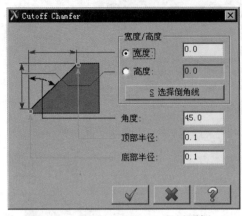

图 13.6.5 "Cutoff Chamfer" 对话框   图 13.6.6 "Clearance Cut" 对话框

Step2. 在"车床-截断 属性"对话框中单击 ✓ 按钮，完成加工参数的设置，此时系统将自动生成图 13.6.7 所示的刀具路径。

Stage5. 加工仿真

Step1. 路径模拟。

（1）在"操作管理"中单击 ≋ 刀具路径 - 5.2K - LATHE_CUT.NC - 程序号码 0 节点，系统弹出"路径模拟"对话框及"路径模拟控制"操控板。

（2）在"路径模拟控制"操控板中单击 ▶ 按钮，系统将开始对刀具路径进行模拟，结果与图 13.6.7 所示的刀具路径相同，在"路径模拟"对话框中单击 ✓ 按钮。

Step2. 实体切削验证。

（1）在 刀具路径 选项卡中单击 ✓ 按钮，然后单击"验证已选择的操作"按钮 ◈，系统弹出"验证"对话框。

（2）在"验证"对话框中单击 ▶ 按钮，系统将开始进行实体切削仿真，结果如图 13.6.8 所示。

Step3. 保存加工结果。选择下拉菜单 F 文件 ➡ 🖬 S 保存 命令，即可保存加工结果。

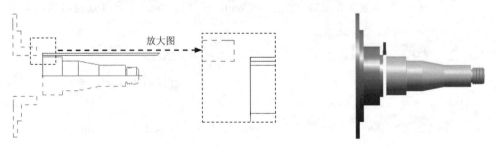

图 13.6.7 刀具路径   图 13.6.8 仿真结果

13.7　车　端　面

端面车削加工用于车削工件的端面。加工区域是由两点定义的矩形区来确定的。下面以图 13.7.1 所示的模型为例讲解端面车削加工的一般过程，其操作如下。

a）2D 图形　　　　　　　　b）加工工件　　　　　　　　c）加工结果

图 13.7.1　车端面

Stage1．进入加工环境

打开文件 D:\mcx6\work\ch13.07\LATHE_FACE_DRILL.MCX-6，模型如图 13.7.2 所示。

Stage2．设置工件和夹爪

Step1. 在"操作管理器"中单击 📐 **属性 – Lathe Default MM** 节点前的"+"号，将该节点展开，然后单击 ◈ **材料设置** 节点，系统弹出"机器群组属性"对话框。

Step2. 设置工件的形状。在"机器群组属性"对话框中的 **Stock** 区域中单击 **参数** 按钮，系统弹出"机床组件管理 – 材料"对话框。

Step3. 设置工件的尺寸。在"机床组件管理 – 材料"对话框中单击 **由两点产生(2)...** 按钮，然后在图形区选取图 13.7.3 所示的两点（点 1 最左边直线的端点，点 2 的位置大致如图所示即可），系统返回至"机床组件管理-材料"对话框。在 **外径:** 文本框中输入值 40.0，在 **长度:** 文本框中输入值 62.0，在 **轴向位置** 区域的 **Z:** 文本框中输入值 2.0，其他参数采用系统默认设置值，单击 **预览车床边界** 按钮查看工件，如图 13.7.4 所示。按 Enter 键，然后在"机床组件管理 – 材料"对话框中单击 **✓** 按钮，返回至"机器群组属性"对话框。

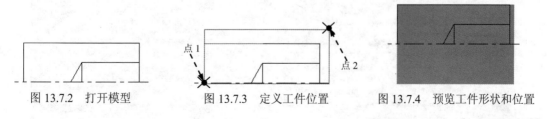

图 13.7.2　打开模型　　　　　　图 13.7.3　定义工件位置　　　　　图 13.7.4　预览工件形状和位置

Step4. 设置夹爪的形状。在"机器群组属性"对话框中的 **夹头设置** 区域中单击 **参数**

按钮，系统弹出"机床组件管理 – 夹爪的设置"对话框。

Step5. 设置夹爪的尺寸。在"机床组件管理 – 夹爪的设置"对话框中单击 由两点产生 按钮，然后在图形区选取图 13.7.5 所示的两点（两点的位置大致如图所示即可），系统返回到"机床组件管理 – 夹爪的设置"对话框，设置参数如图 13.7.6 所示。单击 预览车床边界 按钮查看夹爪，如图 13.7.7 所示。按 Enter 键，然后在"机床组件管理 – 夹爪的设置"对话框中单击 √ 按钮，返回到"机器群组属性"对话框。

Step6. 在"机器群组属性"对话框中单击 √ 按钮，完成工件和夹爪的设置。

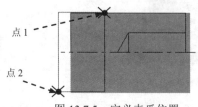

图 13.7.5　定义夹爪位置

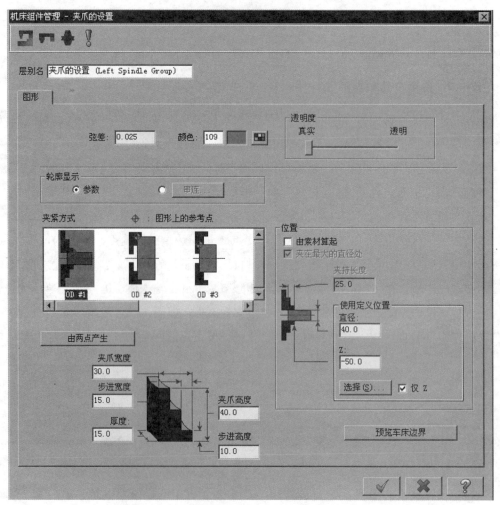

图 13.7.6　"机床组件管理 – 夹爪的设置"对话框

图 13.7.7　预览夹爪形状和位置

Stage3．选择加工类型

选择下拉菜单 I 刀具路径 ➜ A 车端面 命令，系统弹出"输入新 NC 名称"对话框，采用系统默认的 NC 名称，单击 ✓ 按钮，系统弹出"车床-车端面 属性"对话框。

Stage4．选择刀具

Step1. 在"车床-车端面 属性"对话框中采用系统默认的刀具，在 进给率 文本框中输入值 5.0；在 主轴转速 文本框中输入值 800.0，并选中 ⊙ RPM 单选项；在 机床原点 下拉列表中选择 自定义视角 选项。单击 D 定义 按钮，在系统弹出的"换刀点-使用者定义"对话框的 X: 文本框中输入值 25.0，在 Z: 文本框中输入值 25.0，单击该对话框中的 ✓ 按钮，返回到"车床-车端面 属性"对话框，其他参数采用系统默认设置值。

Step2. 设置冷却液方式。单击 Coolant... 按钮，系统弹出"Coolant..."对话框，在 Flood（切削液）下拉列表中选择 On 选项，单击该对话框中的 ✓ 按钮，关闭"Coolant..."对话框。

Stage5．设置加工参数

Step1. 设置车端面参数。在"车床-车端面 属性"对话框中单击 车端面参数 选项卡，选择 ⊙ Select Points.. 单选项，单击 Select Points.. 按钮，在图形区选择图 13.7.8 所示的两个点（点 1 为直线的端点，点 2 为大概位置），设置图 13.7.9 所示的参数。

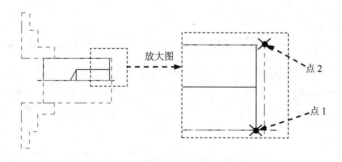

图 13.7.8　定义夹爪位置

图 13.7.9 所示的"车端面参数"选项卡中部分选项的说明如下：

- `Overcut amount:` 文本框：用于定义在端面车削时，刀具在 X 方向超过所定义的矩形框的切削深度。

- `Retract amount:` 文本框：用于定义刀具在开始下一次切削之前退回的位置与端面间的增量。

- ☑ `Cut away from center` 复选框：选中此复选框，切削时，刀具从工件中心线向外切削。

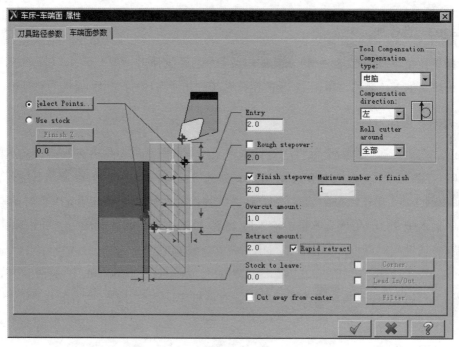

图 13.7.9　"车端面参数"选项卡

Step2. 单击 按钮完成刀具的选择，此时系统将自动生成图 13.7.10 所示的刀具路径。

Stage6. 加工仿真

Step1. 路径模拟。

（1）在"操作管理"中单击 刀具路径 - 4.9K - LATHE_FACE_DRILL.NC - 程序号码 0 节点，系统弹出"路径模拟"对话框及"路径模拟控制"操控板。

（2）在"路径模拟控制"操控板中单击 按钮，系统将开始对刀具路径进行模拟，结果与图 13.7.10 所示的刀具路径相同，在"路径模拟"对话框中单击 按钮。

Step2. 实体切削验证。

（1）在"操作管理"中确认 1 - 车床-车端面 - [WCS: TOP] - [刀具平面: 车床 顶部 左边 [TOP] 1] 节点被选中，然后单击"验证已选择的操作"按钮 ，系统弹出"验证"对话框。

（2）在"验证"对话框的_{停止选项}区域中选中☑ 碰撞停止复选框，单击▶按钮，系统将开始进行实体切削仿真，结果如图 13.7.11 所示，单击✓按钮。

Step3. 保存加工结果。选择下拉菜单 E 文件 ➡ 🖫 S 保存命令，即可保存加工结果。

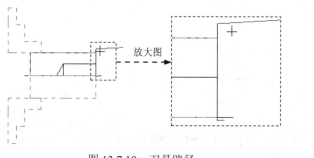
图 13.7.10　刀具路径

图 13.7.11　仿真结果

13.8　钻　孔

车床钻孔加工与铣床钻孔加工的方法相同，主要用于钻孔、铰孔或攻螺纹。但是车床钻孔加工不同于铣床钻孔加工，在车床钻孔加工中，刀具沿 Z 轴移动而刀具旋转；而在铣床钻孔加工中，刀具既沿 Z 轴移动又沿 Z 轴旋转。下面以图 13.8.1 所示的模型为例讲解钻孔加工的一般过程，其操作如下。

a）2D 图形　　　　　　b）加工工件　　　　　　　　c）加工结果
图 13.8.1　钻孔

Stage1. 进入加工环境

Step1. 打开文件 D:\mcx6\work\ch13.08\LATHE_DRILL.MCX-6。

Step2. 隐藏刀具路径。在 刀具路径选项卡中单击✓按钮，再单击≋按钮，将已存在的刀具路径隐藏，如图 13.8.2 所示。

Stage2. 选择加工类型

选择下拉菜单 T 刀具路径 ➡ ◀ D 钻孔命令。

图 13.8.2   模型

Stage3．选择刀具

Step1. 在"车床-钻孔 属性"对话框中选择"T126126 20. Dia. DRILL   20. DIA."刀具，在 进给率 文本框中输入值 1.0，并选中 ⊙ mm/转 单选项；在 主轴转速 文本框中输入值 1200.0，并选中 ⊙ RPM 单选项；在 机床原点 下拉列表中选择 自定义视角 选项，单击 D 定义 按钮，在系统弹出的"换刀点-使用者定义"对话框的 X: 文本框中输入值 25.0，在 Z: 文本框中输入值 25.0，单击该对话框中的 ✔ 按钮，返回至"车床-钻孔 属性"对话框，其他参数采用系统默认设置值。

Step2. 设置冷却液方式。单击 Coolant... 按钮，系统弹出"Coolant..."对话框，在 Flood 下拉列表中选择 On 选项，单击该对话框中的 ✔ 按钮，关闭"Coolant..."对话框。

Stage4．设置加工参数

在"车床-钻孔 属性"对话框中单击 深孔钻-无啄孔 选项卡，界面如图 13.8.3 所示，在 深度... 文本框中输入值-36.0，单击 P 钻孔位置 按钮，在图形区选择图 13.8.4 所示的点（最右端竖线与轴中心线的交点处），其他参数采用系统默认设置值，单击该对话框的 ✔ 按钮，完成钻孔参数的设置，此时系统将自动生成图 13.8.5 所示的刀具路径。

图 13.8.3 所示的"深孔钻-无啄孔"选项卡中部分选项的说明如下：

- 深度... 按钮：单击此按钮可以在图形区选取一个点定义孔的深度，也可以在其后的文本框中直接输入孔深，通常为负值。

- ▦ 按钮：用于设置精加工时刀具的有关参数。单击此按钮，系统弹出"深度的计算"对话框，通过该对话框用户可以对深度的计算的相关参数进行修改。

- P 钻孔位置 按钮：用于定义钻孔开始的位置，单击此按钮可以在图形区选取一个点，也可以在其下的两个坐标文本框中输入点的坐标值。

- 安全高度 按钮：用于定义在钻孔之前刀具与工件之间的距离。当此按钮前的复选框处于选中状态时可用。单击此按钮，可以选择一个点，或直接在其后的文本框中输入安全高度值。包括 ⊙绝对坐标 、 ⊙增量坐标 和 ☑从素材算起 三个选项。

- 　参考高度　 按钮：用于定义刀具进刀点，单击此按钮，可以在图形区选取一个点，

  也可以在其后的文本框中直接输入进刀点与工件端面之间的距离值。

- ☑钻头尖部补偿 复选框：用于计算孔的深度，以便确定钻孔的惯穿距离。

- 惯穿超过距离： 文本框：当钻孔为通孔时，指定刀尖与工件末端的距离。当选中

- ☑钻头尖部补偿 复选框时，此文本框可用。

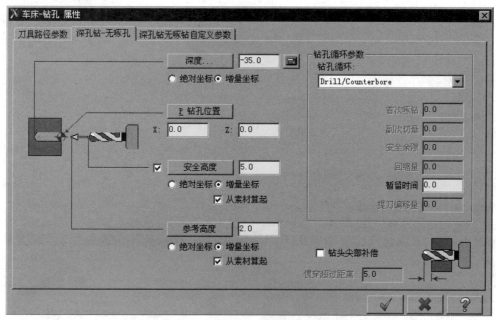

图 13.8.3　"深孔钻-无啄孔"选项卡

Stage5. 加工仿真

Step1. 路径模拟。

（1）在"操作管理"中单击 ▒ 刀具路径 - 5.1K - LATHE_FACE_DRILL.NC - 程序号码 0 节点，系统
弹出"路径模拟"对话框及"路径模拟控制"操控板。

（2）在"路径模拟控制"操控板中单击 ▶ 按钮，系统将开始对刀具路径进行模拟，在
"路径模拟"对话框中单击 ✓ 按钮。

Step2. 实体切削验证。

（1）在"操作管理"中确认 ☑ 2 - 车床-钻孔 - [WCS: TOP] - [刀具平面: 车床 顶部 左边 [TOP] 1]
节点被选中，然后单击"验证已选择的操作"按钮 ⬚ ，系统弹出"验证"对话框。

（2）在"验证"对话框的 停止选项 区域中选中 ☑碰撞停止 复选框，单击 ▶ 按钮，系统将
开始进行实体切削仿真，结果如图 13.8.6 所示，单击 ✓ 按钮。

Step3. 保存加工结果。选择下拉菜单 F 文件 ➡ S 保存 命令，即可保存加工结果。

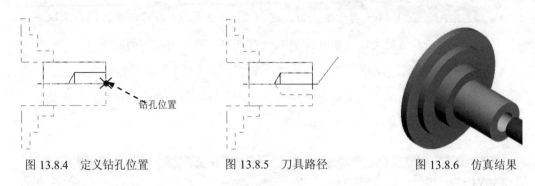

图 13.8.4　定义钻孔位置　　　　图 13.8.5　刀具路径　　　　图 13.8.6　仿真结果

13.9　车　内　径

车内径与粗/精车加工基本相同，只是在选取加工边界时有所区别。粗/精车加工选取的是外部线串，而车内径加工选取的是内部线串。下面以图 13.9.1 所示的模型为例讲解车内径加工的一般过程，其操作如下。

Stage1. 进入加工环境

打开文件 D:\mcx6\work\ch13.09\ROUGH_ID_LATHE.MCX-6，模型如图 13.9.2 所示。

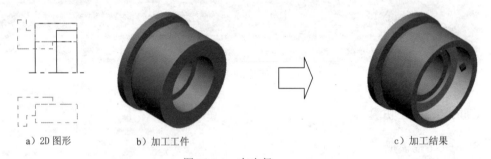

a）2D 图形　　　　　　b）加工工件　　　　　　　　　c）加工结果

图 13.9.1　车内径

Stage2. 选择加工类型

Step1. 选择下拉菜单 T 刀具路径 ➡ R 粗车 命令，系统弹出"输入新 NC 名称"对话框，采用系统默认的 NC 名称，单击 ✓ 按钮，系统弹出"串连选项"对话框。

Step2. 定义加工轮廓。在图形区中依次选择图 13.9.3 所示的轮廓，然后单击 ✓ 按钮，系统弹出"车床粗加工 属性"对话框。

Stage3. 选择刀具

Step1. 在"车床粗加工 属性"对话框中选择"T0909 R0.4 ID FINSH 16.DIA.-55 DEG"

刀具并双击，系统弹出"定义刀具 - 机床群组-1"对话框，设置刀片参数如图 13.9.4 所示。在"定义刀具 - 机床群组-1"对话框中单击 塘杆 选项卡，在 刀把图形 区域的 A: 文本框中输入值 15.0，在 C: 文本框中输入值 10.0，单击该对话框中的 ✓ 按钮，系统返回至"车床粗加工 属性"对话框。

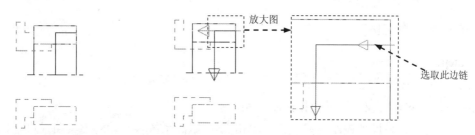

图 13.9.2 打开模型　　　　　　　　　　　图 13.9.3 定义加工轮廓

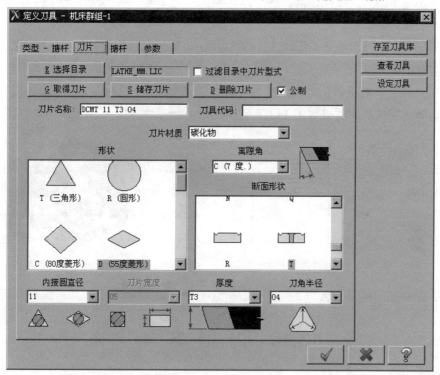

图 13.9.4 "定义刀具 - 机床群组-1"对话框

Step2. 在"车床粗加工 属性"对话框的 进给率: 文本框中输入值 1.0，在 主轴转速 文本框中输入值 500.0，并选中 ⦿ RPM 单选项；在 机床原点 下拉列表中选择 自定义视角 选项，单击 D 定义 按钮，在系统弹出的"换刀点-使用者定义"对话框的 X: 文本框中输入值 25.0，在 Z: 文本框中输入值 25.0，单击该对话框中的 ✓ 按钮，返回至"车床粗加工 属性"对话框，其他参数采用系统默认设置值。

Step3. 设置冷却液方式。单击 Coolant... 按钮，系统弹出"Coolant..."对话框，在 Flood （切削液）下拉列表中选择 On 选项，单击该对话框中的 ✓ 按钮，关闭"Coolant..."对话框。

Stage4. 设置加工参数

在"车床粗加工 属性"对话框中单击 <u>粗加工参数</u> 选项卡，在 <u>粗车方向/角度</u> 下拉列表中选择 <u></u>选项，其他参数采用系统默认设置值。单击该对话框的 <u>✓</u> 按钮，完成粗车内径参数的设置，此时系统将自动生成图 13.9.5 所示的刀具路径。

Stage5. 加工仿真

Step1. 路径模拟。

（1）在"操作管理"中单击 <u>刀具路径 - 17.4K - ROUGH_ID_LATHE.NC - 程序号码 0</u> 节点，系统弹出"路径模拟"对话框及"路径模拟控制"操控板。

（2）在"路径模拟控制"操控板中单击 <u>▶</u> 按钮，系统将开始对刀具路径进行模拟，结果与图 13.9.5 所示的刀具路径相同，在"路径模拟"对话框中单击 <u>✓</u> 按钮。

Step2. 实体切削验证。

（1）在 <u>刀具路径</u> 选项卡中单击 <u>✓</u> 按钮，然后单击"验证已选择的操作"按钮 <u>✓</u>，系统弹出"验证"对话框。

（2）在"验证"对话框的 <u>停止选项</u> 区域中选中 <u>☑碰撞停止</u> 复选框，单击 <u>▶</u> 按钮，系统将开始进行实体切削仿真，结果如图 13.9.6 所示，单击 <u>✓</u> 按钮。

图 13.9.5　刀具路径　　　　　　　　图 13.9.6　仿真结果

Step3. 保存加工结果。选择下拉菜单 <u>F 文件</u> ➡ <u>S 保存</u> 命令，即可保存加工结果。

13.10　内 槽 车 削

内槽车削也是径向车削的一种，只是其加工的位置与径向车削不同，但其参数设置基本与径向车削相同。在径向加工命令中，其加工几何模型的选择以及参数设置均与前面介绍的有所不同。下面以图 13.10.1 所示的模型为例讲解内槽车削加工的一般过程，其操作如下。

Stage1. 进入加工环境

打开文件 D:\mcx6\work\ch13.10\LATHE_FACE_DRILL_ID.MCX-6，模型如图 13.10.2 所示。

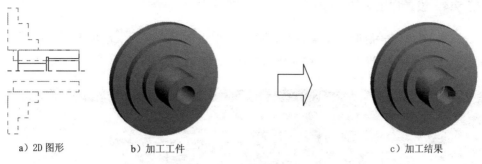

a）2D 图形　　　　b）加工工件　　　　　　　　c）加工结果

图 13.10.1　车内槽

Stage2. 选择加工类型

Step1. 选择下拉菜单 T 刀具路径 ➡ G 车床径向车削刀具路径 命令，系统弹出"输入新 NC 名称"对话框，采用系统默认的 NC 名称，单击 ✔ 按钮，系统弹出"Grooving Options"对话框。

Step2. 定义加工轮廓。在"Grooving Options"对话框中选中 ◉ 两点 单选项，单击 ✔ 按钮，然后在图形区依次选择图 13.10.3 所示的两个点（直线的端点），按 Enter 键，系统弹出"车床-径向粗车 属性"对话框。

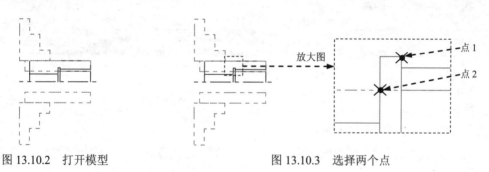

图 13.10.2　打开模型　　　　　　　　　图 13.10.3　选择两个点

放大图　点 1　点 2

Stage3. 选择刀具

Step1. 定义刀具。在"车床-径向粗车 属性"对话框中选择"T3333　R0.1　W1.5　ID GROOVE MIN. 6. DIA"刀具并双击，系统弹出"定义刀具-机床群组-1"对话框，在 刀片图形 区域的 A: 文本框中输入值 1.0，在 D: 文本框中输入值 1.5，单击该对话框中的 ✔ 按钮，返回至"车床-径向粗车 属性"对话框。

Step2. 在"车床-径向粗车 属性"对话框的 进给率: 文本框中输入值 3.0；在 主轴转速: 文本框中输入值 800.0，在 机床原点 下拉列表中选择 自定义视角 选项，单击 D 定义 按钮，在系统弹出的"换刀点-使用者定义"对话框的 X: 文本框中输入值 25.0，在 Z: 文本框中输入值 25.0，单击该对话框中的 ✔ 按钮，完成刀具参数的设置。

Stage4．设置加工参数

Step1．在"车床-径向粗车 属性"对话框中单击 径向车削外形参数 选项卡，切换到"径向车削外形参数"界面，设置图 13.10.4 所示的参数。

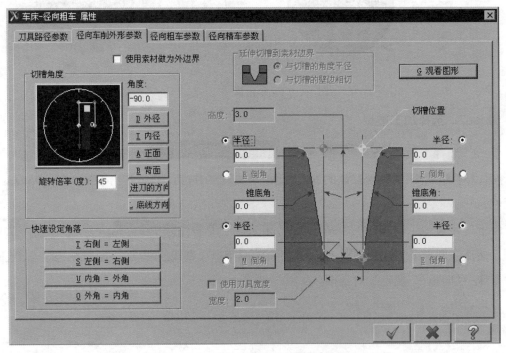

图 13.10.4   "径向车削外形参数"选项卡

Step2．在"车床-径向粗车 属性"对话框中单击 径向粗车参数 选项卡，切换到"径向粗车参数"界面，设置图 13.10.5 所示的参数。

Step3．在"车床-径向粗车 属性"对话框中单击 ✓ 按钮，完成加工参数的设置，此时系统将自动生成图 13.10.6 所示的刀具路径。

Stage5．加工仿真

Step1．路径模拟。

（1）在"操作管理"中单击 ≋ 刀具路径 - 15.3K - LATHE_FACE_DRILL_ID.NC - 程序号码 0 节点，系统弹出"路径模拟"对话框及"路径模拟控制"操控板。

（2）在"路径模拟控制"操控板中单击 ▶ 按钮，系统将开始对刀具路径进行模拟，结果与图 13.10.6 所示的刀具路径相同，在"路径模拟"对话框中单击 ✓ 按钮。

Step2．实体切削验证。

（1）在"操作管理"中确认 🗋 1·车床·径向粗车 · [WCS: TOP] · [刀具面: 车床 顶部 左边 [TOP] 1] 节点被选中，然后单击"验证已选择的操作"按钮 ⬛，系统弹出"验证"对话框。

（2）在"实体切削验证"对话框的 停止选项 区域中选中 ☑ 碰撞停止 复选框，单击 ▶ 按钮，系统将开始进行实体切削仿真，结果如图 13.10.7 所示，单击 按钮。

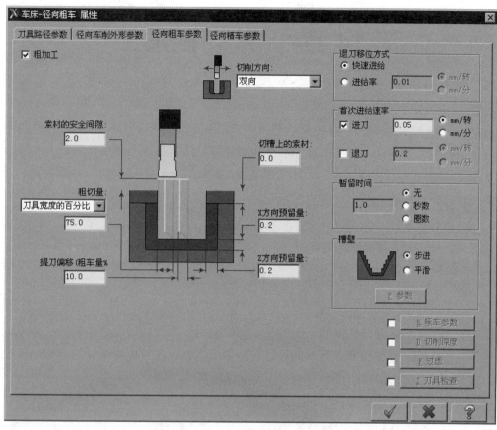

图 13.10.5 "径向粗车参数"选项卡

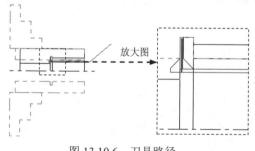

图 13.10.6 刀具路径

图 13.10.7 仿真结果

Step3. 保存加工结果。选择下拉菜单 F 文件 ➡ S 保存 命令，即可保存加工结果。

第 14 章　线切割加工

本章提要　本章将介绍线切割的加工方法，其中包括线切割加工概述、外形切割加工和四轴切割加工。学习完本章之后，希望读者能够熟练掌握这两种线切割加工方法。本章的内容包括：

- 外形切割路径
- 四轴切割路径

14.1　概　　述

线切割加工是电火花线切割加工的简称，它是利用一根运动的线状金属丝（钼丝或铜丝）作为工具电极，在工件和金属丝间通以脉冲电流，靠火花放电对工件进行切割的加工方法。在 MasterCAM X6 中，线切割主要分为两轴和四轴两种。

线切割加工的原理如图 14.1.1 所示。工件上预先打好穿丝孔，电极丝穿过该孔后，经导向轮由储丝筒带动作正、反向交替移动。放置工件的工作台按预定的控制程序，在 X、Y 两个坐标方向上作伺服进给移动，把工件切割成形。加工时，需在电极和工件间不断浇注工作液。

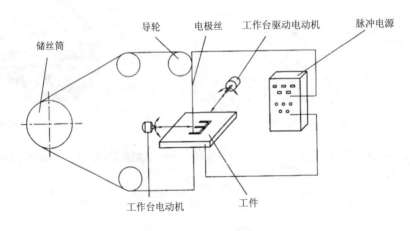

图 14.1.1　线切割加工原理

线切割加工的工作原理和使用的电压、电流波形与电火花穿孔加工相似，但线切割加工不需要特定形状的电极，减少了类电极的制造成本，缩短了生产准备时间，相对于电火花穿孔加工生产率高、加工成本低，在加工过程中工具电极损耗很小，可获得较高的加工精度。小孔、窄缝，凸、凹模加工可一次完成，多个工件可叠起来加工，但不能加工盲孔和立体成型表面。由于电火花线切割加工具有上述特点，因此在国内外的发展都比较迅速，它已经成为一种高精度和高自动化的特种加工方法，在成形刀具与难切削材料、模具制造和精密复杂零件加工等方面得到广泛应用。

14.2 外形切割路径

两轴线切割加工可以用于任何类型的二维轮廓加工，其中包括外形的切割加工。在两轴线切割加工时，刀具（钼丝或铜丝）沿着指定的刀具路径切割工件，在工件上留下细线切割的轨迹线，从而使零件和工件分离得到所需的零件。下面通过图 14.2.1 所示的模型为例来说明外形切割的加工过程，其操作如下：

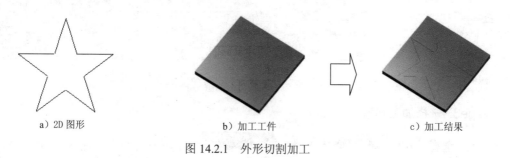

a）2D 图形　　　　　　　　b）加工工件　　　　　　　　c）加工结果

图 14.2.1 外形切割加工

Stage1. 进入加工环境

Step1. 打开原始模型。D:\mcx6\work\ch14.02\WIRED.MCX-6。

Step2. 进入加工环境。选择下拉菜单 **M 机床类型** ➡ **W 线切割 ▶** ➡ **D 默认** 命令，系统进入加工环境，此时零件模型如图 14.2.2 所示。

Stage2. 设置工件

Step1. 在"操作管理器"中单击 **山 属性 - Generic Wire EDM** 节点前的"+"号，将该节点展开，然后单击 **◆ 材料设置** 节点，系统弹出"机器群组属性"对话框。

Step2. 设置工件的形状。在"机器群组属性"对话框的 **形状** 区域中选中 **◉ 立方体** 单选项。

Step3. 设置工件的尺寸。在"机器群组属性"对话框单击 **B 边界盒** 按钮，系统弹出"边界盒选项"对话框，采用系统默认的选项设置，单击 **✓** 按钮，系统返回至"机器群组属性"对话框，在 **X** 、 **Y** 和 **Z** 方向高度的文本框中分别输入值为 150、150、10，此时该对话框如图 14.2.3 所示。

Step4. 单击"机器群组属性"对话框中的 按钮，完成工件的设置。此时零件如图 14.2.4 所示，从图中可以观察到零件的边缘多了红色的双点画线，双点画线围成的图形即工件。

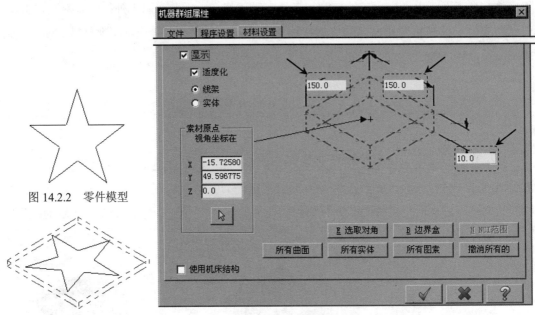

图 14.2.2　零件模型

图 14.2.4　显示工件

图 14.2.3　"机器群组属性"对话框

Stage3. 选择加工类型

Step1. 选择下拉菜单 刀具路径 ➡ 轨迹生成(C) 命令，系统弹出"输入新 NC 名称"对话框，采用系统默认的 NC 名称；单击 按钮，系统弹出"串连选项"对话框。

Step2. 设置加工区域。在图形区中选择图 14.2.5 所示的曲线，然后单击 按钮，完成加工区域的选择，同时系统弹出"线切割刀具路径-等高外形"对话框。

Stage4. 设置加工参数

Step1. 在"线切割刀具路径-等高外形"对话框左侧的节点列表中单击 电极丝／电源设置 节点，结果如图 14.2.6 所示；单击 按钮，系统弹出图 14.2.7 所示的"编辑材料库"对话框，采用系统默认的参数设置值；单击 按钮，系统返回至"线切割刀具路径 – 等高外形"对话框。

选取此曲线

图 14.2.5　加工区域

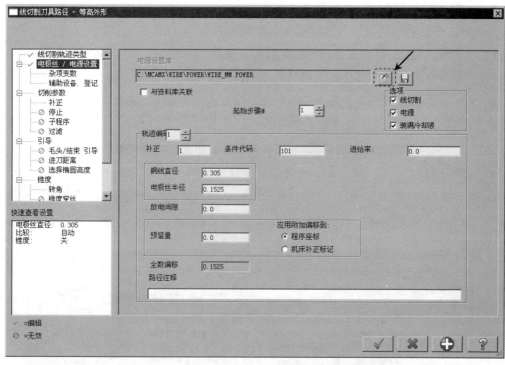

图 14.2.6　"电极丝/电源设置"设置界面

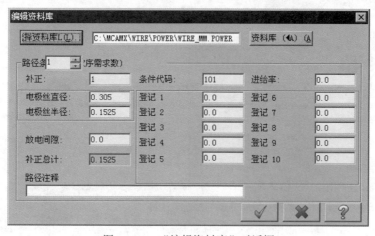

图 14.2.7　"编辑资料库"对话框

图 14.2.7 所示的"编辑资料库"对话框中部分选项的说明如下：

- 路径条 文本框：用于在当前的资料库中指定编辑参数的路径号。

- 资料库 (◀A) (A) 按钮：用于列出当前资料库中的所有电源。

- 补正: 文本框：用于设置线切割刀具的补正码（与电火花加工设备有关）。

- 条件代码: 文本框：用于设置与补正码相协调的线切割特殊值。

- 进给率: 文本框：用于定义线切割刀具的进给率。

注意：大部分的线切割加工是不使用进给率的，除非用户需要对线切割刀具进行控制。

- 电极丝直径 文本框：用于指定电极丝的直径。此值与"电极丝半径"是相联系的，当"电极丝半径"值改变时，此值也会自动更新。
- 电极丝半径 文本框：用于指定电极丝的半径值。
- 放电间隙 文本框：用于定义超过线切割刀具直径的材料去除值。
- 补正总计 文本框：用于显示刀具半径、放电间隙和毛坯的补正总和。
- 登记 1 文本框：用于设置控制器号。

说明：其他"登记"文本框与 登记 1 文本框相同，因此不再赘述。

- 路径注释 文本框：用于添加电源设置参数的注释。

Step2. 在"线切割刀具路径 – 等高外形"对话框左侧的节点列表中单击 切削参数 节点，显示"切削参数"设置界面，如图 14.2.8 所示。选中 ☑ 执行粗加工 复选框，其他参数采用系统默认设置值。

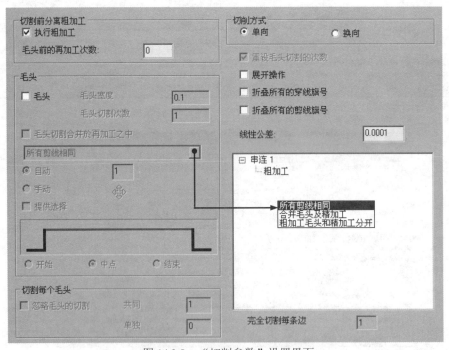

图 14.2.8 "切削参数"设置界面

图 14.2.8 所示的"切削参数"设置界面中部分选项的说明如下：

- ☑ 执行粗加工 复选框：用于创建粗加工。
- 毛头前的再加工次数 文本框：用于指定加工毛头前的加工次数。
- ☑ 毛头 复选框：用于创建毛头加工，选中该项后，其他相关选项被激活。
- 毛头宽度 文本框：用于指定毛头沿轮廓边缘的延伸距离。
- 毛头切割次数 文本框：用于定义切割毛头的加工次数。
- ☑ 毛头切割合并於再加工之中 复选框：选中此项，则表示毛头加工在加工中进行。

- 所有剪线相同 ▼ 下拉列表：用于设置加工顺序，其中包括 所有剪线相同 选项、
  合并毛头及精加工 选项和 粗加工毛头和精加工分开 选项。当选中 ☑ 毛头 和 ☑ 展开操作 复选框
  时此下拉列表可用。

    - ☑ 所有剪线相同 选项：用于定义粗加工、毛头加工、精加工等加工为同一个轮廓。
    - ☑ 合并毛头及精加工 选项：用于定义先进行粗加工，然后再进行毛头加工和精加工。
    - ☑ 粗加工毛头和精加工分开 选项：用于定义先进行粗加工，再进行毛头加工，最后进行精加工。

- ⦿ 自动 单选项：用于自动设置毛头位置。
- ⦿ 手动 单选项：用于手动设置毛头位置。可以通过单击其后的 ✛ 按钮，在绘图区选取一点来确定毛头的位置。
- ☑ 提供选择 复选框：在 ⦿ 手动 单选项被选中的情况下有效，用于使用方形的点作为毛头的位置。当选中此复选框时，⦿ 开始 单选项、⦿ 中点 单选项和 ⦿ 结束 单选项被激活，用户可以通过这三个单选项来定义毛头的位置。
- 切削方式 区域：用于定义切削的方式，包括 ⦿ 单向 单选项和 ⦿ 换向 单选项。

    - ☑ ⦿ 单向 单选项：用于设置始终沿一个方向进行切削。
    - ☑ ⦿ 换向 单选项：用于设置沿一个方向切削，然后换向进行切削，如此循环直到加工完成。

- ☑ 重设毛头切割的次数 复选框：当选中此复选框，系统会使用资料库中路径 1 的相关参数加工第一个毛头部位，并使用路径 1 的相关参数进行其后的粗加工。在第二个毛头部位使用资料库中路径 2 的相关参数进行加工，然后使用路径 1 的相关参数进行其后的粗加工，依此类推的进行加工。
- ☑ 展开操作 复选框：用于激活 所有剪线相同 ▼ 下拉列表。
- ☑ 折叠所有的穿线旗号 复选框：当选中此复选框时，将不标记穿线旗号，而且不写入 NCI 程序中。
- ☑ 折叠所有的剪线旗号 复选框：当选中此复选框时，将不标记剪线旗号，而且不写入 NCI 程序中。

Step3. 在"线切割刀具路径 – 等高外形"对话框左侧的节点列表中单击 ⊘ 停止 节点，显示"停止"参数设置界面，如图 14.2.9 所示，其参数采用系统默认的设置值。

图 14.2.9 所示的"停止"参数设置界面中部分选项的说明如下：

说明："停止"参数设置界面的选项在切削参数界面中选择 ☑ 毛头 选项后被激活。

- ☑ 产生停止指令 区域：用于设置在毛头加工过程中输出停止代码的位置。

    - ☑ ⦿ 每个标签 单选项：用于设置在加工所有毛头前输出停止代码。
    - ☑ ⦿ 对于第一个选项卡操作 单选项：用于设置在第一次毛头加工前输出停止代码。

- 输出停止指令 区域：用于设置停止指令的形式。

☑ **暂时停止(M01)** 单选项：用于设置输出暂时停止代码。

☑ **距离年底前标签**：用于设置在停止代码的距离数，需在其后的文本框中输入
具体数值。

☑ **之前毛头** 复选框：用于设置输出停止指令的位置为在加工毛头之前。

☑ **再次停止** 单选项：用于设置输出永久停止代码。

☑ **之后毛头** 复选框：用于设置输出停止指令的位置为在加工毛头之后。

图 14.2.9 "停止"参数设置界面

Step4. 在"线切割刀具路径 – 等高外形"对话框左侧的节点列表中单击 **引导** 节点，
显示"引导"参数设置界面，如图 14.2.10 所示。在 **进刀** 和 **引出** 区域均选中 ⊙ **只有直线** 单选
项，其他参数采用系统默认设置值。

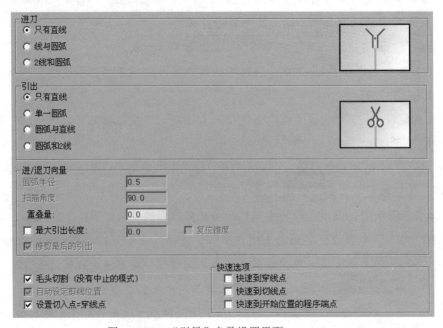

图 14.2.10 "引导"参数设置界面

图 14.2.10 所示的"引导"参数设置界面中部分选项的说明如下：

- 进刀 区域：用于定义电极丝引入运动的形状，其中包括 只有直线 单选项、
  线与圆弧 单选项和 2线和圆弧 单选项。
  - ☑ 只有直线 单选项：用于在穿线点和轮廓开始处创建一条直线。
  - ☑ 线与圆弧 单选项：用于在穿线点和轮廓开始处创建一条直线和一段圆弧。
  - ☑ 2线和圆弧 单选项：用于在穿线点和轮廓开始处创建两条直线和一段圆弧。
- 引出 区域：用于定义引出运动的形状，其中包括 只有直线 单选项、单一圆弧 单
  选项、圆弧与直线 单选项和 圆弧和2线 单选项。
  - ☑ 只有直线 单选项：选中此单选项后，电极丝切出工件后会以直线的形式运动
    到切削点或者运动到设定的位置。
  - ☑ 单一圆弧 单选项：电极丝切出工件后会形成一段圆弧，用户可以自定义圆弧
    的半径和扫掠角。
  - ☑ 圆弧与直线 单选项：电极丝切出工件后形成一段圆弧，接着以直线的形式运
    动到切削点。
  - ☑ 圆弧和2线 单选项：电极丝切出工件后形成一段圆弧，接着创建两条直线，运
    动到切削点。
- 进/退刀向量 区域：用于定义进入/退出的直线和圆弧的参数，其中包括 圆弧半径 文本
  框、扫描角度 文本框和 重叠量 文本框。
  - ☑ 圆弧半径 文本框：用于指定引入/引出的圆弧半径。
  - ☑ 扫描角度 文本框：用于指定引入/引出的圆弧转角。
  - ☑ 重叠量 文本框：用于在轮廓的开始和结束定义需要去除的震动值。
  - ☑ 最大引出长度 复选框：用于缩短引出长度的值，用户可以在其后的文本框中
    输入引出长度的缩短值。如果不选中此复选框，则引出长度为每一个切削点
    到轮廓终止位置的平均距离。
  - ☑ 修剪最后的引出 复选框：用于设置以指定的"最大引出长度"来修剪最后的
    引出距离。
- ☑ 毛头切割(没有中止的模式) 复选框：用于设置去除短小的突出部。当毛坯为长条状时
  选中此复选框。选中该复选框，则 ◇ 毛头/结束引导 节点将处于不可用状态。
- ☑ 自动设定剪线位置 复选框：用于设置系统自动测定最有效切削点。
- ☑ 设置切入点=穿线点 复选框：用于设置切入点与穿线点的位置相同。
  - ☑ 快速到穿线点 复选框：用于设置从引入穿线点到轮廓链间快速移动。
  - ☑ 快速到切线点 复选框：用于设置引出运动为快速移动。
  - ☑ 快速到开始位置的程序端点 复选框：用于设置在最初的起始位置和刀具路径的结
    束位置间建立快速移动。

Step5. 在"线切割刀具路径 – 等高外形"对话框左侧的节点列表中单击 进刀距离 节点，显示进刀距离设置界面，如图 14.2.11 所示。选中 ☑ 引导距离 (不考虑穿线／切入点) 复选框，并在 进刀距离: 文本框中输入值 10.0，其他参数采用系统默认设置值。

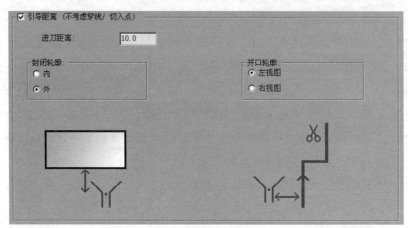

图 14.2.11　"进刀距离"设置界面

图 14.2.11 所示的"进刀距离"设置界面中部分选项的说明如下：

- ☑ 引导距离 (不考虑穿线／切入点) 复选框：用于设置引导的距离。用户可以在 进刀距离: 文本框中指定距离值。

- 封闭轮廓: 区域：用于设置封闭轮廓时的引导位置。

  - ☑ ⊙ 内 单选项：用于设置在轮廓边界内进行引导。

  - ☑ ⊙ 外 单选项：用于设置在轮廓边界外进行引导。

- 开口轮廓: 区域：用于设置开放式轮廓时的引导位置。

  - ☑ ⊙ 左视图 单选项：用于设置在轮廓边界左边进行引导。

  - ☑ ⊙ 右视图 单选项：用于设置在轮廓边界右边进行引导。

Step6. 在"线切割刀具路径 – 等高外形"对话框左侧的节点列表中单击 锥度 节点，显示"锥度"参数设置界面，设置参数如图 14.2.12 所示。

图 14.2.12 所示的"锥度"参数设置界面中部分选项的说明如下：

- ☑ 锥度 区域：用于定义轮廓锥形的类型，包括 单选项组、锥度方向 区域和 起始锥度 文本框等内容。

- 起始锥度 文本框：用于设置锥度的最初值。

- ⊙ 左视图 单选项：用于设置刀具路径向左倾斜。

- ⊙ 右视图 单选项：用于设置刀具路径向右倾斜。

- 所有圆锥形路径 ▼ 下拉列表：用于定义锥形轮廓的走刀方式，包括 所有圆锥形路径 选项、取消圆锥形路径之后 选项和 应用圆锥形路径之后 选项。

  - ☑ 所有圆锥形路径 选项：用于设置所有的刀具路径采用锥形切削的走刀方式。

　☑　取消圆锥形路径之后选项：用于设置在指定的路径之后采用垂直切削的走刀方式。
　用户可以在其后的文本框中指定路径值。

　☑　应用圆锥形路径之后选项：用于设置在指定的路径之后采用锥形切削的走刀方式。
　用户可以在其后的文本框中指定路径值。

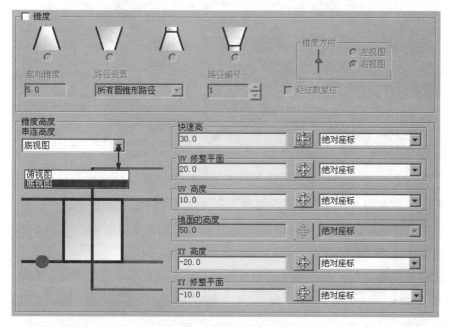

图 14.2.12　"锥度"参数设置界面

- 串连的高度下拉列表：用于设置刀具路径的高度。
　☑　俯视图选项：用于设置刀具路径的高度在底部。
　☑　底视图选项：用于设置刀具路径的高度在顶部。
- 快速高区域：用户可在其下的文本框中输入具体数值设置快速位移的 Z 高度，或者
　单击其后的❖按钮，直接在图形区中选取一点来进行定义。
　说明：以下几个参数设置方法与此处类似，故不再赘述。
- UV 修整平面区域：用来设置 UV 修整平面的位置。一般 UV 修整平面的位置应略高
　于 UV 高度。
- UV 高度区域：用来设置 UV 高度。
- 地面的高度区域：用来设置刀具的角度支点的位置，此区域仅当锥度类型为最后两
　个时可使用。
- XY 高度区域：用来设置 XY 高度（刀具路径的最低轮廓）。
- XY 修整平面区域：用来设置 XY 修整平面的高度。

Step7. 在"线切割刀具路径 - 等高外形"对话框左侧的节点列表中单击转角节点，显
示"转角"参数设置界面，如图 14.2.13 所示，其参数采用系统默认设置值。

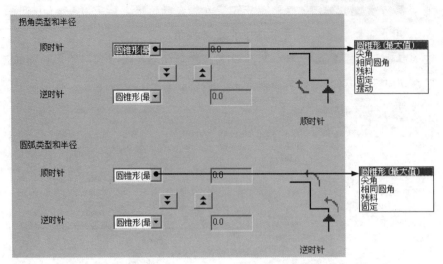

图 14.2.13 "转角"参数设置界面

图 14.2.13 所示的"**转角**"参数设置界面中部分选项的说明如下：

● **拐角类型和半径** 区域：当轮廓覆盖尖角时，用于控制转角的轮廓形状，其中包括 **顺时针** 下拉列表和 **逆时针** 下拉列表。

　　☑ **顺时针** 下拉列表：用于设置刀具以指定的方式在转角处顺时针行进，其中包括 **圆锥形（最大值）** 选项、**尖角** 选项、**相同圆角** 选项、**残料** 选项、**固定** 选项和 **摆动** 选项。

　　☑ **逆时针** 下拉列表：用于设置刀具以指定的方式在转角处逆时针行进，包括 **圆锥形（最大值）** 选项、**尖角** 选项、**相同圆角** 选项、**残料** 选项、**固定** 选项和 **摆动** 选项。

● **圆弧类型和半径** 区域：当轮廓覆盖平滑圆角时，用于控制圆弧处的轮廓形状，包括 **顺时针** 下拉列表和 **逆时针** 下拉列表。

　　☑ **顺时针** 下拉列表：用于设置刀具以指定的方式在圆弧处顺时针行进，其包括 **圆锥形（最大值）** 选项、**尖角** 选项、**相同圆角** 选项、**残料** 选项、**固定** 选项。

　　☑ **逆时针** 下拉列表：用于设置刀具以指定的方式在圆弧处逆时针行进，其包括 **圆锥形（最大值）** 选项、**尖角** 选项、**相同圆角** 选项、**残料** 选项、**固定** 选项。

　　Step8. 在"线切割刀具路径 – 等高外形"对话框左侧的节点列表中单击 **冲洗中…** 节点，显示"冲洗中…"设置界面，如图 14.2.14 所示；在 **Flushing** 下拉列表中选择 **On** 选项开启切削液，其他参数采用系统默认设置值。

　　Step9. 在"线切割刀具路径 – 等高外形"对话框中单击 ✓ 按钮，完成参数的设置，此时系统弹出"串连管理"对话框，单击 ✓ 按钮，系统自动生成刀具路径。

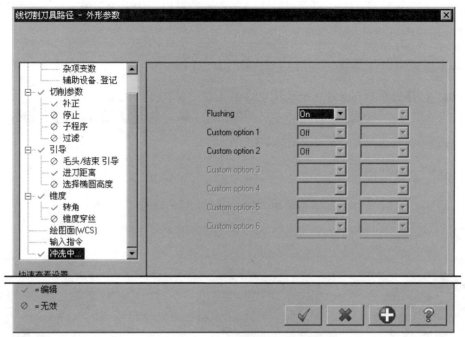

图 14.2.14　"冲洗中…"设置界面

Stage5．加工仿真

Step1．实体切削验证。

（1）在"操作管理"中确认 ![1 - 线切割-切割外形 - [WCS: 俯视图] - [刀具平面: 俯视图]] 节点被选中，然后单击"验证已选择的操作"按钮，系统弹出"验证"对话框。

（2）在"验证"对话框中单击 ▶ 按钮，系统将开始进行实体切削仿真，结果如图 14.2.15 所示，单击 ✓ 按钮。

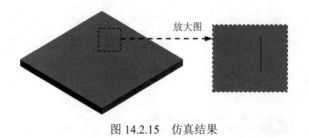

图 14.2.15　仿真结果

Step2．保存文件模型。选择下拉菜单 F 文件 ➞ S 保存 命令，保存模型。

14.3　四轴切割路径

　　四轴线切割是线切割加工中比较常用的一种加工方法，通过选择类型不同的轴，可以指定为四轴线切割加工的方式；通过选择顶面或者侧面来确定要进行线切割的上下两个面的边界形状，从而完成切割。下面以图 14.3.1 所示的模型为例来说明外形切割的加工过程，其操作如下。

Stage1. 进入加工环境

Step1. 打开文件 D:\mcx6\work\ch14.03\4_AXIS_WIRED.MCX-6。

Step2. 进入加工环境。选择下拉菜单 <u>M 机床类型</u> ➡ <u>W 线切割</u> ▶ ➡ <u>D 默认</u> 命令，系统进入加工环境，此时零件模型如图 14.3.2 所示。

Stage2. 设置工件

Step1. 在"操作管理器"中单击 <u>山 属性 - Generic Wire EDM</u> 节点前的"+"号，将该节点展开，然后单击 <u>◆ 材料设置</u> 节点，系统弹出"机器群组属性"对话框。

a）3D 图形　　　　　　　　b）加工工件　　　　　　　　c）加工结果

图 14.3.1　四轴切割加工

Step2. 设置工件的形状。在"机器群组属性"对话框中的 <u>形状</u> 区域中选中 <u>● 立方体</u> 单选项。

Step3. 设置工件的尺寸。在"机器群组属性"对话框中单击 <u>B 边界盒</u> 按钮，系统弹出"边界盒选项"对话框，接受系统默认的选项设置，单击 <u>✓</u> 按钮，系统返回至"机器群组属性"对话框，接受系统生成工件的尺寸参数设置。

Step4. 单击"机器群组属性"对话框中的 <u>✓</u> 按钮，完成工件的设置。此时零件如图 14.3.3 所示，从图中可以观察到零件的边缘多了红色的双点画线，双点画线围成的图形即为工件。

Stage3. 选择加工类型

Step1. 选择下拉菜单 <u>T 刀具路径</u> ➡ <u>4 四轴（4）</u> 命令，系统弹出的"输入新 NC 名称"对话框，采用系统默认的 NC 名称，单击 <u>✓</u> 按钮；系统弹出"串连选项"对话框。

Step2. 设置加工区域。在图形区中，选择图 14.3.4 所示的曲线，然后按 Enter 键，系统弹出"线切割刀具路径 - 四轴"对话框，如图 14.3.5 所示。

图 14.3.2　零件模型

图 14.3.3　显示工件

曲线

图 14.3.4　加工区域

Stage4. 设置加工参数

Step1. 设置切割参数选项卡。单击"线切割刀具路径 – 四轴"对话框中的 切削参数 选项卡，在该选项卡中选中 ☑ 执行粗加工 复选框，其他参数接受系统默认设置值。

Step2. 设置引导参数。在"线切割刀具路径 – 四轴"对话框左侧的节点列表中单击 引导 节点，显示引导参数设置界面，在 进刀 和 引出 区域中均选中 ⦿ 只有直线 单选项，其他参数采用系统默认设置值。

Step3. 设置进刀距离。单击"线切割刀具路径 – 四轴"对话框左侧的节点列表中单击 进刀距离 节点，显示进刀距离设置界面。选中 ☑ 引导距离 (不考虑穿线/切入点) 复选框，在 进刀距离: 文本框中输入值 20.0，其他参数采用系统默认设置值。

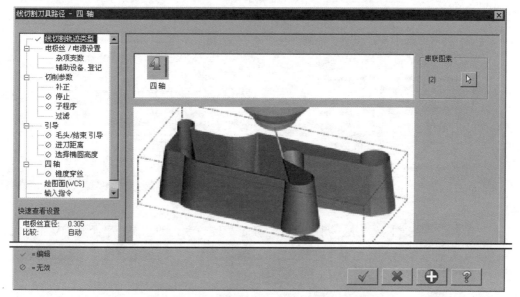

图 14.3.5　"线切割刀具路径-四轴"对话框

Step4. 在"线切割刀具路径 – 四轴"对话框左侧的节点列表中单击 四轴 节点，显示四轴设置界面，如图 14.3.6 所示，在 图素对应的模式 下拉列表中选择 按图素 选项。

图 14.3.6 所示的"四轴"设置界面中部分选项的说明如下：

● 格式 区域：用于设置 XY/UV 高度的路径输出型式，其中包括 ⦿ 4轴锥度 单选项和 ⦿ 直接4轴 单选项。

　　☑ ⦿ 4轴锥度 单选项：用于设置将 XY/UV 高度所有的圆弧路径根据线性公差改变成直线路径，并输出。

　　☑ ⦿ 直接4轴 单选项：用于设置输出 XY/UV 高度的直线和圆弧路径。

● 修整 区域：用于设置切割路径的修整方式，其中包括 ⦿ 在电脑(修整平面) 单选项、⦿ 在控制器(高度) 单选项和 ⦿ 3D轨迹 单选项。

　　☑ ⦿ 在电脑(修整平面) 单选项：当选中此单选项时，系统会自动去除不可用的点以便创建平滑的切割路径。

☑ **在控制器(高度)** 单选项：当选中此单选项时，系统会以 XY 高度和 UV 高度来限制切割路径的 Z 轴方向值。

☑ **3D轨迹** 单选项：当选中此单选项时，系统会以空间的几何图形限制切割路径。

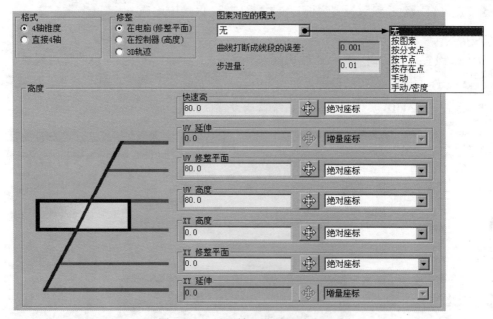

图 14.3.6　"四轴"设置界面

- **图素对应的模式** 下拉列表：用于设置划分轮廓链的方式并在 XY 平面与 UV 平面之间放置同步轮廓点，其中包括 **无** 选项、**按图素** 选项、**按分支点** 选项、**按节点** 选项、**按存在点** 选项、**手动** 选项和 **手动/密度** 选项。

  ☑ **无** 选项：用于设置以步长把轮廓链划分成偶数段。

  ☑ **按图素** 选项：用于设置以线性公差值计算切割路径的同步点。

  ☑ **按分支点** 选项：用于设置以分支线添加几何图形来创建同步点。

  ☑ **按节点** 选项：用于设置根据两个链间的节点创建同步点。

  ☑ **按存在点** 选项：用于设置根据点创建同步点

  ☑ **手动** 选项：用于设置以手动的方式放置同步点。

  ☑ **手动/密度** 选项：用于设置以手动的方式放置同步点，并以密度约束其分布。

Step5. 设置刀具位置参数。在 **快速高** 文本框中输入值 100.0，在 **UV 高度** 文本框中输入值 50.0，在 **XY 高度** 文本框中输入值-30.0，在 **XY 修整平面** 文本框中输入值-40.0，在各文本框后的下拉列表中均选择 **绝对座标** 选项；其他参数采用系统默认设置值。

Step6. 在"线切割刀具路径 – 四轴"对话框中单击 ✓ 按钮，完成参数的设置，生成图 14.3.7 所示的刀具路径。

Stage5. 加工仿真

Step1. 实体切削验证。

（1）在"操作管理"中确认 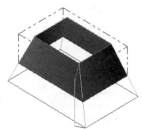 节点被选中，然后单击"验证已选择的操作"按钮 ，系统弹出"验证"对话框。

（2）在"验证"对话框中单击 ▶ 按钮。系统将开始进行实体切削仿真，仿真结束后系统弹出图 14.3.8 所示的"拾取碎片"对话框，采用系统默认的参数设置值；单击 拾取(P) 按钮，选取模型中要保留的部分，单击 ✓ 按钮，结果如图 14.3.9 所示。

说明：只有选择下拉菜单 I 设置 ➡ C 系统配置... 命令，然后选择 实体切削验证 下的 验证设置 节点，在右侧的参数设置界面中选中 ☑ 删除剩余的材料 选项，系统才会弹出"拾取碎片"对话框。

图 14.3.7 刀具路径   图 14.3.8 "拾取碎片"对话框   图 14.3.9 仿真结果

（3）在"验证"对话框中单击 ✓ 按钮，完成加工验证。

Step2. 保存文件模型。选择下拉菜单 F 文件 ➡ S 保存 命令，保存模型。

读者意见反馈卡

书名：《MasterCAM X6 宝典（修订版）》

1. 读者个人资料：

姓名：＿＿＿＿＿性别：＿＿年龄：＿＿职业：＿＿＿＿职务：＿＿＿＿＿学历：＿＿＿

专业：＿＿＿单位名称：＿＿＿＿＿＿＿办公电话：＿＿＿＿＿＿手机：＿＿＿＿

QQ：＿＿＿＿＿＿微信：＿＿＿＿＿＿＿E-mail：＿＿＿＿＿＿＿＿

2. 影响您购买本书的因素（可以选择多项）：

☐内容　　　　　　　　　☐作者　　　　　　　　　☐价格

☐朋友推荐　　　　　　　☐出版社品牌　　　　　　☐书评广告

☐工作单位（就读学校）指定　☐内容提要、前言或目录　☐封面封底

☐购买了本书所属丛书中的其他图书　　　　　　　　☐其他＿＿＿＿＿＿

3. 您对本书的总体感觉：

☐很好　　　　　　　　　☐一般　　　　　　　　　☐不好

4. 您认为本书的语言文字水平：

☐很好　　　　　　　　　☐一般　　　　　　　　　☐不好

5. 您认为本书的版式编排：

☐很好　　　　　　　　　☐一般　　　　　　　　　☐不好

6. 您认为 MasterCAM 其他哪些方面的内容是您所迫切需要的？

＿＿＿＿＿＿＿＿＿＿＿＿＿＿＿＿＿＿＿＿＿＿＿＿＿＿＿＿＿＿＿

7. 其他哪些 CAD/CAM/CAE 方面的图书是您所需要的？

＿＿＿＿＿＿＿＿＿＿＿＿＿＿＿＿＿＿＿＿＿＿＿＿＿＿＿＿＿＿＿

8. 您认为我们的图书在叙述方式、内容选择等方面还有哪些需要改进的？

＿＿＿＿＿＿＿＿＿＿＿＿＿＿＿＿＿＿＿＿＿＿＿＿＿＿＿＿＿＿＿

读者购书回馈活动：

活动一：本书"随书光盘"中含有该"读者意见反馈卡"的电子文档，请认真填写本反馈卡，并 E-mail 给我们。E-mail: 兆迪科技 zhanygjames@163.com，丁锋 fengfener@qq.com。

活动二：扫一扫右侧二维码，关注兆迪科技官方公众微信（或搜索公众号 zhaodikeji），参与互动，也可进行答疑。

凡参加以上活动，即可获得兆迪科技免费奉送的价值 48 元的在线课程一门，同时有机会获得价值 780 元的精品在线课程。